Lisa Gerlach

Deutsch-jüdische Empfehlungsschreiben (1848–1945)

Elitenwandel in der Moderne
Elites and Modernity

Herausgegeben von / Edited by
Gabriele B. Clemens, Dietlind Hüchtker, Martin Kohlrausch,
Stephan Malinowski und Malte Rolf

Band / Volume 26

Lisa Gerlach

Deutsch-jüdische Empfehlungsschreiben (1848–1945)

Studien aus Wirtschaft und Wissenschaft zwischen sozialem Aufstieg und Vertreibung

DE GRUYTER
OLDENBOURG

Gedruckt mit freundlicher Unterstützung der Irène Bollag-Herzheimer Stiftung, Basel.

Die Studie wurde als Dissertation an der Fakultät für Geschichtswissenschaften der Ruhr-Universität Bochum (Gutachterinnen: Prof. Dr. Sandra Maß und Prof. Dr. Simone Lässig) angenommen und im November 2022 verteidigt.

Trotz sorgfältiger Erstellung unserer Bücher lassen sich Fehler manchmal leider nicht ganz vermeiden. Wir entschuldigen uns, dass der Dissertationsvermerk auf dieser Seite IV in der Titelei gefehlt hat.

ISBN 978-3-11-138898-4
e-ISBN (PDF) 978-3-11-138995-0
e-ISBN (EPUB) 978-3-11-139028-4
ISSN 2192-2071

Library of Congress Control Number: 2024931167

Bibliografische Information der Deutschen Nationalbibliothek
Die Deutsche Nationalbibliothek verzeichnet diese Publikation in der Deutschen Nationalbibliografie; detaillierte bibliografische Daten sind im Internet über http://dnb.dnb.de abrufbar.

Einbandabbildung: Kopien von Empfehlungsschreiben aus dem Archiv der Hebräischen Universität, die für die Arbeit ausgewertet wurden. Foto: Lisa Gerlach 2023
Satz: bsix information exchange GmbH, Braunschweig

www.degruyter.com

Inhaltsverzeichnis

Abbildungsverzeichnis

Alle Abbildungen wurden von der Autorin innerhalb des Netzwerkanalyseprogramms Nodegoat angefertigt.

Farblegende Abbildungen

Rot: Personen
Blau: Einzweck-Schreiben
Gelb: Erkundigungsbrief
Grün: Mehrzweck-Schreiben
Pink: Einführungsschreiben/Introduktionen

https://doi.org/10.1515/9783111389950-201

1 Einleitung

In den 1930er Jahren versuchten viele deutsche Jüdinnen und Juden, auf der Flucht vor den Nationalsozialisten nach Amerika einzuwandern. Die Frage der Amerikanerinnen und Amerikaner, ob sie auch in der Lage sein würden, sich im neuen Land anzupassen, versuchten sie durch Empfehlungsschreiben zu beantworten.

In den 1920er Jahren bemühte sich die neu gegründete Hebräische Universität in Jerusalem, Wissenschaftlerinnen und Wissenschaftler zu gewinnen. Ob diese die nötige Exzellenz mitbrachten und gleichzeitig gute Zionistinnen und Zionisten waren, sollte aus deren Empfehlungsschreiben hervorgehen.

Seit der Jahrhundertwende ging das Dresdner Bankhaus Gebrüder Arnhold dazu über, bei den Personalentscheidungen von Unternehmen, an denen es beteiligt war, mitzubestimmen. Aus Sicht der Arnholds geeignete Kandidaten erhielten von ihnen ein eindrückliches Empfehlungsschreiben.

In der zweiten Hälfte des 19. Jahrhunderts war ein Platz im gesellschaftlichen Kreis des Bankiers Bleichröder stark begehrt und schwer zu bekommen. Notwendige Verbindungen wurden in einführenden Empfehlungsschreiben nachgewiesen.

Diese wenigen Schlaglichter aus der deutsch-jüdischen Geschichte unterscheiden sich in Zeiten, Orten, Akteurinnen und Akteuren. Die Gemeinsamkeit liegt in den Empfehlungsschreiben. Diese werden bisher zwar viel in ihrem gegenwärtigen Gebrauch diskutiert, dabei aber historisch wenig differenziert betrachtet. Die gesellschaftliche wie wissenschaftliche Auffassung scheint zu sein, dass Empfehlungen, seit der Antike belegt, erst durch die reflektierten und emanzipierten Ansprüche gegenwärtiger, westeuropäisch geprägter Gesellschaften verändert werden könnten und vor allem demokratisiert werden müssten. Dabei sind Empfehlungsschreiben eine komplexe und vielfältige Quellengattung, die sich ihrer historischen Umgebung anpasste und selbst den Verlauf vieler individueller Lebensgeschichten mitgestaltete. Die kulturelle Praxis der Empfehlung war und ist also komplex, wandelbar, widerstands- und anpassungsfähig. Sie findet und fand in verschiedenen sozialen Kontexten Anwendung, ihre genauen Inhalte, Ausformungen und Gebräuche waren dabei stets abhängig davon, wer sie benutzte. Für diese Arbeit rekonstruierbar war vor allem die Empfehlungspraxis von Mitgliedern des gehobenen Bürgertums, unter ihnen vor allem Bankiers und Unternehmer sowie Akademikerinnen und Akademiker, die – wie noch näher auszuführen ist – zum deutschen Judentum gehörten.

Welche Rolle Empfehlungsschreiben in ihren Leben spielten, wie sie geschichtsmächtig und geschichtsträchtig wurden und wie sie sich dabei veränderten, das ist das Thema dieses Buches. Dabei wird, neben den darzulegenden Forschungserkenntnissen, deutlich werden, dass der zwischenmenschliche Kontakt, das soziale Netz, die Verbindungen, die Menschen miteinander eingehen, zu den verschiedensten Zeiten als verlässliche Entscheidungsgrundlage galten. Zudem wird sich zeigen, dass bisher keine vernunftbasierte, rationale, um nicht zu sagen wissenschaftliche Methode entwickelt werden konnte, die die Empfehlung adäquat ersetzen könnte.

https://doi.org/10.1515/9783111389950-001

1.1 Empfehlungsschreiben in verschiedenen Forschungsfeldern

Empfehlungsschreiben stellen einen Bereich der Alltagsliteratur dar, der in der zweiten Hälfte des 19. und der ersten Hälfte des 20. Jahrhunderts einen bisher von der Forschung unbeachteten Transformationsprozess durchlaufen hat. Einerseits sind neue Formulierungen und Themenkomplexe hinzugekommen, andererseits haben sich einige Inhalte als resilient erwiesen und sind erhalten geblieben. Welche Inhalte zu welcher Zeit Teil von Empfehlungen waren, blieben oder nicht blieben, wird in dieser Arbeit untersucht. Dies betrifft nicht nur die semantische Ebene, sondern auch die Verfasser- und Leserschaft von Empfehlungsschreiben sowie die Empfohlenen selbst. Empfehlungsnetzwerke sind also ebenfalls Teil der historischen Transformation.

In Empfehlungsschreiben verbindet sich die persönliche Mikroebene mit der Makroebene sozialer, gesellschaftlicher Gepflogenheiten in einer bestimmten Zeit. Empfehlungen sind individuell angefertigt, meist von einer Person, die Reputation und Vertrauen im jeweiligen gesellschaftlichen oder beruflichen Feld beziehungsweise bei dem Empfänger oder der Empfängerin des Schreibens genießt, über eine andere Person, die gewisse Leistungen, Eigenschaften oder Erfahrungen aufweist, die eine Empfehlung rechtfertigen, für wiederum eine andere Person, die befähigt ist, Entscheidungen über das Wohl und Wehe der empfohlenen Person zu treffen. Gleichzeitig sind sie – trotz dieser individuellen Konstellationen – nach bestimmten Regeln abgefasst. Diese Regeln waren abhängig von der jeweiligen historischen Situation und der gesellschaftlichen Positionierung der beteiligten Individuen. Aufgrund dieser Verflechtung zwischen der Entwicklung des Genres und den Geschichten der beteiligten Personen lassen sich Empfehlungen nicht ausschließlich schematisch analysieren. Sie sind zudem Belege für die Lebensgeschichten der an ihnen beteiligten Personen. Auch ein Teil der Geschichte der untersuchten Akteurinnen und Akteure kann auf diese Weise durch neue Erkenntnisse ergänzt werden.

Um diese Veränderungen zu untersuchen, wird die deutsch-jüdische Geschichte bürgerlicher Eliten zwischen 1848 und 1945 fokussiert. An ihr kann die Vehemenz der Veränderungen nämlich besonders deutlich werden. Die deutsch-jüdische Geschichte durchlief in diesem Zeitraum so viele tiefgreifende historische Veränderungen, dass sie als Folie für die Frage, was in Empfehlungsschreiben variabel war und was bestehen blieb, besonders geeignet scheint. Einige Ereignisse und Entwicklungen seien hier kurz angerissen: Seit dem frühen 19. Jahrhundert ermöglichten die rechtliche Emanzipation der Jüdinnen und Juden, die jüdische Aufklärung – Haskala – und das Reformjudentum neue Lebensentwürfe und die Erschließung neuer beruflicher Felder. Die kulturelle Prägung der Diaspora einerseits, der wachsende Patriotismus im sich seit der Emanzipation etablierenden jüdischen Bürgertum andererseits schufen in Verbindung mit einem erstarkenden Antisemitismus eine kondensierte Gemengelage, die für die Untersuchung einer Entwicklung von Empfehlungen besonders interessant erscheint. Vor allem in der zweiten Hälfte des 19. Jahrhunderts traten religiöse und ständegesellschaftliche Traditionen in den Hintergrund, neue Ordnungsentwürfe und

Ideale wie Rationalität und Effektivität gewannen hingegen an Bedeutung. Aufklärung, Emanzipationsbewegungen und die Industrialisierung der Arbeitswelt bedingten diese Prozesse und brachten neue Anforderungen und Handlungsentwürfe für die Gesellschaft mit sich. Zur gleichen Zeit wurde aufgrund der erhöhten Mobilität der historischen Akteurinnen und Akteure, die zunehmend auch international agierende Geschäfte und Firmen beziehungsweise internationale berufliche Netzwerke hervorbrachte, die direkte Kommunikation schwieriger.

Die Frühphase der „Moderne" in der deutsch-jüdischen Gesellschaft beginnt zum Ende der Sattelzeit, also in den 1860er Jahren. Sie setzt damit früher ein als die Verwendung des Modernebegriffs der Zeitgenossinnen und Zeitgenossen und damit die Selbstverortung in der Moderne seit etwa 1880.[1] In der zweiten Hälfte des 19. Jahrhunderts brachten deutsche Jüdinnen und Juden wichtige Innovationen vor allem in den Bereichen Politik, Wissenschaft, Religion, Kunst und Kultur hervor. Gleichzeitig zeigten sich bereits die Grenzen der Emanzipation. Zudem entwickelten deutsche Juden und Jüdinnen hier ein neues Selbstbewusstsein und einen bis dahin ungekannten „idealistischen, bürgerlichen Optimismus".[2] In diesem Zeitraum sind also bereits all diejenigen Entwicklungen angelegt, die in der Forschungsliteratur eher für den Beginn des 20. Jahrhunderts diskutiert werden.[3]

In der Moderne verortete Forschungsprojekte zu Religion, Säkularität und religiösem Wissen haben in den letzten Jahren deutlich gemacht, dass Transformationen vormoderner Phänomene während des späten 19. und frühen 20. Jahrhunderts als Ressourcen von Resilienz und sozialer Innovation zu verstehen sind. Der Begriff „Resilienz" ist dabei nicht reduziert auf ein bloßes Beharren, auf Abwehr von Neuem und auf Widerständigkeit sozialer Kollektive zu verstehen. In Anlehnung an die Psychologie bezeichnet er hier eher eine – soziales Überleben sichernde – Anpassungs- und Handlungsfähigkeit sozialer Gruppen in Zeiten tiefgreifender gesellschaftlicher Veränderungen, die die Grundlagen ihrer Existenz infrage stellen.[4] Die adaptive Veränderung von Empfehlungsschreiben in der Moderne kann in diesem Sinne ebenfalls als Resilienz verstanden werden. Hierdurch erklärt sich zum einen, dass Empfehlungen in ihrer Kernfunktion – Menschen zusammenzubringen und Lebensläufe positiv zu be-

1 Vgl. Dipper, Christof: Moderne. Version: 1.0, in: Docupedia-Zeitgeschichte (2010), URL: http://docupedia.de/zg/Moderne?oldid=106453, abgerufen am 13.01.2022.

2 Wissenschaftliche Arbeitsgemeinschaft des Leo Baeck Instituts (LBI) in der Bundesrepublik Deutschland: Unbekannte Jahre: Die vernachlässigte Epoche deutsch-jüdischen Aufstiegs: 1848–1880, in: H-Soz-Kult, 08.02.2016, URL: www.hsozkult.de/event/id/event-80001, abgerufen am 24.01.2022.

3 Wissenschaftliche Arbeitsgemeinschaft des LBI: Unbekannte Jahre.

4 Gerlach, Lisa: Tagungsbericht. HT 2016: Dynamiken religiösen Wissens. Resilienzstrategien und Innovationspotenziale im Angesicht der Moderne, 20.09.2016–23.09.2016, Hamburg, in: H-Soz-Kult, 17.12.2016, URL: www.hsozkult.de/conferencereport/id/tagungsberichte-6883, abgerufen am 13.01.2022.

einflussen – erhalten blieben, dass sie zum anderen aber partiell an die durch Rationalität geprägten Ansprüche der modernen Gesellschaft angepasst wurden.[5]

In der Geschichtswissenschaft gibt es bisher nur wenige Arbeiten, die sich dezidiert mit Empfehlungsschreiben auseinandersetzen. Wie eingangs angedeutet, finden sich einige Aufsätze über Empfehlungen in der Antike, die etwa die Rhetorik des Lobens analysieren.[6] In diesen Arbeiten wird auch festgestellt, dass die Empfehlung bereits so verbreitet und reich an Varianz war, dass allein Cicero eine ganze Sammlung von Musterbriefen hätte herausgegeben haben können.[7] Mit einigem historiografischen Abstand setzt die Forschung dann bei der Frühen Neuzeit wieder ein. Hier ordnete bereits 1987 Vincent Ilardi Empfehlungen der Kultur der Patronage zu und stellte fest, dass die Empfehlungssprache stark codiert gewesen sei.[8] Ein jüngerer Artikel von James Daybell untersuchte 2007 die Rhetorik von Empfehlungsschreiben zwischen Frauen im England des 16. Jahrhunderts auf Freundschaftssemantiken.[9] Dies sind die prominentesten Arbeiten zu Empfehlungsschreiben. Mühsam lässt sich ihre Spur dann noch bis zu Forschungen über Briefsteller bis ins 19. Jahrhundert weiterverfolgen, wobei sie hier aber nur eine marginale Rolle spielen.[10] Für medizinische Gutachten haben Alexa Geisthövel und Volker Hess bereits eine Studie vorgelegt.[11]

Schaut man über den sprichwörtlichen Tellerrand der Arbeiten, die Empfehlungsschreiben direkt behandeln, ist festzustellen, dass die vorliegende Untersuchung an der Schnittstelle verschiedener Forschungsfelder angesiedelt ist. Allgemein verortet sie sich im weiten Feld der neuen Kulturgeschichte.[12] Konkreter widmet sie sich zu Tei-

5 Vgl. Lässig, Simone: Religious Knowledge and Social Adaptability in the Face of Modernity, in: History of Knowledge Blog, 21.07.2017, URL: https://historyofknowledge.net/2017/07/21/religious-knowledge-and-social-adaptability-in-the-face-of-modernity, abgerufen am 25.01.2022.

6 Rees, Rogers: Letters of Recommendation and the Rhetoric of Praise, in: Morello, Ruth (Hg.): Ancient Letters. Classical and Late Antique Epistolography. Oxford 2007, S. 149–169.

7 Cotton, Hannah M.: Mirificum Genus Commendationis. Cicero and the Latin Letter of Recommendation, in: The American Journal of Philology 106 (1985) 3, S. 330–331.

8 Ilardi, Vincent: Crosses and Carets. Renaissance Patronage and Coded Letters of Recommendation, in: The American Historical Review 92 (1987) 5, S. 1127–1149.

9 Vgl. Daybell, James: Women's Letters of Recommendation and the Rhetoric of Friendship in Sixteenth-Century England, in: Richards, Jeniffer; Thorne, Alison (Hgg.): Rhetoric, Women, and Politics in Early Modern England. London, New York 2007, S. 172–191.

10 Furger, Carmen: Briefsteller. Das Medium „Brief" im 17. und frühen 18. Jahrhundert. Köln 2010; Antes, Carolin; Oels, David; Kreim, Erwin: Die vergessenen Briefsteller des 19. Jahrhunderts. Eine Bibliografie von 1800 bis 1880. Hannover 2016 (Werke – Welten – Wissen, 14); Ettl, Susanne: Anleitungen zu schriftlicher Kommunikation. Briefsteller von 1880 bis 1980. Tübingen 1984.

11 Geisthövel, Alexa; Hess, Volker: Medizinisches Gutachten. Geschichte einer neuzeitlichen Praxis. Göttingen 2017.

12 Daniel, Ute: Kompendium Kulturgeschichte. Theorien, Praxis, Schlüsselwörter. Originalausgabe, 7. Auflage. Frankfurt am Main 2016 (Suhrkamp-Taschenbuch Wissenschaft, 1523); Landwehr, Achim; Stockhorst, Stefanie: Einführung in die europäische Kulturgeschichte. Paderborn 2008 (UTB Geschichte, 2562); Landwehr, Achim: Kulturgeschichte. Stuttgart 2009; Hunt, Lynn: The New Cultural History. Berkeley 2006 (Studies on the History of Society and Culture, 6).

len der deutsch-jüdischen Geschichte der Moderne, der Bürgertums- und Elitengeschichte, der transnationalen Geschichte, der Migrationsgeschichte, der Geschichte des Vertrauens, der Geschichte der Freundschaft, der Geschichten von Familie und Verwandtschaft, der Wirtschafts- und der Universitätsgeschichte und der Entscheidungsforschung. In diesem Zeitraum, der von den Zeitgenossinnen und -genossen als Phase der Modernisierung wahrgenommen wurde, erschien die Welt zunehmend komplexer und unübersichtlicher. Eine These dieser Arbeit lautet, dass Empfehlungen als vormoderne Praxis Halt gaben und die unübersichtlichen modernen Gesellschaften für das jeweilige Individuum ordnen konnten. Hierfür mussten sie, so eine weitere Annahme, immer wieder den jeweiligen historischen Gegebenheiten und ideellen Standards ihrer Nutzerinnen und Nutzer angepasst werden, um ihre Legitimität zu behalten. Einer der Modernisierungsfaktoren, der in Vorbereitung zu dieser Arbeit für die Veränderungen von Empfehlungsschreiben wichtig erschien, ist die Frage, wie sich eine eigene Variante von Rationalität in die Empfehlungen der bürgerlichen deutsch-jüdischen Moderne einschreibt.

Die Vorstellung von Rationalität in der Moderne kann kontrastiert werden mit einigen Klassikern der Ethnologie und Anthropologie, die für archaische und beziehungsweise oder nicht-westliche Gesellschaften Formen des Schenkens, der ritualisierten Gabe ausgiebig erforscht und beschrieben haben.[13] Sie weisen uns auf die „traditionelle Basis“[14] hin, die auch moderne Gesellschaften im Kern zusammenhalten und legen damit eine andere Interpretation von Rationalität nahe. So ist mit Turner gesprochen eine weise Entscheidung eine gefundene Balance zwischen Struktur und Communitas unter den gegebenen Umständen von Zeit und Raum.[15] Wichtig ist also das Zusammenspiel von Regeln und individuellen Konstellationen, die den Umständen entsprechend navigiert werden müssen. Blickt man kontrastierend auf gegenwärtige Artikel und Publikationen, stellt man fest, dass die westliche Bildungsgesellschaft einerseits einem Messbarkeitsfetisch und Quantifizierungsdrang verfallen zu sein scheint.[16] Andererseits setzen sich Autorinnen und Autoren kritisch und verwundert mit der ebenso wichtigen wie aus der Zeit gefallen zu sein scheinenden Praxis von Empfehlungsschreiben, vor allem in akademischen Kontexten, auseinander.[17] Techno-

---

13 Vgl. das Kula bei: Malinowski, Bronislaw: Argonauten des westlichen Pazifik. Ein Bericht über Unternehmungen und Abenteuer der Eingeborenen in den Inselwelten von Melanesisch-Neuguinea. Frankfurt am Main 1984, S. 115–142. Sowie die Arbeit zur gesellschaftlichen Bedeutung des Rituals: Turner, Victor: The Ritual Process. Structure and Anti-Structure. Somerset 1969. Und zur Gabe: Mauss, Marcel: Die Gabe. Form und Funktion des Austauschs in archaischen Gesellschaften. 12. Auflage. Frankfurt am Main 2019 [1925].

14 Mauss: Die Gabe, S. 157.

15 Turner: The Ritual Process, S. 139.

16 Muller, Jerry Z.: The Tyranny of Metrics. Princeton 2018.

17 Ferguson, Margaret: The Letter of Recommendation as Strange Work, in: Proceedings of the Modern Language Association 127 (2012) 4, S. 957; Ruggiero, Guido: Letters of Recommendation. Haikus or Hagiographies, in: Perspectives on History. The Newsmagazine of the American Historical Association,

logische Hybride scheinen Algorithmen zu sein, die persönliche Empfehlungen aufgrund zuvor erhobener Daten berechnen.[18] Letztere sind wohl symptomatisch für die Zerrissenheit zwischen Statistikhörigkeit und Drang nach persönlicher, subjektiver, vertrauenserweckender Meinung. Was ist also seit der Frühen Neuzeit passiert? Und was hat sich nicht verändert? Die Antworten auf diese Fragen kann nur ein dezidierter Blick in die Geschichte der Moderne liefern.[19]

Diese Untersuchung trägt dazu bei zu verstehen, auf welcher Grundlage Menschen Einstellungsentscheidungen treffen.[20] In der Moderne wurde der Anspruch erhoben, Entscheidungen mehr und mehr auf der Basis der Vernunft und orientiert an wissenschaftlich fundierten Prognosen zu treffen.[21] Es ist demnach davon auszugehen, dass auch bei der Auswahl zukünftiger Kolleginnen und Kollegen oder Partnerinnen und Partner, Mitarbeiterinnen und Mitarbeiter der Anspruch entstand, Einstellungen vermehrt an dem Können, den Talenten und den Qualifikationen der Aspirantinnen und Aspiranten auszurichten. Diesem Ziel entspricht die Praxis des Empfehlens nicht in vollem Umfang. Empfehlungsschreiben sind vielmehr als soziales Werkzeug im Gewand eines formellen Schriftstückes zu betrachten. Mit Blick auf das Rationalitätsparadigma der Moderne ist zu fragen, ob sich die Schreiben ab etwa 1880 stilistisch veränderten und welche Rolle Vernunft und Expertenwissen in Empfehlungsschreiben spielten, basierte doch eine Empfehlung auf dem subjektiven Eindruck einer vertrauten oder bekannten Person.

In diesem Zusammenhang steht die These, dass Empfehlungsschreiben mit zunehmender Entfremdung und Anonymisierung für die Akteurinnen und Akteure wichti-

---

Oktober 2007, URL: https://www.historians.org/publications-and-directories/perspectives-on-history/october-2007/haikus-or-hagiographies, abgerufen am 13.03.2022.

18 Adelmann, Ralf: Modellierungen der Unentschlossenheit: Empfehlungssysteme als Kampfzone popkultureller Entscheidungsprozesse, in: Conradi, Tobias; Hoof, Florian; Nohr, Rolf F. (Hgg.): Medien der Entscheidung. Münster, Berlin 2016 (Medien'Welten, 27), S. 151–169.

19 Für medizinische Gutachten ist dies bereits erfolgreich durchgeführt: Geisthövel; Hess: Medizinisches Gutachten.

20 Die Erforschung historischer Entscheidungen ist mittlerweile auch in den Sozial- und Kulturwissenschaften verankert: Vgl. Stollberg-Rilinger, Barbara: Von der Schwierigkeit des Entscheidens, in: Deutscher Hochschulverband (Hg.): Glanzlichter der Wissenschaft. München 2013; Balke, Friedrich; Schwering, Gregor; Stäheli, Urs (Hgg.): Paradoxien der Entscheidung. Bielefeld 2004; Conrad, Burkhard: Der Augenblick der Entscheidung. Baden-Baden 2008; Pecar, Andreas: Tagungsbericht. Herstellung und Darstellung verbindlicher Entscheidungen. Legitimation durch Verfahren in vormodernen und modernen Gesellschaften, 20.02.2008–22.02.2008 Münster, in: H-Soz-Kult, 10.03.2008, URL: www.hsozkult.de/conferencereport/id/tagungsberichte-2033, abgerufen am 13.01.2022. Vgl. auch: Sonderforschungsbereich 1150 Kulturen des Entscheidens (Hg.): Forschungsprogramm, 2017, URL: https://www.uni-muenster.de/SFB1150/forschung/forschungsprogramm.html, abgerufen am 13.02.2022; Plumpe, Werner: Wie entscheiden Unternehmen? In: Zeitschrift für Unternehmensgeschichte 61 (2016), S. 141–159.

21 Vgl. Kramper, Peter: The Battle of the Standards. Messen, Zählen und Wiegen in Westeuropa 1660–1914. Berlin 2018.

ger wurden, um sich in einem vertrauten Rahmen orientieren zu können.[22] Damit steht diese Untersuchung in enger Verbindung zu Arbeiten zur Geschichte des Vertrauens[23], der Freundschaft[24], der Familie und der Verwandtschaft[25]. Dafür greift es auch die zeitgenössische Selbsteinschätzung eines spezifisch jüdischen Moments in Freundschafts- und Familienkonstellationen auf, die bis heute tradiert wird,[26] um sie einer kritischen Lektüre zu unterziehen.

Für die Rolle der Frauen in Empfehlungsnetzwerken sind besonders die Arbeiten von Christine von Oertzen und Rebekka Habermas Wegweiser und Inspiration gewesen.[27] Ihre Arbeiten haben darauf aufmerksam gemacht, dass die Arbeit von Frauen in der Geschichte ernst zu nehmen und genauer zu betrachten ist. Beide Forscherinnen beschreiben vor allem die bisher als zwei Pole der Frauenarbeit verstandenen Räume: die private Arbeit, also die Haus- und Sorgearbeit, und die Erwerbsarbeit. Zur Erwerbsarbeit liegen wenige Arbeiten vor, was bestehende Vorurteile, Frauen seien in

---

22 Vgl. Schimank, Uwe: Die Entscheidungsgesellschaft. Komplexität und Rationalität der Moderne. Wiesbaden 2005 (Hagener Studientexte zur Soziologie); Luhmann, Niklas: Vertrauen. Ein Mechanismus der Reduktion sozialer Komplexität. 5. Aufl. Konstanz, Stuttgart 2014.

23 Vgl. Frevert, Ute (Hg.): Vertrauen. Historische Annäherungen. Göttingen 2003; Frevert, Ute: Vertrauensfragen. Eine Obsession der Moderne. München 2013; Fukuyama, Francis: Trust. The Social Virtues and the Creation of Prosperity. New York 1996; Hartmann, Martin; Offe, Claus (Hgg.): Vertrauen. Die Grundlage des sozialen Zusammenhalts. Frankfurt am Main 2001 (Theorie und Gesellschaft, 50).

24 Die Autorin hielt 2016 einen Vortrag im Rahmen des Seminars „‚Yours Truly Forever...' Exploring the Cultural History of Friendship" im Rahmen der 40. Jahreskonferenz der German Studies Association (San Diego), der Theorien der Freundschaft in der Moderne thematisierte. Innerhalb des Forschungsfeldes *friendship studies* werden bisher vornehmlich individuelle Freundschaften oder der Begriff der Freundschaft selbst untersucht. Vgl. u. a. Valeur, Peter S.: Notes on Friendship: Moses Mendelssohn and Gotthold Ephraim Lessing, in: Oxford German Studies 45 (2016) 2, S. 142–156; Lüthe, Rudolf (Hg.): Eine sanfte Form von Liebe? Texte zum Begriff der Freundschaft. Berlin, Münster 2015 (Philosophie und Lebenskunst, 3).

25 Die in der Soziologie und der Anthropologie schon länger etablierten kinship studies gewinnen auch in der Geschichtswissenschaft an Bedeutung. Vgl. hierzu den Vortrag Simone Lässigs: „Reconsidering Family and Kinship in Modern History: A biographical Approach" auf der 40. Jahreskonferenz der GSA, San Diego, 2016 (unveröffentlicht). Vgl. weiterhin exemplarisch: Lanzinger, Margareth: Verwaltete Verwandschaft. Wien 2015; Cohen, Rina; Man, Guida (Hgg.): Engendering Transnational Voices. Studies in Family, Work, and Identity. Waterloo 2015 (Studies in childhood and family in Canada); Schutte, Kimberly: Women, Rank, and Marriage in the British Aristocracy, 1485–2000. An Open Elite? Basingstoke 2014 (Studies in Modern History); Vailati, Alex; Rial, Carmen (Hgg.): Migration of Rich Immigrants. Gender, Ethnicity, and Class. New York 2016.

26 Vgl. Grünewald, Max: Versuch über Freundschaft im Judentum, in: Monatsschrift für Geschichte und Wissenschaft des Judentums 80 (1936) 3, S. 170–180. Vgl. weiterhin: Grubin, David (Dir.): The Jewish Americans. PBS Home Video 2008.

27 Oertzen, Christine von: Rückblick aus der Emigration. Die Akademikerinnen Erna Barschak (1888–1958), Susanne Engelmann (1885–1963) und Lucie Adelsberger (1895–1971), in: Schaser, Angelika (Hg.): Erinnerungskartelle. Zur Konstruktion von Autobiografien nach 1945, Bochum 2003 (Herausforderungen, 14), S. 169–196; Habermas, Rebekka: Frauen und Männer des Bürgertums. Eine Familiengeschichte (1750–1850). Göttingen 2000.

der Vergangenheit – bis auf prominente Ausnahmen – eher nicht erwerbstätig gewesen, perpetuiert. Demgegenüber wies etwa Christiane Eifert nach, dass bis zu 25 Prozent der unternehmerischen Tätigkeiten zu Beginn des 20. Jahrhunderts von Frauen ausgeführt wurden.[28] Andere Forscherinnen versuchten bereits, die Trennung von privat und öffentlich aufzuweichen. So verstand etwa Mirjam Rürup jüdische Vereine als eine Zwischenwelt zwischen privatem und öffentlichem Leben.[29] Darauf aufbauend soll in der folgenden Analyse gefragt werden, ob die Trennung der beiden Lebenssphären überhaupt aufrechterhalten werden kann. Führte nicht gerade die private, aber gesellschaftliche Arbeit zu Berufskontakten? Und basierte nicht für viele Menschen die Berufswahl auf ihrem familiären Hintergrund? Mit diesen Fragen wird die These aufgestellt, dass es im Untersuchungszeitraum keine klare Trennung zwischen privatem und beruflichem Leben gab. In der Konsequenz erscheinen die Biografien von Männern stärker an ihre Familien gebunden und hatten die Lebensverläufe von Frauen einen stärkeren öffentlichen Einfluss, als es vermutlich dem bürgerlichen Ideal der Moderne – einer klaren Trennung von Heim und Arbeit – entsprach.

Mit dieser Perspektive wird im Verlauf der Arbeit auch die Frage nach der Rolle des Patriarchats gestellt. Konzepte von Väterlichkeit und väterlichen Aufgaben bei der Berufswahl der eigenen Kinder werden dabei ebenso berücksichtigt wie die Patronage, hier verstanden als ein väterliches Verhalten gegenüber meist jüngeren Kollegen und eventuell Kolleginnen.[30] Besonders in diesem Zusammenhang sind dann auch neue Erkenntnisse im Bereich der Unternehmensgeschichte zu erwarten. Durch diese kann wiederum gefragt werden, ob etwa einer Meistererzählung der Unternehmensgeschichte, dem Abstieg der Familienunternehmen zugunsten des Managerkapitalismus seit den 1920er Jahren, vollumfänglich zuzustimmen ist.[31]

Für diesen Zeitraum besteht wiederum ein enger Zusammenhang mit den Forschungen zur Transnationalität[32] und der Migrationsgeschichte[33]. Es könnte zunächst

---

28 Vgl. Eifert, Christiane: Deutsche Unternehmerinnen im 20. Jahrhundert. München 2011, S. 38.

29 Vgl. Rürup, Miriam: Ehrensache. Jüdische Studentenverbindungen an deutschen Universitäten 1886–1937. Göttingen 2015 (Hamburger Beiträge zur Geschichte der deutschen Juden, 33).

30 Vgl. Jakoby, Nina: (Wahl-)Verwandtschaft – Zur Erklärung verwandtschaftlichen Handelns, Wiesbaden 2008.

31 Vgl. Braun, Christina von: Blutsbande. Verwandtschaft als Kulturgeschichte. Berlin 2018, S. 12.

32 Vgl. einführend: Gassert, Philipp: Transnationale Geschichte. Version 2.0, in: Docupedia-Zeitgeschichte 2012, URL: http://dx.doi.org/10.14765/zzf.dok.2.255.v2, abgerufen am 25.01.2022; Herren, Madeleine: Transkulturelle Geschichte. Globale Kultur gegen die Dämonen des Eurozentrismus und des methodischen Nationalismus, in: Traverse. Zeitschrift für Geschichte 19 (2012) 2, S. 154–169.

33 Brechenmacher, Thomas: Die Geschichte des europäischen Judentums der Neuzeit als Migrationsgeschichte, in: Historisches Jahrbuch 135 (2015), S. 27–45. Vgl exemplarisch für Palästina Armbruster, Jörg: Willkommen im gelobten Land? Deutschstämmige Juden in Israel. Hamburg 2016; Divine, Donna Robinson: Exiled in the Homeland. Zionism and the Return to Mandate Palestine. Austin 2009 (Jewish History, Life, and Culture); Sonino, Claudia: German Jews in Palestine, 1920–1948. Between Dream and Reality. Lanham, Boulder, New York, London 2016. Vgl. exemplarisch für die Amerikas Fischer, Gudrun: „Unser Land spie uns aus". Jüdische Frauen auf der Flucht vor dem Nazi-terror nach Brasilien.

davon ausgegangen werden, dass Empfehlungsschreiben als berufliche, in professionellen Kontexten verortete Praxis von Religiosität frei gewesen seien. Allerdings – so die These – werden, besonders zu Zeiten einer starken äußeren Bedrohung, implizite und vereinzelt explizite Zeichen des Jüdischseins sichtbar. Weiterhin orientieren sich auch Prozesse der Vergesellschaftung und Verbürgerlichung mitunter an religiösen Prägungen. Zudem wird in dieser Arbeit davon ausgegangen, dass geplante Migrationsentscheidungen innerhalb bereits bestehender Netzwerke getroffen wurden. Empfehlungsschreiben stellen hierbei eine bis dato unterschätzte Quelle dar. Begründet durch Einwanderungsquoten waren Einwanderungsgenehmigungen oft nur zu erlangen, wenn eine feste Arbeitsstelle im Zielland nachgewiesen werden konnte. Hierzu waren Empfehlungsschreiben oft ein erster Schritt. Damit leisten entsprechende Untersuchungen einen Wissenszuwachs zur Migrationsforschung, die sich bislang eher wenig mit der Anbahnung und Vorbereitung von Migration befasst hat. Die Auswanderung nach Palästina sowie jene in die USA, die in zwei Fallstudien dieser Arbeit thematisiert werden, stellten dabei zwar nicht zwei konträre, aber doch unterschiedliche Migrationsziele deutscher Jüdinnen und Juden in der Zeit des Nationalsozialismus dar.

Eng verbunden mit den Migrationsfragen ist der Begriff der Transnationalität.[34] Um sich diesem weiter zu nähern wird gefragt, ob die hier untersuchten deutschen Jüdinnen und Juden zunehmend transnational agierten, ob sie sich nur eingeschränkt grenzübergreifend vernetzten und ob sie diese Frage überhaupt selbst thematisierten. Welchen Stellenwert hatte die Nation in Kontexten von Empfehlungen, und gab es spezifische Veränderungen, wenn grenzübergreifend empfohlen wurde? Dabei wird vermutet, dass eine etwaige Transnationalisierung nicht linear verlief und sich grenzüberschreitende Wanderungsbewegungen, seien sie kurzfristig wie beispielsweise eine Geschäftsreise, oder mittel- bis langfristig wie Flucht und Auswanderung, oft in Auseinandersetzung mit dem jeweiligen Verständnis von Nation und Nationalität vollzogen.

Durch die Auswahl der Fallstudien, auf die im Folgenden noch genauer einzugehen ist, wird auch die Bürgertums- und Elitenforschung im Allgemeinen angespro-

---

Offenbach 1998; Quack, Sibylle: Zuflucht Amerika. Zur Sozialgeschichte der Emigration deutsch-jüdischer Frauen in die USA 1933–1945. Bonn 1995; Fleck, Christian: Etablierung in der Fremde. Vertriebene Wissenschaftler in den USA nach 1933. Frankfurt am Main 2015. Zu beachten sind hier auch grundlegende Arbeiten zur Migration, die keinen dezidiert jüdischen Schwerpunkt haben: Vgl. Bade, Klaus: Sozialhistorische Migrationsforschung, in: Hinrichs, Ernst; van Zon, Henk (Hgg.): Bevölkerungsgeschichte im Vergleich. Studien zu den Niederlanden und Nordwestdeutschland. Aurich 1985, S. 63–74; Bade, Klaus: Historische Migrationsforschung, in: Bade, Klaus: Sozialhistorische Migrationsforschung. Göttingen 2004, S. 27–48; Oltmer, Jochen: Migration im 19. und 20. Jahrhundert. München 2010.

34 Vgl. Derix, Simone: Die Thyssens. Familie und Vermögen. Paderborn 2016 (Familie – Unternehmen – Öffentlichkeit, 4), S. 32; sowie Glick-Schiller, Nina: From Immigrant to Transmigrant. Theorizing Transnational Migration, in: Anthropological Quarterly 68 (1995) 1, S. 48–63; Mau, Steffen: Transnationale Vergesellschaftung. Frankfurt am Main 2007; Pries, Ludger (Hg.): Migration and transnational social spaces. Aldershot 1999.

chen. Die hier analysierten Fälle reihen sich ein in Forschungen zum Wandel wirtschaftlicher und wissenschaftlicher Eliten und zur Migration und Internationalisierung von Angehörigen bürgerlicher Elite.[35] Wie Michael Hartmann für Familienunternehmen und Topmanager beispielhaft gezeigt hat und auch die neuere Adelsforschung immer wieder betont, stützen sich Erhalt und Fortentwicklung von Eliten auch und gerade in der sogenannten Moderne auf persönliche Bekanntschaften und Kommunikation im inneren Kreis.[36] Der Ansatz der Netzwerkanalyse kann Aufschluss darüber geben, wie sich bürgerliche Kreise vernetzten, wie sie sich verbreiteten, stärkten und reproduzierten, auf welche Art also eine Verbürgerlichung möglich wurde oder nicht. Der Fokus auf die jüdische Geschichte zeigt, wie durch Akkulturation solcher Praktiken neue Akteurinnen und Akteure in elitäre berufliche Felder aufgenommen wurden. Die Moderne kann als die Hochzeit des jüdischen Bürgertums in Deutschland verstanden werden. Dieses jüdische Bürgertum durchläuft allerdings in dieser Zeit auch Prozesse der Transformation. Verhaltenspraktiken vom Beginn des Untersuchungszeitraums verschwinden oder werden abgeändert, da sie unwirksam geworden sind.

In der Rückschau kann sich zeigen, welche – ob nun bewusst oder unbewusst gewählten – Empfehlungsstrategien und Vernetzungsweisen erfolgreich waren. An dieser Stelle muss allerdings ausdrücklich erwähnt werden, dass das historische Netzwerk nicht mit dem zu verwechseln ist, was heutzutage landläufig als Networking[37]

35 Berghahn, Volker R.: Elitenforschung und Unternehmensgeschichte – Rückblick und Ausblick, in: Berghahn, Volker R.; Ziegler, Dieter; Unger, Stefan (Hgg.): Die deutsche Wirtschaftselite im 20. Jahrhundert. Kontinuität und Mentalität. Essen 2003, S. 11–31; Dahlmann, Dittmar; Reith, Reinhold (Hgg.): Elitenwanderung und Wissenstransfer im 19. und 20. Jahrhundert. Gesellschaft für Historische Migrationsforschung; Jahrestagung der Gesellschaft für Historische Migrationsforschung. Essen 2008; Plattner, Michael: Mobile Eliten in der Internationalisierung multinationaler Unternehmensnetzwerke. Die Rolle hybriden sozialen Kapitals bei der Überbrückung kultureller Distanz, in: Gamper, Markus; Reschke, Linda (Hgg.): Knoten und Kanten. Soziale Netzwerkanalyse in Wirtschafts- und Migrationsforschung. Bielefeld 2010, S. 221–247; Krohn, Claus-Dieter: Vertriebene intellektuelle Eliten aus dem nationalsozialistischen Deutschland, in: Schulz, Günther (Hg.): Vertriebene Eliten. Vertreibung und Verfolgung von Führungsschichten im 20. Jahrhundert. München 2001, S. 61–83; Ziegler, Dieter: Die wirtschaftsbürgerliche Elite im 20. Jahrhundert: eine Bilanz, in: Ziegler, Dieter (Hg.): Großbürger und Unternehmer. Die deutsche Wirtschaftselite im 20. Jahrhundert. Göttingen 2000, S. 7–31; Ziegler, Dieter: Strukturwandel und Elitenwechsel im Bankwesen 1900–1957, in: Berghahn, Volker R.; Ziegler, Dieter; Unger, Stefan (Hgg.): Die deutsche Wirtschaftselite im 20. Jahrhundert. Kontinuität und Mentalität. Essen 2003, S. 187–219; Münzel, Martin (Hg.): Die jüdischen Mitglieder der deutschen Wirtschaftselite 1927–1955. Verdrängung – Emigration – Rückkehr. Paderborn 2006; Kohlrausch, Martin; Heyrman, Peter; Maeyer, Jan de (Hgg.): Leisure and elite formation. Arenas of encounter in Continental Europe, 1815–1914. Berlin 2020.

36 Vgl. Hartmann, Michael: Die globale Wirtschaftselite. Eine Legende. Frankfurt am Main 2016; Hartmann, Michael: Eliten und Macht in Europa. Ein internationaler Vergleich. Frankfurt am Main 2007; Reif, Heinz: Adel, Aristokratie, Elite. Sozialgeschichte von Oben. Berlin, Boston 2016.

37 Für den Unterschied zwischen networking und Netzwerken vgl. exemplarisch zur Geschichte des Networkings: Laird, Pamela Walker: Pull. Networking and Success since Benjamin Franklin. Cam-

bezeichnet wird. Auch wenn in dieser Arbeit berufliche Verbindungen untersucht werden, wird den Akteurinnen und Akteuren keineswegs „eine Intention zur gewinnbringenden Instrumentalisierung persönlicher Kontakte“[38] unterstellt. Vielmehr wird gefragt, ob Empfehlungen Teil von professionellen Tauschverhältnissen waren, ob also auszumachen ist, dass Empfehlungen eine Art Kredit auf zukünftige Gefälligkeiten der Gegenseite darstellten. In der Entwicklung dieser Kapitalform, die – wie noch auszuführen ist – wohl in die bourdieusche Kategorie des sozialen Kapitals fällt, dürften von der zunehmenden Professionalisierung der Berufsgruppen während der Moderne bis zur Machtergreifung der Nationalsozialisten verschiedene historische Entwicklungen und Ereignisse Einfluss genommen haben.

1.2 Empfehlungsschreiben in Archiven

Empfehlungsschreiben von und für deutsche Jüdinnen und Juden finden sich in diversen Archiven und Sammlungen. Sie sind zumeist Teil eines Bestandes von persönlichen Nachlässen oder finden sich in Personalakten oder Korrespondenzen der Leitungsebene von Institutionen und Unternehmen. In der Vorbereitung dieser Arbeit galt es daher, die zur Verfügung stehenden vorliegenden Quellen zu einem Sample zusammenzuführen, das für die angesetzte Fragestellung sowohl paradigmatisch als auch überschaubar ist. Es wurden daher in einem ersten Schritt vornehmlich Archive aufgesucht, die für die jüdische Geschichte vor und während des Nationalsozialismus besonders relevant sind. Um dem Migrationsaspekt der Arbeit und der Transnationalität von sozialen Netzwerken gerecht zu werden, beschränkte sich die Recherche nicht auf deutsche Archive, sondern bezog auch US-amerikanische und israelische Archive ein.

Die Liste der für dieses Projekt besuchten Archive umfasst in Deutschland das Leo Baeck Institut / Jüdisches Museum (Berlin), das Bundesarchiv (Berlin), das Archiv des Jüdischen Museums (Frankfurt am Main), das Sächsische Hauptstaatsarchiv (Dresden) sowie das Württembergische Staatsarchiv (Stuttgart). In Israel wurden Empfehlungs-

---

bridge 2007. Zu Sozialen Netzwerken vgl. exemplarisch Aderhold, Jens: Form und Funktion sozialer Netzwerke in Wirtschaft und Gesellschaft. Beziehungsgeflechte als Vermittler zwischen Erreichbarkeit und Zugänglichkeit. Wiesbaden 2004; Fiedler, Martin: Netzwerke des Vertrauens. Zwei Fallbeispiele aus der deutschen Wirtschaftselite, in: Ziegler, Dieter (Hg.): Großbürger und Unternehmer. Die deutsche Wirtschaftselite im 20. Jahrhundert. Göttingen 2000 (Bürgertum, 17), S. 93–116. Zu Migrationsnetzwerken vgl. exemplarisch Schmiz, Antonie: Transnationalität als Ressource? Netzwerke vietnamesischer Migrantinnen und Migranten zwischen Berlin und Vietnam. Bielefeld 2011; zu jüdischen Netzwerken vgl. exemplarisch Müller, Jörg R. (Hg.): Beziehungsnetze aschkenasischer Juden während des Mittelalters und der frühen Neuzeit. Hannover 2008.

38 Großmann, Johannes: Die Internationale der Konservativen. Transnationale Elitenzirkel und private Außenpolitik in Westeuropa seit 1945. München 2014 (Studien zur internationalen Geschichte, 35), S. 22.

schreiben im Leo Baeck Institute (Jerusalem), in den Yad Vashem Archives (Jerusalem), den Central Zionist Archives (Jerusalem), den Central Archives for the History of the Jewish People (Jerusalem) und den German-Speaking Jewry Heritage Museum Archives (Tefen) sowie dem Archiv der Hebrew University und den Municipal Archives (Tel Aviv) besucht. In den Vereinigten Staaten erstreckten sich die Recherchen über das Leo Baeck Institute in New York, das United States Holocaust Memorial Museum in Washington, D. C. (USHMM), das Moorland-Spingarn Research Center (MSRC) der Howard University in Washington, D. C. und die Baker Library, die zur Harvard Business School (Cambridge, MA) gehört.

Diese Archivbesuche haben dazu beigetragen, den Quellenkorpus des Projektes auf vier Institutionen zu fokussieren, deren Bestände in den angesprochenen Archiven sowie in weiteren Sammlungen, die in einer zweiten Rechercherunde zusammengetragen wurden, zu finden sind. Diese Institutionen, zu deren Geschichte jeweils bereits eine überschaubare Menge historischer Arbeiten existieren und deren Bedeutungen im Verlauf dieser Einleitung weiter erläutert werden, sind erstens das Bankhaus Bleichröder,[39] dessen Akten sich in der Baker Library der Harvard Business School befinden und für das hier 62 Briefe analysiert wurden. Im Anschluss daran wurden zweitens Schreiben aus dem Kontext des späteren Fusionspartners der Bleichröders, des in Dresden gegründeten Bankhauses Gebr. Arnhold,[40] interessant, aus deren Umkreis vor allem im Sächsischen Hauptstaatsarchiv sowie im Württembergischen Staatsarchiv 39 Briefe zu finden waren. In Israel stellte die Sammlung der Hebrew University[41] einen besonderen Fall dar. In diesem Archiv sind alle Bewerbungen wissenschaftlichen Personals seit der Gründung der Universität bis heute verwahrt. Dieser Bestand beinhaltet die teilweise mit Kommentaren versehenen 298 Schreiben abgelehnter (148 Briefe) und angenommener (150 Briefe) Bewerber. Am United States Holocaust Memorial Museum in Washington (USHMM) befinden sich neben etwa 80 Personal Files, die Empfehlungsschreiben beinhalten, Sammlungen diverser Hilfsorganisationen, die deutsche und europäische Jüdinnen und Juden vor und während des Zweiten Weltkriegs unterstützten. Besonders gut aufgearbeitet ist in diesem Archiv die Arbeit des American Friends Service Committee (ASFC),[42] dessen extensive Arbeit darauf basierte, aus Europa eingehende Empfehlungen entweder zur Vermittlung von Arbeitsstellen oder von Affidavits an potenzielle Arbeitgeberinnen und Arbeitgeber beziehungsweise Helfende in Amerika weiterzuleiten. Aus diesem Kontext liegen 508 Briefe vor.

39 Vgl. Stern, Fritz: Gold und Eisen. Bismarck und sein Bankier Bleichröder. Neuausgabe. Reinbek bei Hamburg 2000, sowie Grimme: Aus Widersprüchen zusammengesetzt.

40 Vgl. Lässig, Simone: Kultur und Kommerz. Das Beispiel der Bankiersfamilie Arnhold, in: Dresdner Hefte. Beiträge zur Kulturgeschichte 15 (1997) 49, S. 39–46.

41 Bentwich, Norman: The Hebrew University of Jerusalem 1918–1960. London 1961.

42 Austin, Allan W.: Quaker Brotherhood. Interracial Activism and the American Friends Service Committee, 1917–1950. Urbana 2012.

Die Quellensprache ist vornehmlich Deutsch, die Sprache, in der die Verfasserinnen und Verfasser aufgewachsen sind oder akademisch sozialisiert wurden. Hinzu kommen mehrheitlich in der dritten und vierten Fallstudie englischsprachige Briefe. Es werden mit der getroffenen Auswahl vier Institutionen in den Blick genommen, für die jeweils nur wenige Forschungsarbeiten vorliegen. Zu Beginn der Untersuchungsperiode wird die Branche des Bankgewerbes in den Blick genommen. Dieses Arbeitsfeld veränderte sich im Verlauf der Moderne rapide. Die Mitte des Untersuchungszeitraumes widmet sich jüdischen Wissenschaftlerinnen und Wissenschaftlern auf dem Weg nach Israel. Jüdische Akademiker als gesellschaftliche Gruppe gab es in Deutschland erst seit dem Kaiserreich,[43] die Fallstudie zu deutschen Jüdinnen und Juden an der Hebräischen Universität deckt außerdem den Zionismus ab. Für die letzte Phase des Untersuchungszeitraums kann eine Konzentration auf eine Hilfsorganisation zeigen, wie die zuvor gültigen branchenspezifischen Kulturen in Anbetracht der Bedrohung durch den Nationalsozialismus außer Kraft gesetzt und neue etabliert wurden. Diese Bedrohung rief für die deutsch-jüdische Geschichte ebenso neue wie unerwartete Akteurinnen und Akteure, wie die amerikanischen Quäker des American Friends Service Committee (AFSC), auf den Plan.

1.3 Theoretische und konzeptionelle Grundlagen der Empfehlungsforschung

Deutsch-jüdische Geschichten als paradigmatische Fälle

Die zu diskutierenden Fälle aus dem Kontext des deutsch-jüdischen Bürgertums werden als „paradigmatische Fälle“[44] verstanden, die Aufschluss über die historische Verfasstheit von Empfehlungsschreiben in Auseinandersetzung mit den Veränderungen der Moderne liefern. Die Fallbeispiele sind als Sonden in die unterschiedlichen historischen Konstellationen und Branchen zu verstehen.[45] In der Analyse der Fallstudien wird jeweils mitgedacht, dass ein jeder Einzelfall eine Besonderheit innerhalb der All-

43 Davor sind es prominente Einzelfälle. Vgl. Richarz, Monika: Jüdische Akademiker als Anwälte und Ärzte. Behinderte Emanzipation und berufliche Orientierung, in: Braun, Christina von (Hg.): Was war deutsches Judentum? 1870–1933. Berlin 2015 (Europäisch-jüdische Studien. Beiträge, 24), S. 167–180; Leschnitzer, Adolf; Richarz, Monika: Der Eintritt der Juden in die akademischen Berufe. Jüdische Studenten und Akademiker in Deutschland 1678–1848. Tübingen 1974; Biegel, Gerd; Klein, Angela; Albrecht, Peter; Sonar, Thomas: Jüdisches Leben und akademisches Milieu in Braunschweig. Nellie und Kurt Otto Friedrichs. Wissenschaftliche Leistungen und illegale Liebe in bewegter Zeit. Frankfurt am Main 2012 (Braunschweiger Beiträge zur Kulturgeschichte, 2); Grab, Walter (Hg.): Juden in der deutschen Wissenschaft. Tel-Aviv 1985.

44 Vgl. Hackler, Ruben; Kinzel, Katherina (Hgg.): Paradigmatische Fälle. Konstruktion, Narration und Verallgemeinerung von Fall-Wissen in den Geistes- und Sozialwissenschaften. Basel 2016 (Itinera, 40).

45 Vgl. für diesen methodischen Ansatz Derix: Die Thyssens, S. 32.

gemeinheit darstellt. In diesem Sinne trägt ein Fall als „kleine Erzählung“ korrigierend, ergänzend, bestätigend oder dekonstruierend zu Meistererzählungen bei.[46] So wurden für diese Arbeit vier Fallstudien recherchiert, die jede für sich Teil der Geschichte deutscher Jüdinnen und Juden sind, sich aber bezüglich der Empfehlungspraxis alle voneinander unterscheiden.

Insgesamt eignen sich die Geschichten deutscher Jüdinnen und Juden für diese Untersuchung in besonderem Maße. Der jüdische Teil der bürgerlichen Elite gestaltete in Deutschland wichtige Basisprozesse der Moderne mit.[47] Wirtschaftliche Entwicklung, Verwissenschaftlichung und Globalisierung sowie Bildungsexpansion sind eng verwoben mit dem Konzept der Moderne. Diese Prozesse sind bereits vor der offiziellen Verwendung des Modernebegriffs durch die Zeitgenossinnen und Zeitgenossen um 1880 Teil des jüdischen Bürgertums.[48] Der mit der Moderne verbundenen Impetus der Zeitgenossinnen und Zeitgenossen, vormoderne Traditionen zu überwinden und zu modernisieren, passt allerdings im Grunde weniger dazu, die der Vormoderne entstammende Empfehlungspraxis beizubehalten. Dem zu dieser Zeit vorherrschenden teleologischen Fortschrittsverständnis hätte es in letzter Konsequenz eher entsprochen, die sich zu dieser Zeit ausbreitende Formalisierung und Professionalisierung der Ausbildungswege und des Arbeitsalltags auch auf die Empfehlungspraxis anzuwenden. Statt aber das Empfehlen zu verwerfen, wurde diese Praxis vielmehr angepasst und weiterentwickelt. Hierbei erwies sich der Kern von Empfehlungsschreiben, nämlich eine Kontaktanbahnung aufgrund persönlicher, subjektiver Eindrücke und Kenntnisse, allerdings als beständig.

In der Geschichte der deutschen Juden lassen sich verschiedene Zwecke und sich verändernde Ausformungen von Empfehlungen in einem vergleichsweise kurzen Zeitraum darstellen, da in der historisch verdichteten Gemengelage seit der Sattelzeit viele

---

46 Vgl. für die jüdische Perspektive auf allgemeine Geschichte auch Lerner, Paul: The consuming temple. Jews, department stores, and the consumer revolution in Germany, 1880–1940. Ithaca 2015. Vgl. weiterhin Düwell, Susanne; Pethes, Nicolas: Fall, Wissen, Repräsentation – Epistemologie und Darstellungsästhetik von Fallnarrativen in den Wissenschaften vom Menschen, in: Düwell, Susanne; Pethes, Nicolas; Hess, Volker et al. (Hgg.): Fall – Fallgeschichte – Fallstudie. Theorie und Geschichte einer Wissensform. Frankfurt am Main, New York 2014, S. 9–34, hier S. 9; Jarausch, Konrad; Sabrow, Martin: „Meistererzählung“. Zur Karriere eines Begriffs, in: Konrad Jarausch (Hg.): Die historische Meistererzählung. Deutungslinien der deutschen Nationalgeschichte nach 1945, Göttingen 2002, S. 9–31.

47 Safran, William: The Jewish Diaspora in a Comparative and Theoretical Perspective, in: Israel Studies 10 (2005) 1, S. 36–60; Lavsky, Hagit: The Creation of the German-Jewish Diaspora. Interwar German-Jewish Immigration to Palestine, the USA, and England. Berlin 2017; Kotowski, Elke Vera: Das Kulturerbe deutschsprachiger Juden. Eine Spurensuche in den Ursprungs-, Transit- und Emigrationsländern. Berlin 2015; Engelhardt, Arndt; Fiedler, Lutz; Gallas, Elisabeth et al. (Hgg.): Ein Paradigma der Moderne. Jüdische Geschichte in Schlüsselbegriffen. Göttingen 2016; Cahnman, Werner Jacob: Deutsche Juden. Ihre Geschichte und Soziologie. Münster 2005; Effenberger, Wolfgang; Môsqôvîş, Reuven: Deutsche und Juden vor 1939. Stationen und Zeugnisse einer schwierigen Beziehung. Ingelheim am Rhein 2013; Braun, Christina von (Hg.): Was war deutsches Judentum? 1870–1933. Berlin 2015.

48 Vgl. Dipper: Moderne.

verschiedene gesellschaftliche Bedingungen existierten. Der Beginn des Betrachtungszeitraumes war gleichzeitig die Endphase des Prozesses der gesetzlichen Emanzipation der Juden. Das „Gesetz betreffend die Gleichberechtigung der Konfessionen in bürgerlicher und staatsbürgerlicher Beziehung" wurde am 3. Juli 1869 vom Norddeutschen Bund beschlossen und 1871 in das Reichsgesetz des Kaiserreiches inkorporiert.[49] Spätestens ab diesem Moment wurde die jüdische Emanzipation vor allem zu einer sozialen und kulturellen Aufgabe.

Der gesellschaftliche Aufstieg der historischen Akteurinnen und Akteure, die größtenteils Mitglieder der jüdischen Wirtschaftselite sowie akademisch gebildete Menschen waren, nahm nach der ersten Hälfte des 19. Jahrhunderts an Fahrt auf. Jüdische Wirtschaftsfunktionäre, Journalisten und Publizisten, selten -funktionärinnen, Journalistinnen und Publizistinnen, nahmen bereits seit dem Beginn des 19. Jahrhunderts wichtige Positionen innerhalb der nicht-jüdischen Mehrheitsgesellschaft ein. Seit 1848 betraten wichtige jüdische Protagonisten das Feld der deutschen Politik, und auch zum Universitätssystem fanden deutsche Juden neue Zugänge. So war es bis 1848 Juden höchstens möglich, Privatdozent zu werden, und dies nur in wenigen deutschen Ländern. Dies änderte sich mit der Öffnung des akademischen Systems gegenüber Nicht-Christen, sodass bis 1889/90 bereits 12 Prozent der deutschen Akademikerinnen und Akademiker an Universitäten jüdischen Glaubens waren.

Dieser Prozess wurde begleitet von einem Bedeutungsverlust der Religion als Identifikationsgröße der deutschen Juden ab spätestens der Mitte des 19. Jahrhunderts.[50] Diese Tendenz entsprang der Selbstwahrnehmung als gleichberechtigte Deutsche und als Teil der bildungsorientierten Mittelklasse. Es gab also auch in der Selbstwahrnehmung einen Unterschied zwischen der jüdischen Religion und der soziokulturellen Prägung als deutscher Jude und deutscher Jüdin.

Gleichzeitig verzeichnen Forschungsarbeiten spätestens ab den ausgehenden 1870er Jahren einen ansteigenden, modernen Antisemitismus, der die sozialen Verbindungen und die gesellschaftliche Stellung deutscher Jüdinnen und Juden beeinflusste.[51] Der Erfolg der Juden in den für sie neuen Berufsfeldern sorgte für Angst und Empörung unter den Deutschen, die Symptome dieser Missgunst ersetzten und überlagerten die davor vornehmlich auf die religiösen Unterschiede ausgerichtete Judenfeindlichkeit.[52] Arbeiten zum jüdischen Bürgertum dieser Zeit belegen, dass die Verbürgerlichung der deutschen Juden mitunter so erfolgreich verlief, dass eher die deutsch-jüdi-

---

49 Albanis, Elisabeth: German-Jewish Cultural Identity from 1900 to the Aftermath of the First World War. A Comparative Study of Moritz Goldstein, Julius Bab and Ernst Lissauer. Tübingen 2002 (Conditio Judaica, 37), S. 15.

50 Albanis: German-Jewish Cultural Identity, S. 26.

51 Jünger, David: Am Scheitelpunkt der Emanzipation. Die Juden Europas und der Berliner Kongress 1878, in: Engelhardt, Arndt; Fiedler, Lutz; Gallas, Elisabeth et al. (Hgg.): Ein Paradigma der Moderne. Jüdische Geschichte in Schlüsselbegriffen. Göttingen 2016, S. 17–39, hier S. 18–19.

52 Effenberger; Môsqôvîṣ: Deutsche und Juden vor 1939, S. 27.

schen Bürger als Prototypen vor allem des Bildungsbürgertums angesehen werden müssten.[53]

Mit der Schilderung dieser komplexen historischen Gemengelage findet sich diese Arbeit auch vor der Frage, wie der Begriff „deutscher Jude“ oder „deutsche Jüdin“ zu definieren ist. Eine Frage, die auch verdientere Historikerinnen und Historiker, Sozialwissenschaftlerinnen und Sozialwissenschaftler sowie Kulturwissenschaftlerinnen und Kulturwissenschaftler seit Jahrzehnten bearbeiten und für die zunächst zu klären wäre, was jüdisch und was deutsch ist.[54] Werden beide Begriffe in Kombination verwendet, ruft dies allerdings unlösbare Spannungen hervor, da sie sich gerade in der historischen Betrachtung mal zu bedingen, mal zu widersprechen scheinen.[55] Eben dieses dialektische Verhältnis des Wortpaares „deutsch-jüdisch“ erschwert weiterhin die konsistente Verwendung der Begriffe „Akkulturation“ und „Assimilierung“[56], denn wenn sich nicht zurückverfolgen lässt, was deutsch und was jüdisch im Deutsch-Jüdischen ist, scheint es eine Gratwanderung zu sein, festschreiben zu wollen, welche kulturellen Gepflogenheiten deutscher Jüdinnen und Juden, außerhalb des religiösen Ritus, auf ihre Sozialisation in der deutschen Mehrheitsgesellschaft zurückzuführen sind. Das gilt zumindest dann, wenn man gleichzeitig davon ausgeht, dass die preußischen Stereotype von Ordnung und Pünktlichkeit als Analysekategorien zu kurz greifen.

Mitten in den Forschungsdiskussionen über die Verhältnisse und Verflechtungen von Eigen- und Fremdwahrnehmung, von Akkulturation und Assimilation versucht diese Arbeit den Begriff der „deutschen Juden“, zugeschnitten auf die Thematik der beruflichen Empfehlung, dahingehend zu operationalisieren, dass deutsche Jüdinnen und Juden diejenigen Menschen jüdischer Konfession sind, die vornehmlich auf Deutsch kommunizieren und die in ihrer beruflichen Ausbildung in deutschen Bildungs- und Berufssystemen – Universitäten, Firmen, Schulen – geprägt worden sind. Hinzuzufügen ist weiterhin, um auch individuellen Phänomenen wie beispielsweise zum Christentum konvertierten deutschen Juden gerecht zu werden, der Aspekt des Antisemitismus: Deutsche Juden waren also auch die, die bereits getaufte Christen waren, da sie Gefahr liefen, trotz ihrer Konversion als Juden benachteiligt zu werden –

---

53 Vgl. Lässig: Jüdische Wege ins Bürgertum; Jensen, Uffa: Gebildete Doppelgänger. Bürgerliche Juden und Protestanten im 19. Jahrhundert. Göttingen 2005 (Kritische Studien zur Geschichtswissenschaft, 167); Volkov, Shulamit: Die Verbürgerlichung der Juden in Deutschland als Paradigma, in: Volkov, Shulamit (Hg.): Antisemitismus als kultureller Code. Zehn Essays. München 2000, S. 111–130; Wassermann, Henry: Jews. Bürgertum and bürgerliche Gesellschaft in a Liberal Era 1840–1880. Jerusalem 1979.

54 Mosse, Werner E.: Preface, in: Timms, Edward; Hammel, Andrea (Hgg.): The German-Jewish Dilemma. From the Enlightenment to the Shoah. Lewiston 1999 (Symposium series, 52), S. XIII–XVII, hier S. XV.

55 Vgl. Presner, Todd Samuel: Mobile modernity. Germans, Jews, trains. New York 2007 (Cultures of history), S. 4; Roemer, Nils H.: Jewish Scholarship and Culture in Nineteenth Century Germany. Between History and Faith. Madison 2021, S. 6.

56 Vgl. Albanis: German-Jewish Cultural Identity, S. 11.

ein Zusatz, der vor allem für das Ende des Betrachtungszeitraumes, nämlich mit dem Nationalsozialismus, entscheidend wird, der allerdings auch schon vor 1933 jüdisches Leben in Deutschland prägte. Die spezifische historische Situation der ethnokulturellen Gemeinschaft deutscher Jüdinnen und Juden in dieser Zeit umfasste also nicht nur Aspekte professioneller und sozialer Etablierung und Akkulturation, sondern auch prägende Erfahrungen von Ausgrenzung durch Antisemitismus, die letztendlich im Nationalsozialismus ihren schrecklichen Höhepunkt fand. Diese über den Betrachtungszeitraum sich verändernden Konjunkturen von Ausgrenzung und „Integration" und die hieraus resultierenden Momente der interkonfessionellen Zusammenarbeit und extremer Konfliktsituationen sorgten auch dafür, dass sich für deutsche Juden neue Netzwerkbeziehungen ergaben oder bereits bestehende Verbindungen abbrachen. Die sozialen Beziehungen zwischen deutschen Juden untereinander und zu nicht-jüdischen Akteurinnen und Akteuren unterlagen also in der Moderne einem steten Wandel.[57]

In Verbindung mit der in ihrer Intensität schwankenden Ausgrenzung durch die Mehrheitsgesellschaft steht der weitestgehend unbestritten der jüdischen Kultur immanente Identifikationspunkt der gemeinsamen Erfahrung der Diaspora.[58] Die unfreiwillige lokale Ungebundenheit wurde auch von den Zeitgenossinnen und Zeitgenossen während des Betrachtungszeitraums als einer der maßgeblichen Faktoren für die Adaptionsfähigkeit und damit die günstige Entwicklung des Judentums beispielsweise in wissenschaftlichen, aber auch wirtschaftlichen Systemen betrachtet.[59]

Bezüglich der Dialektik der Identität deutscher Jüdinnen und Juden als Aufsteiger eines deutschen Bürgertums bei gleichzeitiger Mitgliedschaft in einer diasporisch verfassten ethnokulturellen Gemeinschaft lassen sich Parallelen zur Epoche selbst ziehen, die sich ihrerseits ebenso durch fortschreitende Nationalstaatsbildung einerseits und zunehmende Globalisierung andererseits definieren lässt.[60] Die übernationale Art der Vergemeinschaftung steht dabei nicht nur im Widerspruch zu einem vor allem bei vielen besser gestellten deutschen Jüdinnen und Juden aufkommenden Nationalgefühl, sondern auch zu Ausgrenzungserfahrungen durch einen ansteigenden Antisemitismus innerhalb der „ethnisierenden Kleinräumigkeit" des deutschen Nationalstaats.[61] Das

57 Bauerfeld, Daniel; Clemens, Lukas: Gesellschaftliche Umbrüche und religiöse Netzwerke. Einleitung, in: Dies. (Hgg.): Gesellschaftliche Umbrüche und religiöse Netzwerke. Analysen von der Antike bis zur Gegenwart. Bielefeld 2014 (Sozialtheorie), S. 7–13, hier S. 7.

58 Vgl. Safran: The Jewish Diaspora; Lavsky: The Creation of the German-Jewish Diaspora.

59 Schmidt, Imanuel Clemens: Kulturkampf, Protestantisierung, Wissenschaft. Matthias Jacob Schleidens Konzeption vom Judentum, in: Engelhardt, Arndt; Fiedler, Lutz; Gallas, Elisabeth et al. (Hgg.): Ein Paradigma der Moderne. Jüdische Geschichte in Schlüsselbegriffen. Göttingen 2016, S. 267–287, hier S. 267.

60 Vgl. Osterhammel, Jürgen: Die Verwandlung der Welt. 5. Aufl. München 2010, S. 13.

61 Diner, Dan: Ubiquitär in Zeit und Raum. Annotationen zum jüdischen Geschichtsbewusstsein, in: Dan Diner (Hg.): Synchrone Welten. Zeitenräume jüdischer Geschichte. Göttingen 2005 (Toldot, 1), S. 13–37, hier S. 28–29.

machte die deutschen Juden gleichzeitig zu Pionieren des modernen Anspruchs der Globalisierung und der Verortung von Deutschland in Europa und in der Welt.

Gerade die zweifache Identität als Deutsche und als Juden ließ diese Gruppe von Menschen zu transnationalen Akteurinnen und Akteuren werden. Transnationalität bedeutet hierbei in keinem Sinne, dass die Nationalitätsfrage aufgehoben oder irrelevant ist. Der Begriff weist vielmehr darauf hin, dass sich komplexe Probleme nicht innerhalb von nationalstaatlichen Grenzen entfalten. Gleichzeitig wird davon ausgegangen, dass historische Grenzgängerinnen und Grenzgänger keineswegs transnational eingestellt waren. Vielmehr dachten sie die diversen, sich aus nationalen Zuschreibungen ergebenden Identitäten mit. Dies hatte mitunter ganz praktische Auswirkungen. Besonders in Wirtschaft und Wissenschaft gestaltete die grenzübergreifende Struktur jüdischer Netzwerke den Wissensaustausch und die Handelsbeziehungen mit.[62] Dies ist nicht zuletzt durch die gemeinsamen Erfahrungen und kulturellen Überschneidungen innerhalb der jüdischen Diasporagemeinschaft zu erklären, deren Mitglieder trotzdem jeweils die regionalen Eigenschaften ihres Wohnortes zu verstehen und zu kommunizieren wussten.[63]

Es sind diese gemeinsamen Erfahrungen einer jüdischen Moderne, die die hier untersuchten, verschiedenen elitären, sozialen Gruppen – soziale Aufsteiger, etablierte Bürger, (politische) Intellektuelle, Akademikerinnen und Akademiker sowie durch Antisemitismus zu Juden erklärte und zur Emigration gezwungene Konvertiten – als für die vorliegende Arbeit manchmal so fern voneinander erscheinende historische Akteurinnen und Akteure doch miteinander verbinden. Damit deutet sich bereits an, dass es unmöglich ist, die deutschen Jüdinnen und Juden als eine homogene soziale Gruppe zu verstehen. Bestätigt wird dies dadurch, dass sich schon andere Denkende, Forschende und Schreibende mit dieser Frage auseinandergesetzt haben und zu keinem einheitlichen Ergebnis gekommen sind. Der Versuch, Identitäten und Zuschreibungen für historische Akteurinnen und Akteure auf diese Art festzulegen und nachträglich zu bestimmen, erscheint unter dem Eindruck der vorliegenden Arbeiten zur Komplexität der deutsch-jüdischen Identität geradezu anmaßend. Viel sinnvoller ist es anzuerkennen, dass sich die Selbstwahrnehmung und Fremdwahrnehmung derer, die sich als deutsche Juden sahen und die als solche gesehen wurden, über den Betrachtungszeitraum veränderte. Eben diese fluktuierende Selbst- und Fremdwahrnehmung ist es, die dieser Arbeit hilft, Empfehlungen und deren Wandel besser zu verstehen. So wird für diese Untersuchung das Deutsch-Judentum nicht als Erklärung, als *explanans*, für das Zustandekommen der Empfehlung verstanden, vielmehr wird es als eines der sich mit der Empfehlungskultur verändernden Themen selbst zum Untersuchungsgegenstand,

62 McCabe, Ina Baghdiantz; Harlaftis, Gelina; Pepelasis Minoglou, Ioanna: Introduction, in: Dies. (Hgg.): Diaspora Entrepreneurial Networks. Four Centuries of History. Oxford 2005, S. XVIII–XXII, hier S. XIX.

63 "A common culture is what keeps a network together and gives it a particular ethnic identity." In: McCabe et al.: Introduction, hier S. XIX–XXI.

zum *explanandum*. Die an die Empfehlungsschreiben dieser Arbeit zu stellende Frage lautet darum: Wie wurde Judentum in den unterschiedlichen Kontexten angesprochen? Unter dieser Perspektive enthält eine jüdische Geschichte in der Moderne dann auch Erkenntnispotenzial für breitere historische Phänomene in diesem Zeitraum. Jüdische Geschichte wird auf diese Weise weiter ihrer Existenz als Orchideenfach enthoben und zur Bereicherung eines gesamthistorischen Verständnisses herangezogen.[64]

Vertrauen in soziales und kulturelles Kapital

In den Empfehlungsschreiben des Betrachtungszeitraumes werden die sozialen Beziehungen zu den betroffenen Personen oft mit Zusätzen beschrieben, die die Intensität des Verhältnisses und damit die Wertigkeit der Empfehlung unterstreichen sollen. So geht es mitunter um Verwandtschafts-[65] und Freundschaftsbeziehungen, um Patronageverhältnisse oder um Bekanntschaften.

Die Arbeit geht davon aus, dass der Grad und die Tiefe der Kenntnis von der oder dem Betreffenden für die Rezipienten einen zu berücksichtigenden Indikator darstellten. Denn mit erhöhter Kenntnis einer anderen Person steigt – im besten Fall zumindest – auch das Vertrauen. Niklas Luhmann machte nicht nur darauf aufmerksam, dass Vertrauen[66] ein Mechanismus zur Reduktion komplexer Strukturen ist,[67] sondern zudem, dass Menschen innerhalb kleiner Strukturen „funktionaler Solidarität" vertrauen.[68] Luhmann nennt Freundschafts- und Familiennetzwerke als Beispiel und rekurriert damit auch auf die Arbeit von Shmuel Eisenstadt und Luis Roniger.[69] Stefanie Fischer verweist in ihrer Monografie zu jüdischen Viehhändlern darauf, dass Vertrauen in Geschäftsbeziehungen eine Lücke geschlossen habe, die bei dem Versuch eines

64 Engelhardt, Arndt; Fiedler, Lutz; Gallas, Elisabeth; Gordinsky, Natasha; Graf, Philipp; Ahmed, Mohammed et al.: Zur Einführung, in: Engelhardt, Arndt; Fiedler, Lutz; Gallas, Elisabeth et al. (Hgg.): Ein Paradigma der Moderne. Jüdische Geschichte in Schlüsselbegriffen. Göttingen 2016, S. 9–17, hier S. 9.

65 Coy, Jason; Marschke, Benjamin; Poley, Jared; Verhoeven, Claudia (Hgg.): Kinship, Community, and Self. Essays in Honor of David Warren Sabean. New York 2014; Nolde, Dorothea: Kulturtransfer über Familienbeziehungen. Einige einführende Überlegungen, in: Dies.; Opitz, Claudia (Hgg.): Grenzüberschreitende Familienbeziehungen. Akteure und Medien des Kulturtransfers in der Frühen Neuzeit. Köln 2008.

66 Vgl. Frevert: Vertrauen; Fukuyama: Trust; Frings, Cornelia: Soziales Vertrauen. Eine Integration der soziologischen und der ökonomischen Vertrauenstheorie. Wiesbaden 2010.

67 Luhmann: Vertrauen.

68 Luhmann, Niklas: Vertrautheit, Zuversicht, Vertrauen. Probleme und Alternativen, in: Hartmann, Martin; Offe, Claus (Hgg.): Vertrauen. Die Grundlage des sozialen Zusammenhalts. Frankfurt am Main 2001 (Theorie und Gesellschaft, 50), S. 143–161.

69 Eisenstadt, Shmuel Noaḥ; Roniger, Luis: Patrons, Clients and Friends. Interpersonal Relations and the Structure of Trust in Society. Cambridge 1999 (Themes in the social sciences).

rein zweckrationalen Kalküls bestehen geblieben sei.[70] Anette Baier beschreibt das Vertrauen als einen Prozess, bei dem eine Person einer anderen Person die Sorge um etwas überlässt, das ihr „am Herzen liegt."[71] Damit einher geht das Bewusstsein, dass die Personen, denen man vertraut, einem wohlgesonnen sind und keine schlechten Absichten haben.[72] Dies ist auch in der Genese von Empfehlungsschreiben ein wichtiges Element. Nicht nur die empfohlene Person muss der empfehlenden Person vertrauen, dass sie ihr wohlgesonnen ist. Auch die Empfehlungsempfänger müssen darauf vertrauen, dass ihnen eine geeignete Person empfohlen wird, und die empfehlende Person muss ihrerseits darauf vertrauen, dass ihre Empfehlung in der Zukunft den Ansprüchen auch gerecht wird, da andernfalls ihre Glaubhaftigkeit Schaden zu nehmen droht. Welchen Wert ein Vertrauensverhältnis und Vertrauensvorschüsse besonders in finanzintensiven Berufen haben können, zeigt Martin Fiedler in zwei Artikeln mit Fallbeispielen aus der deutschen Wirtschaftselite, in denen er Vertrauen zu einer der Schlüsselkategorien wirtschaftlichen Handelns erhebt und von denen einer den eindrücklichen Titel „Vertrauen ist gut, Kontrolle ist teuer" trägt.[73] Auch Stefanie Fischer betont diese Annahme und weitet sie gleichzeitig auf den nicht-bürgerlichen Beruf der Viehhändler aus, wenn sie feststellt, dass Vertrauen besonders für risikoreiche Geschäfte ausschlaggebend ist.[74] Das Thema Vertrauen ist in der Geschichtsschreibung der Moderne bereits sehr prominent vertreten, und es ist weiterhin – darauf macht Fischer aufmerksam – eine wiederkehrende Komponente in der Forschung zur deutsch-jüdischen Geschichte.[75] Es erscheint daher geradezu verwunderlich, dass Empfehlungen, die so stark auf Vertrauen basieren, bisher in der Geschichte der Moderne kaum Beachtung fanden.

Die Fähigkeit, einer Person Vertrauen entgegenzubringen, lässt sich nur durch eine gewisse Kenntnis der Person erreichen, da sonst das Risiko, dass man sie falsch

---

70 Fischer, Stefanie: Ökonomisches Vertrauen und antisemitische Gewalt. Jüdische Viehhändler in Mittelfranken 1919–1939. Göttingen 2014 (Hamburger Beiträge zur Geschichte der deutschen Juden, 42), S. 97.

71 Baier, Anette: Vertrauen und seine Grenzen, in: Hartmann, Martin; Offe, Claus (Hgg.): Vertrauen. Die Grundlage des sozialen Zusammenhalts. Frankfurt am Main 2001 (Theorie und Gesellschaft, 50), S. 37–85, hier S. 51.

72 Baier: Vertrauen und seine Grenzen, S. 44.

73 Fiedler, Martin: Vertrauen ist gut, Kontrolle ist teuer. Vertrauen als Schlüsselkategorie wirtschaftlichen Handelns, in: Geschichte und Gesellschaft 27 (2001) 4, S. 576–592 und Fiedler: Netzwerke des Vertrauens.

74 Fischer: Ökonomisches Vertrauen und antisemitische Gewalt, S. 97. Vgl. auch Hergenröder, Curt Wolfgang (Hg.): Gläubiger, Schuldner, Arme. Netzwerke und die Rolle des Vertrauens. Wiesbaden 2010; Hillen, Christian (Hg.): „Mit Gott". Zum Verhältnis von Vertrauen und Wirtschaftsgeschichte. Köln 2007 (Schriften zur rheinisch-westfälischen Wirtschaftsgeschichte, 46).

75 Fischer, Stefanie: Belonging and Trustworthiness: Jewish Businessmen in the Public Rhetoric around the "Trustworthy Businessman" in Post-World War I Germany, in: Caputo, Nina; Hart, Mitchell Bryan (Hgg.): On the Word of a Jew. Religion, Reliability, and the Dynamics of Trust. Bloomington 2019, S. 158–180.

einschätzt und das Vertrauen missbraucht wird, den Nutzen überwiegt. Über die Grade der Intensität der gegenseitigen Kenntnis stellte der Soziologe Georg Simmel seine Klassifikation von Typen sozialer Beziehungen auf, in deren Schnittmenge sich das Individuum zeigt. Hierzu gehören Bekanntschaften, Zweck- beziehungsweise Interessenverbände, Freundschaften und die Ehe.[76] Als Spezifikum der Moderne differenziert Simmel vor allem die Freundschaften, die, im Gegensatz zum aristotelischen Verständnis von einer uneigennützigen und tiefen Freundschaft „um ihrer selbst willen“[77], in der Moderne differenzierter sein könne. Der moderne Mensch sei, so Simmel, so facettenreich, dass er verschiedene Freunde für verschiedene Bereiche seines Lebens haben könne. Beispielsweise sei es möglich Arbeitsfreundschaften zu führen, mit diesen Arbeitsfreunden aber bestimmte Aspekte seines Privatlebens nicht zu teilen. Trotzdem würden diese Beziehungen Freundschaften genannt.[78] Dieser Aufstellung muss im Fall von Empfehlungsschreiben noch die verwandtschaftliche Beziehung hinzugefügt werden, aber auch die persönliche, allerdings asymmetrische Nahbeziehung der Patronage.[79] Letztere geht allerdings nicht immer mit tiefer persönlicher Kenntnis einher, sondern zeichnet sich eher durch ein gesteigertes Interesse an der Zukunft einer protegierten Person aus.

Ausgehend davon werden verschiedene Semantiken zu den Formen sozialer Beziehungen, wie etwa Verwandtschaft, Freundschaft, Kollegialität, Bekanntschaft analysiert. Ziel ist es hierbei nicht, die historische Tatsächlichkeit dieser Beziehungen nachzuweisen, sondern der Frage nachzugehen, wann, wo und wie diese Begriffe verwendet wurden.[80] Beispielsweise wird, wie es in der nachfolgenden Untersuchung herauszuarbeiten gilt, der Begriff der Freundschaft mit der Absicht verwendet, der Empfehlung einen besonderen Nachdruck zu verleihen. Es wird davon ausgegangen, dass die Klassifizierung einer sozialen Beziehung in einem Empfehlungsschreiben ein argumentatives Gewicht hat, das auch mit der Intensität dieser Beziehung verbunden ist.

Mit den für den Zweck der Empfehlung „richtigen“ Menschen verwandt, befreundet oder bekannt zu sein, war, so soll in dieser Arbeit gezeigt werden, von entscheidender Bedeutung. Das soziale Kapital, das eine empfohlene Person im Laufe ihres Lebens und ihrer Karriere angehäuft hatte, konnte mit einem Empfehlungsschreiben in die sprichwörtliche Waagschale geworfen werden. Zwar ist das soziale Kapital nicht in

76 Simmel, Georg: The Sociology of Georg Simmel. Translated, Edited, and with an Introduction by Kurt H. Wolff. New York 1950, S. 317–329.

77 Vgl. Aristoteles: The Eudemian Ethics. Book Seven. Translated by Peter L. P. Simpson. New Brunswick, London 2013, S. 335–378.

78 Vgl. Simmel: The Sociology of Georg Simmel, S. 319; Vgl. auch Schinkel, Andreas: Freundschaft ist kein Fabeltier. Soziologen begutachten eine besondere Beziehung, in: zeitzeichen 6 (2009), S. 16–18.

79 Edinger, Silke; Müller; Christian: Einleitung, in: Edinger, Silke; Müller, Christian; Alvarado Leyton, Cristian (Hgg.): Nahbeziehungen zwischen Freundschaft und Patronage. Zur Politik und Typologie affektiver Vergemeinschaftung. Göttingen 2017, S. 7–16, hier S. 7.

80 Vgl. Lüthe: Eine sanfte Form von Liebe?

Zahlen messbar, aber unter Berücksichtigung der Hierarchisierung sozialer Beziehungen durch die Zeitgenossinnen und Zeitgenossen können auf der Grundlage der Soziologie Simmels doch zumindest relative Aussagen über das Gewicht des Sozialkapitals gewagt werden.

Der Kapitalbegriff Bourdieus hat in die Netzwerkforschung bereits Eingang gefunden. Er wird in dem Sinne genutzt, dass das soziale Kapital einer zu untersuchenden Entität sichtbar gemacht wird, indem man die Anzahl der sozialen Kontakte berücksichtigt und diese danach klassifiziert, welches ökonomische, kulturelle und soziale Kapital sie jeweils mit sich bringen. Es wird also davon ausgegangen, dass ihre Position im sozialen Raum Empfehlungen beeinflusste und von Empfehlungen beeinflusst wurde.[81] Zu berücksichtigen ist auch die Beziehungsintensität, von der aus sich auf die potenzielle Verfügbarkeit der Ressourcen schließen lässt.[82] Für die hier vorliegende Betrachtung, in der Juden aus deutschen bürgerlichen Eliten im Mittelpunkt stehen, ist der Begriff des kulturellen Kapitals also weiterhin erläuterungswürdig. Ein solches zeigt sich zum einen in Bildungstiteln und zum anderen in erlernten kulturellen Inhalten (Literaturkenntnisse, Musikalität, Kunstinteresse etc.). Des Weiteren sind diese kulturellen Kenntnisse objektifizierbar und zeigen sich besipielsweise in den Wohnungen und Büroräumen der Kapitalinhaberinnen und -inhaber (Bücher, Instrumente, Kunstwerke). Drittens ist dieses kulturelle Kapital habituell verinnerlicht.[83] Alle drei Kapitalformen – sozial, kulturell und monetär – sind nach Bourdieu über Generationen hinweg vererbbar und tragen darum mitunter zur Reproduktion des Status quo bei. Klassenstrukturen und Unterschiede werden nicht ausgeglichen, sondern verstärkt.[84] In Empfehlungsschreiben bürgerlicher Eliten spielen diese Kapitalformen eine große Rolle. Verweise auf Traditionen, Bildungswege, gemeinsame Bekannte, Verwandtschaftsverhältnisse, aber auch Abendveranstaltungen und gemeinsame Interessen sind in diesem Genre bürgerlicher Briefkultur nicht unüblich. Sie werden als Argumente herangezogen, mit denen einer Empfehlung mehr Nachdruck verliehen werden soll. Eine Varianz ist bei der Gewichtung des Kapitals zu erwarten, da beispielsweise

81 Vgl. Bourdieu, Pierre: Sozialer Raum und „Klassen". Zwei Vorlesungen. Suhrkamp, Frankfurt am Main 1985.

82 Vgl. auch Haug, Sonja: Soziale Netzwerke und soziales Kapital. Faktoren für die strukturelle Integration von Migranten in Deutschland, in: Gamper, Markus; Reschke, Linda (Hgg.): Knoten und Kanten. Soziale Netzwerkanalyse in Wirtschafts- und Migrationsforschung. Bielefeld 2010, S. 247–275; Fenicia, Tatjana; Gamper, Markus; Schönhuth, Michael: Integration, Sozialkapital und soziale Netzwerke. Egozentrierte Netzwerke von (Spät-)Aussiedlern, in: Gamper, Markus; Reschke, Linda (Hgg.): Knoten und Kanten. Soziale Netzwerkanalyse in Wirtschafts- und Migrationsforschung. Bielefeld 2010, S. 305–332.

83 Vgl. Bourdieu, Pierre: Ökonomisches Kapital, kulturelles Kapital, soziales Kapital, in: Kreckel, Reinhard (Hg.): Soziale Ungleichheiten. Göttingen: 1983, S. 183–198; Vgl. auch Marx, Christian: Die Mischung macht's. Zur Bedeutung von kulturellem, ökonomischem und sozialem Kapital bei Paul Reusch während des Konzernaufbaus der Gutehoffnungshütte (1918–1924), in: Gamper, Markus; Reschke, Linda (Hgg.): Knoten und Kanten. Soziale Netzwerkanalyse in Wirtschafts- und Migrationsforschung. Bielefeld 2010, S. 159–195, hier S. 162.

84 Marx: Die Mischung macht's, S. 161.

hohes soziales Kapital fehlendes monetäres bis zu einem gewissen Grad auszugleichen vermag.

Zur Frage nach Qualität oder Quantität führt Pierre Bourdieu aus, dass es mitunter für ein Individuum ertragreicher ist, ein intensiveres soziales Netz zu wenigen, aber kapitalreichen Personen aufzubauen, als viele lockere Beziehungen zu Mitgliedern der Peripherie zu unterhalten.[85] Über die Wirkmächtigkeit von intensiven, „geschlossenen" sozialen Netzwerken oder losen Verbindungen muss, was die Empfehlungsschreiben betrifft, unter Zuhilfenahme der Erkenntnisse von Granovetter und Coleman weiter nachgedacht werden. Granovetter vertritt in seinem Aufsatz zu der „Strength of weak ties" die These, dass es besonders in professionellen sozialen Netzwerken die schwachen, die entfernteren sozialen Verbindungen sind, die Individuen beruflich voranbringen. Durch diese schwächeren Verbindungen gelangen neue Informationen in soziale Netzwerke, die dann zur Weiterentwicklung beitragen.[86] Dagegen steht Colemans „Closure"-Argument, das gedanklich näher an den Überlegungen Bourdieus ist. Ihm zufolge tauschen sich Menschen in geschlossenen Netzwerken mit starken Verbindungen, wie etwa Familien- oder Gemeindenetzwerken, vertieft aus. Solche engen Verbindungen können gewährleisten, dass die potenziellen Ressourcen auch tatsächlich zur Verfügung gestellt werden.[87] Die Intensität der Verbindung würde demnach gewährleisten, dass sich eine Person verpflichtet fühlt, den Aufwand einer Empfehlung zu betreiben. Bourdieus Kapitalbegriff ermöglicht es weiterhin, Empfehlungsschreiben als eine Form der Ansammlung von sozialem Kapital zu begreifen.[88] Die Gabe der Empfehlung ist zeitlich nicht unbedingt an ihren Einsatz gebunden. Weiterhin ist das Element der Reziprozität in Empfehlungen enthalten, wenn auch oft verschleiert. Obwohl es so scheinen mag, gibt es keine selbstlose Empfehlung.[89]

Was nun die Entstehung und die Zirkulation von Empfehlungsschreiben betrifft, lautet die Hypothese, dass je nach historischer Gemengelage mal die „weak ties", mal die „strong ties" erfolgversprechend sind. Ist ein soziales Gefüge durch eine gesellschaftliche Veränderung oder eine Bedrohung nicht mehr stabil, wird es notwendig, an den Enden

---

85 Marx: Die Mischung macht's, S. 162.

86 Vgl. Granovetter, Mark S.: The Strength of Weak Ties, in: American Journal of Sociology 78 (1973) 6, S. 1360–1380.

87 Vgl. Coleman, James S.: Social Capital in the Creation of Human Capital, in: American Journal of Sociology 94 (1988), S. 95–120; Vgl. auch Burt, Ronald S.: Structural Holes. The Social Structure of Competition. Cambridge 1992 sowie Haug: Soziale Netzwerke und soziales Kapital, S. 248 und Marx, Johannes: Netzwerke als Quellen sozialen Kapitals. Zur kulturellen und strukturellen Einbettung vertrauensvoller Handlungen in Netzwerken, in: Gamper, Markus; Reschke, Linda (Hgg.): Knoten und Kanten. Soziale Netzwerkanalyse in Wirtschafts- und Migrationsforschung. Bielefeld 2010, S. 95–119, hier S. 96–97.

88 Zum Kapitalbegriff und zum Gabentausch vgl. Frick, Marc: Die Gabe als drittes Prinzip zwischen Markt und Staat? Bielefeld 2020, S. 71.

89 Vgl. die Diskussion über die Unmöglichkeit der selbstlosen Gabe unter Bezug auf die Arbeiten von Derrida und Mauss in: Schwaiger, Holger: Schenken. Entwurf einer sozialen Morphologie aus Perspektive der Kommunikationstheorie. Konstanz 2011, S. 68.

des eigenen Netzwerks neue Verbindungen anzuknüpfen; befindet sich eine stabile Gruppe hingegen in einer Umgebung, die als nicht ertragreich angesehen wird oder auf deren Ressourcen sie wenig Zugriff hat, ist es wahrscheinlich, dass sich die Gruppe selbst erhält und einzelne Mitglieder ihre Ressourcen, seien sie nun sozial, kulturell oder ökonomisch, untereinander vermehren und ihre Verbindungen weiter verdichten.

Das soziale und kulturelle Kapital wird auch eingesetzt, wenn ein Individuum seinen Standort verändert. Unabhängig von der Intensität der Verbindungen ist es inzwischen sozialwissenschaftlich und in der Historiografie anerkannt, das soziale Verbindungen Migrations- und Wanderungsentscheidungen beeinflussen.[90] Familienmitglieder stellen ebenso wie Freundinnen und Freunde für wichtige Hilfeleistungen zur Verfügung.[91] Studien aus der jüngeren Geschichte betonen, beispielsweise im Falle von Spätaussiedlern oder türkischen Migranten in Deutschland, die Bedeutung von Verwandtschaft bei der Migration. Und sollten sich noch keine engeren Verwandten oder Freunde am Zielort befinden, spielen zumindest soziale und ethnische Homogenität bei Migrationsnetzwerken eine Rolle.[92] Etwaige soziale Verbindungen zum Zielort sind also für eine geplante Auswanderung entscheidend und ergänzen den besonders für die Geschichte der deutschen Jüdinnen und Juden vor 1945 ausschlaggebenden Faktor der Fremdheitserfahrungen im Heimatland.[93] Bestehen nämlich bereits soziale Kontakte im Einwanderungsland, kann die Planung der Auswanderung mehr Aussicht auf Erfolg haben und die Chance, nach der Migration eine Anstellung und damit eine Lebensgrundlage zu erhalten, höher sein.

1.4 Methodische Kombination zur Analyse von Empfehlungen

Grundlage der semantischen Analyse von Empfehlungsschreiben sind zunächst historische Briefsteller, also Schreibanleitungen, die Auskunft darüber geben, welche inhaltlichen und tonalen Ansprüche an Empfehlungsschreiben in professionellen Kontexten gestellt wurden.[94] So wird in Otto Friedrich Rammlers deutschem Reichs- und

90 Bührer, Susanne: Soziales Kapital und Wanderungsentscheidungen. Zur Bedeutung sozialer Bezugsgruppen im Prozeß der Entstehung von Wanderungserwägungen, Wanderungsabsichten und Wanderungen. Hamburg 1997.

91 Vgl. Diewald, Martin: Soziale Beziehungen: Verlust oder Liberalisierung? Soziale Unterstützung in informellen Netzwerken. Berlin 1991.

92 Vgl. Diewald: Soziale Beziehungen; Gestring, Norbert; Janßen, Andrea; Polat, Ayça: Prozesse der Integration und Ausgrenzung. Türkische Migranten der zweiten Generation. Wiesbaden 2006.

93 Vgl. Diner, Dan (Hg.): Historische Migrationsforschung. Gerlingen 1998; Bodenheimer, Alfred: Jüdische Migration nach, in und aus Europa, in: Polak, Regina; Reiss, Wolfram (Hgg.): Religion im Wandel. Transformation religiöser Gemeinschaften in Europa durch Migration – interdisziplinäre Perspektiven. Göttingen 2015, S. 388–396.

94 Rhode, Maria; Wawra, Ernst (Hgg.): Quellenanalyse. Ein epochenübergreifendes Handbuch für das Geschichtsstudium. Paderborn, Stuttgart 2020.

Universalbriefsteller erläutert, dass „Verwandtschaft, Freundschaft, Würdigkeit des zu Empfehlenden“[95] die Hauptgründe seien, um jemanden zu empfehlen. Zweck eines solchen Schreibens war gemäß der Auflage von 1892 das Erwirken von Anstellungen oder Beförderungen, aber auch die Herbeiführung einer Wohltat für den Empfohlenen oder einer freundschaftlichen Aufnahme. Rammler beschreibt die Bestandteile eines Empfehlungsschreibens grob wie folgt: Ausspruch der Empfehlung, Präzisierung der Bitte und Begründung. Bei der Begründung bleibt Rammler vage. Es sei unbedingt die Wahrheit zu sagen. Darum seien nur Menschen zu empfehlen, die man als empfehlende Person genau kenne. Nur dies könne verhindern, dass man eine Person empfehle, die ungeeignet sei. Letzteres sei zu vermeiden, da auch die Ehre des Empfehlenden auf dem Spiel stehe.[96] Überhaupt wird hier die Rolle der Verfasserinnen und Verfasser von Empfehlungsschreiben, die gleichzeitig auch die potenzielle Leserschaft eines Briefstellers sind, besonders betont. Eine erfolgreiche Empfehlung, so Rammler, sei vor allem vom Rang des Empfehlenden abhängig. Nur Gleichgestellte sollten untereinander empfehlen, eine Empfehlung von hierarchisch niedriger stehenden Personen sei zu vermeiden, da sie unbescheiden sei.[97]

Diese Ratschläge gibt auch Ludwig Kiesewetter im praktischen Universalbriefsteller, der 1903 bereits in der 41. Auflage erschien. Zu dieser Zeit wird der Kreis der möglichen Verfasserinnen und Verfasser um „gute Bekannte“ und „Geschäftsfreunde“ erweitert.[98] Weiterhin fügt er Rammlers Ansprüchen hinzu, dass die empfehlende Person dem Rezipienten beziehungsweise der Rezipientin als „wahrheitsliebender Mann“ bekannt sein müsse. Es müsse also eine gewisse Kenntnis und ein gewisses Vertrauen zwischen Sender und Empfänger geben. Als Maßstab für die Dringlichkeit und Ernsthaftigkeit der Empfehlung legt Kiesewetter die Intensität der Beziehung des Empfohlenen zum Empfehlenden sowie den Grad des Interesses des Letzteren an dem Erfolg des Schreibens an. Beides sei im Brief deutlich zu machen.[99]

Diesen Schilderungen hatte Heinrich Kube 1922 wenig hinzuzufügen. Er versuchte in seinem „Vollständigen Briefsteller für den geschäftlichen Verkehr“ den Anspruch an den Tonfall von Empfehlungsschreiben als warm und teilnehmend sowie nicht

---

95 Rammler, Otto F.: Otto Friedrich Rammlers deutscher Reichs- Universal-Briefsteller oder Musterbuch zur Abfassung aller in den allgemeinen und freundschaftlichen Lebensverhältnissen sowie im Geschäftsleben vorkommenden Briefe, Dokumente und Aufsätze: ein Hand- und Hilfsbuch für Personen jedes Standes. Bearbeitet von H. Th. Traut. 63. Aufl. Leipzig 1892, S. 91.

96 Rammler: Reichs- Universal-Briefsteller 1892, S. 91.

97 Rammler: Reichs- Universal-Briefsteller 1892, S. 91.

98 Kiesewetter, L.: Dr. L. Kiesewetters neuer praktischer Universal-Briefsteller: ein Formular- und Musterbuch zur Abfassung aller Gattungen von Briefen, Eingaben, Kontrakten, Verträgen, Testamenten, Vollmachten, Quittungen, Wechseln, Anweisungen und anderen Geschäfts-Aufsätzen, mit genauen Regeln über Briefstil, einer Anweisung zur Orthographie und Interpunktion und einer möglichst vollständigen Zusammenstellung aller üblichen Titulaturen; nebst einer Auswahl von Stammbuch-Aufsätzen und einem Fremdwörterbuche. 41. Aufl. Glogau 1903, S. 130.

99 Kiesewetter: Universalbriefsteller 1903, S. 130.

übertrieben lobend zu konkretisieren. Die Anmaßung, ein Empfehlungsschreiben zu verschicken, ohne von einem gewissen Rang zu sein, wird bei Kube nicht mehr als unbescheiden, sondern als schlichtweg „lächerlich“ bezeichnet.[100]

Zum Ende des Betrachtungszeitraumes 1938 werden in Übelackers Geschäfts-Briefsteller in der neu bearbeiteten Version von K. H. Brohl zur Strukturierung eines Empfehlungsschreibens drei Punkte genannt: „1. Die Beziehung, in welcher man zu dem Empfohlenen steht. 2. Der Gegenstand der Bitte. 3. Die Gründe, weshalb man eine günstige Aufnahme verlangt.“[101]

Abzugrenzen von Empfehlungsschreiben sind werbende Geschäftsbriefe, wie etwa die Empfehlung von Produkten, Geschäften oder Gasthöfen, die in dem Betrachtungszeitraum nicht nur in Form von Annoncen, sondern auch als Brief versandt wurden.[102] Ebenso sind auch Handlungsempfehlungen beispielsweise von religiösen, aufklärerischen und reformerischen Experten nicht Teil der Untersuchung. In die Studie einfließen werden hingegen vier Arten von Brieftypen, die der Empfehlungspraxis zuzuordnen sind und auf die die genannten Briefsteller hinweisen:

1. Der Erkundigungsbrief beziehungsweise die Bitte um eine Empfehlung: Diese Art von Schreiben geht einem eigentlichen Empfehlungsschreiben voraus. Solche Schreiben werden aufgesetzt, wenn die Person, die eine Position zu vergeben hat, entweder zwar eine Stelle, aber keine Kandidatin oder keinen Kandidaten hat oder wenn es bereits eine Kandidatin oder einen Kandidaten gibt, die oder der den Entscheidenden aber unbekannt ist. Der Erkundigungsbrief ist eine wichtige Quelle zur Untersuchung von Empfehlungsschreiben, da er vor allem Auskunft über die Verbindung zwischen der empfehlenden Person und der die Empfehlung einholenden Person gibt. Die Formulierung der Nachfragen gibt weiterhin Aufschluss darüber, welche Informationen für eine Entscheidung zu fehlen scheinen.
2. Einführungsschreiben: Einführungsschreiben sind zusammengefasst eine Empfehlung an eine vertraute Person, eine neue Person kennenzulernen. Sie betreffen vor allem die Funktion von Empfehlungen, den Adressaten dazu zu bewegen Beförderungen, Wohltaten oder eine Aufnahme zu bewirken. Verwendet wurden sie beispielsweise, um junge Leute in höhere Kreise einzuführen, um Reisenden Gesellschaft und Zerstreuung zu organisieren und dabei gleichzeitig neue Geschäftskontakte zu knüpfen oder um einen Gefallen oder eine Wohltat anzubahnen.
3. Das Einzweck-Empfehlungsschreiben: Hauptzweck dieses Schreibens ist die Empfehlung einer bestimmten Person. Diese Art von Schreiben kann entweder an eine

---

100 Kube, Heinrich: Wie schreibe ich meine Geschäftsbriefe? Vollständiger Briefsteller für den geschäftlichen Verkehr. 10. Aufl. Berlin 1922, S. 33.

101 Uebelacker, Matthias: Geschäfts-Briefsteller. Neubearbeitet von K. H. Brohl. 34. Aufl. Berlin 1938, S. 114.

102 Keller, Franz: Allgemeiner Geschäfts- u. Familien-Briefsteller od.: Prakt. Anleitung z. Abfassung aller Arten von Briefen. Bearbeitet von Adalbert Silbermann. Jubiläumsausgabe. Berlin 1910, S. 31.

bestimmte Person gerichtet sein oder ungerichtet aufgesetzt und der empfohlenen Person mitgegeben werden. Es kann weiterhin zweckgebunden, also für eine ganz bestimmte Position verfasst sein, oder die Absicht haben zu verdeutlichen, dass die Person für verschiedene Positionen geeignet ist.

4. Das Mehrzweck-Empfehlungsschreiben: Als solche werden hier Empfehlungen verstanden, die in Briefe gemischten Inhalts eingearbeitet sind. Diese Schreiben kommen in Briefstellern nicht vor, da sie keine geordnete Form haben. In gemischten Geschäftsbriefen werden verschiedene Themen ganz unterschiedlichen Inhalts abgehandelt, die zur Zeit der Verfassung auf der Kommunikationsagenda standen.

Was den Inhalt von Empfehlungen angeht, bleiben die Briefsteller vage. Die Unterteilung in Erläuterung der Beziehung, Gegenstand der Bitte und Begründung bietet wenig Orientierung bei der konkreten Formulierung eines solchen Schreibens. Das lässt sich aus historischer Perspektive dadurch erklären, dass die Inhalte eines Empfehlungsschreibens kulturellen Codes und Normen unterliegen, die den Zeitgenossinnen und Zeitgenossen, die es lesen oder erstellen, bekannt sind. Ein gesellschaftliches Bedürfnis, in Form von Schreibanleitungen und Sprachregeln diese Codes zu demokratisieren und für eine größere Menge Menschen anwendbar und nachvollziehbar zu machen, war in dem Betrachtungszeitraum nicht gegeben.

Um welche Inhalte es sich zu welcher Zeit und in welchem situativen Kontext handelte, soll in dieser Arbeit nachvollzogen werden. Hierfür wurden, orientiert an den wenigen Hinweisen aus den Briefstellern, Kategorien gebildet, die die in Empfehlungen angeführten Begründungen und Erläuterungen abdecken. Nicht alle Themenblöcke wurden in jedem Schreiben aufgenommen, vielmehr wird davon ausgegangen, dass sich die thematische Zusammensetzung, der Schwerpunkt des Textes und die Formulierungen im Verlauf des Betrachtungszeitraumes veränderten. Die aufgestellten, zu untersuchenden Themenblöcke und die jeweils verwendeten Semantiken sind dementsprechend:

1. Beziehungsbeschreibungen: Beschreibungen von Beziehungen ziehen sich durch das gesamte Schreiben. Sie beginnen bereits in der Anrede und enden mit der Schlussformel. Welche Intensitäten von Beziehungen zwischen den schreibenden, den beschriebenen und den das Schreiben empfangenden Personen vorliegen, ist auch nach Schilderung der Briefsteller ein Indikator für die Ernsthaftigkeit der Empfehlung. Es ist eine These, dass die Zusammensetzung der Empfehlungskonstellation sich über den Betrachtungszeitraum professionalisiert hat, also von Verwandten auf Vorgesetzte oder Lehrende übergegangen ist.
2. Bildungsweg: Welchen Anteil die Qualifikation der empfohlenen Person an der Empfehlung hat, ist eine weitere Untersuchungskategorie dieser Arbeit. Zu berücksichtigen sind dabei historische Gegebenheiten wie der Neueinstieg von deutschen Juden in akademische Berufe und die moderne Entwicklung von Ausbildungssystemen im Wirtschaftswesen.

3. Vertrauen, Verantwortung und Patronage: Alle Briefsteller betonen, dass es wichtig sei, wahre Aussagen zu machen, vor allem um als ausstellende Person nicht das Vertrauen des Rezipienten zu verlieren. Hinzu kommt das Vertrauensverhältnis zwischen Empfohlenen und Empfehlenden, das zumeist hierarchisch geprägt ist. Letzteres soll unter dem Begriff „Verantwortung" beziehungsweise „Patronage" beleuchtet werden.
4. Charakter: Es wird vermutet, dass anstatt von Aussagen über die Qualifikation der empfohlenen Person die Beschreibung von Charaktereigenschaften ein wichtiger Bestandteil von Empfehlungen war und darum oft besonders hervorgehoben wurde. Welche Charaktereigenschaften eine Kandidatin oder einen Kandidaten für eine bestimmte Position allerdings geeignet erscheinen ließen, gilt es zu untersuchen.
5. Erscheinungsbild: Angeschlossen an die Formulierungen, die die Charakterzüge beschreiben, beachtet diese Arbeit auch Körperdarstellungen. Ausgehend von der Hypothese, dass ein gepflegtes Erscheinungsbild als vertrauensfördernd angesehen wurde und Bewerbungsbilder sich im Betrachtungszeitraum noch nicht flächendeckend als Bestandteil von Bewerbungsprozessen durchgesetzt hatten, wird untersucht, ob und wie Beschreibungen des Erscheinungsbildes als Argumente einer Empfehlung herangezogen wurden.
6. Geschlecht: Die zur Konstruktion dieser Kategorie herangezogenen Briefsteller gehen in ihren Formulierungen davon aus, dass es Männer sind, die empfohlen werden oder die die Empfehlungsschreiben verfassen oder lesen. Tatsächlich ist die Geschlechterverteilung der Akteurinnen und Akteure in Anbetracht des Untersuchungszeitraums und der darzustellenden Fälle keineswegs paritätisch zu nennen. Diese Arbeit wird dennoch von der These geleitet, dass mehr Frauen in den Beschreibungen und Begründungen für Empfehlungen Erwähnung finden, als das generische Maskulinum in den Briefstellern nahelegt. Weiterhin werden gegenderte Formulierungen und Zuschreibungen beachtet.[103]
7. Jüdischsein: Diese Kategorie ergibt sich aus dem Gegenstand der Arbeit. Aufgrund der bereits dargelegten fluktuierenden, individuellen und kaum greifbaren Definition des Begriffs des deutschen Judentums wird in der textlichen Analyse untersucht, wann, wie und in welchen Situationen Verfasserinnen und Verfasser selbst das Judentum erwähnten. Hierbei ist besonders die Formulierung zu beachten, beispielsweise in Fällen, in denen die geleistete Fürsprache und der Gefallen, den eine Empfehlung bedeuten, in Verbindung mit den jüdischen Traditionen des Shtadlanut, der diplomatischen Fürsprache oder des Liebesdienstes, gebracht wird.
8. Nation: Im Anschluss daran wird als letzte Kategorie die der Nation und des Nationalismus untersucht. Spürt man dem Jüdischsein der hier betrachteten deutschen

103 Vgl. Ditz, Toby L.: Shipwrecked; or, Masculinity Imperiled: Mercantile Representations of Failure and the Gendered Self in Eighteenth-Century Philadelphia, in: The Journal of American History 81 (1994) 1, S. 51–80.

Juden nach, muss auch ihr Verständnis von Deutschsein untersucht werden. Gegen Ende des Betrachtungszeitraums bekommen die Begriffe des Nationalismus und der Nation weitere Facetten, einerseits in den Auseinandersetzungen mit dem Nationalsozialismus und der Vertreibung, andererseits in der Auseinandersetzung mit den Exil- und Fluchtländern und insbesondere mit Palästina und dem Jischuw, dem jüdischen Gemeinwesen in Palästina vor der Gründung des Staates Israel.

Da für die jeweiligen Fallbeispiele stets eine Vielzahl von Briefen vorliegt, die aber jeweils für eine höchst individuelle Situation verfasst wurden, lassen sich durch *close reading*[104] der historischen Quellen die individuellen Besonderheiten ebenso herausarbeiten wie die allgemeinen Merkmale und die strukturellen Stilformen und Gebräuche der jeweiligen Periode des Untersuchungszeitraums. Unmöglich hingegen ist es bisher, diese Arbeit als vergleichende Studie anzulegen, insbesondere weil es kein Standardwerk gibt und es, wie schon gezeigt, auch keines gab, das verbindliche Regeln für typische Empfehlungen benannt hätte. Trotz der Abwesenheit von Vergleichsmöglichkeiten bietet aber Charles Tillys Vergleichsmethode der *variation finding analysis* zumindest Inspiration. Mit dieser Methode wies er bereits 1984 darauf hin, dass historische Geschehnisse und Entwicklungen nicht in einem idealtypischen Vakuum erfolgen und damit ein direkter Vergleich ohnehin unmöglich ist. Vielmehr – und das soll auch für diese Arbeit als Interpretationsbasis mitgedacht werden – sind immer die verschiedenen Realitäten und Kontexte einzubeziehen.[105] Durch die semantische Analyse lassen sich Aussagen darüber treffen, welche Inhalte blieben, welche im Verlauf des Transformationszeitraumes wegfielen, welche neu hinzukamen und wie sich die Hierarchisierung der Inhalte veränderte.

Um der Analyse von Empfehlungsschreiben neben der Detailbetrachtung von Briefaufbau und Semantiken eine weitere Ebene der Interpretation hinzuzufügen, wird die Historische Netzwerkanalyse angewandt.[106] Dieser Ansatz ermöglicht es, Aussagen über das individuelle Schreiben hinaus zu tätigen und Rückschlüsse auf die Akteurinnen und Akteure zu ziehen, die in den Empfehlungsprozess involviert sind. Er zeigt die Personen, die schrieben oder über die beziehungsweise an die geschrieben wurde, aus einer weiteren Perspektive. Eine zu belegende Forschungsannahme dieser

104 Geertz, Clifford; Luchesi, Brigitte: Dichte Beschreibung. Beiträge zum Verstehen kultureller Systeme. 13. Aufl. Frankfurt am Main 2015.

105 Vgl. Tilly, Charles: Big Structures, Large Processes, Huge Comparisons. New York 1984.

106 Vgl. für Grundlagen in der Historischen Netzwerkforschung vor allem: Düring, Marten; Eumann, Ulrich: Historische Netzwerkforschung. Ein neuer Ansatz in den Geschichtswissenschaften, in: Geschichte und Gesellschaft 39 (2013) 3, S. 369–390; Düring, Marten; Eumann, Ulrich; Stark, Martin; Keyserlingk, Linda von (Hgg.): Handbuch Historische Netzwerkforschung. Grundlagen und Anwendungen. Münster 2016; Düring, Marten; Keyserlingk, Linda von: Netzwerkanalyse in den Geschichtswissenschaften. Historische Netzwerkanalyse als Methode für die Erforschung von historischen Prozessen, in: Schützeichel, Rainer; Jordan, Stefan (Hgg.): Prozesse. Formen, Dynamiken, Erklärungen. Wiesbaden 2015, S. 337–350.

Arbeit ist es, dass sich in Empfehlungsschreiben nicht nur Semantiken und aufgegriffene Themen veränderten, sondern dass sich auch die Zusammensetzung der beruflichen und sozialen Netzwerke, in denen Empfehlungsschreiben zirkulierten, im Verlauf des Betrachtungszeitraumes veränderte.

Die Historische Netzwerkanalyse (HNA) ist inspiriert von der Sozialen Netzwerkanalyse (SNA) und entstammt damit theoretisch und methodisch der Soziologie. Forschungsansätze aus der Gegenwartsanalyse werden dabei auf multiple historische Situationen angewendet und dadurch um den Faktor des Zeitverlaufs erweitert. Verschiedene Forschungsarbeiten nennen diverse Startpunkte für die Soziale Netzwerkanalyse. Aus historisch forschender Perspektive sind die Ansätze für das Nachdenken über soziale Beziehungen und deren Einfluss auf Gesellschaften so alt wie die Soziologie selbst. Mit Auguste Comte, Ferdinand Tönnies, Norbert Elias, Émile Durkheim und Gustave Le Bon seien an dieser Stelle einige Persönlichkeiten genannt, die über verschiedene Arten und Intensitäten menschlicher Verbindungen und deren Einfluss auf soziale Kollektive nachdachten.[107] Auch wurde der Begriff des Netzwerks seit dieser Zeit verstärkt verwendet, wenn man über Gemeinschaften sprach.[108] Explizit von Netzwerken spricht auch Georg Simmel in seiner „Untersuchung über die Formen von Vergesellschaftung“,[109] in der er auf das dialektische und keineswegs dichotome Verhältnis von Individuum und Struktur verweist.[110] Damit verfolgte Simmel als erster Wissenschaftler seines Faches einen dezidiert relationalen Ansatz.[111] Seit den 1950er Jahren entstand dann die Netzwerkanalyse, informiert durch relationale Sozialtheorien und strukturfunktionalistische Ansätze.[112] Grundlegende Theorien, auf die sich die Forschung zur Netzwerkanalyse stützt, sind, neben dem für diese Arbeit grundlegen-

107 Freemann, Linton C.: The Development of Social Network Analysis. A Study in the Sociology of Science. Vancouver 2004, S. 15.

108 Gamper, Markus; Reschke, Linda: Soziale Netzwerkanalyse. Eine interdisziplinäre Erfolgsgeschichte, in: Gamper, Markus; Reschke, Linda (Hgg.): Knoten und Kanten. Soziale Netzwerkanalyse in Wirtschafts- und Migrationsforschung. Bielefeld, S. 13–55, hier S. 16.

109 Simmel, Georg: Soziologie. Untersuchungen über die Formen von Vergesellschaftung. Berlin 1908.

110 „[D] ie Einheit aus Vielen, die gegenseitige Bestimmung der Einzelnen, die Wechselbedeutung des Einzelnen für die Totalität der andern und dieser Totalität für den Einzelnen – verlaufen unter dieser ganz prinzipiellen, nicht abstrakt bewussten aber in der Realität der Praxis sich ausdrückenden Voraussetzung: dass die Individualität des Einzelnen in der Struktur der Allgemeinheit eine Stelle findet, ja, dass diese Struktur gewissermaßen von vornherein, trotz der Unberechenbarkeit der Individualität, auf diese und ihre Leistung angelegt ist. Der kausale Zusammenhang, der jedes soziale Element in das Sein und Tun jedes andern verflicht und so das äußere Netzwerk der Gesellschaft zustande bringt, verwandelt sich in einen teleologischen, sobald man ihn von den individuellen Trägern her betrachtet, von seinen Produzenten, die sich als Ichs fühlen und deren Verhalten aus dem Boden der für sich seienden, sich selbstbestimmten Persönlichkeit wächst.“ Simmel: Soziologie, S. 31.

111 Vgl. Gamper/Reschke: Soziale Netzwerkanalyse, S. 17.

112 Vgl. Siedow, Markus: Q. Aurelius Symmachus und die Netzwerke der spätrömischen Aristokratie. Soziale Netzwerkanalyse in der Alten Geschichte? In: Bauerfeld, Daniel; Clemens, Lukas (Hgg.): Gesellschaftliche Umbrüche und religiöse Netzwerke. Analysen von der Antike bis zur Gegenwart. Bielefeld 2014, S. 13–45, hier S. 15; Sowie Gamper/Reschke: Soziale Netzwerkanalyse, S. 36.

den Aufsatz Mark Granovetters „The Strength of Weak Ties“, Burts „Structural Holes“[113], Rogers’ und Bhowmiks „Homophily-Heterophily“[114], Diewalds „Soziale Beziehungen“[115] sowie die relationalen Sozialtheorien von Siegfried Frederick Nadel[116] und Harrison White[117] und die jüngeren Arbeiten von Boris Holzer[118] und Jan Fuhse[119].

Zusammenfassend lässt sich nach heutigem Forschungsstand das Hauptanliegen der Sozialen und der Historischen Netzwerkanalyse so beschreiben, dass es darum geht, soziale Strukturen ernst zu nehmen, einzubeziehen und zu erforschen. Dies meint, Muster in den diversen Formen sozialer Beziehungen zu erkennen, die Akteurinnen und Akteure zu einer gewissen Zeit oder über einen gewissen Zeitraum hinweg miteinander verbinden.[120] Konzeptuell war der Netzwerkbegriff bereits vor seiner Omnipräsenz in der historischen und der soziologischen Forschung präsent, denn er verhält sich fast kongruent zum Begriff der sozialen „Gruppe“[121]. In der Geschichtswissenschaft wurden „Gruppen“ spätestens mit Wolfgang Reinhards Begriff der „Verflechtung“ prominent, den er 1979 für sein „Konzept zur Erforschung historischer Führungsgruppen“[122] etablierte. Es sei die soziale Verflechtung von Individuen zu einer Gruppe, die Interaktionen ermögliche und damit auch Macht verfestige.[123]

Die Innovation des Netzwerkbegriffs liegt also nicht ausschließlich in seiner geisteswissenschaftlichen Konzeption. Sie liegt zudem in den erneuerten methodischen Möglichkeiten in Form von Analyseprogrammen und Datenbanken, die der Digitalisierung und damit auch der interdisziplinären Öffnung hin zu Erkenntnissen und Möglichkeiten der Mathematik und Informatik entspringen. Diesen Vorteil sah Simone Derix in ihrer umfassenden Studie zu den Thyssens vor allem im Bereich des Datenmanagements, also in der Bewältigung quantitativ größerer Quellenbestände und damit entsprechend größerer Gruppen historischer Akteurinnen und Akteure.[124] Und in der Tat ist die Sicherheit, niemanden zu vergessen, ein entscheidender Faktor in der Verwendung von Methoden des digitalen, relationalen Datenmanagements. Es

---

113 Burt: Structural holes.

114 Rogers, Everett M.; Bhowmik, Dilip K.: Homophily-Heterophily. Relational Concepts for Communication Research, in: Public Opinion Quarterly 34 (1970/71) 4, S. 523–538.

115 Diewald: Soziale Beziehungen.

116 Nadel, Siegfried Frederick: The Theory of Social Structure. London 1957.

117 White, Harrison C.: Identity and Control. A Structural Theory of Social Action. Princeton 1992.

118 Holzer, Boris: Theorie der Netzwerke oder Netzwerk-Theorie? Stuttgart 2009.

119 Fuhse, Jan A.: Gruppen und Netzwerke. Eine begriffsgeschichtliche Rekonstruktion, in: Berliner Journal für Soziologie 16 (2006), S. 245–263.

120 Erickson, Bonnie H.: Social Networks and History. A Review Essay, in: Historical Methods 30 (1997) 3, S. 149–157, hier S. 149.

121 Vgl. Fuhse: Gruppen und Netzwerke.

122 Reinhard, Wolfgang: Freunde und Kreaturen. „Verflechtung“ als Konzept zur Erforschung historischer Führungsgruppen. Römische Oligarchie um 1600. München 1979.

123 Vgl. Reinhard, Wolfgang: Freunde und Kreaturen. Vgl. auch Großmann: Die Internationale der Konservativen, S. 22.

124 Vgl. Derix: Die Thyssens, S. 44.

soll aber in dieser Arbeit darüber hinaus versucht werden, noch weiteren, auch qualitativen Profit aus diesem Zugang zu ziehen. Hierzu müssen zunächst allerdings einige Begriffe und Konzepte eingeführt werden. Grundlegend besteht ein Netzwerk zum einen aus Knoten und zum anderen aus Kanten, die diese Knoten verbinden. Diese zwei Elemente entsprechen in der Historischen ebenso wie in der Sozialen Netzwerkanalyse den sozialen Entitäten (Personen, Ämter, Familien, Institutionen oder Ähnliches) als Knoten und den Beziehungen und Relationen, die diese Entitäten eingehen, als Kanten.[125]

Mit der sukzessiven Öffnung der Geschichtswissenschaft gegenüber der omnipräsenten Digitalisierung haben sich im letzten Jahrzehnt vor allem drei digitale Netzwerkanalyse-Tools in der historischen Forschung etabliert. Eine Vorreiterrolle nimmt unbestritten das Programm Vennmaker ein. Diese innerhalb einer historischen Forschungsgruppe an der Universität Trier entwickelte Anwendung ermöglicht es Forscherinnen und Forschern, ihre Netzwerke nicht mühsam mit ungeeigneten Bildprogrammen – oder gar mit Bleistift und Lineal – festzuhalten, sondern bietet eine Umgebung, die für diese Art des digitalen Arbeitens optimiert ist.[126] Ebenfalls internationale Aufmerksamkeit erregte bisher Gephi, das ursprünglich von Studierenden der Université de Technologie de Compiègne (UTC) (Frankreich) entwickelt wurde und inzwischen als Open-Source-Programm zur Verfügung steht.[127]

Mit beiden Programmen sind bereits beeindruckende Forschungsarbeiten entstanden, die das noch im Aufbau befindliche Feld der Historischen Netzwerkanalyse absteckten und ebneten. Beide Programme haben aber bisher den für Historikerinnen und Historiker entscheidenden Nachteil, dass sich Zeitverläufe und damit historische Entwicklungen nur über Umwege darstellen lassen – ein Umstand, der nicht zuletzt für die immer noch kursierende Kritik verantwortlich zeichnet, die Netzwerkanalyse sei gegenüber anderen historischen Analyseformen zu statisch.[128] Eine wertvolle Innovation für Historikerinnen und Historiker bedeutete darum die Entwicklung von Nodegoat. Das niederländische Start-up, dessen Team im Kern aus einem Historiker und einem Informatiker besteht, ist darauf ausgerichtet, Veränderungen in Netzwerken über die Zeit zu erfassen.[129]

Der grafentheoretische und digitale Einfluss auf die Netzwerkforschung ermöglicht es der Geschichtswissenschaft, Strukturen in sozialen Gruppen zu erforschen, die

125 Siedow: Q. Aurelius Symmachus und die Netzwerke, S. 15–16. Vgl. auch Thomas Schweizer Netzwerkanalyse, S. 1. Die Begriffswahl geht zurück auf Leonard Eulers „Königsberger Brückenproblem“, eine der ersten Abhandlungen zur Graphentheorie. Vgl. Gamper/Reschke: Soziale Netzwerkanalyse, S. 14.

126 Kronenwett & Adolphs (Hg.): Vennmaker, URL: https://www.vennmaker.com/, abgerufen am 24.01.2022.

127 The Gephi Consortium (Hg.): Gephi, URL: https://gephi.org/, abgerufen am 24.01.2022.

128 Vgl. für die Formen der Zurückweisung der digitalen Netzwerkanalyse Großmann: Die Internationale der Konservativen, S. 22.

129 LAB 1100 (Hg.): Nodegoat, URL: https://nodegoat.net/, abgerufen am 24.01.2022.

bisher unterbelichtet waren. Mithilfe eines Datensets lassen sich quantifizierbare Aussagen beispielsweise über die Dichte und Verbundenheit eines Netzwerks machen. Weiterhin lässt sich die (Betweenness-)Zentralität[130] einzelner Akteurinnen oder Akteure bestimmen, worüber mitunter auch Subgruppen identifizierbar werden: Die Dichte eines Netzwerks beschreibt die Relation von möglichen Beziehungen innerhalb eines Netzwerks und tatsächlich eingegangenen Verbindungen.[131] Ein personenreiches Netzwerk, in dem die Akteurinnen oder Akteure jeweils nur eine Verbindung untereinander haben, ist also beispielsweise weniger dicht als ein personenreiches Netzwerk, in dem die Akteurinnen und Akteure zu mehreren Personen Verbindungen eingegangen sind. Einbezogen wird außerdem die Intensität der Verbindung. Mit der Dichtebestimmung ist es also möglich, Aussagen über die Multiplexität von Netzwerkbeziehungen zu treffen, also über die Bedeutung einer Verbindung in unterschiedlichen Kontexten. Ebenso lässt sich auf diese Art die Homophilie einschätzen, also die Übereinstimmung verschiedener Attribute von verbundenen Akteurinnen und Akteuren.[132] Bezogen auf Empfehlungsschreiben ist die Dichte dahingehend interessant, ob Empfehlungen in dichteren Netzwerken, also Netzwerken mit *strong ties*, ausgesprochen werden oder ob sie in lockereren Netzwerken, also solchen mit *weak ties*, zirkulieren. Außerdem lassen sich Aussagen darüber treffen, ob sich eher Personen mit ähnlichen Attributen oder solche mit unterschiedlichen Attributen empfehlen.

Die Zentralität quantifiziert weiterhin die ein- und ausgehenden Beziehungen einer jeden im Netzwerk aufgenommenen Entität. Hierdurch lässt sich feststellen, welche Personen auf zentralen, verbindenden Positionen agierten und welche sich eher an den Rändern des Netzwerks bewegten. So werden auch Subgruppen dargestellt, also Bereiche des Netzwerks, die untereinander stärkere oder mehr Verbindungen haben als zu anderen Akteurinnen und Akteuren des Netzwerks.[133] Die Zentralität der vernetzten Personen zu erfassen, unterstützt die Geschichtsschreibung in dem Bestreben, etwaige Narrative von Einzelkämpfern zu unterbrechen.[134] Diese Erzählweise wird mit einer Arbeit zu Empfehlungsschreiben ohnehin schon insofern destabilisiert, als Empfehlungsschreiben den Blick dafür öffnen, dass individuelle Karrieren – anders als beispielsweise in Memoiren oft dargestellt – nicht ohne Unterstützung von anderen Menschen stattfinden können. Dies ermöglicht vielleicht auch Rückschlüsse darauf, ob eine Person wegen oder trotz ihrer Stellung in einem Netzwerk berufliche Erfolge erzielt. Es geht also darum zu zeigen, dass gerade durch eine Einbettung in Netzwerke für die Individuen spezifische Handlungsoptionen und -chancen entstehen.[135]

130 Im Englischen: Betweennescentrality.

131 Siedow: Q. Aurelius Symmachus und die Netzwerke, S. 18.

132 Vgl. Siedow: Q. Aurelius Symmachus und die Netzwerke, S. 16.

133 Vgl. Siedow: Q. Aurelius Symmachus und die Netzwerke, S. 16.

134 Hirsch, Frank: Netzwerke in der Neueren Geschichte, in: Hergenröder, Curt Wolfgang (Hg.): Gläubiger, Schuldner, Arme. Netzwerke und die Rolle des Vertrauens. Wiesbaden 2010, 133–143, hier S. 142.

135 Vgl. Krenn, Karoline: Alle Macht den Banken? Zur Struktur personaler Netzwerke deutscher Unternehmen am Beginn des 20. Jahrhunderts. Wiesbaden 2012, S. 65.

Diese digitalen Quantifizierungsoptionen betreffen der vorliegenden Forschungsliteratur zufolge vor allem die Analyse historischer „Gesamtnetzwerke". Im Gegensatz zu egozentrierten Netzwerken, bei denen eine Akteurin beziehungsweise ein Akteur im Mittelpunkt steht und die Anzahl und Ausformungen der Beziehungen dieses Egos zu jeweiligen Alteri untersucht wird, gibt es bei Gesamtnetzwerken nämlich keinen angenommenen Mittelpunkt.[136] Vielmehr wird in einem Gesamtnetzwerk ein abgesteckter Raum von Akteurinnen und Akteuren auf die Existenz, Art und Intensität ihrer Verbindungen hin untersucht.[137] In dieser Arbeit werden die Empfehlungsschreiben ebenfalls als Knoten im Netzwerk dargestellt. Die Kanten sind dementsprechend die Verbindungen zwischen Akteurinnen und Akteuren und den Empfehlungsschreiben. Sie bringen situativ die Akteurinnen oder Akteure zusammen und geben Aufschluss über ihre Relationen. Der binären Aufteilung in Ego und Gesamtnetzwerke folgend, entspräche also jeder Brief einem kleinen Ego-Netzwerk, und über eine Menge Briefe zeigt sich ein Gesamtnetzwerk.

In dieser prominenten Darstellung der Briefe zeigt sich auch die Besonderheit von historischen Netzwerken gegenüber sozialen Netzwerken der Gegenwart, deren Akteurinnen und Akteure beobachtet und befragt werden können. Boris Holzer macht in seinem Aufsatz „Vom Graphen zur Gesellschaft" darauf aufmerksam, dass sich die Grenzen eines sozialen Systems danach bestimmten, „welche Kommunikation dem System zugeordnet werden könne und welche nicht."[138] Dadurch umfassen diese Netzwerke nur diejenigen, die an der untersuchten Kommunikation und Situation teilhaben, und nicht „alles und jeden"[139]. Wenn schon gegenwärtige soziale Netze nicht unendlich sein können, so sind es historische noch weniger, denn historisch begrenzt man sich nicht nur auf die Menschen, die kommunizieren, sondern zudem auf diejenigen, deren Kommunikation Forschenden in Form von Quellen zur Verfügung steht. Für historische Netzwerke wirkt also der Begriff des „Gesamtnetzwerks" irritierend, da er eine Vollständigkeit suggeriert, die allein aufgrund der Ausrichtung des Faches unmöglich wird. Sinnvoller erscheint es, in diesem Fall etwa von einem „dezentralen Quellennetzwerk" zu sprechen, womit ein „Egonetzwerk" ein „egozentriertes Quellennetzwerk wäre".

Die Limitierung der Erkenntnis durch die Verfügbarkeit der Quellen ist kein Problem der historischen Netzwerkanalyse, sie ist eine Grundvoraussetzung des Faches, mit der in der HNA transparent umgegangen wird, indem auch Forschungslücken im

---

136 Siehe zu egozentrierten Netzwerken auch Erickson: Social Networks and History, S. 150.

137 Vgl. zu Gesamtnetzwerken Schnegg, Michael (2014): Strategien und Strukturen. Herausforderungen der qualitativen und quantitativen Netzwerkforschung, in: Gamper, Markus; Reschke, Linda (Hgg.): Knoten und Kanten. Soziale Netzwerkanalyse in Wirtschafts- und Migrationsforschung. Bielefeld 2010, S. 55–77, hier S. 56; Erickson: Social Networks and History, S. 150.

138 Holzer, Boris: Vom Graphen zur Gesellschaft. Analyse und Theorie sozialer Netzwerke, in: Gamper, Markus; Reschke, Linda (Hgg.): Knoten und Kanten. Soziale Netzwerkanalyse in Wirtschafts- und Migrationsforschung. Bielefeld 2010, S. 77–95, hier S. 86.

139 Holzer: Vom Graphen zur Gesellschaft, S. 86.

Netzwerk sichtbar werden. Darüber hinaus ermöglicht es die HNA, vor allem historische Zusammenhänge, Bräuche und Strukturen zu analysieren und dabei gleichzeitig die Akteurinnen und Akteure nicht aus dem Blick zu verlieren. Indem in der Darstellung eines Netzwerks Individuen nicht singulär betrachtet werden, ist der kulturelle und gesellschaftliche Einfluss, ist das Eingebundensein in Strukturen sichtbar. Damit müssen sich Netzwerkforschungen nicht zwischen der Mikro- und der Makroebene entscheiden, sondern schlagen vielmehr auf der Mesoebene eine Brücke zwischen den beiden. Damit verdeutlichen sie übrigens auch, dass „Mikro" und „Makro" keine dichotomen Pole der Geschichtswissenschaft sind, sondern unterschiedliche Brennweiten derselben Linse.[140]

Damit eine konsistente Netzwerkanalyse erstellt werden kann, ist es entscheidend, mit einem Quellenkorpus zu arbeiten, der einheitliche und vollständige Datensätze liefert.[141] Allen für diese Arbeit verwendeten Empfehlungsschreiben ist gemein, dass sie ein Datum enthalten und dass Absender und erwähnte Person definierbar sind. Die meisten Empfehlungsschreiben enthalten zudem einen Empfänger. Einige Briefe allerdings wurden ungerichtet verfasst, für diese wurde im Netzwerkanalyseprogramm eine Platzhalterperson eingerichtet.[142]

Um eine historische Analyse eines solchen Netzwerks qualitativ nutzbar zu machen, wurden zum einen für die Akteurinnen und Akteure untersuchenswerte Attribute bestimmt, die sich, wenn sie nicht aus dem Schreiben selbst hervorgingen, durch biografische Einträge rekonstruieren ließen. Im Fall der hier untersuchten Empfehlungsschreiben sind diese Attribute zunächst die Berufsbeschreibung, das Geschlecht und die Religionszugehörigkeit sowie bei den nicht-jüdischen Akteurinnen und Akteuren die Information, ob die Person als antisemitisch bekannt war oder später bekannt geworden ist.[143] Weiterhin wurde erfasst, welche Rolle die Personen in den jeweiligen Briefen einnahmen, ob es sich also um die empfehlende Person, die rezipierende Person, die empfohlene Person oder eine weiterhin als Referenz erwähnte Person handelt. Zudem wurde rekonstruiert, welche Art von Beziehung zwischen den über die Empfehlungsschreiben vernetzten Personen vorlag. Hierbei wurde davon ausgegangen, dass die Art der Beziehung Rückschlüsse auf die Intensität der Beziehung zulässt.[144] Als Beziehungsarten sind in dieser Arbeit Verwandtschaft, Freundschaft, Geschäftsbeziehung auf (fast) gleicher Ebene Kollegialität, Protogébeziehung, Bekanntschaft und „Unbekannt" definiert.

In diesen Vorüberlegungen wird bereits sichtbar, dass Visualisierungen, die mit einem digitalen Netzwerkanalysetool erstellt wurden, nicht nur der Illustration der ab-

140 Vgl. Holzer: Vom Graphen zur Gesellschaft, S. 80; sowie Krenn: Alle Macht den Banken? S. 42–43.
141 Siedow: Q. Aurelius Symmachus und die Netzwerke, S. 17–19.
142 In den Visualisierungen heißt diese Platzhalterperson „TWIMC", abgekürzt von „To Whom It May Concern".
143 Vgl. Siedow: Q. Aurelius Symmachus und die Netzwerke, S. 16.
144 Siedow: Q. Aurelius Symmachus und die Netzwerke, S. 15–16.

geschlossenen Forschungsarbeit dienen. Sie sind keineswegs Selbstzweck.[145] Entsprechend stellen die hier abgedruckten Darstellungen auch nur einen Bruchteil der Arbeit mit einem Netzwerkanalyseprogramm dar. Bereits während des Forschungsprozesses wurden die Visualisierungen explorativ genutzt. Die Verwendung des Programmes Nodegoat war vor allem dafür sinnvoll, einen Überblick über eine Vielzahl von Quellen zu erhalten, Lücken in der Recherche zu identifizieren und Verbindungen und Überschneidungen zu erkennen, die ohne dieses Programm Gefahr gelaufen wären, unterzugehen.

Dieser explorative Ansatz der Netzwerkanalyse war im Forschungsprozess vor allem dahingehend sinnvoll, dass er dabei unterstützte, sich beispielsweise im Umgang mit prominenten Personen nicht auf Vorwissen zu verlassen und sich, um bei diesem Beispiel zu bleiben, nur auf die bekannten Namen zu konzentrieren, sondern auch weniger prominenten Akteurinnen und Akteuren Raum und wissenschaftliche Beachtung zu geben. Des Weiteren unterstützte die Verwendung der Datenbank eine akribische Ordnung, die sich auch auf den Bereich der Textanalyse positiv auswirkte. Und zuletzt erleichterte die Visualisierung der Daten bereits im Arbeitsprozess die Identifikation von gemäß der Fragestellung interessant erscheinenden Eigenschaften einzelner Akteurinnen oder Akteure im Netzwerk.[146]

Was die Beschreibung der Visualisierungen von Netzwerken betrifft, konnte sich diese Arbeit bereits einige geglückte Forschungen zum Vorbild nehmen. Besonders hervorzuheben sei hier das Projekt „Gunpowder Plot“.[147] Dieses mit dem Vennmaker visualisierte Projekt greift verschiedene Ausschnitte des reichhaltigen Visualisierungsangebotes gezielt heraus, um zum einen die Komplexität der Gesamtsituation zu verdeutlichen, zum anderen aber auch komplexe Schritte in der Geschichte des Gunpowder Plots schematisch darzustellen. Diese Art der schrittweisen Beschreibung des gesamten Datensatzes, die einerseits den Blick für Komplexität nicht verliert und andererseits unnötige Überkomplexität vermeidet, hat sich die vorliegende Untersuchung zum Vorbild genommen.

1.5 Der Aufbau der Arbeit

Die vier Hauptkapitel dieser Arbeit orientieren sich an vier Fallstudien und sind chronologisch sortiert. Alle vier Kapitel untersuchen historische Akteurinnen und Akteure, die je für unterschiedliche Schicksale deutscher Jüdinnen und Juden stehen. Sie nutzten gemäß ihrer historischen Situation, ihrer jeweiligen Profession und ihren Möglich-

145 Vgl. Krenn: Alle Macht den Banken? S. 72.

146 Krenn: Alle Macht den Banken? S. 72.

147 Dillinger, Johannes: Die digitale Visualisierung von Netzwerken in der Geschichtswissenschaft. Das Projekt Gunpowder Plot, in: Bauerfeld, Daniel; Clemens, Lukas (Hgg.): Gesellschaftliche Umbrüche und religiöse Netzwerke. Analysen von der Antike bis zur Gegenwart. Bielefeld 2014, S. 207–227.

keiten Empfehlungen auf unterschiedliche Art. Als vier Hauptfunktionen von Empfehlungsschreiben benennt diese Arbeit den sozialen Aufstieg, die Sicherung von Stand und Einfluss, die institutionelle Selbsterhaltung in Grenzsituationen und schließlich Migration, Flucht und Rettung in Krisensituationen.

Das erste Kapitel behandelt die Bleichröder Bank und damit vornehmlich den Zeitraum von 1860 bis 1900. „Sozialer Aufstieg durch Empfehlungen" fokussiert vor allem die Freundschaftsdienste und die Gefallenskultur, die, unter anderem manifestiert in Empfehlungsschreiben, einer Gruppe deutscher Jüdinnen und Juden den Aufstieg in das gehobene Bürgertum ermöglichte. Im Kontext der Bleichröders wird gezeigt, dass Einführungsschreiben, Empfehlungen für Reisende sowie Empfehlungen von Angestellten wie Gärtnern oder Hauswirtschafterinnen ausgesprochen wurden, um bestehende Geschäftsbeziehungen zu stärken und potenzielle Neuzugänge in das Netzwerk zu prüfen. Diese Beziehungen beruhten auf einer reziproken Gefallenskultur, die systemstabilisierend wirksam war. Das erste Kapitel stellt darüber hinaus die Grundzüge der Empfehlungsschreiben in ihren verschiedenen Kontexten vor und zeigt anhand diverser Beispiele die konkreten Ausformungen und Standardformulierungen auf. Es legt damit einen Grundstein für die folgenden Kapitel und soll neben den Briefstellern als Referenz für Veränderungen herangezogen werden.

Im Fallbeispiel des Bankhauses Gebr. Arnhold werden Empfehlungen behandelt, die gesellschaftlichen Stand und Einfluss sichern sollten. Im Zeitraum von 1900 bis 1930 lesen sich die Empfehlungen des etablierten Bankhauses Arnhold oft als versteckte Befehle. Die Arnholds nutzten sie oft, um ihre eigenen Protegés in neue Firmen, in die sie investiert hatten, einzuführen, um sich auf diese Art den Informationsfluss und damit Einfluss und Kontrolle zu sichern. Die Arnholds weiteten dadurch seit Beginn des neuen Jahrhunderts ihr Netzwerk sukzessive aus. Dabei nutzten sie die Mechanismen der Empfehlungskultur besonders frei und umfassend, nicht nur für sich und andere, sondern auch für Firmen, Maschinen und Produkte. In diesem Kapitel wird zudem deutlich, dass Investitionsentscheidungen und die Bereitschaft, Verantwortung für Unternehmen zu übernehmen, in den jüdischen Privatbanken der Jahrhundertwende Hand in Hand gingen und sich diese Bereitschaft, mitzugestalten, auch über die rein geschäftliche Ebene hinaus fortsetzte.

Das Kapitel zu institutioneller Selbsterhaltung in Grenzsituationen am Beispiel der Hebräischen Universität thematisiert den Aufbau einer Universität zwischen innerem Zionismus und äußerem Nationalsozialismus. Die Universität befand sich im sie betreffenden Untersuchungszeitraum, 1925–1939, im Auf- und Ausbau. Die Direktion holte zum einen Empfehlungen ein, um neue Lehrstühle zu besetzen. Zum anderen empfahl die Universität ihre Forscher, wenn diese auf Reisen gingen, um deren persönliches und damit gleichzeitig das institutionelle Netzwerk zu stärken. Die Briefe zeigen einerseits eine Professionalisierung und Formalisierung in den Schreiben, die innerhalb der akademischen Gemeinschaft ausgetauscht wurden – andererseits werden die Themen Zionismus und Antisemitismus als neue Inhalte von Empfehlungen eingeführt. In diesem Kapitel wird augenfällig, dass das zionistische Projekt der Hebräischen Universität im Jahr 1933 nicht umgehend zu einem selbstverständlichen Ziel- und Schutzort für jüdische Wissenschaftlerinnen und Wissenschaftler aus Deutschland wurde. Vielmehr wurden akademische Form und politische Ideologietreue sowie Religiosität noch bis weit in die 1930er-Jahre hinein in Empfehlungsschreiben thematisiert und eingefordert – ein Befund, der in diesem Kapitel nicht nur unter dem Aspekt der Formalisierung und Bürokratie, sondern auch unter den Schlagworten Stolz und Würde diskutiert wird.

Das vierte Kapitel behandelt im Kern die Fallstudie des American Friends und Service Committee (AFSC). Im Umfeld dieser Institution wurden Empfehlungen für die Flucht und Rettung in Krisensituationen eingesetzt. Die Hilfsorganisation sammelte, kanalisierte und verteilte Empfehlungsschreiben von Menschen, die nach Amerika auswandern wollten oder fliehen mussten. Auch Mitglieder der Familie Arnhold versuchten bei ihrer Auswanderung nach Amerika, die Hilfe des AFSC in Anspruch zu nehmen. Zusätzlich wird durch Rückgriffe auf die Fallstudien Bleichröder und Hebräische Universität gezeigt, welche Empfehlungsstrategien in Zeiten der Krise aus welchen Gründen ins Leere liefen und wo bisher funktionierende Empfehlungssysteme unterbrochen wurden. Die Besonderheit dieser Studie besteht darin, dass sie Einblicke in den Umgang mit Empfehlungen in einen anderen Kulturkreis liefert und damit auch den unterschwelligen Antisemitismus, den kulturabhängigen Umgang mit Traumata und den Einfluss des sogenannten amerikanischen Traumes auf das Schicksal deutsch-jüdischer Einwanderer in der Zeit des Nationalsozialismus und des Zweiten Weltkriegs berücksichtigt.

Für alle Kapitel wurden sowohl eine Textanalyse als auch eine Netzwerkanalyse durchgeführt. Beide werden im Verlauf des jeweiligen Kapitels allerdings nicht – wie es die theoretische Einführung nahelegen könnte – getrennt voneinander dargestellt. Vielmehr werden die Fallstudien innerhalb des Kapitels nach Themen strukturiert, die für den jeweiligen Zeitraum und Fall symptomatisch zu sein scheinen. Dadurch wird vermieden, eine artifizielle Trennung zwischen der einzelnen Textquelle und ihrer Position im Netzwerk zu suggerieren. Im Gegenteil wird durch diese Art des Vorgehens auch auf der konzeptionellen Ebene deutlich, wie eng der Inhalt des Schreibens mit der Positionierung der Akteurinnen oder Akteure im Netzwerk gekoppelt ist.

Die ersten beiden Fallstudien setzen sich damit direkt mit bislang nur sehr wenig beachteten Kommunikationswegen, Einfluss- und Machtmechanismen innerhalb kapitalistischer Gefüge und ihrer Akteurinnen und Akteure in zwei verschiedenen Phasen der Geschichte jüdischer Privatbankiers auseinander. Die dritte Fallstudie schwenkt den Fokus auf akademische Eliten und fragt nach institutionalisierten Formen der Empfehlungspraxis in diesen – finanziell oft prekäreren – Kontexten. Die vierte Fallstudie wechselt den Blick erneut und nimmt in den Blick, wie Mitglieder dieser Eliten in Krisenzeiten die eingeübten Praktiken der Empfehlung in anderen Kontexten – namentlich in Kommunikation mit einer amerikanischen Hilfsorganisation – anwendeten und wie sich die Schreiben im Kommuniktaionsprozess mit den amerikanischen Mitarbeiterinnen des AFSC weiter veränderten.

Im Fazit wird dann zusammengeführt, welche vormodernen Empfehlungspraktiken, mitunter in angepasster Form, erhalten blieben, wie im Untersuchungszeitraum Empfehlungsschreiben transformiert wurden und welche disruptiven Krisen die Empfehlungssysteme störten. Weiterhin wird in einem Ausblick dargestellt, wie Empfehlungssysteme deutscher Jüdinnen und Juden nach 1945 neu aufgenommen wurden beziehungsweise weiter fortbestanden.

2 Empfehlen, um Beziehungen zu festigen: Gerson von Bleichröder

In den 1850er und 1860er Jahren verbesserte sich die politische und gesellschaftliche Position der Jüdinnen und Juden in Preußen merklich. Obwohl das Regierungsedikt, das den preußischen Juden Gleichstellung versprach, bereits 1812 erlassen worden war, vollzog sich „der Gang aus dem Ghetto [...] langsam".[1] In den 1840er Jahren waren einige preußische Juden so weit emanzipiert, dass sie sich in die Lage versetzt sahen, politisch aktiv zu werden. Sie beteiligten sich 1848 an der Revolution und an der darauffolgenden liberalen Bewegung.[2] Gleichzeitig begann sich die deutsche Industrie in den 1850er Jahren in einem zuvor nicht gekannten Tempo zu entwickeln. Ausschlaggebend dafür waren die Eisenbahn und die Metallindustrie. Deutsch-jüdische Privatbankiers hatten an dieser wirtschaftlichen Expansion maßgeblichen Anteil. Die Privatbanken waren in der Mitte des 19. Jahrhunderts nahezu konkurrenzlos die größten Träger des Kreditwesens. Sie übernahmen nationale und internationale Finanztransaktionen und finanzierten vor allem den Eisenbahnbau maßgeblich mit.[3]

Eine herausragende Persönlichkeit dieser Zeit war Gerson von Bleichröder,[4] der im Verlauf seiner Karriere zum Bankier Otto von Bismarcks werden sollte. Die Geschichte der besonderen Beziehung zwischen Bismarck und seinem Bankier sowie dem Bankhaus S. Bleichröder ist besonders prominent in der vielfach wiederaufgelegten Publikation „Gold und Eisen" von Fritz Stern geschildert. Eine Grundlage für Sterns Arbeit waren die Unterlagen der Bleichröderbank und die Aufzeichnungen des geschichtsinteressierten Mitarbeiters Friedrich H. Brunner, die auch für diese Arbeit konsultiert wurden.

Gerson von Bleichröder realisierte große Erfolge seiner Karriere bereits bevor das „Gesetz betreffend die Gleichberechtigung der Konfessionen in bürgerlicher und staatsbürgerlicher Beziehung" 1869 zunächst vom Norddeutschen Bund beschlossen und dann 1871 als Reichsgesetz für das gesamte Deutsche Reich gültig wurde. Das territorial wachsende Preußen bot in der Mitte des 19. Jahrhunderts und noch vor der zumindest formalgesetzlichen Etablierung der Emanzipation durchaus Aufstiegsmöglichkeiten, und Gerson Bleichröder war im richtigen Alter und mit den richtigen

1 Stern: Gold und Eisen, S. 24. Vgl. auch zum Preußischen Gleichstellungsedikt für Juden Lässig, Simone: The Emergence of a Middle-Class Religiosity: Social and Cultural Aspects of the German-Jewish Reform Movement During the First Half of the Nineteenth Century, in: Liedtke, Rainer; Rechter, David (Hgg.): Towards Normality? Acculturation and Modern German Jewry. Tübingen 2003 (Schriftenreihe wissenschaftlicher Abhandlungen des Leo-Baeck-Instituts, 68), S. 127–159, hier S. 127.

2 Vgl. Sorkin, David Jan: The Transformation of German Jewry, 1780–1840. New York 1987 (Studies in Jewish history), S. 13–41.

3 Vgl. Dahlem, Markus: Die Professionalisierung des Bankbetriebs. Studien zur institutionellen Struktur deutscher Banken im Kaiserreich 1871–1914. Essen 2009, S. 201.

4 1822–1893

https://doi.org/10.1515/9783111389950-002

Kontakten ausgestattet, um sie zu nutzen.[5] Gersons Vater, Samuel Bleichröder, hatte das Vorgängerunternehmen des Bankhauses in Form eines Wechsel- und Lotteriegeschäfts im Jahr 1803 gegründet. 1828 hatte sich Bleichröder auf Erfolgskurs begeben, als er der Agent des Bankhauses Rothschild in Berlin wurde. Diese lukrative Beziehung war geprägt durch eine starke Abhängigkeit Bleichröders von den Rothschilds.[6] Gleichwohl profitierte er enorm innerhalb des Günstlings- und Patronagesystems durch Dankbarkeit und Gefallen, Geschäfte und Geschenke, Berücksichtigungen und Bewunderungen, und all dies sollte sich auch auf die nächste Generation der Bankiersfamilie vererben.[7]

Auch in Bleichröders Verhalten gegenüber anderen Geschäftspartnern, Kollegen und Mitarbeiterinnen und Mitarbeitern lassen sich diese Muster wiederfinden. Sie waren keineswegs eine singuläre Erscheinung zwischen der Rothschildfamilie und Bleichröder, sondern paradigmatisch für die Bankenwelt der Mitte des 19. Jahrhunderts. Die Beziehungskultur der Zeit war geprägt durch stetige Loyalitätsprüfungen, vertrauensbasierte Tauschbeziehungen und Kommunikationsformen, die sich unter westeuropäischen Eliten bereits in der Frühen Neuzeit etabliert hatten.[8] Empfehlungen und Introduktionen waren zur Schaffenszeit Bleichröders ein nicht zu unterschätzendes Mittel, um bestehende Beziehungen und damit den eigenen Stand in der Gesellschaft zu festigen und sowohl die individuelle Position im gesellschaftlichen Gefüge wie auch den sich zu dieser Zeit stark vom Rest der Gesellschaft abgrenzenden elitären Kreis der Mächtigen – bestehend aus Diplomaten, (staatsführenden) Politikern und Bankiers – zu definieren und zu erhalten.

2.1 Empfehlungen für Gerson Bleichröder: Biografische Weichenstellung

Gerson Bleichröder übernahm 1855 das Bankhaus von seinem Vater Samuel. Bleichröders Bank bestimmte die Entwicklung Preußens maßgeblich mit.[9] Den Grundstein

5 Vgl. Stern: Gold und Eisen, S. 30 und 42. Vgl. zur Emanzipation Rürup, Reinhard: Jewish Emancipation and Bourgeois Society, in: Leo-Baeck-Institute Yearbook 14 (1969), S. 67–91. Vgl. auch Albanis: German-Jewish Cultural Identity, S. 15.

6 Vgl. Stern: Gold und Eisen, S. 28.

7 Vgl. zu dieser dynamischen Geschichte aus Perspektive der Rothschilds auch Ferguson, Niall: Die Geschichte der Rothschilds. Propheten des Geldes. 2 Bde. Stuttgart 2002.

8 Zur Einschätzung der langen Tradition der „deutschen Briefkultur" am Ende des 19. Jahrhunderts vgl. Steinhausen, Georg: Geschichte des deutschen Briefes. Zur Kulturgeschichte des deutschen Volkes. Berlin 1889/91; Steinhausen, Georg: Der deutsche Brief, in: Das literarische Echo. Halbmonatsschrift für Literaturfreunde 4 (1901), S. 941–949. Jahnke, Selma: Einleitung, in: Dies.; Le Moël, Sylvie (Hgg.): Briefe um 1800. Zur Medialität von Generation. Berlin 2015 (Berliner Intellektuelle um 1800, 4), S. 11–29.

9 Gegründet wurde die Firma im Jahr 1803 durch Samuel Bleichröder in Form eines Wechsel- und Lotteriegeschäfts, vgl. Stern: Gold und Eisen, S. 30.

hierfür hatte Samuel Bleichröder bereits 1839 gelegt, als er mit einem Empfehlungsschreiben, das Fritz Stern in seiner Monografie zugänglich gemacht hat, seinen Sohn Gerson bei Baron Anselm Salomon Rothschild aus Wien einführte:

> [...] Gleichzeitig möge es mir endlich einmal vergönnt sein, in aller Kürze, für die, durch ihre Güte, genossenen Wohlthaten meinen innigsten und herzliebsten Dank Ihnen durchbringen zu dürfen, denn Sie, Verehrtester Herr Baron, waren es welcher mich aus dem Staube hervorgezogen: Sie, Edelster, haben mich in den Stand gesetzt, eine zahlreiche Familie ernähren zu können. So lange ich lebe, wird daher ihr Bild in meinem Herzen leben, und mein letzter Lebenshauch wird Ihnen, mein Wohlthäter, gewidmet sein. Möchten Sie doch nun Ihre Geneigtheit und Wohlwollen auch auf meinen Sohn zu übertragen die Güte haben.[10]

In dieser Sequenz, die stilistisch ebenso überbordend wie tief unterwürfig klingt, geht fast unter, dass sie die Bitte um eine generationelle Übertragung von „Geneigtheit und Wohlwollen“ beinhaltet. Weitergegeben werden sollte eine Haltung, eine Verbundenheit, die die Grundlage für eine erfolgreiche und profitable Geschäftsbeziehung bilden sollte.

So anbiedernd der Stil des Schreibens aus heutiger Sicht erscheinen mag, in seinem Aufbau entspricht es den Anleitungen für Bittschreiben aus den Briefstellern des 19. Jahrhunderts.[11] Hiernach trat der Verfasser mit einem Begehren an den Adressaten an. Die Belange des Verfassers standen also im Vordergrund, gleichzeitig war er auf die Gunst des Empfängers zur Erfüllung seiner Bitte angewiesen. Um zum Ziel zu kommen, rieten die Briefsteller den Verfasserinnen und Verfassern dazu, ihre Bitte mit Devotionsbezeugungen anzureichern, ein stilistischer Kniff, den Samuel Bleichröder hier offensichtlich meisterhaft anwandte.[12]

Mit diesem Schreiben wurde der damals 17-jährige Gerson Bleichröder (1822–1893) durch seinen Vater Samuel Bleichröder (1779–1855) bei Baron Anselm Salomon von Rothschild (1803–1874) aus Wien eingeführt. Damit war es offiziell, dass Gerson in das Geschäft seines Vaters eintrat und im eigenen Hause seine Ausbildung vollenden sollte. Vier Jahre später erhielt Gerson Prokura, die geschäftliche Vertretungsmacht, die ihn dazu befugte, eigenständig und rechtskräftig für den Betrieb tätig zu werden. Gerson wurde 1847 Teilhaber des Bankhauses S. Bleichröder und übernahm nach dem Tod seines Vaters, die Firma ganz.

An den für diese Arbeit ausgewerteten Empfehlungsschreiben für Gerson von Bleichröder sind, wie Abbildung 1 deutlich macht, mit Anselm Mayer und Mayer Carl Rothschild entweder Angehörige der Familie Rothschild oder nicht-jüdische Akteure beteiligt.

---

10 S. Bleichröder an Baron Rothschild, 17. Nov. 1839, Paris: Archiv der Bank Rothschild Frères. Zitiert nach Stern: Gold und Eisen, S. 30.

11 Vgl. Kiesewetter, Ludwig: Dr. L. Kiesewetters neuer praktischer Universal-Briefsteller. 41. Aufl. Glogau: Carl Flemming Verlag 1903, S. 130.

12 Ettl: Anleitungen zu schriftlicher Kommunikation, S. 159–160.

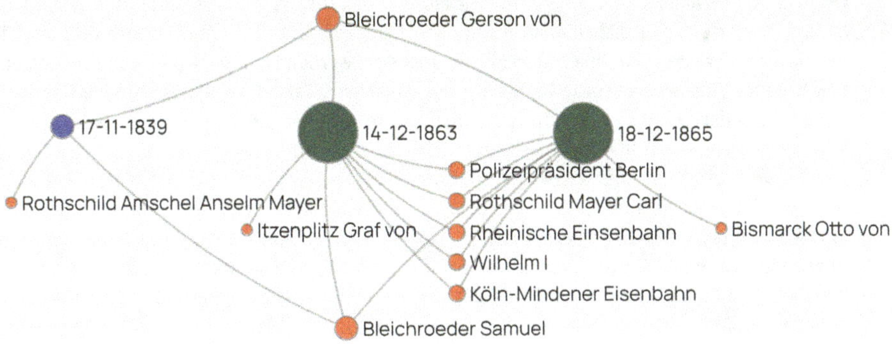

Abb. 1: Empfehlungsschreiben für Gerson von Bleichröder

Ein großer Teil der in diesem Empfehlungsnetzwerk maßgeblichen Akteure ist Teil des Prozesses um Gersons Ernennung zum Geheimen Kommerzienrat. Gute zwanzig Jahre nachdem Gerson Bleichröder den Rothschilds vonseiten seines Vaters empfohlen worden war, setzte sich der Polizeipräsident Berlins 1863 zum ersten Mal dafür ein, dass Bleichröder dieser Ehrentitel verliehen werden sollte:[13]

> 14.12.1863
> An den Königl. Staats= und Minister für Handel, Gewerbe und öffentliche Arbeiten, Ritter pp
> Herrn Grafen von Itzenplitz
> Exzellenz
> [...]
> In Veranlassung des bedeutenden Geschäftsumfanges und vorzüglichen Renommes des hiesigen Bankhauses S. Bleichroeder, erlaube ich mir Ew. Excellenz den Chef dieses Hauses, Commerzienrath Gerson Bleichroeder, zur Verleihung des Charakters als Geheimer Commerzienrath ehrerbietigst in Vorschlag zu bringen.
> Gerson Bleichroeder, 41 Jahre alt, aus Berlin gebürtig, jüdischen Glaubens, ist der alleinige Inhaber der Firma S. Beichroeder, welche von seinem verstorbenen Vater, Salomon Bleichroeder, um das Jahr 1806 gegründet worden ist.
> Die notorisch strenge Rechtlichkeit des Salomon [Bleistift Korr: muel] Bleichroeder bestimmten die Rothschildschen Häuser ihn zu ihrem Stellvertreter in Berlin zu ernennen, welche Function auch auf den Sohn, Gerson Bleichroeder übergegangen ist. Dem letzteren gebührt jedoch, namentlich seit 1856, wo er allein als Chef disponierte, das Verdienst, das Haus in seinen Beziehungen zu den Rothschildschen Häusern unabhängiger gemacht und zu seiner jetzigen hervorragenden Stellung geführt zu haben. Über den Geschäftsumfang des Bankhauses bemerke ich gehorsamst Folgendes:
> Seit 1845 Gesellschafts-Banquier der Rheinischen und Köln-Mindener-Eisenbahnen, lieferte das Haus an beide Eisenbahnen die nötigen Geldmittel, brachte fast ihre sämtlichen Prioritäten unter und zwar unter den günstigsten Bedingungen. Das Jahr 1850 traf gerade die letztgedachte Bahn in ihrem großartigen Brückenbau und es erschien fast unmöglich, durch Verkauf von Prioritäten

13 Zur Bedeutung dieses Titels vgl. Krauss, Marita: Die bayerischen Kommerzienräte. Eine deutsche Wirtschaftselite von 1880 bis 1928. München 2016.

> Geld zum Weiterbau zu erlangen. Gerson Bleichröder schaffte die nöthigen Mittel zum Weiterbau an und operierte so glücklich, daß nicht nur die Arbeiten vorschreiten, sondern auch die Prioritäten nach dem Frieden von Villa franca günstig realisiert werden konnten, wofür ihm bei Gelegenheit der Einweihung der Brücke im Beisein des damaligen Handels-Ministers ehrende Anerkennung Seitens der Eisenbahn-Direktorie zu Theil wurde. Um dieselbe Zeit wurde auch die Preußische 4½% Anleihe von 1859 nöthig. Gerson Bleichröder zeichnete eine große Summe und veranlaßte auch hierzu [Korrekturzeichen Worttausch: „hierzu auch"] andere große Häuser und Institute, so daß ein glückliches Resultat die Folge war. Eben so hat derselbe der hiesigen Königlichen Münze Millionen Silbergeld geliefert.
> Augenblicklich dürfte Gerson Bleichröder wohl das umfangreichste Bankgeschäft betreiben. Er beschäftigt 22 Commis und 6 Comtoirdiener und ist als Geldwechsler mit 312 r/ Gewerbesteuer veranlagt und mit einem Jahreseinkommen von 24.000 r/ in die 18.te Stufe der Einkommensteuer eingeschätzt.
> Gerson Bleichröder ist ein allgemein geachteter Mann, der Se. Majestät dem Könige in unerschütterlicher Treue ergeben ist und, seiner bewegten Geschäftstätigkeit ungeachtet, stets einen gesunden Sinn für das Gute bewahrt und der Armen sich annimmt.
> Er wohnt in einem eigenen Hause Behrenstrasse Nr. 63 und erhielt im Jahre 1858 den rothen Adlerorden 4 ter Klasse.
> Ew. Exzellenz stelle ich hierdurch gehorsamst anheim:
> Dem Kommerzienrath Gerson Bleichröder hochgeneigtest das Prädikat als Geheimer Kommerzienrath hochgeneigstest erwirkten zu wollen.
> Berlin, w. o.
> Der Polizei-Präsident.[14]

Dieser recht ausführliche Brief richtet sich im Aufbau nach den bereits in Kapitel 1.3 im Abschnitt „Semantische Analyse" beschriebenen spärlichen Vorgaben aus den Briefstellern der Zeit.[15] Das Anliegen wird formal formuliert: Bleichröder sollte aufgrund seines hohen Umsatzes sowie seiner guten Reputation den Ehrentitel eines Geheimen Kommerzienrates verliehen bekommen. Beides war Grundvoraussetzungen für diese Ehrung, die nicht nur ihrerseits die Reputation ihrer Träger steigerte, sondern diese zudem „hoffähig" machte.[16] Der Ehrentitel war damit eine der wenigen Möglichkeiten für deutsche Juden, in adelige Kreise Eintritt zu erhalten.[17]

Wie Kai Drewes in seinem Buch zum jüdischen Adel deutlich macht, war Gerson Bleichröder – anders als Fritz Stern suggeriert – mit seinem Wunsch nach einem Adelstitel kein Einzelfall eines geltungsbedürftigen Exzentrikers.[18] Einen der begehrten Ehrentitel, diese traditionelle Insignie von Macht, die einige zu dieser Zeit schon

---

14 14.12.1863 Schreiben des Polizeipräsidenten, in: Folder V.3, 1, Bleichroeder Collection, Baker Library Special Collection, Harvard Business School.

15 Eröffnung des Anliegens, Devotionsbekundungen, Argumentation, Vorbringen der Frage.

16 Vgl. zur generellen Bedeutung des Ehrentitels Krauss: Die bayerischen Kommerzienräte.

17 Vgl. Hamburger, Ernest: Juden im öffentlichen Leben Deutschlands. Regierungsmitglieder, Beamte und Parlamentarier in der monarchischen Zeit, 1848–1918. Tübingen 1968 (Schriftenreihe wissenschaftlicher Abhandlungen des Leo-Baeck-Instituts, 19).

18 Drewes, Kai: Jüdischer Adel. Nobilitierungen von Juden im Europa des 19. Jahrhunderts. Frankfurt am Main, New York 2013.

als überkommen ansahen, zu erhalten, war allerdings nicht einfach. Zum einen kämpfte der Adel um den Erhalt der eigenen Bedeutung, und er bemühte sich darum, dass Adelstitel etwas Besonderes blieben, zum anderen waren viele Inhaberinnen und Inhaber von Adelstiteln antisemitisch eingestellt.[19] Bleichröders Bemühungen um einen Ehrentitel bedeuteten darum für ihn starke Anstrengungen.

Im Hauptteil des zitierten Briefes wurden in auch für die damalige Zeit ungewöhnlicher Ausführlichkeit Bleichröders Geschäftstätigkeiten und Verbindungen aufgeführt. So zeichnet der Brief das Bild eines erfolgreichen, gut vernetzten Geschäftsmannes, der sich schon ohne den ersuchten Ehrentitel um das Fortkommen Preußens verdient gemacht hatte. Das Schreiben blieb jedoch zunächst erfolglos und wurde zwei Jahre später, am 18. Dezember 1865, mit leicht verändertem Wortlaut an Otto von Bismarck gesandt. Abgeändert wurden in diesem zweiten Versuch vor allem Details zu Bleichröders politischer Einstellung:

> In politischer Beziehung gehört Gerson Bleichröder zu der streng conservativen Partei; er ist dem Königlichen Hause in unerschütterlicher Treue ergeben, und steht bei dem Aeltesten Collegium der hiesigen Kaufmannschaft in hoher Achtung. Ob und welche Dienste Gerson Bleichröder sonst dem Königlichen Gouvernement zu leisten Gelegenheit gehabt, dürfte Ew. Exzellenz bekannt sein. Im Jahre 1858 wurde Gerson Bleichröder mit dem rothen Adlerorden 4ter Klasse begnadigt und im Jahre 1861 zum Commerzienrath ernannt. Unter dem 14. Dezember 1863 habe ich in Veranlassung genommen bei dem Herrn Handelsminister Excellenz die Verleihung des Characters als Geheimer Commerzienrath für den p. Bleichröder zu beantragen, ohne dass dieser Antrag indess bisher eine Folge gehabt hätte. Da Ew. Exzellenz die Verdienste des p. Bleichröder sowie der Umfang seiner geschäftlichen Tätigkeit persönlich bekannt sein dürften, so erlaube ich mir ganz gehorsamst anheimzustellen, ob Hochdieselben nicht für die Deferierung des Antrages einzuwirken die Geneigtheit haben wollen.[20]

Nebst den Details zu Bleichröders Biografie, die bis in die 1850er-Jahre zurückreichen, enthält auch dieses Schreiben die gängige Form und Struktur eines Empfehlungsschreibens der damaligen Zeit. Dazu lassen sich folgende Aussagen treffen: Erstens ist bereits anhand der Überlieferung des Schreibens abzuleiten, dass Empfehlungsschreiben in der Praxis keineswegs immer so verfasst wurden, dass ihr Inhalt dem Empfohlenen unbekannt blieb. Die hier wiedergegebene Quelle ist eine Korrekturfahne aus dem Archivnachlass der Firma S. Bleichröder, in der auch sachliche und grammatikalische Anmerkungen gemacht wurden. Zweitens werden, betrachtet man beide Schreiben gemeinsam, so ziemlich alle Verbindungen genannt, die für Bleichröders Karriere bisher maßgeblich waren und auch weiterhin prägend sein sollten: die gewichtige Bedeutung des Vaters; die enge und lange bestehende Verbindung mit den Rothschilds; die Berliner Kaufmannschaft; die Geschäfte mit Eisenbahngesellschaften und dem Kö-

19 Vgl. Hopp, Andrea: Im Scheinwerferlicht. Adeliger Antisemitismus und die Hohenzollern (1871–1945), in: Zeitschrift für Geschichtswissenschaften 68 (2020) 4, S. 297–311.

20 18.12.1865 Schreiben des Polizeipräsidenten, in: Folder V.3, 2, Bleichroeder Collection, Baker Library Special Collection, Harvard Business School.

nigshaus. Drittens folgt auch hier der Aufbau den vagen Leitlinien eines Bittschreibens. Einleitung und Schluss sind in unterwürfig bittendem Ton verfasst und sollen damit vorrangig Bekräftigung der hohen Stellung der angeschriebenen Person sein. Der argumentative Mittelteil ist in diesem Fall chronologisch abgefasst.

Die Argumente, die sich hier viertens finden, spiegeln exemplarisch den Wertekanon der Eliten in der zweiten Hälfte des 19. Jahrhunderts wider. Einschlägig für diesen Kanon sind die Aussagen über Bleichröders Treue zur Nation. Diese werden vor allem im zweiten Schreiben ausführlich ausgearbeitet. Eng damit verbunden ist auch die Erwähnung der Ehren, die Bleichröder bereits zuteilwurden.[21] Bleichröders persönliche Loyalität gegenüber Staat und Obrigkeit wird auch auf seine Geschäftstätigkeit ausgeweitet.[22] So war die Finanzierung der Eisenbahnen von großem Interesse für Preußen[23], beteiligte er sich doch damit mehr oder weniger direkt am Ausbau der preußischen Infrastruktur. Auch die Benennung seiner Steuerzahlungen kann unter diesem Aspekt verstanden werden, ebenso wie der Hinweis, dass Bleichröder Geldgeber der Krone war.[24] Weiterhin gibt das Schreiben Hinweise auf Bleichröders gesellschaftliche Stellung. Zum einen sei es sein Verdienst, dass das Bankhaus S. Bleichröder eine „hervorragende" Position habe und dass es sich auch mit zunehmender Unabhängigkeit von den Rothschilds entwickelte, zum anderen sei er ein „allgemein geachteter Mann". Der Verweis auf sein philanthropisches Engagement entspricht ebenfalls den Idealen des Bürgertums.[25]

Was Bleichröders jüdische Konfession betrifft, entsteht der Eindruck, dass der Verfasser es hier beim Nötigsten beließ. Es wird zwar eingangs darauf hingewiesen, dass der Bankier jüdischen Glaubens ist, aber schon in der Aufzählung seiner sozialen Verbindungen werden Verweise auf die jüdische Prägung seines sozialen Netzwerks vermieden. Auch bei dem Verweis auf seine Wohltätigkeit gibt es keinen Hinweis darauf, in welchen spezifischen Vereinen und damit für welchen Teil „der Armen" sich Bleichröder engagierte. Das Mäzenatentum war unter vermögenden deutschen Juden geach-

21 Vgl. fortführend zum Militärdienst und deutschen Juden auch Caplan, Gregory A.: Germanising the Jewish Male. Military Masculinity as the Last Stage of Acculturation, in: Liedtke, Rainer; Rechter, David (Hgg.): Towards Normality? Acculturation and modern German Jewry. Tübingen 2003 (Schriftenreihe wissenschaftlicher Abhandlungen des Leo-Baeck-Instituts, 68), S. 159–185 sowie zur Militärkultur im Kaiserreich Frevert, Ute (Hg.): Militär und Gesellschaft im 19. und 20. Jahrhundert. Stuttgart 1997 (Industrielle Welt, 58).

22 Auch Fritz Stern bescheinigt Bleichröder Loyalität zur Krone: Stern: Gold und Eisen, S. 42.

23 Lehmann, Helmut: Eisenbahnen in Preußen. Düsseldorf 1998; Bremm, Klaus-Jürgen: Von der Chaussee zur Schiene. Militärstrategie und Eisenbahnen in Preußen von 1833 bis zum Feldzug von 1866. Berlin, Boston 2016 (Militärgeschichtliche Studien, 40).

24 Vgl. Stern: Gold und Eisen, S. 42.

25 Vgl. Rürup, Miriam: Alltag und Gesellschaft. Paderborn 2017 (Perspektiven deutsch-jüdischer Geschichte), S. 128–143. Vgl. weiterführend auch Jensen: Gebildete Doppelgänger; Weber, Klaus: „Wohlfahrt", „Philanthropie" und „Caritas": Deutschland, Frankreich und Großbritannien im begriffsgeschichtlichen Vergleich, in: Liedtke, Rainer; Weber, Klaus (Hgg.): Religion und Philanthropie in den europäischen Zivilgesellschaften. Entwicklungen im 19. und 20. Jahrhundert. Paderborn 2009, S. 19–38.

tete und gängige Praxis.[26] Die Wohltätigkeit (hebr. *zedaka*) durch finanzielle Spenden war für diejenigen Juden, die es sich leisten konnten, Teil der Wohltaten, der Gemilut Chassadim. Sie sollte nach dem jüdischen Wohltätigkeitsprinzip vor allem auf die eigenen Religionsgenossinnen und -genossen ausgerichtet sein. Auch im Fall Bleichröders scheint allgemein bekannt gewesen zu sein, dass der Bankier sich innerhalb der jüdischen Gemeinschaft wohltätigen Zwecken widmete. Im Kontext dieses Empfehlungsschreibens nun wurde aber ein Bild des Bankiers gezeichnet, das bemüht ist, die Religionsunabhängigkeit ebenso darzulegen wie Bleichröders Loyalität zur Obrigkeit.[27] Dies ist nach Elisabeth Albanis symptomatisch für die Identität eines säkularisierten Judentums, das sich neben einem gemeinsamen kulturellen Erbe auch über Nationszugehörigkeiten zu identifizieren begann. Eine aus der Rückschau unlösbare Frage, die trotzdem gestellt werden soll, bleibt allerdings, ob dieses Verschweigen der religiösen Grundierungen aus einer Art intrinsischer, aufgeklärter Überzeugung geschah oder ob es nicht doch viel mehr ein Schutzmechanismus war, um negative Reaktionen zu vermeiden, weil solche Informationen bei nicht-jüdischen Empfängern eine nachteilige Verhaltensweise auslösen konnte.

Zusammenfassend lässt sich feststellen, dass sich die beiden Schreiben zur Empfehlung der Erhebung zum Geheimen Kommerzienrat bis auf eine Konkretisierung der Loyalität inhaltlich kaum unterscheiden. Der maßgebliche Unterschied, der zum Erfolg des zweiten Schreibens führte, kann aber nicht nur darin liegen. Ausschlaggebend war mit hoher Wahrscheinlichkeit der Adressatenwechsel. Das erste Schreiben ging an Graf Heinrich Friedrich von Itzenplitz (1799–1833), ein Kontakt der sich in diesem Fall offenkundig als fruchtlos erwies. Das zweite Schreiben richtete sich an Bismarck, der Bleichröder zu dieser Zeit bereits gut kannte. Dies stützt die Annahme, dass der Erfolg von Empfehlungsschreiben auch davon abhing, welches Interesse und welche Motivation der Adressat daran hat, einer Empfehlung nachzukommen. Empfehlungen waren demnach keineswegs selbstlose Gaben, die die Empfehlenden den Empfohlenen zukommen ließen. Wie im Folgenden konkretisiert wird, sind Empfehlungen Teil eines reziproken Systems von Gefallen.

---

26 Ludwig, Andreas: Jüdische Wohlfahrtsstiftungen. Initiativen jüdischer Stifterinnen und Stifter zwischen Wohltätigkeit und sozialer Reform. Frankfurt am Main 2010 (Schriftenreihe des Arbeitskreises Geschichte der Jüdischen Wohlfahrt in Deutschland, 4); Prévost-Marcilhacy, Pauline: Jüdisches Mäzenatentum im Frankreich des 19. und 20. Jahrhunderts. Aus dem privaten in den öffentlichen Raum, in: Liedtke, Rainer; Weber, Klaus (Hgg.): Religion und Philanthropie in den europäischen Zivilgesellschaften. Entwicklungen im 19. und 20. Jahrhundert. Paderborn 2009, S. 104–120.

27 Albanis: German-Jewish Cultural Identity, S. 26–27; Zu innerjüdischen Diskussionen um die Zugehörigkeit zur deutschen Nation auch: Le-Huu, Inka: Die sociale Emanzipation. Jüdisch-christliche Begegnungen im Hamburger Bürgertum 1830–1871. Göttingen 2017, S. 167; Vgl. weiterführend zu Religion und Berufen auch Kuhlemann, Frank-Michael; Schmuhl, Hans-Walter (Hgg.): Beruf und Religion im 19. und 20. Jahrhundert. Stuttgart 2003.

2.2 Bleichröder und die Rothschilds: Reziproke Gefallenskultur

Um sein kulturelles und soziales Kapital zu pflegen, erwies Bleichröder anderen Menschen in seinem Umfeld Gefallen. Wirtschaftsakteurinnen und -akteure trennten in der Mitte des 19. Jahrhunderts nicht zwischen Privat- und Berufsleben. Vor allem für seine Förderer, die Rothschilds, hatte Gerson von Bleichröder, ebenso wie sein Vater vor ihm, in allen möglichen Bereichen mit Rat und Tat zur Seite zu stehen, um seinerseits sicherzugehen, mit Geschäften, Kontakten und anderen „Wohltaten" versorgt zu sein. Empfehlungen auszusprechen oder Empfohlene anzunehmen, war ein nicht zu unterschätzender Bestandteil dieser wechselseitigen Gefallenskultur, in der Empfehlungen und andere Wohltaten regelrecht den Normen des Tauschhandels unterlagen.

Oft war vor allem den weitreichenden, mitunter aber auch den kleineren Bitten die strikte Hierarchisierung zwischen den Rothschilds und den Bleichröders eingeschrieben. So wandte sich, wohl nicht zum ersten Mal, James von Rothschild 1854 mit der Bitte um einen Gefallen von symbolischer Tragweite an Gerson Bleichröder: Er bat um einen Gärtner.[28] Überaus ausführlich, auf dreieinhalb handgeschriebenen Seiten, bat Rothschild Bleichröder darum, einen solchen ausfindig zu machen und ihm zu vermitteln. Hierbei ging es nicht um irgendeinen Gärtner, sondern um einen Rothschild persönlich nicht bekannten Mann, dessen Arbeit er in einem Garten bei einem Besuch in Berlin gesehen hatte. Ihm sei zu Ohren gekommen, der Besitzer der Anlage sei verstorben, daher gehe er davon aus, dass der Gärtner nun wohl zur Verfügung stehe. Bleichröder sollte den Umworbenen auf die Möglichkeit aufmerksam machen, für Rothschild in Paris zu arbeiten. Dafür konnte er sich Rothschilds „besten Dankes versichern."[29]

Dieser Brief ist bezeichnend für die Haltung der Rothschilds gegenüber Bleichröder: James Rothschild hatte ein Anliegen und schickte Gerson Bleichröder los, um ihm das Gewünschte zu verschaffen.[30] Bleichröder wiederum wusste bereits seit Beginn seiner Karriere, dass er gut beraten war, diese Verbindung zu pflegen und den Rothschilds stets loyal, fast untertänig, aber nie würdelos zur Verfügung zu stehen.[31] Diese Verhaltensweise hatte er von seinem Vater mit dem Bankgeschäft übernommen. Erwartungsgemäß zahlte sich Gersons Verhältnis zu den Rothschilds aus. Denn es war Mayer Carl Rothschild,[32] der ihn an Bismarck empfahl.

---

28 22.12.1854 James von Rothschild an Bleichröder, in: Folder XVIII 9, Bleichroeder Collection, Baker Library Special Collection, Harvard Business School.

29 22.12.1854 James von Rothschild an Bleichröder.

30 Ein Hinweis von Fritz Stern über die Briefzensur und die Vorliebe der jüdischen Bankiers, in Codes zu kommunizieren, kann den Gedanken aufkommen lassen, dass es sich nicht wirklich um einen Gärtner handelte – die Dynamik des Gefallens bleibt aber, unbenommen vom Gegenstand, dieselbe. Vgl. Stern: Gold und Eisen, S. 51.

31 Stern: Gold und Eisen, S. 41.

32 Mayer Carl Rothschild (1820–1886).

Letzterer war seit 1851 als Preußischer Gesandter im Bundestag des Deutschen Bundes in der Freien Stadt Frankfurt eingesetzt und befand sich 1859 in dieser Funktion auf dem Weg nach St. Petersburg. Doch bevor Bismarck Frankfurt verließ, fragte er bei Mayer Carl Rothschild nach einem verlässlichen Bankier in Berlin. Das Gerücht, Bismarck habe bei dieser Anfrage auf einem jüdischen Bankier bestanden, hat sich bis in die Forschungsliteratur getragen.[33] Gesetzt den Fall, dass dem so war, wird heute kaum zu klären sein, ob er dies tat, weil er um den jüdischen Stolz Rothschilds wusste, weil jüdische Bankiers zu dieser Zeit in Berlin besonders erfolgreich waren oder weil es zu dieser Zeit in gehobenen Kreisen modisch war, einen jüdischen Bankier zu beschäftigen. Tatsache ist allerdings, dass Rothschild Bleichröder empfahl.[34] Geht man davon aus, dass Empfehlungen in jener Zeit auf Reziprozität beruhten, hatte Mayer Carl Rothschild bei Bleichröder spätestens mit seiner Empfehlung ein enormes Guthaben auf dem imaginären Schuldkonto von wechselseitigen Gefallen und Empfehlungen.

Als Rothschilds Agent in Berlin war Gerson Bleichröder nicht nur in Bankiersgeschäfte eingebunden, er war auch in das gesellschaftliche Leben involviert, mit allen damit einhergehenden Verpflichtungen und Vorteilen. So gingen im Hause Bleichröder nicht selten Empfehlungsschreiben der Rothschilds ein, die auf gesellschaftliche Zwecke abzielten. Das gilt vor allem für die Zeit ab den späten 1860er Jahren, also seitdem sich Bleichröder eigenes Ansehen erarbeitet hatte und von den Rothschilds unabhängiger geworden war.[35] Dabei wurden beispielsweise wiederholt Reisende an Bleichröder verwiesen. Als Dr. Benjamin London, Arzt des Baron-Mayer-Rothschild-Spitals in Jerusalem, 1876 nach Berlin zu reisen gedachte, schickte Anselm Salomon Rothschild aus Wien ein Schreiben voraus. Er bat Bleichröder um „tatkräftige Unterstützung“ für London und empfahl diesen Bleichröders „freundlicher Aufnahme“.[36] Bleichröder diente in dieser Zeit also auch als eine Art gesellschaftlicher Schmuck für die Rothschilds.

Diese Art der Anfrage wiederholte sich unter anderem auch ein Jahr später, als Albert Salomon Anselm Rothschild ein paar „Einführungszeilen“ für den „Staatsrath“ Graf von Rambuteau verfasste, der ein Freund seines Schwiegervaters sei. Das Schreiben war mit dem Zusatz versehen: „Es handelt sich lediglich um eine Gefälligkeit“.[37] In allen Fällen wurde Bleichröder also mehr oder weniger direkt darum gebeten, wichtigen Kontakten der Rothschilds den Aufenthalt in Berlin zu verschönern oder zu erleichtern. Sie sind außerdem Zeugnis für die Familienpolitik der Rothschilds, denn der im Schreiben namenlose Schwiegervater war in diesem Fall Alphonse James de Roth-

33 Stern: Gold und Eisen, S. 39.

34 Stern: Gold und Eisen, S. 40.

35 Fritz Stern bescheinigt ihm seitdem auch einen selbstbewussteren Tonfall, vgl. Stern: Gold und Eisen, S. 114.

36 11.02.1876 Rothschild an Bleichröder, in: Folder XVI 2.1 of 5, Bleichroeder Collection, Baker Library Special Collection, Harvard Business School.

37 28.05.1877 Rothschild an Bleichröder, in: Folder XVI 2 of 5, Bleichroeder Collection, Baker Library Special Collection, Harvard Business School.

schild, zugehörig zum französischen Zweig der Rothschilds. Graf Rambuteau selbst wiederum scheint ein Nachfahre von Claude-Philibert Barthelot, Graf Rambuteau, gewesen zu sein. Dieser war nicht nur dafür verantwortlich, die „Rambuteau-Säulen" (später Vespasiennes, also öffentliche Pissoirs) im Pariser Stadtgebiet zu installieren, sondern war vor allem ein vermögender und einflussreicher Politiker.[38]

Die Vermittlung eigener Kontakte an ihren Agenten Bleichröder in Berlin stärkte das bestehende Beziehungsnetzwerk der Rothschilds. Ein Nebeneffekt mag darüber hinaus gewesen sein, dass Bleichröder in dieses Netzwerk fest eingebunden wurde. Für die Privatbankiers des 19. Jahrhunderts waren persönliche Bindungen von immenser Bedeutung. Eine vertrauensvolle Geschäftsbeziehung beruhte auf persönlicher Kenntnis, und der Nachweis von Verlässlichkeit musste im Kleinen wie im Großen immer wieder erbracht werden.[39] Dass die persönliche Bekanntschaft entscheidend war, zeigt sich auch darin, dass in Bleichröders Nachlass kaum Schreiben aus dem institutionellen Umfeld zu finden sind, also Schreiben von Partnern oder Angestellten der Rothschild'schen Bankhäuser. Eine Ausnahme stellte ein Schreiben Gustav M.s [voller Nachname unbekannt] von der Österreichischen Creditanstalt dar, also der Nachfolgeinstitution der S. M. von Rothschild Bank in Wien.[40] Dieser verfasste am 2. November 1891 ein vorsorgliches Einführungsschreiben für Stefan von Krassay, zu dieser Zeit der ungarische Konsul in Konstantinopel: „Sollte Herr von Krassay Berlin bereisen und Gelegenheit finden, sich Ihnen vorzustellen, so erlaube ich mir, den genannten Herrn Ihrer freundlichen Aufnahme bestens zu empfehlen."[41] Es ist allerdings in diesem Fall davon auszugehen, dass Bleichröder mit dem Verfasser des Schreibens persönlich bekannt war, da die ansonsten übliche Selbstvorstellung fehlt.

Nicht nur um bestehende Kontakte nach Berlin zu vermitteln, wandten sich Rothschilds an Bleichröder. Auch bei der Anbahnung neuer Geschäfte verließen sie sich mitunter auf Bleichröders Kontakte. Vor allem Gersons Verbindungen in den Osten standen bei ihnen hoch im Kurs. Von London aus bat Nathan Rothschild im Juli 1879 um eine empfehlende Einschätzung des Bankhauses Samuel Anton Fraenkel.[42] Die Herstellung von persönlichen Kontakten und der Austausch von Informationen über Menschen und Institutionen wurden im Bankiersgeschäft gehandelt wie der Austausch von Informationen über Projekte und politische Ereignisse. Die Bitte um Auskunft über Fraenkel machte ein Drittel des Schreibens aus. Die beiden anderen Teile enthielten

---

38 Vgl. Baur, Eva Gesine: Chopin oder die Sehnsucht. Eine Biografie. München 2009, S. 222.

39 Vgl. auch Stern: Gold und Eisen, S. 30.

40 Vgl. zur Österreichischen Creditanstalt unter anderem Schijf, Huibert: Jewish Bankers 1850–1914. Internationalization along Ethnic Lines, in: Baghdiantz McCabe, Ina; Harlaftis, Gelina; Pepelasis Minoglou, Ioanna (Hgg.): Diaspora Entrepreneurial Networks. Four Centuries of History. Oxford 2005, S. 191–217, hier S. 199–200.

41 02.11.1891 K. K. priv. Oesterreichische Credit-Anstalt für Handel und Gewerbe an Bleichröder, in: Folder XXVI 5.1, Bleichroeder Collection, Baker Library Special Collection, Harvard Business School.

42 22.07.1879 Rothschild an Bleichröder, in: Folder XIV 5, 1 of 2, Bleichroeder Collection, Baker Library Special Collection, Harvard Business School.

eine Schilderung und Prognose zur Entwicklung der Londoner Börse, an der wegen „miserabler Witterung“ trotz „ausreichenden Geldes“ das Geschäft „vollkommen“ stockte.[43] Es geht aus dem Schreiben nicht hervor, ob Rothschild eine Auskunft über die konkrete Person Samuel Anton Fraenkel verlangte – der Gründer des Warschauer Bankhauses verstarb bereits 1833 – oder über die damalige wirtschaftliche Lage des Bankhauses, das zu dieser Zeit von Anton Eduard Fraenkel, dem Sohn Samuels, geleitet wurde.[44]

Der dritte Teil des Schreibens behandelt ein in Ägypten erlassenes, für diese Arbeit nicht relevantes Dekret. Der zeitnahe Austausch über politische Entwicklungen verschaffte den Banken Informationsvorteile. Nützliche Nachrichten vor anderen zu erhalten, hing von persönlichen Kontakten ab.[45] Rothschild schrieb hierzu:

> Es freut mich zu hören, daß Ihre Freunde gut von dem Decret denken und bitte ich Sie, Ihren Einfluß dahin geltend zu machen, daß dasselbe baldigst unterschrieben werde, da es nicht nur für uns, sondern auch für alle Gläubiger Egyptens von großer Wichtigkeit ist.[46]

Zumindest von Londoner Seite aus änderte sich zu dieser Zeit der Rothschild’sche Tonfall gegenüber Bleichröder – zwar zog man ihn weiterhin als Agenten heran, endete aber immerhin mit der Höflichkeitsformel „Entschuldigen Sie die Bemühung. Mit freundschaftlichem Gruße Ihr ergebener“.[47] Das ist ein neuer, ungewohnt respektvoller Umgangston von Rothschilds Bleichröder gegenüber, der wohl dadurch zu erklären ist, dass sich bei den Londoner Rothschilds zu dieser Zeit gerade ein Generationenwechsel vollzogen hatte. Lionel Nathan Rothschild war im Vormonat des Schreibens verstorben und sein Sohn Nathan hatte die Leitung des Bankhauses und damit auch das Informationsnetzwerk des Vaters übernommen. Gerson von Bleichröders geschäftliche und ökonomische Stellung war damit in dieser Konstellation nicht anders als zuvor, aber nun war er der Ältere und Erfahrenere.

Dass die Beziehung von Bleichröders und Rothschilds speziell und intensiv war, hat Fritz Stern, wie eingangs angedeutet, in seiner Monografie „Gold und Eisen“ bereits beschrieben.[48] David S. Landes hatte dem hinzugefügt, dass Bleichröders und Rothschilds zwei gegensätzliche Idealtypen jüdischer Entwicklung im Bürgertum darstellten:[49] die Rothschilds selbstbewusste, tiefverwurzelte Juden, Bleichröder hingegen ei-

43 22.07.1879 Rothschild an Bleichröder.

44 Samuel Anton Fraenkel (geb. 1773) war 1833 gestorben, gleichnamige Nachfahren gab es keine. Sein Sohn hieß Anton Eduard Fraenkel (1809–1883).

45 Vgl. zum erfolgreichen Informationsnetzwerk der Rothschilds auch Schijf: Jewish Bankers, S. 192.

46 22.07.1879 Rothschild an Bleichröder.

47 22.07.1879 Rothschild an Bleichröder.

48 Vgl. exemplarisch Stern: Gold und Eisen, S. 41.

49 Landes, David S.: Bleichröder and Rothschilds: The Problem of Continuity in the Family Firm, in: Rosenberg, Charles (Hg.): The Family in History. Philadelphia 1975, S. 95–114.

nen unsicheren Parvenü, der sich nach Zugehörigkeit zum Adel sehnte.[50] Visualisiert man den hier vorgestellten Ausschnitt des Empfehlungssystems, zeigt sich der enge und hoch frequentierte Austausch zwischen den Rothschild'schen Bankhäusern und Bleichröder. Erstmals wird auch sichtbar, dass die ausgetauschten empfehlungsbasierten Gefallen in verschiedenen Feldern stattfanden. Über Empfehlungen wurden sowohl private Anliegen, etwa die Einstellung eines bestimmten Gärtners, wie auch gesellschaftliche Verpflichtungen und wirtschaftliche Kontakte und Möglichkeiten verhandelt und ausgetauscht.

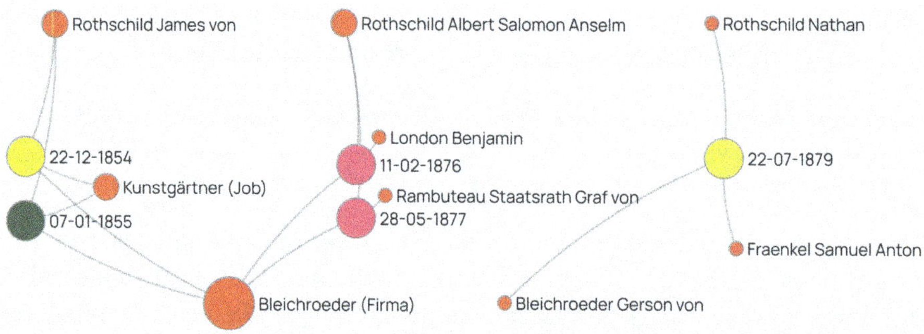

Abb. 2: Fünf Schreiben der Rothschilds an Bleichröder aus den Jahren 1854–1879

Derlei Austausch über private wie gesellschaftliche Belange knüpfte ein starkes Band zwischen den Bleichröders und den Rothschilds. Auf diese Art stellten die beiden Familien sicher, dass das System auch über große Entfernungen und Zeiträume hinweg funktionierte. Die enge Verknüpfung erhöhte die Verlässlichkeit und rechtfertigte das Vertrauen, das die beiden Parteien ineinander setzten. Diese Bindung basierte auf einem wechselseitigen Schuldverhältnis, aus dem ein Ausschnitt in Abbildung 2 visualisiert ist. Hier sind fünf Schreiben dargestellt, in denen Bleichröder, als Firma oder als Privatperson, mit James, Albert Salomon und Nathan Rothschild über verschiedene Akteure kommunizierte. Einmal in Gang gesetzt, erbrachten Rothschilds und Bleichröder einander, ähnlich einem Perpetuum mobile, gegenseitig Gefallen, ohne dass diese Maschinerie zum Erliegen kam. Fügt man hinzu, dass diese Verbindungen über Generationen hinweg bestanden, also vererbt wurden, und dass das Verhältnis zwar eng und beständig, aber keineswegs immer einträchtig war, so lässt sich das System Bleichröder-Rothschild geradezu als familiär bezeichnen. Und in der Tat waren nicht nur bei den Rothschilds und ihrer Interaktion mit Bleichröder die Familienbande ein hohes Gut und eine Säule der Empfehlungspraxis. Auch wenn man Geschäftsfreunde und

50 Reitmayer, Morten: Zwischen Abgrenzung und Ausgrenzung: Jüdische Großbankiers und der Antisemitismus im deutschen Kaiserreich, in: Gotzmann, Andreas (Hg.): Juden, Bürger, Deutsche. Zur Geschichte von Vielfalt und Differenz 1800–1933. Tübingen 2001, S. 147–171, hier S. 147.

-partner Bleichröders betrachtet, zeigt sich, dass Geschäftsmänner häufig ihre Söhne empfahlen, wie im folgenden Kapitel gezeigt wird.

2.3 Vater-Sohn-Beziehungen: patriarchische Empfehlungen

Ein einschlägiges Beispiel für eine generationenübergreifende Empfehlungspraxis ist der Hamburger Bankier Eduard Ludwig Behrens (1824–1895). Er empfahl 1879 seinen zweiten Sohn Theodor (1857–1921) an das Bankhaus Bleichröder. Behrens übernahm das von seinem Großvater gegründete Bankhaus 1853. Die ihm vorausgehende Generation hatte bereits Dependancen in Manchester und Leeds gegründet und dort Verbindungen zu den englischen Rothschilds geknüpft. Infolgedessen kam die Hamburger Bank mit den Frankfurter Rothschilds und darüber auch mit Bleichröder in Verbindung und stieg durch gemeinsame Aktiengeschäfte in den folgenden Jahren zu einem der führenden Bankhäuser in Hamburg, zu dieser Zeit eine Finanzmetropole, auf.[51]

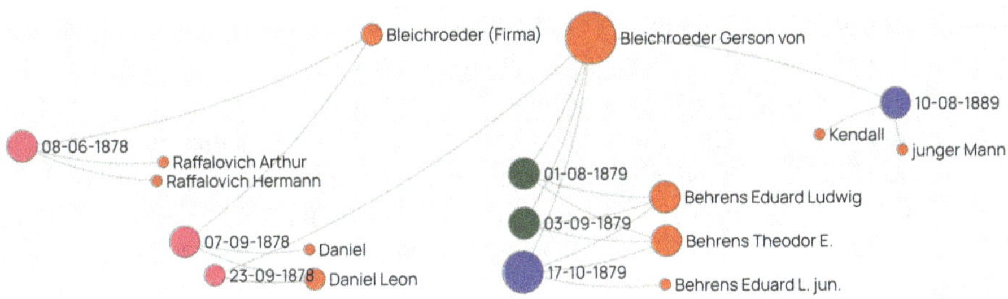

Abb. 3: Anfragen von Vätern, Auskünfte über Söhne[52]

Die beiden überlieferten Schreiben zur Übernahme Theodors durch Bleichröder, in Abbildung 3 in der rechten Mitte, wurden verfasst, nachdem die initiale Vermittlung durch eine zunächst nur vorläufige Zusage bereits hergestellt worden war.[53] Das erste hiernach verfasste Schreiben enthielt vor allem Details über Theodors Lebenslauf. In Kombination mit dem zweiten wird außerdem deutlich, welche Anforderungen an die Ausbildung eines Bankerben gestellt wurden, zu einer Zeit, in der es noch kein ausdifferenziertes Ausbildungswesen gab. Für den Erfolg der Empfehlung scheint aber die vorher erfolgte Verständigung der älteren Generation viel wichtiger gewesen zu sein,

51 Pohl, Manfred: Hamburger Bankengeschichte. Mainz 1986, S. 48–49.

52 Die in diesem Kapitel analysierten Quellen wurden auch für den folgenden Artikel besprochen: Gerlach, Lisa: Väter, Söhne, Beziehungen, Netzwerke: Empfehlungsschreiben jüdischer Eliten im 19. Jahrhundert, in: PaRDeS 26 (2020), S. 89–107.

53 03.09.1879 Behrens an Bleichröder, in: Folder XXV 3, Bleichroeder Collection, Baker Library Special Collection, Harvard Business School.

auf die Behrens auch in den vorliegenden beiden Schreiben hinweist.[54] Sie beginnen jeweils mit „Verehrter/verehrtester Freund“, im ersten Fall noch ergänzt durch freundschaftlichsten Dank für die Zusage. Außerdem spricht Behrens in beiden Schreiben von einem großen Dienst, den Bleichröder ihm erweise, im zweiten Schreiben sogar verstärkt durch den Ausdruck „Liebesdienst“.[55]

Und tatsächlich klingt es im weiteren Verlauf des Briefes, in dem es dann ausschließlich um Theodor geht, auch so, als würde Bleichröder Behrens eine große Last abnehmen. Denn im Sinne der von den Konventionen des Genres gebotenen Ehrlichkeit zählte Behrens zwar die Erfahrungen seines Sohnes auf, ließ ihn dabei aber keineswegs nur in gutem Licht dastehen:[56] Theodor war zu dieser Zeit „schon“ 22 Jahre alt. Er hatte das Gymnasium abgeschlossen und dann zweieinhalb Jahre in der Firma seines Vaters gelernt. Hier sei er, wie Behrens zu betonen versuchte, den Mitarbeitern „ganz in der selben Weise unterstellt gewesen, wie andere fremde Lehrlinge“.[57] Zugleich war sein Sohn dies aber auch nicht, denn es gab die „Maßnahme nur, daß man sich bemüht hat, ihn möglichst in allen [Bereichen] der Comtoir[sic]-Arbeit einzu[weisen].“[58] Weiterhin hatte Theodor nach Aussagen seines Vaters noch Lehrbedarf in der Arbitrage, also der Ausnutzung von Kurs- oder Preisunterschieden an verschiedenen Börsen zur Gewinnmaximierung, und auch im „Savoir Faire [der Gewandtheit] im Allgemeinen“ – was möglicherweise besonders schwer zu lehren war.[59] Auch in der Folge trägt Behrens nicht zu einem besonders beeindruckenden Bild seines Sohnes bei, indem er erwähnt, dass Theodor den Militärdienst unterbrechen musste, da er krank geworden sei, und nun nach zwei Monaten Kur wieder im Bankhaus arbeitete.[60] Über den Charakter seines Sohnes sprach Behrens dagegen ausschließlich positiv, denn dieser habe

> [i]m Allgemeinen die Reife seiner Jahre, und bei seiner guten moralischen Grundlage, und dem leichten und richtigen Verständnisse, das er für die ihn umgebenden Menschen, und Dinge eigentlich immer gezeigt hat, darf man ihm, wie ich zuversichtlich glaube, das nötige Zutrauen im Allgemeinen wohl schenken.[61]

---

54 03.09.1879 Behrens an Bleichröder und 17.10.1879 Behrens an Bleichröder, in: Folder XXV 3, Bleichroeder Collection, Baker Library Special Collection, Harvard Business School.

55 17.10.1879 Behrens an Bleichröder.

56 Kiesewetter: Universalbriefsteller 1903, S. 130.

57 03.09.1879 Behrens an Bleichröder.

58 03.09.1879 Behrens an Bleichröder.

59 03.09.1879 Behrens an Bleichröder.

60 03.09.1879 Behrens an Bleichröder. Vgl. weiterhin zum Militär Caplan: Germanising the Jewish Male S. 159–185; Frevert: Militär und Gesellschaft. Zur Kur: Triendl-Zadoff, Mirjam: Nächstes Jahr in Marienbad. Gegenwelten jüdischer Kulturen der Moderne. Göttingen 2007 (Jüdische Religion, Geschichte und Kultur, 6), sowie Derix: Die Thyssens, S. 200.

61 03.09.1879 Behrens an Bleichröder.

Am Schluss des Schreibens übergab Behrens seinen Sohn regelrecht an Bleichröder und unterstellte ihn seiner „wohlwollenden Protection“. Weiterhin formulierte er, dass sein Sohn wie jeder andere lernen solle, wobei er diese Bescheidenheit sogleich unterwanderte, indem er bemerkte, dass er Bleichröder sehr dankbar wäre, „wenn Sie Ihre Herren dahin beeinflussen wollen, daß sie sich für ihn in der richtigen und ihm dienlichen Weise interessieren.“[62] Ausbildung, Charakter, Erfahrung, Stärke – all die potenziell wünschenswerten Eigenschaften, die ein Lehrling mitbringen könnte – stehen in dieser Empfehlung zurück hinter dem guten und engen Verhältnis der Väter. Und auch das Lehrling-Meister-Verhältnis selbst greift, so wird deutlich, die Vater-Sohn-Beziehung als Metapher auf. Vaterliebe und Vaterstolz sowie die väterliche Verantwortung für die berufliche Laufbahn der Söhne sind hier integraler Bestandteil der Kommunikation unter Bankiers. Dies mag nicht im heutigen Verständnis des Begriffs „professionell“ gewesen sein, für die Bankiers war es aber Teil ihres Arbeitslebens. Damit widersprechen diese Quellen Nina Verheyens generellem Befund, dass in der Moderne die Vaterliebe privatisiert, die Mutterliebe hingegen professionalisiert wurde. Die Wahl eines guten Berufes war Teil der erzieherischen Arbeit, und dieser Teil wurde unter Geschäftsleuten offen diskutiert.[63]

Wie zuvor schon erwähnt, war die Bankiersausbildung in der Mitte des 19. Jahrhunderts nicht institutionalisiert. So gab es keine einheitliche schulische oder universitäre Ausbildung für Bankiers.[64] Bankierssöhne, die das Familiengeschäft übernehmen sollten, lernten die Grundlagen des Geschäfts im väterlichen Betrieb. Zur üblichen Praxis gehörte es, sich anschließend auf eine Art Ausbildungswanderschaft zu begeben. In der Grundidee scheint diese Wanderschaft vergleichbar gewesen zu sein mit den Gesellenwanderungen der Handwerker, die für diesen Zeitraum unter anderem Sven Steffens ausführlich bearbeitet hat. Es ist aber davon auszugehen, dass Antriebsfaktoren für die Gesellenwanderung, wie beispielsweise Flucht vor Überbevölkerung und Arbeitsmangel im Herkunftsland, für die Bankierssöhne weniger eine Rolle spielten als die von Steffens ebenfalls erwähnte Wanderlust und Neugier.[65] Diese führte meist zu „befreundeten Banken“. [66] Das Prestige des jeweils eingeschlagenen Ausbildungs-

62 03.09.1879 Behrens an Bleichröder.

63 Verheyen, Nina: Loving in Oblivion? Die Marginalisierung bürgerlicher Vaterliebe im Zeitalter der Professionalisierung. Eine kulturhistorische Skizze, in: Drieschner, Elmar; Gaus, Detlef (Hgg.): Liebe in Zeiten pädagogischer Professionalisierung. Wiesbaden 2011, S. 157–175, hier S. 157–158.

64 Vgl. zur Entwicklung zunächst des „Berufes“ und dann der beruflichen Ausbildung u. a. Sailmann, Gerald: Der Beruf: Eine Begriffsgeschichte. Bielefeld 2018, S. 171–183.

65 Steffens, Sven: Frankreich-Wanderschaft und berufliche Ausbildung im Spiegel von Selbstzeugnissen deutscher und belgischer Handwerksgesellen des 19. Jahrhunderts, in: König, Mareike (Hg.): Deutsche Handwerker, Arbeiter und Dienstmädchen in Paris. Eine vergessene Migration im 19. Jahrhundert. München 2003 (Pariser Historische Studien, 66), S. 27–49, hier S. 33.

66 Vgl. Schijf: Jewish Bankers, S. 201–202. Zu ähnlichen Praktiken im Handwerk, vgl. Elkar, Rainer S.: Lernen durch Wandern? Einige kritische Anmerkungen zum Thema „Wissenstransfer durch Migration“, in: Schulz, Knut; Müller-Luckner, Elisabeth (Hgg.): Handwerk in Europa. Vom Spätmittelalter bis zur frühen Neuzeit. München 2009, S. 213–232.

wegs war abhängig vom Ruf der besuchten Banken sowie von Auslandsaufenthalten während der Lehrjahre.[67] Neben der Heiratspolitik können diese meist auf der Basis der väterlichen Kontakte erfolgten Vernetzungen während der Wanderjahre als zweite große Säule beim Aufbau eines stabilen generationsübergreifenden Netzwerks gelten.

Simone Lässig macht darüber hinaus darauf aufmerksam, dass die Verantwortung des Vaters, seinen Sohn mit einem Handwerk vertraut zu machen, bereits im Talmud verankert ist.[68] Die patriarchale Struktur der Berufsweitergabe ist demnach der deutsch-jüdischen Kultur geschuldet, also auch in der jüdischen Tradition verankert und nicht allein durch ein christliches, westeuropäisches System geprägt.[69] Das Selbstverständnis der Berufsweitergabe als eine jüdische Pflicht lässt sich auch in Erziehungsratgebern nachvollziehen, in denen es als Aufgabe des Vaters dargestellt wird, den Sohn in die richtigen Kreise einzuführen und ihm das eigene Wissen näherzubringen, um ihn auf ein selbstständiges Leben vorzubereiten.[70] Dass diese Anforderung an den Vater, das Leben des Sohnes maßgeblich zu determinieren, besonders während der gesellschaftlichen Umbrüche des 19. Jahrhunderts zu Konflikten führte, darauf hat die Forschung an verschiedenen Stellen bereits ausdrücklich hingewiesen.[71]

Empfehlungsschreiben hatten die zentrale Funktion, die Einführung in bestimmte gesellschaftliche Kreise zu initiieren und organisiert zu gestalten. Der Zugang zu Milieus und Netzwerken wurde als kulturelles Kapital oftmals vom Vater auf den Sohn übertragen, ebenso wie das monetäre Kapital. Im Juni 1878 schrieb Hermann Raffalovich (1828–1893), ein aus Odessa stammender jüdischer Geschäftsmann, an Bleichröder ein Einführungsschreiben für seinen Sohn Arthur (1853–1921), das in Abbildung 3 ganz links zu finden ist:[72]

> Die Freundlichkeit mit der Sie die Güte hatten mich zu empfangen ermuntert mich, meinen Sohn Arthur Raffalovich, Mitarbeiter des Journal des Debats und des Journal de Petersburg bei Ihnen einzuführen und ihrer freundlichen Aufnahme zu empfehlen.

---

67 Vgl. hierzu beispielhaft die Ausbildungswege von Paul Wallich und Max Warburg knapp zusammengefasst bei Barth, Boris: Weder Bürgertum noch Adel – Zwischen Nationalstaat und kosmopolitischem Geschäft. Zur Gesellschaftsgeschichte der deutsch-jüdischen Hochfinanz vor dem Ersten Weltkrieg, in: Geschichte und Gesellschaft 25 (1999), S. 94–122.

68 Lässig: Jüdische Wege ins Bürgertum, S. 534.

69 Ähnliches ist angedeutet bei Schijf: Jewish Bankers, S. 204.

70 Vgl. Baras, Simon: Zur Notwendigkeit einer ordentlichen Erziehung der Knaben 1784–1788. Simon ben R. Secharja, Igeret le-h'dl"a, in: Ha-Measef I (1784) – IV (1788), in: Lohmann, Uta (Hg.): Jüdische Bildungsgeschichte in Deutschland. Münster 2005, S. 247–266, hier S. 249.

71 Vgl. Battenberg, Friedrich: Ein Hofjude im Schatten seines Vaters. Wolf Wertheimer zwischen Wittelsbach und Habsburg, in: Ries, Rotraud; Battenberg, Friedrich (Hgg.): Hofjuden – Ökonomie und Interkulturalität. Die jüdische Wirtschaftselite im 18. Jahrhundert. Hamburg 2002 (Hamburger Beiträge zur Geschichte der deutschen Juden, 25), S. 240–255; Kosuch, Carolin: Missratene Söhne. Anarchismus und Sprachkritik im Fin de Siècle. Göttingen 2015 (Schriften des Simon-Dubnow-Instituts, 23).

72 Vgl. zur langjährigen Geschäftsbeziehung zwischen Bleichröder und Hermann Raffalovich: 02.02.1887 Raffalovich an Bleichröder, in: Folder XXXII 3, Bleichroeder Collection, Baker Library Special Collection, Harvard Business School.

> Mein Sohn geht nach Berlin um dort während des Congresses zu bleiben, nun erlaube ich mir Sie zu bitten ihm mit Rath und That beizustehen.
> Ich danke Ihnen im Voraus für alles was Sie für ihn während seines Aufenthaltes in Berlin thun werden.[73]

Der zu dieser Zeit 25-jährige Autor und Wirtschaftsjournalist Arthur Raffalovich, der später neben seiner publizistischen Tätigkeit unter anderem Vorsitzender der russischen Handelskammer in Paris, Handelsattaché an der russischen Botschaft in Paris und Finanzbeauftragter Russlands in London werden sollte, wurde durch seinen Vater an Bleichröder vermittelt.[74] Die Empfehlung beinhaltet zunächst einen Verweis auf Bleichröders Gastfreundschaft gegenüber dem Vater. Diese diente als Grundlage und eine Art Berechtigung für die Empfehlung des Sohnes. Zum Sohn führt der Briefschreiber auf, wo er angestellt war und welche Gründe ihn nach Berlin führten. Die Bitte, dem Sohn mit Rat und Tat zur Seite zu stehen, rekurriert auch darauf, dass Bleichröder als eine ebenso vertrauenswürdige wie gewinnbringende Kontaktperson angesehen wurde, um den Sohn während seines Aufenthaltes zu unterstützen. Der Verfasser wartet keine Zusage ab, der Brief enthält bereits den Dank für die Erfüllung der Bitte. Es lässt sich also die These aufstellen, dass der Erfolg solcher Schreiben vorausgesetzt wurde.[75]

Es kann davon ausgegangen werden, dass Bleichröders Unterstützung in solchen Konstellationen nicht auf Restaurantempfehlungen oder ähnliche Hilfestellungen beschränkt war. Ziel der Vermittlung derartiger Kontakte im Rahmen einer Reise war vielmehr sicherzustellen, dass der Besucher (oder in selteneren Fällen die Besucherin) Zugang zu Treffen und Veranstaltungen bekam, auf denen er vom Netzwerk des ersuchten Gastgebers profitieren konnte.[76]

Um Bleichröders Rat und Tat ging es sicherlich auch in einer Bitte um eine Unterredung für Leon Daniel, zu dessen Biografie und Hintergrund kaum etwas bekannt ist. Der Duktus des 1878 versandten Schreibens, Abbildung drei Mitte links, erinnert in seiner Unterwürfigkeit eher an den Stil deutlich älterer, aus der Zeit Samuel Bleichröders stammender Schreiben:

> Euer Hochwohlgeboren
> Hochwohlgeehrter Herr Geheimrath!
> Ergebenst Unterzeichneter erlaubt sich Hiermit euer Hochwohlgeboren um einer [sic] Unterredung in Angelegenheit der rumänischen Judenfrage, ergebenst zu ersuchen.

---

73 08.06.1878 Raffalovich an Bleichröder, in: Folder XXXII 3.8, Bleichroeder Collection, Baker Library Special Collection, Harvard Business School.

74 Vgl. Anon., The Bankers' Magazine, no. 69 (1904), S. 702. Vgl. weiterhin zur Bedeutung des Finanzjournalismus' für Bankiers: Ferguson: Die Geschichte der Rothschilds I, S. 337.

75 Dies gilt auch für weitere Fragen, etwa nach Antwortschreiben, codierten Formulierungen u. ä., die Gegenstand meiner Forschung sind.

76 Vgl. u. a. zu Ehefrauen in Vorstellungsschreiben 12.02.1878 Leopold von Hoffmann an Bleichröder, in: Box XXVIb, Bleichroeder Collection, Baker Library Special Collection, Harvard Business School.

> Beiliegendes Empfehlungsschreiben diene eurer Hochwohlgeboren zu meiner Legitimierung.
> Zum Schluss erlaube ich mir noch Euer Hochwohlgeboren um gefällige Berücksichtigung, des herannahenden Neujahrstages, dass ich morgen Abends schon abzureissen gezwungen bin.
> Euer Hochwohlgeboren Geehrter Herr Geheimrath ganz ergebenster Diener, Leon Daniel[77]

Auch das beiliegende Empfehlungsschreiben liest sich irritierend, da es einen für das übrige hier analysierte Sample unüblichen Plural verwendet:

> Mit gegenwärtigem erlauben wir uns Herrn Leon Daniel, Sohn des Chefs unserer Firma, bei Ihnen einzuführen, welchen seine Angelegenheiten in Ihre Stadt führen und den wir ihrer freundlichen Aufnahme bestens empfehlen. – Wir bitten Sie ihm in vorkommenden Fällen mit Rath und That an die Hand zu gehen, und sprechen Ihnen im Vorhinein unseren wärmsten Dank aus für [...] die Gefälligkeiten, die Sie unserem Herrn Empfohlenen er[wei]sen werden. – Es soll uns sehr freuen, wenn sich für uns recht bald eine Gelegenheit zu Gegendiensten ergeben wird, zeichnen wir mit besonderer Hochachtung [gez.: ...] Daniel[78]

Trotz der ungewöhnlichen Form entspricht der Zweck des Schreibens anderen Empfehlungen dieser Zeit. Zunächst wird die Legitimation für die Bitte dargelegt, dann wird die Bitte formuliert, deren Erfüllung vorausgesetzt wird, und auf die Reziprozität der Empfehlungspraxis hingewiesen. Der Stand des Vaters bürgt zudem für die Wertigkeit des Sohnes. Eine mögliche Erklärung für die abweichenden Formulierungen ist, dass der Verfasser kein deutscher Muttersprachler war. Dass sie dennoch so gewandt auf Deutsch formuliert sind, ist darin begründet, dass vor allem in den Kreisen der jüdischen Hochfinanz die deutsche Sprache, neben dem Französischen, zu dieser Zeit *Lingua franca* war.[79] Nicht nur Stil und Tonalität des Schreibens weisen Unterschiede gegenüber vergleichbaren Schreiben der Zeit auf: Als einziges der Schreiben, in denen Söhne empfohlen werden, ist es nicht an die Person Gerson Bleichröder, sondern an das „Bankhaus S. Bleichröder“ adressiert.[80] Dass die Distanz in der Sprache und Anschrift eine Ausnahme darstellt, macht darauf aufmerksam, dass eine gewisse Vertrautheit und eine persönliche Note in Schreiben zur Einführung von Söhnen zu dieser Zeit durchaus üblich waren.

Heraus sticht außerdem die Häufung der impliziten und expliziten Verweise auf das Judentum. Erstens gibt Leon Daniel zu verstehen, dass er seine Arbeits- und Reisezeiten an den jüdischen Feiertagen orientiert. Das Neujahrsfest *Rosh Hashanah* fiel in diesem Jahr auf den 28. September, wenige Tage nach dem Datum des Schreibens. Zweitens ist der Anlass der Bitte ein jüdisches Thema des späten 19. Jahrhunderts: Die prekäre rechtliche Situation der rumänischen Juden war auch Bleichröder ein großes Anliegen. Er hatte sich mehrfach bei Bismarck für diese Gruppe eingesetzt und ver-

77 23.09.1878 Leon Daniel an Bleichröder, in: Folder XXXIII 1a, Bleichroeder Collection, Baker Library Special Collection, Harvard Business School.
78 23.09.1878 Leon Daniel an Bleichröder.
79 Barth: Weder Bürgertum noch Adel, S. 100.
80 Siehe Abbildung 3.

sucht, dessen Unterstützung nicht zuletzt mit geschäftlichen Gefallen zu erkaufen.[81] Im Juni 1878 war Bismarck Gastgeber des Berliner Kongresses. Bleichröder koordinierte den Versuch der jüdischen Einflussnahme zugunsten der rumänischen Juden über Zeitungsartikel und Annoncen sowie die persönliche Fürsprache gesellschaftlich einflussreicher Juden.[82] Die Fürsprache eines einflussreichen Juden in politischen, das Judentum betreffenden Belangen (*shtadlanut*) ist der jüdischen Geschichte keineswegs unbekannt.[83] Hohes Ansehen und Kontakte zu politisch einflussreichen Personen wurden in diesen Belangen wiederholt genutzt – Faktoren, die auch für die Empfehlungspraxis relevant waren. Der Fall der rumänischen Juden zeigt aber auch, wie eingeschränkt diese versuchte Einflussnahme war,[84] denn die offiziell zwar beschlossene Emanzipation der rumänischen Juden wurde in der Praxis nicht umgesetzt.[85] Dennoch war Bleichröder in dieser Zeit ein international begehrter Gesprächspartner zu diesem Thema.

Die Wertschätzung der Vater-Sohn-Beziehung in der bürgerlichen Gesellschaft der zweiten Hälfte des 19. Jahrhunderts ging so weit, dass sie sogar dann tragfähig war, wenn eine Verbindungsperson zwischengeschaltet war. Im August 1889 erhielt Bleichröder einen Brief von einem Herrn Kendall (dessen Hintergrund unklar ist), der wiederum von einem Vater darum gebeten worden war, sich für dessen Sohn einzusetzen. Dieses Schreiben ist in Abbildung 3 ganz rechts visualisiert. Letzterer sei kaufmännisch ausgebildet, habe aber durch den Militärdienst seine Stelle verloren. Kendall führt weiter aus, dass es nicht nur das Auftreten des Sohnes, sondern vor allem der Charakter seines Vaters sei, der ihm ein „gewisses Vertrauen“ in den Empfohlenen gebe. Des Weiteren wird in diesem Schreiben ausgeführt, was der Empfehlende nicht wusste: Ob der Empfohlene eine Ausbildung hatte, die ihn für eine Position bei Bleichröder qualifizierte, und ob Bleichröder gerade Arbeitskräfte brauchte. Darum bitte er Bleichröder, sich der Sache anzunehmen.[86]

Empfehlungsschreiben wie dieses sicherten den Erstkontakt im Gegensatz zu den zuvor vorgestellten konkreten Bitten etwa um eine Ausbildung. Sie waren ein Türöffner. Hätte Bleichröder Interesse an dem jungen Mann gezeigt, hätte er sich bei Kendall nach weiteren Informationen über den Empfohlenen erkundigen können. Dass der junge Mensch, für den der Erstkontakt etabliert werden sollte, namenlos blieb, ist nicht ungewöhnlich. Seine Person und Qualifikation blieben zunächst weitgehend unerheb-

---

81 Vgl. Jünger: Am Scheitelpunkt der Emanzipation, S. 30–31.

82 Vgl. Jünger: Am Scheitelpunkt der Emanzipation, S. 31–32; Stiehler, Heinrich: Zur Geschichte des rumänischen Antisemitismus, in: Zeitschrift für Balkanologie 51 (2015), S. 254–262.

83 Thulin, Mirjam: Shtadlanut, in: Diner, Dan (Hg.): Enzyklopädie jüdischer Geschichte und Kultur. Stuttgart 2014, S. 472–477.

84 Kirchhoff, Markus: Einfluss ohne Macht. Jüdische Diplomatiegeschichte 1815–1878, in: Diner, Dan (Hg.): Synchrone Welten. Zeitenräume jüdischer Geschichte. Göttingen 2005, S. 121–147, hier S. 138–142.

85 Jünger: Am Scheitelpunkt der Emanzipation, S. 18.

86 10.08.1889 Kendall an Bleichröder, in: Box #XXI, Bleichroeder Collection, Baker Library Special Collection, Harvard Business School.

lich. Entscheidend war für eine Einführung vielmehr das Vertrauen zwischen den Beteiligten. Kendall hatte wenig persönliche Kenntnis über den jungen Mann, kannte aber seinen Vater. Von dessen Charakter schloss er direkt positiv auf den Anwärter, ohne etwas über ihn selbst zu wissen. Dieses Unwissen über den tatsächlichen Bewerber schien weiterhin so normalisiert zu sein, dass er sich für diesen Umstand keineswegs entschuldigte, sondern statt des Sohnes mit einer gewissen Selbstverständlichkeit den Vater beschrieb.

Stilistisch konnten diese Briefe über Väter und Söhne unterschiedlich verfasst sein, obwohl sie alle zu einer ähnlichen Zeit geschrieben wurden. Von der ehrlichen und ausführlichen Besprechung der Verhältnisse im Fall Behrens über die knappen Worte Kendalls bis hin zu den förmlichen und distanzierten Schreiben der Daniels lassen sich keine einheitlichen Phrasen und Vorgehen feststellen. Inhaltlich sind sie dahingehend ähnlich, dass in jeder der vorgestellten Vater-Sohn-Beziehungen es dem Sohn geradezu zustand, von den väterlichen Errungenschaften zu profitieren. Im Falle Kendalls ging dies so weit, dass nicht einmal der Name des Empfohlenen fiel.

Weiterhin war redliches Verhalten die Basis für einen vertrauensvollen Kontakt, weswegen viele Schreiben Passagen enthielten, in denen sie ihre in Teilen unzulängliche Kenntnis über den geschilderten Sachverhalt verdeutlichten oder auch auf einige Schwächen und Unzulänglichkeiten der jeweils Empfohlenen aufmerksam machten. Auch die Briefsteller der Zeit wiesen darauf hin, dass eine Empfehlung immer einen ehrlichen Eindruck vermitteln sollte.[87] Die Verfasser übernahmen in diesen Belangen keine Verantwortung, die sie nicht vertreten konnten. Da die Beziehungen der Verfasser zu Bleichröder langjährig angelegt waren, erscheint es auch in der Rückschau sinnvoll, dass keine Versprechungen gemacht wurden, die nicht eingehalten werden konnten. Vor allem im Fall Behrend würden fachliche Unzulänglichkeiten Theodors spätestens bei Arbeitsantritt auffallen. Übertreibungen oder Beschönigungen im Zusammenhang mit den angekündigten Kompetenzen würden sich dann negativ auf den Ruf des Vaters auswirken. Ehrlichkeit war ein Teil des bürgerlichen Ehrenkodexes der Hochfinanz vor dem Ersten Weltkrieg und die Basis für ein stabiles Vertrauensverhältnis.[88] Ein Verstoß gegen diesen Kodex hätte dem gegenseitigen Vertrauen und damit in Konsequenz auch dem sozialen Kapital des Briefschreibers geschadet. Bei den Schilderungen des Charakters schien allerdings noch eine weitere nicht-verschriftlichte Regel zu gelten. Die Beispiele zeigen, dass man in der Wirtschaftswelt des 19. Jahrhunderts davon ausging, dass der sprichwörtliche Apfel nicht weit von seinem familiären Stamm fiel. Die Redlichkeit des Vaters wurde in den beschriebenen Vater-Sohn-Bezie-

87 Rammler, Otto F.: Otto Friedrich Rammlers deutscher Reichs- Universal-Briefsteller, Leipzig 1892, S. 191.

88 Vgl. Barth: Weder Bürgertum noch Adel, S. 108. Vgl. weiterhin Reitmayer, Morten: Bankiers im Kaiserreich. Sozialprofil und Habitus der deutschen Hochfinanz. Göttingen 2011; Reitmayer, Morten: Bürgerlichkeit als Habitus. Zur Lebensweise deutscher Großbankiers im Kaiserreich, in: Geschichte und Gesellschaft 1 (1999), S. 66–93.

hungen direkt auf die Söhne übertragen. Daher verloren die Väter über die charakterlichen Eigenschaften ihrer Söhne kein schlechtes Wort.

In der Zusammensetzung dieser Vater-Sohn-Empfehlungen fällt auf, dass die überwiegende Mehrheit der hier besprochenen Personen mindestens im jüdischen Glauben aufgewachsen ist. Die Familie Behrens war zu der Zeit allerdings bereits zum prostestantischen Glauben konvertiert, und über die Religionszugehörigkeit der von Kendall empfohlenen Person ist nichts bekannt. Schriftlich darauf hingewiesen wird nur im Falle des Schreibens von Leon Daniel, der auf den jüdischen Neujahrsfeiertag hinwies. John Tosh hat deutlich gemacht, dass die väterliche Praxis des 19. Jahrhunderts, erheblichen Einfluss auf die Berufswahl der Söhne zu nehmen, in Europa weit verbreitet war.[89] Im hier untersuchten Empfehlungssystem zeigt sich als Besonderheit eine jüdische Grundierung. Der Wertekanon der Vater-Sohn-Empfehlungen wirkte grenzübergreifend von Rumänien und Odessa bis nach London, basierte also nicht auf Regionalität. Vielmehr waren der persönliche Kontakt und das darin enthaltene Vertrauen in die gegenseitige Wertschätzung des Vater-Sohn-Verhältnisses innerhalb einer jüdisch geprägten Kultur, die diese Praxis hervorbrachte, ein verbindendes Element über Landesgrenzen hinaus.

2.4 Einführungsschreiben: Türöffner in die gute Gesellschaft

Für Personen, die Kontakte nicht über Familienbande knüpften, waren Empfehlungsschreiben als Ausweis noch wichtiger und wurden auch in Bereichen außerhalb des direkten Einstellungsverfahrens verwendet. Elitäre soziale Gruppen waren größtenteils nur über persönliche Kontakte zu erschließen. Zwar macht Simone Lässig in ihrer großen Studie „Jüdische Wege ins Bürgertum“ darauf aufmerksam, dass das jüdische Bürgertum durchlässiger war als das christliche, da es in der Gemeinschaft der Aufsteiger normal war, seinen gesellschaftlichen Rang nicht zu erben oder nicht einfach in die gehobenen sozialen Kreise hineingeboren zu werden.[90] Dies bedeutete aber noch lange nicht, dass die sozialen Kreise des gehobenen jüdischen Bürgertums jedem und jeder zugänglich waren. Die Empfehlungsschreiben Bleichröders zeigen, dass eine Person gleichen oder vergleichbaren Ranges und im besten Fall mit bereits bestehender Verbindung zum Adressaten den Erstkontakt zur Elite ebnen musste. Besonders entscheidend war dies, wenn es um die Überbrückung langer geografischer Distanzen ging. So galten die Empfehlungsschreiben auch Reisenden als Ausweis von Zugehörigkeit zur „besseren“ Gesellschaft.[91] Als Einführungsschreiben wurden sie den Reisenden

89 Vgl. etwa zu ähnlichem Vaterschafts- und Männlichkeitsverständnis Tosh, John (Hg.): A Man's Place. Masculinity and the Middle-Class Home in Victorian England. New Haven 2007.

90 Lässig: Jüdische Wege ins Bürgertum, S. 540.

91 Vgl. Reisen, Andreas: Der Passexpedient. Geschichte der Reisepässe und Ausweisdokumente – vom Mittelalter bis zum Personalausweis im Scheckkartenformat. Baden-Baden 2012.

vorausgeschickt oder von ihnen mitgeführt. Für den Erfolg einer Reise konnten sie von essenzieller Bedeutung sein. Tatsächlich wurden Einführungsschreiben mitunter sogar gefälscht, um Zugang zu bestimmten sozialen Kreisen zu erschleichen, wie der folgende Warnbrief zeigt, den Bleichröder – versehen mit dem Zusatz „Privat“ – von der britischen Botschaft in Berlin erhielt:

> Dear Baron von Bleichroeder,
> In case a Mr. J. Frederick Hodgetts should call on you and use my name or forward any card of mine I write to say that all I know about him is that he came to Berlin about a week ago for the [...] of taking out a [...] in Germany for a ship he says he has invented. I don't know who he is or anything else about him and he brought no letter of introduction to the Embassy.[92]

Der hier geschilderte Fall des Frederick Hodgetts[93] zeigt, dass eine fehlende Einführung großes Misstrauen erzeugte und einem damit auch alle weiteren Wege versperrte. Offensichtlich wurde Menschen, die nicht ordentlich vorgestellt wurden, nicht nur weniger Vertrauen entgegengebracht, es wurde sogar umfassend vor ihnen gewarnt. Wer darüber hinaus noch im Verdacht stand – wahrscheinlich in Ermangelung tatsächlicher Kontakte –, Verbindungen vorzutäuschen, dem war es kaum mehr möglich, als ehrlicher Geschäftsmann wahrgenommen zu werden.

Auch Gerson von Bleichröder erhielt und verfasste Einführungsschreiben und fungierte damit als Verbindungsglied zwischen gesellschaftlichen Zentren. Augenfällig wird durch die Visualisierung in Abbildung 4, dass diese Introduktionen größtenteils dezidiert den Geschäftsmann Bleichröder betrafen. Angeschrieben wurde in den meisten Fällen das Bankhaus (links) und nur selten die Privatperson Gerson von Bleichröder (rechts). Der Beruf des Bankiers beschränkte sich in diesem Sinne nicht nur auf das tägliche Geschäft, er hatte auch eine gesellschaftliche Komponente. Gäste zu empfangen, ihnen mit Rat und Tat zur Seite zu stehen und auf diese Art auch außerhalb einer konkreten Geschäftsanbahnung das Netzwerk zu pflegen und zu unterhalten, all dies war ein nicht zu unterschätzender Teil der Arbeit.[94] Dies ist auch als weiterer Beleg dafür zu sehen, dass die Trennung von Privat- und Geschäftsleben zwar simuliert wurde, aber auf dieser Qualifikationsstufe faktisch nicht existierte. Es zeigt, dass es in der Tat mehr Hybridräume als die in der Forschung bisher besonders stark fokussierten jüdischen Vereine gab, in denen die Grenzen verschwammen.[95] Die Firma wurde

---

92 09.11.1890 Schreiben an Bleichröder, in: Folder XXIV 6j, Bleichroeder Collection, Baker Library Special Collection, Harvard Business School.

93 Es war nicht abschließend zu klären, ob es sich hier um denjenigen F. Hodgett handelte, der 25 Jahre später als angeblich erst 44-jähriger Seemann auf der „Delaware“ tätig war. Vgl. Crew List: Agreements and Official Logs for Ship Delaware, Official Number 102775, in: RSS/CL/1915/3494/19A, Royal Museum Greenwich.

94 Vgl. hierzu das Kapitel 2.2.

95 Die Trennung von öffentlichem und privatem Leben wurde als eines der Hauptmerkmale des Bürgertums benannt. Miriam Rürup identifiziert das Vereinswesen als eine Art Hybridraum, in dem man in der Öffentlichkeit privat sein konnte. Vgl. Rürup: Alltag und Gesellschaft, S. 153–155. Vgl. zum Ver-

zwar angeschrieben, verhandelt wurden aber Termine, Abendveranstaltungen, gemeinsame Mahlzeiten und weitere der Freizeit zufallende Aktivitäten. Aus einem Dankesschreiben von Bu[r/d]bery an Bleichröder im August 1882 geht hervor, dass Bleichröder den Reisenden mit Empfehlungsschreiben für München ausgestattet hatte, die dieser dankend annahm: „Sollte mein Weg mich nach München führen, bin ich davon überzeugt, daß diese Einführung mir von größtem Nutzen sein wird und benutze ich diesen Anlass zur Versicherung meiner vorzüglichsten Hochachtung."[96]

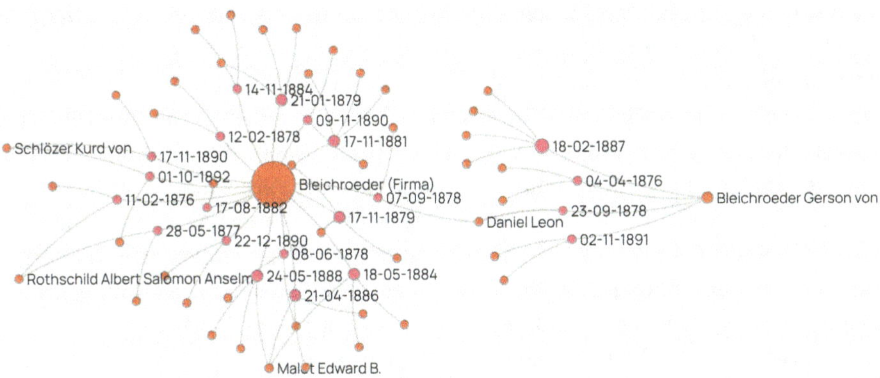

Abb. 4: Introduktionen an den Geschäftsmann und den Privatmenschen Bleichröder

Die hier besprochenen Netzwerke sind männlich geprägt. Es mag bisher der Eindruck entstanden sein, dass Frauen in der zweiten Hälfte des 19. Jahrhunderts keinerlei Stellung oder Funktion innerhalb der Empfehlungsnetzwerke hatten. Das ist allerdings nicht der Fall. Frauen waren durchaus Teil der schriftlichen gesellschaftlichen Introduktion, beispielsweise wenn der Verfasser sie als positives Argument heranziehen konnte.[97] So ließ Leopold von Hoffmann bei der Einführung Ottomar Haupts nicht un-

einswesen und seiner Bedeutung für das jüdische Bürgertum auch Lässig: Jüdische Wege ins Bürgertum, S. 519.

96 17.08.1882 Bu[r/d]bery an Bleichröder, in: Folder XXXII 3.3, Bleichroeder Collection, Baker Library Special Collection, Harvard Business School.

97 Vgl. Puppel, Pauline: Diplomaten und Damen. Ehefrauen von Diplomaten am Beispiel der Johanna von Puttkamer, in: Schnelling-Reinicke, Ingeborg; Brockfeld, Susanne (Hgg.): Karrieren in Preußen – Frauen in Männerdomänen. Berlin 2020 (Forschungen zur Brandenburgischen und Preußischen Geschichte. Beiheft), S. 306–352; vgl. weiterhin allgemein zur deutsch-jüdischen Frauengeschichte Carlebach, Julius (Hg.): Zur Geschichte der jüdischen Frau in Deutschland. Berlin 1993; Kaplan, Marion A.: Women and Tradition in the German Jewish Family, in: Cohen, Steven Martin; Hyman, Paula (Hgg.): The Jewish family. Myths and reality. New York 1986, S. 62–80; Hyman, Paula: Gender and Assimilation in Modern Jewish History. The Roles and Representation of Women. Seattle 1995 (The Samuel & Althea Stroum Lectures in Jewish studies).

erwähnt, dass der „sehr vortheilhaft bekannte, sich des besten Rufes erfreuende“[98] Bankier gemeinsam mit seiner „jungen und schönen Gattin“[99] reiste. Weiterhin schrieb von Hoffmann: „Indem ich hoffe, dass Sie sich meiner in eben so freundlicher Weise erinnern, als ich das Andenken an euer Hochwohlgeboren bewahre, stelle ich die Bitte, dass Sie dem erwähnten Ehepaar die freundlichste Aufnahme gewähren wollen und benutze diesen Anlass zum erneuten Ausdruck meiner besonderen Hochachtung.“[100]

Dies ist eines der wenigen in den Firmennachlass von S. Bleichröder eingegangenen Empfehlungsschreiben, das eine Frau erwähnt. Ein zweites empfiehlt eine Frau zur Anstellung. Konkret ging es um eine Wirtschafterin, die sich bereits im Haushalt der Mutter des um die Empfehlung Gebetenen bewährt hatte.[101] Die politischen und wirtschaftlichen Felder, in denen sich Bleichröder bewegte, waren männlich geprägt. Dieser Brief gibt dennoch einen Hinweis darauf, dass im gesellschaftlichen Leben der Geschäftsmänner und Politiker Frauen wie weibliche Angestellte, Mütter, Ehefrauen und auch Töchter nicht nur vorkamen, sondern sogar die Vernetzung beförderten.[102]

Der von Rebekka Habermas in ihrer wegweisenden Studie zu Frauen und Männern des Bürgertums erbrachte Nachweis, dass der Anteil der Frauenarbeit im Bürgertum in der ersten Hälfte des 19. Jahrhunderts erheblich höher war als man vermuten könnte, bestätigt sich damit indirekt auch in diesen gesellschaftlichen Introduktionen:[103] Erweitert man die Perspektive auf das hier betrachtete System der gehobenen Berliner Gesellschaft, stellt man fest, dass nicht nur die mitreisenden Ehefrauen der Besucher erwähnt wurden. Die Ehefrauen nahmen auch als in Empfehlungsschreiben unerwähnt bleibende Gastgeberinnen eine entscheidende Rolle ein. Ein herausragendes Beispiel aus der Berliner Bankiersgesellschaft und damit aus dem direkten Umfeld Bleichröders ist Leonie Schwabach, geb. Keyzer, Ehefrau von Leopold Julius Schwabach, der seit 1870 Teilhaber von S. Bleichröder und zudem mit Gerson Bleichröder verschwägert war.

Leonie Schwabach gründete einen Finanzsalon am Wilhelmsplatz, in dem sie als Gastgeberin nicht nur – so die Quellen – eine vorzügliche Bewirtung sicherstellte, sondern es vor allem verstand, als gastgebende „Grande Dame“ Politiker, Beamte, Wirtschaftsleute, Diplomaten und Künstler an einem Ort zu versammeln und eine Atmosphäre zu kreieren, in der sich die Besucher des Salons über Jahrzehnte hinweg

98 12.02.1878 Hoffmann an Bleichröder.

99 12.02.1878 Hoffmann an Bleichröder.

100 12.02.1878 Hoffmann an Bleichröder.

101 13.03.1881 Eulenburg an Bleichröder, in: Folder XX 5.1, Bleichroeder Collection, Baker Library Special Collection, Harvard Business School.

102 Vgl. Kaplan, Marion A.: Jüdisches Bürgertum. Frau, Familie und Identität im Kaiserreich. Hamburg 1997; Derix: Die Thyssens. Vgl. auch die Darstellungen von Familien des jüdischen Bürgertums in Bertz: Familienbilder. Für die Frauen der Bleichröder-Familie ist auch das Tagebuch von Gertrud Bleichröder zu beachten: Grimme: Aus Widersprüchen zusammengesetzt.

103 Vgl. das Kapitel „Arbeit“ in Habermas: Frauen und Männer des Bürgertums, S. 37–137.

trafen.[104] Schwabach hatte dabei gerade nicht die Eigenschaft vieler sozialer Aufsteiger, in ihrer Funktion als Gastgeberin zu protzen,[105] sondern schien sich durch zurückhaltende Eleganz auszuzeichnen.[106] Ihre gesellschaftliche Arbeit ist nicht zu unterschätzen, was historisch auch dadurch belegt ist, dass sie im Handbuch der Berliner Gesellschaft aus dem Jahr 1905 als große Mäzenin der Hauptstadt gelistet wurde.[107] Bedenkt man, dass in diesem Rahmen Geschäftsleute außerhalb der offiziellen Arbeitszeiten zusammenkamen, zeigt sich für die erfolgreichen Berliner Juden ein anderes Bild, als Inka Lee-Hu es für das bürgerliche Hamburg zeichnet. Nach Lee-Hu gab es zwar geschäftliche, aber kaum persönliche Kontakte zwischen Juden und Nicht-Juden.[108] Anhand des Zirkels um Bleichröder lässt sich vielmehr klar nachweisen, dass geschäftliches wie gesellschaftliches Interagieren zwischen Juden und Nicht-Juden in Berlin möglich und alltäglich war – zumal die Trennung zwischen Geschäfts- und Privatleben nicht strikt aufrechterhalten werden konnte.[109]

Teil dieser Berliner Gesellschaft, die zu verschiedensten Anlässen regelmäßig zusammenkam, waren nicht nur (Geschäfts-)Reisende, sondern auch solche Menschen, die von außerhalb beruflich nach Berlin gekommen waren und sich für Jahre niederließen. So pflegte Bleichröder Kontakte zur englischen Botschaft und unterhielt nach Fritz Stern Verbindungen zu dem britischen Diplomaten Andrew Buchanan[110] und zumindest auch zu den zwei auf ihn folgenden Botschaftern. Der 1. Baron Ampthill, Sir Odo Russell, war einer davon. Er hatte den Posten des Botschafters bis zu seinem Tod 1884 inne und erwies sich wegen seiner zahlreichen Verbindungen nach England auch als Vermittler von Kontakten, die für Bleichröder wirtschaftlich von Interesse sein konnten. Wie üblich mit der Bitte um guten Rat, führte er aus diesem Grund beispielweise einen Herrn H. H. Spiller bei Bleichröder ein, der im Auftrag der Cook'schen Rei-

104 Vgl. Wilhelmy-Dollinger, Petra: Die Berliner Salons. Mit historisch-literarischen Spaziergängen. Berlin, New York 2008, S. 289; vgl. weiterhin zur Salonkultur seit dem ausgehenden 18. Jahrhundert Erbe, Günter: Das vornehme Berlin. Fürstin Marie Radziwill und die großen Damen der Gesellschaft 1871–1918. Köln 2015; Heyden-Rynsch, Verena von der: Europäische Salons. Höhepunkte einer versunkenen weiblichen Kultur. 3. Aufl. Düsseldorf 1997; Drewitz, Ingeborg: Berliner Salons. Gesellschaft und Literatur zwischen Aufklärung und Industriezeitalter. 3. Aufl. Berlin 1984 (Berlinische Reminiszenzen, 7); Siebel, Ernst: Der großbürgerliche Salon. 1850–1918. Geselligkeit und Wohnkultur. Berlin 1999; Hertz, Deborah; Neumann-Kloth, Gabriele: Die jüdischen Salons im alten Berlin. 1780–1806. Ungekürzte Ausg. München 1995.

105 Vgl. Reitmayer: Zwischen Abgrenzung und Ausgrenzung, S. 148.

106 Während bei Wilhelmy-Dollinger Bleichröders Hang zum Protzen als Gegenbeispiel angeführt wird, weist Stern auf dessen elegante und zurückgenommene Geschäftsräume hin. Vgl. Wilhelmy-Dollinger: Die Berliner Salons, S: 289; Stern: Gold und Eisen, S. 40.

107 Wilhelmy-Dollinger: Die Berliner Salons, S. 289–290.

108 Le-Huu: Die sociale Emanzipation, S. 62 und 66–67.

109 Hierbei ist zu bemerken, dass keine Verbindungen abgebildet werden können, die gemieden wurden, dass es also durchaus Menschen geben konnte, die nicht mit Bleichröder verkehren wollten. Vgl. dazu auch Reitmayer: Zwischen Abgrenzung und Ausgrenzung.

110 Stern: Gold und Eisen, S. 54.

seagentur unterwegs war und Russell ein Empfehlungsschreiben von Lord Granville mit der Bitte um Weiterempfehlung vorlegte.[111]

Noch zwei Monate vor seinem Tod wandte sich Russell mit einem privateren Anliegen an Bleichröder. Er bat darum, ihm einen „verlässlichen Advokaten" zu empfehlen, da er gerade dabei sei, das Botschaftshaus zu kaufen, in dem er seit acht Jahren wohne und sehr zufrieden sei.[112] Die Tragik, dass Russell so kurz nach dem Entschluss, in Potsdam sesshaft zu werden, verstarb, ist in diesem Fall von geringerem Interesse als die Bitte um den Kontakt zu einer Person, die „verlässlich" sein sollte. Verlässlichkeit und Vertrauen ließ sich auch im Fall der Beauftragung von Anwälten am leichtesten über persönlichen Kontakt herstellen, da davon auszugehen war, dass die empfohlene Person sich bei dem Empfehlenden bereits bewährt hatte.[113]

Auch in der Korrespondenz Bleichröders mit britischen Diplomaten findet sich ein Beispiel, das zeigt, dass der Austausch von Informationen zu Hausangestellten ein wiederkehrendes Thema war, es also keineswegs ausschließlich um das Empfehlen von hochrangigen Dienstleistungen wie etwa denen eines Rechtsbeistands ging. Der britische Militärattaché Leopold Victor Swaine gibt 1883 seinen Portier Leopold Kl[aes?] mit glühenden Empfehlungen an Bleichröder ab:

> My dear Baron,
> I must apologize for [...Anm.: unleserlich] you, but I venture to write and ask you if my protegé, Leopold Kl[aes?], has any chance of being selected for the place as Portier which is now vacant in your household. I should be very grateful for an answer as I also have to look for a "Replacement" should you accept his services and I have this morning heard of a man who would suit me. May I once more be allowed to repeat the strong recommendation in Klaess' [form]. He is thoroughly respectable and respectful; honest as the day is long; and faithful to his masters interests. He has been well tried by all my predecessors, and I feel satisfied that all his previous masters would speak for him in the warmest way were they invited to give him a personal character.
> With renewed apologies believe me dear Baron, Yours very sincerely, [LV Swaine].[114]

In diesem Fall bleibt unklar, warum der Portier überhaupt seinen Arbeitsplatz wechseln sollte, wenn er sich doch so bewährt hatte. Mit Blick auf die Empfehlungspraxis lässt sich aber feststellen, dass die Weitergabe und Aufnahme von Hausangestellten Teil der Gefallenskultur war. Hierbei zeigt sich auch, dass die Betreffenden, obwohl sie mitunter „austauschbar" waren, keineswegs abschätzig betrachtet wurden – man be-

---

111 17.11.1881 Ampthill an Bleichröder, in: Folder XXIV 6g, Bleichroeder Collection, Baker Library Special Collection, Harvard Business School.

112 22.07.1884 Ampthill an Bleichröder, in: Folder XXIV 6i, Bleichroeder Collection, Baker Library Special Collection, Harvard Business School.

113 Schick, David: Vertrauen, Religion, Ethnizität. Die Wirtschaftsnetzwerke jüdischer Unternehmer im späten Zarenreich. Göttingen 2017; Luhmann: Vertrauen.

114 26.[xx.]1883 Swaine an Bleichröder, in: Folder XXIV 6j, Bleichroeder Collection, Baker Library Special Collection, Harvard Business School.

denke hierbei auch die Empfehlung der bereits erwähnten Wirtschafterin.[115] Die Verwendung des Begriffs „Protegé“, assoziativ eher mit jungen Personen in Verbindung gebracht, die in die eigenen beruflichen Fußstapfen treten sollten, macht uns darauf aufmerksam, dass die patriarchale Organisation von Haushalten, Institutionen und Betrieben sich auf die gesamte Angestelltenschaft erstreckte.[116] Der jeweilige Hausherr beziehungsweise die Person in leitender Funktion zeichnete verantwortlich für den Schutz und das Wohlergehen all seiner Beschäftigten.

In Bleichröders Empfehlungskorrespondenzen finden sich kaum Hinweise darauf, dass er mit neuen Akteurinnen und Akteuren der Industrie verkehrte. Empfehlungen von und für führende und angehende (Groß-)Industrielle finden sich in den hier untersuchten Schreiben jedenfalls kaum. Dieser Befund ist damit nicht kongruent zu den Annahmen der bisherigen Forschung.[117] In der zweiten Hälfte des 19. Jahrhunderts hielten sich Privatbankiers mit der Industriefinanzierung zurück.[118] Eines der wenigen Schreiben von Industriellen ist aus der Hand von Werner von Siemens.[119] Es bezog sich aber weniger auf wirtschaftliche Belange als vielmehr auf die gesellschaftlich-politische Sphäre. Siemens pflegte eine enge Freundschaft mit einem nicht näher identifizierten Bürgermeister Rosenthal, der Kontakt zu Bleichröder suchte. Im Gegensatz zu anderen Einführungsschreiben kommt Siemens gleich zu Beginn seines Briefes an Bleichröder zum Punkt: „Mein langjähriger Freund der Bürgermeister von Cöln Herr Rosenthal wünscht bei ihnen eingeführt zu werden.“[120] Im Folgenden bittet Siemens um Verzeihung, dass er seine „Bekanntschaft“ mit Bleichröder auf diesem Wege in Anspruch nehme, um Rosenthals Bitte nachzukommen. Siemens trennt also klar die Beziehungsgrade Freundschaft (in ihrer Steigerungsform „langjährig“) und „Bekanntschaft“.

Die Darlegung und Betonung des jeweiligen Bekanntschaftsgrads in der Summe der Einführungsschreiben an Bleichröder ist bemerkenswert. Während vor der Untersuchung davon auszugehen war, dass die guten Verbindungen von Verfasser und Empfänger betont wurden, um den Gefallen zu rechtfertigen, zeugen die in diesem Unterkapitel analysierten Schreiben davon, dass vor allem die enge Verbindung zwischen Empfohlenen und Empfehlenden betont wurde. Dies erklärt sich durch den auch in

---

115 13.03.1881 Eulenburg an Bleichröder.

116 Vgl. auch Ilardi: Crosses and Carets, S. 1127–1149; Edinger, Silke; Müller, Christian; Alvarado Leyton, Cristian (Hgg.): Nahbeziehungen zwischen Freundschaft und Patronage. Zur Politik und Typologie affektiver Vergemeinschaftung. Göttingen 2017.

117 Vgl. Ziegler, Dieter: The Influence of Banking on the Rise and Expansion of Industrial Capitalism in Germany, in: Teichova, Alice (Hg.): Banking, Trade and Industry. Europe, America and Asia from the Thirteenth to the Twentieth Century. Cambridge 1997; Ziegler: Die wirtschaftsbürgerliche Elite im 20. Jahrhundert; Ziegler: Kontinuität und Diskontinuität.

118 Vgl. Dahlem: Die Professionalisierung des Bankbetriebs, S. 201.

119 Vgl. Bähr, Johannes: Werner von Siemens. 1816–1892. Eine Biografie. München 2016.

120 14.11.1884 Werner von Siemens an Bleichröder, in: Folder XXVIb 34, Bleichroeder Collection, Baker Library Special Collection, Harvard Business School.

den Briefstellern gegebenen Hinweis, dass man keine Empfehlungsschreiben an Fremde schicken solle.[121] Das Schreiben selber belegt also in diesen Fällen bereits die enge Verbindung zwischen Verfasser und Adressat.

2.5 Geschäfte und Empfehlungen: Das Scheitern des rationalen Anspruchs

Im folgenden Abschnitt soll eine Gruppe von Schreiben behandelt werden, die dem alltäglichen geschäftlichen Briefverkehr entstammt, also Schreiben, die sich nicht mit Neuanstellungen oder gesellschaftlichen Verpflichtungen, sondern mit dem Kerngeschäft des Bankiers, mit Kreditvergabe, Finanzierungen und Geldanlagen befassten. In ihnen zeigt sich anschaulich eine Divergenz zwischen Anspruch und Realität der Bankiers, wenn es darum ging, auszuwählen, an welchen Geschäften man sich beteiligte, welche Bewerber außerhalb der Familienkontakte in Betracht gezogen wurden und wie sich Empfehlungen im Umgang zwischen Mitarbeitern und Geschäftspartnern niederschlugen.

Der bereits zu Beginn dieses Buches zitierte Satz von Leopold Julius von Schwabach, einem Geschäftspartner Bleichröders, dass Freundschaft oder Verwandtschaft in Geschäftssachen niemals zählen sollten, wurde in der Berufspraxis regelmäßig von ihm selber entkräftet. Nicht nur durch die Tatsache, dass Schwabach – wie bereits bemerkt – selbst ein Verwandter Bleichröders war: Empfehlende Worte von Personen, die mehr oder minder befreundet oder aber verwandt waren, ermöglichten häufig überhaupt erst das Zustandekommen von Geschäften. Dies zeigt sich beispielsweise in einem Schreiben Schwabachs vom 16. Juli 1875.[122]

Es ist dort zu lesen, wie insbesondere bei der Anbahnung von Geschäften auf mögliche Empfehlungsgeber eingewirkt wurde. Schwabach informierte Bleichröder über einen Sachverhalt, weil „zufällig ein Wort darüber fallen könnte."[123] Kurz gesagt ging es darum, dass der Großherzog von Baden in Schlesien einige Güter besaß, von denen er sich trennen wollte, für die er also auf der Suche nach einem Käufer war. Ob Bleichröder selbst als Käufer infrage kam oder ob er möglicherweise etwaigen Interessenten Kredit zur Finanzierung zu gewähren bereit war, bleibt unklar. Schwabach berichtete im angeführten Schreiben, dass sein Freund Kreidel, den er „seit alter Zeit" kenne[124], an diesem Geschäft beteiligt sei. Schwabach konkretisiert Kreidels Rolle und auch die Art ihrer Bekanntschaft so: „Er ist die rechte Hand des Grossherzoges und Rothschild hatte ihn uns einmal empfohlen, als du gerade verreist warst; er hat damals auch bei

121 Rammler: Reichs-Universal-Briefsteller 1892, S. 191.

122 16.07.1875 Schwabach an Bleichröder, in: Folder X.6 1, Bleichroeder Collection, Baker Library Special Collection, Harvard Business School.

123 16.07.1875 Schwabach an Bleichröder.

124 16.07.1875 Schwabach an Bleichröder.

mir gegessen.“ Hiermit machte Schwabach also deutlich, dass er eine direkte Verbindung zum Verkäufer der Grundstücke hatte.[125]

Aus dem Brief geht hervor, dass ein guter Kontakt zu Kreidel für das Gelingen des Immobiliengeschäfts ausschlaggebend sein könnte. Von Bedeutung ist ebenfalls, dass das als „alte“ Freundschaft bezeichnete Verhältnis von Schwabach und Kreidel tatsächlich auf der Vermittlung Rothschilds und einem gemeinsamen Essen vor einiger Zeit beruhte, an dem Schwabach wohl nur teilgenommen hatte, weil Bleichröder nicht zugegen sein konnte. Im Unterschied zum gegenwärtigen Verständnis von Freundschaft muss der Begriff hier als Indikator für eine wohlgesonnene Einschätzung gegenüber Kreidel innerhalb des Geschäfts gesehen werden. Gleichzeitig lässt sich ein hierarchisches Verhältnis ablesen, indem Schwabach erläutert, dass Kreidel, vermittelt von Rothschild, eigentlich Bleichröders Kontakt gewesen wäre. Schwabach ordnet sich also selbst unter Bleichröder ein und betont, dass er sich nur in der Position wiedergefunden hatte, die Bekanntschaft gemacht zu haben, weil Bleichröder nicht anwesend gewesen war.

Schwabach führt zum Verlauf der Geschäftsanbahnung weiter aus, der Agent, der den Zustand der Immobilien gesichtet hatte, sage, dass Kreidel sich sicher bei Rothschild erkundigen werde, „und es wäre darauf hinzuwirken, dass dieser nicht eine schlechte Auskunft giebt.“[126] Ein Fall, der sowieso kaum vorkommen könne, weil ein Zustandekommen des Geschäfts auch in Rothschilds Interesse liege, so Schwabach weiter.[127]

Im Verlauf des Schreibens wird deutlich, dass das Bemühen, die S. Bleichröder Bank in das Geschäft einzubinden, wichtiger war als der Wert der zu verkaufenden Herrschaft und die Möglichkeit, diese aufzuteilen und in Form kleinerer Grundstücke zu verkaufen. Bleichröders wie auch immer geartete Beteiligung schien die Voraussetzung für das Zustandekommen des Verkaufs gewesen zu sein. Nicht zuletzt um die Aussprache möglicherweise notwendiger Empfehlungen durch Rothschild und Bleichröder sicherzustellen, setzte Schwabach die potenziell Beteiligten in Kenntnis und knüpfte Verbindungen. Abbildung 5 zeigt, dass das sich anbahnende Geschäft zwischen Personen zustande kommen sollte, die jeweils untereinander in Verbindung standen. So kannte Bleichröder offenkundig Rothschild und Schwabach, Schwabach wiederum kannte Kreidel, der seinerseits eine Verbindung zu Rothschild sowie zum Großherzog hatte, dessen Güter zum Verkauf standen. Diese schriftliche Vorbereitung eines Geschäfts samt der Verständigung über die jeweiligen Verbindungen geschah mit einer Selbstverständlichkeit, die darauf schließen lässt, dass dies ein alltäglicher Arbeitsschritt war, der für das Gelingen der Sache jedoch von großer Bedeutung war.

---

125 16.07.1875 Schwabach an Bleichröder.
126 16.07.1875 Schwabach an Bleichröder.
127 16.07.1875 Schwabach an Bleichröder.

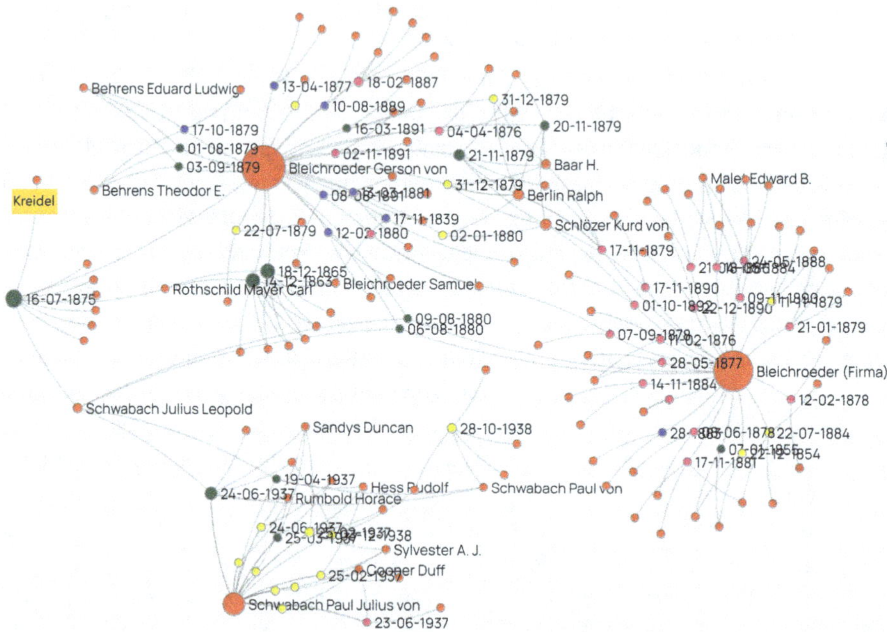

Abb. 5: Der Fall Kreidel im Gesamtnetzwerk Bleichröder

Ähnlich kleinteilig in der Vorbereitung war oftmals auch die Empfehlungspraxis, wenn es um berufliche Positionen ging. Ein Empfehlungsschreiben, das Bleichröder aus Hamburg erreichte, liest sich wie folgt:

> In dem Überbringer dieser Zeilen erlauben wir uns, Ihnen Herrn Felix Frensdorff von hier vorzustellen, den wir Ihrer freundlichen Aufnahme warm empfehlen.
> Wir überlassen es Herrn Frensdorff, Ihnen persönlich den Zweck seines Besuchs vorzutragen und werden erfreut sein, wenn seine Bewerbung, die wir in jeder Beziehung unterstützen möchten, zum Ziele führen kann. Seine mehrjährige Thätigkeit in unserem Hause hat uns in den Stand gesetzt seine Character-Eigenschaften sowohl als seine Fähigkeiten in hohem Grade schätzen zu lernen, er hat seit längerer Zeit – in unserem Auftrage die Börse besucht, hat [mehrfach] Gelegenheit zu selbstständiger Vertretung gehabt und ist auf diesem Gebiete bewandert und gewandt geworden.
> Stets zu Ihren Diensten zeichnet
> Ihr ergebener [L.][128]

In diesem Schreiben wird der konkrete Zweck des Besuches des Empfohlenen nicht genannt und sollte von diesem persönlich vorgetragen werden. Felix Frensdorff wird aber als „Bewerber" bezeichnet. Der Brief geht, im Gegensatz zu den Schreiben, die in

128 13.04.1877 Schreiben an Bleichröder, in: Folder XXV 3, Bleichroeder Collection, Baker Library Special Collection, Harvard Business School.

Kapitel 2.3 vorgestellt wurden, detailliert auf die Fähigkeiten des Empfohlenen ein. Frensdorff wird als kompetenter Mitarbeiter beschrieben. Vor allem die letzte Sequenz, in der der Verfasser schildert, dass Frensdorff selbstständig im Auftrag der Bank an der Börse aktiv gewesen sei, soll deutlich machen, dass er bereits umfassende und für sein Alter anscheinend ungewöhnliche Erfahrungen hatte sammeln können. Unausgesprochen kann dies als Hinweis verstanden werden, dass man Felix Frensdorff vertrauen könne. Außerhalb des Kontextes von Vater-Sohn-Beziehungen, so legt es dieses Beispiel nahe, wurde es also durchaus als hilfreich angesehen, die empfohlene Person näher zu beschreiben und ihre Fähigkeiten anzupreisen. Ein weiteres Beispiel für Bewerberempfehlungen, die durchaus zum Ziel hatten, den Adressaten von Qualifikation und Eignung des Bewerbers zu überzeugen, ist die Empfehlung des jungen Herrn von Wrede.[129] Sein Fürbitter legt seine Verdienste, seinen Schulabschluss und seinen guten Stand in der westfälischen Gesellschaft ausführlich dar. Formuliertes Ziel des Briefes war es, von Wrede, der zuvor Jura studiert hatte, eine sechsmonatige Lehranstellung im Bankhaus Bleichröder zu organisieren, um ihm danach eine Beamtenkarriere zu ermöglichen.[130]

Nach ähnlichen Regeln wie das Schreiben für Frensdorff abgefasst, erreichte Bleichröder im Februar 1880 ein ausführliches Empfehlungsschreiben von einem Herrn von Lehndorff. Der Verfasser entschuldigt sich gleich zu Beginn dafür, dass das Schriftstück in besonderer Eile geschrieben worden sei, was sich auch an der Qualität der Handschrift zeigt. Dieser Eile ist es wohl auch geschuldet, dass er den Namen des Empfohlenen direkt mit „pp. Schmidt“ abkürzt. Der Verfasser fragt an, ob im Hause Bleichröder ein Platz für Schmidt zu finden sei, und gibt auch ein paar Kerninformationen zum Werdegang Schmidts. Es folgt allerdings eine weitere Entschuldigung des Verfassers, nun für den eingeschränkten Informationsgehalt zu Schmidt. Damit spielte Lehndorff wohl eher darauf an, dass er wenig Persönliches über Schmidt sagen konnte. Gleichfalls zurückhaltend und in gewisser Weise schuldbewusst ist das Ende formuliert, wonach Lehndorff, sollte er das Schreiben in einem „ärgerlichen Moment gesandt haben, [...] dies herzlich [bedaure].“[131] Welche Stellung der Verfasser innehatte, lässt sich nicht mit letzter Sicherheit sagen, aber der Absendeort – Berlin – und die Berücksichtigung von Bleichröders guten Kontakten zu Bismarck lassen vermuten, dass es sich bei dem unterzeichnenden Lehndorff um Heinrich Graf von Lehndorff handelte, seinerzeit Generalmajor à la suite sowie Kommandeur der Leibgendarmerie. Dieser hätte dann tatsächlich wenig fachliche Kompetenz im Bankgewerbe gehabt, was er al-

129 08.08.1891 Schreiben an Bleichröder in: Folder XXb 14.1, Bleichroeder Collection, Baker Library Special Collection, Harvard Business School.

130 Vgl. zur Entwicklung und Bedeutung des Berufsbeamtentums Kocka, Jürgen: Die Angestellten in der deutschen Geschichte 1850–1980. Vom Privatbeamten zum angestellten Arbeitnehmer. Göttingen 1993.

131 12.02.1880 Lehndorff an Bleichröder, in: Folder XXb 12.1, Bleichroeder Collection, Baker Library Special Collection, Harvard Business School.

lerdings mit seinem militärischen Rang und seinem adedligen Stand wohl ausgleichen konnte.

Entscheidend für eine erfolgreiche Empfehlung war also das gesellschaftliche „Gewicht“ des Empfehlenden. Zudem half es, wenn dieser aus der Branche kam, in der der Empfohlene vorankommen wollte. Felix Frensdorff hatte in seinem Empfehlungsgeber, dem Leiter des Bankhauses, in dem er tätig war, eine Person gefunden, die all diese Kriterien in sich vereinte. Andere Verfasserinnen und Verfasser von Empfehlungsschreiben konnten kulturelles und soziales Kapital dagegen nicht derart bündeln. Darum wurden auch in solchen Fällen Empfehlungen häufig über einen Mittler weitergeleitet. Auf diese Art wurde eine weitere Person in den Empfehlungsprozess einbezogen, die den Mangel an sozialem oder kulturellem Kapital kompensieren sollte. Beispielhaft für diese Praxis ist ein Schreiben von Richard Wentzel, dem Chef des vormals von Benda Wolff gegründeten Telegrafenbüros, vom November 1879.[132] Wentzel und Bleichröder waren spätestens miteinander bekannt, seitdem sie 1865 gemeinsam an dem Verkauf des Wolffschen Büros an die „Continental-Telegrafen-Companie“ beteiligt waren.[133] Wentzel erhielt eine Anfrage von Herrn von Hirschfeld, dem Vorstand des K&K Telegraphenkorrespondenzbureaus in Wien. Von Hirschfeld bat Wentzel um eine Empfehlung des Wieners Albert Landau an ein Petersburger Bankhaus, wo sich besagter Landau nach Aussage von Hirschfelds als Makler etablieren wollte. In seinem Schreiben an Bleichröder erinnert Wentzel diesen daran, dass Bleichröder mit von Hirschfeld persönlich bekannt war. Das Hilfeersuchen beinhaltet einführende Zeilen zu Landau und einen klaren Hinweis darauf, dass der Empfohlene einen Fürsprecher von großem Einfluss hatte, „der Mann sei Ihnen von gewichtiger Seite empfohlen“[134]. Zusätzlich zum persönlichen Kontakt war es demnach von Vorteil, wenn die Empfehlung aus derselben Branche kam und der Empfehlende in diesem Umfeld einen guten Ruf beziehungsweise ein gewisses Gewicht hatte. In Abbildung 6 ist schematisch dargestellt, wie sich eine direkte Empfehlung – in diesem Beispiel die Felix Frensdorffs – von einer weitergeleiteten Empfehlung – hier für Albert Landau – unterscheidet. Im Schreiben für Landau stehen zwei Personen auf der Absenderseite und verstärken so das – figurativ ausgedrückt – Gewicht auf der Empfehlungswaage.[135] Die Herstellung eines Gleichgewichts zwischen Empfänger- und Absenderseite war eine entscheidende Voraussetzung für eine erfolgreiche Empfehlung. Selbst die in ihren Vorgaben sonst so dürftigen Briefsteller bestätigen diesen Anspruch an Empfehlungsschreiben, indem sie

---

132 11.11.1879 Wentzel an Bleichröder, in: Folder XXIII 6, Bleichroeder Collection, Baker Library Special Collection, Harvard Business School.

133 Vgl. Glagau, Otto: Der Börsen- und Gründungsschwindel in Deutschland. Zweiter Teil. Leipzig 1877, S. 493–494; sowie Anderson, Paul Irving: Ehrgeiz und Trauer. Fontanes offiziöse Agitation 1859 und ihre Wiederkehr in „Unwiederbringlich“. Stuttgart 2002 (Beiträge zur Kommunikationsgeschichte, 11), S. 186; Schuppert, Gunnar Folke: Wege in die moderne Welt. Globalisierung von Staatlichkeit als Kommunikationsgeschichte. Frankfurt am Main 2015 (Staatlichkeit im Wandel, 23).

134 11.11.1879 Wentzel an Bleichröder.

135 Vgl. Abbildung 6.

darauf aufmerksam machen, dass Empfehlungen im besten Fall nur zwischen Personen gleichen Ranges versandt werden sollten, da eine Empfehlung einer weniger gut gestellten Person an eine höher gestellte Person anmaßend sei.[136]

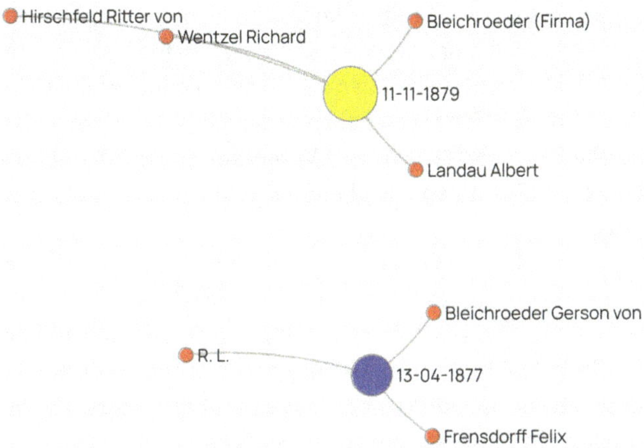

Abb. 6: Schematische Darstellung direkter Empfehlung vs. Prozess der Akkumulation sozialen Kapitals

Bleichröder war in seiner Funktion nicht nur Adressat von Empfehlungsschreiben, sondern sollte auch als Empfehlender auftreten, um bestimmten Personen zu einer Anstellung zu verhelfen. Das zeigt sich in einem Schreiben vom 22. Oktober 1885 von Carl Carsten. Dieser beschrieb seinen eigenen Lebenslauf und gab an, dass er in der Situation sei, arbeiten zu müssen, um seinen Lebensunterhalt zu verdienen.[137] Er erbat dementsprechend Bleichröders Hilfe dabei, eine Anstellung zu finden, gab aber auch großzügig an, dass er vollstes Verständnis dafür habe, wenn es etwas dauern würde, eine Stelle zu organisieren. Die Wartezeit würde Carsten damit verbringen, sich auf seine Promotion zu konzentrieren – und vielleicht würde Bleichröder ihn auch hierbei unterstützen können.[138] Er schloss mit dem Satz „Seien Sie versichert – hochgeehrter Herr Geheimrath – daß ich mich stets bemühen werde, durch angestrengten Fleiß Ihnen zu danken [und] eventuell Ihrer Empfehlung Ehre zu machen."[139] Um gegenüber Bleichröder, mit dem Carsten nicht bekannt gewesen zu sein scheint, die gesellschaftlichen Verbindungen zwischen den beiden und damit eine gewisse Legitimität der Bitte nachzuweisen, nannte er den Namen einer Bleichröder bekannten Person, die Carsten

136 Kiesewetter: Universalbriefsteller 1903, S. 130.
137 „Meine einzige Hoffnung weiter zu existieren ist die aus die Intervention des Herrn Geheimrath." 22.10.1885 Carl Carsten an Bleichröder, in: Folder VI 12.1, Bleichroeder Collection, Baker Library Special Collection, Harvard Business School.
138 22.10.1885 Carl Carsten an Bleichröder.
139 22.10.1885 Carl Carsten an Bleichröder.

zu diesem Schreiben ermuntert habe. Irritierend ist der als Kontakt angegebene Name. Carsten schreibt: „Durch ihren Herrn Vater James versichert, daß Sie Herr Geheimrath, es nicht ungütig aufnehmen würden, wenn ich sie mit meinen Angelegenheiten belästige […].“[140] Der Fehler kann darauf zurückzuführen sein, dass der Verfasser den Namen von Bleichröders Sohn, dieser hieß nämlich James, für den des Vaters hielt. Bleichröders Vater dagegen hieß Samuel. Oder der Verfasser ging fälschlicherweise davon aus, dass James von Rothschild Bleichröders Vater war. Was auch immer die Ursache war, der Fehler dürfte kaum dazu beigetragen haben, soziale Zugehörigkeit zu demonstrieren und das eigentliche Ziel zu erreichen: eine Vermittlung oder Empfehlung durch Bleichröder. So findet sich in den Akten auch kein weiterer Schriftverkehr zwischen Carsten und Bleichröder.

Vergegenwärtigen wir uns an dieser Stelle nochmals den in der Einleitung zitierten Anspruch Schwabachs, dass in beruflichen Kontexten Freundschaft und Verwandtschaft hintangestellt werden sollten. Die Analyse des inhaltlichen Gehalts der Bewerbungsschreiben und der darin gewählten Formulierungen sowie die Analyse der sozialen Verflechtungen der involvierten Personen ergeben, dass in der Praxis der formulierte Rationalitätsanspruch nicht eingelöst wurde. Persönliche Verbindungen zur richtigen oder besser „gewichtigen“ Person bilden den Kern beruflicher und geschäftlicher Empfehlungsverhältnisse. Um die Empfehlung darüber hinaus mit dem notwendigen gesellschaftlichen Kapital auszuzeichnen, wurden die Empfehlungen in der Geschäftswelt der Bankiers vorbereitet, abgesprochen und über Mittler weitergeleitet. Soziales und kulturelles Kapital ließ sich durch die Einbindung verschiedener Personen akkumulieren und letztlich für den Erfolg der empfohlenen Person dienstbar machen.

Empfehlende Worte wurden zur Zeit Bleichröders im Kontext von Anstellungsverhältnissen nicht nur während des Einstellungsprozesses oder als Introduktion ausgesprochen. Auch bereits angestellte Personen konnten, wie etwa im folgenden Fall, Gegenstand von schriftlicher Korrespondenz sein. Ein Brief, der sich vor allem A. S. Blum widmet, einem Vertreter des Bankhauses Bleichröder in Mexiko, zeigt, worauf es im internationalen Bankwesen ankam: Es ging um die Wahrung des guten Rufes auf dem gesellschaftlichen Parkett.

> Hochverehrter Herr und Freund!
> Ich halte es für meine Pflicht, diese Zeilen an Sie zu richten, um Ihnen zu sagen, mit wie [sic] ganz ungewöhnlicher Herzlichkeit und Freundlichkeit mich ihr Vertreter, Herr A. S. Blum, hier aufnimmt, wie er mir durch seine Mittheilungen und Vermittlung mit wichtigsten Persönlichkeiten unausgesetzt nützt, und wie er beflissen ist, durch tausend kleine Artigkeiten mir und den Meinigen den Aufenthalt angenehm zu machen. Ich habe selbstverständlich darauf gerechnet, dass ein Vertreter Ihres Hauses liebenswürdig und dienstfertig mir gegenüber sein würde. Ich wusste, dass er von Ihnen in diesem Sinne instruirt war. „Und wie der Herr, so das Gescherr“, sagt ein deutsches Sprüchwort. Aber es giebt doch noch starke Nuancen in der Art und Weise, wie man

140 22.10.1885 Carl Carsten an Bleichröder.

> gefällig ist; und die Liebenswürdigkeit des Herrn Blum ist von allerechtestem Schrot und Korn. Er ist ein hochgebildeter, vornehmer, ruhiger, bequemer Gesellschafter, der sich durch seine menschlichen Eigenschaften, durch seine Bildung und Tüchtigkeit hier mit Recht eine hochangesehene Stellung gemacht hat und Ihr Welthaus in würdigster Weise repräsentirt.[141]

Der Wert des Bankhauses bemaß sich in diesem Sinne mehr oder weniger direkt an den sozialen Kompetenzen seiner Mitarbeiter. Mitarbeiter bildeten und bilden das Potenzial einer Firma, soziales Kapital zu generieren. Da wo ein Geschäftspartner von einem Mitarbeiter gut behandelt wurde, entstanden Verbindungen, die beide Parteien dazu anregten, miteinander ins Geschäft zu kommen. Dieses sich empfehlender Worte bedienende letzte Schreiben diente der Vergewisserung darüber, dass der Ruf des Bankhauses auch über weite Distanzen gesichert blieb. Dass das Sprichwort „Wie der Herr, so das Gescherr" in diesem Zusammenhang herangezogen wurde, zeigt, dass im professionell-sozialen Gefüge des Bankwesens des späten 19. Jahrhunderts auch die Wohl- und Missetaten hierarchisch niedrig gestellter Agenten direkt auf den Firmenbesitzer zurückfallen konnten. Eine Person wie Bleichröder, der Lenker wie Repräsentant einer Organisation war, war also in ein verästeltes Netz sozialer Abhängigkeiten eingebunden. In diesem konnte er seinen Einfluss zum eigenen und zum Nutzen anderer einsetzen, er war aber auch in gewisser Weise besonders exponiert, wodurch die von ihm ausgesprochenen Empfehlungen negativ auf ihn zurückfallen konnten, nämlich dann, wenn das, wofür er mit seinem Wort einstand, nicht den Erwartungen genügte.

2.6 Empfehlungen zur internationalen Zusammenarbeit: Transnationale Verflechtungen

Es hat sich schon an mehreren Stellen angedeutet, dass das Netzwerk Bleichröders – nicht zuletzt dank seiner Verbindung zu Bismarck – international angelegt war, was ihn zu einer einflussreichen Figur in der Finanzwelt während der zweiten Hälfte des 19. Jahrhunderts machte. In der Forschung ist hinlänglich diskutiert worden, dass die Erfahrung der Diaspora und die kulturellen Gemeinsamkeiten westeuropäischer Juden die Vernetzung und das Verbundenheitsgefühl über Ländergrenzen hinweg beförderten. Das Zustandekommen dieser über Generationen hinweg bestehenden Verbindungen bedurfte jedoch meist eines regional und persönlich geknüpften Kontaktes. Erst nach dem Aufbau eines auf Vertrauen, Gefallen, Rat und Tat basierenden Tauschverhältnisses hielten berufliche Verbindungen auch über weite Distanzen. Diese Mechanismen waren im Falle Bleichröders auch über das jüdisch geprägte soziale und

141 16.03.1891 Schreiben an Bleichröder, in: Folder XIX 19, Bleichroeder Collection, Baker Library Special Collection, Harvard Business School.

berufliche Netzwerk hinaus wirksam, wie sich vor allem an seinen Kontakten zur internationalen Diplomatie zeigt.

Im Gegensatz zu seinem direkten beruflichen Netzwerk war Bleichröders Diplomatennetzwerk nicht jüdisch. Das konnte schlichtweg nicht anders sein, weil Juden in Deutschland im 19. Jahrhundert der Weg in diplomatische Ämter versperrt blieb. Auch Bleichröders internationale Korrespondenz war, vermutlich aus ähnlich gelagerten Gründen, nicht durch jüdische Personen geprägt.[142] Die in jüdischen und vor allem deutsch-jüdischen Kontexten erprobten Gepflogenheiten zum Aufbau eines stabilen vertrauensbasierten Netzwerks wurden allerdings auch auf diesem Feld angewandt.

Der Kontakt zu Botschaftsangestellten war in Bleichröders Berliner Alltag alltäglich und führte dazu, dass seinem Netzwerk auf diese Weise internationale Geschäftsmänner sowie große Namen der englischen Gesellschaft zugeführt wurden. So vermittelte Edward B. Malet, wie in Abbildung 7 unten mittig zu sehen ist, auch den Kontakt zu Herrn Frederick Bond, dem Vorsitzenden der Afrikanischen Dampfschiffgesellschaft[143] sowie zu dem zu dieser Zeit erst 15-jährigen Arthur Ponsonby.[144] Letztere Empfehlung beinhaltete ebenfalls akkumuliertes Kapital; der junge Ponsonby wurde nämlich, so betont Malet in seinem Schreiben, von Lord Rosebery empfohlen.

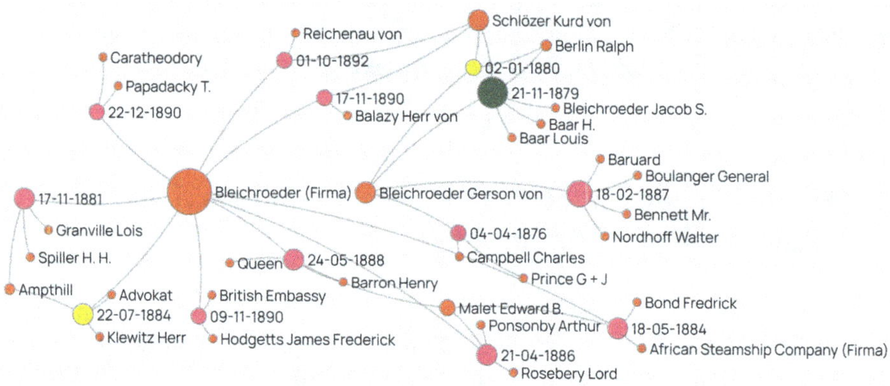

Abb. 7: Bleichröders Diplomatennetzwerk

142 Vgl. Purschwitz, Anne: Jude oder preußischer Bürger? Die Emanzipationsdebatte im Spannungsfeld von Regierungspolitik, Religion, Bürgerlichkeit und Öffentlichkeit (1780–1847). Göttingen 2018 (Bürgertum. Neue Folge, 16).

143 18.05.1884 Malet an Bleichröder, in: Folder XXIV 6c, Bleichroeder Collection, Baker Library Special Collection, Harvard Business School.

144 21.04.1886 Malet an Bleichröder, in: Folder XXIV 6c, Bleichroeder Collection, Baker Library Special Collection, Harvard Business School. Arthur Ponsonby, 1. Baron Ponsonby of Shulbrede (1871–1946).

Aus diesen Briefen ist klar ersichtlich, dass Bleichröders Netzwerk transnational verfasst war.[145] Die erwähnten Personen wirkten in unterschiedlichen Ländern und Regierungssystemen und waren zudem auf verschiedenen beruflichen und politischen Feldern tätig. Darüber hinaus wird allerdings aus den Briefen deutlich, dass jede dieser Bekanntschaften in einem Kontakt gründete, der initial persönlich geschlossen worden war. Besonders wenn diese Treffen schon längere Zeit zurücklagen, erinnerten die Briefe an die gemeinsamen Erlebnisse, die Verfasser und Empfänger verbanden. Besonders anschaulich wird dies in einem aus dem Jahr 1890 stammenden Brief (Abbildung 7, oben links) eines griechischen Diplomaten im Dienste des Osmanischen Reichs, Stefano Caratheodory, der seit 1875 Botschafter in Brüssel war.[146]

> Hochgeehrter Herr Geh. Commerzienrath,
> Zu meinem größten Bedauern habe ich erfahren, dass wir zu gleicher Zeit in Ostende [Belgien] waren; ich hätte es gern, nach so vielen Jahren, Sie persönlich begrüsst und es hat mir doppelt Leid gethan dass ich Ihnen nicht begegnet da ich, bei dieser Gelegenheit, auch Ihnen meinen Vetter und besten Freund Herrn T. Papadacky hätte vorstellen können. Dies muss ich jetzt durch diese Zeilen thun, indem ich demselben Ihnen auf das angelegentlichste und beste zu empfehlen mir die Freiheit nehme. Im voraus Ihrer gütigen und freundlichen Aufnahme sicher.
> Herr Papadacky wird die Ehre haben Ihnen diesen Brief zu überreichen. Er kommt nach Berlin um sich eine Meinung zu verschaffen über die Opportunität der Errichtung einer Succursale [Anm.: „Zweigniederlassung"] in der Hauptstadt des Deutschen Kaiserreiches, der Banque de Constantinople, deren er Director in Paris und einer der Hauptleiter ist. Nach der Meinung der Verwaltung dieser Creditanstalt welche Sie auch Hochgeehrter Herr Geh. Commerzienrath wie ich hoffe, gutheissen werden, die Errichtung der beabsichtigten Berliner Abtheilung würde die weitere Entwicklung der Bank- und finanziellen Beziehungen zwischen Deutschland und dem Orient zu Folge haben. Um aber dieses höchst glückliche Resultat zu erreichen glaubt mit Recht Herr Director Papadacky im Voraus ganz sicher zu sein, wenn er der Hoffnung sich hingeben könnte dass Sie die Theilnahme und das Wohlwollen Ihrer so bedeutenden finanziellen Macht demselben angedeihen lassen wollten. Er selbst wird Ihnen übrigens, nach Wunsch, alles einzelne mittheilen.
> Ich begnüge mich mit diesen wenigen Worten meinen Vetter und Freund bei Ihnen einzuführen und gebe mich vertrauensvoll der Hoffnung hin dass Sie denselben freundlichst empfangen, und dass Sie das bestmöglichste für sein Vorhaben thun werden.
> Ich setze nur hinzu, dass Herr Papadacky die allerstärksten finanziellen Gesellschaften des Orients vertritt, deren vereinigte bedeutende Mittel was die Unternehmungen des Orients betrifft zu denen Sie ein Interesse haben würden, sowie auch als Theilnahme an etwaigen Ihren anderen Unternehmungen, ausschließlich Ihnen, hochgeehrter Herr Commerzienrath, zur Verfügung stehen würden.
> Mit bestem Dank im voraus, verbleibe ich hochachtungsvoll Ihr ganz freundschaftlich ergebener,
> St[efano] Caratheodory[147]

---

145 Vgl. zum Wachsen und Werden transnationaler Netzwerke Rodogno, Davide; Struck, Bernhard; Vogel, Jakob: Introduction, in: Rodogno, Davide (Hg.): Shaping the Transnational Sphere. Experts, Networks and Issues from the 1840s to the 1930s. New York 2015 (Studies in contemporary European history, 14), S. 1–23, hier S. 13.

146 Stefano Caratheodory, 1834–1908.

147 22.[xx].1890 Caratheodory an Bleichröder, in: Folder XXIV 14b, Bleichroeder Collection, Baker Library Special Collection, Harvard Business School.

Zunächst informiert uns der Brief darüber, wie hoch Bleichröders Rang und Einfluss geschätzt wurde. Schmeicheleien und Lobpreisungen für den Empfänger der Empfehlung waren zwar ein gängiges Mittel, um den Erfolg des Empfehlungsschreibens zu befördern. Im vorliegenden Brief fallen diese aber besonders ausladend aus. Die Wahl der Komplimente ergab sich dabei aus dem Zusammenhang des Empfehlungsschreibens. Hier ist es das Anliegen des Empfohlenen, in Berlin eine Zweigstelle seiner Bank zu eröffnen, das Lob bezieht sich daher vor allem auf Bleichröders Einfluss als Bankier. Der Verfasser verweist dezidiert auf Bleichröders „finanzielle Macht".

Mit dem Verweis, dass es sich bei dem Empfohlenen zum einen um einen Vetter und zum anderen um einen Freund handelte, stellte Caratheodory die besonders enge Bindung zu Papadacky heraus. Dies zeigt erneut, wie sehr das Private mit der beruflichen Sphäre verknüpft war und sowohl persönliche Kontakte als auch familiäre Bande Karrieren mitgestalteten. Caratheodory stärkte mit dieser Bemerkung gleichzeitig die persönliche Bindung zu Bleichröder und versuchte damit schriftlich, die verpasste Chance zum persönlichen Kontakt aufzuwiegen.

Welche Bedeutung physische Präsenz in transnationalen Netzwerken des 19. Jahrhunderts spielte, wird auch deutlich, wenn man Introduktionen unter diesem Gesichtspunkt liest. So hieß es am 4. April 1876 (Abbildung 7 mitte links): „Charles Campbell Esq. The bearer of this letter represents [Prince Club] and ourselves in Berlin – We have the honor through him of handing you the accompanying letter [...]."[148] Der Gesandte wurde hier zum Repräsentanten. Durch ihn wurde der Brief zwar übergeben, die Ehre lag aber, folgt man dem Wortlaut des Briefes, bei den Verfassern selbst, die sich in England befanden. Sie traten also über ihren als Medium fungierenden Repräsentanten in eine Art virtuellen Kontakt mit dem Adressaten.

Auf diese Weise wurde versucht, den fehlenden persönlichen Kontakt zu kompensieren. Gab es keine persönliche Bindung zwischen dem Empfehlenden und dem Empfehlungsempfänger, war es gute Praxis, die Empfehlung zunächst über eine andere, dem Empfänger näherstehende Person weiterzuleiten. Auf diese Art konnte man Empfehlungen von einem Empfehlungssystem in ein anderes verbringen. Anschaulich wird diese Praxis im Fall des Journalisten Walter Nordhoff vom „New York Herald". Ein Herr Baruard aus Paris ist der Verfasser des Schreibens vom 18. Februar 1887. Er kannte Bleichröder persönlich[149] und vermittelte diesem in einem Nebenschauplatz des Briefes politisch relevante Informationen.[150] Hauptanliegen des Schreibens ist es

148 04.04.1876 Schreiben an Bleichröder, in: Folder XIV 1.3 of 4, Bleichroeder Collection, Baker Library Special Collection, Harvard Business School.

149 "Please accept my pleasantest recollections of my former visits to Berlin, and my appreciations of your many kindnesses to me upon these occasions; also hoping that you are enjoying the best of health [...]." 18.02.1887 Baruard an Bleichröder, in: Folder XIIIb 7, Bleichroeder Collection, Baker Library Special Collection, Harvard Business School.

150 "I saw General Boulanger the other day, and he is at heart very peaceful – for the present at least. General Boulanger's worst enemies are his overzealous friends. The feeling here is most strongly opposed to war." 18.02.1887 Baruard an Bleichröder.

allerdings, Nordhoff zu empfehlen – ein Anliegen, das nicht Baruards war, sondern das ihm durch einen gewissen Mr. Bennet angetragen wurde. Der bei Empfehlungen mitunter im Voraus ausgesprochene Dank kam demnach auch nicht vom Verfasser Baruard, sondern von Mr. Bennet: „Any courtesy that you may see fit to show to Mr. Nordhoff will be gladly appreciated by Mr. Bennet."[151]

Es ist bereits deutlich geworden, dass sowohl soziales Kapital als auch Beziehungen zwischen Personen übertragen oder vererbt werden konnten. Gleiches gilt auch für die Diplomatie und die mit ihr verbundenen Ämter. So ging die Beziehung zu Bleichröder etwa von einem Inhaber des Amts des englischen Botschafters in Berlin auf den nächsten über. So konnte Odo Russells Nachfolger Edward B. Malet direkt nach Antritt seines Amtes Angestellte der britischen Krone Bleichröders Bekanntschaft zuführen.[152] Hier sei die These aufgestellt, dass dieses System auch darum beidseitig so nachhaltig funktionierte, weil sich im Vergabesystem für Ämter in der britischen Diplomatie des 19. Jahrhunderts eine gewisse Parallelität zum Aufbau jüdischer Bankiershäuser hinsichtlich der Familienpolitik feststellen lässt. Edward Malet war nämlich verheiratet mit Ermyntrude Sackville Russell, die wiederum die Tochter des Bruders seines Vorgängers, also eine Nichte von Odo Russell, war. Es finden sich in diesem System also verschiedene Mechanismen, die auch die Familienpolitik der deutsch-jüdischen Hochfinanz prägten, nämlich die strategische Vernetzung durch Heirat und die Weitergabe des aufgebauten Kapitals durch Vererbung.[153] Bourdieus Habitus-Konzept, dem zufolge – knapp umschrieben – Menschen mit ähnlichem Habitus leichter miteinander Verbindungen eingehen können, habituelle Differenzen hingegen soziale Exklusion befördern, hilft dabei zu verstehen, wie sich spezifische soziale Zirkel, hier die jüdische Hochfinanz und die britische Diplomatie, einander annäherten, Verbindungen eingingen und diese über Generationen hinweg aufrechterhielten.[154] Es sind strukturelle Gemeinsamkeiten dieser Art, die gemeinschaftsstiftend für Individuen sind und die Bildung stabiler sozialer Bande über Länder- und Zeitengrenzen begünstigen. Denn Individuen, frei mit Max Weber gedacht, schließen sich dann besonders er-

151 18.02.1887 Baruard an Bleichröder.

152 24.05.1888 Malet an Bleichröder, in: Folder XXIV 6c, Bleichroeder Collection, Baker Library Special Collection, Harvard Business School.

153 Vgl. Rhoden, Frauke von: Jüdische Ehe zwischen religiöser Norm und Alltagswahrnehmung im 16. Jahrhundert, in: Holzem, Andreas; Weber, Ines (Hgg.): Ehe – Familie – Verwandtschaft. Vergesellschaftung in Religion und sozialer Lebenswelt. Paderborn, München 2008, S. 329–345; Lanzinger: Verwaltete Verwandtschaft; vgl. weiterhin Jussen, Bernhard: Erbe und Verwandtschaft. Kulturen der Übertragung im Mittelalter, in: Willer, Stefan; Weigel, Sigrid; Jussen, Bernhard (Hgg.): Erbe. Übertragungskonzepte zwischen Natur und Kultur. Berlin 2013 (Suhrkamp Taschenbuch Wissenschaft, 2052), S. 37–58.

154 Vgl. Lässig: Jüdische Wege ins Bürgertum, S. 26–34.

folgreich zusammen, wenn sie sich aufgrund einer gefühlten Gemeinsamkeit aneinander orientieren.[155]

Besonders Bleichröders Verbindung zu Diplomaten sorgte also dafür, dass sich sein Netzwerk über unterschiedliche Teile der Welt erstreckte. Bei Beziehungen, in denen die Personen nicht nur aufgrund ihrer jeweiligen Botschafter- und Bankiersrolle zusammenarbeiteten, sondern sich auch persönlich verstanden, behielten die wandernden Diplomaten auch auf ihren neuen Stellen den Kontakt zu Bleichröder und sorgten so dafür, dass sich Bleichröders Wirkungskreis vergrößerte. Dies zeigt vor allem der Kontakt zu Kurd von Schlözer.[156] Der Diplomat Schlözer bekleidete im Laufe seiner Karriere verschiedene Ämter in verschiedenen Ländern, die sich teils mit Bleichröders Stationen überschnitten. In Abbildung 7 finden sich die mit Schlözer verbundenen Briefe oben links. So war Schlözer in den 1850er Jahren in Berlin, wurde 1857 2. Legationssekretär an der deutschen Botschaft in Sankt Petersburg und arbeitete dort ab 1859 für den damaligen Gesandten Otto von Bismarck. Nach weiteren Positionen in Kopenhagen, Rom und Mexiko wurde Schlözer 1871 erster Geschäftsträger des Deutschen Reiches in Washington, D. C. 1882 wurde er zum preußischen Gesandten im Vatikan bei Papst Leo XIII. ernannt. Im Jahr seiner Pensionierung 1892 vermittelt Schlözer seinen Legationssekretär von Reichenau an Bleichröder, den er in einem recht unverbindlich formulierten Schreiben empfiehlt:

> Sehr verehrter Herr von Bleichröder,
> durch den Überbringer dieser Zeilen, Herrn Legationssecretair von Reichenau, erlaube ich mir Ihnen meine besten Grüße zu senden und gestatte mir zugleich Ihnen denselben angelegentlich zu empfehlen.
> Herr von Reichenau ist seit 1888 hier mein getreuer Mitarbeiter gewesen und während aller dieser [Anm.: vier] Jahre habe ich ihm bei unseren politischen und finanziellen Unterhaltungen so oft ihren Namen genannt, daß er den lebhaften Wunsch hegt, nunmehr auch ihre persönliche Bekanntschaft zu machen.
> Er geht in den nächsten Tagen auf Urlaub nach Deutschland und gedenkt gelegentlich auch nach Berlin zu kommen.
> Hoffentlich sind die Leiden, über die Sie diesen Sommer klagten, jetzt gänzlich gehoben.
> Mit verbindlichstem Gruß,
> Schlözer[157]

Es lässt sich nur vermuten, dass der Besuch von Reichenaus in Berlin, zeitgleich mit der Pensionierung Schlözers, keineswegs so zufällig war, wie dieses Schreiben den Anschein erweckt. Interessanter ist aber ohnehin der geradezu charmante Plauderton, in dem diese Empfehlung abgefasst ist. Statt einer ausformulierten Bitte am Ende wech-

155 Vgl. dazu Weber, Max: Zwischenbetrachtung. Theorie der Stufen und Richtungen religiöser Weltablehnung (1916), hier zit. nach: Gärtner, Christel (Hg.): Schlüsselwerke der Religionssoziologie. Wiesbaden 2019, S. 141–149. Vgl. weiterhin Lässig: Jüdische Wege ins Bürgertum, S. 515–516.

156 Kurd von Schlözer (1822–1894).

157 Oktober 1892 Schlözer an Bleichröder, in: Folder XXIIf 1 of 3, Bleichroeder Collection, Baker Library Special Collection, Harvard Business School.

selt der Verfasser das Thema und verleiht dem Schreiben eine persönliche Note, indem er Bleichröder gute Wünsche für dessen Gesundheit ausspricht. Über Reichenau verliert Schlözer nur wenige Worte, außer seinem Einstellungsdatum und der Betonung seiner Treue erfahren wir nicht viel über den Legationssekretär. Der Absatz, in dem nähere Erläuterungen zu Reichenaus charakterlichen Eigenschaften, persönlichen Beziehungen und eventuell Kompetenzen erwartbar wären, wird von Schlözer stattdessen mit Schmeicheleien für Bleichröder gefüllt.

Es ist mit der persönlichen Bekanntschaft und dem langjährigen Verhältnis der beiden zu begründen, dass Schlözer den Brief mit einem Kommentar zu Bleichröders Gesundheit beendet. Der Verzicht darauf, die Bitte konkret auszusprechen, ist hingegen Hinweis auf eine Entwicklung in der Praxis der Empfehlungsschreiben. In einem Brief aus dem Jahr 1890 bot Schlözer, wie es in dieser Zeit auch üblich war, etwas mehr Kontextualisierung zur Person, die empfohlen wurde, wenngleich er auch dieses Schreiben, hier für einen Herrn Balazy, wiederum mit eher informellen Worten abschloss: „In der Hoffnung, daß es Ihnen gut geht und mit der Versicherung, daß der Cognac ganz ausgezeichnet war."[158] Er beschreibt aber vorher, dass Balazy ein ungarischer Gutsbesitzer sei, dessen Bekanntschaft er, Schlözer, in Rom gemacht habe. Balazy stehe „mit dem Jesuiten Orden in den engsten Beziehungen, war der Vertraute des vor drei Jahren verstorbenen Jesuiten-[...; Anm.: unleserlich] Becks und leitet alle größeren Finanz-Unternehmungen des Ordens. Mit verschiedenen Pariser Börsen, Königen und den dortigen politischen Machthabern"[159] habe er außerdem enge Verbindungen.

Nun könnte man vermuten, dass die ausladenden Schmeicheleien in Reichenaus Fall überspielen sollten, dass über seine Qualifikation nicht viel zu sagen gewesen wäre. Dagegen spricht aber, dass der Diplomat Schlözer Reichenau nicht wegloben musste – er war ja gerade in den Ruhestand versetzt worden und hätte sich um keinen seiner Mitarbeiter kümmern müssen, wenn er nicht gewollte hätte. Zudem lässt sich feststellen, dass Balazy Schlözer weniger nahestand als von Reichenau. Zur Erklärung für die Unterschiede in der Kontextualisierung der Empfohlenen lässt sich also eher die These aufstellen, dass die Enge des Bekanntschaftsverhältnisses zwischen Empfohlenem und Empfehlendem in diesem Fall die Ausführung seiner Kompetenzen ersetzte. Diese Enge des Verhältnisses war für den Empfehlungsempfänger Bleichröder dadurch ersichtlich, dass auch er um Schlözers bald anstehenden Ruhestand und die dadurch fehlende Not wusste, sich um jemanden zu kümmern, der es nicht verdient hatte. Oder kurz gesagt: Wer für Schlözer arbeitete und auch noch von ihm empfohlen wurde, musste allein dadurch etwas wert sein.

Die Empfehlungen von Schlözer an Bleichröder waren in der Tat häufig und vielfältig. So war es auch Kurd von Schlözer, der bereits 1879 maßgeblich zu einer Bleich-

---

158 17.11.1890 Schlözer an Bleichröder, in: Folder XXIIf 1 of 3, Bleichroeder Collection, Baker Library Special Collection, Harvard Business School.
159 17.11.1890 Schlözer an Bleichröder.

röder'schen Familienzusammenführung beitrug, die sich allerdings nicht von Angesicht zu Angesicht, sondern in Empfehlungsschreiben vollzog. In Abbildung 8 ist dieser Fall noch einmal isoliert vom restlichen Diplomatennetzwerk dargestellt. In Washington, D. C., hatte er Bekanntschaft mit dem dort ansässigen jüdischen Kaufmann Baar geschlossen, den er in seinem Brief an Bleichröder als „deutschen und sehr ehrbaren Mann"[160] beschrieb. Ein Bruder Baars war zur gleichen Zeit Vorsteher des Hebrew Orphan Asylum in New York und beschäftigte dort als Buchhalter einen Herrn Ralph Berlin.

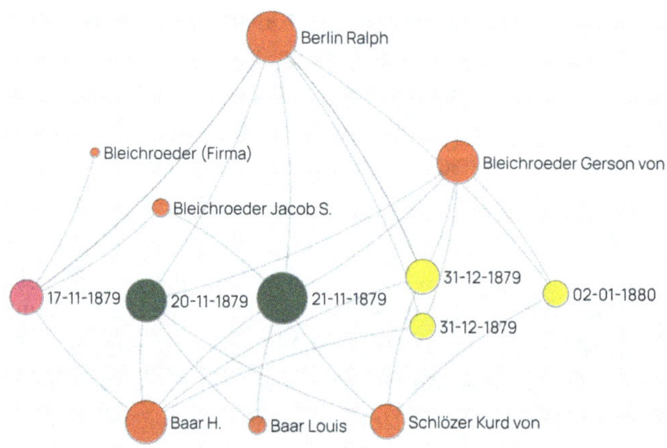

Abb. 8: Der Fall Ralph Berlin im Detail

Ralph Berlin hatte Dr. Baar, wie aus einem Schreiben vom 17. November 1879 hervorgeht, darum gebeten, die Kontakte seines Bruders in Washington zu nutzen, um ihm den Kontakt zu Gerson Bleichröder zu vermitteln. In diesem Schreiben schilderte Berlin, dass sein Vater Jacob, der als Immigrant nach Amerika gekommen sei, den Namen Bleichröder führte. Jacob Bleichröder sei ein Bruder Samuel Bleichröders, also des Vaters von Gerson gewesen. Durch eine Verkettung von Unglücksfällen habe Ralph Berlin in den letzten Jahren seinen gesamten Besitz verloren und zunächst Hilfe von seinen Cousins in Amerika bezogen. Doch inzwischen seien auch diese Reserven aufgebraucht. Tatsächlich schrieb Dr. Baar seinem Bruder in Washington, D. C., der sich in dieser Angelegenheit an Schlözer wandte.

Schlözer nun kannte weder Ralph Berlin noch den Bruder seines Bekannten persönlich. Aber er berichtet Bleichröder in einem ausführlichen vierseitigen Schreiben von den Umständen. Hierbei unterlässt er nicht zu betonen, dass die Gebrüder Baar gesellschaftlich etabliert seien. Diese Aussage impliziert, dass man ihnen wohl glauben

160 21.11.1879 Schlözer an Bleichröder, in: Folder VIIa 1, Bleichroeder Collection, Baker Library Special Collection, Harvard Business School.

dürfe, wenn sie Ralph Berlin als einen „in Bezug auf seinen Character wie auf sein Wissen ausgezeichnete[n] Mensch[en]“[161] beschreiben. Schlözer schließt den Brief allerdings nicht ohne den Zusatz, dass er durch seine zahlreichen hochkarätigen Kontakte wisse, „in welchem unglaublichen Maße solche Männer [wie Bleichröder], die mit irdischen Gütern reich gesegnet sind, von allen Seiten mit Bitten und Gesuchen belästigt werden.“[162] Aufgrund der eindringlichen Bitten der Gebrüder Baar könne sich Schlözer aber nun einer Verwendung bei Bleichröder nicht entziehen.

Entziehen konnte oder wollte sich offensichtlich auch Bleichröder diesem Hilfegesuch nicht, wie zwei Dankesschreiben von Ende Dezember und Anfang Januar belegen.[163] Allerdings ist historisch nicht belegt, dass es sich bei dem Hilfesuchenden Ralph Berlin tatsächlich um einen entfernten Verwandten Bleichröders handelte. Ebenso wenig sind direkte Briefkontakte zwischen Bleichröder und Berlin überliefert, geschweige denn ein physisches Kennenlernen. Es erscheint allerdings nicht unwahrscheinlich, dass ein jüdischer Einwanderer in Amerika seinen Nachnamen änderte, vor allem, da „Bleichröder“ im englischen Sprachkontext zu Verständigungsproblemen führen konnte. Abgesehen davon, dass die Geschichte Berlins plausibel erscheint, war es aber vor allem der Einsatz von am Ende drei gesellschaftlich hoch angesehenen Personen, die seinem Anliegen zum Erfolg verhalfen. Die enge Verbindung der Fürsprecher und die wirkenden Vertrauensverhältnisse ließen den beteiligten Personen kaum Raum dafür, die Geschichte anzuzweifeln, ohne gleichzeitig die Ehrbarkeit der beteiligten Herren zumindest partiell infrage zu stellen. Das über Empfehlungen verbundene Netzwerk besaß hier also Autorität und stellte gleichzeitig Legitimität her.[164]

2.7 Konklusion: Empfehlungen in Bleichröders Netzwerk

Die erste Fallstudie zum Netzwerk Gerson von Bleichröders und zu der darin gepflegten Empfehlungspraxis veranschaulicht paradigmatisch die Ausgangslage von Empfehlungspraktiken deutscher Jüdinnen und Juden zur Mitte des 19. Jahrhunderts. Bleichröder war von einer Zeit geprägt, in der viele deutsche Juden Erfahrungen gemacht hatten, die mit sozialem Aufstieg und zumindest zunehmender Akzeptanz in Verbindung standen. Mindestens eine Generation nach dem preußischen Emanzipationsedikt und unter dem Eindruck der Politisierung deutscher Jüdinnen und Juden 1848/49 waren vor allem die hier betrachteten Bankiers im Bürgertum angekommen.

161 21.11.1879 Schlözer an Bleichröder.
162 21.11.1879 Schlözer an Bleichröder.
163 31.12.1879 Baar an Bleichröder, in: Folder VIIa 1, Bleichroeder Collection, Baker Library Special Collection, Harvard Business School und 02.01.1880 Berlin an Schlözer, in: Folder VIIa 1, Bleichroeder Collection, Baker Library Special Collection, Harvard Business School.
164 Vgl. zu diesem Punkt Rodogno, Davide (Hg.): Shaping the Transnational Sphere. Experts, Networks and Issues from the 1840s to the 1930s. New York 2015 (Studies in contemporary European history, 14), S. 13.

Mit Abschluss der ersten Fallstudie lassen sich zusammenfassend einige Aussagen über die Beschaffenheit von Empfehlungsschreiben in deutsch-jüdischen Berufsnetzwerken der zweiten Hälfte des 19. Jahrhunderts treffen. Die hier untersuchten Empfehlungsschreiben erweisen sich als stilistisch ebenso vielfältig wie die in den Briefstellern formulierten Richtlinien vage sind. Zudem ist deutlich geworden, dass eine Empfehlung häufig Teil eines Prozesses war, der mehrere Schritte umfasste. So mussten im Vorfeld häufig Anfragen und Introduktionen geschrieben werden, um überhaupt die Rahmenbedingungen für eine legitime und aussichtsreiche Empfehlung zu schaffen. Teilt man die Briefe aus Bleichröders Netzwerk nach den verschiedenen Brieftypen (Erkundigungsbrief, Einführungsschreiben/Introduktion, Einzweck-Schreiben, Mehrzweck-Schreiben) ein, so zeigt sich, dass die Introduktionen im Bleichröder-Kontext ein gutes Drittel der Empfehlungskultur ausmachen.

Die Schreiben, die ausschließlich zum Zweck einer Empfehlung oder Einführung verfasst wurden, gliedern sich formal in Anrede, einleitende Höflichkeitsformen, (begrenzte) Informationen über die empfohlene Person und die Ausformulierung der mit der Empfehlung einhergehenden Bitte um Aufnahme der Person. Letzteres fällt in einigen Briefen allerdings vor allem zum Ende des Zeitraums der ersten Fallstudie auch weg – beziehungsweise wird kaum ausformuliert, sondern liegt meist nur implizit vor. Darüber hinaus finden sich weitere Schreiben, die nicht dieser Struktur entsprechen, da die Empfehlung beispielsweise Bestandteil eines Briefes ist, in dem verschiedene Themen angesprochen werden.

Die Formulierungen variieren zudem deutlich im Grad der gewählten Förmlichkeit, insbesondere bei Anrede und Schlussformel. Dies zeigt sich nicht zuletzt an den verschiedenen Anreden, mit denen Bleichröder angesprochen wurde. Häufig verwendete informelle Anreden in den Briefen sind „Freund" und „Lieber" – förmliche Anreden an den Bankier dagegen „Kommerzienrath Bleichröder", „Hochverehrter Rath" etc.

Abbildung 9 zeigt den etwa gleich großen Anteil von Briefen, die an Gerson persönlich und an die Firma S. Bleichröder adressiert waren. Die Analyse auf Textebene macht deutlich, dass die Art der Adressierung – unter Berücksichtigung der Anrede im Brief – in den meisten Fällen auf die Nähe der bestehenden Verbindung schließen lässt.[165] Besonders die Väter, die ihre Söhne empfahlen, schrieben zum Großteil an Bleichröder persönlich und nicht an das Bankhaus. In den meisten Fällen waren sie mit Bleichröder eng vertraut. Zusätzlich lässt sich schließen, dass auch die Nähe zwischen Empfohlenen und Empfehlenden im Schreiben eine persönlichere Note und damit eine direkte Ansprache des Adressaten zur Folge hatte.

165 Vgl. Kapitel 2.3.

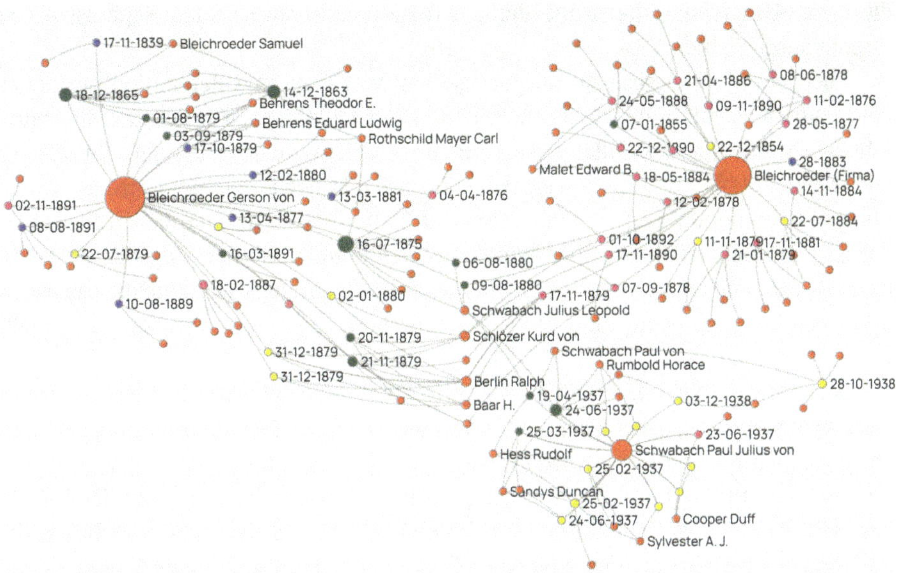

Abb. 9: Gleich großer Anteil von Briefen an den Privatmenschen Gerson von Bleichröder und an die Firma S. Bleichröder

Eine der wenigen in den Briefstellern aufgestellten Regeln war es, angemessen und wahrheitsgetreu Auskunft zu geben. Wie das Kapitel gezeigt hat, wurden die untersuchten Empfehlungsschreiben fast immer im Einklang mit dieser Prämisse verfasst. Dies lässt sich aus den manchmal wenig vorteilhaften Darstellungen der Empfohlenen rekonstruieren.[166] Allerdings kann einschränkend vermutet werden, dass die Andeutung von Schwächen oder Fehlern der empfohlenen Personen positiv gefasst oder abgeschwächt formuliert wurde. So wurde beispielsweise versucht, fehlende Erfahrung durch positive Charaktereigenschaften wie eine schnelle Auffassungsgabe aufzuwiegen. Die hier betrachteten Adressaten belegen außerdem die in den Briefstellern vorgegebene Regel, dass nur Menschen gleichen Ranges einander Empfehlungen geben beziehungsweise voneinander Empfehlungen annehmen sollten.

Weiterhin hat die Analyse gezeigt, dass die empfehlende Person nicht nur, wie in den Briefstellern gefordert, im Allgemeinen von hohem Rang sein, sondern zudem auch eine Reputation in dem Bereich haben sollte, in welchem die Empfehlung ausgesprochen wurde. Ein Journalist konnte also nicht ohne Weiteres eine Person für einen Bankiersposten empfehlen. Die mitunter fehlende fachliche Reputation wurde durch

166 Nicht zu vergessen etwa Behrens, Theodor, Kapitel 2.3 „Vater-Sohn-Beziehungen."

die Praxis des Weiterleitens und damit das Akkumulieren sozialen Kapitals in den Briefen ausgeglichen.[167]

Eben diese vorausgesetzte Ausgewogenheit von Rang und Reputation machte es dem Empfänger mitunter schwer, Empfehlungen abzulehnen. War nämlich eine empfohlene Person durch Erfüllung dieser Bedingung legitimiert, blieb dem Empfänger oder der Empfängerin gerade wegen der Reziprozität der Empfehlungspraxis oft nur übrig, die Empfehlung anzunehmen. Der Fall Ralph Berlin, in dem Bleichröder zwar der Bitte um Geld nachkam, aber keinen direkten Kontakt mit dem angeblichen Familienmitglied aufnahm, zeigt, welche weitgehende Handlungsverbindlichkeit von den Schreiben ausging, wenn eine gewisse gesellschaftliche Gleichrangigkeit hergestellt war.

Schon die in der Einleitung geschilderte Episode zu Schwabachs Verlustgeschäft zeigt zudem, dass zu dieser Zeit zwar bereits der Anspruch formuliert wurde, persönliche Belange hinter rationale Nutzenrechnungen zu stellen. Im Kapitel zur Vater-Sohn-Beziehungen und im Bereich der gesellschaftlichen Veranstaltungen zeigt sich jedoch, dass sich das heutige Verständnis von Professionalität und Rationalität nicht auf die Bankiers des 19. Jahrhunderts anwenden lässt. Diese lebten weder eine Trennung von Privatleben und Öffentlichkeit, noch handelten sie per Definition rational. Vielmehr verließ man sich auf ein System, das seit mehreren Generationen funktionierte und über dessen kulturelle Praxis sich die Zeitgenossen nicht erst verständigen mussten. Die Empfänger von Empfehlungsschreiben vertrauten auf einen Prozess, der sie häufig selbst an ihre gesellschaftlich und beruflich herausragende Position geführt hatte. Dass sie dabei aber gar nicht von Vernunft geleitet waren, kann auch nicht gesagt werden. In der Lebensrealität war es durchaus rational, sich so zu verhalten, sprich familiäre Vorteile und Beziehungen zu fördern und zu nutzen sowie Privatleben und Berufsleben auf diese Art zusammenzudenken. Wie Anna Rothfuss deutlich gemacht hat, war die bessere Gesellschaft des Kaiserreichs durchzogen von Skandalen und Korruptionsfällen. Geht man also nicht davon aus, dass vernünftiges, rationales Handeln stets das Beste für möglichst viele Menschen hervorbringt, ist festzustellen, dass die Bankiers, indem sie sich auf den Fortbestand ihrer sozialen Netzwerke und ihrer Familienunternehmen konzentrierten, zweckrational im Sinne des Wertekanons, in dem sie sich bewegen, handelten.[168] Die Vorstellung der rationalen Entscheidungsfindung nutzten und verbreiteten sie trotzdem gerne. Dies lässt sich mit Überlegungen von Marc Flandreau erklären: Bankiers verkauften die Idee eines berechenbaren Marktes und zugleich die Idee, dass sie in der Lage seien, Marktbewegungen einzuschätzen, weswe-

---

167 Zur Position und Rolle der Wirtschaftsjournalisten in der Finanzwelt vgl. Radu, Robert: Auguren des Geldes. Eine Kulturgeschichte des Finanzjournalismus in Deutschland 1850–1914. Göttingen 2017.

168 Vgl. Rothfuss, Anna: Korruption im Kaiserreich. Debatten und Skandale zwischen 1871 und 1914. Göttingen 2019.

gen man ihnen das eigene Geld anvertrauen sollte.[169] Dadurch wird der Rationalitätsgedanke weniger zu einem leitenden Ideal als zu einem Arbeitswerkzeug.

Die etablierten und akzeptierten Gepflogenheiten einzuhalten, stiftete das Vertrauen, das es brauchte, um der Empfehlung nachzukommen. Dabei wurde die Bitte um Vertrauen nicht ausdrücklich formuliert; so etwas wie „Vertrauen Sie mir, wenn ich Ihnen nahelege ...“ liest man in den Empfehlungsschreiben nicht. Vielmehr versicherten umgekehrt die zahlreichen Verfasser ihr Vertrauen in den Empfänger, dass er der Richtige sei um zu helfen, und sie formulierten ihr Vertrauen in die empfohlenen Personen.[170] Das war eine Aussage, der wiederum der Empfänger Bleichröder – aufgrund des Standes der Empfehlenden – Glauben schenken konnte. Die schriftliche Darlegung dieses Vertrauens, die tatsächliche Verbriefung also, stellte dabei einen nicht unerheblichen Faktor der Empfehlungspraxis dar. So mögen die empfohlenen Worte vielleicht mündlich bereits während einer der vielen Begegnungen der Netzwerkmitglieder angesprochen oder angekündigt worden sein, wirksam wurden die Empfehlungen jedoch erst als bearbeitbare Schreiben und als eine Art Versicherung darüber, dass die empfohlene Person der Mühen der Empfehlungsempfänger wert sei.

Die Wirksamkeit von Empfehlungsschreiben in Bleichröders Netzwerk des 19. Jahrhunderts lebte davon, dass sich alle Beteiligten darauf verließen, dass die jeweils andere Partei mit der kulturellen Praxis vertraut war und deren Regeln einzuhalten wusste. Vor diesem Hintergrund kann man eine wichtige Funktion der Empfehlungsschreiben identifizieren: Sie sollten bereits vorhandene Verbindungen stärken, und zwar so stärken, dass sie gegebenenfalls sogar vererbt werden konnten. Die Empfohlenen, die von einem zum anderen weitergeleitet wurden, waren Teil einer sich stabilisierenden Gefallenskultur; sie wurden getauscht und verschoben in einem Netzwerk von Zeitgenossen, die sich hierüber immer wieder gegenseitig der Verlässlichkeit des jeweils Anderen vergewisserten. Das erklärt auch, warum sich bis auf Werner von Siemens eigentlich keiner der heute als besonders einflussreich geltenden Industriellen des 19. Jahrhunderts in Bleichröders Netzwerk identifizieren lässt.[171] Im Betrachtungszeitraum wurden sie von der hier untersuchten vernetzten Empfehlungsgemeinschaft als Neulinge betrachtet,[172] die noch nicht die nötige Reputation gesammelt hatten, um einbezogen zu werden.

Diese Art der Pflege und Nutzung von persönlichen Kontakten ist eine Praxis, die Markus Dahlem dem Privatbankensektor des 19. Jahrhunderts als Merkmal zugeschrieben hat.[173] Durch die vorgenommene Tiefenanalyse lässt sich ergänzen, dass sich

---

169 Flandreau, Marc: Anthropologists in the Stock Exchange. A Financial History of Victorian Science. Chicago 2016, S. 103.

170 Vgl. exemplarisch aus diesem Kapitel die folgenden Beispiele: 10.08.1889 Kendall an Bleichröder und 22.[xx].1890 Caratheodory an Bleichröder.

171 Während der Recherche wurden als Gegenprobe auch Industriearchive von AEG und Siemens auf Bleichröder-Korrespondenz überprüft. Die Recherche blieb erfolglos.

172 Vgl. Dahlem: Die Professionalisierung des Bankbetriebs, S. 201.

173 Dahlem: Die Professionalisierung des Bankbetriebs, S. 231.

die Mechanismen des Aufbaus und der Pflege der engen Verbindungen, die zudem über Generationen bestanden, auf ein System von gegenseitiger Verpflichtung, Loyalität und gegenseitigem Gefallen zurückführen lassen. Betrachtet man den Fall Bleichröder als paradigmatisch, lässt sich hinzufügen, dass die Netzwerke zwar auf familiären beziehungsweise familienähnlichen Strukturen[174] aufbauten, die Beteiligten aber keineswegs immer miteinander verwandt waren. Während bisherige Forschungen sich darauf konzentrierten, die Struktur von Familien und Familienunternehmen im 19. und frühen 20. Jahrhundert aufzuschlüsseln,[175] zeigt diese Studie, dass familiäre Strukturen in der Geschäftswelt auch Personen einbezogen, die nicht Teil der Familie waren, aber in der erbrachten Loyalität und dem Vertrauen quasi als ein solcher behandelt wurden. Das wohl prägnanteste Beispiel dafür ist das Verhältnis von Bleichröder und Rothschild. Ebenso spiegelt sich eine Wertschätzung der Familiarität beziehungsweise insbesondere der patriarchalischen Strukturen in den konzipierten Verhältnissen wider, wie im Patronage-Verhältnis oder, etwas weiter gefasst, in der Rolle des Lehrmeisters. Nicht zu rekonstruieren sind die in der Forschung vor allem durch die großen wegweisenden Arbeiten Fritz Sterns und David S. Landes' geprägten Bilder von Bleichröder und Rothschild als zwei Seiten einer deutsch-jüdischen Medaille. Die beiden Historiker stilisieren die Bankiers zu Archetypen, den einen zum geltungssüchtigen Parvenü, den anderen zum hochgearbeiteten Juden mit tiefer Verwurzelung im Frankfurter Ghetto. In dieser Arbeit wird nun dieses Bild durch den Blick in die Empfehlungskorrespondenz zwischen den beiden Bankiers erweitert. Die reziproke Gefallenskultur betont die gemeinsamen Interessen der Bankhäuser. Sie bildete ein Gerüst gegenseitiger Vertrautheit, die über Generationen andauerte. Was Bleichröders und Rothschilds zusammen erreichten, indem sie sich gegenseitig unterstützten, wird so viel deutlicher als in dem nachträglichen Versuch einer am Gegensatz orientierten Typisierung.

Ergänzend zu Familienbegrifflichkeiten und familiären Metaphern fand in den Quellen für dieses Kapitel auch der Begriff der Freundschaft Verwendung. Er wurde nicht nur herangezogen, um die Verhältnisse zwischen Verfasser und Empfänger zu beschreiben, sondern mitunter auch, um die Verhältnisse zu den Empfohlenen darzustellen. Das Motiv der Freundschaft verwendeten die Verfasser, um die Intensität eines Beziehungsbandes deutlich zu machen, und mitunter besaß Freundschaft sogar ein

174 Dahlem betont ebenfalls die Bedeutung familiärer Netzwerke, führt die darin wirkenden Mechanismen aber nicht weiter aus. Dahlem: Die Professionalisierung des Bankbetriebs, S. 231.

175 Specht: Die Feuchtwangers; Derix: Die Thyssens; Plumpe, Werner: Carl Duisberg. 1861–1935: Anatomie eines Industriellen. München 2016 (Historische Bibliothek der Gerda-Henkel-Stiftung); Schäfer, Michael: Herren im eigenen Haus. Leipziger Unternehmerfamilien und Familienunternehmen zwischen Jahrhundertwende und 1920er Jahren, in: Ziegler, Dieter (Hg.): Großbürger und Unternehmer. Die deutsche Wirtschaftselite im 20. Jahrhundert. Göttingen 2000 (Bürgertum, 17), S. 144–167 sowie weiterführend: Schijf: Jewish Bankers.

Steigerungspotenzial zur familiären Verbindung, sofern Letztere nicht in einem Verwandtschaftsverhältnis ersten Grades bestand.[176]

Das hier besprochene Netzwerk war demnach auch über eine tatsächliche Blutsverwandtschaft hinaus familiär geprägt; es diente der Stabilisierung des Status der Teilhabenden und war von außen nur schwer zugänglich, da der persönliche Kontakt eine Gatekeeper-Funktion einnahm. Darüber hinaus ist zu fragen, inwiefern dieses Netzwerk jüdisch geprägt war. Dass die führenden Häuser des Privatbankensektors vornehmlich und bisweilen fast ausschließlich jüdisch waren, geht in dem bereits zitierten Befund von Markus Dahlem verloren.[177] Es zeigt sich aber deutlich, dass in der Netzwerkdarstellung auf der linken Seite mit dem Knoten „Non-Jewish" nur wenige Personen verbunden sind, während der rechte Knoten für „Jewish" sichtbar größer ist und demnach auch mehr Personen umfasst.

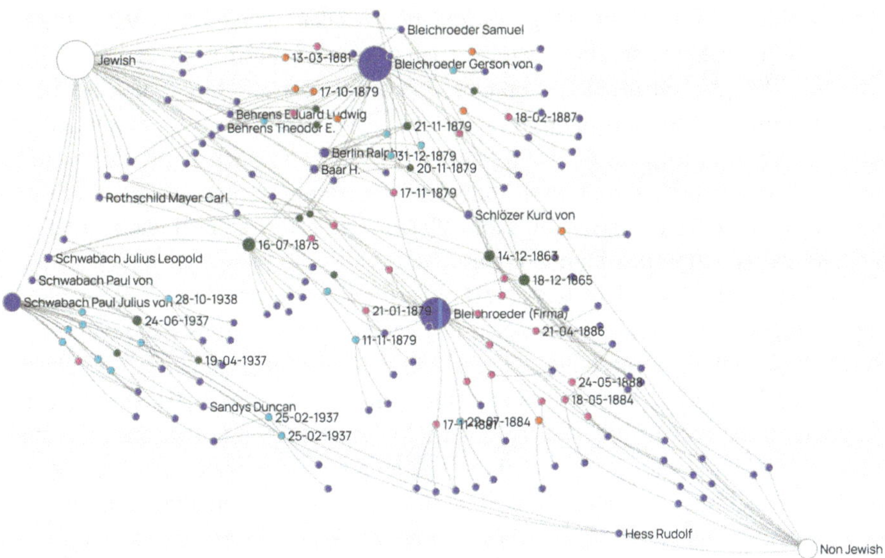

Abb. 10: Visualisierung Juden/Konvertierte und Nichtjuden/unbekannt

In den hier betrachteten Briefen gibt es allerdings nur vereinzelte Hinweise auf das Jüdischsein der beteiligten Personen. Abbildung 10 zeigt trotzdem bereits einen stark erhöhten Anteil an jüdischen Netzwerkmitgliedern. Explizit wird Bleichröders Konfessionszugehörigkeit nur in seiner Empfehlung für den Ehrentitel des Geheimen Kommerzienrates, also in seiner Darstellung gegenüber Nicht-Juden, genannt. Im innerjüdischen Dialog findet sich in diesem Sample nur ein Verweis auf einen jüdischen

176 Vgl. 22.[xx].1890 Caratheodory an Bleichröder; hier analysiert in Kapitel 2.6.
177 Vgl. Reitmayer: Zwischen Abgrenzung und Ausgrenzung, S. 149–150.

Feiertag. Darüber hinaus gibt es zwei weitere Hinweise: zum einen die Verwendung des Begriffs „Liebesdienst" im Fall Behrens, zum anderen die bereits mehrfach besprochene Bedeutung der Vater-Sohn-Beziehung, die im Talmud verankert ist. Vor allem zum zweiten Aspekt, eingeschränkt aber auch zum ersten, ließe sich aber argumentieren, dass diese Semantiken kein dezidiert jüdisches Phänomen sind, sondern dass das Prinzip der Nächstenliebe auch für Christen gilt und die Betonung von Vater-Sohn-Beziehungen in einer patriarchalen Gesellschaftsordnung kein jüdisches Alleinstellungsmerkmal darstellt.

Es lässt sich auf diese Art kaum feststellen, was deutsch, was nicht-jüdisch, was jüdisch war. Vielmehr muss man mit Fritz Stern berücksichtigen, dass unter dem Begriff „deutsch" ebenso wie unter dem Begriff „jüdisch" zu heterogene Phänomene versammelt sind, um sie analytisch trennen zu können.[178] Der Versuch, in den Semantiken des Briefnetzwerks einer derart verbürgerlichten Gruppe etwas genuin Deutsches beziehungsweise etwas genuin Jüdisches finden zu wollen, mutet bei näherer Betrachtung sogar geradezu anachronistisch an, auch wenn mitunter nationalbewusste Deutsche um 1900 mit retrospektiv mäßiger Überzeugungskraft „das Deutsche" in der Literaturgattung Brief zu isolieren versuchten.[179] Was sich aber mit diesem Kapitel konstatieren lässt, ist, dass die Vater-Sohn-Empfehlungen in der Mehrheit von Juden an Juden oder jüdisch sozialisierte Konvertiten versandt wurden, während etwa die älteren Empfehlungen für Gerson (von) Bleichröder selbst einen hohen Anteil von nicht-jüdischen Akteurinnen und Akteuren hatten.

Im Vater-Sohn-Kapitel, in dem auch Konvertiten an deutsch-jüdisch geprägten Vernetzungspraktiken teilhaben, zeigt sich ein Verständnis von jüdischer Identität, das mit dem Wandel der deutsch-jüdischen Gesellschaft seit der beginnenden Säkularisierung zu erklären ist. So stellt Elisabeth Albanis fest, dass mit verstärkter Säkularisierung die Frage „Wer ist Jude?" auch innerhalb des deutschen Judentums nicht mehr eindeutig zu klären war. Einige Positionen gehen mitunter so weit, dass diejenige Person jüdisch ist, die sich jüdisch fühlt.[180] In diesem Sinne zu sagen, jüdisch ist, wer Teil eines jüdischen Netzwerks ist, mag vielleicht zu weit gehen. Es lässt sich aber durchaus feststellen, dass einige der Merkmale der hier dargestellten Empfehlungspraktiken, wie die große Bedeutung von Vertrauen und einer möglichst engen und gleichrangigen Beziehung zwischen Verfasser und Empfänger, im jüdisch geprägten Bereich der bürgerlichen Gesellschaft besonders klar herausgearbeitet werden können. Voraussetzung für die Kommunikation in einem funktionierenden Netzwerk ist eine gemeinsame kulturelle Basis, die in diesem Fall in dem gesellschaftlichen Teilbereich des deutsch-jüdischen Bürgertums liegt.

---

178 Vgl. zu Sterns Aussagen Roemer: Jewish Scholarship and Culture in Nineteenth Century Germany, S. 6.

179 Vgl. Steinhausen: Geschichte des deutschen Briefes; Steinhausen: Der deutsche Brief.

180 Albanis: German-Jewish Cultural Identity, S. 10.

Die Fokussierung auf das Jüdische, so zeigt sich in diesem Kapitel, erleichtert allerdings nicht nur das historische Verständnis von Empfehlungspraktiken. Umgekehrt erweitern diese auch den Forschungskontext der Geschichte des deutsch-jüdischen Bürgertums und seiner – mit Simone Lässig gesprochen – Neuformierung als gesellschaftlicher Elite.[181] Die Vernetzungspraktiken des jüdischen Bürgertums, innerhalb einer Generation sowie generationsübergreifend, sind in der Forschung bisher überproportional stark mit der Heiratspolitik deutscher Jüdinnen und Juden erklärt worden.[182] Hier zeigt sich nun, dass Beziehungen auch anders geschlossen und weitervererbt wurden und dass auch durch eine empfehlungsbasierte, reziproke Gefallenskultur Bindungen geschaffen wurden, die familiären Beziehungen in ihrer Stärke gleichkamen.

Zu verschwinden droht mit dieser Perspektive allerdings die Bedeutung der Frauen innerhalb des Netzwerks – diese treten in Empfehlungsschreiben nur vereinzelt und nur passiv in Erscheinung. In der historischen Forschung zum Kaiserreich hat es bemerkenswert lange gedauert, bis die Frauenarbeit der Arbeiterinnen und Landfrauen anerkannt und durch historische Arbeiten gewürdigt wurde.[183] Darauf hinzuweisen, dass das zweifellos privilegierte Leben der Frauen des gehobenen Bürgertums auch eine Form der Arbeit darstellt, erscheint zunächst kontraintuitiv. Ihre Arbeit war unbezahlt, nicht verzeichnet, trug nicht direkt zum Einkommen des Haushalts bei und erschien darum wohl schlicht unwichtig. Jedoch wurde in diesem Kapitel deutlich, dass auch die bisher der Freizeit zugeordneten gesellschaftlichen Veranstaltungen zum Erfolg der Bankhäuser beitrugen. Die Arbeit der Männer wäre wohl weniger erfolgreich und lukrativ gewesen, wenn ihre Frauen nicht das Sozialleben außerhalb der Bankräume koordiniert hätten.[184]

Eine Lesart der Empfehlungspraxis, die etwa den möglichen Versuch einer „jüdischen" politischen Einflussnahme während solcher Veranstaltungen herausstellen würde, ist zu verneinen – nicht zuletzt, weil dabei leichtfertig antisemitische Deutungsmuster herangezogen würden. Vielmehr war die Empfehlungspraxis auf einen sehr spezifischen, weitgehend unpolitischen Rahmen beschränkt und keineswegs gegenüber Nicht-Juden abgeschlossen. Am deutlichsten tritt die Begrenztheit des politischen Einflusses am Beispiel von Bleichröders kaum erfolgreichem Versuch zutage, sich über Bismarck für eine Verbesserung der Lage der rumänischen Juden einzusetzen.

181 Vgl. Lässig: Jüdische Wege ins Bürgertum, S. 515.

182 Vgl. Lässig: Jüdische Wege ins Bürgertum, S. 382, 400, 440; Braun: Blutsbande, S. 290.

183 Freytag, Nils: Das Wilhelminische Kaiserreich. 1890–1914. Stuttgart 2018, S. 88.

184 Vgl. zur Rollenverteilung in der bürgerlichen Familie des 19. Jahrhunderts Hausen, Karin: Die Polarisierung der „Geschlechtscharaktere". Eine Spiegelung der Dissoziation von Erwerbs- und Familienleben, in: Conze, Werner (Hg.), Sozialgeschichte der Familie in der Neuzeit Europas. Neue Forschungen. Stuttgart 1976, S. 363–393.

Auch was die Transnationalität der jüdischen Gemeinschaft des 19. Jahrhunderts betrifft, weist die Analyse auf die Komplexität der Identitätszuschreibungen der Akteurinnen und Akteure hin. Es lässt sich nicht nur feststellen, dass ein Großteil der Privatbankiers jüdisch war, zudem macht die Forschung auch darauf aufmerksam, dass ein Großteil der international aktiven Bankiers deutsch war.[185] Jüdische Bankiers bildeten in dem Sinne eine transnationale Gemeinschaft, dass sie über Landesgrenzen hinweg verbunden waren und in verschiedenen national geprägten Kontexten arbeiteten.[186] Die Akteurinnen und Akteure gingen mit verschiedenen National- und Zugehörigkeitsgefühlen um und bewegten sich gleichzeitig außerhalb ihrer Landesgrenzen in einem gesellschaftlichen Rahmen, dessen Gepflogenheiten und Sprache sie aufgrund einer gemeinsamen Kultur und eines gemeinsamen Habitus verstanden.[187] Ihre Vernetzung ging über Ländergrenzen hinweg, war aber dennoch im Handeln vor Ort am Konzept des Nationalstaats und an den jeweiligen lokalen Bedingungen orientiert. Das zeigt sich besonders anschaulich in Bleichröders Interaktion mit Diplomaten. Gleichzeitig gibt die Fallstudie zu erkennen, dass auch Kontakte in fremde Länder meist vor Ort geknüpft und gepflegt wurden. Die in diesem Beispiel wirksamen Verbindungen existierten keinesfalls nur in einer Briefgesellschaft. Die persönliche Vorstellung und gegenseitige Besuche waren Mittel der Wahl, um auch transnationale Kontakte zu pflegen. Nur wenn sich dies nicht einrichten ließ, wurden Briefe und Geschenke als Ersatzhandlungen herangezogen. Dieser Befund erweitert die Forschung zur Kommunikation in globalisierten Diasporakulturen, die für das erfolgreiche Wirtschaften innerhalb von Diasporagemeinschaften während des 19. und 20. Jahrhunderts vor allem technische Innovationen auf dem Feld der Kommunikation und eine gemeinsame Kultur verantwortlich macht.[188]

185 Schijf, Huibert: Jewish Bankers, S. 193.
186 Schijf, Huibert: Jewish Bankers, S. 194.
187 McCabe et al.: Introduction, S. XXI.
188 Vgl. McCabe et al.: Introduction, S. XIX–XXI.

3 Empfehlen, um Einfluss zu sichern: Das Bankhaus Arnhold

Unter den familiengeführten Privatbanken gehörte das Bankhaus Gebrüder Arnhold, im Gegensatz zu dem traditionsbewussten Bankhaus Bleichröder, zu einem „modernen" Typus. Der Vorstellung, die man gemeinhin von einem jüdischen Bankhaus haben mag, widerspricht bereits, dass das Bankhaus Arnhold erst 1864 gegründet wurde und damit nicht aus der Tradition des Hofjudentums oder der Wechselgeschäfte, die ihren Ursprung in den Ghettos des 18. Jahrhunderts hatten, hervorging. Ebenso untypisch ist, dass die Gebrüder Arnhold sich bereits früh auf Industriefinanzierung im Bereich mittelständischer Betriebe konzentrierten. Hierbei beließen sie es, wie im Verlauf des Kapitels an verschiedenen Stellen noch deutlich werden wird, nicht bei einer stummen Beteiligung, sondern wirkten aktiv auf Unternehmensentscheidungen ein. Nach einem weiteren Generationenwechsel in den 1920er Jahren, die die allgemeine Bankengeschichte als Epoche des Niedergangs der Privatbanken im Zuge des Fortschreitens des Managerkapitalismus beschrieben hat, war das Bankhaus Arnhold entgegen diesem Trend mit über 50 Millionen Reichsmark Aktienkapital durchaus leistungsfähig.[1]

Vor allem ab der Jahrhundertwende bis zur Machtergreifung der Nationalsozialisten wuchsen Kapital und Einfluss der Bank enorm. Nachdem Georg Arnhold 1881 in das ursprünglich von seinem Bruder Max und dessen Kompagnon Ludwig Philippson gegründete Bankhaus eingetreten war, baute die Bank ihren unternehmerischen Tätigkeitsbereich ausgehend von der regionalen Brauindustrie sukzessive aus.[2]

Besonders in der deutschen Wirtschaftsgeschichte unterstellen nach wie vor einige Stimmen, dass zu Beginn des 20. Jahrhunderts eine Abkehr vom patriarchalen Fir-

---

1 Vgl. für eine differenziertere Betrachtung von Privatbanken in der Zwischenkriegszeit vor allem die Arbeiten von Ingo Köhler: Köhler, Ingo: Zwischen wirtschaftlicher Marginalisierung und politischer Verdrängung: Die Privatbanken in Deutschland 1929–1935, in: Eigner, Peter (Hg.): Privatbankiers in Mitteleuropa zwischen den Weltkriegen, Stuttgart 2005 (Geld und Kapital – Jahrbuch der Gesellschaft für mitteleuropäische Banken- und Sparkassengeschichte, 7), S. 103–134; Köhler, Ingo; Eigner, Peter: Privatbanken und Privatbankiers in der Zwischenkriegszeit: Eine untergehende Spezies? In: Eigner, Peter (Hg.), Privatbankiers in Mitteleuropa zwischen den Weltkriegen, Stuttgart 2005 (Geld und Kapital – Jahrbuch der Gesellschaft für mitteleuropäische Banken- und Sparkassengeschichte, 7), S. 5–13; Köhler, Ingo: Soziale und wirtschaftliche Vernetzung als Erfolgsfaktor. Das Dresdner Privatbankhaus Gebr. Arnhold 1864–1933, in: Heß, Ulrich; Listewnik, Petra; Schäfer, Michael (Hgg.): Unternehmen im regionalen Raum 1750–2000, Leipzig 2004, S. 301–316. Vgl. auch die Arbeiten von Dieter Ziegler: Ziegler, Dieter: Kontinuität und Diskontinuität der deutschen Wirtschaftselite 1900 bis 1938, in: Ziegler, Dieter (Hg.): Großbürger und Unternehmer. Die deutsche Wirtschaftselite im 20. Jahrhundert. Göttingen 2000 (Bürgertum, 17), S. 31–54; Ziegler: Strukturwandel und Elitenwechsel im Bankwesen 1900–1957; Ziegler, Dieter: Die Aufsichtsräte der deutschen Aktiengesellschaften in den zwanziger Jahren. Eine empirische Untersuchung zum Problem der „Bankenmacht", in: Zeitschrift für Unternehmensgeschichte 43 (1998) 2, S. 194–215; Ziegler: The influence of banking.

2 Vgl. Köhler, Ingo: Soziale und wirtschaftliche Vernetzung als Erfolgsfaktor.

https://doi.org/10.1515/9783111389950-003

menverständnis der Aufklärungszeit stattfand. Die Macht der Firmeninhaber an der Spitze sei zugunsten des sogenannten Managerkapitalismus zurückgegangen und ein familienähnliches Verständnis vom Verhältnis zwischen Inhabern und Angestellten immer seltener geworden.[3] Besonders die Forschungen zur Familie Arnhold haben an mehreren Stellen versucht darauf hinzuweisen, dass das Beispiel der Dresdener Bankiers dieser Interpretation klar widerspricht.[4] Es wird nun vielmehr von einem differenzierten Finanzwesen ausgegangen. So konnten sich einige Privatbanken behaupten und ihre Geschäfte sogar ausbauen, so wie eben die Arnholds. Als Faktoren für diese Erfolge benennt beispielsweise Markus Dahlem die guten, festen und „breit gestreuten" Kontakte der Bankiers.[5] Dieses Argument aufgreifend, wird für dieses Kapitel die These aufgestellt, dass das Empfehlungssystem als spezifische Kommunikationsform eine tragende Säule für den Machterhalt und die Machtausweitung sowie für die prosperierende Unternehmensentwicklung war.

Der Erfolg des Familienunternehmens stand in direkter Verbindung mit den privaten Verhältnissen der Arnholds. Auch die Verzahnung von Familien- und Unternehmensstrukturen widerspricht dem Befund von Carolin Kosuch, wonach die Jahrhundertwende das Ende „der Macht der Väter" bedeutete und damit zu dieser Zeit „Vergangenheit und Zukunft am Scheideweg" standen.[6] Ohne die schwer zu beantwortende Frage zu stellen, ob die Hierarchie innerhalb der patriarchalen Familie den Bankbetrieb beeinflusste oder der Bankbetrieb sich auf die Familienorganisation niederschlug und welchen Anteil der Zeitgeist an beidem hatte, kann hier nur bemerkt werden, dass die patriarchale Organisation beständig und wirkungsvoll war: Im Verlauf der ersten Hälfte des 20. Jahrhunderts nahmen alle männlichen Nachkommen Georg Arnholds, des Bruders des Bankgründers, leitende Positionen in dem Familienbetrieb ein. Einige der Söhne der darauffolgenden Generation wiederum führten das Unternehmen bis weit in die zweite Hälfte des 20. Jahrhunderts.[7]

Die Arnholds erlangten nennenswerten Einfluss in einem Zeitraum, in dem der vielfach untersuchte Prozess der jüdischen „Verbürgerlichung" in seiner Spätphase angekommen war. Jüdische Eliten hatten sich in ihrer Sprache, ihren Umgangsformen,

3 Vgl. Ziegler: Die wirtschaftsbürgerliche Elite, S. 11, sowie Cobabus, Norbert: Deutsche Juden in der modernen Industriegeschichte am Beispiel der Firmen C. F. Donner, Bloch & Hirsch, Cellulose- u. Papierfabrik Okriftel sowie Telefonbau und Normalzeit. Vom Ende des 18. Jahrhunderts bis zum Anfang der 1950er Jahre. Rödermark 2007, S. 8–10.

4 Vgl. Köhler, Ingo: Wirtschaftsbürger und Unternehmer – Zum Heiratsverhalten deutscher Privatbankiers im Übergang zum 20. Jahrhundert, in: Ziegler, Dieter (Hg.): Großbürger und Unternehmer. Die deutsche Wirtschaftselite im 20. Jahrhundert. Göttingen 2000 (Bürgertum, 17), S. 116–144, hier S. 116.

5 Dahlem: Die Professionalisierung des Bankbetriebs, S. 201.

6 Kosuch: Missratene Söhne, S. 27. Vgl. zu den Kontinuitäten der patriarchalen Unternehmensstruktur auch Schäfer: Herren im eigenen Haus.

7 Vgl. Flitter, Emily: Henry Arnhold, Patriarch of a Storied Banking Family, Dies at 96, in: The New York Times, 29.08.2018.

ihren Interessen, kurz: in ihrem gesamten Habitus der Mehrheitsgesellschaft so sehr angeglichen, dass sie von außen nicht mehr unbedingt als Juden wahrgenommen werden konnten.[8] Das war der Grund dafür, dass ein Großteil der Zeitgenossen die deutschen Juden als Staatsbürger und Angehörige des Bürgertums wahrnahm.[9] Die Verbürgerlichung ging retrospektiv so weit, dass Dieter Ziegler in seiner Einleitung zu „Großbürger und Unternehmer“ mit Blick auf die jüdischen Mitglieder der deutschen Wirtschaftselite feststellt, dass die jüdischen Bankiers des frühen 20. Jahrhunderts eher zum Bürgertum als zum Judentum gehörten. Dies scheint ihm vor allem dadurch angezeigt, dass sich die philanthropischen Projekte weniger auf innerkonfessionelle Organisationen konzentrierten, sondern auch gesellschaftliche und kulturelle Projekte mit konfessionell gemischten Förderern und Förderinnen bedacht wurden.[10]

Obwohl das philanthropische Wirken nicht zwangsläufig und sicher nicht ausschließlich von Religiosität und konfessioneller Zugehörigkeit gelenkt wurde, so folgt die vorliegende Arbeit der Forschungsmeinung doch dahingehend, dass vor allem „erfolgreiche“ jüdische Familien der Zeit um 1900 bis zum Beginn des Zweiten Weltkriegs sich in ihrem kulturellen Habitus weitgehend der Mehrheitsgesellschaft angeglichen hatten.[11] Dies hat Elisabeth Albanis bereits 2002 unter anderem mit dem äußeren Druck eines schwelenden Antisemitismus in der Mehrheitsgesellschaft begründet.[12] Der so ausgeübte Anpassungsdruck führte mitunter zu einem Phänomen, das sich als Überkompensation bezeichnen ließe – so beteiligten sich Juden, die besonders in Handel und Wirtschaft erfolgreich waren, Albanis’ Interpretation zufolge stark am kulturellen Leben, um den „Makel“ ihrer Herkunft und ihres Tätigkeitsfeldes, der „Geldwirtschaft“, wettzumachen.[13] Michael Meyer formuliert den gleichen Befund etwas offener, indem er feststellt, dass deutsche Juden spätestens seit der Jahrhundertwende ihre Präsenz in gesellschaftlich angesehenen Bereichen wie der Kultur und der Wirtschaft ausgebaut hatten und in den ihnen vorher verschlossen gebliebenen Branchen innerhalb kürzester Zeit zur Elite aufstiegen.[14] Auch bei den Arnholds scheint es diese

8 Vgl. Lässig: Jüdische Wege ins Bürgertum, S. 507–516 und Lässig, Simone: Sprachwandel und Verbürgerlichung: Zur Bedeutung der Sprache im innerjüdischen Modernisierungsprozess des frühen 19. Jahrhunderts, in: Historische Zeitschrift 270 (2000), S. 617–667.

9 Wohlgemerkt bei gleichbleibender Existenz einer schwelenden antisemitischen Grundhaltung. Vgl. Volkov, Shulamit: Die Verbürgerlichung der Juden in Deutschland als Paradigma, S. 111.

10 Vgl. Ziegler: Die wirtschaftsbürgerliche Elite, S. 22–23.

11 Vgl. zu den Konzepten Akkulturation, Assimilation und Normalität beispielsweise Meyer, Michael A.: German Jewry’s Path to Normality and Assimilation: Complexity, Ironies, Paradoxes, in: Liedtke, Rainer; Rechter, David (Hg.): Towards Normality? Acculturation and Modern German Jewry. Tübingen 2003 (Schriftenreihe wissenschaftlicher Abhandlungen des Leo-Baeck-Instituts, 68), S. 13–27, hier S. 13. Vgl. weiterhin zum bürgerlichen Habitus der Bankiers Reitmayer, Morten: Bürgerlichkeit als Habitus. Zur Lebensweise deutscher Großbankiers im Kaiserreich, in: Geschichte und Gesellschaft 1 (1999), S. 66–93, sowie Reitmayer: Bankiers im Kaiserreich.

12 Albanis: German-Jewish Cultural Identity, S. 29.

13 Albanis: German-Jewish Cultural Identity, S. 26.

14 Meyer: German Jewry’s Path to normality and Assimilation, S. 14.

recht groben Entwicklungsvektoren gegeben zu haben. In diesem Kapitel soll nun genauer untersucht werden, wie ihr soziales Umfeld das kulturelle, philanthropische und wirtschaftliche Wirken beeinflusste. Dabei liegt ein Fokus auf der Analyse der Zusammensetzung des sozialen Netzwerks und der möglichen Mechanismen des Anpassungsdrucks und der Diskriminierung, die soziales oder auch religiöses Verhalten beeinflusst haben könnten. Besondere Aufmerksamkeit erhält dabei die Frage, wie vor allem der lauter werdende Antisemitismus die Zusammensetzung des Netzwerks beeinflusst hat. Als aufgestiegene Mitglieder des Bürgertums konnten sich die Arnholds nicht in einem ausschließlich jüdischen Netzwerk bewegen, allerdings wird als These vertreten, dass wirklich relevante Positionen vornehmlich jüdisch, bestenfalls mit jüdischen Familienmitgliedern besetzt wurden, um sicherzustellen, dass man diesen Personen vertrauen konnte.

Die für den Gegenstand dieses Kapitels prägenden historischen Ereignisse sind der Erste Weltkrieg, in dem auch viele deutsche Juden des gehobenen Bürgertums bekennende Patrioten waren, die Gründung der Weimarer Republik und die Wirtschaftskrisen der 1920er-Jahre.[15] Vor allem für die 1920er-Jahre hat die Wirtschaftsgeschichtsforschung eine zunehmend dichtere Verflechtung zwischen Unternehmern und Bankiers diagnostiziert.[16] Ob diese Intensivierung vor allem quantitativ oder qualitativ wirksam war, kann mit der Untersuchung von Empfehlungen weiter erschlossen werden. Darüber hinaus versteht Karoline Krenn den „Schock" des Ersten Weltkriegs und die darauffolgenden Veränderungen als eine Ursache für einen Bedeutungszuwachs der sozialen Netzwerke. Ihr zufolge war es vor allem das Bedürfnis nach „vertrauten äußeren Formen", das erfolgreiche Wirtschaftsfunktionäre dazu veranlasste, sich zu vernetzen.[17] Diese Interpretation soll im Verlauf des Kapitels hinterfragt werden.

Die Empfehlungsnetzwerke der Arnholds waren, wie zu zeigen sein wird, schon in den 1920er Jahren von einem erstarkenden antisemitischen Zeitgeist beeinflusst, gegen den sie sich zunächst aber widerstandsfähig erwiesen. Die Geschichte der Bank wird im Rahmen dieser Fallstudie bis in die 1930er-Jahre verfolgt, in denen, vor allem nach der Machtergreifung der Nationalsozialisten, drastische Veränderungen auf die Inhaber zukamen.[18] Das Dresdener Stammhaus wurde bereits 1935 „arisiert" und von der Dresdner Bank übernommen.[19] Damit zählte es zu einem der ersten Bankhäuser in jü-

15 Vgl. zum bürgerlichen Blick auf den ersten Weltkrieg Wietschorke, Jens: Der Weltkrieg als „soziale Arbeitsgemeinschaft". Eine Innenansicht bildungsbürgerlicher Kriegsdeutungen 1914–1918, in: Geschichte und Gesellschaft 34 (2008) 2, S. 225–251.

16 Vgl. Krenn, Karoline: Von der „Macht der Banken" zur Leitidee des deutschen Produktionsregimes. Bank-Industrie-Verflechtungen am Beginn des 20. Jahrhunderts, in: Zeitschrift für Unternehmensgeschichte 53 (2008) 1, S. 70–99.

17 Krenn: Von der „Macht der Banken", S. 81–82.

18 Vgl. Ziegler, Dieter (Hg.): Banken und „Arisierungen" in Mitteleuropa während des Nationalsozialismus. Stuttgart 2002 (Geld und Kapital, 5.2001).

19 Umfassend dargestellt in Ziegler, Dieter: Die Dresdner Bank und die deutschen Juden. München 2006.

discher Inhaberschaft, das von einer nicht-jüdischen Firma übernommen wurde.[20] Die Berliner Filiale konnte noch bis zum Februar 1938 betrieben werden. Die Familienmitglieder hatten zu dieser Zeit zu einem Großteil bereits ihre Wege ins Ausland gefunden oder begannen, ihre Flucht zu organisieren. Bei der Ausreise der Familienmitglieder wie auch bei der Einrichtung eines neuen Hauptsitzes in New York waren wiederum Empfehlungsnetzwerke für die Arnhold'sche Geschichte von Bedeutung. Am Ende des Kapitels soll hinterfragt werden, ob die Familienmitglieder hierbei vor allem auf etablierte Netzwerke zurückgreifen konnten oder ob sie neue Verbindungen knüpfen mussten.

Das Kapitel behandelt die erwähnten Ausprägungen der Empfehlungspraxis im chronologischen Verlauf der Familiengeschichte. Zunächst gilt die Aufmerksamkeit der Frage, ob es Hinweise darauf gibt, dass die vergleichsweise kurze Unternehmensgeschichte des Familienbetriebs die professionelle Flexibilität der Arnholds beförderte, ob also familiale Verpflichtungen eventuell weniger wichtig waren als bei den Bleichröders oder ob verwandtschaftliche Loyalitäten und ähnliche Mechanismen immer noch ein maßgebliches Kriterium für Vertrauen und damit auch für vertrauensvolle Empfehlungen waren.

Mit der zweiten Leitfrage wird beleuchtet, inwiefern Empfehlungen für Einflussnahme und Machterhalt genutzt wurden. So wird etwa gezeigt werden, wie Empfehlungen von Mitarbeitern für Industriezweige, in die die Bank investiert hatte, unternehmerische Gestaltungsmöglichkeiten bedeuteten. Darüber hinaus wird untersucht, auf welche Bereiche ihres sozialen Netzwerks die Arnholds bei der Vermittlung und Akquise von Mitarbeiterinnen und Mitarbeitern zurückgriffen. Außerdem widmet sich ein Teil des Kapitels der Frage, inwiefern konkrete Gegenstände eine Rolle im Selbstverständnis der Wirtschaftsgrößen spielten und ob die Empfehlungspraxis auch mit Bezug auf die Vermittlung von Dienstleistungen und Waren Anwendung fand. Mit Blick auf die Assimilation deutscher Jüdinnen und Juden der bürgerlich geprägten Hochfinanz wird außerdem darauf hingewiesen, dass die Ausübung von prestigeträchtigen Ämtern auch in der ersten Hälfte des 20. Jahrhunderts noch eine gesellschaftlich integrierende Funktion hatte. In diesem Zusammenhang wird auch gezeigt, welch disruptives Potenzial eine zunehmende antisemitische Grundhaltung in den solche Ämter vergebenden Kreisen haben konnte. Damit behandelt das Kapitel vorrangig qualitative Fragen zu Nutzen und Zweck der durch Empfehlungen geschaffenen Netzwerke. Zugrunde liegt diesen Überlegungen das in Abbildung 11 dargestellte Briefnetzwerk, das sich aus 39 Briefen ergibt.

---

20 Vgl. Köhler, Ingo (2008): Die „Arisierung" der Privatbanken im Dritten Reich. Verdrängung, Ausschaltung und die Frage der Wiedergutmachung. 2. Auflage. München: Beck (Schriftenreihe zur Zeitschrift für Unternehmensgeschichte, 14), S. 94–103.

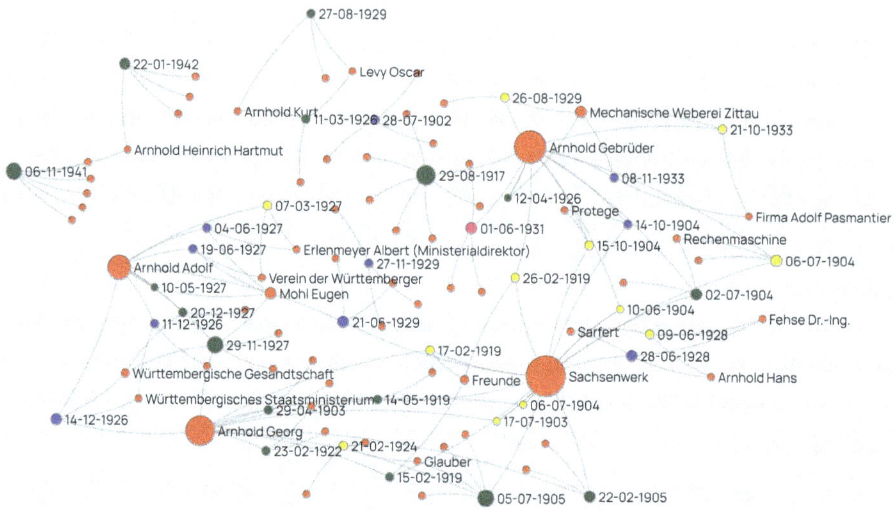

Abb. 11: Netzwerk der Empfehlungen im Zusammenhang mit der Gebr. Arnhold Bank und der Familie Arnhold

3.1 Vorschläge für die Industrie: Wirtschaftliche Einflussnahme

Die Arnholds lassen sich kaum als typische Bankiers ihrer Zeit fassen, die als Financiers von Staat oder Wirtschaft und Unternehmertum auftraten.[21] Man kann sie eher dem durch Werner Mosse geprägten Begriff der „Wirtschaftselite“ zuordnen, der die tatsächlichen Berufe weiter fasst und in dem gleichzeitig die Dimension eines gewissen Selbstverständnisses als Angehörige eines erlesenen Kreises mitschwingt.[22] Die Arnholds legten in vielen Entscheidungen ein unternehmerisches Gespür und eine Risikobereitschaft an den Tag, wie es typischerweise Gründungsmythen über Firmengründer postulieren. Gerade die Risikobereitschaft stellt innerhalb der jüdischen Wirtschaftsgeschichte eine sensible Zuschreibung dar, die antisemitische Züge aufweisen kann. Gideon Reuveni wies in seinem Aufsatz „Jüdische Geschichte als Wirtschaftsgeschichte“ darauf hin, dass sich die Annahme, Juden seien wirtschaftlich risikobereiter, auch bei Max Weber fand und auf Werner Sombarts „Die Juden und das Wirtschaftsleben“ zu-

21 Vgl. zum anhaltenden Einfluss der Privatbankiers auch Ziegler: Die Aufsichtsräte der deutschen Aktiengesellschaften, S. 200.

22 Vgl. Mosse, Werner E. (Hg.): Jüdische Unternehmer in Deutschland im 19. und 20. Jahrhundert. Stuttgart 1992; Ziegler: Kontinuität und Diskontinuität, S. 33. Sowie weiterführend: Augustine, Dolores L.: Patricians and Parvenus. Wealth and High Society in Wilhelmine Germany. Oxford 1994.

rückging.[23] Gerade der Abgleich zwischen den Geschichten der Bleichröders und Arnholds zeigt, dass sich aus der jüdischen Herkunft keineswegs zwangsläufig ein Hang zu wirtschaftlichem Risiko ableiten lässt. Eine solche Neigung könnte vielmehr als ein Zeichen der Akkulturation gesehen werden oder zumindest als eine Art Mitgerissensein der Jüngeren vom innovationsfanatischen Zeitgeist. Mit ihrer Beteiligung an aufstrebenden Industrieunternehmen der Moderne schlugen die Arnholds einen anderen Weg ein als die Bleichröder-Bank und andere etablierte jüdische Bankhäuser, die sich auf politische Verbindungen und die Staatsfinanzierung spezialisiert hatten.[24] Das Bankhaus der Arnholds beteiligte sich hingegen aktiv an der Förderung des Industriekapitalismus.[25]

Die folgenden Schreiben entstammen alle den Korrespondenzen der Arnholds mit dem Sachsenwerk, einem Motorenhersteller. Das Sachsenwerk wurden 1903 als Nachfolgeunternehmen der insolvent gegangenen Kummer'schen Werke gegründet.[26] Vor allem in den ersten Jahren beteiligten sich die Arnholds keineswegs nur als stille Teilhaber. Im Folgenden soll gezeigt werden, dass die aktive Beteiligung der Investoren sogar deutlich sichtbar war.

Gleich zu Beginn der Unternehmung erreichte den Direktor des Sachsenwerks, Schiff am 29. April 1903 ein Schreiben Georg Arnholds, das hier vollständig zitiert werden soll:

> Sehr geehrter Herr Schiff!
> Bevor ich meine neuliche Erholungsreise antrat, hatte ich meinen Bruder gebeten, besonders darauf zu achten, dass der mit meinem Schreiben vom 10. März empfohlene Herr Grossmann auch bestimmt von Ihnen engagirt würde. Mein Bruder sagt mir nun, dass er den Namen sr. Zt. sich leider nicht gemerkt und infolgedessen nicht kontrolliert habe, ob Betreffender unter den von Ihnen engagirten Personen sich befindet.
> Wie ich Ihnen damals nun schon schrieb, ist Betreffender der Einzige gewesen von allen, die sich bei meiner Firma oder uns beiden Inhabern persönlich gemeldet hatten, dem ich für den Fall des Zustandekommens des Sachsenwerkes, cuasi ganze Zusage des Engagements gemacht habe. Der Genannte hat infolgedessen bis jetzt seine Verheiratung verzögert und ebenso verzögert, sich in Wien auch nur nach einer Wohnung umzusehen. Sein mir persönlich befreundeter zukünftiger Schwiegervater, früherer hiesiger Schuldirector, der dicht bei der Niedersedlitz eine Besitzung jetzt hat, hat sich damals bei mir bereits bedankt und ich habe diesen Dank auch entgegengenommen. Ich würde also direct blosgestellt [sic] sein, wenn Betreffender inzwischen bei Ihnen ausgefallen wäre.
> Uebrigens schrieben Sie mir aber später einmal, dass Sie dringend bäten, „nunmehr keine weiteren festen Zusagen zu machen", worauf ich Ihnen antwortete, dass das selbstverständlich nur

23 Reuveni, Gideon: Deutsch-jüdische Geschichte als Wirtschaftsgeschichte, in: Braun, Christina von (Hg.): Was war deutsches Judentum? 1870–1933. Berlin 2015 (Europäisch-jüdische Studien. Beiträge, 24), S. 223–237.

24 Vgl. auch Schijf: Jewish Bankers, S. 204.

25 Vgl. Ziegler: The influence of banking.

26 Müller, Harald: 160 Jahre Oskar Ludwig Kummer. Porträt einer herausragenden Dresdner Unternehmerpersönlichkeit. Dresden 2008.

> ausnahmsweise von mir geschehen sei und ich halte deshalb für undenkbar, dass die Angelegenheit von Ihnen übersehen werden konnte.
> Der Ordnung wegen und weil mein Bruder mir nicht Bescheid geben konnte, möchte ich aber doch nicht verfehlen, Ihnen gegenüber nochmals auf die Sache zurückzukommen. Ich zweifle nicht, dass es eventuell nur dieser Anregung bedarf, um die Sache in Ordnung zu bringen, die schon um deswillen schleuniger Erledigung bedarf, weil der Betreffende bezüglich seiner Verheiratung verbindliche Erklärungen Ihrerseits haben muss.
> Wie ich Ihnen wohl auch schon schrieb, habe ich ihm ca. M. 2400.–. Gehalt in Aussicht gestellt und ist er bei Siemens & Halske speziell mit buchhalterischen Arbeiten und vernämlich mit der Berechnung von Anschlägen beschäftigt.
> Ihren geschätzten Mitteilungen gern entgegensehend, begrüsse ich Sie, in der Hoffnung, dass Sie sich recht wohl befinden und in Schandau sich recht vergnügen und erholen möchten, als Ihr Hochachtungsvoll ergebener [Sign. Georg Arnhold][27]

In höflichstem Ton machte Georg Arnhold mit diesem Schreiben auf verschiedenen Ebenen auf seine Gestaltungs- und Führungsansprüche aufmerksam. Er übte dabei Macht aus. Erstens tat er das, indem er dem Direktor des neuen Sachsenwerkes nicht nur mitteilte, wen er einzustellen hatte, sondern sogar diktierte, wie viel Lohn er dieser Person zahlen sollte. Dies geschah fast unabhängig von der Qualifikation des Kandidaten Grossmann. Erst ganz am Ende bemerkte Arnhold, in welchem Tätigkeitsbereich der Buchhalter zuvor bei Siemens & Halske beschäftigt gewesen war. Warum er dort nicht mehr arbeitete, ließ er allerdings unerwähnt; er machte stattdessen darauf aufmerksam, dass er mit dessen Vater, der wiederum in der Region des Sachsenwerkes gesellschaftlich hochgestellt war, gut befreundet gewesen sei. Und als sei dieser eine Fall nicht genug, sprach Arnhold selbst an, dass er sich offenbar zum wiederholten Male über die Bitte hinwegsetzte, sich nicht in solche Personalentscheidungen einzumischen – vor allem da er dies mit Vorliebe in Form von festen Zusagen zu tun schien. Diese Art, sich über etwas hinwegzusetzen, muss als eine Form der Machtausübung verstanden werden. Hier soll deutlich werden, dass Georg Arnhold durchaus für sich in Anspruch nahm, derlei Entscheidungen zu treffen und sich damit auch zutraute zu wissen, was eine – an seinen Bedürfnissen ausgerichtete – vernünftige Entscheidung darstellte.

Zweitens wird aber auch das Verhältnis des jungen Grossmann zu diesem einflussreichen Kontakt seines Vaters deutlich. Grossmann hatte sich völlig in die Hände Arnholds begeben, seinen Wohnort und seine Verheiratung von der ihm in Aussicht gestellten Anstellung abhängig gemacht. Ob diese Unterordnung mit einer fehlenden Alternative, Hörigkeit oder einem selbst gefassten Karriereziel in Verbindung stand, lässt sich nicht rekonstruieren. In jedem Fall war Arnhold in der Lage, wichtige Lebensentscheidungen Grossmanns zu beeinflussen.

Drittens, und etwas versteckter, lassen sich auch Schlüsse zum Verhältnis der Brüder Arnhold ziehen. Vermutlich handelte es sich bei dem hier erwähnten Bruder um

27 29.04.1903 Arnhold an Schiff, in: 11646 Fa. Sachsenwerk Licht und Kraft AG Niedersedlitz, Nr. 59, Sächsisches Staatsarchiv, *Hauptstaatsarchiv Dresden*.

den Firmengründer Max Arnhold, der zu dieser Zeit fast 60 Jahre alt war. Offenbar hatte Max als der Ältere zumindest im Verantwortungsbereich seines Bruders Georg kein größeres Mitspracherecht oder kein gesteigertes Interesse, denn er war nur als Urlaubsvertretung mit der Sache betraut worden und hatte sich – so wird trotz der wertschätzenden Wortwahl deutlich – nicht zu Georgs Zufriedenheit um die Sache gekümmert.

Darüber klingen im Brief gesellschaftliche Gepflogenheiten an, die den Handlungsspielraum der Arnholds eingegrenzt zu haben scheinen. Gemeint ist die (drohende) Blamage bei einem einflussreichen Freund. Hier wird deutlich, dass das Konstrukt von Macht und gesellschaftlichem Einfluss auf tönernen Füßen stand. Arnhold wurde in seinem sozialen Zirkel als einflussreiche Person wahrgenommen und daher um Gefallen gebeten, wie eben um die berufliche Unterbringung eines Sohnes. Er stimmte dem zu, da die Person, die die Bitte aussprach, als ehemaliger Schulleiter in der betreffenden Wirtschaftsregion, in der Arnhold tätig war, wohl eine hohe Reputation genoss. Konnte er aber nun dieser Bitte wider Erwarten nicht nachkommen, so war er blamiert. Es drohte der Eindruck zu entstehen, dass sein Einfluss doch nicht so weit reichte, was seine gesellschaftlich antizipierte Macht verringern konnte.

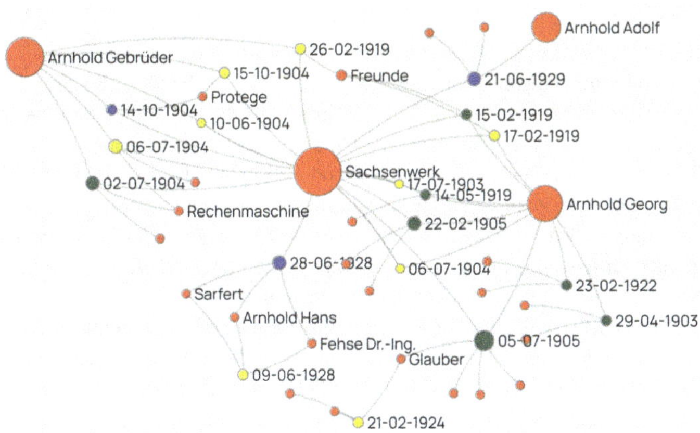

Abb. 12: Briefe zwischen Gebr. Arnhold und dem Sachsenwerk

Nachdem Arnhold am 13. Mai noch einmal in der Sache nachfassen musste, wurde Grossmann tatsächlich angestellt.[28] Zwar hatte Georg Arnhold damit seinen Willen bekommen, aber Schiff ließ ihn, wie sich im Juli 1903 zeigte, dafür auch an dem „Projekt Grossmann“ mitarbeiten. Denn Grossmann hatte sich als nicht sonderlich qualifiziert erwiesen, wie Schiff Arnhold am 17. Juli mitteilte. Da „Großmann die Buchhaltung nicht versteht, ich aber und unser kaufmännischer Abtheilungsvorstand so durchaus

28 Vgl. 17.07.1903 Arnhold an Schiff, in: 11646 Fa. Sachsenwerk Licht und Kraft AG Niedersedlitz, Nr. 59, Sächsisches Staatsarchiv, *Hauptstaatsarchiv Dresden*.

überlastet sind, dass wir eine ganz selbstständige Kraft für die Buchhaltung gebrauchen",[29] bat der Direktor Arnhold um eine weitere Empfehlung zur Unterstützung Grossmanns – diesmal gerne eine „durchaus erfahrene, bilanzfeste Kraft"[30].

In Abbildung 12 ist isoliert die Korrespondenz zwischen den Gebrüdern der Arnhold-Bank und dem Sachsenwerk dargestellt. Es wird ersichtlich, dass Empfehlungen in Verbindung mit dem Sachsenwerk einen Großteil der hier analysierten Schreiben darstellen. Das Bankhaus und die Firma verband eine langjährige, generationenübergreifende Zusammenarbeit, die bis in die frühen 1930er Jahre fortgesetzt wurde, in denen das Sachsenwerk Teil der AEG und der Einfluss der Arnholds durch den Nationalsozialismus zunehmend eingeschränkt wurde. Zuvor nutzten die Arnholds über Jahrzehnte vielfältige Möglichkeiten, um die Verflechtungen zwischen Bank und Firma zu intensivieren. Eine der Hauptstrategien für die größtmögliche Einflussnahme und Vernetzung war die Besetzung von Aufsichtsratsplätzen und vergleichbaren wichtigen Posten. Dieser Strategie wird in der Fallstudie ein eigenes Kapitel (3.2) gewidmet. Darüber hinaus war auch die Empfehlung der eigenen Bank und spezifischer Bankabteilungen und -sparten ein von den Arnholds genutztes Mittel. Die Mechanische Weberei Zittau AG erhielt etwa im April 1926 ein Schreiben der Gebr. Arnhold, in dem die Weberei an die „Abteilung für Ausländische Währungen" erinnert wurde.[31] Genau hieß es dort:

> Wir gestatten uns, Ihnen mit vorliegenden Zeilen unsere seit langem bestehende „Abteilung für ausländische Währungen" in empfehlende Erinnerung zu bringen und Sie zu bitten, deren Dienste für die Abwicklung Ihrer Geschäfte mit dem Ausland recht oft in Anspruch zu nehmen.
> Unsere reichen Erfahrungen auf diesem Gebiete, unsere guten Beziehungen zu ausländischen Banken, die durch häufige gegenseitige Besuche gepflegt und soweit möglich noch gefördert werden, sowie die Wahrnehmung unserer Interessen durch eigene Vertretungen im Auslande, setzen uns in die Lage, Sie in allen einschlägigen Fragen auf das beste zu beraten, und wir legen auf die Inanspruchnahme dieser von uns gebotenen Möglichkeit besonderen Wert.
> Bei den vielfältigen Schwierigkeiten, die in den einzelnen Ländern durch bestehende Gesetze über den Ein- und Ausfuhrhandel, den Zahlungsverkehr und auf anderen Gebieten noch anzutreffen sind, ist die enge Zusammenarbeit mit der Bank für die Industrie und den Kaufmann fast unerläßlich, sollen Enttäuschungen und Verluste vermieden werden. Der sachgemäßen Beratung aller uns vorgelegten Fragen unter Eingehung auf die Eigenarten der verschiedenen Geschäfte bringen wir daher dauernd unsere besondere Aufmerksamkeit entgegen.
> Wir sind jederzeit gern bereit, mit Ihnen die Finanzierung von Ein- und Ausfuhrgeschäften zu besprechen und Ihnen die jeweils für Sie vorteilhaftesten Wege zu zeigen. Hierfür kommen zur Zeit, um einige Punkte besonders hervorzuheben, in Frage die Bevorschussung von Dokumenten über Warenverladungen, die Eröffnung von Rembourskrediten für Rohstoffbezüge aus dem Auslande sowie von sonstigen Krediten, die Inanspruchnahme von Krediten der Deutschen Golddiskontbank für die Ausführung vorliegender Auslandsaufträge, die Diskontierung von Handels-

29 17.07.1903 Schiff an Arnhold.

30 17.07.1903 Schiff an Arnhold.

31 12.04.1926 Gebr. Arnhold an Mechanische Weberei Zittau, in: Fa. Mechanische Weberei Zittau, Nr. 92, Sächsisches Staatsarchiv, *Hauptstaatsarchiv Dresden*.

wechseln in fremden Währungen usw. Wir haben diese Punkte in dem beifolgenden Schriftsatz näher behandelt, um Ihnen die vielfachen Vorteile zu zeigen, welche wir Ihnen zu bieten vermögen.
Gleichzeitig sind wir auch auf die sonstigen Geschäfte unserer Währungsabteilung näher eingegangen und es sollte uns freuen, wenn Sie auch aus diesen Anregungen Nutzen ziehen können.
Wir stehen Ihnen zu einer mündlichen Aussprache stets zur Verfügung, ebenso sind wir auch gern bereit, einen unserer Herren bei Ihnen vorsprechen zu lassen, wenn Ihnen dies bequemer und angenehm ist.
Wir empfehlen uns Ihnen, in Erwartung Ihrer geschätzten Nachrichten,
hochachtungsvoll ppa. Gebr. Arnhold [sign.][32]

In diesem Schreiben, das wohl in die Kategorie Werbebrief gehört, folgen die Arnholds dem verbreiteten Aufbau eines klassischen Empfehlungsschreibens im Anstellungskontext – mit der offensichtlichen Abweichung, dass sie ihre Bank empfahlen. Nach der Vorstellung der zu empfehlenden Abteilung folgt direkt die Vorstellung der Kompetenzen der Abteilung. In einem ausführenden Absatz werden diese Kompetenzen nochmal vor der Folie einer sich verkomplizierenden Welt als Alleinstellungsmerkmal herausgestellt. An der Stelle, wo in anderen Empfehlungen vorgeschlagen worden wäre, sich mit dem Kandidaten beziehungsweise der Kandidatin direkt in Verbindung zu setzen, schreibt das Bankhaus mit der sprachlichen Schizophrenie einer größeren Institution, spricht also gleichzeitig von „wir“ wie auch von bestimmten Angestellten, die offensichtlich nicht die Verfasser dieses Briefes waren.

Inhaltlich macht das Bankhaus deutlich, dass es bereits sehr einflussreich war und sehr gute Kontakte ins Ausland pflegte. Einige schienen in der Arnhold’schen Selbstdarstellung so gut zu sein, dass sie nicht mehr ausgebaut werden mussten. Diese Aussage hatte sicherlich einen gewissen Wahrheitsgehalt. Die Verbindungen mussten existieren, um die angebotene Dienstleistung überhaupt ausführen zu können. Was die Qualität betrifft, lässt sich vermuten, dass es auch solche Schreiben und daraus resultierende Aufträge waren, die die Stellung des Bankhauses auf dem internationalen Markt stabilisierten. Um das gute Geschäft durchzuführen, das sie versprachen, gehörte es dazu, dieses Versprechen zunächst explizit zu machen.

Beim Ausbau von Macht und Einfluss waren es also auch solche Briefe, die den Erfolg des Bankhauses sicherstellten. Es machte sich selbst unentbehrlich und wurde darum bei immer mehr Entscheidungen, die das Sachsenwerk betrafen, wenn nicht selbst zum Entscheider, dann doch zu einem gefragten Ratgeber beziehungsweise mindestens zu einem zu berücksichtigenden Faktor.

Durch ihre Mitgliedschaft in verschiedenen Räten, Gremien und Vereinen waren die Arnholds gesellschaftlich vielfältig vernetzt. Dadurch wurden sie häufig herangezogen, wenn es darum ging, qualifiziertes Personal anzustellen oder wenn im Gegenzug Menschen nach Anstellungen suchten. Es entsteht der Eindruck, dass alle Arnhold’schen Bankiers diese Art der Vermittlung ausübten. Im Sommer 1929 verfasste Adolf

32 12.04.1926 Gebr. Arnhold an Mechanische Weberei Zittau.

Arnhold[33] ein Schreiben an die Direktion des Sachsenwerkes zugunsten „eines Herrn Oberingenieur Stricker, der früher bei Poege [sic] war." Die Elektrizitätsfirma Pöge stand zu dieser Zeit kurz vor der Übernahme durch die AEG und sollte später aufgrund der Standortnähe organisatorisch ohnehin dem Sachsenwerk angegliedert werden.[34] Ob dieser Schritt nicht absehbar war oder im Gegenteil bereits jemand, der sich bei Pöge gut auskannte, im Sachsenwerk platziert werden sollte, ist nicht mehr zu rekonstruieren. In jedem Fall hielt sich Arnhold mit eigenen Worten über Stricker zurück und verwies nur darauf, dass sich Herr Heinze von der Firma Bayer & Heinze um Stricker bemüht habe und Arnhold dessen Empfehlungsschreiben nun weiterleite. Zu dieser Zeit hatten sich offenbar, wohl auch im Zuge des vollzogenen Generationswechsels, alle Beteiligten an die Teilhabe der Arnholds am Sachsenwerk gewöhnt, weswegen es zum einen sinnvoll war, für eine erfolgreiche Empfehlung diesen Weg der Weiterleitung zu wählen, und zum anderen der Tonfall des Schreibens Hans Arnholds weitaus weniger fordernd war als der Georgs zu Beginn der Beteiligung.

Die Bekanntheit mit einem Arnhold konnte für einzelne Angestellte sogar existenzsichernd sein, wie das folgende Zitat belegt, dass Teil eines längeren Geschäftsbriefes von Adolf Arnhold an den Direktor des Sachsenwerkes Schmitt ist:

> In Leipzig habe ich Gelegenheit gehabt, mich mit Herrn Brettauer, der gerade aus der Schweiz kam, zu unterhalten. Zufällig bin ich dann auch noch mit ihm zusammen nach Berlin gefahren, wobei wir unsere Unterhaltung fortsetzen konnten. Der Eindruck, den er auf mich gemacht hat, war keineswegs derart, dass nun schleunigst das Engagement eines kaufmännischen Direktors in die Wege geleitet werden müsste. Wenn Brettauer auch keine allererste Kraft ist, halte ich ihn doch, soweit sich dies aus der kurzen Bekanntschaft heraus beurteilen lässt, für einen durchaus zuverlässigen Menschen. Obwohl er nicht aus der Auto-Branche hervorgegangen ist, so scheint er doch zu verstehen, sich schnell einzuarbeiten und vor allem scheint er mit lebhaftestem Interesse und eifrigstem Bemühen tätig und bestrebt zu sein, der Förderung des Unternehmens zu dienen. Für [...; Anm.: unleserlich] gilt mir auch als Beweis, dass sowohl er als auch sein Kollege Schürmann die Bitte unterbreitet hat, von den jungen Aktien etwas erwerben zu dürfen.
> Wenn also zweifellos zur Entlastung des Herrn Schürmann ein jüngerer und tüchtiger Techniker, wie wir ihn durch den betr. Herrn von der Firma Opel zu gewinnen hoffen, baldigst engagiert werden möchte, so erscheint mir das Engagement eines kaufmännischen Leiters fürs erste durchaus nicht zu dringend.[35]

Die Ehrlichkeit der Einschätzung Arnholds ist bemerkenswert. Er ließ keinen Zweifel daran, dass es durchaus fachlich geeigneteres Personal geben könnte als Brettauer. Aber er machte auch mit klaren Worten deutlich, dass dies seiner Ansicht nach nicht die wichtigste Eigenschaft eines Mitarbeiters war. Viele wichtiger waren Loyalität und

33 1884–1950. Erster Sohn von Georg Arnhold, Neffe von Max.

34 Sächsisches Industriemuseum/ Industriemuseum Chemnitz (Hg.): Firmenprofil der Pöge Elektricitäts-Aktiengesellschaft, URL: http://chemnitz.im/de/firma/poege-elektricitaets-aktiengesellschaft/342/, abgerufen am 08.12.2021.

35 29.08.1917 Adolf Arnhold an Schmitt, in: 11646 Fa. Sachsenwerk Licht und Kraft AG Niedersedlitz, Nr. 35, Sächsisches Staatsarchiv, *Hauptstaatsarchiv Dresden*.

damit ein ehrliches Interesse am Erfolg der Firma. Diese Eigenschaften sah er bei Brettauer und begründete sie gegenüber Schmitt. Zeichen dieser Loyalität waren ihm zum einen Brettauers Wille, sich in Form von Aktien mit seinem Privatvermögen an der Firma zu beteiligen, und zum anderen sein persönlicher Eindruck von dem Kaufmann. Dieser Eindruck scheint zunächst im Vergleich zu der Bereitschaft, Aktien des Unternehmens zu kaufen, weniger belastbar gewesen zu sein, er war aber in diesem Zusammenhang sicherlich das wichtigere Argument. Arnholds Empfehlung, Brettauer nicht zu ersetzen, wurde von Schmitt sicherlich ernst genommen. Brettauer profitierte also von dem sozialen Kapital, das selbst mit einer zunächst unbedeutend scheinenden Bekanntschaft mit dem Bankier einherging.

Erst wenn sich eine Geschäftsbeziehung stabilisiert hatte, so legen die Quellen nahe, nahmen die Arnholds ihrerseits auch Ratschläge und Empfehlungen seitens der Firmendirektionen wahr. Nach dem Generationswechsel und einer erfolgreichen Zusammenarbeit durch Weltkriege und Wirtschaftskrisen hindurch fragte beispielsweise Hans Arnhold[36] beim Sachsenwerk nach einer Empfehlung für einen technischen Leiter nach, den er in einer neuen Unternehmung – der Fritz Caspary A. G. in Berlin-Marienfelde – einzusetzen gedachte.[37] Von dieser Erweiterung des Empfehlungsverhältnisses profitierte Arnhold aber auch. Er hatte nun Zugriff auf ein erweitertes Netzwerk und konnte auf ein größeres fachspezifisches Know-how zurückgreifen. Der Verfasser der Empfehlung, der sich im Auftrag des Sachsenwerkdirektors Sarfert der Sache angenommen hatte, schrieb nämlich ausdrücklich, dass er sich zur Findung eines geeigneten Kandidaten in seinem eigenen Bekanntenkreis umgeschaut habe und dann in seiner Funktion als Vorsitzender der Arbeitsgemeinschaft Deutscher Betriebsingenieure fündig geworden sei.[38]

3.2 Ratspositionen und Engagement: Einflussnahmen auf guter Position

Tatsächlich war es das Engagement in solchen Arbeitskreisen und organisierten Interessengemeinschaften, das einen großen Teil der professionellen Netzwerkarbeit prägte. Hinzu kamen Positionen als Verwaltungs- und Aufsichtsräte in verschiedenen Firmen. Die jährlich ursprünglich von Julius Mossner herausgegebenen Adressbücher der Direktoren und Aufsichtsräte, die besonders im Zeitraum von 1898 bis 1978 unter sich änderndem Titel in hoher Auflage publiziert wurden, können fast als eine Varian-

36 1888-1966, Sohn von Georg Arnhold, Neffe von Max Arnhold, Bruder von Adolf, Heinrich und Kurt. Beteiligt an der Gründung der Partnerschaft mit S. Bleichröder.

37 28.06.1928 Schreiben an Hans Arnhold, in: 11646 Fa. Sachsenwerk Licht und Kraft AG Niedersedlitz, Nr. 51, Sächsisches Staatsarchiv, *Hauptstaatsarchiv Dresden*.

38 28.06.1928 Schreiben an Hans Arnhold.

te des populären „Wer ist's?" der besseren Gesellschaft verstanden werden.[39] Schaut man nur stichprobenartig in die Ausgaben 1922–1931, so lässt sich feststellen, dass die am Bankhaus Gebr. Arnhold beteiligten Familienmitglieder zusammen mehr als 100 Aufsichtsratsplätze hielten.[40] Diese Plätze waren keineswegs den männlichen Familienmitgliedern vorbehalten. Else Arnhold, Ehefrau von Adolf Arnhold, war in den 1920er Jahren bis in die frühen 1930er Jahre im Aufsichtsrat der Europahof Aktiengesellschaft.[41]

Neben der nicht zu unterschätzenden Entlohnung für Ratspositionen gaben Positionen in Aufsichts- und Verwaltungsräten auch die Möglichkeit, Einfluss zu nehmen. Welcher Art dieser Einfluss war, ist in der Forschungsliteratur bereits umfassend diskutiert worden. Karoline Krenn fasst die Positionen in einem Aufsatz zur „Macht der Banken", der in der Zeitschrift für Unternehmensgeschichte publiziert wurde, zusammen. Ihrer Interpretation nach verliehen Aufsichtsratsmandate wenig Macht, da sie Macht und Einflussnahme auf direkte Unternehmensentscheidungen bezieht.[42] Gleichzeitig führt sie aus, dass vor allem das Innehaben mehrerer Aufsichtsratsmandate zu einer effizienten Platzierung innerhalb eines strukturierten Beziehungsnetzwerks führte. Krenn folgend war die Macht der Banken geringer als angenommen, weil diese zwar Finanzierungen zu- oder absagen konnten, aber keine dezidierten Produktionsentscheidungen trafen.[43] Wird nun aber das soziale Kapital berücksichtigt, das beispielsweise die Arnholds durch ihre Empfehlungen in die Industrie einbrachten, sei es durch die Übernahme von Aufsichtsratsmandaten oder die Vermittlung leitender Angestellter, war ihr indirekter Einfluss vermutlich doch vielschichtiger, als sich durch die Analyse von Auftragsunterzeichnungen nachvollziehen lässt.

Bedenkt man weiterhin die noch indirektere Einflussnahme durch das gesellschaftliche Engagement in wohltätigen Vereinen, die zum einen die Möglichkeit der kulturellen Kapitalakkumulation in sich bargen[44], zum anderen Raum boten, um sich mit anderen Mitgliedern der Wirtschaftselite über gemeinsame Interessen zu verständigen, ist zudem Krenns Interpretation zu widersprechen, dass zwischenmenschliche Vernetzung vor allem dem Drang nach Sicherheit entsprungen habe. Krenns Verortung der zwischenmenschlichen Vernetzung im Bereich der basalen Bedürfnisbefriedigung unterschätzt massiv das Potenzial der diversifizierten Kapitalakkumulation, die sich durch eine Vernetzung erreichen ließ. Dabei geht bereits die ältere Forschung zu

39 Vgl. Radandt, Hans: Adreßbuch der Direktoren und Aufsichtsräte. Hilfsmittel für Strukturuntersuchungen von personellen Beziehungen zwischen kapitalistischen Unternehmen in Deutschland im 20. Jahrhundert, in: Jahrbuch für Wirtschaftsgeschichte 7 (1966) 2, S. 241–257.

40 Vgl. Mossner, Curt (Hg.): Adreßbuch der Direktoren und Aufsichtsräte. Band I. Berlin 1926; Mossner, Curt (Hg.): Adreßbuch der Direktoren und Aufsichtsräte. Band I. Berlin 1928; Mossner, Curt (Hg.): Adreßbuch der Direktoren und Aufsichtsräte. Band I. Berlin 1931.

41 Vgl. Mossner: Adreßbuch der Direktoren und Aufsichtsräte. 1926, 1928, 1931.

42 Krenn: Von der „Macht der Banken", S. 76.

43 Krenn: Von der „Macht der Banken", S. 76.

44 Lässig: Jüdische Wege ins Bürgertum, S. 519.

Bankenmacht und Bankenvernetzung davon aus, dass es nicht der Einfluss auf einzelne Unternehmensentscheidungen war, etwa zur Fertigung eines bestimmten Produkts zu einer bestimmten Zeit, der die Attraktivität eines Aufsichtsratsmandates ausmachte. Viel eher war es die vernetzende Komponente, die die Macht der Banken in der Tat stabilisierte.[45]

Ungeklärt bleibt in diesen Bewertungen, wie genau Aufsichtsratsmandate vergeben wurden und welcher Art die „eingeschränkten Entscheidungen" überhaupt waren, die Aufsichtsräte in Firmen treffen konnten. Diese Vergabe erfolgte, wie im Folgenden zu zeigen ist, mehr oder weniger empfehlungsbasiert, und die Mandate brachten ihrerseits wiederum zahlreiche Gelegenheiten mit sich, Empfehlungen auszusprechen. Dadurch wurden zwar tendenziell keine Produktionsentscheidungen getroffen, aber es gab die Möglichkeit, insbesondere die Besetzung hochrangiger Positionen in der Belegschaft zu beeinflussen. Diese Mitbestimmung, so lässt sich vermuten, sicherte dann wiederum die Versorgung mit Informationen und gab eventuell auch mehr Gelegenheit, als die Forschung bisher annimmt, Firmenentscheidungen informell zu beeinflussen, da sich die vermittelten Personen durch den in Form der Empfehlung getätigten Gefallen dem Aufsichtsratsmitglied zu einer gewissen Loyalität verpflichtet gefühlt haben dürften.

Besonders an der Beteiligung des Bankhauses Arnhold am Sachsenwerk zeigt sich die Macht, die in der Inhaberschaft von Aufsichtsratsmandaten lag. So mussten etwa Einstellungen, die das Unternehmen durchzuführen beabsichtigte, vom Aufsichtsrat genehmigt werden – zumindest, wenn es um mittlere Führungspositionen oder höhere Stellen ging. Im Februar 1905 sollte beispielswiese Herr Hornung wieder angestellt werden. Aus diesem Anlass verfasste die Direktion des Sachsenwerkes eine Empfehlung für diesen Vorgang, der in diesem Kontext näher betrachtet werden soll.

Der Brief beginnt damit, den adressierten Herren, namentlich Georg Arnhold und Dr. Altschul, in Erinnerung zu rufen, dass sie bereits an einer Besprechung in dieser Angelegenheit teilgenommen hatten. Nun sei es tatsächlich so, dass man zum einen keinen geeigneten Ersatz für Hornung gefunden habe, zum anderen Hornung aber herausragend qualifiziert sei, „sodass wir die sofortige Wiederanstellung des Herrn Hornung unbedingt empfehlen müssen."[46] Dieser im ersten Absatz formulierten Empfehlung folgen im Umfang einer Briefseite Details zu der Höhe des Gehalts, das für

---

45 Vgl: Useem, Michael: The Inner Circle. Large Cooperations and The Rise of Business Political Activity in the U. S. and U. K. New York 1984; Mintz, Beth: The Structure of Class Cohesion. The Corporate Network and its Dual, in: Mizruchi, Mark; Schwartz, Michael (Hgg.): Intercorporate Relations. The Structural Analysis of Business. Cambridge 1987, S. 187–207, sowie für Westeuropa: Nollert, Michael: Unternehmensverflechtungen in Westeuropa. Nationale und transnationale Netzwerke von Unternehmen, Aufsichtsräten und Managern. Münster 2005 (Soziopulse, 3); Ziegler, Rolf: Das Netzwerk der Personen- und Kapitalverflechtungen deutscher und österreichischer Wirtschaftsunternehmen 1976. München 1983.

46 22.02.1905 Sachsenwerk an den Aufsichtsrat des Sachsenwerkes, in: 11646 Fa. Sachsenwerk Licht und Kraft AG Niedersedlitz, Nr. 87, Sächsisches Staatsarchiv, *Hauptstaatsarchiv Dresden*.

Hornung vorgesehen war und zu den Anforderungen der Stelle, die er besetzen sollte. Das Gehalt sei zwar höher als es die Entscheidungsträger ursprünglich angedacht hätten, aber niedriger als die Summe, die Hornung während seiner früheren Anstellung bezogen habe. Neben verschiedenen kaufmännischen Tätigkeiten sei es vor allem die Führung „von stark 20 Herren", die dieses hohe Gehalt rechtfertige.[47] Außerdem ließen die Verfasser nicht unerwähnt, „dass Herr Hornung s. Zt. aus freien Stücken ausgetreten ist und trotz nachheriger wiederholter Bemühungen der Herren Schiff und Raffelt bisher nicht zum Wiedereintritt zu bewegen war."[48] Eine Bemerkung, die wohl darauf hinweisen sollte, dass es ein angemessenes Gehalt brauchen würde, um Hornung zurückzuholen. Die Schlussformel war hiernach wie folgt formuliert: „Auf diese Darlegung gestützt, bitten wir uns baldgefl[issentlich] die Genehmigung zur Anstellung des Herrn Hornung zu übermitteln."[49]

Die Empfehlungskonstellation ist im Kontext dieser Arbeit besonders: Hier empfehlen die potenziellen Arbeitgeber einen potenziellen Angestellten. Die Entscheidung liegt also offensichtlich außerhalb der Direktion, nämlich beim Aufsichtsrat. Empfehlungsschreiben wie dieses legen also Machtverhältnisse offen. Die Höhe des Gehalts und die Auswahl der Person mussten nachvollziehbar begründet sein. Außerdem zeigen die Formulierungen, dass es auch zu Beginn des 20. Jahrhunderts in solchen Konstellationen, in denen Gleichrangige einander um Zustimmung baten, immer noch üblich war, Formulierungen zu wählen, die kleine Gesten der Unterwürfigkeit darstellten – auch wenn sich eine bemerkenswerte Fokussierung auf den Zweck des Briefes und die empfohlene Person zeigt, die in den Empfehlungen des 19. Jahrhunderts oft komplett ausblieb.

Mit dem Aufsichtsrat stimmte die Direktion nicht nur Neueinstellungen, sondern auch firmeninterne Beförderungen ab. In diesem Zusammenhang liegen vonseiten des Sachsenwerkes Schreiben vor, die eine Begründung vorbrachten und eine Empfehlung aussprachen. So beabsichtigten etwa die Direktoren Buddecke und Glauber 1905, dem Oberingenieur Fischer Prokura zu übertragen, um – so die Rechtfertigung für diese Beförderung – Störungen des Geschäftsverkehrs bei Abwesenheit der Direktoren zu vermeiden. Conrad Fischer sei zwar erst seit zwei Monaten angestellt, „doch ist er Herrn Buddecke von früher her als tüchtiger, zuverlässiger Beamter bekannt."[50] Darüber hinaus habe der Empfohlene in den letzten Monaten bewiesen, dass ihm Vertrauen entgegengebracht werden könne. Er habe sich, so die Direktoren, als „fleissig, pflichtbewusst und geschickt sowohl in der Behandlung der Beamten, als im Verkehr mit der Kundschaft" erwiesen.[51] Anschließend wird beschrieben, dass auch Fischers

47 22.02.1905 Sachsenwerk an den Aufsichtsrat des Sachsenwerkes.

48 22.02.1905 Sachsenwerk an den Aufsichtsrat des Sachsenwerkes.

49 22.02.1905 Sachsenwerk an den Aufsichtsrat des Sachsenwerkes.

50 05.07.1905 Glauber und Buddecke an Georg Arnhold, in: 11646 Fa. Sachsenwerk Licht und Kraft AG Niedersedlitz, Nr. 87, Sächsisches Staatsarchiv, *Hauptstaatsarchiv Dresden*.

51 05.07.1905 Glauber und Buddecke an Georg Arnhold.

Position in der Unternehmenshierarchie es nahelege, ihm Prokura zu verleihen. Die Argumente wurden also in der Reihenfolge Kenntnis und Vertrauen, Eignung und dann Qualifikation beziehungsweise berufliche Eignung vorgebracht.

Der große Einfluss, der mit Aufsichtsratsämtern verbunden war, zeigt sich auch in den Bitten um Empfehlung. Im Juni 1904 wandte sich die Direktion des Sachsenwerkes an das Bankhaus Gebr. Arnhold, um empfehlende Unterstützung im Zusammenhang mit einer Ausschreibung der Firma Lauchhammer zu erbitten. Diese hatte den Bau einer größeren Kraftübertragungsanlage ausgeschrieben und das Sachsenwerk hatte Ambitionen, den Zuschlag zu bekommen. Die Arnholds sollten nun „durch Beziehungen zur Direction oder zum Aufsichtsrath" des Auftraggebers unterstützen.[52] Der Brief wurde wie folgt geschlossen: „Die Unterstützung wäre deshalb nothwendig, weil die anderen sich bewerbenden Firmen ebenfalls besondere Unterstützung haben. Wir nehmen hierbei Veranlassung, uns für Eure Hilfe bei der Radeberger Exportbrauerei nochmals verbindlich zu bedanken."[53] Einerseits also wurde deutlich gemacht, dass die Empfehlung keineswegs aufgrund mangelnder Kompetenz notwendig war, sondern nur, um einen Wettbewerbsnachteil auszugleichen, den das Sachsenwerk nicht zu verantworten hatte. Andererseits wurde darauf verwiesen, dass die Arnholds einen solchen Gefallen bereits vor kurzem gewährt hatten – vermutlich um sicherzustellen, dass die Bitte nicht abgelehnt wurde. Das Vorgehen wurde also als eine durch die Umstände begründete Besonderheit dargestellt. Dies belegt einen gewissen Widerspruch in diesem und vergleichbaren Verfahren. Offiziell sollte die Qualität des Angebotes überzeugen und die Rationalität des Verfahrens beachtet werden, inoffiziell war es das persönliche Netzwerk, das bei der Auftragsvergabe das sprichwörtliche Zünglein an der Waage war. In dem knappen Brief wurde den Arnholds keinerlei Information über die Eignung des Sachsenwerkes im Zusammenhang mit der Errichtung von Kraftübertragungsanlagen an die Hand gegeben. Es wurden keine Vorschläge gemacht, welche Referenzen zur Entscheidung zugunsten des Sachsenwerkes führen könnten. Der bloße Verweis auf die Beziehungen gibt keinen Hinweis darauf, welche Argumente die Arnholds in ihren Gesprächen heranziehen würden.

Die Beständigkeit der Aufsichtsratsämter lag nicht nur im Interesse der Familie Arnhold. Die Wahrnehmung der Ämter entsprach den Gepflogenheiten, die in der gesamten Gruppe der Einflussreichen und Vermögenden üblich waren. Außerdem waren diese Interessen nie nur auf den persönlichen Vorteil ausgerichtet – obwohl die Mehrung des Einflusses und der daraus entstehende wirtschaftliche Erfolg natürlich dazu beitrugen. Die Sicherung von Aufsichtsratsmandaten bedeutete Macht für eine ganze Interessengemeinschaft. Dies wird besonders in einem Fall aus der Peripherie des Bankhauses Arnhold deutlich.

52 10.06.1904 Sachsenwerk an Gebr. Arnhold, in: 11646 Fa. Sachsenwerk Licht und Kraft AG Niedersedlitz, Nr. 59, Sächsisches Staatsarchiv, *Hauptstaatsarchiv Dresden.*

53 10.06.1904 Sachsenwerk an Gebr. Arnhold.

Eduard Arnhold war ein Bruder der Bankinhaber Max und Georg beziehungsweise der Onkel ihrer Nachfolger Adolph, Heinrich, Kurt und Hans. Er war als Unternehmer in Berlin ausgesprochen erfolgreich und zudem wegen seines Engagements als Kunstsammler bekannt. Ebenso wie seine Brüder und Neffen war Eduard Arnhold Mitglied in diversen Aufsichts- und Verwaltungsräten, unter anderem im Verwaltungsrat der Reichsbahn-Gesellschaft. Als die Stelle mit seinem Tod vakant wurde, entbrannte ein Machtkampf über die Neubesetzung. So geht aus dem Reichstagsprotokoll vom Montag, dem 15. Februar 1926 hervor, dass Vertreter der preußischen Regierung Anspruch auf die Neubesetzung der Stelle erhoben.[54] Zudem versuchten laut einem Schreiben von Carl Friedrich von Siemens in seiner Funktion als Präsident des Verwaltungsrates Personen aus dem Ausland, „ihre Stellung im Interesse der Wirtschaft ihres Landes auszunutzen."[55] Siemens legte dabei weiterhin dar, welche Funktion Arnhold im Verwaltungsrat innehatte:

> Unter den von der deutschen Regierung ernannten 9 Mitgliedern befanden sich 4 mit wirtschaftlicher Verwaltungserfahrung, 2 Eisenbahnfachleute, 2 Verwaltungsbeamte und 1 aus Gewerkschaftskreisen. Von der ersten Gruppe ist nun Herr Arnhold geschieden. Welcher den großen Vorzug besaß, daß er ein anerkannt erfolgreicher Wirtschaftsführer war, der sich seit Jahren auch mit Eisenbahnfragen befaßt hatte. Er verfügte über besondere Kenntnisse auf dem kaufmännischen-finanziellen Gebiete, welches für uns deswegen von besonderer Bedeutung ist, weil auf ihm für die Reichsbahn als Gesellschaft völliges Neuland vorliegt und die grundlegenden Einrichtungen erst getroffen werden müssen und die Beamten der Gesellschaft diesen Dingen fremd gegenüberstehen.
>
> Ich würde es daher für richtig, ja für notwendig halten – und ich weiß, daß der stellvertretende Vorsitzende, Herr Stieler, sich dieser Ansicht anschließt –, daß in der Zusammensetzung des Verwaltungsrates keine Schwächung dieser kaufmännisch-finanziellen Seite eintritt, und die Wahl einer Persönlichkeit mit einer solchen Erfahrung würde auch für den Generaldirektor eine wesentliche Unterstützung bedeuten.[56]

Dieser Rat war weder so begründet und auch nicht so alternativlos, wie der Verfasser des Briefes es darstellte. Selbstverständlich gab es gute Gründe, die freigewordene Position nicht mit einem weiteren Wirtschaftsfunktionär zu besetzen, wie beispielsweise das Prinzip der paritätischen Sitzverteilung auf Interessengruppen. Im Kontext der Empfehlungen zeigt sich aber, dass Interessengemeinschaften, in diesem Beispiel die Unternehmer, davon profitierten, wenn ihre Repräsentation und damit ihr Einfluss gleichbleibend und beständig war. Jede neue Amtsvergabe setzte auch den Einfluss ganzer Branchen aufs Spiel.

Die Unternehmer und Wirtschaftsgrößen des frühen 20. Jahrhunderts waren aber nicht nur darum bemüht, Ämter zu besetzen, die direkt mit den Tätigkeitsfeldern ihrer

54 Reichstagsprotokolle, 1924/28,5, Verhandlungen des Deutschen Reichstags, URL: https://www.reichstagsprotokolle.de/Blatt2_w3_bsb00000072_01111.html, abgerufen am 08.12.2021.

55 31.08.1925 Carl Friedrich von Siemens an Minister von Schlieben, in: Siemens-Archiv/ Siemens Historical Institute SAA A 1955.

56 31.08.1925 Carl Friedrich von Siemens an Minister von Schlieben.

jeweiligen Geschäfte in Verbindung standen. Auch das wohltätige Engagement in Vereinen oder Stiftungen war für sie ausgesprochen wichtig.[57] In der deutsch-jüdischen Wirtschaftselite hatte vor allem die vereinsbasierte Wohltätigkeit eine längere Tradition.[58] Wie Simone Lässig in ihrer Studie zum jüdischen Bürgertum überzeugend dargestellt hat, waren jüdische Wohltätigkeitsvereine für deutsche Juden nicht nur aufgrund ihres jeweiligen Zwecks relevant. Sie waren auch Trainingsfelder für bürgerliches Verhalten außerhalb der bürgerlichen, nicht-jüdischen Mehrheitsgesellschaft.[59] Damit waren die jüdischen Vereine des ausgehenden 19. Jahrhunderts nicht nur ein Medium zur Vergesellschaftung innerhalb der deutsch-jüdischen Sub- oder Teilkultur, sondern auch ein wichtiges Instrument der Verbürgerlichung.[60] Zu Beginn des 20. Jahrhunderts hatte sich die Vereinstätigkeit und damit auch das wohltätige Engagement deutscher Jüdinnen und Juden stark säkularisiert. Dies zeigt sich nicht nur in der Zusammensetzung der bedachten Einrichtungen und Initiativen, sondern auch an den Vereinsmitgliedern.[61]

Mit einer in beiden Feldern vollzogenen Differenzierung, so vermutete bereits Rainer Liedtke in seinem Artikel zur mäzenatischen Praxis der Hamburger Warburgs, ging auch eine gewisse Zweckrationalisierung des Engagements der Wirtschaftselite einher.[62] Zwar gab es immer wieder vereinzelte Stimmen, wie die Aby Warburgs, die ihre Vereinstätigkeit und ihr kulturelles Interesse bewusst als Engagement verstanden wissen wollten, um „das Image des nur am Mammon interessierten Bankiers zu konterkarieren."[63] Für das erste Drittel des 20. Jahrhunderts stellte Liedtke aber abgesehen davon fest, dass die vermögenden Juden eher die Zierde auf Jahresversammlungen als regelmäßig mitarbeitende Vereinsmitglieder waren.[64] Auch für die Arnholds deutet sich an, dass der gute Zweck sicherlich ein Antrieb für das Engagement war, allerdings nicht der einzige. Die Vereinstätigkeit war vielmehr auch eine Gelegenheit, sich mit anderen Mitgliedern der Wirtschaftselite außerhalb des direkten Geschäfts zu vernetzen und zudem die kulturelle und soziale Umwelt mitzugestalten. Darum waren es auch außerhalb der Unternehmen vor allem die entscheidenden Posten in Ausschüssen, auf denen sich die Dresdener Bankiers gerne wiederfanden.

---

57 Vgl. Liedtke, Rainer: Zur mäzenatischen Praxis und zum kulturellen Selbstverständnis der jüdischen Wirtschaftselite in Deutschland: Die Hamburger Warburgs im ersten Drittel des 20. Jahrhunderts, in: Ziegler, Dieter (Hg.): Großbürger und Unternehmer. Die deutsche Wirtschaftselite im 20. Jahrhundert. Göttingen 2000 (Bürgertum, 17), S. 187–204.

58 Vgl. Ludwig: Jüdische Wohlfahrtsstiftungen; vgl. zur Entwicklung der Begriffe Mäzenatentum und Philantropie auch Weber: „Wohlfahrt", „Philanthropie" und „Caritas", S. 19–38.

59 Lässig: Jüdische Wege ins Bürgertum, S. 516.

60 Lässig: Jüdische Wege ins Bürgertum, S. 520.

61 Vgl. Lässig: Jüdische Wege ins Bürgertum, S. 520–528.

62 Liedtke: Zur mäzenatischen Praxis und zum kulturellen Selbstverständnis.

63 Liedtke: Zur mäzenatischen Praxis und zum kulturellen Selbstverständnis, S. 199.

64 Liedtke: Zur mäzenatischen Praxis und zum kulturellen Selbstverständnis, S. 191.

In dem hier vorliegenden Fall sollte aus dem Kreis des Verwaltungsrates der Gesellschaft der Förderer und Freunde der Technischen Hochschule Dresden e. V. ein Mitglied in den Stiftungsausschuss entsandt werden. Die Amtsperiode betrug drei Jahre. Hierfür schlug der Vorsitzende des Vereins, Ministerialdirektor a. D. Dr. Schmitt, den anderen Vereinsmitgliedern in einem Schreiben vom 27. November 1929 Heinrich Arnhold vor. Begründet wurde dies nicht weiter, der Vorschlag erfolge „nach Fühlungnahme mit dem Rektor und Senat."[65] Anstatt mit Argumenten eine demokratische Entscheidung herbeizuführen, wurde der Verein lediglich darüber informiert, dass bereits alle hochrangigen Funktionäre einverstanden waren. Der Vorschlag sollte also eher abgenickt, nicht wirklich über ihn abgestimmt werden. Es kann gemutmaßt werden, dass bereits davor Gespräche mit den besonders engagierten Akteurinnen und Akteuren stattgefunden hatten. Gerade mit Blick auf die Vereinstätigkeit, die, wie an anderen Stellen angedeutet, nicht immer die volle und ungeteilte Aufmerksamkeit und Arbeitskraft der Mitglieder erhielt, ist es auch denkbar, dass die Mitglieder in Funktionspositionen ein großes Interesse daran hatten, die Posten mit möglichst wenig Aufwand zu besetzen. Das Empfehlungsmodell, bei dem die Zustimmung meistens vorausgesetzt war, schien in dieser Konstellation ein geeigneter Weg zu sein, um Teilhabe zu suggerieren und gleichzeitig schnelle Entscheidungen herbeizuführen.

3.3 Bekannt, befreundet, verwandt: Der unterschätzte Einfluss der sozialen Kreise

In der Forschung ist die Frage diskutiert worden, wie bei den Wirtschaftseliten des 20. Jahrhunderts das Verhältnis zwischen Privat- und Berufsleben beschaffen war. So versucht etwa Claudia Rauh-Kühne in ihrem Aufsatz „Zwischen ‚verantwortlichem Wirkungskreis' und ‚häuslichem Glanz'" zu ergründen, welche Rolle die Frau in der Öffentlichkeit und welche der Mann im Haushalt spielte.[66] In diesem Zusammenhang stellt sie heraus, dass die Vertreter der Wirtschaftselite sich in ihren Korrespondenzen und Tagebüchern vorrangig als „Berufsmenschen" gerierten, was es schwierig macht, den zuvor genannten Zusammenhang zwischen privater und wirtschaftlicher oder öffentlicher Sphäre zu benennen.[67] Rauh-Kühne perpetuiert hiermit das bürgerliche Ideal der Jahrhundertwende, dass die Frau im Haus und der Mann außerhalb des Wohn-

---

65 27.11.1929 Schmitt an die Mitglieder des Verwaltungsrates der Gesellschaft von Förderern und Freunden der TH Dresden, in: 11646 Fa. Sachsenwerk Licht und Kraft AG Niedersedlitz, Nr. 144, Sächsisches Staatsarchiv, Hauptstaatsarchiv Dresden.

66 Vgl. Rauh-Kühne, Claudia: Zwischen „verantwortlichem Wirkungskreis" und „häuslichem Glanz". Zur Innenansicht wirtschaftsbürgerlicher Familien im 20. Jahrhundert, in: Ziegler, Dieter (Hg.): Großbürger und Unternehmer. Die deutsche Wirtschaftselite im 20. Jahrhundert. Göttingen 2000 (Bürgertum, 17), S. 215–249, hier S. 232.

67 Vgl. Rauh-Kühne: Zwischen „verantwortlichem Wirkungskreis" und „häuslichem Glanz", S. 217.

hauses tätig war. Ignoriert wird die historische Realität, in der Frauen, wie im vorangegangenen Kapitel bereits gezeigt, selbst als Hausfrauen wichtige gesellschaftliche und damit auch berufsrelevante Funktionen einnahmen, während der Mann familiäre Belange aus dem Büro heraus beeinflusste und zum allgemeinen Wohlergehen seiner Verwandtschaft zu regeln versuchte. Es stellt sich also weniger die Frage, wie Verbindungen und Übertretungen zwischen den beiden Sphären aussehen konnten; vielmehr ist es geboten, nicht retrospektiv eine Trennung zwischen Arbeit und Privatem zu postulieren, die in dieser Form in der Lebenswelt der Privatbankiers nicht gegeben war. Nähert man sich der Bedeutung verwandtschaftlicher und freundschaftlicher Verbindungen für das Berufsleben, wird rasch deutlich, dass Geschäftsentscheidungen von familiären Verbindungen und noch viel mehr von familiären Werten durchzogen waren.

Verwandtschaft galt auch bei den Arnholds als ein legitimer Grund für Empfehlungen. Die Mechanismen, die bereits in Kapitel 2.3 erläutert wurden, griffen auch bei diesen „modernen" Bankiers. Väter, die ihre Söhne empfahlen, konnten mit ihren Kontakten zu den Arnholds die nachfolgende Generation ebenso unterstützen wie Schwiegerväter ihre Schwiegersöhne.[68] Dies unterstützte nicht nur die Söhne bei der Berufsausbildung, sondern stärkte auch das Netzwerk der Väter. Das wird besonders an jenem Fall deutlich, in dem der erfolgreiche Baseler Bankier Carl Wehrli-Thielen seinen Schwiegersohn vermittelte.[69] Dass ein Vater seine Tochter empfahl, ist übrigens nicht belegt, wobei die Arnholds selber durchaus progressiv eingestellt waren, was die Bildung und auch die Beteiligung von Frauen am Geschäft anging.[70]

Empfehlungen, die von Verwandten kamen, welche nicht direkt im Bankhaus beschäftigt waren, aber durchaus an der Bildung des Familienvermögens mitwirkten, stellen den letzten hier behandelten Fall der familialen Empfehlungen im Bereich der Arnholds dar. Im März 1926 erhielt Kurt Arnhold einen Brief von seinem Onkel Oscar Levy, der zwei Absichten verfolgte.[71] Zum einen wollte sich Levy über ein Immobilienverlustgeschäft seines Neffen informieren, um sich ein klares Bild von der Lage zu machen und diesen vielleicht zu unterstützen. Zum anderen empfahl er einen unfreiwilligen Kunsthändler, der Kurt bald besuchen würde:

---

68 Vgl. 01.06.1931 Schreiben an Carl Wehrli-Thielen, in: Archiv für Zeitgeschichte ETH Zürich: RGVA Schweiz/ 133-2-184.

69 01.06.1931 Schreiben an Carl Wehrli-Thielen.

70 Vgl. etwa die Tatsache, dass Lisa Arnhold in Freiburg, Jena und Kiel Medizin studiert hat: Frauenstadtarchiv Dresden (Hg.): Lisa Arnhold, in: Frauenwiki Dresden, URL: https://wiki.frauenstadtarchiv.de/index.php?title=Lisa_Arnhold, abgerufen am 08.12.2021. Vgl. weiterhin dass Else Arnhold seit Mitte der 1920er bis in die frühen 1930er Jahre Mitglied des Aufsichtsrates der Europahof Aktiengesellschaft war: Mossner: Adreßbuch der Direktoren und Aufsichtsräte. 1926, 1928, 1931.

71 Oscar Levy (1867–1946) studierte Medizin und machte sich vor allem als Philosoph und Nietzsche-Forscher einen Namen. Vgl. zu seinem Leben und Werk: Maier, Dieter G.; Nürnberger, Jürgen: Oscar und Max Levy. Europäer und „Nietzsche-Apostel" – Patriot und Unternehmer. Berlin 2014 (Jüdische Miniaturen, 152).

> Es wird dich demnächst einer meiner alten Freunde besuchen, ein Herr Dr. Arthur Peltzer aus München. Er ist nicht nur mein Freund, sondern auch einer Deiner anderen Onkel, bei denen er immer im Hause verkehrte. Ehemals sehr reich und im Besitz einer köstlichen Gemäldesammlung, ist er jetzt auf den Kunsthandel angewiesen. Er ist in diesem aber eine Kapazität, wissenschaftlich von allen hochgeschätzt, die seine Arbeiten kennen – leider ohne Amt, was ja im heutigen Deutschland die Hauptsache ist, um sich über Wasser zu halten.
> Peltzer wird Dir einige alte Handzeichnungen zeigen: Du kannst ihm ruhig vertrauen, und wirst keinen Fehler machen, wenn du etwas kaufst. Ganz im Gegenteil. Dass du mir einen Gefallen tun wirst, versteht sich von selber.[72]

In dieser Sequenz erscheinen zunächst die verwirrenden Formulierungen erläuterungswürdig. Der zweite Satz könnte auch so verstanden werden, dass der empfohlene Peltzer ebenfalls ein Onkel Arnholds war. Tatsächlich war er aber ein Freund eines anderen Onkels. Keineswegs gehörte Peltzer zur Familie, er stammte aus einer christlichen Kölner Kaufmannsfamilie und trat am 1. Mai 1933 der NSDAP bei. Das Peltzer „kein Amt“ hatte, umschreibt vielleicht am ehesten, dass er zu dieser Zeit keiner anderen Beschäftigung nachging, als seine Kunstsammlung zu veräußern. Zuvor betätigte sich der 1911 promovierte Kunsthistoriker außerhalb der Universitätslandschaft als „Privatgelehrter“, also als Privatier mit ausgeprägtem Kunstinteresse.[73]

Der letzte Satz des Briefausschnitts zeigt in jedem Fall, dass das Folgen einer Empfehlung, wie auch schon bei den Bleichröders, durchaus als Gefallen gegenüber dem Verfasser des Schreibens verstanden wurde. Unklar ist aber, ob Levy davon ausging, dass Kurt Arnhold seiner Empfehlung, Peltzer etwas abzukaufen, nachkommen würde oder ob er mit der Floskel „versteht sich von selber“ deutlich machen wollte, dass er durchaus wusste, dass er seinen Neffen gerade um einen großen Gefallen bat. Unzweifelhaft hingegen ist die Anspielung auf das für erfolgreiche Empfehlungen nötige Vertrauen. Mit dem Hinweis „Du kannst ihm ruhig vertrauen“, übertrug Oscar Levy sein eigenes Vertrauen in Peltzer auf Kurt Arnhold.

Ob Kurt Arnhold der Empfehlung zum Kunstankauf folgte, ist nicht belegt. Wenn das Angebot des zum Händler degradierten ehemaligen Privatiers gut genug war, sprach wohl wenig dagegen. Etwas heikler waren familiäre Empfehlungen, die das Bankhaus Gebr. Arnhold betrafen. Auch in solchen Belangen versuchte Oscar Levy sich einzuschalten, so auch am 27. August 1929:

> Ich wende mich heute an Dich, um Dir warm einen Herrn [Einfügung im Original: Josef Balog] zu empfehlen, der mich seit zwei Jahren auf der Dresdner Bank zur vollsten Befriedigung bedient hat und sich allgemeiner Beliebtheit erfreute. Die Bank hat ihm gekündigt, weil die Engländer weggehen und weil nicht genug zu tun ist.

---

72 11.03.1926 Oscar Levy an Kurt Arnhold, in: Levy-Archiv, Nietzsche-Haus Sils Maria.

73 Vgl. Buchner, Ernst: Arthur Peltzer, in: Kunstchronik 8 (1955), S. 272–273; Degenhart, Bernhard: Arthur Peltzer, in: Arte veneta 9 (1955), S. 240; Kreis, Wilhelm: Rudolf Arthur Peltzer, in: Weltkunst 25 (1955) 17, S. 14.

> Habt Ihr nicht eine Stelle frei? Ich glaube, er würde Eurem Geschäft nützlich sein, jedenfalls nicht zur Unehre gereichen. Probiere doch einmal, was du für Ihn tun kannst.
> Falls es nicht geht, schicke mir die Einlagen zurück. Falls Ihr Etwas habt, kann sich euer Personalchef wohl direkt mit ihm in Verbindung setzen. Es ist ein ausgezeichneter Mensch mit sehr guten Manieren, der mir immer unten [sic] den Beamten direkt aufgefallen ist.
> Was habt ihr vor? Ende September werde ich eine Familienreise unternehmen. Seid ihr denn zu Hause?
> Vielmals dich, Else und die Kinder grüßend, verbleibe ich Dein Onkel.[74]

Bemerkenswert an dieser Empfehlung ist, dass Oscar Levy seinen Platz genau zu kennen scheint. Keineswegs nimmt er sich heraus, den Kandidaten fachlich einzuschätzen, stattdessen füllt er diese Leerstelle mit inzwischen dem Schreiben nicht mehr beiliegenden Unterlagen, die wohl Aussagen über Balogs Qualifikation tätigten. Er macht auch deutlich, dass er den Empfohlenen nicht aus der Perspektive eines Bankiers, sondern aus der eines Bankkunden kennengelernt hatte und ihm in diesem Kontext die „guten Manieren“ des Mannes aufgefallen waren. Levys Einleitung und auch die Formulierung der Bitte sind als vertraulich und geradeheraus zu beschreiben. Sie zeugen daher von einer innerfamiliären Kommunikationspraxis, die die strikten Schreibkonventionen des 19. Jahrhunderts längst abgelegt hatte. Schließlich sprach Levy in seinem Schreiben im Sinne der Familiarität auch noch eine zweite Inhaltsebene an: seinen geplanten Besuch im Herbst. Neffe Kurt Arnhold antwortete postwendend auf das Empfehlungsschreiben seines Onkels am 28. August 1929:

> Lieber Onkel Oscar!
> Zu meinem ausserordentlichen Bedauern muss ich Dir auf Deinen Brief hin mit einem „unmöglich“ antworten. Das Angebot an Bankbeamten, und zwar auch an sehr tüchtigen, ist sehr sehr gross, umgekehrt ist die Entlassung, selbst wenn es – wovon wir Gott sei Dank nicht viele haben – sich um untüchtige Leute handelt, bei den heutigen, unsinnigen gesetzlichen Bestimmungen in Deutschland ziemlich unmöglich.
> Leider kann ich infolgedessen Deinem Schutzbefohlenen keine Zusage geben; die Anlagen schicke ich Dir infolgedessen wunschgemäss wieder zurück.
> Im Übrigen freue ich mich, bei dieser Gelegenheit einmal wieder etwas von Dir zu hören, insbesondere aber freute ich mich, aus deinem Schreiben zu ersehen, dass wir dich Ende September wieder hier erwarten können. Ich selbst will vom 6. bis 20.9. nach Kampen, während Else hier bleiben wird und ich ja auch Ende September wieder zurück bin.
> Meine Schwiegereltern fahren diesen Sonntag nach Marienbad, sind wohl aber Ende September infolgedessen auch wieder zu Hause.
> Im Übrigen sind wir bereit, Dich fürstlich aufzunehmen, nachdem wir unsere Fremdenzimmer umgebaut und mit fliessendem Wasser und Bad versehen haben. Wir hoffen dabei, dass Dir das „Hotel“ so gut gefallen wird, dass Du es auch Deiner Tochter empfiehlst, die wir längst als überfällig betrachten. Jedenfalls grüssen wir sie, ebenso wie Deine Frau bestens, und Du sei selbst herzlichst begrüsst von Else und Deinem [Sig. Neffen Kurt][75]

74 27.08.1929 Oscar Levy an Kurt Arnhold, in: Levy-Archiv, Nietzsche-Haus Sils Maria.
75 28.08.1929 Kurt Arnhold an Oscar Levy, in: Levy-Archiv, Nietzsche-Haus Sils Maria.

Ebenso geradeheraus wie der Onkel die Bitte formulierte, war der Neffe mit der Reaktion: „Unmöglich". Die darauffolgende Begründung liest sich wiederum professionell und nachvollziehbar: Kurt erklärte Oscar die Arbeitsmarktsituation im Bankiersgewerbe und legte verschiedene Gründe dafür dar, keinen Bedarf zu haben. Zwischen den Zeilen dieser Erläuterung, die vor allem deutlich machte, dass der Entscheidung keine persönlichen Animositäten, sondern nur marktwirtschaftlich abwägende Argumente zugrunde lagen, versteckte sich aber noch ein anderer Hinweis: Indem Kurt die Arbeitsmarktlage mit einfachen Worten aufzeigte, machte er auch deutlich, dass seiner Einschätzung nach der Onkel von diesen Angelegenheiten wenig verstand, also auch keine Autorität besaß, in Bankbelangen Empfehlungen auszusprechen. Dieser Teil des Briefes kann damit so verstanden werden, dass Kurt genau die von Oscar Levy angeführte Schwachstelle der Fachfremdheit betonte und hierin seine Begründung für die Absage platzierte.

Wie um den Onkel dann weiterhin auf die denkbar freundlichste Art in seine Schranken zu verweisen, widmete Kurt einen weitaus größeren Teil seines Briefes der Freizeitplanung. Er brachte zum Ausdruck, wie sehr er sich über den angedachten Besuch freute, fasste zusammen, welche der zu besuchenden Verwandten sich wann wo aufhielten, berichtete von den neuen Annehmlichkeiten im Gästebereich seines Hauses und plauderte sich auf diese Weise bis zum Ende des Briefes – nicht ohne zu betonen, dass die Empfehlung, die er von seinem Onkel wünschte, an dessen Tochter gehen sollte, um diese von einem Besuch bei den Arnholds zu überzeugen.

3.4 Empfehlungen für Dinge: Die Empfehlungspraxis bei nicht-menschlichen Entitäten

Es ist schon deutlich geworden, dass es durchaus üblich war, in Empfehlungsschreiben nicht nur Personen, sondern auch Institutionen zu adressieren. Schreiben dieser Art können je nach Kontext entweder als Zeichen der Distanz unter hierarchisch Gleichgestellten oder als Zeichen der Einhaltung der formellen Respektsbekundungen verstanden werden. Es gibt aber, vor allem im Arnhold'schen Kontext des Unternehmertums, einen Umgang mit Firmen und Material, der über diese Verwendungsweisen des Firmennamens als Ansprache für einen bestimmten Menschen hinausging. In den Quellen befinden sich nämlich auch Empfehlungsschreiben für Gegenstände und Betriebe, kurz für nicht-menschliche Entitäten.[76] Diese Schreiben wurden, so soll im Folgenden belegt werden, dann verfasst, wenn es galt, entweder mit Materialknappheit umzugehen oder den Wert einer gesamten Firma oder eines Auftrages einzuschätzen.

---

76 Vgl. Abbildung 14. und zur Rolle nicht-menschlicher Aktanten v. a. Latour, Bruno: Eine neue Soziologie für eine neue Gesellschaft. Einführung in die Akteur-Netzwerk-Theorie. Frankfurt am Main 2010 (Suhrkamp Taschenbücher Wissenschaft, 1967).

In diesem Zusammenhang wird nun besonders deutlich, dass im Rahmen einer Praxis, die so eng mit zwischenmenschlichen Beziehungen in Verbindung steht, auch die Dingwelten einen Platz finden. Tatsächlich ist das aber nur konsequent, zeigt es doch den menschlichen Umgang mit der Umgebung der Menschen, zu der – wie vor allem in den letzten Jahren auf verschiedenen wissenschaftlichen Feldern festgestellt wurde – auch die leblosen Objekte gehörten und gehören.

Die wegweisenden Gedanken hierzu stammen vor allem von Bruno Latour, der mit seinen Arbeiten aus dem Bereich der Wissenschaftsforschung und dann mit dem geradezu ikonisch gewordenen Titel „Eine neue Soziologie für eine neue Gesellschaft" ein ganzes Regal voller Titel geschaffen hat, an denen sich an der Akteur-Netzwerk-Theorie interessierte Forscherinnen und Forscher abarbeiten können. Aber auch andere theoretische Abhandlungen und entsprechende Fallstudien belegen inzwischen die Anwendbarkeit der bewussten Integration der Dingwelten in die Geschichtswissenschaft.[77]

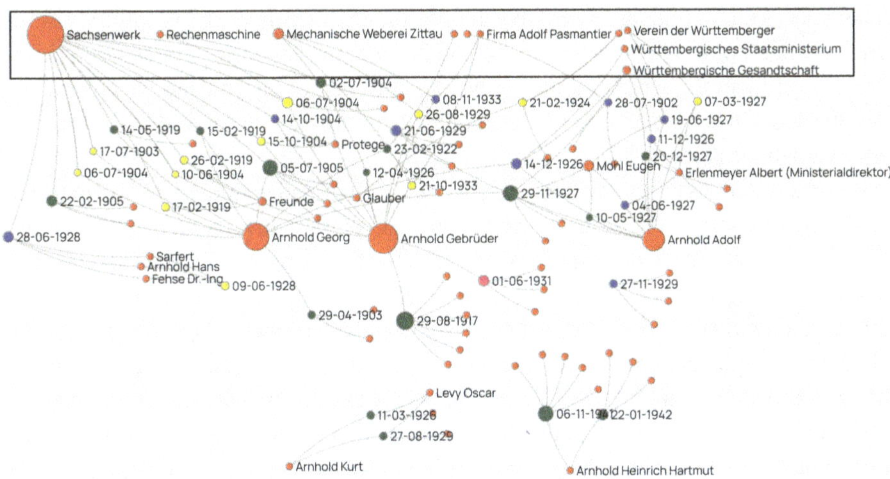

Abb. 13: Nicht-menschliche Entitäten im Arnhold'schen Empfehlungsnetzwerk

Besonders häufig wird dabei Handlungsfähigkeit diskutiert, die *agency* der Dinge. Die Gegenstände haben kein Bewusstsein und damit auch keine Intention, keinen inneren Antrieb, tätig zu werden. Sie fallen uns Menschen vor allem in der Interaktion auf, dann, wenn der Mensch etwas mit dem Ding zu tun beabsichtigt, also etwa einen Arbeitsauftrag wie die Fertigung eines Produkts an eine Maschine überträgt. Genau an dieser Stelle liegt nun auch, so verstehen es zumindest die meisten, die dingliche *agen-*

77 Vgl. als eines der jüngsten Beispiele für Dinggeschichten Limper, Verena: Flaschenkinder. Köln, Wien, Weimar 2018 (Kölner Historische Abhandlungen, 56).

cy. Gegenstände geben Handlungsoptionen vor.[78] Ihre Rolle ist aber, und das ist die Einschränkung, die mit Gustav Roßler u. a. gleich zu Beginn dieses Unterkapitels zu machen ist, keineswegs gleichberechtigt zu der der menschlichen Akteurinnen und Akteure. In der Untersuchung historischer Ereignisse und menschlicher Praktiken haben die dinglichen Aktanten keine vollgültige soziale Funktion. Aber, und das wird auch im Folgenden deutlich, sie haben einen höheren Anteil an den Interaktionen, als man annehmen könnte.[79]

In seinem Buch „Der Anteil der Dinge an der Gesellschaft" legt Roßler dar, dass auch handelnde Gruppen, beispielsweise Unternehmen, als nicht-menschliche Aktanten gefasst werden können, bilden sie doch eine nicht-menschliche, eine juristische Person.[80] Darüber hinaus zeigt sich im Kontext der Arnhold'schen Wirtschaftskommunikation, dass nicht allein die bei einem Unternehmen angestellten Menschen und das Kapital zum Thema gemacht werden konnten, sondern auch die jeweiligen Gegenstände. Abbildung 13 zeigt die Firmen und Gegenstände in herausgestellter Position im Netzwerk. Die Entscheidung über die Investition in eine Unternehmung war selbstredend auch davon abhängig, wie der Standort, die Infrastruktur, die Produktionsmittel und sonstige materielle Ressourcen beschaffen waren. Bei derlei Einschätzungen zogen die Bankiers Gutachten zurate, wobei das Ansehen des jeweiligen Verfassers oder der Verfasserin – ganz wie bei Empfehlungen für Angestellte und Mitarbeiter – ein entscheidender Faktor war.

Für das Sachsenwerk lag beispielweise ein umfassendes Gutachten aus dem Jahr 1902 vor. Das seinerzeit noch als „Kummer'sche Werke" firmierende Unternehmen, das kurz vor dem Bankrott stand, wurde von Gutachter Görges auf seine „Räumlichkeiten, Maschinen und Einrichtungen" geprüft. Am Ende seines Schreibens gab er eine Einschätzung über potenzielle Beteiligungsmöglichkeiten sowie mögliche Maßnahmen ab, derer es bedurfte, um den Betrieb wieder profitabel zu machen. Görges sandte seine fünfseitige Zusammenfassung an den Dresdener Rechtsanwalt Böhme mit dem Hinweis, dass er bei Bedarf noch beliebig ins Detail gehen könne. In der Tat waren die Firmenmitarbeiter der einzige Faktor, der in diesem Gutachten keine Rolle spielte.[81]

Doch nicht nur zur Abschätzung des Wertes eines insolventen Unternehmens waren Gutachten wie das von Görges sinnvoll. Sie unterstützten auch den erfolgreichen Betrieb rentabler Unternehmungen. Im Sommer 1904 erhielt Georg Arnhold ein Dankesschreiben aus dem Sachsenwerk, das sich für seine „massgebende Unterstützung" bei dem Projekt „Zellstoff-Verein Oberleschen" bedankte.[82] In diesem Schreiben beton-

---

78 Vgl. Roßler, Gustav: Der Anteil der Dinge an der Gesellschaft. Sozialität – Kognition – Netzwerke, Bielefeld 2016, S. 59–61.

79 Vgl. Roßler: Der Anteil der Dinge an der Gesellschaft, S. 68.

80 Vgl. Roßler: Der Anteil der Dinge an der Gesellschaft, S. 96.

81 28.07.1902 Görges an Böhme, in: 11646 Fa. Sachsenwerk Licht und Kraft AG Niedersedlitz, Nr. 763, Sächsisches Staatsarchiv, *Hauptstaatsarchiv Dresden*.

82 06.07.1904 Sachsenwerk an Arnhold, in: 11646 Fa. Sachsenwerk Licht und Kraft AG Niedersedlitz, Nr. 59, Sächsisches Staatsarchiv, *Hauptstaatsarchiv Dresden*.

ten die Verfasser, dass sie hofften, das Zellstoffwerk sei sich darüber im Klaren, dass das Geschäft, das aufgrund von Arnholds „gütiger Empfehlung" zustande gekommen war, auch für dieses günstig sei, und dass sich das Sachsenwerk nun bemühen werde, den Auftrag zur allseitigen Zufriedenheit auszuführen.[83] Entscheidend sind hier also bis auf Arnhold nicht Personen, sondern Firmen und Angebote, die durch die Vermittlung des Bankiers zueinander gebracht worden waren.

In anderen Fällen gab es durchaus hybride Formen, bei denen das Unternehmen beziehungsweise die Dienstleistung und der betriebliche Leiter des Unternehmens um eine Empfehlung ersuchten. So bat etwa der Direktor der Industrie-Beratungsgesellschaft den Sachsenwerkdirektor Glauber um eine Empfehlung für „unser Unternehmen und mich" beim Spezialgroßverband der Elektroindustrie. Auch das Sachsenwerk, das die Beratungsgesellschaft angeheuert hatte, würde hiervon potenziell profitieren, da es möglich sei, die Honorare bei erweitertem Kundenstamm allgemein zu senken.

Diese Vermittlung von Aufträgen stellte in der Tat keinen Einzelfall dar, sondern war gängige Praxis. Es liegen verschiedene vorgedruckte Anfragen vonseiten der Gebr. Arnhold an eine Firma, die Mechanische Weberei Zittau, in denen um die Empfehlung verschiedener Firmen gebeten wurde, die wohl in Geschäftsverbindungen mit den Arnholds treten sollten. Die vorgedruckten Formulare wurden hierbei generationenübergreifend verwendet, wie zwei Beispiele von 1929 und 1933 zeigen. Der Vordruck begann mit einer entschuldigenden Einleitung: „Wie erlauben uns hierdurch, Ihre Gefälligkeit in Anspruch zu nehmen, indem wir Sie bitten, uns auf der Rückseite dieses Blattes eine möglichst genaue Auskunft über Ansehen, Charakter und Vermögensverhältnisse der Firma [Name der Firma] zu erteilen."[84] In einem Mittelteil wurde zunächst bemerkt, dass darum gebeten werde, kein Auskunftsbüro in Anspruch zu nehmen. Die Auskunft sollte also individuell angefertigt werden. Hiernach war Platz für Spezifizierungen, die im Vordruck eingeleitet wurden mit „Besonders erwünscht ist es uns zu erfahren, [...]".[85] Abschließend versicherten die Anfragenden, dass sie die Informationen vertraulich und unverbindlich für die Auskunftsgeber behandeln würden und versicherten darüber hinaus, „zu Gegendiensten stets gern bereit zu sein."[86]

Bemerkenswert ist, dass geradezu vorausgesetzt wurde oder es zumindest zum guten Ton gehörte, dass Aufträge an Firmen vergeben wurden, die in der Region angesiedelt waren. Das Ausbleiben einer solchen Auftragsvergabe führte beispielsweise im Juli 1927 zu großem Unmut bei Sachsenwerk-Direktor Sarfert. Er wandte sich geradezu empört an Arnhold: „Die Dresdner Gardinen- u. Spitzenmanufaktur brauchte einen 200 kW Generator, hat denselben ursprünglich aber nicht bei uns angefragt und wir

---

83 06.07.1904 Sachsenwerk an Arnhold.

84 21.10.1933 und 26.08.1929 Gebr. Arnhold an Mechanische Weberei Zittau, in: Fa. Mechanische Weberei Zittau, Nr. 92, Sächsisches Staatsarchiv, *Hauptstaatsarchiv Dresden.*

85 21.10.1933 und 26.08.1929 Gebr. Arnhold an Mechanische Weberei Zittau.

86 21.10.1933 und 26.08.1929 Gebr. Arnhold an Mechanische Weberei Zittau.

erfuhren den Bedarf erst durch eine Dampfmaschinenfirma."[87] Das Abkürzen der eigentlichen Begebenheit, dass man von der Sachlage etwa durch den Direktor einer Dampfmaschinenfirma und keineswegs durch eine Dampfmaschinenfirma erfahren hatte, wirkt in Anbetracht der Kontextualisierung durch die Frage nach der Rolle von Dingen in Empfehlungen nicht nur amüsant, sondern auch erhellend. Die agierenden Personen wurden im Denken der Zeitgenossen mit ihren Betrieben und mit dem Material, über das sie verfügten, gleichgesetzt. Im weiteren Verlauf der Nachricht beschreibt Sarfert dann aber doch detaillierter die handelnden Personen. Er und seine Firma hätten der Spitzenmanufaktur, nachdem sie von dem zu vergebenden Auftrag erfahren hatten, initiativ ein Angebot gemacht, das im Vergleich zu anderen, so der Sachsenwerkdirektor, sogar recht günstig war. Hiernach schildert er eine Reihe von fruchtlosen Besuchen des Akquisiteurs und anschließend folgende Absprachen mit einer ganzen Reihe einflussreicher Herren:

> Herr Direktor Engelhardt hat Herrn Direktor Lehmann von der Gardinen- u. Spitzenmanufaktur in der Zeit ebenfalls 2 mal in der gleichen Angelegenheit besucht, hat auch mehrfach mit ihm telefoniert und zu guter Letzt Herrn Bankier Adolph Arnhold in der Sache nochmal bemüht. Daraufhin hat Herr Direktor Engelhardt Herrn Dr. Marwitz, den er bei einem Besuche nicht antraf, unter Bezugnahme auf die Rücksprache mit Herrn Arnhold gebeten, uns den Auftrag zu überschreiben.[88]

Sarfert schildert all diese Unterredungen als fruchtlos und weiht seinen Leser weiterhin ein, dass er den Preis noch weiter gesenkt hätte, „wenn sich die Gardinenfabrik ernstlich für unsere Firma interessiert hätte."[89] Auch hier benennt er nicht die handelnden Personen, sondern fasst die Fabrik als aktive Entität auf. Zum Abschluss des Briefes bittet er dann wieder um die aktive Unterstützung seines Fürsprechers: „Falls Sie bei einer der nächsten Sitzungen des Industriellenverbundes mit einem der Direktoren zusammenkommen, wird es vielleicht nichts schaden, wenn Sie sich für das nachbarliche Verhältnis besonders bedanken."[90] Diese Anspielung steht wohl für die Absicht, seinen Unmut über den Verlauf und das Nicht-Zustandekommen des Geschäfts wenigstens sarkastisch kundzutun, indem er dafür sorgte, dass sich die verantwortlichen Entscheidungsträger in einer für sie unangenehmen Situation wiederfanden.

Die Arnholds vermittelten Objekte auf eine sehr ähnliche Weise wie Menschen. Besonders auffällig sind in diesem Zusammenhang zwei Fälle aus dem Jahr 1919, in denen zum einen Metallreste und zum anderen Betriebsstoff für Automobile verhandelt werden.

Die Wiederaufnahme der geschäftlichen Verbindungen ins Ausland vollzog sich nach Aussage eines Geschäftsfreundes Georg Arnholds in der Nachkriegszeit nur

---

87 14.07.1927 Sarfert an Arnhold, in: 11646 Fa. Sachsenwerk Licht und Kraft AG Niedersedlitz, Nr. 46, Sächsisches Staatsarchiv, *Hauptstaatsarchiv Dresden.*

88 14.07.1927 Sarfert an Arnhold.

89 14.07.1927 Sarfert an Arnhold.

90 14.07.1927 Sarfert an Arnhold.

schleppend, zudem war weder der Binnenmarkt sonderlich stabil, noch verfügte man über die für die Produktion notwendigen Ressourcen.[91] Unter diesen Umständen der Knappheit hatte sich ein Geschäftsfreund vertrauensvoll an Arnhold gewandt, der sich nun wiederum schriftlich an das Sachsenwerk richtete, um zu erfragen, ob diese verkäufliche Metallvorräte hätten. Die initiale Anfrage war als Bitte um Empfehlung formuliert. Sie enthielt eine detaillierte Schilderung der Sachlage, das konkrete Anliegen und sogar eine Begründung, warum man sich mit der Bitte genau an das Sachsenwerk wandte.[92] Das Schreiben beinhaltete zudem eine Zusammenfassung zur Lage der Branche und eine Prognose zu ihrer Entwicklung, abgegeben von einem „der Montanindustrie sehr nahestehenden Herrn“ aus dem Bekanntenkreis Arnholds, zu dem die Sachsenwerkdirektoren vermutlich keinen direrkten Zugang hatten.[93]

Die Einschätzungen des Branchenkenners hatten dabei bei eine besondere Wirkung auf die Sachsenwerkdirektoren, gingen sie in ihrem Antwortschreiben doch besonders darauf ein, dass die „freundlichst weitergegebenen Mitteilungen zur Lage des Metallmarktes“ für sie von außerordentlichem Interesse seien.[94] Abzugeben hätten sie aber bedauerlicherweise nichts, hofften aber bald Zugang zu dem gesuchten Material zu bekommen und ihre Fabrikation wieder wie gewohnt führen zu können.[95] Daraufhin bekräftigte Arnhold noch einmal seine Bitte, ihn zu benachrichtigen, sobald Metallabfälle vorhanden seien, da seine Freunde jederzeit Interesse daran hätten.

Eine ähnliche Anfrage formulierte Arnhold auch an Herrn Glauber, zu dieser Zeit Direktor des Sachsenwerkes, als es am 27. November 1919 darum ging, Kraftstoff zu beschaffen. Er benötigte diesen für die Wiederinbetriebnahme seines Autos, da es „immerhin sehr fraglich ist, wann ich dann solchen auf regulärem Wege geliefert erhalte.“[96] Konkret erbat Arnhold zunächst nur einen Hinweis auf eine mögliche Bezugsquelle, und er bat Glauber, sollte diesem in der Angelegenheit nichts einfallen, von seinem eigenen Betriebsstoff etwas abzugeben. Arnhold fragte also in erster Linie nicht nach Material, sondern nach einer qualifizierten Empfehlung. Auch dieses Schreiben enthielt eine Darstellung der Sachlage, eine – zugegebenermaßen dürftige – Rechtfertigung des Bedarfs und eine Betonung der alleinigen Kompetenz Glaubers, in dieser Sache behilflich zu sein. Die Antwort Glaubers liegt leider nicht vor.

Der mit diesem Schreiben bezeugte Mangel, zu dessen Behebung berufliche Verbindungen angezapft wurden, war symptomatisch für die Nachkriegsjahre. In dieser

---

91 15.02.1919 Arnhold an Sachsenwerk, in: 11646 Fa. Sachsenwerk Licht und Kraft AG Niedersedlitz, Nr. 35, Sächsisches Staatsarchiv, *Hauptstaatsarchiv Dresden.*

92 15.02.1919 Arnhold an Sachsenwerk.

93 15.02.1919 Georg Arnhold an Sachsenwerk, in: 11646 Fa. Sachsenwerk Licht und Kraft AG Niedersedlitz, Nr. 35, Sächsisches Staatsarchiv, *Hauptstaatsarchiv Dresden.*

94 17.02.1919 Sachsenwerk an Georg Arnhold, in: 11646 Fa. Sachsenwerk Licht und Kraft AG Niedersedlitz, Nr. 35, Sächsisches Staatsarchiv, *Hauptstaatsarchiv Dresden.*

95 17.02.1919 Sachsenwerk an Georg Arnhold.

96 27.11.1919 Georg Arnhold an Glauber, in: 11646 Fa. Sachsenwerk Licht und Kraft AG Niedersedlitz, Nr. 35, Sächsisches Staatsarchiv, *Hauptstaatsarchiv Dresden.*

Zeit waren Rohstoffe und Materialien sehr knapp, die sowohl für einen modernen Lebensstil als auch für das Aufrechterhalten oder die Wiederaufnahme der industriellen Produktion unerlässlich waren. Die vertraulichen Schreiben des Bankhauses Arnhold beziehungsweise seiner Vertreter an die ihnen am nächsten Stehenden hatten die Absicht, Marktvorteile zu kreieren oder im Privaten vom eigenen Netzwerk zu profitieren. Monetäres Kapital allein reichte offenbar nicht aus, um die Güter zu beschaffen, weshalb soziales Kapital aktiviert werden musste, um Zugang zu den eingeschränkten Märkten zu erhalten. Der Zugriff auf ein Empfehlungsnetzwerk in der Krise erinnert an den inzwischen viel zitierten Latour'schen Hinweis, der sinngemäß besagt, dass einem erst in der Krise die Bedeutung der Dinge bewusst werde.[97] Metall oder Kraftstoff sind in Zeiten des Überflusses eine Selbstverständlichkeit, in Zeiten des Mangels wird aber augenfällig, dass sie unverzichtbar für das Handeln wirtschaftlicher Akteurinnen und Akteure sind. Die Krise veranlasste die Arnholds zu Bemühungen und ließ sie Kommunikationswege beschreiten, die andernfalls gar nicht erst nötig gewesen wären, da Marktbeziehungen und Liquidität ausreichten, um den Bedarf zu decken. Wie oben gezeigt wurde, griffen die Arnholds bei diesen Bemühungen auf die vertraute Empfehlungspraxis zurück. Hier wurde also soziales Kapital aktiviert, da Geld allein nicht ausreichte, um die gewünschten Stoffe zu beschaffen. Durch die Empfehlung sollte ein krisenhafter Markt zum eigenen Vorteil beeinflusst werden.[98]

3.5 Der wachsende Eingriff des Antisemitismus in Netzwerke: Machtverschiebung

Ein besonders klangvolles Prestigeamt, das Mitglieder der Familie Arnhold aufeinanderfolgend innehatten, war das des „Königlich Württembergischen Konsuls für das Königreich Sachsen Dresden". Dieses Amt hatte zunächst Max Arnhold inne, von 1898 bis 1908, dann nach dessen Tod sein Bruder Georg Arnhold von 1909 bis 1926 und schließlich dessen Sohn Adolf Arnhold von 1927 bis 1933. Die Tätigkeit des Konsuls beschränkte sich laut dem Findbucheintrag des Landesarchivs Baden-Württemberg auf „gelegentliche Berichte über die Handels- und Wirtschaftsverhältnisse in Sachsen sowie die Erledigung von Paß- und sonstigen Privatangelegenheiten einzelner württembergischer Staatsangehöriger."[99] Während der Wechsel von Max zu Georg in diesem Amt

---

97 Latour, Bruno: Die Hoffnung der Pandora. Untersuchungen zur Wirklichkeit der Wissenschaft. Frankfurt am Main 2002.

98 Vgl. Latours Ausführungen dazu, dass uns erst Krisen den Wert der Dinge bewusstmachen, in Latour, Bruno: Über technische Vermittlung, in: Belliger, Andréa; Krieger, David J. (Hgg.): ANThology. Ein einführendes Handbuch zur Akteur-Netzwerk-Theorie. Bielefeld 2006. (ScienceStudies), S. 483–528, hier S. 491.

99 Landesarchiv Baden-Württemberg: Findbuch E 70 – Württembergisches Konsulat in Dresden, URL: https://www2.landesarchiv-bw.de/ofs21/olf/einfueh.php?bestand=4104, abgerufen am 07.12.2021.

ohne besondere Vorkommnisse erfolgt sein muss, zumindest gibt es hier kein gesteigertes Aktenaufkommen, stand die Amtszeit seit den 1920er Jahren unter starker Kritik. Diese betraf folglich vor allem Adolf Arnhold.

Die gleich zu schildernde Situation erscheint symptomatisch für die gesellschaftliche Stellung deutscher Jüdinnen und Juden in der Zeit der Weimarer Republik. Klaus Hödl wies in „Kultur und Gedächtnis“ darauf hin, dass sich in dieser Zeit eine gegensätzliche Entwicklung vollzog. Einerseits erstarkte der Antisemitismus, andererseits glaubten viele Juden, im Rahmen der neuen demokratischen Staatsform endlich zu der spätestens seit Beginn des 19. Jahrhunderts aktiv eingeforderten gesellschaftlichen Teilhabe gelangen zu können.[100] Unter diesen Umständen kam es für die Arnholds zu einem regelrechten Empfehlungskampf:

Am 23. Februar 1922 verfasste der erste Vorsitzende des Vereins der Württemberger in Dresden, Teuffel, eine Beschwerde an die Württembergische Regierung. Der gesamte Verein habe es schon seit Jahren „als einen Misstand empfunden, dass seine Interessen von einem Nichtwürttemberger als Konsul vertreten worden“[101] waren. Er legte dar, warum ein vermeintlich Fremder für das Amt nicht geeignet sei und welche Art von Person es für das Amt des Konsuls eigentlich brauche:

> Von einem solchen [Anm.: Nichtwürttemberger] wird man allermeistens und mit Recht annehmen dürfen, dass er nicht die richtige innere Fühlung mit den Landsleuten, nicht das sicher notwendige tiefere Verständnis für die Wesensart des Schwaben haben, noch sich erringen wird. Und diese Fremdheit wird immer in irgend einer Form deutlich werden, ohne dass es zu wirklichen Reibungen zu kommen braucht. Landsmännische Vereine setzen sich aus allen Bevölkerungskreisen zusammen. Dieser Umstand erschwert das gegenseitige Verständnis nicht unwesentlich, und es bedarf unseres Erachtens einer Persönlichkeit von ganz hervorragenden Eigenschaften und ganz besonderem Einfühlungsvermögen, wenn es ihr als einer stammesfremden gelingen soll, das allgemeine Vertrauen zu erwecken [...].[102]

Abschließend empfiehlt der Verfasser, das Amt mit einem landsmännischen Kaufmann aus den Reihen des Vereins zu besetzen. Obwohl er dabei sicher bereits Kandidaten im Kopf hatte, blieb er aber unkonkret. In der Mitte des Schreibens führt Teuffel zudem aus, dass er davon ausgehe, dass die erstmalige Besetzung des Konsulamts mit einem Arnhold wohl kaufmännische Gründe gehabt habe, sich nun mit der „Neuordnung der Dinge“[103] nach dem Krieg aber die Bedürfnisse des Vereins – offensichtlich hin zu einem württembergischen Amtsinhaber – verändert hätten.[104]

---

100 Vgl. Hödl, Klaus: Kultur und Gedächtnis. Paderborn 2012, S. 131.

101 23.03.1922 Teuffel an die Württembergische Regierung, in: Landesarchiv Baden-Württemberg, Hauptstaatsarchiv Stuttgart, E130b Bü390.

102 23.03.1922 Teuffel an die Württembergische Regierung.

103 23.03.1922 Teuffel an die Württembergische Regierung.

104 23.03.1922 Teuffel an die Württembergische Regierung.

Die so offensichtliche wie selbstverständlich ausgesprochene Fremdenfeindlichkeit richtet sich nicht allein gegen Nichtwürttemberger.[105] Dass die in den Augen des Vereinsvorsitzenden ungeeignete Person nicht nur kein Württemberger, sondern zudem kein Christ und vielmehr ein Jude war, wurde zwar nicht offen ausgesprochen. Die Rede von „Landsmännern" und „Stammesfremden" sowie essenzialistische Zuschreibungen („Fremdheit", die „immer" da sein werde) legt jedoch eine völkische Weltanschauung nahe, bei der soziale Zugehörigkeit an Ethnizität und Herkunft gekoppelt ist. Hier scheint also genau der Nährboden gegeben zu sein, der zunächst die gesellschaftliche Ausgrenzung der deutschen Juden beförderte und später ihre angestrebte Vernichtung.

Nach dem Tod Georg Arnholds am 25. November 1926 stand das Amt zur Disposition. Vereinsvorsitzender war zu dieser Zeit Adolf Haager, der dem Württembergischen Staatsministerium am 11. Dezember desselben Jahres das oben zitierte Schreiben Teuffels ins Gedächtnis rief und dabei anbot, eine den im Schreiben formulierten Kriterien entsprechende Empfehlung auszusprechen.[106] Zeitgleich ging aufseiten der Arnholds und der Württembergischen Gesandtschaft alles seinen üblichen Gang. Nur drei Tage nach Haagers Bitte, der Forderung nach einem Württemberger im Amt zu entsprechen, schickte der Württembergische Gesandte am 14. Dezember 1926 per Eilboten eine Introduktion für Adolf Arnhold an das Württembergische Staatsministerium. In dieser machte er auf die Arnhold'sche Familientradition aufmerksam und auf Arnholds Absicht, in der darauffolgenden Woche Stuttgart zu bereisen und bei dieser Gelegenheit – angekündigt durch dieses Schreiben – dem Staatsministerium als potenzieller neuer Konsul „seine Aufwartung zu machen"[107]. Der Besuch diene, so der Gesandte weiter, „nebenher dem Zwecke, in Erfüllung einer letztwilligen Verfügung des verstorbenen Geheimen Kommerzienrats Arnhold einen Geldbetrag als Legat zur freien Verfügung der Württ. Regierung zu überreichen."[108]

Entgegen der Gewohnheit der Arnholds erfolgte die Besetzung des Konsulats allerdings nicht nahtlos. Stattdessen wurde eine Neubesetzung zur Diskussion gestellt. Im März 1927 erkundigte sich die Ministerialdirektion – vermutlich erneut – beim Verein der Württemberger in Sachsen, ob Einwände gegen die Besetzung mit Adolf Arnhold bestünden.[109] Da hierauf offenbar keine Antwort erfolgte, begann sich im Mai der Inhaber der „Kaffee-Gross-Rösterei Alfred Klemm", Eugen Mohl, einzuschalten. Er

105 Eine Kultur, die in großen gesellschaftlichen Teilen Württembergs noch immer mit der Identifikation von „Neig'schmeckten" (Hineingeschmissenen, also Zugezogenen) fortbesteht.

106 11.12.1926 Haager an das Württembergische Staatsministerium, in: Landesarchiv Baden-Württemberg, Hauptstaatsarchiv Stuttgart, E 130b Büe 390.

107 14.12.1926 Der Gesandte an das Staatsministerium, in: Landesarchiv Baden-Württemberg, Hauptstaatsarchiv Stuttgart, E130b Bü390.

108 14.12.1926 Der Gesandte an das Staatsministerium.

109 07.03.1927 Ministerialdirektor an den Verein der Württemberger, in: Landesarchiv Baden-Württemberg, Hauptstaatsarchiv Stuttgart, E130b Bü390.

schrieb dem Vereinsvorsitzenden Adolf Haager einen langen Brief, in dem er sich für die Besetzung des Postens mit Arnhold aussprach und vor allem darum bat, diese in einer anzusetzenden Generalversammlung abzustimmen. Laut Mohl war der in der Zwischenzeit gefasste Beschluss, dass ein Württemberger wünschenswert sei, nicht nur veraltet, sondern seinerzeit auch in einem sehr kleinen Kreis getroffen worden, weswegen er seine Bitte als zulässig empfand. Im Folgenden legte er dar, warum er Adolf Arnhold für geeignet hielt:

> Die württembergische Regierung hält an der Ernennung von Herrn Adolf Arnhold Konsul fest und lobe ich die Haltung der Württembergischen Regierung ganz entschieden, denn nachdem das Württembergische Konsulat so lange Zeit in zwei Händen der Familie Arnhold war, hat die Württembergische Regierung immerhin ein gewisses Recht, das Konsulat auch in die dritte Hand dieser Familie kommen zu lassen. Insbesondere nachdem es sich bei Herrn Adolf Arnhold um eine in jeder Beziehung gediegene, hochangesehene und hochachtbare Persönlichkeit handelt, die als Konsul der Württembergischen Regierung und der Württembergischen Kolonie in Dresden und Sachsen zur Ehre gereicht.
>
> Wer nur immer diesen beschiedenen [sic], vornehmen und hilfsbereiten Mann kennt, und eigentlich müsste er den älteren Vereinsmitgliedern samt und sonders bekannt sein, denn er gehörte nicht nur früher dem Verein an, sondern nahm auch an den Sitzungen, insbesondere des Vergnügungsausschusses teil – der kann nur die Wahl der Württembergischen Regierung begrüßen, denn zu dem Amte eines Konsuls sind einmal nur Führer der Wirtschaft bestimmt und auch den maßgebenden Stellen wie der Sächsischen REGIERUNG [Anm.: Hervorhebung im Orig.] und der Handelskammer erwünscht. Es können daher nicht nur Vereinswünsche und Vereinsüberzeugungen für die Besetzung eines solchen Postens in Frage kommen, sondern vor allem wirtschaftliche und politische Erwägungen und Notwendigkeiten.[110]

Mohl führte in dieser ausgewogenen Empfehlung nicht nur die Arnhold'sche Tradition an, sondern zudem machtpolitische Gründe (die Regierung befürworte Arnhold), charakterliche Gründe (Arnhold sei bescheiden, vornehm und hilfsbereit), Gründe der Bekanntheit und des Engagements (Arnhold sei Vereinsmitglied und nehme an Sitzungen teil) und fachliche Gründe (wichtig für die Eignung sei nicht die Herkunft, sondern die erfolgreiche Kaufmannschaft). Sein Hauptargument bringt er aber erst am Schluss. Es war nämlich Mohl selbst, den viele Vereinsmitglieder als für das Amt geeignet ansahen, doch er lehnte es zugunsten von Arnhold ab – ausdrücklich nicht aus geschäftlichen Gründen, sondern aus persönlicher Überzeugung.[111]

Trotz dieser ausführlichen und durchdachten Fürsprache war der Verein nicht dazu zu bewegen, eine Konsulschaft Arnholds zu erwägen. Mohl schrieb am 18. Mai an Adolf Arnhold, dass er bereits Antwort von Haager erhalten hatte, die er nun nicht anders als antisemitisch verstehen könne:

---

110 10.05.1927 Eugen Mohl an Adolf Haager, in: Landesarchiv Baden-Württemberg, Hauptstaatsarchiv Stuttgart, E130b Bü390.

111 10.05.1927 Eugen Mohl an Adolf Haager.

> Nun erhalte ich von Haager die Antwort lt. einliegender Abschrift [Anm.: Die Abschrift liegt im Archiv nicht vor], wonach mein Vorschlag vom Vorstand abgelehnt wird. Wie aus dem weiteren Inhalt hervorgeht, ist der Grund des Beschlusses in der Hauptsache auf reinen Antisemitismus zurückzuführen.
> Da Antisemitismus zu jenen Krankheiten gehört, gegen die selbst Götter vergebens kämpfen, so wird es mir leider nicht vergönnt sein, meine Landsleute davon abzubringen. Ich bedaure nur, dass mein Freund Adolf Haager, den ich sonst als prachtvollen Menschen nur schätze, an dieser Auffassung als Vorstand des Vereins beteiligt ist; ich kann aber nicht glauben, dass die Regierung meines Heimatlandes diesen Antisemitismus billigt und die Kulturschande mitmacht, eine Persönlichkeit ihres Judentums wegen als Konsul abzulehnen.[112]

Mohl führte demnach die Haltung und Entscheidung des Vereins frappierend offen auf Antisemitismus zurück. Die Missbilligung, das Unverständnis und die Scham, die aus seinen Ausführungen sprechen, zeugen auch von einer gewissen Resignation, mit der Menschen, die keine Antisemiten waren, dieser Ideologie gegenüberstanden: Selbst Götter kämpften vergeblich gegen diese Krankheit. Die Absage gegen gute Argumente, gewohnte Abfolgen und Regeln der Höflichkeit schien ihm dabei äußerst unangenehm und persönlich unverständlich zu sein.

Seine Position bekräftigte Mohl auch gegenüber dem Württembergischen Staatsministerium, dem er in Vorbereitung auf einen Besuch einen Brief schickte. In diesem legte er seine Argumentation für Arnhold schriftlich dar. Darüber hinaus zweifelte er darin das Mitspracherecht des Vereins der Württemberger in Sachsen bei der Besetzung des Konsulats offen an. Die Vereinstätigkeit und die Zahl der engagierten Mitglieder seien in den letzten Jahren stark zurückgegangen. Die verbliebenen Mitglieder würden kaum an den Vereinstreffen teilnehmen. Der Beschluss, dass ein Württemberger Konsul werden solle, sei dementsprechend auch nur von einer noch kleineren Anzahl von Mitgliedern gefasst worden, die der völkischen Bewegung nahestanden und keineswegs repräsentativ für die Meinung aller Vereinsmitglieder seien. Dementsprechend würde eine Nichtberücksichtigung des Wunsches nach einem Württemberger Konsul lediglich, wenn überhaupt, einen „Sturm im Wasserglas" auslösen und sei keineswegs zu fürchten.[113]

Im Anschluss an seine Reise, auf der Mohl sehr wahrscheinlich im Staatsministerium vorgesprochen hatte, informierte er auch den Vereinsvorstand Haager über seine Aktivitäten, berichtete von seiner offiziellen Ablehnung des Amtes und seiner Fürsprache für Arnhold. Zudem sprach er sich ausdrücklich gegen etwaige Pressekampagnen des Vereins gegen Adolf Arnhold aus. Abschließend kam er nochmal auf den vereinsimmanenten Antisemitismus zu sprechen:

112 18.05.1927 Eugen Mohl an Adolf Arnhold, in: Landesarchiv Baden-Württemberg, Hauptstaatsarchiv Stuttgart, E130b Bü390.

113 04.06.1927 Eugen Mohl an Ministerialdirektor Erlenmeyer, in: Landesarchiv Baden-Württemberg, Hauptstaatsarchiv Stuttgart, E130b Bü 390.

> Ganz besonders wies ich aber die Staatsregierung darauf hin, dass der Antisemitismus des Vorstandes und eines Teils der Vereinsmitglieder gegenüber dem Hause Arnhold völlig unangebracht ist, denn ein jüdisches Haus, das eine solche Überzahl von christlichen Mitarbeitern und Angestellten aufweist, wie das Bankhaus Arnhold, und dessen feine Kultur jedem Dresdener bekannt ist, hat Anspruch auf gerechte Beurteilung auch von Seiten des Vereins und dessen Vorstandes. – Ganz unangebracht sei aber dieser Antisemitismus gegenüber Herrn Adolf Arnhold, da dieser mit einer christlichen Frau verheiratet ist, die aus erster Ehe 2 Kinder besitzt, denen Adolf Arnhold den Vater ersetzt.[114]

Zusammenfassend sagte Mohl also, dass Arnhold zu den „guten", den assimilierten Juden gehörte und darum nicht feindlich angegangen werden dürfe. Eine Argumentationsweise, die – mag sie auch gut gemeint gewesen sein – im Umkehrschluss bedeutete, dass nur ein assimilierter Jude die Anerkennung der christlichen Mehrheitsgesellschaft verdiene; in gewisser Weise wurde damit das antisemitische Paradigma letztendlich doch akzeptiert.

Aus einem Protokoll des Staatsministeriums vom 23. November 1927, das die Ereignisse und Argumente zusammenfasst, geht hervor, dass genau die Benennung antisemitischer Verhaltensweisen im Vereinsvorstand das Staatsministerium dazu veranlasste, der Forderung des Vereins nicht nachzukommen. So wurde darauf verwiesen, dass Arnhold, „der übrigens eine Christin geheiratet hat", Jude sei, aber diese Tatsache spreche nicht gegen ihn als Konsul.[115] Und auch der sächsische Ministerpräsident Heldt erklärte am 20. Dezember 1927, über ein Jahr nach Georg Arnholds Tod, dass Adolf Arnhold der sächsischen Regierung genehm sei und für den Posten geeignet scheine. Kurze Zeit später wurde er zum Konsul ernannt.[116]

Waren die antisemitisch motivierten Versuche, Adolf Arnholds Ernennung zum Konsul zu verhindern, noch gescheitert, brauchte es sechs Jahre später – nach der Machtergreifung der Nationalsozialisten – nur einen energischen Vorstoß, um ihm das Amt dauerhaft zu entziehen. In einem Brief von Heinrich Lamparter vom 5. April 1933 an den württembergischen Landtagspräsidenten und Mitglied der NSDAP seit 1922, Christian Julius Mergenthaler, entlud sich eine ganze Salve an Frust und Unterstellungen. Im ersten Absatz des Schreibens stellte der aus Aalen stammende Lamparter sich selbst „zur Orientierung" als NSDAP-Mitglied der ersten Jahre vor und benannte namentlich die Parteifunktionäre Schmidt, Mielig und Essig, die er in den frühen 1920ern kennengelernt habe. Er sei auch in Stuttgart Parteimitglied gewesen und habe sich nach der Auflösung der dortigen Gruppe aufgrund von Streitigkeiten dem Stahlhelm angeschlossen. Seit seiner Versetzung nach Dresden sei er dort in der NSDAP und zudem im Verein der Württemberger aktiv. Jener Verein stehe unter der Leitung des Fa-

114 19.06.1927 Eugen Mohl an den Vorstand des Vereins der „Württemberger", in: Landesarchiv Baden-Württemberg, Hauptstaatsarchiv Stuttgart, E130b Bü 390.

115 23.11.1927 Schreiben des Staatsministeriums, in: Landesarchiv Baden-Württemberg, Hauptstaatsarchiv Stuttgart, E130b Bü 390.

116 20.12.1927 Heldt an Württembergische Gesandtschaft, in: Landesarchiv Baden-Württemberg, Hauptstaatsarchiv Stuttgart, E130b Bü 390.

brikanten Gühring und sei auch sonst von Demokraten geleitet, mit Ausnahme des Inhabers eines Rollladengeschäfts, Karl Wald. Das Hauptproblem, so der überzeugte Nationalsozialist, sei aber der Vorstand, den er gemeinsam mit Parteigenossen und sympathisierenden Mitgliedern schon lange zu stürzen versuche. „Der Haken ist dabei", so Lamparter,

> daß Herr Bankier Arnhold für RM 2000,– Inflationsgeld die Ehrenmitgliedschaft gekauft hat, und daß dieser Jude württ. Konsul ist. Wüßten wir, daß Arnhold beseitigt wird, dann könnten wir einen Vorstoß machen, um einmal Ordnung zu schaffen und aus dem Verein einen Hort für Landsleute zu schaffen, denn bis dato scheint ein Vereinsabend eher einer Modenschau zu gleichen.
> Es ist mir bekannt, daß Herr Arnhold auf das Konsulat großen Wert legt und in seiner Bank eine Abteilung damit beschäftigt, aber wenn wir schon am Aufräumen sind, dann müßte dies auch geändert werden.[117]

Mit diesem wilden Mix aus Verschwörungserzählung, Vorurteilen, angeblichem Geheimwissen und offensichtlicher Verleumdung wagte sich Lamparter rhetorisch weit vor und brach mit dem bis dahin gepflegten Ton, der sich eher durch versteckte Andeutungen und Anspielungen sowie latente Aggressivität ausgezeichnet hatte. Auch in seinen weiteren Ausführungen nahm er Abstand von Verklausulierungen: „A. ist äußerlich sehr leutselig und schenkt dem Verein mal einige hundert Mark, was allerdings bei dessen Vermögen nichts bedeutet. Sein Einfluß in die [sic] Industrie und Bankkreisen ist ebenfalls groß, aber sollen denn wir Nationalsozialisten erleben, daß für Württemberg ein Jude als Vertreter auftritt?"[118] Mit diesem dramatischen Appell kam er zu der abschließenden Zusammenfassung seines Anliegens: Er schlug vor, Arnholds Ausschluss in der anstehenden Mitgliederversammlung zu beschließen und eine Pressemitteilung hierüber herauszugeben. „Dann könnte die württ. Regierung aufgrund des Artikels [...] gegen ihn vorgehen."[119] Bezüglich der Neuvergabe des Amtes schlug er vor, Herrn Wald um eine Empfehlung zu bitten, „der über ausgezeichnete Beziehungen verfügt."[120]

Lamparter rief also zu einem vereinsinternen Putsch gegen Arnhold auf. Er sprach sich dafür aus, Arnhold nicht durch Argumente und Abstimmung aus dem Amt zu komplimentieren. Statt eines solchen fairen Verfahrens sollte er durch eine medienbasierte Schmierenkampagne unmöglich gemacht und anschließend geschasst werden. Vor dem Hintergrund der vorherigen Auseinandersetzung um die Besetzung des Amtes wird nachvollziehbar, wie sich die Grenzen des Sagbaren zugunsten der antisemitischen Denk- und Sprechweisen verschoben hatten. Die Regeln einer empfehlungsbasierten Ämtervergabe sollten aber keineswegs für alle außer Kraft gesetzt werden –

---

117 05.04.1933 Lamparter an Mergenthaler, in: Landesarchiv Baden-Württemberg, Hauptstaatsarchiv Stuttgart, E130b Bü 390.
118 05.04.1933 Lamparter an Mergenthaler.
119 05.04.1933 Lamparter an Mergenthaler.
120 05.04.1933 Lamparter an Mergenthaler.

immerhin schlug der Verfasser vor, den potenziellen Nachfolger durch Empfehlung des Herrn Wald zu finden. Wer an dieser Praxis partizipieren durfte, wessen Wort zählte, welche Empfehlungsnetzwerke als respektabel galten – das allerdings änderte sich.

Diese Ereignisse stehen in Verbindung mit der eingangs formulierten These, dass der schwelende Antisemitismus, der sich im Wirkungszeitraum der Arnholds in Dresden mal subtil, mal unverblümt Bahn brach, die Zusammensetzung der sozialen Netzwerke beeinflusste. Geschäftspartner, Aufsichtsratskontakte und Vereinsmitglieder waren vor der Machtergreifung der Nationalsozialisten und vor allem zu Beginn des 20. Jahrhunderts konfessionell gemischt. Geschäfte machte das Bankhaus Gebr. Arnhold nicht auf der Basis konfessioneller Zugehörigkeiten, sondern gewinn- und einflussorientiert. Auch in der Empfehlung von potenziellen Mitarbeiterinnen und Mitarbeitern zeigt sich keine Präferenz für Juden, ebenso wenig wie bei wohltätigen Engagements und Ämtern.

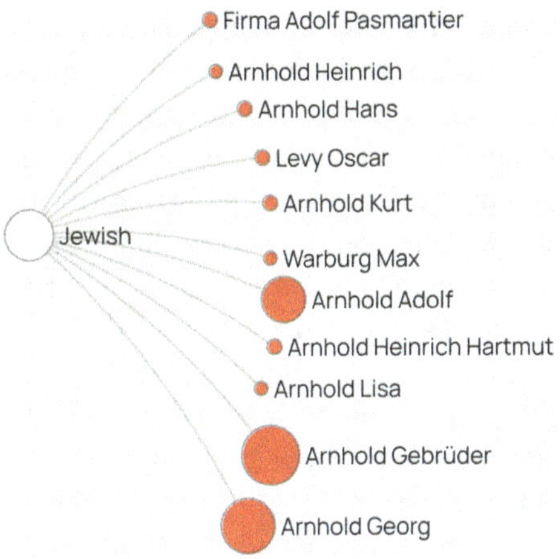

Abb. 14: Angehörige jüdischen Glaubens im Arnhold'schen Empfehlungsnetzwerk

In dem ausgewerteten Quellenmaterial waren diejenigen Akteure und Akteurinnen, deren Zugehörigkeit zum Judentum bekannt ist, bis 1933 allesamt Mitglieder der Familie Arnold, wie Abbildung 14 zeigt. Erst nach 1933 wurden jüdisch geführte Firmen und jüdische Freunde Teil des vorliegenden Empfehlungsnetzwerks. Dies bedeutet nun nicht, dass die Arnholds bis 1933 nicht mit Juden verkehrt hätten; die Verbindungen, die nach 1933 sichtbar wurden, bestanden schon lange. Vielmehr zeigt sich hier, dass Nicht-Juden aus dem sozialen Netzwerk verschwanden und der vertrauensvolle Kontakt zu jüdischen Freunden, Bekannten, Verwandten und Kollegen an Bedeutung gewann.

3.6 Etablieren in neuer Gesellschaft: Die Arnholds in den USA

Neben den in den 1930er Jahren erlassenen Gesetzen zur „Arisierung“, die Arbeiten für Juden in Deutschland nach und nach unmöglich machten, waren es Verleumdungsmanöver wie das oben geschilderte und unverhohlener Antisemitismus in allen gesellschaftlichen und wirtschaftlichen Bereichen, die dazu beitrugen, dass Mitglieder der Wirtschaftselite aus dem Land getrieben wurden.[121] Dass dies mit schmerzlichen Verlusten verbunden war, traf auch auf die Familie Arnhold zu. Auch wenn diese wirtschaftsbürgerliche Familie international vernetzt war und ihre Mitglieder sich mitunter länger im Ausland aufhielten – sei es auf privaten Reisen, sei es auf Geschäfts- und Bildungsreisen –, so war sie doch tief in ihrer Heimatregion, dem Dresdener Raum, verwurzelt. Dafür sprechen der Hauptsitz des Bankhauses, ihre wichtigsten Beteiligungen und das soziale Engagement. Selbst die Metropole Berlin, in die gerade in den Jahren der Jahrhundertwende und in der Zeit danach doch alle drängten, war den Arnholds nur eine Filialgründung wert.

Nach der Machtübernahme mussten die Familienmitglieder dann aber auf jeweils sehr verschiedene Art ihren Weg vor allem in die USA und nach Südamerika finden. Zur finanziellen Absicherung trug entscheidend bei, dass das Bankhaus Arnhold bereits seit Beginn des Jahrhunderts begonnen hatte, ein transnationales Netz aus Filialen und Auslandsbüros zu etablieren.[122] Damit unterschied es sich im Übrigen von den von Markus Dahlem untersuchten Privatbankiers. Neben der bereits erwähnten Filiale in Berlin fanden sich Arnhold'sche Büros unter anderem in Paris, London und New York, sodass mindestens die bankführenden Familienmitglieder während und auch vor ihrer Auswanderung bereits längere Auslandsaufenthalte durchgeführt hatten.[123] In einer Auskunft an das britische Konsulat in Berlin vom 20. August 1937 teilte das Bankhaus Bleichröder, das in der ersten Fallstudie untersucht wurde, mit, dass es inzwischen mit den Gebrüdern Arnhold eine Interessengemeinschaft gegründet habe.[124] In dem Schreiben ist angegeben, dass die beiden Banken zusammen 270 Mitarbeiterinnen und Mitarbeiter beschäftigten und seit dem Frühjahr 1936 ein Büro in London führten. Beziehungen nach England gebe es auch darüber hinaus über andere Bank-

121 Schulz, Günther (Hg.): Vertriebene Eliten. Vertreibung und Verfolgung von Führungsschichten im 20. Jahrhundert. Büdinger Forschungen zur Sozialgeschichte 1999. München 2001 (Deutsche Führungsschichten in der Neuzeit, 24); Ziegler: Kontinuität und Diskontinuität, S. 31–54; Dahlmann; Reith (Hgg.): Elitenwanderung und Wissenstransfer im 19. und 20. Jahrhundert.

122 Dahlem: Die Professionalisierung des Bankbetriebs, S. 231.

123 Hans Arnhold hatte einen festen Wohnsitz in Paris, was auch durch den Kunstraub belegt ist, den die Nationalsozialisten an ihm verübten. Vgl. United States Holocaust Memorial Museum; Claims Conference (Hgg.): Hans Arnhold, in: ERR Project. Cultural Plunder by the Einsatzstab Reichsleiter Rosenberg, URL: https://www.errproject.org/jeudepaume/owner_view.php?Owner__ownerid=17, abgerufen am 08.12.2021.

124 20.08.1937 Bleichröder an das Britische Generalkonsulat, in: Folder XII 2.3, Bleichroeder Collection, Baker Library Special Collection, Harvard Business School.

häuser, und zwar seit über 100 Jahren.[125] Das transnationale Geschäftsnetzwerk bestand Ende der 1930er-Jahre nach wie vor und sollte nun wichtiger denn je werden. Zu den Geschäftsstandorten und Verbindungen kamen Immobilien im europäischen Ausland hinzu, die sich im Familienbesitz befanden und vor allem auf den ersten Etappen der Auswanderung Zuflucht boten.[126]

Wie die vorliegenden Quellen zeigen, fand zu dieser Zeit die Witwe des 1935 an einem Herzinfarkt verstorbenen Heinrich Arnhold, Lisa Arnhold gemeinsam mit ihrem Sohn Heinrich Hartmut Arnhold sowie dessen Onkel Hans Arnhold durch ihre sozialen Kontakte bei ihrer Auswanderung beziehungsweise Flucht und in der Zeit danach auf verschiedene Weise Unterstützung. Lisa Arnholds Weg führte über die Schweiz und New York und nach Kalifornien. Nach ihrer Ankunft in den USA arbeitete daran, die Familie mit vielen Briefen zusammenzuhalten und teilweise auch deren Emigration zu organisieren. Darüber hinaus musste sie selber erst einmal in der neuen Welt ankommen und einen neuen Platz im gesellschaftlichen Leben finden. Eine Herausforderung – so viel sei vorweggenommen, die sie offenbar meisterte – wurde sie doch nach 1937 Partnerin der in den USA neu gegründeten Firma Gebr. Arnhold & S. Bleichröder.

Vor allem in New York trafen sich auch Bekannte aus Deutschland wieder.[127] Da sich mehrere Mitglieder einer bereits im Herkunftsland existenten gesellschaftlichen Gruppe oft am selben Ort wiederfanden, mussten die einzelnen Individuen beim Aufbau ihrer Reputation nicht von vorne anfangen – ein Umstand, der nicht nur dabei half, soziale Kontakte im Ankunftsland zu knüpfen, sondern in einigen Fällen auch bei der anstrengenden und aufwendigen Organisation von Hilfe für weitere Familienmitglieder nützlich sein konnte. Gleichwohl reichten diese Verbindungen nicht aus, um den in Norwegen festsitzenden Heinrich Hartmut Arnhold in die Vereinigten Staaten zu holen. Lisa Arnhold wandte sich an verschiedene Hilfsorganisationen. Eine davon war das *American Friends Service Committee* (AFSC), dem in der vorliegenden Arbeit eine eigene Fallstudie gewidmet ist (Kapitel 5). Ohne vorgreifen zu wollen, soll die Rolle des *Committee* bei der Rettung von Heinrich Hartmut kurz skizziert werden.

Zentral ist das erste Schreiben eines Internationalen Studierenden-Büros (i. O.: *International Student Service*) an die AFSC-Mitarbeiterin Anneliese Thiemann. Es enthält persönliche Informationen zu Heinrich Hartmut und weist auf seinen vermutlichen damaligen Aufenthaltsort hin. Einen entscheidenden Unterschied zur Mehrzahl der Hilfesuchenden war die privilegierte Stellung der Arnholds, was auch an mehreren Stellen des zitierten Schreibens deutlich wird. Zum einen wird darauf hingewiesen,

125 Hierauf folgte eine Liste von 13 Bankhäusern, unter denen sich auch N.M. Rothschild & Sons befand: 20.08.1937 Bleichröder an das Britische Generalkonsulat.

126 Lisa Arnhold flieht 1937 über die Schweiz und hält sich dort vor ihrer Überfahrt in die USA einige Jahre auf. Vgl. Frauenstadtarchiv Dresden (Hg.): Lisa Arnhold.

127 Vgl. das Kapitel „Networks of Migration“ in Bodnar, John: The Transplanted. A History of Immigrants in Urban America. Bloomington 1998.

dass Heinrich Hartmut Arnhold in den Staaten versorgt sein werde, da bereits 10.000 Dollar für ihn hinterlegt seien.[128] Auch sollte Frau Thiemann Lisa Arnhold wissen lassen, welche Kosten ihr Hilfsgesuch verursachen werde, damit sie diese begleichen könne. Gleichzeitig wird deutlich, dass Geld zwar bei der Einwanderung hilfreich, bei der Ausreise aber hinderlich sein konnte: Laut der Unterzeichnerin des Briefes Josephine Lee hatte Lisa Arnhold darum gebeten, Stillschweigen über das hinterlegte Geld zu bewahren, damit nicht etwa die deutschen Behörden von diesem erfuhren und die Ausreise von Heinrich Hartmut verhinderten.[129]

Vermutlich war es aber genau diese finanzielle Absicherung, die die Hilfsarbeit des AFSC günstig beeinflusste. In den drei Briefen, die die Co-Direktorin des AFSC bereits am 20. November 1940 verschickte, um die Suche nach Heinrich Hartmut zu koordinieren, finden sich nur die sachlichen Hinweise zu dessen Person und ein Verweis auf das vorhandene monetäre Kapital. Keiner der drei Briefe enthält weitere Begründungen, warum die Hilfe in diesem Fall nötig sei. Dabei waren es in anderen, nicht finanzierten Fällen genau solche empfehlenden Worte, die soziales oder kulturelles Kapital aufzählten, um die betreffenden Personen aus der großen Masse der Hilfesuchenden herauszuheben.[130]

1937 wurde in New York die Firma Gebr. Arnhold & S. Bleichröder gegründet. Sie ersetzte damit die zu dieser Zeit zugunsten der Dresdner Bank „arisierten" Berliner und Dresdener Niederlassungen der beiden Bankhäuser. Die Verlegung der Geschäfte nach New York verlief nicht ohne Schwierigkeiten und Verluste, doch am Ende fand sich ein Großteil der leitenden Angestellten der Bankhäuser in der Ostküstenmetropole wieder. Infolge dieser personellen Kontinuität mussten sich die Bankdirektoren weniger „amerikanisieren" als einzelne Einwanderer, auf die an anderer Stelle dieser Arbeit noch einzugehen ist.

Nicht beeinflusst von dem neuen Kulturkreis waren dementsprechend auch die Arnhold'schen Vorstellungen davon, was gute Angestellte ausmachte. Ein umfassendes Schreiben von Hans Arnhold aus New York an seinen langjährigen Mitarbeiter Friedrich H. Brunner, zu dieser Zeit Rechtsvertreter des Bankhauses in Deutschland, macht deutlich, was dem Bankier für die weiter auszubauende Dependance seiner Bank in New York vorschwebte. Bemerkenswert erscheint zunächst seine Einschätzung, dass in den USA keineswegs großes Potenzial für ein jüdisch geführtes Bankhaus bestand. „Die Dinge ähneln ausserordentlich der Situation in Deutschland vor der Machtergreifung Hitlers."[131] Arnhold sah in der amerikanischen Gesellschaft die Gefahr, „dass sich

---

128 12.11.1940 Lee an Thiemann, in: Box 181 Case 5375, American Friends Service Committee Refugee Assistance Case Files, United States Holocaust Memorial Museum Archives, Washington, D. C.

129 12.11.1940 Lee an Thiemann.

130 20.11.1940 Rogers an Kenworthy, Stendahl und Arnhold, in: Box 181 Case 5375, American Friends Service Committee Refugee Assistance Case Files, United States Holocaust Memorial Museum Archives, Washington, D. C.

131 04.10.1938 Hans Arnhold an Brunner, in Archiv für Zeitgeschichte ETH Zürich: RGVA Schweiz/ 1322-2-189.

kommunistische Strömungen bei der Arbeiterschaft und nationalsozialistische (antisemitische) Tendenzen bei der Unternehmerschaft immer mehr herausbilden werden, und wenn dann schliesslich die hiesige Schwerindustrie (Ford etc.) mit ihren Ideen gesiegt haben wird, wird sie sehen, dass sie sich ihr Grab genauso gegraben haben wird wie Herr Fritz Thyssen."[132]

Das Bild Arnholds von der politischen Lage in den Vereinigten Staaten war offensichtlich maßgeblich von seinen Erfahrungen in Deutschland geprägt. Dort hatten sich die Arnholds vermehrt mit streikenden Angestellten und Arbeitern konfrontiert gesehen und von dem bereits beschriebenen offenen Antisemitismus des Bürgertums in ihrer Rolle als Bankiers bedroht gefühlt. Im weiteren Verlauf des Briefes schildert Arnhold die Stärken und Schwächen der Mitarbeiter, die in den USA bereits für die Arnholds arbeiteten. „Den Stall hier" beschrieb er gerade einmal als taugliche Basis, die aber in seinen Augen durchaus ausbaufähig war. Aus seiner Kritik geht hervor, dass er vor allem den Mut zu schnellen Entscheidungen und großen Geschäften vermisste, das, was er das „Arnhold'sche Tempo" nannte. Weniger ängstlich, weniger vorsichtig, kurz „unternehmenslustig" müssten die Angestellten werden. Um die Zusammensetzung aufzulockern, schlug Arnhold potenzielle Angestellte aus Deutschland vor, die nach Möglichkeit schnell einwandern sollten, um das Bankgeschäft nach seinen Vorstellungen auszubauen.

Die gesteigerte Risikobereitschaft innerhalb der jüdischen Wirtschaftselite war ein zu dieser Zeit gültiges Vorurteil, das wohl besonders prominent durch Werner Sombarts Monografie „Die Juden und das Wirtschaftsleben" geprägt und verbreitet worden war.[133] Wie Hans Arnhold zu den Interpretationen des Soziologen Sombart stand, der sich zu dieser Zeit bereits erfolgreich innerhalb des nationalsozialistischen Systems bewegte, ist nach den vorliegenden Quellen nicht überliefert. Ob Sombarts Einschätzung als antisemitisch zu verstehen ist oder nicht, soll hier nicht geklärt werden; die Nationalsozialisten immerhin feierten die Studie als Beleg für ihre Vorurteile gegenüber der jüdischen Wirtschaftselite, aber auch Zionisten und einige Vertreter der jüdischen Wirtschaftselite erkannten die Befunde Sombarts durchaus an. Es darf aufgrund des Bildungsgrades und der Interessen Arnholds vermutet werden, dass auch er die Studie kannte und an dieser Stelle des genannten Briefes vielleicht auf sie anspielte.

Unabhängig von Überlegungen zur Arnhold'schen Sombartrezeption zeigt sich in den Äußerungen des Bankiers deutlich die Geisteshaltung eines Unternehmers und überzeugten Kapitalisten. Sie belegen, welche Ansprüche er an seine Mitarbeiter hatte und dass ihm in diesem Fall und zu dieser Zeit die Unternehmungslust besonders am Herzen lag. Eine Empfehlung, die diese betont hätte, wäre also vermutlich erfolgversprechender gewesen als eine, die die zurückhaltende Bedachtheit des Kandidaten betont hätte. Der genaue Ort oder Erfahrungen mit dem Geschäftsbetrieb im Ausland spielten hingegen eher eine untergeordnete Rolle. Die Partner und höheren Angestell-

132 04.10.1938 Hans Arnhold an Brunner.

133 Sombart, Werner: Die Juden und das Wirtschaftsleben. 6. Aufl. Leipzig 1911.

ten Brunner und Frankenberg kommunizierten zwar im Anschluss an Arnholds Ausführungen darüber, ob es auch sichtbare Amerikaner im Geschäft brauche.[134] Das war ihrer Ansicht nach aber nicht notwendig, weil sie die Wirtschaftsart der Amerikaner als vorbildhaft angesehen hätten oder das im neuen Land vorhandene Wissen in die Bank hätten holen wollen. Im Gegenteil teilten Brunner und Frankenberg vermutlich die Ansicht, dass gerade das Wissen und die Erfahrung aus Deutschland erforderlich waren, um den Erfolg des Bankhauses weiter sicherzustellen.[135] Der Grund, den sie letztlich für die Rekrutierung amerikanischer Kräfte anführten, war dann auch rein kosmetisch: Für die Außenwirkung und die Kundenakquise sei es nötig, Amerikaner als Aushängeschild zu haben, damit amerikanische Kunden und Kundinnen nicht abgeschreckt würden und ihr Vermögen zukünftig bei Arnhold & S. Bleichröder anlegten.

3.7 Konklusion: Empfehlungen im Arnhold'schen Netzwerk

Die hier vorliegenden Empfehlungen halten sich selten an Formalitäten. Tatsächlich wirkt die Verwendung des Begriffs Empfehlung oft eher wie eine Tarnung, eine höfliche Form, seinem Anliegen Nachdruck zu verleihen beziehungsweise die eigenen Interessen durchzusetzen, kurz: Macht auszuüben und Einfluss zu sichern. Selten dürfte die lesende Person das Gefühl gehabt haben, dass das entsprechende Schreiben hauptsächlich dazu verfasst worden war, um die Interessen der empfohlenen Person zu vertreten.

Dieser Eindruck wird dadurch unterstützt, dass qualifizierende Elemente, also die Ausbildung, die Arbeitserfahrung beziehungsweise bei Firmenempfehlungen die Rentabilität oder die Qualität der Arbeit, keine zentralen Elemente der Briefe waren. Auch auf die jeweilige Persönlichkeit, also den Charakter der empfohlenen Person wurde nicht ausdrucksstark eingegangen, um beispielsweise fehlende Qualifikation zu kaschieren. Wenn Bemerkungen in Richtung Qualifikation oder Charakter gemacht wurden, scheinen die entsprechenden Formulierungen eher halbherzig zu sein. Stärker wirkten Bemerkungen zu vernetzenden Verbindungen, beispielsweise dass der Schwiegervater des Kandidaten ein einflussreicher Bürger aus der Nachbarschaft sei oder die zu empfehlende Firma in der Region ihre Wurzeln habe. Es ist hier also eher eine vernetzende Intention festzustellen, die oftmals auf die unmittelbare Lebenswelt gerichtet war. Damit war diese Art zu empfehlen auch ein Zeichen für die Verwurzelung und die Vernetzung der Unternehmer in ihrer Region.

---

134 Vgl. 15.10.1938 Frankenberg an Brunner, in: Archiv für Zeitgeschichte ETH Zürich: RGVA Schweiz/1322-2-189. Wie stark die amerikanische Identität erfolgreiche professionelle Verbindungen bedingte, wird im Verlauf dieser Arbeit noch thematisiert werden.

135 Nolan, Mary: Visions of Modernity. American Business and the Modernization of Germany. New York 1994.

Weiterhin hat das Kapitel gezeigt, dass sich die Vernetzung keineswegs nur auf den zwischenmenschlichen Bereich beschränkte. Als neues Phänomen im Kontext dieser Arbeit ist die Bedeutung von Empfehlungen mit Blick auf Institutionen, Ressourcen und Gegenstände in den Fokus geraten. Die Firmen- und Dienstleistungsempfehlungen belegen das Verschwimmen der Grenzen von Individuum und Geschäft. Die Identifikation mit der eigenen Firma und den produzierten Produkten war so hoch, dass Firmenchefs ihre Person oft genug mit ihrem Geschäft gleichsetzten. Tauchten damit zunehmend Dinge und Dienstleistungen in Empfehlungsschreiben auf, rückten diese in den Bereich der Werbung vor. Zwischen industrieller Empfehlung und Eigenwerbung lässt sich dabei im Grunde keine klare Trennung mehr vornehmen. Die Dingempfehlungen erscheinen als eine Vorstufe gegenwärtiger Phänomene, wie der algorithmusbasierten Produktempfehlung, die besonders prominent von Amazon praktiziert wird. Dieser Umstand macht die Rolle des Kapitals in den Empfehlungen noch anschaulicher, denn hier wird das monetäre Kapital explizit angesprochen. Mit Kommentaren zu Kosten und Nutzen, zur Preisgestaltung und zu Treue- beziehungsweise Nachbarschaftsboni kann in der Übertragung auf kulturelles und soziales Kapital auch deutlich werden, dass der potenzielle Nutzen für die beteiligten Entitäten – der Zugewinn beispielsweise an Kompetenz (kulturelles Kapital) oder ausstehenden Gefallen (soziales Kapital) – in Empfehlungen immer mitschwingt.

An die Firmenempfehlung wurden dabei kaum rationale Parameter angelegt. Was sich aber zeigt, ist, dass die Prozesse rund um die Empfehlungen rationalisiert wurden. Mit Vordrucken, die nur noch die geringstmögliche Schreibarbeit erforderten, wurde nicht die Praxis selbst verändert, immerhin aber der Arbeitsprozess, der zu einer Empfehlung führte. Für die Inhalte und die argumentative Verankerung der Empfehlungspraxis lässt sich in gewisser Weise ein Rückschritt feststellen. Rationale oder auch formalisierte Argumente und Kriterien wie Noten, Arbeitserfahrung in Jahren oder Bilanzsummen sowie monetäre Werte sind keineswegs dominant, vielmehr verschwinden sie mitunter völlig aus der Empfehlungskommunikation, sogar wenn es um die Besetzung von Stellen ging, für die durchaus Ausbildungswege existierten, wie etwa im Fall Grossmann. Stattdessen zeigt sich eine neue Qualität der Vernetzungsarbeit. So ist festzuhalten, dass die von Karoline Krenn aufgeworfene Frage nach der Macht der Banken komplexer ist, als die bisherige Forschungsliteratur nahelegt. Die Netzwerkarbeit, die auch durch Empfehlungen vorangetrieben wurde, verschaffte Einfluss auf Firmenmitarbeiter und sicherte Aufsichtsratsmandate. Vernetzung umfasste, so hat dieses Kapitel gezeigt, Kämpfe um gesellschaftliche und geschäftliche Macht und um Einfluss; sie beschränkte sich dementsprechend keineswegs auf sicherheitsspendende Freundschaftsnetzwerke.

Das eigene religiöse Gefühl sprachen die Arnholds in den vorliegenden Quellen nicht an. Tatsächlich wurde die Zugehörigkeit zum Judentum nur in der Auseinandersetzung mit Antisemiten zum Thema. In diesem Zusammenhang sei zunächst darauf verwiesen, dass der Antisemitismus sich in den untersuchten Schreiben deutlich wandelte. War er zunächst eher implizit oder indirekt formuliert, beispielsweise durch den Verweis auf eine „stammesfremde“ oder nicht-württembergische Herkunft als Grund für die angeblich fehlende Eignung Adolf Arnholds für das Amt des Konsuls, wurde die Judenfeindlichkeit in der NS-Zeit offen und mit großer Vehemenz formuliert. Die Dominanz antisemitischer Denk- und Argumentationsweisen zeigt sich nicht zuletzt auch im Schreiben Eugen Mohls. Er ergriff zwar Partei für Adolf Arnhold, tat dies jedoch indem er betonte, dass Arnhold ein ehrenwerter Mensch sei, sozusagen trotz seiner Herkunft, bestätigte er implizit die Annahme, jeder Jude sei zunächst einmal qua Herkunft ein in welcher Form auch immer verdächtiges Mitglied der Gesellschaft, das mit besonderem Argwohn betrachtet werden müsse.

Der Befund, dass sich der innerfamiliäre und auch der innerjüdische Zusammenhalt mit zunehmendem Antisemitismus intensivierte, hat weitreichende Folgen für das Verständnis von Privat-, Familien- und Berufsleben oder, anders formuliert, für die Kategorien von Innen und Außen und ihre Grenzziehungen. Oft genug wurden das Private und das Berufliche durch Sprachbilder innerer und äußerer Lebensbereiche voneinander abgegrenzt. Die Familie, die Verwandtschaft, vor allem die weibliche, stellten ein Inneres oder auch Privates dar, Beruf und Geschäftsleben befanden sich dagegen im Außen, dort, wo man auch Kontakt zur nicht-jüdischen Mehrheitsgesellschaft hatte. Diese Kategorisierung ist zunächst naheliegend und findet sich auch in Quellen der Jahrhundertwende. So verweist etwa Reuveni in seinem Artikel auf eine Studie von 1913, in der sich Else Croner mit „der modernen Jüdin“ auseinandersetzte. Ihren Schilderungen zufolge nahm das jüdische Bürgertum der Moderne die Außenwelt als bedrohliche Sphäre wahr, in der man sich wohl oder übel aufhalten musste, um zu wirtschaften. Dieses Sich-Aussetzen bedeutete einen steten Kampf, um sich selbst zu behaupten. Sicherheit fand man hingegen im Privatleben, im häuslichen, familiären Inneren, wo „der moderne Jude“ er, beziehungsweise die Jüdin sie selbst sein konnte. Diese Assoziation war vor allem an die weiblichen Figuren geknüpft.[136] So oder so ähnlich formulierte sich die bürgerliche Sicht auf den Alltag.

Die Realität entsprach diesem Ideal aber keineswegs, wie der Fall Arnhold stellvertretend für wohl die meisten Familienunternehmen belegt. Die Leitungsebene der Bank bestand aus Familienmitgliedern, und auch die Familienmitglieder außerhalb der Bank interessierten sich für die Geschäfte, beteiligten sich an der Pflege wertvoller Verbindungen oder waren auf sonstige Art an den Bankalltag gebunden. Kurz: Der Kern der Familie war die Bank, der Kern der Bank war die Familie. Es gab hier keine klare Trennung von Privatleben und Beruf. Hierfür spricht auch, dass familiäre Werte bei der Unterstützung der Ausbildung der Söhne weiterhin hochgehalten wurden. Wie schon im Kontext der Bleichröder-Bank im 19. Jahrhundert, war es auch zu Beginn des 20. Jahrhunderts noch üblich, dass Väter ihre Söhne empfahlen. Die Ausweitung, Institutionalisierung und Professionalisierung des Ausbildungssystems schien diese Praxis

136 Reuveni: Deutsch-jüdische Geschichte als Wirtschaftsgeschichte.

bei den Bankiers nicht außer Kraft gesetzt zu haben.[137] Allerdings scheint der Tonfall im Umgang mit Familienmitgliedern etwas freier geworden zu sein. Claudia Rauh-Kühne brachte den Gedanken ein, dass man zu dieser Zeit im Privatleben man selbst sein konnte.[138] Diesem Befund ist insofern zuzustimmen, als das Beispiel des Umgangs zwischen Kurt Arnhold und Oscar Levy gezeigt hat, dass Familienmitglieder, die ein enges Verhältnis hatten, weniger verklausuliert kommunizierten und beispielsweise offen heraus Anfragen stellten respektive Absagen erteilten.

Weil die Vorstellung einer Trennung von Privatem und Beruflichem beziehungsweise Öffentlichem für diesen Untersuchungsabschnitt nicht aufrechterhalten werden kann, kann auch die bei Croner prominent gemachte Trennung der Sphären in männlich und weiblich nicht bestätigt werden. War das Privatleben mit seinen privaten Verbindungen für den Erhalt des Geschäfts entscheidend, muss auch den Frauen ein Anteil am wirtschaftlichen Erfolg zugesprochen werden. Zwar war eine aktive Teilnahme am Wirtschaftsleben, also die Besetzung offizieller Funktionspositionen, nicht die Regel, mitunter aber hatten doch auch weibliche Familienmitglieder der Arnholds solche Positionen inne. Else Arnhold etwa war Aufsichtsratsmitglied in verschiedenen Firmen und Lisa Arnhold wurde später Partnerin der in den USA neu gegründeten Bank. Verwandtschaft war in diesem jüdischen Bankhaus wichtiger als eine patriarchale Führungsstruktur.

Freundschaften werden in den Empfehlungen der Arnholds kaum erwähnt. Auffällig ist aber, dass der Verweis auf den Bestand einer langen Freundschaft auch in diesem Zusammenhang als Qualitätsmerkmal verwendet wurde. Die alten Freunde waren in diesem Zusammenhang vermehrt ebenfalls Mitglieder der besseren Gesellschaft, wie im Falle des Schwiegervaters, der seinem zukünftigen Schwiegersohn eine Stelle zu vermitteln versuchte. In diesem Zusammenhang schwingt das Element der gesellschaftlichen Blamage mit, sollte der Empfehlung nicht nachgekommen werden, der Empfehlende also den Gefallen für seinen alten Freund nicht realisieren können.

An verschiedenen Stellen wurden die Privilegien deutlich, die erfolgreich wirtschaftende Bürger zu Beginn der Jahrhundertwende innehatten. Der Erste Weltkrieg und die Wirtschaftskrise sorgten zwar, wie sich auch aus den hier vorliegenden Quellen ersehen lässt, für temporäre Ressourcen- oder Finanzknappheit, aber ein knappes Gut konnte jeweils durch die Aktivierung von entweder monetärem oder sozialem Kapital ausgeglichen werden. Auffällig ist in diesem Zusammenhang auch die fast vollkommene Abwesenheit von Introduktionen in dem hier untersuchten Quellenkorpus. Obwohl es sicherlich, wie an anderen Stellen der vorliegenden Arbeit deutlich wurde und auch im Weiteren zu sehen sein wird, zu dieser Zeit noch üblich war, Introduktio-

137 Vgl. Pfeiff, Andreas: Die Entstehung und Entwicklung der Handelshochschulen in Deutschland. Empirische Analysen zwischen Kaiserreich, Republik und Diktatur. Frankfurt am Main, Berlin, Bern, Wien 2009 (Europäische Hochschulschriften Reihe 11, Pädagogik, 990), S. 63–105.

138 Rauh-Kühne: Zwischen „verantwortlichem Wirkungskreis" und „häuslichem Glanz", S. 215–216; Vgl. auch Reuveni: Deutsch-jüdische Geschichte als Wirtschaftsgeschichte, S. 233.

nen zu verfassen, schienen die Arnholds nach ihrer Flucht selbst wenig Gebrauch davon zu machen. Dies kann davon zeugen, dass sie sich in einer etablierten Gemeinschaft bewegten. Innerhalb dieser waren sie bekannte Persönlichkeiten, und wie die Unterstützung durch Max Warburg und die Besetzung von Führungspositionen in der New Yorker Bank zeigten, blieb ein Großteil dieser Verbindungen auch außerhalb Deutschlands stabil.

Auf hilfreiche Kontakte zu alten Freunden zurückgreifen zu können, wurde spätestens nach der Flucht nach Amerika für die Familienmitglieder der Arnholds zu einem Privileg, auf das sie zugriffen, um bei verschiedenen Stellen Hilfe zu erhalten. So setzte sich etwa Max Warburg infolge der Bitten von Lisa für Heinrich H. Arnhold ein. Insgesamt liegen aber überraschend wenige Hinweise auf Verbindungen und alte Bekanntschaften vor, die aktiviert wurden, um die Situation der Familienmitglieder in den Vereinigten Staaten zu verbessern. Stärker rückt das vorhandene monetäre Kapital in den Vordergrund, das die Versorgung der Familie sicherstellte und Spenden und Fürsorge von Fremden überflüssig machte. Auch die Hilfsanfragen, die Lisa Arnhold in Amerika in die Wege leitete, legen den Schluss nahe, dass man empfehlende Worte in Zusammenhang mit Hilfsorganisationen, wie sie im Kapitel zum AFSC thematisiert werden, hauptsächlich dann brauchte, wenn sich mit den zur Verfügung stehenden Mitteln nichts mehr ausrichten ließ.

Der seit den 1920er Jahren erstarkende Antisemitismus in Deutschland konnte also wie gezeigt Verbindungen und gesellschaftliche Hierarchien umwälzen und sowohl die gesellschaftliche wie auch die wirtschaftliche Position der deutsch-jüdischen Wirtschaftselite massiv stören, ja sogar zerstören. Er kappte aber nicht alle etablierten Verbindungen, sondern förderte stattdessen in einigen Fällen deren Weiterbestehen im sicheren Ausland.[139] In diesem Sinne müsste in einer Auseinandersetzung mit der durch Gideon Reuveni erneut aufgeworfenen Frage nach einer jüdischen Wirtschaftsweise darauf verwiesen werden, dass das, was das Wirtschaften jüdischer Bankiers wie der Arnholds in der ersten Hälfte des 20. Jahrhunderts erfolgreich machte, nicht durch ihr Jüdischsein und die gesteigerte Risikobereitschaft bedingt war. Vielmehr war alles, was ihren Erfolg gefährdete, durch den Antisemitismus bedingt.

---

139 Vgl. Münzel, Martin: Zerstörte Kontinuität. Die jüdischen Mitglieder der deutschen Wirtschaftselite zwischen Weimarer Republik und früher Bundesrepublik, in: Berghahn, Volker R.; Ziegler, Dieter; Unger, Stefan (Hgg.): Die deutsche Wirtschaftselite im 20. Jahrhundert. Kontinuität und Mentalität. Essen 2003 (Bochumer Schriften zur Unternehmens- und Industriegeschichte, 11), S. 219–241. Sowie Münzel (Hg.): Die jüdischen Mitglieder der deutschen Wirtschaftselite 1927–1955; Ziegler: Strukturwandel und Elitenwechsel.

4 Empfehlen, um Institutionen aufzubauen und zu erhalten: Die Hebräische Universität

Überreglementierung und zu großes Selbstbewusstsein, um nicht zu sagen Arroganz, hätten an der Hebräischen Universität Einzug gehalten, beschwerte sich der New Yorker Mediziner Israel S. Wechsler (1886–1962) in einem Schreiben an den Philologen und Theologen Max Schlössinger (1877–1944).[1] Wechsler war Mitglied des Board of Govenors der Hebräischen Universität.[2] Seine Kritik formulierte er im Zuge des Berufungsverfahrens für den Gynäkologen und Pionier der Hormonforschung Bernhard Zondek (1891–1966) an die Hebräische Universität im Jahr 1935. Die Schwächen Zondeks, die er damit zu benennen glaubte, hatten seiner Einschätzung nach ihre Wurzeln im deutschen Universitätswesen. Dabei seien doch Bescheidenheit und der Wille zu lernen die Eigenschaften, die einen Charakter ausmachten, so Wechsler weiter. Und diese Eigenschaften seien für ihn bewundernswerter als wissenschaftliche Errungenschaften.[3] Im deutschen Universitätssystem groß gewordene Wissenschaftler kritisierten ihrerseits wiederholt die Amerikanisierung der Hochschulkultur an der Hebräischen Universität. Woher letztlich die angeblichen Unsitten kamen, die für Unzufriedenheit unter den führenden Wissenschaftlern sorgten, kann nicht geklärt werden. Es wird aber deutlich, dass mit den Neuberufungen internationaler Wissenschaftlerinnen und Wissenschaftler an die Hebräische Universität auch Sitten und Gepflogenheiten nach Palästina kamen, die dort vorher unbekannt waren. Transnationale Akteurinnen und Akteure trafen sich auf einem neuen Experimentierfeld und brachten ihre jeweiligen nationalen Universitätskulturen mit.[4]

Dass das akademische Feld ohnehin ein eigenes und eigentümliches ist, darf als unbestritten gelten. Empfehlungen wurden in diesem Kontext anders behandelt als im bisher betrachteten Bankenwesen. Welche Rolle sie im Kontext der Hebräischen Universität spielten, wozu sie genutzt wurden und wo sie weniger hilfreich waren, soll sich im Lauf des folgenden Kapitels zeigen. Dazu werden Korrespondenzen und Empfehlungspraktiken im akademischen Feld genauer analysiert und im Kontext der hebräischen Universität als zionistische Institution verortet. Dies soll nicht nur weitere Facetten der Empfehlungspraktiken in unterschiedlichen Kontexten deutlich machen, sondern darüber hinaus aufzeigen, unter welchen Voraussetzungen akademische Empfehlungen ausgesprochen und wie sie eingesetzt wurden – insbesondere vor dem

1 11.03.1935 Wechsler an Schlössinger, in: Personalakte „Zondek, Bernhard", I, Central Archive of the Hebrew University Jerusalem.

2 o. A.: Dr. Israel S. Wechsler, Eminent Jewish Neurologist, Dies; Was 76, in: Jewish Telegraphic Agency, 07.12.1962.

3 11.03.1935 Wechsler an Schlössinger.

4 Lerg, Charlotte; Bungert, Heike: Transnationale Universitätsgeschichte, in: vom Bruch, Rüdiger; Kintzinger, Martin (Hgg.): Jahrbuch für Universitätsgeschichte 18 (2015) „Transnationale Universitätsgeschichte", S. 35–51, hier S. 35.

https://doi.org/10.1515/9783111389950-004

Hintergrund des steigenden Drucks durch den in Deutschland erstarkenden Nationalsozialismus, den Holocaust und den Weltkrieg.

Abb. 15: Angenommene Empfehlungen an der Hebräischen Universität

Die Gründungsgeschichte der Hebräischen Universität ist aus heutiger Sicht in zwei Hauptabschnitte zu unterteilen, die Jahre 1918 bis 1933 und die Jahre 1933 bis 1939/ 1945. Ihr Bau begann 1918 auf dem Skopusberg am Rande Jerusalems. Chaim Weizmann verlegte persönlich die zwölf Grundsteine, einen für jeden der zwölf Stämme Israels. Weizmann ist neben seiner Tätigkeit für die Hebräische Universität vor allem als Präsident der Zionistischen Weltorganisation und erster israelischer Staatspräsident in das kollektive Gedächtnis eingegangen.[5] Zur Zeit der Grundsteinlegung am 24. Juli 1918 befand sich Palästina noch im Krieg. Weizmann, zu dieser Zeit noch im britischen Staatsdienst, würdigte die symbolische Bedeutung der Universität in seiner Eröffnungsrede: Sie sei ein Hafen in einer Welt voll von Chaos und Gefahr. Auch in den dunkelsten Zeiten, so Weizmann sinngemäß in seiner Rede, würden die Juden Zuflucht innerhalb der Mauern ihrer Schule finden.[6]

Offiziell wurde die Universität am 1. April 1925 mit einer Zeremonie eröffnet. Lord Balfour, zu dieser Zeit bereits 76 Jahre alt, war genauso anwesend wie Repräsentanten von 41 ausländischen Universitäten und 20 Instituten. Bereits vor der offiziellen Eröffnung hatten zwei Fakultäten die Arbeit aufgenommen. Die Fächer Jüdische Studien und Chemie wurden jeweils bereits seit 1924 betrieben. Von Anfang an war es die Maßgabe der Universitätsgründer, keine Massenproduktionsstätte akademischer Zeugnisse zu werden. Vielmehr wollte man, den limitierten Ressourcen der eigenen Umwelt entsprechend, die Hebräische Universität als eine Forschungsinstitution verstanden wissen, die auf fachlich hohem Niveau mit kleinem Lehrkörper hochqualifizierte Studierende ausbildete.[7]

Eine für die Geschichte der Universität ebenso wichtige wie strittige Figur war der amerikanische Rabbiner Judah Leon Magnes (1877–1948), eines ihrer Gründungsmitglieder. Ab 1925 war Magnes zunächst Kanzler, dann ab 1935 Rektor, und er prägte in diesen Positionen maßgeblich den Kurs der jungen Hochschule. Dabei war er nicht unumstritten. Besonders Weizmann und Einstein, der wie Weizmann dem Verwaltungsrat der Universität angehörte stießen sich immer wieder an seinem Führungsstil. Sie bemängelten seinen Hang zu Alleingängen und sprachen sich dafür aus, gemäß dem europäischen System Entscheidungen auf der Basis von Abstimmungen innerhalb des akademischen Senats zu fällen.[8] Allein in diesen schlaglichtartigen Schilderungen zeigt sich, mag man nun die Einflüsse für positiv oder negativ halten, wie stark die deutsche Universitätskultur die Hebräische Universität seit ihrer Gründung prägte – sowohl in Bezug auf Bürokratie und Organisation als auch in Bezug auf die Zusammensetzung des wissenschaftlichen Personals.

Nachdem die Nationalsozialisten in Deutschland am 7. März 1933 das „Gesetz zur Wiederherstellung des Berufsbeamtentums" verabschiedet hatten, verloren innerhalb der folgenden zwei Jahre rund 1.200 Akademikerinnen und Akademiker ihre Anstel-

5 Vgl. zu Chaim Weizmanns Biografie Raynharts, Yehudah: Chaim Weizmann. New York 1993 (Studies in Jewish history). Sowie: Weizmann, Chaim; Samuel, Maurice: Trial and Error. The Autobiography of Chaim Weizmann. London 1949.

6 Dauben, Joseph Warren: Abraham Robinson. The Creation of Nonstandard Analysis. A Personal and Mathematical Odyssey. Princeton 1995, S. 42.

7 Dauben: Abraham Robinson, S. 42.

8 Vgl. Dauben: Abraham Robinson, S. 45; Er'ēl, Shlomo: Neue Wurzeln. 50 Jahre Immigration deutschsprachiger Juden in Israel. Gerlingen 1983, S. 67.

lung an deutschen Universitäten und Forschungsinstituten.[9] Ein großer Anteil davon war jüdisch. Norman Bentwich verwies in den 1950er Jahren auf fünf herausragende Massenrettungsaktionen für diese Akademikerinnen und Akademiker, zu denen auch eine Anstellungswelle an der Hebräischen Universität zählte.[10] Während sich die Universität zuvor auf die Anwerbung von qualifiziertem Personal konzentriert hatte, befand sie sich seit 1933 in der Situation, mit einer Vielzahl von Anfragen aus Deutschland umgehen zu müssen. Trotz der erklärten Absicht, jüdischen Deutschen zu helfen und möglichst vielen die Immigration zu ermöglichen, war dieser Prozess mit erheblichen personellen und finanziellen Anstrengungen für diese „Universität im Kindheitsstadium“[11] verbunden.[12] Shomo Erel wies bereits 1983 darauf hin, dass die betreffenden Akademikerinnen und Akademiker zudem nicht mehr zu der Gruppe jener idealistischen Zionisten gehörten, die es bis dahin vor allem nach Palästina gezogen hatte. Vielmehr habe sich hier, so Erel, die Universität einer Gruppe von Menschen gegenübergesehen, die durch Emanzipation und Assimilation der „Entjudung“ anheimgefallen seien und ihr Judentum zunächst wiederfinden müssten.[13] Damit standen die Entscheider an der Hebräischen Universität vor dem Dilemma, eine bis dato ungekannte Zahl namhafter Forscherinnen und Forscher mit unterschiedlichsten Weltanschauungen aufzunehmen, dabei aber das zionistische Profil der Institution zu wahren.[14] Ein Spagat, der sich, wie im Verlauf dieses Kapitels zu zeigen ist, auch in den Formulierungen der Empfehlungsschreiben widerspiegelte.

4.1 Akademische Empfehlungsschreiben in Palästina: Bekannte Praxis in neuen Kontexten

Die akademische Empfehlungspraxis erscheint im Kontrast zu der bisher beleuchteten Praxis in der Bankenwelt stärker formalisiert und standardisiert gewesen zu sein. Die Sprache war distanzierter. Der Anteil von Einzweckempfehlungsschreiben von den 298 analysierten Briefen betrug knapp die Hälfte, nämlich 142, Einzweckempfehlungen. Hinzu kommen 42 Einführungsschreiben, 52 Bitten um Empfehlungen und 62 Mehrzweckempfehlungsschreiben. Die Einzweckempfehlungsschreiben sind, wie sich an verschiedenen Stellen dieses Kapitels zeigen wird, dadurch zu begründen, dass an der Hebräischen Universität viele etablierte Praktiken des deutschen Universitätsall-

9 Bentwich, Norman: The Rescue and Achievement of Refugee Scholars. The Story of Displaced Scholars and Scientists 1933–1952. Den Haag 1953, S. 4.

10 Bentwich: The Rescue and Achievement of Refugee Scholars, S. 42.

11 i. O. „University was an Infant!“ gesagt von Norman Bentwich, zitiert nach Dauben: Abraham Robinson, S. 42.

12 Dauben: Abraham Robinson, S. 42. Vgl. für ausführlichere Einblicke in die Gründungsgeschichte der Hebräischen Universiät Bentwich: The Hebrew University.

13 Er'ēl: Neue Wurzeln, S. 12.

14 Er'ēl: Neue Wurzeln, S. 70.

tags übernommen wurden.[15] Noch konkreter kann man dies auf spezifische Gepflogenheiten im deutschen Universitätswesen zurückführen, was, wie zu Beginn dieses Kapitels angedeutet, nicht immer zur Freude aller Beteiligten war. In diesem Unterkapitel wird zunächst die akademische Empfehlungspraxis vor 1933 dargestellt und analysiert, um danach den – direkten oder indirekten – Einfluss des Nationalsozialismus an verschiedenen Stellen deutlich zu machen.

In der Zeit vor 1933, als sich die Hebräische Universität ebenso wie das jüdische Leben in Palästina im Aufbau befand, begann der Empfehlungsprozess zumeist damit, dass die Universitätsleitung Kolleginnen und Kollegen um Empfehlungen für zu besetzende Positionen bat. Neben der stärkeren Formalisierung ist der konsequente Personenbezug ein weiterer Unterschied zwischen den universitären Empfehlungsschreiben und jenen aus der Bankenwelt. Dabei lassen sich zwei Hauptkategorien unterscheiden: die Begutachtung wissenschaftlicher Leistung und die Begutachtung von Wissenschaftlerinnen und Wissenschaftlern. Wissenschaftliche Leistungen konnten als eine Art Gesamtschau des jeweiligen Œuvres ins Auge gefasst werden, es kam aber auch vor, dass Aussagen zu einzelnen Publikationen, ihrer fachlichen Qualität und ihrer Markttauglichkeit getroffen wurden. Beispielhaft für diese Praxis ist etwa die Einschätzung Albert Einsteins zu einem Artikel von Hugo Bergmann (1883–1975), seines Zeichens Philosoph an der Hebräischen Universität und ihr späterer Präsident. Dem Adressaten, dem Chefredakteur der Jüdischen Rundschau, Robert Weltsch[16], teilte Einstein mit, dass er Bergmanns Schrift mit großem Interesse gelesen habe und umriss kurz deren Inhalt. Dann gab er seine Einschätzung über die Verkäuflichkeit der Schrift ab, die „besonders auch [... wegen] ihrer polemischen Auseinandersetzungen" großen Anklang finden werde.[17] In diesem Kontext zeigt sich besonders prägnant die Verbindung von Wissenschaftlichkeit und Wirtschaftlichkeit, die in diesem Kapitel noch oft thematisiert werden wird.

Es war durchaus üblich, eine zweite, manchmal auch eine dritte und vierte Meinung zum wissenschaftlichen Werk von Kandidatinnen und Kandidaten einzuholen. Dieser Praxis liegt die Auffassung zugrunde, durch mehrere Einschätzungen eine fundiertere Entscheidung treffen zu können. Wurde so eine empfehlende Begutachtung darüber hinaus von einer Koryphäe eines Faches verfasst, erhöhte dies in der Wahrnehmung der Zeitgenossen die Wahrscheinlichkeit, dass der Kandidat die Universität bereichern würde. Bei etwas näherer Betrachtung wird schnell deutlich, dass wissenschaftliche Qualität – ob nun in der Lehre oder in der Forschung – nur sehr eingeschränkt objektiv beurteilbar war. Was oder wer als herausragend oder fähig galt,

15 Vgl. für das transnationale Verständnis von Universitätskultur auch Levine, Emily J.: Nützlichkeit, Kultur und die Universität aus transatlantischer Perspektive, in: vom Bruch, Rüdiger; Kintzinger, Martin (Hgg.): Jahrbuch für Universitätsgeschichte 18 (2015) „Transnationale Universitätsgeschichte", S. 51–81.

16 Robert Weltsch (1891–1982).

17 24./27.12.1928 Einstein an Weltsch, in: „Bergmann, Samuel Hugo" bis 1937, Band I, Central Archive of the Hebrew University Jerusalem.

wurde letztlich von anderen Wissenschaftlerinnen und Wissenschaftlern festgelegt, die wiederum selbst in spezifischen Wissenschaftstraditionen und -umgebungen sozialisiert und ausgebildet worden waren – ein Umstand, der im Verlauf des Kapitels an der einen oder anderen Stelle wieder anklingen wird.

Auch die personenbezogenen Empfehlungen schlossen in der Regel eine Begutachtung und Einschätzung der wissenschaftlichen Arbeit mit ein. Der strukturelle Aufbau eines Empfehlungsschreibens, das einen Wissenschaftler sowie dessen Arbeit begutachtet, lässt sich besonders gut an einem Schreiben Julius Guttmanns[18] über David Hartwig (Zvi) Baneth[19] zeigen:

> Sehr geehrter Herr Professor,
> Ihre Bitte mich über die wissenschaftliche Qualifikation des Herrn Dr. Hartwig Baneth zu aeussern, hat mich erst in diesen Tagen erreicht. Ich muss Sie darum bitten, ihre etwas verspaetete Erfüllung freundlichst zu entschuldigen.
> Ich habe Herrn Dr. Baneth in seiner Arbeit fuer die Akademie fuer die Wissenschaft des Judentums als einen Gelehrten von umfassendem und gruendlichem Wissen, von ausgezeichneter philologischer und literarhistorischer Schulung und von aussergewoehnlicher Forscherbegabung kennen gelernt.
> Der Gegenstand seiner Arbeit ist der Kusari-Jehuda Halevis. Seine im Manuskript abgeschlossene deutsche Uebertragung desselben ist den bisherigen Uebersetzungen an Schaerfe der sprachlichen und sachlichen Erfassung des Textes weit ueberlegen und hat das Verstaendnis des Werkes erheblich gefoedert. Ihre Grundlage ist eine eindringliche und ergebnisreiche textkritische Untersuchung des arabischen Originals und der hebraeischen Uebersetzung des Kusari. Er hat den sehr verderbten arabischen Text an zahlreichen Stellen und zum Teil ueberaus gluecklich emendiert, und seine Emdationen [sic] haben die volle Billigung des verstorbenen Prof. Josef Horovitz gefunden. Um die hebräische Uebersetzung textkritisch verwerten zu koennen, hat er ihre Ueberlieferungsgeschichte sorgsam studiert und zum ersten Mal ein Bild ihrer Textgeschichte gewonnen. Aus derselben Hoehe steht seine Arbeit fuer das sachliche Verstaendnis des Buches und seine Einordnung in den literar= und philosophiegeschichtlichen Zusammenhang. Eine Probe seiner Forschungen gibt sein vor einigen Jahren in einem Korrespondenzblatt der Akademie erschienenen [sic] schoener und aufschlussreicher Aufsatz ueber Jehudas Halevis Verhältnis zu Gazali.
> Nach diesen textkritischen und literarhistorischen Untersuchungen des Kusari, die nach dem Erscheinen der Uebersetzung in einem Studienheft veroeffentlicht werden sollen, ist Herr Dr. Baneth ohne Zweifel zur Edition und Interpretation von Texten hervorragend befaehigt und vorgebildet.
> Mit den besten Gruessen und Neujahrswuenschen bin ich
> Ihr sehr ergebener
> Gez. Guttmann[20]

18 Vgl. Wiese, Christian: Julius Guttmann (Metzler Lexikon jüdischer Philosophen), in: Spektrum.de, URL: https://www.spektrum.de/lexikon/juedische-philosophen/julius-guttmann/113, abgerufen am 13.12.2021.

19 Vgl. Bourel, Dominique: Die Diaspora der deutsch-jüdischen Orientalisten in Paris und in Jerusalem, in: Adorisio, Chiara; Bosco, Lorella (Hgg.): Zwischen Orient und Europa. Orientalismus in der deutsch-jüdischen Kultur im 19. und 20. Jahrhundert. Tübingen 2019 (Studien und Texte zur Kulturgeschichte der Literatur), S. 21–41, hier S. 29.

20 11.09.1931 Guttmann an Weil, in: Personalakte „Baneth, David Zvi", bis 1960 I, Central Archive of the Hebrew University Jerusalem.

Dieses und andere Schreiben lassen sich in fünf Teile gliedern: erstens eine Begrüßungsformel, die das Schreiben einordnet; zweitens ein Hinweis darauf, woher der oder die Empfehlende die empfohlene Person kennt; drittens ein langer Abschnitt über die empfohlene Person; viertens eine Einschätzung zur Eignung der Person für die Stelle; fünftens eine Schlussformel. Der vierte Absatz ist also im Kern die eigentliche Empfehlung. Im oben genannten Beispiel lässt sich die Empfehlung sogar auf einen Satz herunterbrechen: „Herr Dr. Baneth [ist] ohne Zweifel zur Edition und Interpretation von Texten hervorragend befaehigt und vorgebildet."

Die Beschreibungen zur Person und zu den akademischen Meriten erscheinen im Gesamteindruck der Quellen eher nüchtern und distanziert. Gleichwohl finden sich stellenweise durchaus auch Superlative. Als Ausnahmetalent skizzierte beispielsweise Karl Escherich[21] seinen ehemaligen Doktoranden Friedrich Simon Bodenheimer. Escherich kenne Bodenheimer „seit Jahren" und „habe seine Arbeiten mit besonderen [sic] Interesse verfolgt."[22] Escherich berichtete weiter: „Schon seine Doktorarbeit liess mich erkennen, dass wir es hier mit einem ausserordentlich begabten Zoologen zu tun haben. Seine späteren Arbeiten haben meinen ersten Eindruck nicht nur bestätigt, sondern meine Wertschätzung noch wesentlich erhöht."[23] Um die Ausnahmeerscheinung Bodenheimer zu betonen, positioniert Escherich diesen innerhalb der wissenschaftlichen Community: „Auch mit seinen Vorträgen und Diskussionen auf den verschiedenen Versammlung [sic] hat er stets den tiefsten Eindruck auf die Zuhörerschaft gemacht. Durch seine breite theoretische wie praktische Ausbildung und durch seinen scharfen Intellekt bewies er meist eine grosse Überlegenheit."[24] Die Empfehlung schließt mit der Zusammenfassung, Escherich „schätze Herrn Dr. Bodenheimer als einen der befähigsten [sic] jüngeren deutschen Zoologen und kann denselben mit gutem Gewissen aufs wärmste empfehlen."[25]

Neben angeforderten Empfehlungen gab es auch im akademischen Kontext unaufgeforderte Empfehlungsschreiben, die nicht der Entscheidungsfindung bei der Stellenbesetzung dienen sollten. Solche wurden beispielsweise nach der Beendigung eines Arbeitsverhältnisses angefertigt. Das folgende Beispiel ist eine der vielen Empfehlungen für den Chemiker Max Frankel:

> Herr Dr. Max Frankel war vom 1. Juli 1924 bis 1. Oktober 1925 im Aussiger chemischen Verein als Chemiker angestellt. Er war während dieser Zeit im organisch-wissenschaftlichen Laboratorium

---

21 Escherich gehörte – ohne dass sich das in dieser Empfehlung widerspiegelt, bereits früh der nationalsozialistischen Bewegung an. Nach 1945 verbreitete sich die Erzählung, Escherich habe sich der Partei NSDAP weitaus weniger verbunden gefühlt als den frühen Nationalsozialisten. Vgl. Escherich, Karl: Leben und Forschen. Kampf um eine Wissenschaft. 2. Aufl. Stuttgart 1949.

22 03.02.1928 Escherich über Bodenheimer, in: Personalakte „Bodenheimer, Fritz S.", bis 1938, I, Central Archive of the Hebrew University Jerusalem.

23 03.02.1928 Escherich über Bodenheimer.

24 03.02.1928 Escherich über Bodenheimer.

25 03.02.1928 Escherich über Bodenheimer.

> insbesonders mit der Bearbeitung von Pflanzenschutzmitteln, indigoiden Kuepenfarbstoffen und von Hydronblau beschäftigt. Herr Doktor Frankel zeigte hiebei ausgezeichnete theoretische Kenntnisse, großes experimentelles Geschick, insbesondere eine innige Vertrautheit mit den Methoden der organisch-synthetischen Chemie und eine große Fähigkeit im raschen Erfassen und Durcharbeiten von wissenschaftlichen und technischen Fragen, deren Verfolgung er sich mit größtem Eifer und Fleiss hingab. Seine weit das Durchschnittsmass ueberragenden Kenntnisse und Fähigkeiten ermöglichten es ihm, trotz der verhältnismaessig kurzen Zeit seiner Tätigkeit im Aussiger chemischen Verein, bei der Bearbeitung der ihm übertragenen, oben erwähnten Aufgaben wertvolle Dienste zu leisten, wofür als Beleg dienen mag, dass er an der Erfindung eines neuen, sehr wirksamen, von der Firma zum Patent angemeldeten Pflanzenschutzmittels mitbeteiligt ist. Da Herr Dr. Frankel auch vorzügliche Charakter Eigenschaften besitzt, so sind wir in der angenehmen Lage, ihn als sehr tüchtige und schätzenswerte Kraft empfehlen zu können. Wir bedauern lebhaft seinen Weggang, der auf eigenes Ansuchen erfolgt.[26]

Ob nun im Kontext einer möglichen Einstellung oder nicht – im Aufbau weisen die Schreiben große Ähnlichkeiten auf. Auch hier werden zunächst die Umstände der gegenseitigen Kenntnis beschrieben. In diesem Fall kannte der Verfasser Frankel als seinen Angestellten. Zweitens folgte auch hier eine Beschreibung der Art der Arbeit und drittens eine Einschätzung persönlicher, nicht fachlicher Eigenschaften. Es entfiel, neben dem Grußwort und der Schlussformel, die sich an einen konkreten Leser beziehungsweise eine konkrete Leserin richten würden, auch die Einschätzung zur Eignung für eine bestimmte Stelle. Dieser Absatz wurde ersetzt durch den auch heute noch üblichen Hinweis, die Auflösung des Beschäftigungsverhältnisses sei auf Wunsch des Angestellten erfolgt, dieser also nicht entlassen worden.

Die Einhaltung eines formalisierten Aufbaus und vor allem der starke Fokus auf die Empfohlenen erweckt zunächst den Anschein, akademische Empfehlungsschreiben hätten eine neue Ebene der Sachlichkeit oder Objektivierbarkeit erreicht. Es ist aber nicht zu unterschätzen, wie stark auch die Reputation der Beteiligten und ihre persönlichen Bindungen in diese Schreiben einflossen. Solche informellen Faktoren prägten maßgeblich Entscheidungen über die Besetzung wissenschaftlicher Positionen und damit die gesamte universitäre Wissensproduktion. Wie sich Reputation und Anerkennung im akademischen Feld im zeitlichen Verlauf konstituierten, lässt sich daher anhand von Empfehlungsschreiben gut nachvollziehen. Je nach Status und akademischem Rang veränderten sich Aussagen in ihrem Inhalt wie in ihrer Tonalität. Erkennbar wird dies im Folgenden an Empfehlungsschreiben, die der Pharmazeut Richard Brieger[27] im Verlauf seiner Karriere gesammelt hat. Diese Empfehlungen liegen in gesammelter Form vor, da er und andere Wissenschaftler und Wissenschaftlerinnen ganze Bewerbungskonvolute schnürten, die mit Schriftenverzeichnissen, Lebensläufen

---

26 03.09.1925 Schuloff über Frankel, in: Personalakte „Frankel, Max“, bis 1954, I, Central Archive of the Hebrew University Jerusalem.

27 Richard Brieger (1887–1937); Vgl. auch Richard Briegers Lebenslauf im Archiv der Hebräischen Universität: 1933 (Undatiert) Richard Brieger: Lebenslauf, in: „Bewerbungen“, 1933, Box 50, 165 B, Central Archive of the Hebrew University Jerusalem.

und Anschreiben eine Art Gesamtschau ihres akademischen Werdegangs ermöglichten.

Richard Brieger hatte seit seinem Berufseinstieg im Jahr 1909 geradezu akribisch Empfehlungsschreiben gesammelt, die vollständig überliefert sind. Im Herbst 1933 verlor er seine Anstellung aufgrund nationalsozialistischer Repressionen; in den Worten seines Arbeitgebers, der „Pharmazeutischen Zeitung“, schied er „bedauerlicherweise aus politischen Gründen aus“.[28] Direkt im Anschluss bereitete Brieger seine Bewerbung an der Hebräischen Universität vor, die an späterer Stelle dieser Arbeit noch thematisiert werden wird und kontaktierte aus eigener Initiative Personen aus seinem Umfeld, um Empfehlungen einzuholen.

In der Netzwerkvisualisierung in Abbildung 17 zeigt sich darum auf der linken Seite ein Kranz von Schreiben ohne Adressat und zudem, teilweise von den gleichen Verfassern, mittig ein Feld von Schreiben an Judah Magnes.

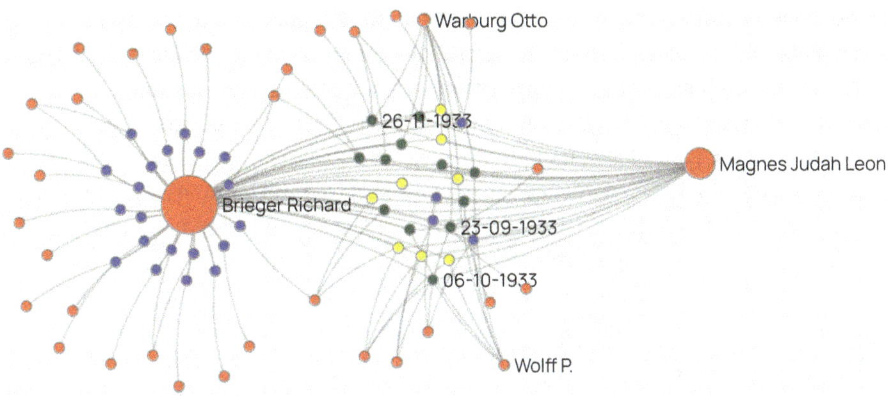

Abb. 16: Empfehlungsnetzwerk des Bewerbungsprozesses Richard Brieger

Die insgesamt 44 Schreiben, die in Abbildung 16 visualisiert sind, zeigen den Verlauf einer Karriere, für die sich drei Phasen definieren lassen.

1. Die Phase der Ausbildung, In einem ersten Arbeitszeugnis bescheinigt der Breslauer Apotheker der Aeskulap-Apotheke E. Weigert seinem damaligen Lehrling Brieger kurz und knapp „Fleiss und Pflichteifer“ sowie „gute Führung“.[29] Nach seiner zweiten Anstellung als Apothekergehilfe in der Bären-Apotheke Stettin wird ihm vom dortigen Apotheker Guttmann ein ähnliches Zeugnis ausgestellt. Brieger habe sich durch „Pflichttreue, sein schnelles und sauberes Arbeiten sowie durch reges Geschäftsinter-

28 Vgl. 31.08.1933 Pharmazeutische Zeitung für Brieger: „Ich bedaure das aus politischen Gründen erfolgte Ausscheiden des Herrn Dr. Brieger aus der Schriftleitung der ‚Pharmazeutischen Zeitung‘“, in: „Bewerbungen“, 1933, Box 50, 165 B, Central Archive of the Hebrew University Jerusalem.

29 31.03.1909 Schreiben von E. Weigert (Apotheker) Lehrlingszeugnis, in: „Bewerbungen“, 1933, Box 50, 165 B, Central Archive of the Hebrew University Jerusalem.

esse“ ausgezeichnet und zu Guttmanns „vollste[r] Zufriedenheit“ gearbeitet. Hinzu kommt hier die Charakteraussage, dass Brieger ein „[l]ieber Mitarbeiter“[30] sei. In den Jahren 1910 bis 1913 studierte Richard Brieger zunächst Pharmazie, dann Lebensmittelchemie, hauptsächlich bei Johannes Georg Gadamer[31] an der Universität in Breslau. Brieger promovierte anschließend im Jahr 1913. Zum Ende seiner Assistenzzeit im Universitätslaboratorium in Breslau wird für seine Empfehlung ein nüchterner Ton angeschlagen: Brieger wird als „gewissenhaft und pünktlich“[32] beschrieben. Am 1. Januar 1914 trat er eine Stelle in der wissenschaftlichen Abteilung der Gehe & Co. A. G. in Dresden an und war seit Oktober 1915 bis zum Ende des Krieges nach eigener Aussage „kriegsfreiwilliger Frontsoldat“.[33] Seine Approbationsurkunde ist auf den 1. Februar 1917 datiert. Das von dem Unternehmer Richard Bausch (1869–1947) unterzeichnete Empfehlungszeugnis aus Dresden besagt: „Er hat seinen Pflichten mit Fleiss und Interesse obgelegen und wiederholt Beweise seines Könnens, seiner Geschicklichkeit und seiner Veranlagung zu glücklichen Ideen gegeben.“[34] Zusammenfassend betrachtet beziehen sich die Aussagen während der ersten Karrierephase auf Eigenschaften wie Fleiß, Folgsamkeit und Disziplin. Während der Inhalt oder die fachliche Ausrichtung meist unklar bleiben, steht im Vordergrund, dass aufgetragene Aufgaben zur Zufriedenheit der anleitenden Person ausgeführt wurden. Besonders positive Eigenschaften wurden in dieser Phase Briegers individueller Veranlagung sowie seinem anscheinenden Hang zum Glück haben, nicht aber seiner bisherigen Ausbildung zugeschrieben.

2. Die Phase des Aufstiegs: Der Übergang von der ersten zur zweiten Phase ist fließend, weswegen es in den Schreiben auch keine klare Zäsur gibt; vielmehr wandelten sich die Aussagen im Gehalt und im Ton. Nachdem Brieger nach kurzer Tätigkeit bei der Chemischen & Seifenfabrik R. Baumheier in Oschatz-Zöllau war, bekam er nach einem Jahr sein Zeugnis ausgestellt. Der Inhaber der Seifenfabrik empfahl ihn mit den Worten: „Er hat die ihm übertragenen Arbeiten gewissenhaft ausgeführt und sein reiches Wissen meiner Firma erfolgreich zur Verfügung gestellt.“[35] Brieger erfüllte zwar immer noch hauptsächlich Aufgaben, die man ihm aufgetragen hatte, anstatt eigenverantwortlich zu arbeiten, sein Erfolg dabei wurde aber nun nicht auf natürliche Begabungen, sondern auf sein angehäuftes Wissen zurückgeführt. Im Anschluss wurde Brieger bei der Pharmazeutischen Industrie GmbH in Wiesbaden zunächst als Proku-

---

30 31.03.1910 Schreiben von Guttmann (Apotheker), in: „Bewerbungen“, 1933, Box 50, 165 B, Central Archive of the Hebrew University Jerusalem.

31 Johannes Georg Gadamer (1867–1928), von 1902 bis 1919 Professor für pharmazeutische Chemie an der Universität Breslau.

32 31.12.1913 Schreiben der Genossenschaft schlesischer und posenscher Apotheker, in: „Bewerbungen“, 1933, Box 50, 165 B, Central Archive of the Hebrew University Jerusalem.

33 1933 (Undatiert) Richard Brieger: Lebenslauf.

34 1919 (Undatiert) Bausch für Brieger, in: „Bewerbungen“, 1933, Box 50, 165 B, Central Archive of the Hebrew University Jerusalem.

35 05.07.1920 Schreiben der Chemischen & Seifenfabrik R. Baumheier, in: „Bewerbungen“, 1933, Box 50, 165 B, Central Archive of the Hebrew University Jerusalem.

rist angestellt, dann als Betriebsleiter und später sogar als Vorstandsmitglied. „Er hat die zur Leitung des Betriebes erforderlichen Fähigkeiten insbesondere auf technischem und wissenschaftlichem Gebiete erwiesen und besitzt einen guten kaufmännischen Blick und Gewandtheit in Wort und Schrift“,[36] bescheinigte ihm das Empfehlungsschreiben für diese Position nach knapp vier Jahren Betriebszugehörigkeit. Nach einer nur kurzen Tätigkeit als Betriebsleiter der Taunus-Apotheke in Wiesbaden („bester Dank für seine ausgezeichneten Dienste“[37]) nahm Brieger eine Stelle als Redakteur der „Pharmazeutischen Zeitung“ an, die er für die kommenden knapp acht Jahre innehaben sollte.

3. Die Expertenphase: Während seiner Arbeit für die „Pharmazeutische Zeitung“ erlangte Brieger „allgemeine Anerkennung in Fachkreisen“.[38] Das erste Zeugnis dieser Phase schrieb der damalige Chefredakteur der „Pharmazeutischen Zeitung“, Ernst Urban.[39] Wie Brieger war Urban jüdisch und musste seinen Posten bei der „Pharmazeutischen Zeitung“ bereits im Juni 1933 verlassen. Zu seinem Abschied verfasste er Empfehlungen für seine Mitarbeiter. Urban bestätigte Brieger, dass dieser

> auch auf kaufmännischem, wirtschaftlichem und rechtlichem Gebiete [...] stets ein rasches, sicheres Urteil und eine gewandte Feder bewiesen [hatte], sodass seine diesbezüglichen Abhandlungen eine wertvolle Bereicherung des Inhalts der Zeitung bildeten. Im übrigen zeichnete er sich aus durch gewandtes, repräsentatives Auftreten, rasche Arbeitsweise, größte Arbeitskraft und tadelloses sonstiges Verhalten.[40]

Die Leistungen Briegers lesen sich nun, da er im Berufsleben angekommen war, nicht mehr als Glücksfall, sondern als kompetente Eigenleistung. Seine Aufgaben erfüllte er nicht mehr nach Auftrag, sondern er schien einen Mehrwert aus seiner eigenen Kompetenz heraus zu schaffen. Die Hinweise auf seine umfassende Bildung auf den verschiedenen „Gebieten“ tragen zudem seiner früheren Ausbildung und seiner bis dahin gesammelten Berufserfahrung Rechnung.

Nur wenige Wochen nachdem sein Vorgesetzter Urban die Zeitung verlassen musste, wurde auch Richard Brieger entlassen.[41] In Vorbereitung auf seine Bewerbung an der Hebräischen Universität, auf deren Verlauf in Kapitel 4.9 weiter eingegangen werden soll, mobilisierte Brieger seine ehemaligen Ausbilder und Arbeitgeber und belegte damit auch jene Sorgfalt, die ihm bis zu diesem Zeitpunkt in seinen Zeugnissen

---

36 02.03.1925 Schreiben der Pharmazeutischen Industrie GmbH, in: „Bewerbungen“, 1933, Box 50, 165 B, Central Archive of the Hebrew University Jerusalem.

37 31.12.1925 Schreiben der Taunus-Apotheke, in: „Bewerbungen“, 1933, Box 50, 165 B, Central Archive of the Hebrew University Jerusalem.

38 01.07.1933 Urban über Brieger, in: „Bewerbungen“, 1933, Box 50, 165 B, Central Archive of the Hebrew University Jerusalem.

39 Ernst Urban (1874–1958).

40 01.07.1933 Urban über Brieger.

41 31.08.1933 Entlassungsschreiben Brieger von Julius Springer, in: „Bewerbungen“, 1933, Box 50, 165 B, Central Archive of the Hebrew University Jerusalem.

bescheinigt worden war.[42] So bestätigte ihm sein erster Ausbilder Weigert aus Breslau, dass er die Karriere seines ehemaligen Schützlings immer wohlwollend verfolgt und Brieger sich inzwischen beruflich erfolgreich etabliert habe.[43] Alexander von Lingelsheim, außerordentlicher Professor für Pharmazie an Briegers Alma Mater in Breslau, bestätigt seine Lehrkompetenz und wissenschaftliche Qualifikation.[44] Unterstützend schreibt Peter Danckwort, zu dieser Zeit in Hannover, dass er Brieger aus seiner Zeit an der Universität Breslau kenne und „[a]nstelle des verstorbenen“[45] Gadamers bestätige, dass Brieger „zu den bevorzugten Schülern des Herrn Geheimrat Gadamer“[46] gehört habe.

Auch von der „Pharmazeutischen Zeitung“ ließ sich Brieger seine Leistungen bestätigen. Georg Urdang[47] teilte seine Empfehlung für Brieger vom 9. September 1933 in „1) Die Persönlichkeit“ und „2) Die Leistung“ ein.[48] Auch in Urdangs Schreiben finden sich Tropen der erwiesenen Kompetenz. So habe sich Brieger in allen von Urdang angesprochenen Bereichen „hinreichend bewiesen“[49] und sei „[i]n allen Sparten des von ihm bearbeiteten weiten Gebietes gleich bewandert, und mit seltenen Gaben ausgestattet.“[50]

Die Zahl der empfehlenden Schreiben für Brieger im Jahr 1933 ist enorm hoch, da er nicht allein Personen in Führungs- und Leitungspositionen kontaktierte, sondern auch Weggenossen, die aus kollegialer Perspektive Zeugnis über ihn ablegten. So bescheinigte der Apotheker und Nahrungsmittelchemiker Willy Peyer, Privatdozent an der Universität Breslau, den Brieger durch seine Arbeit für die „Pharmazeutische Zeitung“ kannte: „Meine persönlichen Begegnungen mit Herrn Dr. Brieger und unsere wissenschaftlichen Diskussionen haben in mir stets den Eindruck hinterlassen, dass in ihm einer der führenden wissenschaftlich und praktisch auf höchster Höhe stehenden

---

42 Auch andere Wissenschaftler wie beispielsweise George Goldhaber holten Empfehlungen ehemaliger Arbeitgeber ein, allerdings in weit geringerer Zahl. Vgl. 12.07.1933 Ludwig Halberstaeter über Goldhaber und 22.05.1933 Ferdinand Blumenthal über Goldhaber.

43 19.09.1933 Schreiben von E. Weigert, in: „Bewerbungen“, 1933, Box 50, 165 B, Central Archive of the Hebrew University Jerusalem.

44 19.09.1933 Schreiben von Lingelsheim, in: „Bewerbungen“, 1933, Box 50, 165 B, Central Archive of the Hebrew University Jerusalem.

45 11.09.1933 Schreiben von Danckwort, in: „Bewerbungen“, 1933, Box 50, 165 B, Central Archive of the Hebrew University Jerusalem.

46 11.09.1933 Schreiben von Danckwort.

47 Georg Urdang (1882–1960) war jüdisch und sollte noch bis 1936 unter Pseudomym für die pharmazeutische Zeitung schreiben, bis er dann nach Amerika emigrierte. Vgl. Ludwig, Andrea: Georg Urdang (1882–1960). Ein Pharmaziehistoriker als Mittler zwischen „alter“ und „neuer“ Welt. Stuttgart 2009 (Quellen und Studien zur Geschichte der Pharmazie, 91).

48 09.09.1933 Schreiben von Urdang, in: „Bewerbungen“, 1933, Box 50, 165 B, Central Archive of the Hebrew University Jerusalem.

49 09.09.1933 Schreiben von Urdang.

50 09.09.1933 Schreiben von Urdang.

Fachgenossen zu schätzen ist."[51] Hans Heger, Herausgeber und Mitherausgeber weiterer pharmazeutischer Publikationen, empfahl Brieger „als bedeutenden wissenschaftlichen Fachmann auf dem Gebiete der Pharmazie".[52] Weitere Schreiben dieser Art gibt es von Pharmazeut Pieter van der Wielen aus Amsterdam,[53] dem Herausgeber von „Chemist and Drugist" G. P. Forrester aus London[54] sowie von Dr. Jacobson von Beiersdorf in Amsterdam.[55]

Obwohl die letztgenannten Schreiben an dieser Stelle nicht näher analysiert werden, belegen sie in Kombination mit den oben besprochenen Schreiben der dritten Phase ein Hauptcharakteristikum von Empfehlungen in akademischen Kontexten, das durch die Fokussierung der Texte auf die wissenschaftlichen Leistungen der Empfohlenen oft übersehen zu werden droht: die Reputation. Fachliche Leistungen werden von anderen Fachgenossinnen und -genossen anerkannt. Die Qualität der Arbeit ergibt sich, auch in den Naturwissenschaften, nicht aus sich selbst heraus, sondern aus dem Dialog innerhalb der wissenschaftlichen Gemeinschaft. Hierbei werden der wissenschaftliche Rang, die Erfahrung und wiederum die Anerkennung der einschätzenden Wissenschaftlerinnen und Wissenschaftler zum Multiplikationsfaktor fachlicher Einschätzung. Es zeigt sich damit erstens, dass sich eine Einschätzung der Kompetenz mit steigendem Berufsalter auch in der Rückschau wandelte. Reputation wird mit zunehmendem Alter konstituiert und dann von der Gemeinschaft der Kolleginnen und Kollegen reproduziert und perpetuiert. So hätte beispielsweise niemand dem erfahrenen Brieger bescheinigt, dass er zunächst ein glückliches Händchen hatte und sich damit hocharbeitete, wie es in den frühen Empfehlungen noch über Brieger hieß. Vielmehr scheint, seitdem er ein ausgewiesener Experte war, schon immer klar gewesen zu sein, dass er zu großen Leistungen fähig war. Zweitens wird an diesem Beispiel deutlich, dass auch in der Wissenschaft, wie in den in Kapitel 1.3 vorgestellten bürgerlichen Briefstellern, der Rang der Empfehlenden möglichst hoch sein musste, damit ihnen ein valides und nicht anmaßendes Urteil zugetraut wurde. Es liegt zumindest dieser Recherche kein Zeugnis eines Lehrlings oder einer Assistentin über Brieger als Vorgesetzten vor.

---

51 19.09.1933 Schreiben von Peyer, in: „Bewerbungen", 1933, Box 50, 165 B, Central Archive of the Hebrew University Jerusalem.

52 1933 (Undatiert) Schreiben von Heger, in: „Bewerbungen", 1933, Box 50, 165 B, Central Archive of the Hebrew University Jerusalem.

53 21.09.1933 Schreiben von von der Wielen, in: „Bewerbungen", 1933, Box 50, 165 B, Central Archive of the Hebrew University Jerusalem.

54 22.09.1933 Schreiben von Forrester, in: „Bewerbungen", 1933, Box 50, 165 B, Central Archive of the Hebrew University Jerusalem.

55 22.09.1933 Beiersdorf an Brieger, in: „Bewerbungen", 1933, Box 50, 165 B, Central Archive of the Hebrew University Jerusalem.

4.2 Wegloben und Abraten: Die versteckten Botschaften in lobenden Worten

Empfehlungsschreiben und Gutachten waren in der akademischen Welt fester Bestandteil von Einstellungsverfahren und sind es noch immer. Obwohl diese Schreiben in ihrer Gesamtheit formal wirkten, sind keine gesonderten Schreibanleitungen oder akademischen Briefsteller belegt. Es ist also davon auszugehen, dass sich auch akademische Empfehlungen an den in dieser Arbeit bereits vorgestellten allgemeinen Grundsätzen aus den bereits besprochenen Briefstellern orientierten. Einer der wichtigsten dieser Grundsätze war, dass Empfehlungsschreiben stets positiv zu formulieren waren. Es sind jedoch auch Fälle belegt, in denen unliebsame Kolleginnen und Kollegen via Empfehlungen an andere Arbeitsplätze vermittelt werden sollten. Das bekannte Phänomen des „Weglobens" ist in den Briefen selbst nur schwer fassbar. Es liefe dem Zweck zuwider, in Empfehlungsschreiben beispielsweise darauf hinzuweisen, dass man empfohlene Kandidatinnen und Kandidaten unterstütze, weil man sie nicht mehr am eigenen Lehrstuhl haben wolle. Ob eine derartige Agenda vorlag, enthüllten die Empfehlungsschreiben nicht. Die wissenschaftliche Gemeinschaft verließ sich hier auf den in den Briefstellern angesprochenen bürgerlichen Ehrenkodex, dass nur empfohlen wird, wer empfehlungswürdig ist, und konnotierte das positiv. In breiterer Auslegung konnte aber eben auch empfehlungswürdig sein, wer aus dem eigenen näheren Arbeitsumfeld, vielleicht aufgrund persönlicher Unstimmigkeiten, verschwinden sollte.

Ein Beispiel für die nicht auflösbaren Ambiguitäten in Empfehlungen ist ein Schreiben von Abraham Adolf Fraenkel zugunsten von Dr. Z. Chajoth. Hierin erlaubte sich Fraenkel, Judah Magnes in bemerkenswerter Weise seine Meinung mitzuteilen,

> dass man Dr. Amira nicht abhalten sollte, ins Ausland zu gehen und endlich an produktive wiss. Arbeit zu geben [sic]. Abgesehen davon, dass es auch in Europa noch tüchtige palästinensische Mathematiker gibt, die für eine Assistentenstelle in Betracht kämen, habe ich von mehreren Leuten so ausserordentlich günstige Urteile über Dr. Chajoth erfahren, dass meinerseits kaum Bedenken bestehen, diesem eine durch Amiras Weggang etwa freiwerdende Stelle zu übertragen.[56]

Es ist in diesem Text nicht mit letzter Sicherheit zu erkennen, ob es in erster Linie Fraenkels Anliegen war, seinen Kollegen Binyamin A. Amirá dabei zu unterstützen, Palästina wieder zu verlassen, oder ob es ihm vorrangig darum ging, seinen Kollegen Chajoth nach Palästina zu holen. In jedem Fall ist bemerkenswert, wie klar Fraenkel einen möglichen Nachfolger positionierte, obwohl die Vakanz der Stelle noch gar nicht gegeben war. Ein weiterer Schriftverkehr in Sachen dieser Personalie liegt nicht vor. Wir

56 11.10.1928 Fraenkel an Magnes., in: „Fraenkel, A. H." Band I, Central Archive of the Hebrew University Jerusalem.

wissen aber, dass Binyamin Amirá seinen Posten an der Hebräischen Universität behielt und nicht ins Ausland ging.[57]

Deutlicher werden versteckte Intentionen häufig, wenn weitere Aufzeichnungen und Korrespondenzen eine Situation und die Grundhaltung der Empfehlenden kommentieren oder beschreiben. Noch leichter erschließt sich die Absicht, wenn Verfasserinnen und Verfasser von Empfehlungsschreiben klare Worte finden, die außerhalb der positiven, der wohlwollend empfehlenden Norm liegen. Das in akademischen Empfehlungsschreiben dezidiert von einem Kandidaten oder einer Kandidatin abgeraten wird, ist in den hier vorliegenden Quellen allerdings eine Seltenheit. Aufgrund des modus operandi – gewöhnlich wurden Empfehlungen von der Hebräischen Universität bei Fachkollegen angefragt – gab es sie aber durchaus. Ein herausragendes Beispiel ist ein Schreiben aus dem Februar 1928 des Gießener Geologen Hermann Harrassowitz über Adolf Reifenberg, das Israel Jacob Kligler von der Hebräischen Universität auf Anfrage erhielt:

> Sehr geehrter Herr Kollege!
> Ihr Schreiben vom 31. Januar habe ich erhalten und gebe ihnen nach sorgfältiger Überlegung gern die gewünschte Auskunft.
> Herr Doktor R. hat mit einer Arbeit in Giessen promoviert, in der recht geschickt ein Ueberblick über die Böden Palästinas gegeben worden ist. Neu war seine Betrachtung der Regenfaktoren. Die Arbeit ist von mir s. Zt. mit gut beurteilt worden. Sie stellt eine ganz ordentliche Durchschnittsleistung dar. – Die Prüfung in dem Fach Agrikulturchemie war mit genügend bis gut zensiert worden, stellte also keine besondere Leistung dar.
> Für die wissenschaftliche Beurteilung dient die Liste der veröffentlichten Arbeiten. Ich fasse mein Urteil so, wie ich es in Deutschland bei der Niederlassung eines Privat-Dozenten abfassen würde. Von den angeführten 11 Titeln sind 2 noch nicht veröffentlicht und scheiden daher bei der Beurteilung aus. Von den übrigen 9 sind 6 Arbeiten mit Herrn Foder [sic] zusammen veröffentlicht, so dass für mich eine Beurteilung des auf Herrn R. entfallenden Anteils nicht möglich ist. Auch diese Arbeiten müssen ausscheiden. Von den übrigen 3 Arbeiten ist Nr. 4, die mir früher vorgelegen hat, wenn ich mich recht erinnere, ein kurzer Reisebericht, der als wissenschaftliche Arbeit wohl nicht zu werten ist. So bleiben nur 2 wissenschaftliche Arbeiten übrig, die zur Beurteilung in Frage zu ziehen wären. Die eine ist die Dissertation und die zweite die Arbeit Nr. 9 über die Rolle der Kieselsäure. – Ueber die Dissertation habe ich mich oben kurz geäußert. Was nun die Arbeit Nr. 9 anbetrifft, so habe ich nach ausführlicher Durchsicht festgestellt, dass sie zum überwiegenden Teil die Ergebnisse der mit Herrn Foder [sic] zusammen gemachten Arbeit Nr. 8 darstellt. So scheidet also der Hauptteil dieser Arbeit für eine selbständige Beurteilung ebenfalls aus. – Was die Anwendung der gewonnenen experimentellen Ergebnisse auf die Roterden anbetrifft, so kann ich mich dem Eindruck nicht entziehen, dass der Verfasser noch nicht über der Sache steht. Der fragliche Absatz ist aber von vornherein so kurz, dass eine ausführliche Besprechung nicht notwendig ist. Es liegt also außer der Dissertation keine größere selbständige Arbeit vor. Unter diesen Umständen würde ich in Deutschland von einer Habilitation unbedingt abraten müssen.
> Im übrigen ergibt sich, dass das von Herrn R. an sich erfasste Gebiet wohl als Bodenchemie richtig zu bezeichnen ist, dass ihm aber die Beobachtung im Gelände und durchgearbeitete Kenntnis der Literatur nicht zur Verfügung steht. Unbedingt müsste er auch in der Lage sein, neuere Lite-

57 Vgl. Dauben: Abraham Robinson, S. 47.

ratur zu verfolgen. Wichtige Arbeiten über das Roterde-Problem sind von ihm nicht aufgeführt oder nur ganz ungenügend verglichen worden.
Es tut mir leid, dass ich so zu einem wesentlich negativen Urteil komme, umsomehr als ich mich für das Vorwärtskommen des Herrn R. durchaus interessiert habe. Aber meine in ruhiger Überlegung gewonnene Anschauung, vermag ich Ihnen nicht zurückzuhalten.
Sollten sie [sic] in dem einen oder anderen Punkte noch irgendetwas ausführlicher wissen wollen, so bin ich dazu sehr gern bereit.
Mit vorzüglicher Hochachtung gez. Harrassowitz.[58]

In seinem Aufbau entspricht das Schreiben den akademischen Empfehlungen der Zeit, wie sie in dieser Arbeit in Kapitel 4.1 vorgestellt wurden. Inhaltlich erscheinen die Argumente abgewogen, der Ton sachlich, das Urteil auf fachliche, objektivierte Kriterien gestützt, und die abschließenden Entschuldigungen für das Abraten suggerieren ein ungebrochenes Wohlwollen. Nichtsdestotrotz ist Harrassowitz' Urteil nicht anders als vernichtend zu nennen. Und wäre es das einzige Gutachten zu Reifenberg gewesen, die Universität hätte seine Anstellung vermutlich ablehnen müssen.

Allerdings zeigt sich in diesem Fall die Bedeutung der akademischen Praxis, mehr als nur ein Gutachten zu zu Bewerberinnen beziehungsweise Bewerbern einzuholen. Das zweite Schreiben von Georg Wiegner kam nämlich zu einem konträren Urteil und empfahl Reifenberg ausdrücklich.[59] Ein Schreiben Andor Fodors an Judah Magnes erklärt, wie es zu diesen so unterschiedlichen Gutachten kommen konnte:

Die Expertise des Herrn Wiegner, der Herrn Dr. Reifenberg auch persönlich sehr gut kennt, ist diesem sehr günstig, indes jene von Harrassowitz in einem wenig wohlwollenden Ton gehalten ist. Herr Harrassowitz wurde s. Zt. aus dem Grunde als Expert [sic] gewählt, weil Herr Dr. Reifenberg seine Dissertationsarbeit bei diesem Herrn eingereicht hatte.
Ich möchte darauf hinweisen, dass sich Herr Harrassowitz unserer Universität gegenüber als durchaus unfreundlich gesonnen erwiesen hat.
Er hat gegen die Gepflogenheit und gegen den Wortlaut im Titel der Doktorarbeit, die hier in Jerusalem gemachte Dissertation aus dem geologischen Institut in Giessen veröffentlichen lassen, indem er eigenmächtig im Manuskript des Herrn Reifenberg die Angabe der Herkunft der Arbeit gestrichen und die Sache so dargestellt hat als sei die Arbeit lediglich im geologischen Institut in Giessen angefertigt worden. Dies wurde von Herrn Reifenberg in der Zeitschrift, in der die Veröffentlichung erfolgte, nachträglich berichtigt, was zu einer Animosität dieses Herrn gegen Dr. Reifenberg und uns geführt hat.
Ich führe die von Wiegner so grundverschiedene Einstellung des Herrn Harrassowitz, die quasi jeder Beurteilbarkeit eines Mannes durch fremde Experten Hohn sprechen würde, einerseits auf diesen Umstand zurück, andrerseits aber auch auf seine refräktäre [sic] Einstellung zur kolloidischen Richtung.

58 22.02.1928 Harrassowitz an Kligler, in: „Reifenberg, Avrahan", I, Central Archive of the Hebrew University Jerusalem.
59 20.02.1928 Schreiben von Wieger, in: „Reifenberg, Avrahan", I, Central Archive of the Hebrew University Jerusalem.

> Um mich persönlich zu überzeugen, ob das Urteil des Herrn Harrassowitz über Herrn Reifenberg in der Tat dem allgemeinen Urteil über ihn entspricht, habe ich mir gestattet, zwei weise Expertisen von führenden Fachgenossen einzuholen: […][60]

Die Reaktion, bei gegensätzlichen Gutachten zwei weitere anfertigen zu lassen, sollte ein solide Entscheidungsgrundlage schaffen und gegebenenfalls eine negative Empfehlung relativieren.[61] Solch ein Vorgehen ermöglichte in diesem Fall die Anstellung Reifenbergs. In der geschilderten Episode liegen gleich zwei Besonderheiten vor, die von den Empfehlungsgepflogenheiten abweichen. Zum einen war im Fall Reifenberg die Person, bei der eine Dissertation eingereicht worden war – die also die Arbeit der Kandidatin oder des Kandidaten besonders gut kennen sollte –, der zu empfehlenden Person offensichtlich nicht wohlgesonnen. Zum anderen sollten Empfehlungen im Sinne des bürgerlichen Ehrenkodex immer aufrichtig sein. Auch wenn Harrassowitz' Empfehlung durch gelungene Formulierungen wohl nicht unehrlich zu nennen ist, so negiert sie doch die zu bewertenden Leistungen (wie beispielsweise wissenschaftliche Relevanz und Publikationen) und leitet daraus ein negatives Urteil ab.

4.3 Interne Kommunikation: Empfehlungen als Gebrauchsgegenstand

In akademischen Institutionen spielten Empfehlungen auch bei internen Kommunikationsprozessen eine besondere Rolle. Oft mussten – entgegen den in der Einleitung zu diesem Kapitel erwähnten Vorwürfen gegen Magnes, alles im Alleingang zu bestimmen – größere Gremien gemeinsam Entscheidungen treffen.[62] Ihnen wurden Bewerbungsunterlagen als Entscheidungsgrundlage vorgelegt und anschließend archiviert – eine Praxis, von der die heutige Forschung profitiert, führte und führt sie doch dazu, dass auch informell getroffene mündliche Absprachen, um Geltung zu erlangen, nachträglich verschriftlicht werden mussten. So waren die vorgebrachten Argumente für das entscheidende Gremium nachvollziehbar, lagen also in der Tat vor. Die Verschriftlichung vorhandener Meinungen und mündlicher Kommunikation war im Universitätskontext ein gängiger Prozess, wenn dieser Schritt einen Nutzen für Be- oder Versetzungen hatte.

Die folgenden Zitate zeigen, dass sich die Autoren dieser Schreiben besonders um Nachvollziehbarkeit bemühten. So war es beispielsweise Max Schlössinger in einer Bitte um ein Empfehlungsschreiben an Franz Oppenheimer wichtig zu bemerken, dass er

60 17.06.1930 Fodor an Magnes, in: „Reifenberg, Avrahan", I, Central Archive of the Hebrew University Jerusalem.

61 Zu Peer-Review und anderen Phänomenen kollektiver Denkversuche in den Wissenschaften sowie einer Kritik daran vgl. Allen, David M.; Howell, James W. (Hgg.): Groupthink in Science. Greed, Pathological Altruism, Ideology, Competition and Culture. Cham 2020.

62 Er'ēl: Neue Wurzeln, S. 65–67.

wohl wisse, „dass Sie selbst Herrn Dr. Magnes und mir gegenueber anlaesslich Ihrer Vorlesung dort aus eigener Initiative vorgeschlagen haben, uns des Herrn Dr. Bonné zu Vorlesungszwecken zu bedienen, dass Herr Dr. Magnes und ich dennoch grossen Wert auf Ihre schriftliche Meinungsäußerung legen, weil ja diese Angelegenheit im Universitätsrat zur Beschlussfassung unterbreitet werden muss."[63] Die Antwort Oppenheimers fiel daraufhin ebenso knapp wie herzlich aus:

> Auf ihre Anfrage glaube ich am besten mit der Erklärung antworten zu koennen, dass ich nicht einen Augenblick Bedenken tragen wuerde, Herrn Dr. Bonnee aufgrund der mir bekannten Veroeffentlichungen und seiner Persoenlichkeit meiner eigenen Fakultaet zur Habilitation als Privatdozent zu empfehlen, und zwar mit der ausgesprochenen Hoffnung, dass er im Laufe der Zeit auch noch zu hoeheren akademischen Würden aufsteigen koennte.
> Ihr sehr ergebener
> Sgd. Prof. Dr. Franz Oppenheimer[64]

Der Prozess, ein Gutachten erstellen zu lassen, war zwar weitgehend standardisiert und die Akteurinnen und Akteure waren mit ihm vertraut, dennoch sollte man den Aufwand für die Beteiligten nicht unterschätzen. Exemplarisch für die übliche initiale Anfrage zur Einschätzung der fachlichen Kompetenz der Kandidatin oder des Kandidaten sei hier ein Schreiben an Albert Einstein zitiert, das sich auf Shmuel Sambursky bezog:

> Dear Prof. Einstein,
> Our committee is considering the suitability of Dr. Sambursky, Assistant in the Institute of Physics of the Hebrew University for promotion to the position of lecturer. The status of this position corresponds to that of a lecturer in English or assistant professor in American universities; it differs from the usual status of a Privatdozent at a central European university in that in practice this appointment implies a permanent connection with the University with a fixed salary and anticipates qualifications for future advancement to a higher rank: associate professor or professor. Accordingly the University authorities require of a candidate for this appointment that his publications give evidence of more than average ability as an original and independent investigator in his chosen field.
> We append a list of the publications of which the candidate is the solo or senior author, and hope that you will kindly let us have your confidential opinion as to whether these contributions furnish evidence of high grade scientific ability and attainment.
> Thanking you in anticipation for you courtesy and help, I am
> Faithfully yours,
> Prof. A. Fraenkel[65]

---

63 01.03.1932 Schlössinger an Oppenheimer, in: Personalakte „Bonné, Alfred", bis 1949 (I), Central Archive of the Hebrew University Jerusalem.
64 04.03.1932 Oppenheimer an Schlössinger, in: Personalakte „Bonné, Alfred", bis 1949 (I), Central Archive of the Hebrew University Jerusalem.
65 10.05.1931 Fraenkel an Einstein, in: Personalakte „Sambursky, Shmuel", bis 1957, I, Central Archive of the Hebrew University Jerusalem.

Der fast gleiche Wortlaut findet sich auch in der Akte Max Frankels, was zeigt, dass derartige Anfragen nicht immer neu formuliert wurden, sondern Teil eines routinierten Anfragesystems waren.[66]

Weiterhin wurden für interne Versetzungen und Beförderungen Gutachten von außen angefordert. Diese Anfragen erfolgten aufgrund von Angaben des Kandidaten oder der Kandidatin zu infrage kommenden Fürsprecherinnen und Fürsprechern, wie exemplarisch der Fall von Heinz Pflaum zeigt, der Dozent für Literatur des Mittelalters werden sollte.[67] Dass nun die Kandidaten selbst ihre Fürsprecher wählten, vereinfachte erstens den Prozess der Suche nach Empfehlungen. Es schloss zweitens aus, dass Personen angeschrieben wurden, die den Kandidaten missgünstig gegenüberstanden. Damit öffnete man auf der anderen Seite allerdings auch die Tür für Manipulationen. Unkritische, lediglich als Gefallen aufgefasste Schreiben waren nicht unwahrscheinlich. Die Entscheider konnten bei einem solchen Vorgehen nur auf die Ehrlichkeit, also letztlich auf die akademisch-bürgerliche Ehre der Beteiligten vertrauen. Die Angst vor negativen Folgen für den Ruf der Empfehlenden dürfte aber häufig in dem Sinne so disziplinierend gewirkt haben, dass diese ein möglichst objektives Urteil fällten.

4.4 Zionismus und jüdisch sein: Spezielle Themen für spezielle Situationen

Die Hebräische Universität sollte eine Universität der Jüdinnen und Juden sein. Das bedeutete, dass man in ihrer Gründungszeit jüdischer Herkunft sein musste, um hier arbeiten zu können. Eine solche religiöse beziehungsweise ethnische Bindung war zunächst nicht ungewöhnlich. So waren in Deutschland auch nach 1848 Menschen jüdischen Glaubens die höheren Beamtenstellungen versperrt geblieben.[68] Hinsichtlich der neuen Universität in Jerusalem herrschte Konsens darüber, dass es eine dezidiert zionistische Einrichtung sein sollte.[69] Damit war automatisch auch eine Anforderung an die Einstellung möglicher Beschäftigter formuliert.[70]

Diese grundsätzliche Verfasstheit der Universität spiegelte sich von Beginn an auch in den Empfehlungen wider, in denen der Zionismus zum wichtigen Inhalt wur-

66 23.04.1931 Fodor an Levene, in: Personalakte „Frankel, Max“, bis 1954, I, Central Archive of the Hebrew University Jerusalem.

67 12.03.1928 Magnes an Gundolf, in: Personalakte „Peri, Hiram“, bis 1948, I, Central Archive of the Hebrew University Jerusalem.

68 Richarz, Monika: Jüdische Akademiker als Anwälte und Ärzte, S. 169.

69 Vgl. Dolev, Diana: The planning and building of the Hebrew University, 1919–1948. Facing the Temple Mount. Lanham et al. 2016, S. XIII-XIX.

70 Vgl. Bentwich, Norman: Palestine. London 1934, S. 256.

de. So empfahl Hans Pringsheim[71] seinen Mitarbeiter Jesaja Leibowitz[72] am 9. Oktober 1924 als einen außergewöhnlichen Menschen „mit schnellster und tiefster Auffassungsgabe, größtem Fleisse und grösster Arbeitskraft, der durch ein äusserst sympathisches Wesen und die grosse Hingabe an die Wissenschaft einnimmt. Er ist begeistert für die Ideale des Zionismus [...]. So sehr ich ihn empfehle, so sehr bedaure ich, ihn von hier fortzulassen."[73] In Ermangelung einer freien Stelle als Assistent konnte die Hebräische Universität Leibowitz nur eine unterfinanzierte Stelle als Volontärassistent anbieten, die nicht ausreichte, um mit dem Verdienst seinen Lebensunterhalt zu bestreiten.[74] Da dies für Leibowitz nicht infrage kam, wandte sich Pringsheim an Hans Kohn, der, wie Pringsheim laut seinem Schreiben vom 7. Februar 1925 in Erfahrung gebracht hatte, „gewisse Beziehungen zur Universität in Jerusalem" hatte.[75] Auch ihm schilderte Pringsheim, dass Leibowitz „das größte Interesse daran [hat], in der Jerusalemer Universität eine Assistentenstelle als Chemiker zu erhalten, da er begeistert für die Sache der Zionisten ist und gern in Jerusalem tätig sein möchte." Allerdings führte das zweite Schreiben lediglich zu einer ausführlicheren Erläuterung der Absage. Aus dieser ging hervor, dass Assistentenstellen mit Personen besetzt wurden, die bereits in Israel lebten, mit einer Ausnahme. Die Ausnahme stellte eine Studentin von Professor Leonard Ornstein aus Utrecht dar, die engagierte Zionistin war und wohl genau darum angestellt worden war. Gerechtfertigt wurde die prinzipielle Besetzung mit bereits Ortsansässigen damit, dass diese auf eigenes Risiko den Weg nach Palästina gefunden und sich dort bis zur Einstellung durchgeschlagen hätten. Hiernach wurde an die zionistische Haltung von Leibowitz selbst appelliert. Als Zionist müsse er verstehen, dass bei Stellenvergaben der Hebräischen Universität noch andere Argumente einflössen als in anderen akademischen Einstellungsverfahren, und jüdische Chemiker gebe es nun einmal außerordentlich viele.[76]

Die starke Konkurrenz in bestimmten Fächern führte dazu, dass es schon 1925 stellenweise einen Überschuss an Bewerberinnen und Bewerbern gab. Wie am vorangehenden Beispiel gezeigt, wurde in solchen Fällen ein zionistisches Engagement belohnt und offen kommuniziert, dass bei der Stellenbesetzung nicht allein fachliche Kriterien

71 Vgl. Engel, Michael: Prof. Dr. Hans Pringsheim – ein vergessener Biochemiker. Mit einem Exkurs: Yeshayahu Leibowitz, in: Astrid Schürmann (Hg.): Chemie – Kultur – Geschichte. Festschrift für Hans-Werner Schütt anlässlich seines 65. Geburtstages. Unter Mitarbeit von Hans-Werner Schütt. Berlin 2002, S. 107–129.

72 Jesaja Leibowitz (1903–1994).

73 09.10.1924 Pringsheim an Fodor, in: Personalakte „Leibowitz, Jeschajahu" 1925–1943, I, Central Archive of the Hebrew University Jerusalem.

74 23.11.1924 Sekretär an Leibowitz, in: Personalakte „Leibowitz, Jeschajahu" 1925–1943, I, Central Archive of the Hebrew University Jerusalem.

75 07.02.1925 Pringsheim an Kohn, in: Personalakte „Leibowitz, Jeschajahu" 1925–1943, I, Central Archive of the Hebrew University Jerusalem.

76 07.04.1925 Sekretär an Pringsheim, in: Personalakte „Leibowitz, Jeschajahu" 1925–1943, I, Central Archive of the Hebrew University Jerusalem.

zum Tragen kamen.[77] Menschen, die sich aus zionistischer Gesinnung einer schwierigen materiellen Lage aussetzten, hatten in den Augen der Universität den Beweis erbracht, in besonderer Weise für die zionistische Sache einzustehen.

Jüdische Herkunft und zionistische Einstellung waren auch Anforderungen an die Familien der anzustellenden Personen. So ist in einem Austausch zwischen Fraenkel und Magnes über Michael Fekete belegt, dass es nach dessen Berufung ein Problem darstellte, dass seine Ehefrau und damit auch die Kinder nach traditioneller halachischer Auslegung nicht-jüdischer Herkunft waren. Fraenkel rechtfertigt in diesem Schreiben, dass er Fekete in „wissenschaftlicher Beziehung"[78] empfohlen habe, ihn aber persönlich nicht kenne. Nun habe er „auf dem Weg über eine auch Ihnen massgebende Persönlichkeit"[79] von der Herkunft von Feketes Frau erfahren. Dass Fraenkel diese Information nicht vorher vorgelegen hatte, war ihm unangenehm, und die vorliegende Anstellung stellte für ihn einen schwer hinzunehmenden Umstand dar. Das Problem war so schwerwiegend, dass Fraenkel sich fragte, ob man „auf F. einen Druck ausüben sollte."[80] Wie dieser Druck aussehen sollte, beschreibt er nicht, denkbar ist, dass Fekete von seiner Stelle zurücktreten sollte.

Weiterhin befürwortete die Universität Forschungen, die konkret in Palästina Anwendung finden konnten. In dem Bewerbungsprozess des oben bereits erwähnten Reifenberg wurde positiv erwähnt, dass dieser „[g]erade als Absolvent agrikulturchemischer Studien für die Zusammenarbeit mit dem reinen Biochemiker prädestiniert [sei]. Auf dem Gebiete der angewandten Kolloidchemie bietet sich ein unübersehbares Forschungsfeld, sodass manche Fachgenossen sich glücklich schätzen würden als Untersuchungsobjekte palästinensisches Material wählen zu können."[81] Darum unterstützte Andor Fodor in seiner Empfehlung an Magnes die Anstellung Reifenbergs „mit aller Wärme".[82] „Die Bearbeitung der angewandten Gebiete in der Biochemie und in der Kolloidchemie", so Fodor weiter, „sind als wichtige und für Palästina besonders bedeutungsvolle Teile der Experimentalforschung anzusehen. Herr Dr. Reifenberg besitzt nach meiner Erfahrung die besondere Befähigung, um in diesen Richtungen fördernd zu wirken."[83]

---

77 An Professor Ornstein hatte die Hebräische Universität ein ausgeprägtes Interesse. So gibt es einen Brief, der die Enttäuschung ausdrückt, dass Ornstein nicht dauerhaft kommen will: 27.01.1930 Magnes an Ornstein; sowie Briefe zur Organisation eines Gastvortrages: 31.03.1926 Schreiben an Magnes; 02.11.1927 Bitte um Empfehlung von Ginzberg an Ornstein, alle in: „Bewerbungen und Angebote für akademische Anstellungen", 1925–1930, Box 3, 5 A, Central Archive of the Hebrew University Jerusalem.
78 31.07.1928 Fraenkel an Magnes über Fekete, in: „Fraenkel, A. H." Band I, Central Archive of the Hebrew University Jerusalem.
79 31.07.1928 Fraenkel an Magnes über Fekete.
80 31.07.1928 Fraenkel an Magnes über Fekete.
81 17.06.1929 Fodor an Magnes, in: „Reifenberg, Avrahan", I, Central Archive of the Hebrew University Jerusalem.
82 17.06.1929 Fodor an Magnes.
83 17.06.1929 Fodor an Magnes.

Auch bei der im Jahr 1934 empfohlenen Beförderung von Shlomo Dov Goitein[84] wird die Bedeutung des regionalbezogenen Wissensausbaus deutlich – wenngleich diesmal nicht in den Naturwissenschaften. So betonte der Verfasser des Empfehlungsschreibens G. Weil, dass besonders „[f]uer die Hebraeische Universitaet in Jerusalem [...] das Studium der semitischen Philologie, der arabischen Literatur sowie der Geschichte, Kunst und Religion des Islam nicht irgendein Wissensgebiet, das gepflegt wird, sondern ein Kernfach"[85] sei. Was nun ausschlaggebend für die Beförderung war, lässt sich heute nicht mehr klar nachvollziehen, bemerkenswert ist aber, dass Goitein in einer finanziell angespannten Zeit befördert und sein Gehalt voll aus dem Budget der Universität gezahlt wurde.[86]

Auch die Kenntnis der hebräischen Sprache war ein wichtiges Einstellungskriterium an der Hebräischen Universität. So etwa belegt im Fall des Musikwissenschaftlers Robert Lachmann, der seinem ehemaligen Vorgesetzten Johannes Wolf zufolge „obwohl Jude [...,] das Hebräische als Umgangssprache nicht" beherrschte.[87] Dies war laut der Antwort Magnes' vom 15. Februar 1934 zwar kein Ausschlusskriterium, aber jeder wissenschaftliche Mitarbeiter müsse im Laufe der Zeit Hebräisch lernen.[88] Dies trug dem Umstand Rechnung, dass die wenigsten Juden, die – insbesondere nach 1933 – aus Europa nach Palästina emigrierten, Hebräisch konnten. Besonders diejenigen, die keine Zeit hatten, ihre Auswanderung jahrelang vorzubereiten, sprachen kein oder kaum Hebräisch.[89] Jörg Armbruster hat herausgestellt, dass auch nach der Emigration das Hebräische keineswegs immer angenommen wurde. Deutsche Jüdinnen und Juden, die durch die Machtübernahme der Nazis „aus ihrem bürgerlichen Leben geworfen" wurden, hielten sich zunächst vor allem an ihrer deutschen Sprache fest und pflegten sie als Mittel der Distinktion und Selbstvergewisserung.[90] Hinzu kam, dass eine Mehrheit der Einwandernden nicht mehr jung war und dementsprechende Schwierigkeiten hatte, eine neue Sprache zu lernen.[91] Norman Bentwich stellte 1934 fest, dass in Palästina das Hebräische von den eingewanderten Zionistinnen und Zionisten nur unterge-

84 Shlomo Dov Goitein (1900–1985). Goitein war seit 1928 „Instructor" an der Hebräischen Universität. Vgl. 22.10.1928 Horovitz an Magnes, in: Personalakte „Goitein, Shlomo Dov", 1938 bis 1947, I, Central Archive of the Hebrew University Jerusalem.

85 11.04.1934 Schreiben von Weil, in: Personalakte „Goitein, Shlomo Dov", 1938 bis 1947, I, Central Archive of the Hebrew University Jerusalem.

86 Vgl. 14.10.1935 Schlössinger an Frau Salomons, in: Personalakte „Goitein, Shlomo Dov", 1938 bis 1947, I, Central Archive of the Hebrew University Jerusalem.

87 04.02.1934 Johannes Wolf an Magnes, in: Personalakte „Lachmann, Robert", bis 1935, I, Central Archive of the Hebrew University Jerusalem.

88 15.02.1934 Magnes an Wolf, in: Personalakte „Lachmann, Robert", bis 1935, I, Central Archive of the Hebrew University Jerusalem.

89 Vgl. Er'ēl: Neue Wurzeln, S. 34.

90 Armbruster: Willkommen im gelobten Land? S. 24–25.

91 Vgl. Du-nour, Miryam: The Cultural Identity of Former German-Jewish Immigrants in Israel, in: Timms, Edward; Hammel, Andrea (Hgg.): The German-Jewish Dilemma. From the Enlightenment to the Shoah. Lewiston 1999 (Symposium Series, 52), S. 305–317, hier S. 310. Vgl. auch Er'ēl: Neue Wurzeln, S. 7.

ordnet gepflegt und auch nur selten gelehrt wurde, da jede Gruppe von Einwanderern ihre eigenen Schulen gründete und dort jeweils in der Herkunftssprache unterrichtete.[92]

4.5 Der Wert der Freundschaft: Stabile Netzwerke vor und nach 1933

Im Empfehlungsprozess für Günther Wolfsohn ging neben den angefragten Schreiben auch ein Schreiben ein, das zumindest in seiner Formulierung den Eindruck vermittelt, ganz ohne Anfrage verfasst worden zu sein. Der Physiker Mark Zemansky, zu dieser Zeit Assistant Professor am City College in New York, schrieb zur Unterstützung Wolfsohns an Magnes, er sei darüber informiert, dass Wolfsohn sich an der Hebräischen Universität beworben habe. Er, Zemansky, wolle hiermit der Empfehlung, die bereits von Professor Ornstein ausgesprochen worden sei, sekundieren.[93] Hier war die Empfehlung also nicht wie sonst die Entsprechung einer Bitte. Stattdessen wird mehr oder minder offen gesagt, dass es sich um eine Empfehlung aus Eigeninitiative handelt, wobei unklar bleibt, auf welchem Wege Zemansky vom Bewerbungsverfahren erfahren hatte. Ob dies nun tatsächlich ohne jegliche vorhergehende Bitte und Absprache geschah, ist nicht zu rekonstruieren. Dass eine gewisse Nähe zwischen Empfehlendem und Empfohlenem bestand, wird jedoch offen bekundet:

> As an international fellow in Physics in 1931, I worked in the same institute with Dr. Wolfsohn. We became close friends and, together, attended many functions both professional and social. In my opinion, Dr. Wolfsohn is a charming person, very well educated, and cultured in the arts as well as in Physics. His contributions to Physics, a list of which is enclosed, are sound, competent, and important. He has a much better mathematical equipment than the average experimental physicist.
> I very sincerely believe that he is an ideal man for the post in your university and I should like to recommend him unqualifiedly.[94]

Zemansky legt offen dar, dass seine Empfehlung nicht allein aus fachlichen Beweggründen erfolgt, sondern auch aus freundschaftlicher Verbundenheit. Dabei scheint er nicht in Erwägung gezogen zu haben, dass diese Nähe auch als Einschränkung seines Urteilsvermögens ausgelegt werden konnte. Vielmehr lässt die Offenheit die Erwartung erkennen, dass dieser Umstand von den Entscheidern der Universität positiv ausgelegt werden würde.

---

92 Bentwich: Palestine, S. 251.
93 11.05.1934 Zemansky an Magnes, in: Personalakte „Wolfsohn, Günther“, Central Archive of the Hebrew University Jerusalem.
94 11.05.1934 Zemansky an Magnes.

Wertvoll ist auch hier wieder die zwischen den Zeilen gelieferte Information. Das Schreiben erbringt den Beweis, dass Wolfsohn angesehenes Mitglied eines Netzwerks von Forschern ist – immerhin schreibt nicht irgendein Freund, sondern einer, der ebenfalls Akademiker in Anstellung ist. Und dieser Freund wiederum – so lässt zumindest der Text vermuten – hat über Details des Bewerbungsprozesses Kenntnis.

4.6 Business as unusual: Empfehlungen im Alltagsgeschäft nach 1933

Im Mai 1933 führte Judah Magnes in einem Brief an Max Warburg auf, welche Themen in den kommenden Jahre für die Universität bestimmend sein sollten: finanzielle Probleme, ein elitäres wissenschaftliches Selbstverständnis, die jüdische Identität und die Unterstützung geflüchteter Wissenschaftlerinnen und Wissenschaftler. Magnes schildert auf Englisch die schwierige finanzielle Situation der Universität, die zu dieser Zeit nach seiner Aussage zu 90 Prozent von amerikanischen Zuwendungen und Spenden lebte; entsprechend hatte die Krise der US-Wirtschaft der 1930er-Jahre auch hier negative Auswirkungen. Gerade dieser Tage sei das schwerwiegend, denn man befinde sich an einem Wendepunkt der jüdischen Geschichte, schrieb Magnes. Schließlich wolle die Hebräische Universität einer möglichst großen Zahl vertriebener Wissenschaftlerinnen und Wissenschaftlern Zuflucht und Anstellung bieten. Magnes deutete das Zeitgeschehen als einen Krieg gegen die Werte und die Traditionen des Judentums (i. O.: „This is a time of historic warfare between the ideals of judaism and the ideals of paganism"). Es sei sicherlich nicht das erste Mal in der Geschichte der Menschheit, dass versucht werde, das Judentum vollständig zu zerstören. Das Geschehen in Europa sei ein Angriff auf die geistlichen und intellektuellen Traditionen der Juden. Der Angriff sei dabei nicht gegen die Juden als menschliche Individuen (i. O.: „in their capacity as human beings"), sondern in ihrer Funktion als Bewahrer einer unheidnischen (i. O.: „anti-heathen") Tradition gerichtet.[95] Vor diesem Hintergrund sah Magnes die Aufgabe der Hebräischen Universität darin, Bewahrerin und Speerspitze jüdischer Intellektualität und spiritueller Kreativität zu sein.[96] Das war ein Anspruch, den Zionisten auch schon bei der Gründung der Universität formuliert hatten und der durch den immer weiter eskalierenden Antisemitismus mehr Dringlichkeit denn je bekam.[97]

Mit dem Frühjahr 1933 begann bei steigenden Bewerberzahlen das Geld an der Universität noch knapper zu werden. Die Akquise von Forschungs- und Hilfsgeldern bestimmte seitdem zu einem großen Teil sowohl die Arbeit der Universitätsleitung als auch die einzelner Lehrstühle. Das Tempo des Auf- und Ausbaus der Universität be-

95 15.05.1933 Magnes an Warburg, in: Personalakte „Alexander, Ernst" I, Central Archive of the Hebrew University Jerusalem.

96 15.05.1933 Magnes an Warburg.

97 Vgl. Bentwich: Palestine, S. 256.

schleunigte sich. Gleichzeitig zeigen die für diese Arbeit ausgewerteten Quellen, dass der akademische Alltagsbetrieb aufrechterhalten wurde. Beförderungen und Berufungen gingen durch die nötigen Gremien, Vorträge und Forschungsreisen zur internationalen wissenschaftlichen Vernetzung wurden unterstützt und durchgeführt, und die Empfehlungsschreiben, so viel sei dem kommenden Abschnitt vorausgeschickt, spiegelten eine gewisse Routine wider.

Die Machtergreifung der Nationalsozialisten in Deutschland bedeutete nicht unmittelbar den Ausnahmezustand für die Universität in Jerusalem. Vielmehr wurde versucht, mit den neuen Gegebenheiten umzugehen, und einige Akteurinnen und Akteure nahmen sogar an, dass sie die widrigen Umstände der politischen Entwicklung in Deutschland für die Weiterentwicklung der Hebräischen Universität positiv nutzen konnten.[98] Der bis zu diesem Zeitpunkt ungekannte Andrang auf akademische Positionen in Palästina stellte vor allem eine finanzielle und materielle Herausforderung dar, er veränderte aber nicht die formalen Gepflogenheiten des wissenschaftlichen Betriebes in grundsätzlicher Weise.

Betrachtet man etwa die Beförderungspraxis, wurden – ebenso wie bei Neueinstellungen – im Vorfeld umfassende Begutachtungen von qualifizierten Wissenschaftlerinnen und Wissenschaftlern eingeholt.[99] Bewilligte Beförderungen wurden im Anschluss allerdings oft aufgrund finanzieller Engpässe zunächst aufgeschoben. Dies geschah etwa im Fall von Manfred Aschner, dessen Beförderung bereits 1931 beschlossen worden war, aber nicht durchgeführt wurde. Für Aschner setzte sich Israel Jacob Kligler im Jahr 1934 erneut bei Judah Magnes ein. Kligler bat darum, Aschners Beförderung prioritär zu behandeln.[100] Allerdings zeigen die Quellen, dass diese 1945 immer noch nicht stattgefunden hatte, zuletzt mit der Begründung, dass alle Beförderungen in den ersten vier Jahren des Krieges ausgesetzt worden seien.[101] Ähnlich war auch die Situation für David Hartwig Baneth, für den im Frühjahr 1945 ein erneutes Beförderungsverfahren eingeleitet wurde, das aber zunächst ebenfalls erfolglos blieb.[102]

Auch die für akademische Reisetätigkeiten notwendigen Introduktionen blieben von der Zäsur 1933 formal unbeeinflusst. Akademische Introduktionen waren schon vor 1933 stark formalisiert, und daran änderten auch die Verwerfungen der Zeit und die damit einhergehende finanzielle Notlage nichts. Dies zeigt sich exemplarisch bei

98 Chaim Weizmann sah beispielsweise laut Shlomo Er'el neben der Tragik der Situation auch das große Potenzial für die Hebräische Universität: Er'ēl: Neue Wurzeln, S. 70.

99 Vgl. Andor Fodors Briefe bezüglich Aryeh Olitzki an Neufeld, Prausnitz, Ledinghan, Uhlenhut und Zimser, alle vom 23.04.1931, in: „Olitzki", Central Archive of the Hebrew University Jerusalem.

100 17.10.1934 Kligler an Magnes, in: Personalakte „Manfred Aschner", Central Archive of the Hebrew University Jerusalem.

101 25.05.1945 Senator an Weizmann, in: Personalakte „Manfred Aschner", Central Archive of the Hebrew University Jerusalem.

102 09.03.1945 G. Levi Della Cida an Mayer, in: Personalakte „Baneth, David Zvi", bis 1960 I, Central Archive of the Hebrew University Jerusalem.

zwei Forschungsreisen, die der Religionshistoriker Gershom Scholem 1932 und 1938 unternahm.[103]

Im Sommer 1932 trat Gershom Scholem eine Forschungsreise an, die ihn in eine Reihe westeuropäischer und nordamerikanischer Bibliotheken führte. Für jede Einrichtung, die er zu besuchen plante, wurde ihm ein Einführungsschreiben von dem ausführenden Kanzler Max Schlössinger, dem Registrar M. Ben-David oder dem Kanzler Judah Leon Magnes ausgestellt.[104] Alle sieben Schreiben nennen den Namen des Reisenden und sein Forschungsthema und bitten die Bibliothek mit namentlicher Ansprache darum, Scholem die Nutzung des Lesesaals und der benötigten Materialien zu ermöglichen.

Etwas ausführlicher vorbereitet wurde ein Forschungs- und Lehraufenthalt Scholems 1938 in den USA, zu dem der Rabbiner Stephen Wise ihn eingeladen hatte. Hierfür erhielt Scholem Einführungsschreiben von David Werner Senator und Judah Magnes.[105] Beide Verfasser nutzten jeweils ein Schema für ihre Briefe, das sie nur stellenweise anpassten. Senators sechs Einführungsschreiben, die er zwischen dem 26. und 30. Januar 1938 abschickte, bestanden jeweils aus drei Teilen beziehungsweise Absätzen. Diese sechs Schreiben sollen im Folgenden absatzweise verglichen werden, um die wichtigen Inhalte für Introduktionen bei variierenden Formulierungen zu verdeutlichen.

Im ersten Absatz stellte Senator Scholem und den Grund von dessen Reise knapp vor:

a) „This will introduce to you Professor G. Scholem, who has been invited by Rabbi Wise to spend some time in the United States."[106]
b) „I take great pleasure in introducing to you Professor Scholem, a member of our academic staff, who has been invited by Dr. Wise to America."[107]

103 Vgl. zu Gershom Scholems Biografie: Zadof, No'am: Gershom Scholem. From Berlin to Jerusalem and Back. An Intellectual Biography. Waltham, Berlin 2017, sowie weiterführend auch Scholem, Gershom Gerhard; Skinner, Anthony David (Hgg.): A Life in Letters, 1914–1982. Cambridge 2002.

104 Vgl. 12.07.1932 Schlössinger an Cambridge University Library; 12.07.1932 Schlössinger an British Museum; 01.03.1932 Ben-David an Royal Library, Parma; 01.03.1932 Magnes an Library of the Vatican; 01.03.1932 Ben-David an Bibliotera [sic] Ambrosiana; 01.03.1932 Ben-David an Library of the Academy of Sciences; 01.03.1932 Schreiben an Ben-David, alle in: „Scholem, Gershom", bis 1947, I, Central Archive of the Hebrew University Jerusalem.

105 David Werner Senator (1896–1953) war Zionist, engagierter Politiker in der Jewish Agency und seit 1935 Administrator und ausführender Vizepräsident der Hebräischen Universität. Vgl. u. a. Edelheit, Abraham J.: The Yishuv in the Shadow of the Holocaust. Zionist Politics and Rescue Aliya, 1933–1939. Boulder 1996, S. 30, 42.

106 30.01.1938 Senator an Hyman (Executive Director of Joint Distribution Committee), in: „Scholem, Gershom", bis 1947, I, Central Archive of the Hebrew University Jerusalem.

107 27.01.1938 Senator an Billikopf, in: „Scholem, Gershom", bis 1947, I, Central Archive of the Hebrew University Jerusalem.

c) „May I introduce to you an old friend, Professor Scholem, who has been invited to visit America by Dr. Stephen Wise.“[108]

d) „I take great pleasure in traducing to you herewith Professor Scholem, a member of our academic staff, who is going to America next month for a stay of perhaps a year, at the invitation of Dr. Stephen Wise.“[109]

e) „I take great pleasure in introducing to you herewith Professor Scholem, a member of our academic staff, who is going to America in February for a stay of perhaps a year, at the invitation of Dr. Stephen S. Wise.“[110]

f) „I am sure you will recall having met Professor Scholem, our Kabbalist, at my home during your stay here. He is going to America next month at the invitation of Rabbi Stephen Wise for a stay of about a year. I understand he will also be invited to the Hebrew Union College in Cincinnati.“[111]

Im zweiten Absatz benannte Senator das Arbeitsfeld Scholems, seine Rolle in der Wissenschaft und an der Hebräischen Universität:

a) „Professor Scholem is an outstanding scholar in the field of Jewish mystic literature, and I am sure you will agree with me that his is an interesting and stimulating mind. I have known him for many years and have never ceased to marvel at his wealth of knowledge of jewish culture generally and of Kaballa particularly.“[112]

b) „Professor Scholem is an outstanding scholar in Kabbala and thoroughly grounded in Hebrew culture and mysticism generally. I know you will find him both interesting and stimulating.“[113]

c) „Professor Scholem is a member of our academic staff, an outstanding figure in the field of Kaballa, and possessor of an amazing store of knowledge of Hebrew Culture and Mysticism, I know you will find his an interesting and stimulating mind.“[114]

d) „Professor Scholem is an outstanding Kabbalist, a fine scholar with a deep and thorough knowledge of Hebrew culture and mysticism and I am sure you will find him both interesting and stimulating.“[115]

---

108 27.01.1938 Senator an Lowenstein, in: „Scholem, Gershom“, bis 1947, I, Central Archive of the Hebrew University Jerusalem.

109 27.01.1938 Senator an Waldman (American Jewish Committee), in: „Scholem, Gershom“, bis 1947, I, Central Archive of the Hebrew University Jerusalem.

110 26.01.1938 Senator an Karpf, in: „Scholem, Gershom“, bis 1947, I, Central Archive of the Hebrew University Jerusalem.

111 26.01.1938 Senator an Finkel, in: „Scholem, Gershom“, bis 1947, I, Central Archive of the Hebrew University Jerusalem.

112 30.01.1938 Senator an Hyman.

113 27.01.1938 Senator an Billikopf.

114 27.01.1938 Senator an Lowenstein.

115 27.01.1938 Senator an Waldman.

e) „Professor Scholem is one of the outstanding figures in the field of the Kabbala, and during the course of our friendship (since 1913) I have had reason for amazement at his deep knowledge of Hebrew culture and mysticism. His is an interesting and stimulating mind.“[116]

f) „I need not introduce Professor Scholem to you. I merely wish to say that he is one of the outstanding men of learning in his particular field and has won a wide reputation in the Jewish world of letters. I may add that I have known him since 1913 and have followed his progress with great interest. His independence of judgement, his insight into cultural life and thought of society are remarkable.“[117]

Im dritten Absatz konkretisierte er dann knapp seine Bitte an den Empfänger:

a) „I would appreciate any courtesy you may extend to Professor Scholem.“[118]

b) „I should appreciate any courtesy you may be able to accord Professor Scholem.“[119]

c) „Any courtesy you may be able to show Professor Scholem will be greatly appreciated.“[120]

d) „I should appreciate any assistance you may be able to extend to him during his visit.“[121]

e) „We should appreciate anything you may feel impelled to do for Professor Scholem.“[122]

f) „I am certain that Professor Scholem will be able to make contacts with men of learning, Jew and Gentile, who could not perhaps be approached by anyone else, and I should greatly appreciate you according him that friendly cooperation which you have always shown us.“[123]

Dem letztzitierten Brief f) fügt Senator zudem noch einen persönlichen Gruß an die Ehefrau des Adressaten Samuel Finkel an.[124] Die acht Briefe von Magnes für Scholem sind ähnlich aufgebaut, variieren allerdings weniger stark.[125] Die Variationen in Senators Briefe sind für sich bemerkenswert. In ihnen sind alle Informationen gleich, mit

116 26.01.1938 Senator an J. Karpf.

117 26.01.1938 Senator an Finkel.

118 30.01.1938 Senator an Hyman.

119 27.01.1938 Senator an Billikopf.

120 27.01.1938 Senator an Lowenstein.

121 27.01.1938 Senator an Waldman.

122 26.01.1938 Senator an Karpf.

123 26.01.1938 Senator an Finkel.

124 26.01.1938 Senator an Finkel. Vgl. zur Person Finkels auch seinen Nachruf: o. A.: Samuel B. Finkel, Official of Dropsie College, Dies, in: The New York Times, 11.06.1973, S. 38.

125 Magnes verschickte nur zwei verschiedene Wortlaute. Vgl. 03.02.1938 Magnes an Irwin Edman; John Haynes Holmes; Wolfson; Felix Levy; Cyrus Adler; H. S. Coffin; Finkelstein; Julian Morgenstern, in: „Scholem, Gershom“, bis 1947, I, Central Archive of the Hebrew University Jerusalem.

der Ausnahme, dass er nur in einigen Fällen die Freundschaft zu Scholem betont. Trotzdem sind die Schreiben in ihrem Wortlaut nie identisch. Selbst die letzte Zeile, in der er jeweils inhaltlich die gleiche Bitte ausspricht, formulierte er nicht mit denselben Worten. Ein Umstand, der in Anbetracht des knappen Informationsgehalts fast als kunstvoll zu bezeichnen ist.

Die zuweilen unpersönliche Ansprache der Adressaten in den Einführungsschreiben für Scholem zeigen, dass Introduktionen ihren Legitimationscharakter nicht zwingend durch eine bereits bestehende Verbindung zwischen dem Empfänger und der einführenden Person erhielten. Anders formuliert: Der Erfolg hing nicht unbedingt vom sozialen Kapital ab. Die Institution der Universität, bestätigt durch eine Unterschrift des Kanzlers oder Rektors und durch den offiziellen Briefkopf, konnte auch Verbindungen zu bis dato unbekannten Personen herstellen und die Reiseabsicht der eingeführten Person bestätigen.

Darüber hinaus entsteht der Eindruck, dass die hier zitierten Briefe dem Eingeführten vorausgeschickt worden waren. Scholem musste also seine Einführungsschreiben nicht persönlich vorlegen, sondern war zumindest schriftlich bereits bekannt, als er in Amerika eintraf. Dies machte es sicherlich einfacher, Termine zu arrangieren. Die Introduktionen erleichterten außerdem nicht nur dem Reisenden selbst die Kontaktaufnahme und damit den Forschungsaufenthalt. Sie stärkten auch die Verbindung von Vorstellendem und Empfänger. Vor allem da das Geld der Universität immer knapp war, wurde an die Reisenden die ausdrückliche Erwartung gestellt, sich mit denjenigen zu vernetzen, die die Hebräische Universität unterstützten. Dies wird deutlich im Fall Harry Torczyners (später Naftali Herz Tur-Sinai, 1886–1973): Für eine Reise Torczyners nach Polen informierte M. Ben-David den polnischen Generalkonsul darüber, dass der Grund der Reise die Etablierung und Stärkung von Kontakten der Hebräischen Universität zu befreundeten Organisationen in europäischen Ländern sei.[126]

Dass diese andauernde Werbung um Gelder nicht bei allen Wissenschaftlerinnen und Wissenschaftlern auf Gegenliebe stieß, wird in einem Schreiben von David Werner Senator an Ludwig Halberstädter deutlich. Der Mediziner und Strahlentherapeut Halberstädter (1876–1949) hatte es 1939 auf einer Reise wohl versäumt, Kontakt mit dem auch in Scholems Reisevorbereitungen vorkommenden Samuel Finkel aufzunehmen. Hierüber zeigte sich Senator persönlich enttäuscht, es spricht sogar eine gewisse Verzweiflung aus seiner Reaktion. Er bezeichnete das Versäumnis als schweren Schlag und bedauerte das Unverständnis der reisenden Professoren dafür, dass die Leitung darauf angewiesen sei, dass ihr reisendes Personal für die Universität werbe.[127] Er verstehe es als großes Glück, renommierte und zu internationalen Kongressen geladene Professoren an der Hebräischen Universität zu haben, habe aber wenig Verständnis

126 19.01.1938 Ben-David an General Consul, in: „Tur-Sinai, Naftali Herz", 1933–1955, Central Archive of the Hebrew University Jerusalem.

127 08.11.1939 Senator an Halberstätter, in: Personalakte „Halberstätter, Ludwig", Central Archive of the Hebrew University Jerusalem.

dafür, wie es diese Professoren fertigbrächten, die Anerkennung für ihre Arbeit zu genießen, diese aber nicht mit der Universität zu teilen. Dabei könnten sie das, so Senators Vorstellung, ganz einfach tun, indem sie sich als Vertreter der Institution verständen und sich in dieser Funktion dazu bereit erklärten, auch Termine beispielsweise mit Vertretern von Stiftungen und Vereinen wahrzunehmen. Dies sei auch, so machte Senator deutlich, eine Sache des Respekts für die Arbeit Finkels, der die schwere Aufgabe übernommen habe, im Ausland Gelder für die Universität zu akquirieren.[128]

Die persönliche Vernetzung, genauer das Ineinandergreifen von wissenschaftlicher Arbeit und der Einwerbung von Geldern war Kernbestandteil der universitären Arbeit.[129] Sich zu vernetzen, Gelder zu akquirieren und dafür großen Aufwand zu betreiben, war sicherlich auch in den 1920er und 1930er Jahren keine spezifische Eigenschaft der Hebräischen Universität. Es war vielmehr Bestandteil der alltäglichen Aufgaben der meisten Institutionen, insbesondere der schlechter finanzierten. So wurden die Mitglieder der Hebräischen Universität umgekehrt auch von Repräsentantinnen und Repräsentanten anderer Institutionen besucht, die die Absicht hatten, eine Kooperation aufzunehmen. So schickte das Völkerbunds-Institut für internationale Zusammenarbeit in Paris mit einer Empfehlung von Arnold Zweig Dr. Margarethe Rothbarth[130] nach Palästina. Rothbarth hatte laut Zweig „den Auftrag [...,] im Lande nach Fäden zu suchen, die die Zwecke des Institutes auch hier in Bewegung setzen könnten.“ Sie sei sich, so Zweig weiter, „übrigens der Schwierigkeit dieser Aufgabe klar bewußt, und Sie [Anm.: Hugo Bergmann] werden in ihr eine Frau finden, mit der man sich gern unterhält.“[131] Auch dieses Beispiel spricht dafür, dass der persönliche Kontakt die betreffenden Akteurinnen und Akteure stärker aneinanderband als die Reputation der Institution.

4.7 Akademische Empfehlungsschreiben in Palästina während des Nationalsozialismus: Bekannte Praxis in neuen Kontexten II

Obwohl Introduktionen ihre äußere Form nicht groß veränderten, soll doch nicht unerwähnt bleiben, dass sie ab 1933 eine zusätzliche Funktion erhielten. Wissenschaftlerinnen und Wissenschaftler, die während der nationalsozialistischen Herrschaft nach

---

128 08.11.1939 Senator an Halberstätter.

129 Vgl. Lerg, Charlotte A.: Universitätsdiplomatie. Wissenschaft und Prestige in den transatlantischen Beziehungen 1890–1920. Göttingen 2019 (Transnationale Geschichte, 12).

130 Margarete Johanna Rothbarth (1887 -1953) war eine deutsche Historikerin und Schulbuchforscherin. Vgl. Lemke, Ute: „La femme, la clandestine de l'histoire“. Margarete Rothbarth – ein Engagement für den Völkerbund, in: Lendemains. Études comparées sur la France. 37 (2012) 146/147, S. 45–59.

131 12.11.1935 Zweig an Bergmann über Rothbarth, in: „Bergmann, Samuel Hugo“ bis 1937, Band I, Central Archive of the Hebrew University Jerusalem.

Deutschland reisten, führten von der Universität ausgestellte Schreiben mit sich, die sie als Mitarbeiterinnen und Mitarbeiter der Universität auswiesen. Diese Schreiben begründeten den Aufenthalt der Person in Deutschland und machten zudem Aussagen darüber, dass die Person eine Lehrverpflichtung in Israel habe, weswegen sie bald zurückreisen müsse. Damit stellten diese Introduktionen auch einen gewissen Schutz dar.

Anders als 1925 stellte die Hebräische Universität Bewerbungen aus Palästina seit 1933 mitunter zurück, um bei gleicher Qualifikation jenen Kandidatinnen und Kandidaten den Vortritt zu geben, die aus Deutschland auszureisen versuchten. Dabei lassen sich, wie zu zeigen ist, in den Bewerbungsschreiben aus Deutschland sprachlich zunächst kaum Hinweise auf die stark veränderte politische Lage dort finden.

Nur wenige der Entlassungsschreiben, Arbeitszeugnisse und Empfehlungen, die in dieser Zeit ausgestellt wurden, benennen explizit die politischen Umstände. Es ist das Ausstellungsdatum auf den Briefen, das erkennen lässt, warum die Forscherinnen und Forscher ihre Anstellungen verlassen mussten. Mitunter finden sich aber doch Schreiben, die auf die Situation eingehen, wie etwa das des jüdischstämmigen Chemikers und Gründungsdirektors des Kaiser-Wilhelm-Instituts für Physikalische Chemie und Elektrochemie in Berlin, Fritz Haber.[132] Haber informierte den jungen Dr. Ladislaus Farkas in einem ungewöhnlich persönlichen Schreiben über dessen bevorstehende Kündigung und trat einen Tag später selbst von seinem Posten als Direktor zurück:

> Lieber Herr Doktor Farkas!
> Mit großer Betrübnis erfülle ich die mir als Instituts-Direktor obliegende Pflicht, Ihnen hierdurch die von Ihnen mit grosser wissenschaftlicher Ehre ausgefüllte Stellung als Assistent am Kaiser Wilhelm-Institut für physikalische Chemie und Elektrochemie zu kündigen. Ich bin dazu genötigt durch die Verfügung, dass das Reichsbeamtengesetz, welches in diesem Monat ergangen ist, auf die Institute der Kaiser Wilhelm Gesellschaft angewandt werden soll. Wann die Kündigung, die ich Ihnen durch dieses Schreiben ausspreche, die Beendigung Ihrer Instituts-Tätigkeit und Ihrer Bezüge sowie die Pflicht zur Räumung der Dienstwohnung nach sich zieht, vermag ich Ihnen heute beim besten Willen noch nicht anzugeben, da ich wegen der zurzeit dafür massgeblichen Bestimmungen die schriftliche Mitteilung der Kaiser Wilhelm-Gesellschaft abwarten muss. Ich werde Ihnen, sobald ich diese Nachricht erhalte, weitere Kenntnis geben, und ich schreibe Ihnen diesen traurigen Brief heute nur darum, weil es mir zur Pflicht gemacht worden ist, diese Kündigung vor der Wiedereröffnung des Institutes, also vor dem 2. Mai, Ihnen auszusprechen. […][133]

132 Wie Shlomo Er'ēl deutlich macht, war Fritz Haber (1868–1934) selber weit vom Judentum und den jüdischen Werten entfernt. Aber aufgrund der Verschlechterung der Situation der Juden in Deutschland spielte auch er mit dem Gedanken nach Palästina überzusiedeln. Haber verstarb in Basel auf dem Weg nach Palästina. Vgl. Er'ēl: Neue Wurzeln, S. 65. Vgl. weiterhin zum Umgang der Kaiser-Wilhelm-Gesellschaft mit ihren jüdischen Mitarbeiterinnen und Mitarbeitern Schüring, Michael: Minervas verstoßene Kinder. Vertriebene Wissenschaftler und die Vergangenheitspolitik der Max-Planck-Gesellschaft. Göttingen 2006; Steinhauser, Thomas: Hundert Jahre an der Schnittstelle von Chemie und Physik. Das Fritz-Haber-Institut der Max-Planck-Gesellschaft zwischen 1911 und 2011. Berlin 2011.

133 29.04.1933 Fritz Habers Entlassungsschreiben an Ladislaus Farkas, in ARC. 4* 1710, The National Library of Israel. Vgl. weiterhin: Litt, Stefan: Termination of Employment Letter to Ladislaus Farkas

Das Fritz-Haber-Institut galt bei den Nationalsozialisten als eine Art „jüdisches Nest". Thomas Steinhauser geht in seiner Jubiläumsschrift davon aus, dass Fritz Haber ein Gespür dafür hatte, dass seinen Mitarbeitern bald Übles drohte.[134] In jedem Fall belegt das obige Zitat, dass der Institutsleiter bemerkenswert zeitnah und umsichtig gehandelt hatte, indem er sich bemühte und seine Mitarbeiterinnen und Mitarbeiter mit ausführlichen Schreiben versorgte, aus denen hervorging, wie er persönlich zu dem stand, wozu er qua Anweisung gezwungen war.

Walter Friedrich[135] eröffnete sein Empfehlungsschreiben vom 17. Juli 1933 für seinen ehemaligen Angestellten George Goldhaber mit der Feststellung, dass die Kündigung „auf Grund des neuen Gesetzes über das Berufsbeamtentum" erfolgt sei.[136] Im weiteren Verlauf des Schreibens betonte er, Goldhaber sei ein talentierter und vielversprechender Wissenschaftler und schloss mit einer Einschätzung des Charakters seines langjährigen Angestellten: „Er hat sich stets als ein gewissenhafter und arbeitsfreudiger Mitarbeiter gezeigt, und sich auch in charakterlicher Hinsicht die Sympathie von Vorgesetzten und Mitarbeitern gewonnen. Meine besten Wünsche begleiten ihn für seine Zukunft."[137] Der ehemalige Vorgesetzte machte deutlich, dass er diesen Schritt nur vollzog, weil er es musste.

So brachte das neue Gesetz viele Vorgesetzte in die Situation, Beamte gegen ihren Willen zu entlassen. Die Schreiben changierten zwischen persönlichem Bedauern und einem nüchternen Bezug auf Bürokratie und Gesetz, mit der sich die Verfasser wohl auch von einer etwaigen Schuld an den Schicksalen ihrer nun ehemaligen Mitarbeiterinnen und Mitarbeiter freizuschreiben versuchten. Tatsächlich entließen sie als ehemalige Arbeitgeber ihre vormaligen Mitarbeiterinnen und Mitarbeiter in eine ungewisse, gefährliche und mitunter elende Zukunft. Im besten Fall hatten die Entlassenen eine vergleichbare Neuanstellung in einem anderen, sicheren Land in Aussicht. Wie der Weg dahin für viele aussah, steht mitunter gar nicht im Fokus der historischen Forschung. Diese hat ihr Augenmerk bisher eher auf die Zustände im Herkunfts- und im Ankunftsland gelegt. Auch in Memoiren und Biografien sind die Etappen auf dem Weg von einem Land ins nächste oft nur knapp umrissen. Die zusammenfassenden Artikel zu dem Leben des Hamburger Soziologen und Politologen Siegfried Landshut (1897–1965) etwa sprechen allenfalls von „schwierigsten Bedingungen" während seiner

---

from Fritz Haber, in: The Librarians, 09.02.2017, URL: https://blog.nli.org.il/en/haber-farkas/, abgerufen am 11.09.2023.

134 Vgl. Steinhauser: Hundert Jahre an der Schnittstelle, S. 96–98.

135 Biophysiker (1883- 1968).

136 17.07.1933 Schreiben von Friedrich, in: Personalakte „Goldhaber, Eliezer Georg", Central Archive of the Hebrew University Jerusalem.

137 17.07.1933 Schreiben von Friedrich.

Emigration.[138] Andere Vorstellungen betonen erst seine Arbeit nach seiner Rückkehr.[139] Demgegenüber geben die Empfehlungsschreiben einen gewissen Einblick zu den Wegen in die Zielländer. Sie wurden jeweils in Situationen größter Unsicherheit verfasst und belegen daher die Ungewissheiten und Unwägbarkeiten von Karrieren und ganzen Lebenswegen.

Die Flucht Siegfried Landshuts[140] führte ihn und seine Familie nicht auf direktem Weg nach Palästina. Nachdem er seine Anstellung an der Universität Hamburg 1933 verloren hatte, begann für die Familie Landshut zunächst eine dreijährige Odyssee, die in vier besonders eindringlichen Schreiben dokumentiert ist, welche die Hebräische Universität 1936 erreichten.[141] Unter diesen nimmt das von Wirtschafts- und Sozialwissenschaftler. Eduard Heimann (1889–1967) verfasste eine besondere Position ein. Es sei die These formuliert, dass es für die Übersiedlung Landshuts nach Palästina 1936 eine besonders wichtige Rolle spielte.

Am 5. März 1936 schickte Heimann ein umfassendes Empfehlungsschreiben ab, in dem er um Hilfe für seinen „jungen Freund" Landshut bat, „dessen Fall selbst heute als ein exceptioneller erscheint, und dessen reiche Gaben anderseits eine Hilfe fuer ihn besonders lohnend erscheinen lassen."[142] Der Brief beginnt nach dieser kurzen Einleitung mit dem Lebenslauf Siegfried Landshuts. Er beschreibt, wie der 1897 in Straßburg im Elsass geborene Landshut nach seinem Kriegsfreiwilligendienst im Ersten Weltkrieg seine Studien aufnahm und nebenher, um seine Familie – bestehend aus einer Frau und drei Kindern – zu ernähren, als Fachberater für Markt- und Werbungsfragen in einer Margarinefabrik arbeitete. Sechs Jahre lang, seit 1927, sei Landshut wissenschaftlicher Assistent Eduard Heimanns am Soziologischen Seminar der Universität Hamburg gewesen, und seine Habilitierung sei nur durch den Widerstand und die Intrigen „des einzigen Nazimitglieds meiner Hamburger Fakultät [...] Andreas Walt[h]er verhindert worden."

Aus diesem Schreiben geht zwar nicht hervor, dass Landshut zunächst nach Frankreich und dann nach England zog, um erst danach in Kairo einzutreffen.[143] Die

138 Vgl. Nicolaysen, Rainer: Landshut, Siegfried, in: Das jüdische Hamburg. Ein historisches Nachschlagewerk, URL: https://www.dasjuedischehamburg.de/inhalt/landshut-siegfried, abgerufen am 21.12.2021.

139 Vgl. weiterhin Nicolaysen, Rainer: Siegfried Landshut redivivus, in: Hamburger Institut für Sozialforschung, 22.10.2018, URL: https://www.his-online.de/das-institut/siegfried-landshut-preis/siegfried-landshut-redivivus/, abgerufen am 21.12.2021.

140 Siegfried Landshut (1897–1968).

141 Vgl. auch Gerlach, Lisa: „Ich weiss von wenigen Menschen, die mir dafür so qualifiziert erscheinen ..." – Ein Empfehlungsschreiben für Siegfried Landshut, in: Hamburger Schlüsseldokumente zur deutsch-jüdischen Geschichte, 29.07.2019, URL: https://dx.doi.org/10.23691/jgo:article-257.de.v1, abgerufen am 15.12.2021; Nicolaysen, Rainer: Siegfried Landshut. Die Wiederentdeckung der Politik. Eine Biographie. Hamburg 1996.

142 05.03.1936 Schreiben von Heimann, in: „Landshut, S.", Central Archive of the Hebrew University Jerusalem.

143 Nicolaysen: Landshut, Siegfried.

Schilderung der aus dieser komplizierten Flucht resultierenden Konsequenzen ist jedoch ungewöhnlich eindringlich. So erfolgte beispielsweise der Impuls, nach Kairo zu migrieren, über einen wohl vorher bestehenden Kontakt und war verbunden mit der Aussicht, dort arbeiten zu können. Die Notlage, in die die Familie geriet, da sich, laut Heimann, niemand an dieses Vorhaben zu erinnern schien, wird im Text deutlich: Der Verfasser schildert, wie Landshut mit seiner Familie nach Ägypten reiste und dort zu seiner Überraschung niemanden traf, der sich an die angebliche Einladung erinnerte. Einmal dort angekommen und nun ohne Kontaktpersonen sah sich Landshut gezwungen, seinen Lebensunterhalt auf eine für Heimann „kaum begreifliche Weise“[144] zu organisieren. Er hatte zwar mitunter Hilfe bekommen, vor allem aber musste er in seiner Lage „odd jobs“[145] ausführen. Wenngleich die Familie in dieser misslichen Lage zurechtzukommen schien, sollte das nicht über die Schwere der Situation hinwegtäuschen. Heimann brachte das eindringlich wie folgt auf den Punkt: „Um es kurz zu machen: seine Lage ist weder materiell noch moralisch ertraeglich. Ich habe unendlich viel versucht, um ihm herauszuhelfen, nichts ist mir bisher gelungen.“[146]

Heimann berichtete weiter, Landshut habe von Kairo aus versucht, mithilfe eines Stipendiums der Notgemeinschaft der deutschen Wissenschaft nach England zu gelangen. Dieses sei aber wegen fehlerhafter Kommunikation gegenüber dem Verantwortlichen Norman Bentwich anderweitig vergeben worden. Misskommunikation und eine mangelnde Infrastruktur waren also maßgebliche Störfaktoren, mit denen sich Geflüchtete aus NS-Deutschland konfrontiert sahen.

Auf der zweiten Seite seines Schreibens bedient sich Heimann nun des Mittels, den Empfohlenen selber sprechen zu lassen – ein Einzelfall in den hier untersuchten Briefen:

> Inzwischen genuegt es, aus Landshuts juengstem Briefe zu zitieren: „Wir sind schon so heruntergekommen, dass die Kinder nicht mehr zur Schule gehen koennen.“ Vor einiger Zeit schrieb er, dass er sich nicht mehr bei Bewerbungen vorstellen koenne, weil er sich nicht ordentlich kleiden koenne. Dies ist die wirkliche Lage.
> In diesem selben letzten Brief schrieb er, sie koennten nicht mehr in Aegypten bleiben, und er wolle sehen, auf irgendeine Weise in Palestina Fuss zu fassen. Sie sehen mein spezielles Anliegen an Sie: ob Sie Ihre Verbindungen nutzbar machen koennen, um ihn dort bei einflussreichen Stellen einzufuehren, am liebsten bei der Universitaet, aber notfalls auch fuer irgendeine andere bescheidene Verwendung.[147]

Abschließend erläuterte Heimann die potenziellen zukünftigen Projekte Landshuts und verortete ihn in der jüdischen Gemeinschaft. Landshut sei mit Land und Leuten bestens vertraut und habe auch schon vor 1933 an seinem Forschungsprojekt gearbeitet, mit dem er das Ziel verfolge, „die Stellung des Juden und die Bedeutung des Jude-

144 05.03.1936 Schreiben von Heimann.
145 05.03.1936 Schreiben von Heimann.
146 05.03.1936 Schreiben von Heimann.
147 05.03.1936 Schreiben von Heimann.

Seins in der Geschichte und dem gegenwaertigen Stande der modernen Welt zu analysieren"[148]. Hierzu war er nach Ansicht des Verfassers auch darum besonders qualifiziert, weil er keine speziell jüdische, sondern eine umfassende wissenschaftliche Ausbildung erhalten habe, weswegen es ihm möglich sei, die Welt als Ganzes zu analysieren und gleichzeitig in ihr „den besonderen Hang und die besondere Belastung des Judeseins zentral [zu] empfinde[n]."[149] Nach Anführung all dieser Punkte war für Heimann nachgewiesen, dass Landshut Anrecht „auf einen Platz im juedischen Gemeinwesen [habe ...], nur um ihn nach 3 Jahren des Elends und der Demuetigung wieder in ein geordnetes Dasein und in eine Atmosphaere von Gleichgesinnten zu bringen."[150]

Anstatt wie in der Frühphase der Universität ausdrücklich auf die zionistische Einstellung zu schauen, wurde nun eine Verortung in der jüdischen Gemeinschaft im Allgemeinen betont. Dies deutet nicht unbedingt darauf hin, dass sich die Ansprüche der Universität an die politische Einstellung ihrer Wissenschaftlerinnen und Wissenschaftler verändert hätte. Es zeigt wohl viel eher, was Claus-Dieter Krohn bereits 2001 für die intellektuellen jüdischen Eliten Deutschlands festgestellt hat: Viele deutsche Jüdinnen und Juden dieser Bildungs- und Gesellschaftsschicht verstanden sich selbst nicht als jüdisch.[151] Sich bereits ohne den äußeren Druck der Nationalsozialisten innerhalb der jüdischen Gemeinschaft zu verorten, war zu dieser Zeit in Empfehlungen bemerkenswert.

Finanziert wurde die Stelle Landshuts schließlich unter anderem durch einen Beitrag von 600 Dollar aus dem Etat der Graduate Faculty of Political and Social Science der New School for Social Research in New York,[152] an der Eduard Heimann selbst seit seiner Emigration 1933 tätig war. Auf dieser Grundlage bat Heimann weiterhin zunächst informell um Hilfe von der Rockefeller Foundation, und zwar in Form eines Schreibens vom 22. Mai 1936. Darin kündigte er an, die Hebräische Universität werde bei der Rockefeller-Stiftung eine Beihilfe für die Anstellung Landshuts beantragen. Da Heimann um die Regularien der Rockefeller-Stipendien wusste, nach denen ein Teil der Finanzierung von der anstellenden Organisation getragen werden musste, schilderte er die entsprechenden Bemühungen der Hebräischen Universität. Wirtschaftswissenschaftler Fritz Demuth (1876–1965) und Norman Bentwich hätten mithilfe der Notgemeinschaft entsprechende Schritte eingeleitet, seien dabei aber an Grenzen gestoßen. Die New School in New York habe daher beschlossen, den Betrag von 600 Dollar für eine Anstellung Landshuts bereitzustellen.[153]

---

148 05.03.1936 Schreiben von Heimann.
149 05.03.1936 Schreiben von Heimann.
150 05.03.1936 Schreiben von Heimann.
151 Krohn: Vertriebene intellektuelle Eliten aus dem nationalsozialistischen Deutschland, S. 63.
152 26.05.1936 Lederer an Bergmann, in: „Landshut, S.", Central Archive of the Hebrew University Jerusalem.
153 22.05.1936 Heimann an Finkel, in: „Landshut, S.", Central Archive of the Hebrew University Jerusalem.

Am Ende des Schreibens stellte Heimann die Schwierigkeiten bei einer solchen Anstellungsfinanzierung heraus. Dabei sei mitentscheidend, wer wen anschrieb und wie einzelne Schritte initiiert wurden:

> You understand that I would not want to approach the faculty of the Hebrew University directly without being asked for my opinion. However, I believe that a friendly personal communication on your part to your friends at Jerusalem would be extremely useful and would certainly not hurt their feeling as an unrequested approach from an outsider might possibly do.[154]

Heimann schien zu befürchten, dass eine Zusicherung der Finanzierung seinerseits die Gefühle der Fakultätsmitglieder der Hebräischen Universität verletzen könnte. Er verwies damit auf einen wichtigen Aspekt, der bis heute Teil der akademischen Kommunikation ist: der Versuch, würdevoll den Mangel an monetären Ressourcen zu kommunizieren.

Das akademische Prozedere des Abfragens, Antwortens, Vergewisserns und Entscheidens, das sich häufig über Wochen und Monate hinziehen konnte, musste in einem solch eiligen Fall mitunter angepasst werden, ohne mit den gängigen Gepflogenheiten vollends zu brechen. Dabei ist zu bedenken, dass bei postalischer Kommunikation zwischen Europa, Palästina und den Vereinigten Staaten die Post teils sehr lange unterwegs war. Dies zeigt sich auch in den einleitenden Worten, die Politikwissenschaftler Arnold Wolfers (1892–1968) für sein Empfehlungsschreiben für Landshut an den Assistant Director der Rockefeller Foundation Tracy B. Kittredge richtete:[155]

> By the time this letter reaches you, you will probably have been approached from other quarters regarding Dr. Siegmund [sic] Landshut. According to my information you may have even received a definite request for funds on his behalf from the University of Jerusalem. Should I be the first to write to you about him, please keept [sic] this letter in your files for whatever time his case may come up for your consideration. I have such a high opinion of him that I should hat [sic] to be late in informing you about my knowledge of him and his abilities.[156]

Siegfried Landshut erhielt nach diesen Schreiben eine Position an der Hebräischen Universität, die zunächst für die Dauer von zwei Jahren finanziert war. Zum Ende dieser Finanzierung im Jahr 1938 gab es seitens der Universität allerdings keine Möglichkeit, Landshut anzustellen, wodurch die Lage der Familie erneut prekär wurde.[157] Ein

154 22.05.1936 Heimann an Finkel.

155 Vgl. zur Rockefeller Foundation Syga-Dubois, Judith: Wissenschaftliche Philanthropie und transatlantischer Austausch in der Zwischenkriegszeit. Die sozialwissenschaftlichen Förderprogramme der Rockefeller-Stiftungen in Deutschland. Wien, Köln, Weimar 2019.

156 07.04.1936 Wolfers an Kittredge, in: „Landshut, S.“, Central Archive of the Hebrew University Jerusalem.

157 17.02.1938 Koebner an Demuth, in: „Landshut, S.“, Central Archive of the Hebrew University Jerusalem.

eindringlicher Brief an Salman Schocken[158], Mitglied des Verwaltungsrates der Universität, und an Verwaltungsdirektor David Werner Senator, den viele namhafte Wissenschaftler der Universität unterzeichneten, forderte beide auf, Verantwortung zu übernehmen.[159] Die Begründung bezog sich maßgeblich auf die Empfehlungen, die die Universität im Zusammenhang mit dem vormaligen Einstellungsverfahren ausgesprochen hatte. So sei die Universität zwar nicht rechtlich verpflichtet, Landshut nun einzustellen,

> [w]enn aber die Universitaet fuer das, was Dr. Landshut in seinem speziellen Fache zu leisten vermag, zumal unter den gegenwaertig erschwerten Umstaenden, vorerst keine Verwendung zu haben glaubt, so muss sie es unseres Erachtens als ihre Ehrenpflicht ansehen, dem Manne, der auf ihre Anregung und als ihr Mitglied in seinem Fache hier gearbeitet hat, bei der Erreichung einer wirtschaftlichen Existenz behilflich zu sein. Die Erfuellung dieser Ehrenpflicht ist jetzt dringend notwendig geworden.[160]

Die Unterzeichner stellten heraus, dass sie Landshut bereits finanzielle Hilfe hatten zukommen lassen, „aber sowohl die Unvollkommenheit dieser Hilfe wie das Unwuerdige der Situation aufs Schärfste empfinden [mussten].“[161] Im Schreiben wurde die Universität nachdrücklich moralisch in die Pflicht genommen, den Wissenschaftler anzustellen, und indirekt für seine mögliche persönliche Notlage verantwortlich gemacht – eine Argumentationsweise, die weit über das klassische Angestellten- und Dienstherrenverhältnis hinausging, den Verfassern angesichts der offensichtlich äußerst schwierigen materiellen Umstände aber opportun erschien. Dabei wurden auch Kategorien wie die Würde des Individuums angeführt. Auch die Notwendigkeit, privat Geld (Almosen) bereitzustellen und anzunehmen, wurde als für alle Beteiligten unwürdig wahrgenommen. Was heute als unbürokratische Hilfe verstanden werden könnte, war damals allen Beteiligten äußerst unangenehm. Ziel war es, den Kollegen in die Lage zu versetzen, seinen Lebensunterhalt in einer Anstellung als Wissenschaftler verdienen zu können. Die Aussprache der Empfehlungen wurde darüber hinaus für die Hebräische Universität in dem Sinne als profitabel angesehen, als sie damit einen Wissenschaftler mit hohem Ansehen gewinnen würde. Auch habe der gelobte Forscher Landshut bereits zwischen 1936 und 1938 für die Universität gearbeitet. Aus der Logik der Unterzeichner des hier zitierten Briefes ergab sich, dass die Universität nun an Landshut gebunden

158 Vgl. Mahrer, Stefanie: Salman Schocken. Topographien eines Lebens. Berlin 2021 (Jüdische Kulturgeschichte in der Moderne).

159 Unterzeichner waren namhafte deutsch-jüdische Wissenschaftler diverser Fachrichtungen: Buber, Landauer, Koebner, Ruppin, Wertheimer, Bergmann, Fraenkel, Simon, Guttmann, Smoira, Herrmann, Krojanker. Vgl. 01.10.1939 Dies. an Schocken, in: „Landshut, S.“, Central Archive of the Hebrew University Jerusalem.

160 01.10.1939 Buber, Landauer, Koebner, Ruppin, Wertheimer, Bergmann, Fraenkel, Simon, Guttmann, Smoira, Herrmann, Krojanker an Schocken, in: „Landshut, S.“, Central Archive of the Hebrew University Jerusalem.

161 01.10.1939 Buber et al. an Schocken.

war und sich im Grunde dazu verpflichtet hatte, ihn weiterhin zu unterstützen – bei gleichbleibender Leistung des Unterstützten dürfe der einmal gegebene Beistand nicht entzogen werden, so der dahinter stehende Gedanke. Waren die Bemühungen um Landshut 1936 noch erfolgreich, konnte die weitere Finanzierung ab 1939 nicht gesichert werden. Landshut lebte und forschte seit 1939 bis zum Ende des Krieges im Kibbuz Giv'at Brenner.[162]

Auch in zahllosen anderen Beispielen zeigt sich, dass die Akquise ausländischer Gelder seit 1933 für die Hebräische Universität zum Tagesgeschäft gehörte. Sowohl neu geschaffene als auch weiterzuführende Stellen mussten durch Mittel von außen finanziert werden. Die andauernde Geldnot betraf nicht nur die seit 1933 aus Deutschland und Europa emigrierten Wissenschaftlerinnen und Wissenschaftler, sondern auch solche, die bereits vorher an der Universität beschäftigt waren. Beispielhaft dafür ist der Fall des Ethnologen Erich Brauer, der bereits 1925 aus Leipzig nach Palästina ausgewandert war und dessen Universitätsanstellung 1937 wegen fehlender Gelder wegzufallen drohte.[163]

Die Universitätsleitung wandte sich, um die Stelle zu sichern, an die höchsten Stellen des unter britischem Mandat stehenden Palästina. Dies war zunächst Herbert Samuel, der ehemalige Hohe Kommissar (High Commissioner) in Palästina unter dem britischen Kolonialministerium und im Jahr des Briefes zum Viscount erhobenen Staatsdieners.[164] Er hatte sich zuvor bereits um die Finanzierung der Brauer'schen Stelle bemüht.[165] Samuel leitete die Anfrage zunächst weiter an seinen angeheirateten Neffen, den schon zu dieser Zeit berühmten und engagierten Juristen Norman Bentwich, der im Namen der Friends of the Hebrew University in England in der Sache vermittelte.[166]

Bentwich riet zunächst der Universität, Erich Brauer dazu aufzufordern, einen ausführlichen Bericht über seine Tätigkeiten zu verfassen. Eine knappe Aufstellung hatte der Anfrage zwar beigelegen, diese wurde aber von Bentwich als „curiously dry and unimpressive“[167] zurückgewiesen. Am gleichen Tag antwortete Bentwich Herbert

162 Vgl. das Ergebnis dieser Erfahrung: Landshut, Siegfried: Die Gemeinschafts-Siedlung in Palästina, o. O. 1944. (auf Hebräisch.)

163 Vgl. Madar, Vered; Schrire, Dani: From Leipzig to Jerusalem: Erich Brauer, a Jewish Ethnographer in Search of a Field, in: Naharaim: Zeitschrift für deutsch-jüdische Literatur und Kulturgeschichte 8 (2014) 1, S. 91–119.

164 Vgl. Bowle, John: Viscount Samuel. A Biography. London 1957.

165 22.07.1937 Bentwich an Samuel, in: Personalakte „Brauer, Erich“, Central Archive of the Hebrew University Jerusalem.

166 Lehrer, Natasha; Summers, Anne: Helen Bentwich, in: Shalvi/Hyman Encyclopedia of Jewish Women. Jewish Women's Archive. 23.06.2021, URL: https://jwa.org/encyclopedia/article/bentwich-helen, abgerufen am 15.12.2021; Bentwich, Norman: My 77 Years. An Account of My Life and Times 1883–1960. London 1962.

167 22.07.1937 Bentwich an Senator, in: Personalakte „Brauer, Erich“, Central Archive of the Hebrew University Jerusalem.

Samuel, den er mit „Dear Uncle Herbert“ anschrieb.[168] Mit diesem Schreiben arbeitete er einer überzeugenden Empfehlung seines Onkels zu, indem er alle ihm zur Verfügung stehenden Informationen zusammenfasste. Bentwich erinnerte zunächst daran, dass Samuel seinerzeit die Finanzierung für Brauers Stelle selbst eingeworben hatte, versehen mit dem Zusatz, dass sich dieser daran zweifellos selbst erinnere.[169] Er riet dazu, die Weiterfinanzierung zunächst bei der gleichen Stelle wie zuvor anzufragen, nämlich bei der Canadian Jewish Community. Es folgten Ausführungen zur schwierigen Finanzlage der Hebräischen Universität und zur hohen Qualität von Brauers Arbeit. Hiernach brachte er Samuel auf den neuesten Stand darüber, dass die Kanadier sich bereits zu einer Zwischenfinanzierung im vergangenen Jahr bereiterklärt hatten, angefragt von Bentwich selbst. Unter Angabe der dafür angefragten Person schrieb er: „I do not know with whom you communicated in Canada about the original contribution but I expect you have a note of that.“[170] Als weitere argumentative Stütze fügte Bentwich an, dass Brauers Stelle die einzige sei, die von der kanadischen jüdischen Gemeinde an der Universität finanziert wurde. Er bezog in seinem Brief auch die Eventualität einer möglichen Teilfinanzierung durch die Kanadier ein und formulierte einen Notfallplan für einen solches Szenario: „[I]t occured to me that Sir Robert [R]ond might be disposed to make a contribution.“ Hierfür wäre es aber „necessary to have some more impressive report of the work than is given in the report attached to Senator's letter.“[171]

Diese Informationen Bentwichs ermöglichten es dem sowohl in der Familien- wie auch vor allem in der Amtshierarchie höhergestellten Herbert Samuel, tätig zu werden. Dabei waren sie ihm auf eine höfliche und zuvorkommende Art und Weise zur Verfügung gestellt worden. Das erlaubte es Samuel, weitere Schritte einzuleiten, ohne noch einmal Rücksprache halten zu müssen, was eventuell als peinlich oder zu aufwendig hätte empfunden werden können.

Die Verquickung von familiären Verbindungen und offiziellen Funktionen sorgt in diesem Fall für eine auffällige Verbindung von familiärer Vertraulichkeit in der Anrede und der Einhaltung gesellschaftlicher Formen in den folgenden Formulierungen und Inhalten. Dies steht im deutlichen Kontrast zu den Gepflogenheiten in der Privatwirtschaft, wenn man an die bereits untersuchte Kommunikation in der Familie Arnhold und die Art und Weise denkt, wie dort ein Onkel seinen Neffen um einen Gefallen und eine Einstellung bat. Der Umgang mit Geldern aus verschiedenen Händen, in diesem Fall einer jüdischen Gemeinde, und auch das öffentliche Amt werden dieses Vorgehen nötig gemacht haben.

168 22.07.1937 Bentwich an Samuel.
169 22.07.1937 Bentwich an Samuel.
170 22.07.1937 Bentwich an Samuel.
171 22.07.1937 Bentwich an Samuel.

4.8 Private und wirtschaftliche Interessen: Einflussnahme durch Empfehlungen

Doch auch die Privatwirtschaft nahm mitunter Einfluss auf den Universitätsalltag. Mit dem Anstieg der Bewerbungen aus Europa infolge von Vertreibung und Terror unter dem NS-Regime reichten die finanziellen Mittel der Universität bei weitem nicht mehr aus, die Lehrstühle und Stellen einzurichten, die gewünscht bzw. erforderlich waren, um die betroffenen Wissenschaftlerinnen und Wissenschaftler zu beschäftigen. Zusätzlich zu der spärlichen Ausstattung der Universität selbst bemühten sich zwar Förder- und Hilfsvereine sowie internationale jüdische Organisationen darum, Gelder bereitzustellen. Weiterhin wurden aber auch immer wieder Privatpersonen um Spenden gebeten. Aus welchen Quellen diese Gelder stammten und welchen Anteil sie jeweils an den gesamten Einnahmen der Universität hatten, geht aus dem untersuchten Quellenmaterial nicht hervor.

Der materielle Ausnahmezustand an der Universität stellte Einstellungs- und Beschäftigungsbedingungen derart auf den Kopf, dass europäische Wissenschaftlerinnen und Wissenschaftler dies kaum glauben konnten. Aufschlussreich ist hierzu die Schilderung eines Wissenschaftlers, dessen Name aufgrund des fehlenden Briefkopfes nicht eindeutig zu entziffern ist. Er berichtet von einem Gespräch mit Oskar Theodor, zu dieser Zeit Sekretär der Faculty of Science in Jerusalem:

> Herr Theodor eröffnete unsere Unterhaltung mit dem Hinweis darauf, dass ich die Dauer meines Aufenthaltes nicht von der sofortigen Erlangung einer Stelle abhängig machen dürfe, sondern erste einige Zeit (wenige Jahre) in Palästina bleiben und mir irgendeine Existenz schaffen müsse; auf diese Weise könnte ich dann später evtl. in eine Vakanz eintreten. Meine Frage, wie ich – mittellos – zu einer Existenz gelangen solle, wurde mit dem Hinweis beantwortet, dass ich nötigenfalls Schulden machen müsse. Dagegen wandte ich ein, dass ich nie Schulden machen würde, ohne zu wissen, dass ich sie auch tilgen könne. Woraufhin Herr Th. meinte, dass ich meine Schulden dann eben – gleich anderen Menschen – nicht zurückzahlen würde. Ferner wurde ich durch Herrn Th. darauf aufmerksam gemacht dass im Augenblick auch deshalb für mich kaum Aussichten bestünden, weil völlig mittellose, in Not befindliche Bewerber vorgezogen würden, ich jedoch – für wenige Monate! – noch in Utrecht arbeiten und leben könnte. Natürlich habe ich stets erneut gefragt was diese Mitteilungen mit der Qualifikation für wissenschaftliche Arbeit zu tun hätten. Ueber berufliche Tätigkeit wurde in diesem Gespräch jedoch von der Seite Theodors nicht ein einziges Wort verloren. Unabhängig von diesen mehr als unsachlichen Ausführungen Dr. Theodor's, hat sich aber auch gezeigt, dass die Hoffnungen, die Herr Krebs sehr stark in mir erweckt hat, und in denen ich durch die weitere Korrespondenz mit Dr. Cohn als Vertreter Prof. Weizmanns bekräftigt werden musste, völlig unberechtigt waren und jeder tatsächlichen Grundlage entbehren. Nach übereinstimmender Auskunft der der Fakultät angehörenden Herren, besteht in Jerusalem vorerst nicht die mindeste Möglichkeit für die Neueinstellung einer weiteren wissenschaftlichen Arbeitskraft, da schon der Unterhalt der bereits bestehenden Laboratorien Schwierigkeiten bereitet. Darum ist es mir unverständlich, wie mir von verantwortlichen Stellen zu einer derartigen Reise zugeraten werden konnte. [...] Ich habe mich davon überzeugen müssen, dass diese Art und Weise der Erledigung von Bewerbungen nicht nur in Jerusalem, son-

> dern über Palästina hinaus bekannt ist und in einer Weise beurteilt wird, die den Ruf der Jerusalemer Universität schwer gefährdet.[172]

Das Zitat zeigt, wie schwierig und individuell verschieden die Lage der Wissenschaftlerinnen und Wissenschaftler war. Die Aufgabe, abzuwägen, wer zum einen am qualifiziertesten, zum anderen gleichzeitig am bedürftigsten war, dürfte keinem der Beteiligten angenehm gewesen sein, lag es doch nicht nur in diesem Beispiel auf der Hand, dass der Verfasser der Quelle nach Ablauf der wenigen Monate, die er seine Stelle noch innehatte, ebenfalls völlig mittellos sein würde.

Ein Beispiel für einen Versuch, eine Stelle aus privaten Spenden zu finanzieren, stellt der 1935 beförderte Shlomo Dov Goitein dar.[173] Max Schlössinger hatte im Anschluss an die Beförderung Kontakt zu einer Frau Salomons aufgenommen, die sich im Vorfeld wohl nach der Beförderung Goiteins erkundigt und finanzielle Hilfe angeboten hatte. Schlössinger nahm diese Initiative zum Anlass, ihr vorzuschlagen, anstatt der Förderung des Lecturers eine Heizung für die Bibliothek zu stiften.[174]

Als ein regelmäßiger und großzügiger Spender sprach sich Max Warburg[175] am 26. November 1933 für die Einstellung Alfred Bonnés als Dozent (Lecturer) aus, des Leiters des zu einem Großteil von Warburg gestifteten Wirtschaftsarchivs. Das Schreiben des Bankiers und Mäzens Warburg an Magnes unterscheidet sich in seiner Form von den im Universitätswesen üblichen, bisher vorgestellten Schreiben. Zunächst trägt es den Zusatz „Nicht durch das Sekretariat."[176] Es ist also davon auszugehen, dass es nicht zur offiziellen Vorlage in einem Gremium bestimmt war, sondern eine Beförderung empfehlen und diskret anstoßen sollte. Warburg wählte in seinem Brief Formulierungen, die ihn als erfahrenen, sorgenden und informierten Fürsprecher Bonnés inszenierten und gleichzeitig eine große persönliche und respektvolle Nähe zu Magnes aufzeigen sollten. Er begann mit der Anrede „Sehr verehrter, lieber Dr. Magnes" und stieg danach direkt mit der Feststellung ein, dass er sich „große Sorgen" mache, da er gehört habe, dass das Archiv und mit diesem Dr. Bonné nicht vollständig an die Universität angegliedert seien. Dies war seiner Meinung nach dadurch zu erreichen, den „armen, geduldigen" Bonné zu einem Lecturer der Universität zu machen. Immerhin habe Palästina durch die „traurigen Ereignisse" eine „stürmische Entwicklung" genommen. Dies mache die Existenz des Archivs noch wichtiger. Besonders eindringlich und blumig formuliert ist die Wiederholung der Bitte mit den Worten: „Also verhelfen Sie diesem meinem Kinde endlich zu einem würdigen Leben, indem Sie Bonné die Stellung

---

172 27.11.1936 Schreiben von Heimann, in: Personalakte „Theodor, Oskar", bis 1959, I, Central Archive of the Hebrew University Jerusalem.

173 Vgl. zu Goitein auch den vorangegangenen Abschnitt 4.4.

174 14.10.1935 Schlössinger an Frau Salomons.

175 Zu Max Warburg (1867–1946) vgl. Hoffmann, Gabriele: Max M. Warburg. Hamburg 2009.

176 26.11.1933 Warburg an Magnes, in: Personalakte „Bonné, Alfred", bis 1949 (I), Central Archive of the Hebrew University Jerusalem.

geben, die er haben sollte."[177] Im Anschluss hieran bestellte Warburg Grüße an Magnes Familie, berichtete von den Plänen seiner Familie, nach New York zu reisen, ließ auch von seiner Frau Grüße ausrichten und verblieb „[i]n alter Freundschaft ganz der Ihre"[178].

Warburg trat in diesem Schreiben in der Pose des sorgenden Patriarchen auf, der sich in der Pflicht sah, sich um das Wohlergehen „seines" Archivs und „seines" Mitarbeiters zu kümmern. Die Erwähnung der Familien sollte die freundschaftliche Beziehung zweier Herren gleichen Ranges betonen. Darüber hinaus wurde auch das Anliegen des als „Kind" bezeichneten Archivprojektes in den Rahmen der familiären Fürsorge gerückt. Diese Verortung des Archivs innerhalb des Schutzkreises des Patriarchen sollte betonen, wie sehr ihm das Projekt am Herzen lag. Erinnert man sich an den Einsatz der Bankiers des 19. Jahrhunderts für ihre Söhne, wie er in Kapitel 2.3 besprochen und in Kapitel 3.3 aufgegriffen wurde, wird klar, dass Warburg es als seine Pflicht und Verantwortung sah, die Zukunft des Archivs maßgeblich und nach seinem besten Wissen mitzugestalten.

Auf diese durchaus emotional formulierte Bitte antwortete Judah Magnes am 11. Dezember 1933 in einem vergleichsweise nüchternen Tonfall. Er verwies darauf, dass sich bisher niemand gefunden habe, der das Jahresgehalt Bonnés übernehmen würde, und schlug vor, dass Max Warburg selbst die Stelle für drei Jahre voll finanzieren sollte, nach deren Ablauf dann eine Übernahme der Kosten durch die Universität möglich sei.[179] Warburg ging ein halbes Jahr später in einem erneuten Schreiben auf dieses Angebot nicht ein. Vielmehr machte er Magnes darauf aufmerksam, dass seiner Wahrnehmung nach inzwischen Geld zur Verfügung stehen müsse, denn er habe „verschiedentlich gelesen, dass Ihr Fischzug in Amerika sehr erfolgreich gewesen ist, und hoffe, dass die verhältnismäßig kleine Summe, die für die Fortführung der Economic Archives for the Near East benötigt wird, unter den empfangenen Summen ist"[180]. Magnes antwortet wiederum zeitnah am 12. Juli, dass die gesammelten Hilfsgelder für Geflüchtete verwendet werden sollten. Bonné sei aber in der Situation, dass er zwar Deutscher, aber derzeit nicht auf der Flucht sei, da er sich ja schon in Israel befinde. Magnes erneuerte mit dieser Begründung seine Frage, ob Warburg nicht selbst und zielgerichtet etwas für Bonné tun wolle.[181]

Es sind Verhandlungen wie diese die zeigen, dass an Universitäten keine Wissenschaftlerinnen und Wissenschaftler angestellt werden konnten, solange generelle Finanzierungsfragen nicht geklärt waren – obwohl im Selbstbild der akademischen Welt

177 Alle in 26.11.1933 Warburg an Magnes.

178 26.11.1933 Warburg an Magnes.

179 11.12.1933 Magnes an Warburg, in: Personalakte „Bonné, Alfred", bis 1949 (I), Central Archive of the Hebrew University Jerusalem.

180 30.06.1934 Warburg an Magnes, in: Personalakte „Bonné, Alfred", bis 1949 (I), Central Archive of the Hebrew University Jerusalem.

181 12.07.1934 Magnes an Warburg, in: Personalakte „Bonné, Alfred", bis 1949 (I), Central Archive of the Hebrew University Jerusalem.

und auch in den Ansprüchen an eine Empfehlung die wissenschaftliche Arbeit, die Qualifikation und das Renommee im Fach in den Vordergrund gerückt wurden. Spender wie Warburg versuchten mitunter, durch Verweis auf bereits geflossene Gelder die Besetzung von Stellen zu beeinflussen. Die Antwort Magnes' kann in diesem Zusammenhang auch als Machtdemonstration gelesen werden. Immerhin machte er Warburg zweimal deutlich, dass dieser nicht darüber zu entscheiden habe, wie die Universität mit Geldern umgehe, es sei denn, er, Warburg, würde für sein Anliegen selbst die erforderlichen Summen bereitstellen.

Max Warburg protegierte auch andere Wissenschaftlerinnen und Wissenschaftler außerhalb des von ihm finanzierten Archivs. Für den physikalischen Chemiker Ernst Alexander[182] verfasste er ein Empfehlungsschreiben samt Begleitschreiben. Darin dankte er „sehr für die freundliche Aufnahme meines Empfohlenen".[183] Das Einführungsschreiben, das nur ankündigte, dass Alexander selbst Magnes vom Zweck seiner Reise berichten werde, endete ähnlich. Hierin dankte Warburg „im voraus für alles, was Sie im Interesse meines Empfohlenen tun werden."[184] In diesen Schreiben ist das Possessivpronomen „mein" ein Hinweis auf Warburgs Selbstverständnis als Patriarch, der sich für die Unterbringung seiner Protegés, so liest es sich, persönlich verantwortlich fühlte, was er auch hier mit dieser zunächst einmal sehr unverbindlich erscheinenden Introduktion in die Wege leiten wollte.

Im September desselben Jahres führt Magnes in seiner Antwort an Warburg aus, dass er inzwischen Gelegenheit gehabt habe, Alexander persönlich kennenzulernen und einen positiven Eindruck von ihm erhalten habe. Er bestätigte, dass die Universität Alexander gerne in einer zunächst „bescheidenen Position"[185] beschäftigen wolle. Für die Zukunft werde er, Magnes, Alexander gerne eine bessere Stelle in Aussicht stellen, brauche dafür aber weitere Informationen. Er bat daher: „In view of your letter of introduction, may I ask you to let us have such information, about him and his character as it is possible for you to secure."[186] In der Akte Alexanders findet sich die Abschrift einer Empfehlung, in der weder Empfänger noch Adressat vermerkt sind. Der Inhalt dieses Schreibens umreißt die von Magnes angesprochenen Punkte, schildert allerdings wissenschaftliche Leistungen wie auch persönliche Eigenschaften sehr vage. Alexanders wissenschaftliche Publikationen behandelt Warburg fast schon lakonisch mit „hat eine Reihe von wichtigen Arbeiten veröffentlicht"[187], und seinen Charakter

182 Vgl. Niese, Siegfried: Der Naturwissenschaftler Ernst Alexander (1902–1980). Ein Forscherleben im 20. Jahrhundert, in: Freiburger Universitätsblätter 178 (2007), S. 87–102, hier S. 91–92.

183 04.05.1933 Max Warburg an Magnes, in: Personalakte „Alexander, Ernst" I, Central Archive of the Hebrew University Jerusalem.

184 04.05.1933 Max Warburg an Magnes.

185 i. O. „modest position" 20.09.1933 Magnes an Warburg, in: Personalakte „Alexander, Ernst" I, Central Archive of the Hebrew University Jerusalem.

186 20.09.1933 Magnes an Warburg.

187 „Abschrift" (Undatiert) (verm. 27. September), in: Personalakte „Alexander, Ernst" I, Central Archive of the Hebrew University Jerusalem.

nennt er „vorzüglich“, ohne aufzuführen, worauf er das Urteil stützte.[188] Auf diese Art entsprach Warburg zwar dem Anliegen Magnes, allerdings wirkt es so, also würde er dabei nur der Form genügen wollen, ohne die Mühe für eine substanzielle Empfehlung aufzuwenden. Nichtsdestotrotz bedankte sich Magnes am 13. Oktober bei Warburg für die „very favourable recommendation.“[189]

Bemerkenswert ist, dass der Bankier Max Warburg damit versuchte sich zum fachlichen Vermögen eines Physikers zu äußern. Obwohl er zweifellos umfassend gebildet war, erscheint eine fachliche Empfehlung außerhalb seiner eigenen Berufsgruppe doch etwas ungewöhnlich. Die Schreiben Warburgs führen deutlich vor Augen, wie ein finanzstarker Spender und sicher auch eine Person mit großem sozialen Kapital versuchte, auf inneruniversitäre Belange Einfluss zu nehmen, und zwar in einem Maße, das grenz- und kompetenzüberschreitend war. Warburg agierte anders als für universitäre Empfehlungen üblich; Publikationen und wissenschaftliche Leistungen scheinen für ihn kaum eine Rolle gespielt zu haben, stattdessen glaubte er wohl, dass das Schreiben an sich genug Gewicht besaß, seine Ziele zu erreichen. Dabei weisen seine Empfehlungen Ähnlichkeiten mit denen auf, die oben mit Blick auf das Bankenwesen diskutiert wurden. Letztere stützten sich im Wissen um den eigenen großen Einfluss auf das eigene soziale Kapital, und die Verfasser vertrauten darauf, dass die bloße Empfehlung den gewünschten Zweck erzielen werde, während die Tonalität patriarchal anmutet. Ob aus Ignoranz oder Unwissenheit missachtete Warburg die Konventionen des wissenschaftlichen Feldes und versuchte – kaum glaubhaft – zu vermitteln, dass er die Unabhängigkeit der Wissenschaft und der Wissensproduktion achtete und in seinen Interventionen auf sie Rücksicht nahm. Die Repliken von Magnes zeugen daher auch vom Selbstbehauptungsversuch der Wissenschaft und des akademischen Feldes gegenüber der Wirtschaft und privaten Interessen – unter wirtschaftlich und politisch denkbar schwierigen Umständen.

Wie diese Selbstbehauptung der Wissenschaft mitunter durchgehalten wurde, lässt sich an einem Brief aus dem Stapel der abgelehnten Empfehlungen im Archiv der Hebräischen Universität nachvollziehen. Bemerkenswert ist, dass die Empfehlung die seltene Information beinhaltet, dass der Empfohlene nicht auf eine Bezahlung angewiesen sei, also implizit, aber deutlich formuliert, dass eine unentgeltliche Anstellung akzeptiert werden würde. Konkret geht es dabei um ein Schreiben Montague Burtons, seinerzeit Gründer von Großbritanniens größter Mode-Handelskette „Burtons Menswear“. Burton empfahl am 8. Mai 1933 den damals frisch promovierten Judaisten und Theologen Nahum Norbert Glatzer, da ihn dessen Schwiegervater, Salomon Stiebel, darum gebeten hatte, mit der kurzen Bemerkung:[190]

---

188 „Abschrift“ (Undatiert) (verm. 27. September).

189 13.10.1933 Magnes an Warburg, in: Personalakte „Alexander, Ernst“ I, Central Archive of the Hebrew University Jerusalem.

190 Vgl. Wechsler, Judith; Fishbane, Michael (Hgg.): The Memoirs of Nahum N. Glatzer. Cincinnati 1997 (Jewish Perspectives), S. 50, 59.

> He would not require any salary, as he is fairly well-placed financially. If you could do something for him I should be ever grateful. I am not unmindful of the fact that you have many similar requests, but I feel this is a case worthy of special consideration.[191]

Auch in diesem Fall wurde eine fachliche Empfehlung außerhalb der eigenen Profession ausgesprochen. Ähnlich wie bei Warburg war der Empfehlende sehr vermögend und gesellschaftlich relevant. Hier führte die Empfehlung zwar nicht zur Einstellung, sie zeigt aber, dass die in den Briefstellern festgehaltene Maßgabe, man solle nur empfehlen, wovon man auch Ahnung habe, außer Kraft gesetzt zu sein scheint, sobald die Finanzkraft des Empfehlenden groß genug war.

4.9 Absagen: Wenn Empfehlungen nichts nützen

Die Sammlung des Archivs der Hebräischen Universität stellt für die vorliegende Arbeit einen Sonderfall dar, da sie auch Unterlagen zu Empfehlungsprozessen enthält, die erfolglos geblieben waren. Entweder sagte die empfohlene Person selbst ab oder die Universität der Bewerberin oder dem Bewerber. Eins der am besten dokumentierten Beispiele für das erste Szenario war die Absage des Mediziners Dr. Herbert Elias aus Wien (1885–1975).[192] Als Elias 1938 wegen der Annexion Österreichs durch das Deutsche Reich die Universität in Wien verlassen musste, schrieb Siegfried Schmitz[193] an David Werner Senator, dass Elias der geeignetste Kandidat für den Aufbau einer Universitätsklinik sei. Er erinnerte daran, dass die Hebräischen Universität bereits vor ein paar Jahren Gespräche mit Elias über eine mögliche Anstellung geführt hatte. „Eine Berufung Elias'", so der bekannte Zionist Schmitz, „müsste jedoch baldigst erfolgen, da dieser überaus fähige Mann, der grossen Ruf hat, sonst von anderer Seite berufen würde und damit für Palästina, wohin er gehört, wohl endgiltig [sic] verloren wäre."[194] Schmitz formulierte ein ebenso knappes wie umfassendes Lob für Elias: „Ich schreibe diese Zeilen aus wirklichem Interesse an der Sache sowohl wie an dem Manne und Menschen, der nicht nur wissenschaftlich, sondern menschlich und jüdisch und in seiner palästinensischen Einstellung als echt erprobt ist."[195] Postwendend richtete David Werner Senator daraufhin ein Schreiben an Herbert Elias, in dem er ihm eine Stelle anbot. Die Anstellungsbedingungen und eine ausführlichere Beschreibung

191 08.05.1933 Burton an Magnes, in: „Bewerbungen", 1933, Box 501, 2100 C, Central Archive of the Hebrew University Jerusalem.
192 Bauer-Merinsky, Judith: Die Auswirkungen der Annexion Österreichs durch das Deutsche Reich auf die medizinische Fakultät der Universität Wien im Jahre 1938: Biographien entlassener Professoren und Dozenten. Wien 1980, S. 44–46.
193 Siegfried Schmitz (1886–1941).
194 27.05.1938 Schmitz an Senator, in: „Bewerbungen auf Stellen und Angebote", 1938, Central Archive of the Hebrew University Jerusalem.
195 27.05.1938 Schmitz an Senator.

umriss er im kurzen Schreiben nicht, lediglich auf das Gehalt ging er ein. Er bat Elias außerdem darum, „das Gefuehl der Freundschaft und der Anteilnahme an dem schweren Schicksal der oesterreichischen Judenheit auch unseren anderen Freunden zu uebermitteln."[196]

Diese auf den ersten Blick unbürokratische und teilnahmsvolle Geste stieß bei ihrem Empfänger keineswegs auf Begeisterung. Während bereits andere Kollegen wie zum Beispiel Emanuel Libmann aus New York Empfehlungen für Herbert Elias einsandten,[197] schickt dieser seinerseits eine Absage an Senator: Er erfahre aus Senators Schreiben nichts über die Art der Stelle und lehne derartige Fürsorge für seine Person ab, um anderen nicht eine solche Möglichkeit zu nehmen.[198] Eine Reaktion, die in den schriftlichen Diskussionen zwischen Senator und Max Chevalier von Anhauch[199] auf Unverständnis stieß. Darin heißt es, bei dem Wiener Kollegen liege wohl eine gewisse Überempfindlichkeit vor. Außerdem sei bekannt, dass Herbert Elias einen Bruder in New York habe und es ihn auch darum wahrscheinlich eher in die Vereinigten Staaten ziehe.[200]

Senator unternahm einen letzten Versuch, entschuldigte sich dabei sogar bei Elias für ein mögliches Missverständnis. Bereits die Anrede ist auffallend zuvorkommend gefasst: „Verehrter, lieber Herr Professor."[201] Im weiteren Verlauf bemühte sich Senator, die potenzielle Stelle und die Gegebenheiten in der Hadassah-Klinik genauer zu skizzieren. Er schloss das Schreiben mit den Worten: „Bis dahin moechte ich Sie nur noch einmal meiner Freundschaft und Sympathie versichern und Ihnen versprechen, dass ich tun werde, was an mir liegt, um Ihnen Ihren Weg hier zu erleichtern, wenn Sie sich fuer Palästina entschliessen."[202] Doch auch dieses Schreiben blieb fruchtlos: Elias migrierte schließlich nach Amerika.

Die verschnupfte Reaktion des Mediziners mit einer wienerischen Überempfindlichkeit oder, wie zu Beginn des Kapitels zitiert, mit der Arroganz innerhalb des deutschen Universitätssystems zu erklären, wie Senator es tat, greift in der Nachbetrachtung zu kurz. Das Berufungsverfahren für Universitätsstellen war wie erwähnt eine diffizile Praxis. Elias hatte sich zu dieser Zeit seinen Empfehlungen und seiner Vita zu-

---

196 29.05.1938 Senator an Elias, in: „Bewerbungen auf Stellen und Angebote", 1938, Central Archive of the Hebrew University Jerusalem.

197 Vgl. exemplarisch 10.06.1938 Libmann an Yassky, in: „Bewerbungen auf Stellen und Angebote", 1938, Central Archive of the Hebrew University Jerusalem.

198 15.06.1938 Elias an Senator, in: „Bewerbungen auf Stellen und Angebote", 1938, Central Archive of the Hebrew University Jerusalem.

199 Vgl. Anhauchs Eintrag im „Hof- und Staats-Handbuch": Österreich-Ungarn (Hg.): Hof- und Staats-Handbuch der Österreichisch-Ungarischen Monarchie für das Jahr 1918. 44. Aufl. Wien 1918, S. 99.

200 Vgl. 21.06.1938 Anhauch an Senator und 29.06.1938 Senator an Anhauch, in: „Bewerbungen auf Stellen und Angebote", 1938, Central Archive of the Hebrew University Jerusalem.

201 29.06.1938 Senator an Elias, in: „Bewerbungen auf Stellen und Angebote", 1938, Central Archive of the Hebrew University Jerusalem.

202 29.06.1938 Senator an Elias.

folge bereits einen glänzenden Ruf erarbeitet und war zudem Zionist. Vor allem Letzteres schien ein gutes Vorzeichen für eine mögliche Übersiedelung nach Palästina zu sein. Auch wenn die Annexion Österreichs die Situation der jüdischen Wissenschaftlerinnen und Wissenschaftler in Wien verschlimmerte, sah sich der verdiente Mediziner 1938 keineswegs in einer Bittsteller-Position. Dass dies nicht nur eine fehlgeleitete Selbsteinschätzung war, zeigt sich schon daran, dass sich die Hebräische Universität bereits Jahre vorher um den Wissenschaftler bemüht hatte. Trotz nachdrücklicher Empfehlungen und eines etablierten Netzwerks hatte in diesem Fall wohl das übereilte Außer-Acht-Lassen des ungeschriebenen akademischen Protokolls dafür gesorgt, dass Herbert Elias die Situation als würdelos empfand und seinerseits der Universität absagte. Das zeigt, dass es durchaus die Möglichkeit gab, innerhalb des akademischen Systems seine Anstellung selbstbestimmt auszuwählen. Was es dazu allerdings brauchte, war eine sehr hohe Reputation und damit so viel soziales und kulturelles Kapital, dass es die Anforderungen der Stelle gewissermaßen überstieg.

Insgesamt aber überwogen die Absagen, die die Hebräische Universität ihrerseits Wissenschaftlerinnen und Wissenschaftlern erteilen musste. Einige von ihnen erfolgten trotz Fürsprachen, die alle Kriterien für eine gelungene Empfehlung erfüllten. Das war beispielsweise bei Mediziner und Psychiater Aron Isserlin der Fall, der sich bereits in Palästina aufhielt. Sein Bruder, der anerkannte Neurologe Max Isserlin, empfahl ihn in einem Schreiben an David Werner Senator. Isserlin duzte Senator und formulierte seine Empfehlung sehr eingehend. Obwohl wissenschaftliches Renommee und eine persönliche Verbindung zur Universitätsleitung bestand, kam es nicht zu einer Zusammenarbeit.[203] Andere Absagen zeigen, dass eine Einstellung durchaus von vielen Faktoren abhing und eine Masse von qualifizierten Empfehlungen wenig ausrichten konnte, wenn keine einzige davon die Adressaten vollends vom Kandidaten überzeugte. Der Fall des bereits in Kapitel 4.1 vorgestellten Apothekers Richard Brieger steht hierfür exemplarisch. An ihm zeigt sich, wie die Netzwerkarbeit unter zunehmendem Zeitdruck intensiviert wurde.[204]

Die initiale Empfehlung für Richard Brieger an Judah Magnes schrieb ein Dr. P. Wolff am 21. August 1933 aus Genf. Wolff empfahl Brieger als Dozent für Pharmazie auf eine Anfrage von Magnes unter anderem mit folgenden Worten: „He is a middle-aged man. I have known him personally for years and I esteem him an excellent, diligent, assiduous and scrupulous worker, with an unimpeachable and fine character."[205] Magnes wandte sich daraufhin nicht direkt an Brieger, sondern antwortete Wolff am

203 Vgl. 06.10.1938 Schreiben für Isserlin, in: „Bewerbungen auf Stellen und Angebote", 1938, Central Archive of the Hebrew University Jerusalem.

204 Zum zeitlichen Verlauf des folgenden Prozesses vgl. auch Leimkugel, Frank: PZ-Redakteur Richard Brieger und die Anfänge der Pharmazie, in: Pharmazeutische Zeitung 26 (2003), URL: https://www.pharmazeutische-zeitung.de/index.php?id=titel_26_2003, abgerufen am 13.03.2022.

205 21.08.1933 Wolff an Magnes, in: „Bewerbungen", 1933, Box 50, 165 B, Central Archive of the Hebrew University Jerusalem.

30. August mit der Bitte, Brieger möge seine Unterlagen an die Hebräische Universität schicken und zudem mit dem Biochemiker, Arzt und Nobelpreisträger Otto Warburg in Kontakt treten, um ein persönliches Treffen mit diesem in Berlin zu arrangieren.[206] Damit verlieh Magnes Warburg eine Stellvertreterposition und machte ihn sozusagen für das Vorstellungsgespräch verantwortlich. Es ist davon auszugehen, dass derjenige, der fachlich und persönlich vor Warburg bestehen konnte, auch von Magnes keinen Widerstand zu erwarten hatte.

Brieger kam der Aufforderung am 10. September nach und schickte seine Unterlagen aus dem Urlaub an Magnes.[207] Nur einen Tag später und vermutlich vor einem tatsächlichen Treffen mit Brieger, am 11. September, schrieb auch Otto Warburg an den Kanzler der Hebräischen Universität: Brieger „macht einen guten Eindruck und scheint auch recht politisch zu sein."[208] Wie schnell die betreffenden Akteurinnen und Akteure in dieser Situation handelten, zeigt sich daran, dass Wolffs Bestätigung, Brieger zu kontaktieren, erst am 13. September abgeschickte wurde, also nachdem Briegers Unterlagen eingetroffen waren.[209] Warburg konkretisierte seine erste Einschätzung in einem Brief an Magnes vom 23. September und berichtete, dass er Brieger nun getroffen habe, der inzwischen von seiner Reise zurückgekehrt sei. Warburg habe tatsächlich den „allerbesten Eindruck von ihm erhalten."[210] Brieger habe ihm bei diesem Treffen „eine Anzahl Empfehlungsschreiben bekannter Pharmazeuten im Original vorgelegt, die eine vorzügliche Auskunft über seine Leistungen und Befähigungen enthalten."[211] Sein abschließendes Urteil lautete, dass man bei Brieger „zugreifen"[212] müsse, da dieser „nicht lange stellungslos bleiben" werde.[213] Warburg verlieh Brieger damit sein Prüfsiegel.

Magnes versuchte hiernach eine zweite Empfehlung einzuholen und wandte sich an Biochemiker Carl Neuberg (1877–1956).[214] Dieser antwortete, dass er Richard Brieger nicht persönlich kenne und darum nicht empfehlen könne. Er bestätigte aber, dass er der Einschätzung Dr. Wolffs vertraue und empfahl, sich an Ernst Laqueur in Amster-

206 30.08.1933 Magnes an Wolff, in: „Bewerbungen", 1933, Box 50, 165 B, Central Archive of the Hebrew University Jerusalem.

207 10.09.1933 Brieger an Magnes, in: „Bewerbungen", 1933, Box 50, 165 B, Central Archive of the Hebrew University Jerusalem.

208 11.09.1933 Warburg an Magnes, in: „Bewerbungen", 1933, Box 50, 165 B, Central Archive of the Hebrew University Jerusalem.

209 13.09.1933 Wolff an Magnes, in: „Bewerbungen", 1933, Box 50, 165 B, Central Archive of the Hebrew University Jerusalem.

210 23.09.1933 Warburg an Magnes, in: „Bewerbungen", 1933, Box 50, 165 B, Central Archive of the Hebrew University Jerusalem.

211 23.09.1933 Warburg an Magnes.

212 23.09.1933 Warburg an Magnes.

213 23.09.1933 Warburg an Magnes.

214 24.09.1933 Magnes an Neuberg, in: „Bewerbungen", 1933, Box 50, 165 B, Central Archive of the Hebrew University Jerusalem.

dam zu wenden, um eine Empfehlung für Brieger zu erhalten.[215] So zeigt sich auch in diesem Fall, dass Neuberg sich an dem Grundsatz orientierte, der auch in den Briefstellern betont wurde, nämlich nur Menschen zu empfehlen, die man persönlich kannte. Zum anderen belegt das Beispiel, dass ein proaktives Beibringen von Empfehlungen es nicht ersetzen konnte, dass die Universitätsleitung selbst Erkundigungen einholte. Die Einschätzung durch die Fachgenossen sollte, so ist zu vermuten, von der Institution und nicht von dem Kandidaten gesteuert sein.

Ab diesem Zeitpunkt verlor der Prozess an Tempo. Magnes dankte am 23. Oktober 1933 Neuberg für seine Antwort[216] und richtete eine Anfrage an Ernst Laqueur.[217] Dieser antwortete am 1. November, dass er Brieger leider auch nicht persönlich kenne, sich aber mit seinem Werk vertraut gemacht habe und Brieger auf dieser Grundlage fachlich empfehlen könne.[218] In der Zwischenzeit kommunizierten Brieger und Magnes auch direkt miteinander. Brieger informierte den Rektor der Universität am 24. September, dass er Otto Warburg alle Zeugnisse, die er in Kopie eingeschickt hatte, im Original vorgelegt habe. Zudem sicherte er zu, auch mit einem geringeren Budget und begrenzten Mitteln arbeiten zu können. Eine genaue Kalkulation könne er aber nicht vorlegen, da er nicht mit den Bedingungen in Jerusalem vertraut sei. Er hatte aber einen geschätzten Kostenplan und einen Entwurf für die Pharmazeutenausbildung beigelegt.[219] Zudem schickte er ungefragt noch zwei weitere Empfehlungsschreiben mit. So bestätigte Briegers ehemaliger Kollege Ernst Gilg von der „Pharmazeutischen Zeitung“: „Persönlich halte ich ihn für einen gediegenen, vertrauenswürdigen Charakter, der allgemeines Ansehen und allgemeine Beliebtheit genoss.“[220] Im zweiten Schreiben lobte der österreichische Pharmazeut Richard Wasicky die fachlichen Leistungen Briegers und fügte hinzu, dass dieser „eine Persönlichkeit darstellt, die aus der Menge durch ihre Originalität, durch ihr umfassendes Fachwissen, durch ihre hohe Begabung und durch ihre streng wissenschaftliche Einstellung sehr hoch ragt.“[221] Inzwischen hatte sich Andor Fodor vom Department für Biologie und Kolloidchemie als Mitglied einer Kommission zur Schaffung eines Pharmazie-Lehrstuhls mit den Arbeiten Briegers vertraut gemacht und teilte Judah Magnes seine Einschätzung am 19. Oktober mit einem

215 06.10.1933 Neuberg an Magnes, in: „Bewerbungen“, 1933, Box 50, 165 B, Central Archive of the Hebrew University Jerusalem.

216 23.10.1933 Magnes an Neuberg, in: „Bewerbungen“, 1933, Box 50, 165 B, Central Archive of the Hebrew University Jerusalem.

217 23.10.1933 Magnes an Laqueur, in: „Bewerbungen“, 1933, Box 50, 165 B, Central Archive of the Hebrew University Jerusalem.

218 01.11.1933 Laqueur an Magnes, in: „Bewerbungen“, 1933, Box 50, 165 B, Central Archive of the Hebrew University Jerusalem.

219 24.09.1933 Brieger an Magnes, in: „Bewerbungen“, 1933, Box 50, 165 B, Central Archive of the Hebrew University Jerusalem.

220 07.10.1933 Gilg über Brieger, in: „Bewerbungen“, 1933, Box 50, 165 B, Central Archive of the Hebrew University Jerusalem. Ernst Gilg starb kurze Zeit später am 11. Oktober 1933.

221 16.10.1933 Wasicky über Brieger, in: „Bewerbungen“, 1933, Box 50, 165 B, Central Archive of the Hebrew University Jerusalem.

Zusatz vom 30. Oktober handschriftlich mit.[222] Auch seiner Meinung nach war Brieger, wenn man einen solchen Lehrstuhl für Pharmazie eröffnen wolle, genau der Richtige für die Aufgabe der Ausbildung von Pharmazeutinnen und Pharmazeuten, da er bereits umfassende Berufserfahrung habe – auch außerhalb der Universität.[223]

Ende Oktober bedankte sich Magnes bei Brieger für die weiteren Unterlagen und machte noch einmal deutlich, dass das Budget sehr klein bleiben würde.[224] Hierauf reagierte Brieger am 7. November mit der Forderung, dass er, wenn es zur Anstellung kommen sollte, mehrere Arbeitsräume für Laboratorien und Lehre zur Verfügung gestellt bekommen müsse.[225] Am 20. November erhielt er daraufhin eine Absage von Magnes, die sich auf diese Forderungen bezog: „Our University is still small and poor and we had thought that it might be possible to begin with Pharmaceutics without the necessity of building new laboratories and lecture-rooms."[226]

Hiermit hätte die Geschichte beendet sein können. Wohl auf Anraten von Otto Warburg wandte sich Richard Brieger jedoch an Chaim Weizmann, der damals in London die „Jewish Agency for Palestine" leitete.[227] Ihm schickte er Kopien der für ihn verfassten Empfehlungen wie auch der Korrespondenz mit Magnes. Er erwähnte zudem in seinem Begleitschreiben, dass die Universität ihn aufgefordert habe, sich zu bewerben. Weiterhin legte er seine Motivation dar und versicherte, er „bedaure diesen Bescheid des Herrn Rektors auf das Tiefste, denn [er] hatte gehofft, dass sich Mittel und Wege finden lassen würden."[228] Sein Interesse an der Stelle begründete er mit drei Argumenten: Zum einen unterstütze er das Projekt der Universität als solches; zum zweiten verwies er auf Palästina; zum dritten stellte er seine Freude an der Aufgabe heraus, den Lehrstuhl für Pharmazie aufzubauen. Zudem erwähnte Brieger das erste Mal in all den Schreiben die Auswirkungen der Repressionen und des Verlustes seiner Anstellung. Er schrieb, dass die Emigration nach Palästina „auch die schwere Sorge um die Existenz meiner Familie"[229] beheben würde. Brieger formulierte abschließend eindringlich: „Sehr geehrter Herr Professor, ich bitte Sie daher inständig, helfen Sie mir dabei, mir eine neue Existenz aufzubauen, meine Papiere werden Ihnen ja zeigen,

222 Vgl. Leimkugel: PZ-Redakteur Richard Brieger.

223 19.10.1933 mit Zusatz vom 30.10.1933: Fodor an Magnes, in: „Bewerbungen", 1933, Box 50, 165 B, Central Archive of the Hebrew University Jerusalem.

224 24.10.1933 Magnes an Brieger, in: „Bewerbungen", 1933, Box 50, 165 B, Central Archive of the Hebrew University Jerusalem.

225 07.11.1933 Brieger an Magnes, in: „Bewerbungen", 1933, Box 50, 165 B, Central Archive of the Hebrew University Jerusalem.

226 20.11.1933 Magnes an Brieger, in: „Bewerbungen", 1933, Box 50, 165 B, Central Archive of the Hebrew University Jerusalem.

227 30.11.1933 Warburg an Magnes, in: File L13/61, Central Zionist Archives, Jerusalem. Zitiert nach: Leimkugel: PZ-Redakteur Richard Brieger.

228 26.11.1933 Brieger an Weizmann, in: „Bewerbungen", 1933, Box 50, 165 B, Central Archive of the Hebrew University Jerusalem.

229 28.11.1933 Brieger an Weizmann, in: „Bewerbungen", 1933, Box 50, 165 B, Central Archive of the Hebrew University Jerusalem.

dass ich vielfach erfahren bin und reiche Kenntnisse besitze. Meine Arbeitskraft und Arbeitsfreude sind ungeschwächt."[230]

Diese neuen Informationen über Briegers prekäre persönliche Lage wurde nun auch von Warburg in seiner Kommunikation mit Magnes erwähnt – ein Hinweis darauf, dass die Informationen zwischen Weizmann, Brieger und Warburg zirkulierten. Zudem betonte Letzterer einmal mehr die Qualitäten Briegers und hatte dabei nicht allein die Vorteile für die Universität im Sinn:

> Es tut mir besonders schon deshalb leid, weil ich fürchte, dass uns diese besonders geeignete Kraft verloren geht, weil seine pekuniären Verhältnisse (Frau, 2 Kinder) ihn zwingen, sobald wie möglich irgendetwas anzunehmen. Ich möchte Ihnen nun nahelegen, ob es nicht möglich ist, in Verbindung mit Ihrem Institut ein Übergangsstadium zu schaffen. [...] Ich denke mir die Sache folgendermaßen. Er wird vorläufig mit einem notdürftigen Gehalt bei Ihnen arbeiten und gleichzeitig wird der Versuch gemacht, von den Hilfsgeldern in London die für die Einrichtung des Laboratoriums nötigen Gelder zu erlangen. Ich bin der Ansicht, dass es für die deutsche Einwanderung ebenso wichtig ist, das Laboratorium zu bauen beziehungsweise ein solches einzurichten wie neue Schulhäuser und Dormitorien [...] zu errichten, da auf diese Weise Hunderte (Ich erwähnte Ihnen wohl schon mündlich, dass im vorigen Jahr an den beiden Prager Universitäten nicht weniger als 400 jüdische Pharmaceuten studierten) junger deutscher Juden in den Stand gesetzt werden, sich in Palästina für einen Lebensberuf vorzubereiten. Denn selbst wenn auch nur ein Teil sich Apotheken wird verschaffen können, so werden doch sehr viele in Drogengeschäften Unterkunft finden und auch zum Teil selbst solche errichten können, nicht nur in Palästina selbst, sondern auch in den Nachbarländern, Nord- und Ostafrika, ja vielleicht sogar in Süd- und Ostasien, auch Südafrika.[231]

Hier ist gleichzeitig mit dem Einbringen der persönlichen, privaten Ebene eine Ausweitung des Arguments des generellen Nutzens für Palästina zu bemerken. Gemeinsam betrachtet wirken diese beiden Punkte wie zwei Seiten einer Waage, die in den Augen der Akteurinnen und Akteure im Gleichgewicht bleiben mussten. Da, wo die individuelle Person konkreter und verletzlicher wurde, stieg gleichzeitig die positive Bewertung der Auswirkungen seiner Einstellung für die jüdische Gesamtgesellschaft in Palästina und für die „zahlreichen Studenten, darunter viele aus Europa."[232]

Dass die persönliche Lage Briegers erst angesprochen wurde, als er bereits die erste Absage erhalten hatte, lässt sich dahingehend deuten, dass die Verfasser Vorbehalte dagegen hatten, die persönliche Lage von Kandidatinnen und Kandidaten als Gründe anzuführen, da diese für eine wissenschaftliche Anstellung eigentlich nicht relevant waren. Eine andere Erklärung, die auch die persönliche Situation der empfohlenen Person mit einbeziehen würde, wäre folgende: Der formale Prozess wurde so lange wie möglich eingehalten, um die persönliche Würde der empfohlenen Person zu wahren. Die Betreffenden sollten nicht zu Bittstellern werden, sondern gefragte, angesehe-

230 28.11.1933 Brieger an Weizmann.
231 30.11.1933 Warburg an Magnes.
232 11.01.1934 Warburg an Weizmann, in: Archiv des Yad Weizmann. Zitiert nach Leimkugel: PZ-Redakteur Richard Brieger.

ne Wissenschaftlerinnen und Wissenschaftler bleiben. Durch eine auf Empfehlungen basierende Anstellung nach formalem Prozedere bewahrten sich die Beteiligten ein Stück Normalität.

Das „persönlichen Element" spielte in Chaim Weizmanns Reaktion auf Briegers Anfrage eine wichtige Rolle. Obwohl nicht bekannt ist, ob Brieger und Weizmann sich gut kannten und einander auch nur jemals begegnet waren und obwohl aus dem Verlauf des bisherigen Empfehlungsprozesses hervorgeht, dass Otto Warburg und Richard Brieger sich erst einige Wochen vor den entsprechenden Schreiben kennengelernt hatten, gab Weizmann vor, dass die Wissenschaftler befreundet seien: „As you will see, he is extremly well recommended, and is an old friend of Professor Otto Warburg, and of my own."[233] Man muss sich an dieser Stelle fragen, warum er von einer alten Freundschaft sprach. Zum einen stimmte dies schlichtweg nicht, zum anderen bestand das Risiko, dass Magnes die falsche Angabe schon auf Grundlage der vorherigen Korrespondenzen auffallen würde.[234]

Auch in anderen Fällen äußerten sich Freunde empfehlend. Besonders im Fall von Sprachwissenschaftler und Orientalist Hans Jacob Polotsky (1905–1991) wird deutlich, dass freundschaftliche Empfehlungen und solche von hoher Reputation als besonders wertvolle Empfehlungen zu verstehen sind. Denn hier wurde die Hebräische Universität initial insbesondere durch zwei Empfehlungen auf Polotsky aufmerksam gemacht: zum einen durch Polotskys engen Freund Hans Lewy, der neuer Mitarbeiter an der Hebräischen Universität war, zum anderen durch den renommierten Orientalisten Eugen Mittwoch, der bereits damals als Mitbegründer der deutschen Islamwissenschaft galt.[235]

Der Verweis auf die Freundschaft lässt sich hier also als eine Art Stilelement verstehen, das den Empfohlenen aufwerten und zugleich Dringlichkeit signalisieren sollte. Solche Fälle werfen die Frage auf, ob es möglich ist, anhand der Quellenaussagen rückblickend verschiedene Nahbeziehungen zu typologisieren. Dies hatte etwa der passend benannte Sammelband „Nahbeziehungen" zu einer Grundvoraussetzung für das Arbeiten zu Freundschaft und Patronage erkoren.[236] Diese Arbeit hat aber schon gezeigt, dass die Benennung von Nahbeziehungen auch strategisch benutzt wurde. Es sind also zwei Dinge zu unterscheiden: das herrschende Verständnis einer Hierarchisierung von Nahbeziehungen und die jeweiligen individuellen historischen Nahbeziehungen. Solange nicht klar ausgemacht werden kann, wann eine Aussage genuin,

---

233 30.11.1933 Weizmann an Magnes, in: „Bewerbungen", 1933, Box 50, 165 B, Central Archive of the Hebrew University Jerusalem.

234 Vgl. hierzu auch Leimkugel: PZ-Redakteur Richard Brieger.

235 Vgl. zu Eugen Mittwoch Scrbacic, Maja: Eugen Mittwoch gegen das Land Preußen. Die Entlassungsmaßnahmen in der Berliner Orientalistik, 1933–1938, in: Engelhardt, Arndt; Fiedler, Lutz; Gallas, Elisabeth; Gordinsky, Natasha; Graf, Philipp; Ahmed, Mohammed et al. (Hgg.): Ein Paradigma der Moderne. Jüdische Geschichte in Schlüsselbegriffen. Göttingen 2016, S. 39–57.

236 Vgl. Edinger et al. (Hgg.): Nahbeziehungen.

wann strategisch ist und ob darüber hinaus eine solche Unterscheidung überhaupt getroffen werden kann, erscheint eine nachträgliche Typologisierung wenig zielführend.

Letztlich blieb es trotz allen Aufwands und etwaiger Interventionen bei der Absage. Magnes begründete sie in zwei Schreiben an Otto Warburg mit den zu großen finanziellen Aufwendungen für die geforderten Räume beziehungsweise das Labor. Die Personalkosten für Brieger waren wohl nicht das Problem, hatte sich doch der „German Relief Fund“ bereit erklärt, sie zu übernehmen.[237] Es bleibt unklar, ob der Einbezug Weizmanns für die Bewerbung sinnvoll oder aufgrund der Streitigkeiten mit Magnes vielleicht doch eher hinderlich gewesen ist. Auf wen die Empfohlenen setzten, ergab sich zwar aus ihrer persönlichen Biografie, wie die daraus folgenden Empfehlungen jedoch aufgenommen wurden, hing zu einem großen Teil von dem Verhältnis zwischen Sender und Empfänger ab.

4.10 Frauennetzwerke mit Anschlussproblemen: Absagen wegen fehlender Verbindungen

Das Bestehen beziehungsweise das Fehlen einer Verbindung zwischen Empfehlungsgeberin und Empfehlungsempfänger könnte bei der Ablehnung der Bewerbung von Medizinerin Käthe Ollendorff (1890–1958) ausschlaggebend gewesen sein. Ihre Bewerbung zeigt, dass Frauen in der Wissenschaft zwar quantitativ unterrepräsentiert waren, die Qualität und Art ihrer Arbeit aber den männlichen Kollegen entsprach. Ollendorff wurde von der renommierten Medizinerin Gertrud Meissner empfohlen, deren Laborassistentin sie gewesen war. Dies zeugt, die Forschung von Christine von Oertzen ergänzend von einem weiteren frühen weiblichen wissenschaftlichen Netzwerk.[238] Das Schreiben, das nur als ins Englische übersetzte Kopie vorliegt und einige grammatikalische und orthografische Fehler enthält, hat den gleichen Aufbau wie die Schreiben der männlichen Kollegen. Sowohl bei den Themen wie auch bei der Wortwahl lassen sich keine Formulierungen feststellen, die erkennen lassen, dass es sich hier sowohl bei der Empfehlenden als auch bei der Empfohlenen um Frauen handelt. So lautet das Schreiben für Ollendorf im Wortlaut:

---

237 12.12.1933 Magnes an Warburg und 19.12.1933 Magnes an Warburg, in: „Bewerbungen“, 1933, Box 50, 165 B, Central Archive of the Hebrew University Jerusalem. Richard Brieger starb 1937 im Alter von 50 Jahren in Berlin.

238 Vgl. Oertzen, Christine von: Universitärer Nationalismus versus akademische Verständigung. Zur Wirkungsmacht weiblicher Netzwerke, 1918–1933, in: vom Bruch, Rüdiger; Kintzinger, Martin (Hgg.): Jahrbuch für Universitätsgeschichte 18 (2015) „Transnationale Universitätsgeschichte“, S. 81–100. Evtl. auch zitieren: Dies.: Strategie Verständigung. Zur transnationalen Vernetzung von Akademikerinnen, 1917–1955. Göttingen 2012.

> This is to testify that the technical assistant, Miss Kaete Ollendorff, has been working with me since Sept. 1st 1932 as laboratory assistant. Till April 1933 she was probationer and after that time technical assistant.
> Miss Ollendorff was engaged upon researches in chemic-therapeutical methods in connection with tuberculosis. It was her task to re-inocculate those tuberculaa bacilli which are used for the infection of animals and to examine the toxicosis of the material used for treatment. It was also her task to attend to the infected animals, – mice, guinea-pigs and rabbits, – a treatment which is partly subcutaneous, partly oral, and which requires great care and dexterity, especially in the case of mice. She completed also the histological preparation of the organs of the animals which had been treated. This preparation was usually carried on by the parafinical method. – In addition she was engaged in bacteriological work of simple kind among which special mention may be made of experiments in disinfection.
> Miss Ollendorff has performed her work diligently and carefully. She showed special caution in the carrying out more or less independently of researches which by virtue of the danger of infection call for a special care and circumspection. I am sure that Miss Ollendorff will make herself acquainted with any other work as easily and dexteriously as with that done here.
> I express my best wishes for her future work.
> She has been compelled to resign her position in view of the Aryan clause of the legislature.
> Sign. Dr. Meissner
> Privatdozentin Gertrud Meissner[239]

Für Käthe Ollendorff liegen darüber hinaus vier weitere Schreiben von männlichen Vorgesetzten vor.[240] Diese sind in ihren Aussagen zwar ebenfalls positiv, allerdings vergleichsweise kurz und unpersönlich gehalten. Hierdurch entsteht der Eindruck, dass die Verbindung zwischen Meissner und Ollendorff am engsten, die gegenseitige Kenntnis am größten war. Das Vorlegen der von Männern verfassten Empfehlungen ließe sich so deuten, dass Ollendorff nicht nur von einer Person empfohlen werden wollte, die dazu wie sie eine Frau war. Vielleicht sah sie die Gefahr, dass die Entscheider annehmen würden, die eine von einer Frau verfasste Empfehlung beruhte nicht auf einer fachlichen Einschätzung, sondern wäre aus weiblicher Loyalität heraus verfasst worden.

Grundsätzlich bestand an der Hebräischen Universität für Frauen die Möglichkeit zu arbeiten. Die Quellenlage erlaubt nicht den Schluss, dass Ollendorff nicht eingestellt wurde, weil sie eine Frau war. Eine Netzwerkanalyse des Bewerbungsprozesses und der daran beteiligten Personen zeigt aber, dass sie nicht annähend das gleiche soziale Kapital aufbringen konnte wie andere Bewerber, die angestellt wurden. Es bestand auch keine direkte Verbindung zur Universitätsleitung, ihr „weibliches" Netzwerk hatte nicht annähernd das Gewicht und die Macht wie das von anderen, männlichen Bewerbern. Deutlich ist aber auch geworden, dass ein verästeltes und bis in die Universi-

239 04.05.1933 Schreiben von Meissner, in: „Bewerbungen auf Stellen und Angebote", 1933, Box 50, 165 A, Central Archive of the Hebrew University Jerusalem.

240 Vgl. 30.04.1933 Schreiben von Kaliski; 17.12.1932 Schreiben von Praussnitz; 24.10.1931 Schreiben von Euler; 28.10.1932 Schreiben von Frank, alle in: „Bewerbungen auf Stellen und Angebote", 1933, Box 50, 165 A, Central Archive of the Hebrew University Jerusalem.

tätsleitung reichendes Netzwerk – so etwa bei Brieger, aber auch in anderen Fällen[241] – keine Garantie für eine Stelle war. Wie in Abbildung 17 zu sehen, ist das Cluster Käthe Ollendorffs ähnlich wie bei anderen erfolglosen Bewerbungen isoliert. Die Bemühungen verliefen – so legen es die Quellen nahe – im Sande.

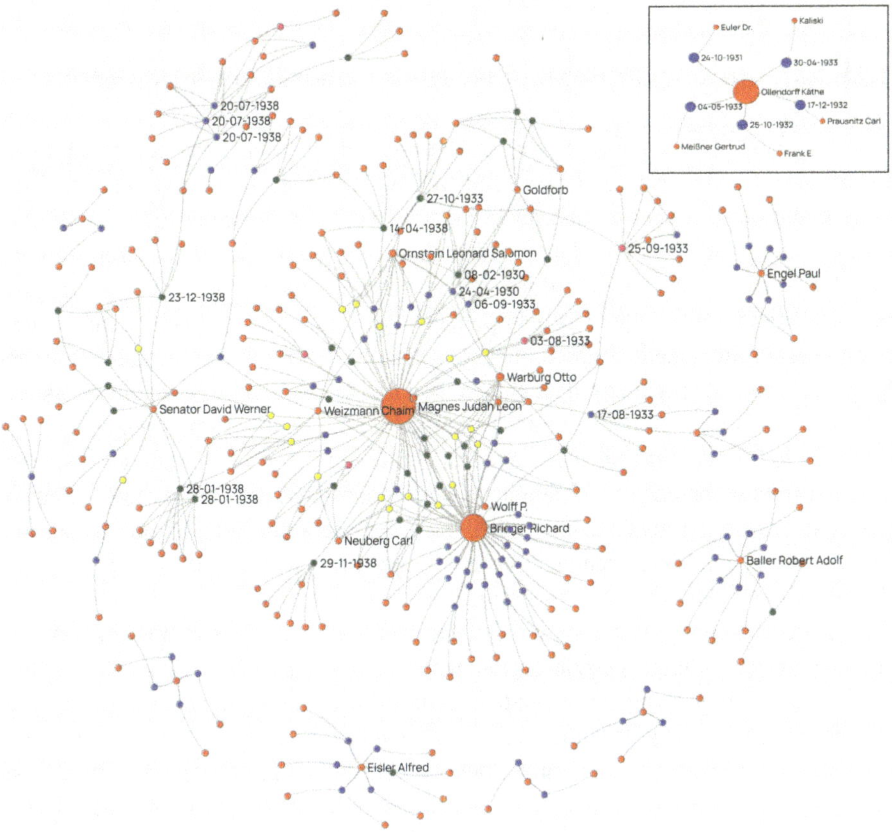

Abb. 17: Empfehlungen für Käthe Ollendorff innerhalb der abgelehnten Empfehlungen der Hebräischen Universität bis 1939

Vergleicht man die Korrespondenznetzwerke der Absagen mit denen von Bewerbungen, die zu einer Einstellung führten, wird eines sichtbar: Die erfolgreichen Bewerbungen hatten weitaus häufiger eine direkte Verbindung zur Universitätsleitung. Dass den

---

241 Vgl. 06.09.1933 Ornstein für Wolfsohn, in: Personalakte „Wolfsohn, Günther", Central Archive of the Hebrew University Jerusalem. Wolfsohn wurde im folgenden Jahr eingestellt. Vgl. weiterhin 06.09.1933 Ornstein für Block und 11.01.1934 Ornstein für Paolo, beide in: „Bewerbungen auf Stellen und Angebote", 1933, Box 50, 165 A, Central Archive of the Hebrew University Jerusalem.

weiblichen akademischen Netzwerken diese entscheidenden Verbindungen fehlten, ergänzt die Forschung zur Geschichte von Frauen und von Weiblichkeit im Universitätssystem um einen entscheidenden Hinweis.[242] Die Etablierung im akademischen Betrieb und der Aufbau eigener Netzwerke war in diesem frühen Stadium noch wenig in die ranghöchsten Bereiche des universitären Systems integriert.

4.11 Konklusion: Empfehlungen an der Hebräischen Universität

Innerhalb des Wissenschaftsbetriebes an der und um die Hebräische Universität überwogen die formalen Empfehlungsschreiben. Empfehlungen hatten im akademischen Betrieb einen formalisierten Gebrauchswert, sie waren ein akzeptierter Arbeitsgegenstand. Es konnten mehr als doppelt so viele Briefe gezählt werden, deren einziger Zweck es war, eine Person ordentlich, also gemäß dem etablierten Prozedere und den herrschenden Gepflogenheiten, zu empfehlen, als Briefe, die verschiedene Informationen und auch informelle Empfehlungen enthielten. Innerhalb der formalen Empfehlungsschreiben ist erkennbar, dass ein Großteil des Textes jeweils Bezug auf die akademische Ausbildung und Leistung des Empfohlenen nahm. Dieser Fokus auf die Qualifikation ist im akademischen Arbeitsfeld ausgeprägter als in anderen Gebieten. In der Auseinandersetzung mit den jeweiligen Schicksalen der historischen Akteurinnen und Akteure ist aber auch deutlich geworden, dass die Qualifikation trotz ihrer Überbetonung den Wert „richtiger“ Verbindungen nicht übertraf. Dies wird vor allem dort ersichtlich, wo es um die Ablehnung von Bewerbungen und Empfehlungen geht. Eine betont auf die Qualifikation fokussierte Empfehlung konnte mitunter sogar persönliche Animositäten zu maskieren versuchen.

Mehrere Empfehlungsschreiben oder Gutachten sollten verhindern, dass eine Entscheidung auf der Grundlage nur einer – und möglicherweise eben unzutreffenden – Aussage gefällt wurde. Zudem konnte bei gegensätzlichen Einschätzungen durch weitere Empfehlungen oder Gutachten ein klareres Bild entstehen. Damit waren aber Fehler oder unzutreffende Beurteilungen keineswegs ausgeschlossen. Die Mehrheit musste nicht recht haben, und auf die Auswahl der Meinungsgeberinnen und Meinungsgeber nahmen oftmals die Kandidatinnen und Kandidaten selbst Einfluss, zum Beispiel über Referenzlisten. Eingeschränkt war der Kreis ohnehin, weil es mehr oder minder geltende Regel war, dass empfehlende und empfohlene Person sich kennen sollten. Der wohl wirkungsvollste Mechanismus gegen Missgunst, Gefälligkeitsdienste und auf andere Art bewusst verzerrte Empfehlungen waren wohl immer noch das wis-

---

242 Eine Zusammenfassung der Forschung zu Frauen in der Universitätsgeschichte findet sich bei: Schaser, Angelika; Schnicke, Falko: Wege zu einer Geschlechtergeschichte der Universitäten und Geisteswissenschaften. Forschungsstand und Desiderata, in: Kintzinger, Martin; Wagner, Wolfgang E. (Hgg.): Jahrbuch für Universitätsgeschichte 20 (2017) „Geschlechtergeschichte der Universitäten und Geisteswissenschaften“, S. 27–43, hier S. 32.

senschaftliche Berufsethos und die Sorge, dem eigenen Ruf durch bewusst falsche Aussagen zu schaden.

Ein weiterer Versuch, die Objektivität von Empfehlungen sicherzustellen, war die Verpflichtung zur Verschriftlichung. Empfehlungen, die mündlich ausgesprochen wurden, mussten im akademischen Kontext, sollten sie zur Einstellung beitragen, unbedingt verschriftlicht werden. Selbst wenn der durchaus wahrscheinliche Fall eintrat, dass sich zwei Professoren auf einer Konferenz über einen vielversprechenden Kandidaten informell austauschten, blieben Empfehlungsschreiben doch integraler Bestandteil des offiziellen Einstellungsprozesses. Darum war es, wie gezeigt worden ist, immer nötig, eine Empfehlung nachträglich zu verschriftlichen – mitunter mit Verweis auf das vorangegangene Gespräch. Dieses Vorgehen diente wahrscheinlich auch der gedanklichen Stütze, hauptsächlich basierte es aber auf der Annahme, dass eine gewisse Nachvollziehbarkeit Mauscheleien und Ungerechtigkeiten vorbeugen sollte. Denn durch die Verschriftlichung konnte ein Entscheidungsgremium die vorliegenden Informationen begutachten und vergleichen.

Der stark standardisierte Aufbau der Schreiben konnte nicht verhindern, dass mitunter Freundschaft oder Verwandtschaft Empfehlungsschreiben beeinflussten. Bemerkenswert erscheint in diesem Zusammenhang, dass vor allem die Erwähnung von Freundschaften zu einem wichtigen Argument geworden war. So konnten im Fall Brieger alle Beteiligten wissen, dass keine lange Freundschaft vorlag, dennoch wurde von einer solchen geschrieben, um die Empfehlung eindringlicher zu machen. Zudem lassen sich Veränderungen in der Hierarchisierung der Kenntnisarten feststellen. Stand in den Bankierskontexten die Verwandtschaft an erster Stelle, galt in akademischen Kontexten die professionelle Bekanntschaft als besonders nennenswert. Kollegen und Kolleginnen etwa aus dem Labor und im gleichen Rang wie die Empfohlenen oder Vorgesetzten sowie Professorinnen oder Professoren beziehungsweise Doktorväter und -mütter waren die hauptsächlichen Verfasserinnen und Verfasser der akademischen Empfehlungen. Zugleich nahmen auch in diesem Kontext Freundschaften eine besondere Stellung ein und wurden als Steigerung einer guten kollegialen Beziehung immer wieder erwähnt. Familiäre Verbundenheit hingegen wurde selten eingesetzt – wenn sie aber erwähnt wurde, zeigte sie durchaus noch immer Wirkung. Üblicher war eine Anlehnung an Familienvorstellungen ohne ein tatsächlich bestehendes Verwandtschaftsverhältnis. Gerade die Vorgesetzten erweckten oft den Eindruck einer väterlichen oder auch mütterlichen Verantwortung für ihre Mitarbeiterinnen und Mitarbeiter. Diese beispielsweise auch nach den Zwangsentlassungen seit 1933 auf einen guten Weg zu bringen, sie mit guten Worten zu begleiten und auf diese Art zu unterstützen, wurde oft dezidiert als Anliegen formuliert.[243] Freundschaft galt, wie die Fälle Brieger und Elias gezeigt haben, als mitunter besonders erwähnenswert.

Im Vergleich zum Bankenwesen spielte die persönliche Kenntnis einer Person im akademischen Feld eine größere Rolle. Wo es bei den Bankiers noch reichte, dass bei-

243 In diesem Kapitel besonders einprägsam im Fall Heimanns für Landshut.

spielsweise der Vater des Empfohlenen eine angesehene Person in der Nachbarschaft war, da wurde in akademischen Empfehlungen immer in mindestens einem Satz darauf verwiesen, woher man die empfohlene Person kannte. Bei Introduktionen wurde dieser entscheidende Verbindungsnachweis zwar institutionalisiert, musste aber dennoch gegeben werden, um die Reisenden zu legitimieren. Legitimität und Authentizität einer Empfehlung wurden durch persönliche Kenntnis sichergestellt, während das Argument der Verwandtschaft nicht mehr ohne Weiteres akzeptiert wurde.

Beschreibungen des Charakters der Empfohlenen nahmen im akademischen Kontext auffällig wenig Raum in den Empfehlungsschreiben ein. Wenn überhaupt, erfolgten sie im Kontext von Freundschaft oder von patronageartigen Konstellationen. Ob dies nun mit einer zunehmenden Professionalisierung zu erklären ist oder mit dem Umstand, dass es für wissenschaftliche Berufe nicht als maßgeblich angesehen wurde, freundlich und umgänglich zu sein, ließ sich mit dem vorliegenden Quellenmaterial nicht rekonstruieren.

Eine besondere Rolle für die Anstellungsprozesse nahm die politische Weltanschauung ein. Der Fokus der Hebräischen Universität lässt insgesamt eine besondere Perspektive auf das Jüdischsein erkennen. Die zionistische Ausrichtung der Universität sowie der politische Anspruch, einen Beitrag zur Entwicklung Palästinas und eines jüdischen Staates zu leisten, wirkte sich auf die Frage aus, wer für eine Anstellung als geeignet angesehen wurde. Die in der Frühphase angeworbenen Wissenschaftlerinnen und Wissenschaftler waren durchweg zionistisch. Die materiellen und finanziellen Einschränkungen, mit denen man in Palästina fertig werden musste, verlangten ohnehin eine gewisse Opferbereitschaft. Dies galt etwa bis zu dem Zeitpunkt, an dem die Existenz für Jüdinnen und Juden in Deutschland durch Antisemitismus und NS-Terror akut gefährlich wurde. Die Zionisten der Hebräischen Universität waren sich zwar einig, dass geholfen werden musste, eine zionistische Haltung blieb aber trotzdem ein erklärtes Einstellungskriterium, wenngleich es vor dem Hintergrund der Not in Europa an Bedeutung verlor. Einige Beispiele zeigen, dass man sich durchaus damit schwertat, qualifizierte Kandidatinnen und Kandidaten ohne zionistisches Engagement zu berücksichtigen.

Über die konkrete semantische und netzwerkbasierte Analyse der Empfehlungspraktiken hinaus konnte dieser Teil der Arbeit auch tiefere Einblicke in die Frühgeschichte der Hebräischen Universität liefern. Hierzu liegen bisher vornehmlich Publikationen älteren Datums sowie Festschriften vor. Obwohl auch sie zweifellos wissenschaftlichen Standards entsprechen, weisen sie doch ein gewisses gründungsmythisches Moment auf. Dieses Kapitel hat versucht dazu beizutragen, die Prozesse der Gründung, der Besetzung von Positionen und der universitären Ausstattung differenzierter zu beleuchten. Zugleich hat sich dabei ein Eindruck eingestellt, der sich in den Quellen allerdings bisher nicht dezidiert belegen lässt. So ist deutlich geworden, dass Palästina für viele deutsche Juden bis zum Zeitpunkt ihrer Einwanderung ein imaginiertes Ideal darstellte, dass sie aber keine Vorstellung von dem tatsächlichen Leben dort hatten.[244] Dies macht darauf aufmerksam, wie fremdländisch und ungewohnt Palästina vor allem auf die einwandernden Akademikerinnen und Akademiker gewirkt haben muss. Was José Brunner 2013 für die Jeckes diagnostizierte – das Selbstverständnis als gebildete Elite, die aber aufgrund mangelnder praktischer Fähigkeiten mit den harten Bedingungen im Ankunftsland zunächst nur schwer zurechtkam – müsste demnach konkretisiert werden:[245] Es lag weniger am Deutschsein, sondern an der akademischen Prägung der Einwanderer und Einwanderinnen, am Habitus des Homo academicus[246], dass sich Anpassungsschwierigkeiten in der vorwiegend landwirtschaftlich und sozialistisch geprägten Umgebung Palästinas ergaben.[247] Eine solche Lesart, wenn sie sich in weiteren Untersuchungen bestätigen sollte, könnte zu einem konkreteren, wissenschaftlicheren Verständnis vom Ursprung der Idee der „Jeckes“ führen. Die mitunter geradezu folkloristisch anmutenden Erzählungen über die Anpassungsschwierigkeiten der deutsch-jüdischen Einwanderer könnten auf diese Art kontextualisiert, relativiert und konkretisiert werden.[248]

Zu den Empfohlenen gehörten auch Frauen, wenngleich sie weitaus seltener an der Universität angestellt wurden als Männer. Bemerkenswert ist, dass ihre Bewerbungen eine gewisse Selbstverständlichkeit hatten. Es war mindestens die zweite Generation von Akademikerinnen, die versuchte, durch eine Anstellung an der Hebräischen Universität nach Palästina auszuwandern, denn viele von ihnen konnten auf ein Netzwerk von älteren Unterstützerinnen zurückgreifen. Gerade ein solches war allerdings nicht unbedingt vorteilhaft. Am Beispiel von Käthe Ollendorff konnte gezeigt werden, wie begrenzt die Reichweite und Wirkung eines Netzwerks sein konnte. Ollendorff wurde zwar durch eine renommierte Ärztin empfohlen, dennoch drang die Bewerbung nicht bis zu den Entscheidungsträgern der Universität vor. Es fehlte hier an einer Verbindung zwischen der empfehlenden Meissner und dem Universitätskanzler Judah Magnes. Dass die Anstellung einer Frau mit Unterstützung eines einflussreichen Netzwerks funktionieren konnte, zeigt dagegen der Fall einer ehemaligen Mitarbeiterin des gut an der Hebräischen Universität vernetzten Ornstein, der in Kapitel 4.4 Erwähnung fand. Bei direkter Vermittlung wurde sie sogar zu einer Zeit eingestellt, als die Universität bereits in Palästina ansässige Bewerberinnen präferierte. Semantisch konnte kein Unterschied zwischen akademischen Empfehlungen für Frauen und Männer festgestellt werden. Eher scheinen die Empfehlungen für Frauen die Qualifikation

---

244 Vgl. Schlör, Joachim: Konstruktionen und Imaginationen vom Heiligen Land im deutschen Judentum. Berichte von unterwegs, in: Aschkenas 17 (2009) 1, S. 167–183, hier S. 168.

245 Brunner, José: Editorial, in: Ders. (Hg.): Deutsche(s) in Palästina und Israel. Alltag, Kultur, Politik. Göttingen 2013 (Tel Aviver Jahrbuch für deutsche Geschichte – Band 41), S. 7–17, hier S. 7–8.

246 Bourdieu, Pierre: Homo academicus. 7. Aufl. Frankfurt am Main 2018.

247 Vgl. zu den Startbedingungen Brunner José: Editorial, S. 7–8.

248 Vgl. zu Jeckes-Erzählungen als Folklore auch Sela-Sheffy, Rakefet: „Europeans in Levant“ Revisited. German Jewish Immigrants in 1930s Palestine and the Question of Culture Retention, in: José Brunner (Hg.): Deutsche(s) in Palästina und Israel. Alltag, Kultur, Politik. Göttingen 2013 (Tel Aviver Jahrbuch für deutsche Geschichte, 41), S. 40–60, hier S. 43–44.

noch stärker betont zu haben und noch weniger auf die privaten Verhältnisse eingegangen zu sein.

Mit der Machtergreifung der Nationalsozialisten stieg das Aufkommen der Bewerberinnen und Bewerber aus dem Deutschen Reich. In der Frühphase, direkt nach der Machtergreifung, war es seitens der NS-Machthaber und der Bürokratie noch erwünscht, dass jüdische Menschen nach Palästina emigrierten. Die Hebräische Universität wiederum hatte ein Interesse an den vielen Hochqualifizierten und sah zugleich die Notwendigkeit, in bestimmten Fällen Hilfe zu leisten. Wegen der begrenzten Mittel und der eingeschränkten Kapazitäten war sie allerdings weit davon entfernt, in großem Stil geflüchteten Wissenschaftlerinnen und Wissenschaftlern eine Anstellung geben zu können. Bemerkenswert ist, dass in den Empfehlungen nach 1933 der Antisemitismus in Deutschland und seine Folgen kaum erwähnt werden. Lediglich in den Briefen und Entlassungsschreiben, die in direktem Zusammenhang mit dem sogenannten „Gesetz zur Wiederherstellung des Berufsbeamtentums" standen, spiegeln sie sich wider. Hierbei wirkt es fast so, als wäre dieser Entlassungsgrund schnell zu einer Floskel geworden, die die Entlassung einer qualifizierten Person pauschal erklärte – und es den Arbeitgebern oder Vorgesetzten mitunter gleichzeitig erlaubte, ihre Hände in Unschuld zu waschen. Wie sich in diesem Kapitel gezeigt hat, waren es nur besonders vertrackte Fälle, wie jener der Landshuts, oder besonders langwierige und komplizierte Verhandlungen, wie bei Richard Brieger, in denen die aus den Repressalien resultierende reale Not ausdrücklich angesprochen wurde.

Weshalb die veränderten Lebensumstände nicht weiter erläutert wurden, lässt sich nicht abschließend sagen. Denkbar sind vor allem zwei Erklärungen, die sich möglicherweise gegenseitig ergänzen. Zum einen erscheint es nicht sinnvoll gewesen zu sein, in Empfehlungen, die Alleinstellungsmerkmale betonen sollten, auf Sachverhalte hinzuweisen, die einen Großteil der Bewerberinnen und Bewerber gleichermaßen betrafen. Oder kurz: Weil es allen schlecht ging, war eine solche Lage kein Einstellungsgrund. Der andere Erklärungsansatz weist auf ein wissenschaftliches und bürgerliches Selbstverständnis der Protagonistinnen hin. Die Personen, die durch die NS-Diskriminierung plötzlich ihre Anstellung verloren und zunächst materiell in existenzielle Not gerieten, waren fest im Bürgertum verankert. In diesem Milieu war es nicht akzeptabel, ein Anstellungsersuchen hauptsächlich mit der persönlichen Not zu begründen. Ohnehin waren Arbeits- und Mittellosigkeit für viele eine neuartige Erfahrung. Angesichts dessen wollte man nach fachlichen Maßstäben und Verfahren zu einer Anstellung kommen, um so die missliche Lage „aus eigener Kraft" zu meistern.

Darüber hinaus scheint die Würde des Individuums ein wichtiger Bestandteil dieses Phänomens zu sein. Wie schon Peter Paul Bänziger deutlich machte, blieb Arbeit auch im 20. Jahrhundert zentraler Aspekt in der Selbstbeschreibung von Individuen.[249] Es erscheint daher auch unter diesem Gesichtspunkt einleuchtend, dass der Fokus auf

249 Bänziger, Peter-Paul: Die Moderne als Erlebnis. Eine Geschichte der Konsum- und Arbeitsgesellschaft, 1840–1940. Göttingen 2020, S. 11.

die beruflichen Qualifikationen und Verbindungen den Fliehenden wichtig war. Sie sicherten den Erhalt von Würde und Wertschätzung. Vor allem für die deutschen und europäischen Juden, die seit 1933 ihre Heimat verließen, bedeuteten der Verlust der Arbeit und die Vertreibung von verdienten Posten nicht nur lebenspraktische Entbehrungen. Viele fühlten sich entwurzelt und entwürdigt. Konnten sie Empfehlungsschreiben vorweisen, traten sie weniger als Bittsteller und Hilfsbedürftige auf. Sie brachten vielmehr empfohlene Fähigkeiten, Kompetenzen und Arbeitserfahrungen mit, von denen die Aufnahmegesellschaften profitieren konnten.

5 Empfehlungen, um Migration zu ermöglichen: Das American Friends Service Committee und die deutschen Juden

Die letzte Fallstudie dieser Arbeit ist mit 502 in der Datenbank ausgewerteten Briefen die umfangreichste. Alle Briefe befinden sich in den Akten des American Friends Service Committee (im Folgenden AFSC), die im United States Holocaust Memorial Museum archiviert sind. Das Kapitel fokussiert denjenigen Bereich der Hilfsarbeit des AFSC, in dem versucht wurde, deutschen Juden ab 1933 Arbeit in den USA zu vermitteln, um die Emigration zu erleichtern. Gegründet wurde das Committee bereits während des Ersten Weltkriegs, genauer im Jahr 1917. Seine Mitglieder waren zu dieser Zeit hauptsächlich Quäker, die aus Glaubensgründen den Wehrdienst verweigerten. Das AFSC organisierte zivile Friedensdienste, die sich auf die medizinische Versorgung und die Verteilung von Lebensmitteln und Kleidung konzentrierten. Es gehörte zu den wesentlichen Grundsätzen der Quäker bei ihrer Hilfsarbeit, keinen Unterschied zwischen Siegern und Besiegten zu machen. Besonders die Kinderspeisungen nach dem Ende des Ersten Weltkriegs ließen die Wohltätigkeitsarbeit des AFSC in Deutschland ins kollektive Gedächtnis eingehen.[1] In Deutschland bildeten sich infolge dieser Hilfsarbeit eigenständige Quäkerorganisationen, die sich 1925 im Rahmen der „Deutschen Jahresversammlung" offiziell konstituierten. Mit Beginn der nationalsozialistischen Herrschaft waren auch die Quäker wie viele andere Glaubensgemeinschaften in ständiger Gefahr, verboten und verfolgt zu werden. Als einen wesentlichen Grund für den Fortbestand in der nunmehr feindlichen Umgebung benannte Claus Bernett 2011 die starken Verbindungen der deutschen Quäker ins Ausland.[2] Begründet ist die Stärke dieser Verbindungen vor allem ab 1933 einerseits in einem kollektiven Interesse der Quäkergruppen auf beiden Seiten des Atlantiks an der Friedensarbeit, andererseits in dem Druck durch die nationalsozialistischen Repressionen.[3]

Neben dieser inhaltlichen Kongruenz profitierte die internationale Gemeinschaft aber auch von konkreten praktischen Erfahrungswerten. Die Kommunikation über Ländergrenzen hinweg und das Agieren innerhalb sich ändernder Gesetze und Gepflogenheiten war für die Mitglieder der Glaubensgemeinschaft nicht neu. Die Verbindungen existierten nicht nur in Form eines konstanten Austausches von Informationen,

---

1 Vgl. Bernet, Claus: „Ja-sagen zum Judentum". Die Quäker und ihr Verhalten gegenüber den Juden in Deutschland von 1933 bis 1945, in: Heinz, Daniel (Hg.): Freikirchen und Juden im „Dritten Reich". Instrumentalisierte Heilsgeschichte, antisemitische Vorurteile und verdrängte Schuld. Göttingen 2011 (Kirche – Konfession – Religion, 54), S. 35–65; Dandelion, Pink: The Quakers. A Very Short Introduction. Oxford, New York 2008.

2 Bernet: „Ja-sagen zum Judentum", S. 35.

3 Westerbarkey, Michelle: Jenseits der Grenzen. Transnationales Networking von Nonprofit-Organisationen. Commitment in der Beziehungsgestaltung von Netzwerken der humanitären Hilfe. Bad Heilbrunn 2004, S. 18.

https://doi.org/10.1515/9783111389950-005

sondern zeigten sich auch in Auswanderungen deutscher Quäkerinnen und Quäker in die befreundeten Gemeinden im Ausland und vor allem in die Vereinigten Staaten. Die bekannteste Aktivistin aus dieser Gruppe deutscher Einwanderinnen und Einwanderer war die Sozialarbeiterin Hertha Kraus. Kraus ging 1933 ins amerikanische Exil und wurde dort bereits 1936 Professorin für Social Work and Social Research am Bryn Mawr College in Philadelphia. In diesem Kapitel spielt sie vor allem als engagierte Koordinatorin der Quäkerhilfe für einwanderungswillige deutsche Juden eine Rolle.[4]

Während der Hilfsarbeit musste das AFSC mit einem ständigen Mangel an finanziellen und personellen Ressourcen umgehen. Auch wenn die Gemeinschaft schnell handlungsfähig und gut vernetzt war, waren die meisten Mitglieder dennoch nicht professionell auf ihre Aufgaben in der Emigrationshilfe vorbereitet. Mit Bernett gesprochen waren „Improvisation und Einfallsreichtum […] an der Tagesordnung."[5] Der Mangel an materiellen Ressourcen, finanziellen Mitteln und Personal war im Grunde für alle Hilfsorganisationen gegenwärtig und damit so etwas wie eine grundlegende Arbeitsbedingung. Hinzu kam, dass sich der Aufwand dadurch erhöhte, dass sich Hilfesuchende nicht selten an mehrere Organisationen wendeten, um ihre Chancen auf Hilfe zu erhöhen. Aus diesem Grund heraus und aus dem Umstand, dass viele Organisationen auf spezifische Gruppen ausgerichtet waren, war es naheliegend, dass diese sich untereinander austauschten und koordinierten.[6] Entsprechend wurden die Hilfesuchenden darüber informiert, sollten aufgrund ihres individuellen Profils an anderer Stelle größere Chancen bestehen, ihre Situation zu verbessern. Dies lag in der jeder Hilfsorganisation zugeteilten Quote sowie in den finanziellen Ressourcen begründet, deren Verteilung je nach den Kompetenzen und/oder den Bedürfnissen der Hilfesuchenden variierte.[7] Claus Bernett macht darauf aufmerksam, dass diese Art der Hilfstätigkeit legal und angemeldet war und sich nach diesen Vorgaben vor allem auf „nichtarische Christen" und konfessionslose Juden konzentrieren sollte.[8] Neben Kontakten zu offiziellen Stiftungen wandten sich auch viele Privatpersonen mit Spenden an das AFSC. Solche Finanzierungen waren sicherlich immer gut gemeint, allerdings im Vergleich zu institutionalisierten Geldern äußerst unsicher, da die Privatpersonen ihre versprochenen Zuwendungen jederzeit zurückziehen konnten und mitunter sehr viel

4 Schirrmacher, Gerd: Hertha Kraus – zwischen den Welten. Biographie einer Sozialwissenschaftlerin und Quäkerin (1897–1968). Frankfurt am Main 2002, S. 153.

5 Bernet: „Ja-sagen zum Judentum", S. 60.

6 In der Akte von Ernst Löwenberg befinden sich zum Beispiel mehrere Schreiben, in denen sich verschiedene Organisationen austauschen: Case 350 „Löwenberg, Ernst", Box 19, American Friends Service Committee Refugee Assistance Case Files, United States Holocaust Memorial Museum Archives, Washington, D. C.

7 08.03.1939 Salmon an Gough, in: Case 389 „Froeschel", Box 20, American Friends Service Committee Refugee Assistance Case Files, United States Holocaust Memorial Museum Archives, Washington, D. C.

8 Bernet: „Ja-sagen zum Judentum", S. 49.

personelle Aufmerksamkeit erforderten.[9] Die Spendengelder konnten für bestimmte Personen vorgesehen sein oder auch der Emigrationshilfe im Allgemeinen zur Verfügung gestellt werden.

Obwohl das AFSC seit dem Ende des Ersten Weltkriegs existierte und bereits Erfahrungen in der internationalen Hilfsarbeit gesammelt hatte, war diese Hilfe doch zu jeder Zeit aufgrund der sich ständig ändernden Finanzierung und der wechselnden gesetzlichen Rahmenbedingungen in den unterschiedlichen Operationsländern improvisiert. Damit stellten die Kommunikationsarten, die Einschätzung der Bedürftigkeit, die Priorisierung von Anfragen ein Experimentierfeld dar, für das eigene Kriterien aufgestellt werden mussten.[10] Entsprechend lässt sich an dieser Fallstudie, so die These, zeigen, welche Aspekte der Empfehlung beibehalten und welche den neuen Gegebenheiten angepasst wurden. Auch die kulturelle Übersetzung fällt hier noch stärker ins Auge als bisher, da sich die internationalen Hilfsorganisationen nicht auf „neuem Territorium" trafen, sondern es darum ging, Ankömmlinge in ein bereits bestehendes System zu integrieren.

Während in den vorangegangenen drei Fallstudien die betrachteten Unternehmen, Familien oder Institutionen meist entweder eine klare Sender- oder Empfängerposition einnahmen, darf im Zusammenhang mit dem American Friends Service Committee nie vergessen werden, dass es zu jeder Zeit nur eine weiterleitende Funktion hatte. Es ist anzunehmen, dass sich vor allem im Bereich der Qualifikation Änderungen zeigen werden. Denn diejenigen Personen beim AFSC, die die Hilfsgesuche bearbeiteten und weiterleiteten, besaßen nicht die Kompetenz, die Qualifikation der Hilfesuchenden einzuschätzen. Die Zwischenschaltung einer branchenfernen Instanz, so die hier zugrunde gelegte Vermutung, wirkte sich auf den Empfehlungstext aus. Hinzu kommt, dass mehr noch als bei der Hebräischen Universität, an der erstaunlich selbstverständlich mit Mehrsprachigkeit und einer Fokussierung sowohl auf Deutsch als auch auf Englisch als Hauptkommunikationssprachen in Anstellungsprozessen gearbeitet wurde, hier Menschen schrieben, die bis zum Verfassen des Briefes nur Deutsch oder nur Englisch sprachen. Damit war für viele Briefe Übersetzungsarbeit erforderlich oder sie enthielten eine große Menge grammatikalischer Fehler.

Das AFSC war für die arbeitsuchenden Emigrantinnen und Emigranten im besten Fall eine Art Durchlauferhitzer, bei dem Anfragen und Hilfsgesuche aufliefen, die dann verstärkt und angereichert an die richtigen Stellen weitergeleitet wurden. Die Multiplikatorfunktion – und dies gilt es weiterhin zu bedenken –, erforderte aber eine

9 Vgl. beispielsweise das Engagement John Buchanans aus Nova Scotia im Fall Richard Wolf, der nach einiger Zeit die Finanzierung abbricht: Case 338 „Wolf, Richard", Box 18, American Friends Service Committee Refugee Assistance Case Files, United States Holocaust Memorial Museum Archives, Washington, D. C. Vgl. zur allgemeinen Finanzierung von Fluchthilfe über Spenden auch Bernet: „Ja-sagen zum Judentum", S. 49.

10 Vgl. zu der vor allem zu Anfang starken Improvisation auch Bernet: „Ja-sagen zum Judentum", S. 60.

große Menge an Ressourcen, die zu keiner Zeit ausreichend gegeben war. So brauchte es zusätzlich zu einer funktionierenden Infrastruktur auch hilfreiche Kontakte, Aufmerksamkeit von genügend Mitarbeiterinnen und Mitarbeitern sowie Menschenkenntnis und Fachwissen, um die Anfragen zu bearbeiten und zu verteilen. Darum muss davon ausgegangen werden, dass eine Anfrage an eine Hilfsorganisation die Chancen der Hilfesuchenden zwar verbesserte, sicheren Erfolg versprach sie aber nicht. In einer Situation, in der es mitunter auf jeden Tag ankam, war vor allem die zügige und effiziente Bearbeitung entscheidend.

Es ist zu vermuten, dass das AFSC Empfehlungen vor allem dazu nutzte, den eigenen Arbeitsprozess zu erleichtern und die zu fällenden Entscheidungen mit Argumenten zu unterfüttern. Welche Informationen ihnen über das Medium Empfehlung zugestellt wurden, wie diese Informationen geordnet waren und welche empfehlenden Worte die AFSC-Mitarbeiterinnen und -Mitarbeiter ihrerseits an wen in ihrem jeweiligen sozialen Netzwerk weiterleiteten, soll im Folgenden analysiert werden. Es ist daher in diesem Teil der Arbeit weniger auf die Feinheiten der Formulierung zu achten als auf die versuchte Transferleistung, auf Erläuterungen und Auslassungen, die in den Übersetzungen offenbar als notwendig angesehen wurden, sowie auf die Hierarchisierung von Kompetenzen und die je nach Land variierenden Ansprüche auf den jeweiligen Arbeitsmärkten.[11]

Um Empfehlungen zu analysieren, die unter diesen sehr speziellen Bedingungen entstanden sind, werden im Folgenden zunächst die zur Verfügung stehenden Quellen mit Blick auf die für diese Arbeit aufgestellten Kategorien Introduktion, Erkundigungsbrief sowie Einzweck- und Mehrzweck-Empfehlungsschreiben geordnet und anschließend eingeordnet. Gerahmt wird diese Analyse durch die Erläuterung der Bedeutung von Affidavits im Kontext der Empfehlungspraxis und der diffizilen Handhabung von Ablehnungen von Hilfsgesuchen. Im zweiten Teil wird untersucht, welche Rolle persönliche Bekanntschaften, neue Allianzen und ähnliches für die Vernetzung spielten. Die Konstellation, dass Quäker deutschen Juden bei der Emigration halfen, legt die Vermutung nahe, dass in Anbetracht der Krise neue Verbindungen geschlossen wurden und sich Allianzen über Glaubensgrenzen hinweg bildeten, die zuvor undenkbar gewesen wären. Ob und inwiefern alte Verbindungen aber in der Tat sehr viel einflussreicher waren, als man denken könnte, wird ebenfalls erörtert. Schließlich wird im dritten Teil der Fallstudie der Transfer in amerikanische Kontexte genauer beleuchtet. Die amerikanische Kultur wies vor allem für Einwanderer, die sich kurzfristig um die Übersiedlung bemühen mussten, mitunter ungeahnte Unterschiede zur gewohnten Lebensart auf. Auch wird gefragt, wie sich in der Hierarchisierung der Empfehlungsthemen eine spezifisch amerikanische Kultur abzeichnete.

Einen besonderen Raum nimmt in dieser Fallstudie die Frage des Deutschseins und des Jüdischseins ein, die sich vor der Folie eines strukturellen amerikanischen

11 Vgl. Clement, Ute: Die transnationale Kommunizierbarkeit des Berufes. Verständigungsprobleme im globalen Dorf, in: Zeitschrift für Pädagogik, Beiheft 40 (1999), S. 209–231.

und freikirchlichen Antisemitismus neu entfaltete.[12] Die Migration nach Amerika bannte zwar die unmittelbare Lebensgefahr, die für deutsche Juden von den Nationalsozialisten ausging, und ermöglichte es vielen, wieder ein geregeltes Leben zu führen. Im Gegensatz zu jenen, die nach Palästina migrierten, waren diese Jüdinnen und Juden weiterhin Teil einer ethnischen und religiösen Minorität. Von Seiten vieler Amerikanerinnen und Amerikaner wurde Jüdischsein beziehungsweise das, was man in Amerika und im freikirchlichen Kontext dafür hielt, ausdrücklich als etwas Fremdartiges angesehen. Und wer nicht als jüdisch galt, musste oft damit zurechtkommen, dass er oder sie in der Fremdwahrnehmung einem nicht gerade schmeichelhaften Stereotyp von „Deutschen" entsprach.

Im Anschluss an diese differenzierte Betrachtung der Kategorisierungen und Zuschreibungen im Aufnahmeland wird semantisch untersucht, wie die nationalsozialistische Herrschaft, die sich im Betrachtungszeitraum dramatisch verändernden Lebensbedingungen in Deutschland und später in Europa und deren Repräsentation in den Empfehlungsschreiben textlich verarbeitet wurden. Damit soll abschließend ein umfassendes Bild von der stark veränderten Form und Funktion von Empfehlungen im Kontext der Hilfe zur Emigration in die USA gezeichnet werden.

5.1 Affidavits, Introduktionen und Empfehlungen: Verwandte Textformen

Eine der Empfehlung eng verwandte Art von Schreiben ist das Affidavit. Affidavits, persönliche Bürgschaften, mussten von in Amerika lebenden Menschen für potenzielle Einwanderer ausgestellt werden. Neben den strengen Einwanderungsquoten waren die „Affidavits of Support" in den 1930er Jahren eine weitere Hürde zur Begrenzung der Einwanderung in die USA. Die Organisation von Affidavits bedeutete, sofern kein direkter und geeigneter Kontakt vorlag, einen hohen Aufwand und eine gewisse Verantwortung für die Hilfesuchenden, mit deren Schicksalen man konfrontiert war und deren Lebensunterhalt.

Selbst wenn gute Kontakte in die USA bestanden, reichte der Einsatz von Helferinnen und Helfern oft nicht aus, um den Hilfsbedarf zu decken. Viele Amerikanerinnen und Amerikaner verpflichteten sich vor allem in den späten 1930er Jahren oft mehrfach, und einige gerieten dadurch an ihre finanziellen Grenzen, wie eine Erklärung von Siegrid Lebenbaum auf die AFSC-Anfrage im Interesse ihres Cousins Richard Wolf zeigt. Darin formulierte Lebenbaum deutlich, dass sie höchstens ein sogenanntes Beihilfeaffidavit als Blutsverwandte geben könne, also kein Geld für Richard Wolf garan-

12 Dinnerstein, Leonard: Antisemitism in America. New York 1995; Jaher, Frederic Cople: A Scapegoat in the New Wilderness. The Origins and Rise of Anti-Semitism in America. 2. Aufl. Cambridge 1996; Heinz, Daniel (Hg.): Freikirchen und Juden im „Dritten Reich". Instrumentalisierte Heilsgeschichte, antisemitische Vorurteile und verdrängte Schuld. Göttingen 2011 (Kirche – Konfession – Religion, 54).

tieren oder gar einsetzen wolle. Grund dafür sei, dass sie bereits drei Familien geholfen habe und bald noch ein Onkel komme, um den sie sich kümmern müsse. Für eine Familie mit drei Kindern könne sie daher keine weiteren Ressourcen aufwenden. In einer Art fiktivem Gespräch mit der antizipierten Leserin des Briefes erwiderte sie auf die gar nicht geäußerte Bemerkung, Wolf könne sich ja mit hoher Wahrscheinlichkeit selbst finanzieren, dass es für diese Vermutung keine Garantie gebe. Im Grunde habe sie zwar den Willen zu helfen, sie könne es aber vor allem ihrem Mann nicht antun, noch eine weitere finanzielle Belastung zu übernehmen.[13]

Die Anforderungen an Affidavitgeber und -geberinnen waren in der Tat hoch. Die finanziellen Verhältnisse der Beteiligten mussten detailliert offengelegt werden. Zudem galt es, auch die gegenseitige Kenntnis nachzuweisen, die über die Abfrage von Informationen sichergestellt werden sollte. Zusammengefasst stellte sich der Fragenkatalog für Affidavitgeberinnen und -geber wie folgt dar:

> Each affidavit of support made in favor of an applicant for an immigration visa will be sworn before a notary public in duplicate jointly by men and wife if the affiant is married and will set forth the following:
> a) The identity of the affiant and of the applicant (names, dates and places of birth, citizenship and exact degree of relationship);
> b) The family status of the affiant (names, age, and exact degree of relationship of persons dependent on affiant for support);
> c) The motives that impel the affiant to make his affidavit, just why he is obligated to support the applicant in the United States, and just exactly what arrangements he is making for the care of the applicant;
> d) When the affiant is offering the applicant employment, the kind of work the applicant will perform, the length of time for which he is to be employed and the wages he is to receive;
> e) A detailed statement of the financial resources of the affiant (character of employment and income derived from it as well as the value of savings and of bonds and securities, the cash surrender value of life insurance held, and the value of real property owned);
> f) A list of the names of other persons for whom the affiant has made affidavits of support and the names of the Consulates at which these persons have applied for visas. If he has made no previous affidavits this should be stated explicitly;
> g) The wish of the affiant to have the applicant come to the United States and his guarantee to support him in the United States so that he will not become a public charge.
>
> Each affidavit of support will be accompanied by independent evidence of the truth of the statements made concerning financial resources of the affiant as follows:
> a) Specific proof of the affiant's income. (Copy of income tax return should be certified by the Collector to whom the return was made);
> b) Letters from the affiant's bankers, certifying to the amount of savings and current funds. These are only of nominal value as evidence unless it is definitely established that assets concerned are actually the property of the affiant. The bank or other agency certifying to the re-

13 30.10.1938 Lebenbaum an Kraus, in: Case 338 „Wolf, Richard", Box 18, American Friends Service Committee Refugee Assistance Case Files, United States Holocaust Memorial Museum Archives, Washington, D. C.

sources of the affiant should also state whether or not previous letters in verification of the assets of the affiant have been issued in connection with other affidavits of support;

c) Evidence as to the ownership and present market value of bonds and securities held by the affiant;
d) Letters from life insurance companies stating the present cash surrender value of life insurance policies held by the affiant;
e) Evidence of the ownership of real property claimed and of the encumbrances on it and an appraisal of its value by some readily identifiable person who may be expected to be acquainted with real estate values in the locality where the property is situated;
f) If the affiant has his own business and has other property besides, it may be more convenient for him to present an analysis and statement of his net worth from a public auditor or from one of the large recognized credit reporting agencies.[14]

Einen derart umfassenden Fragenkatalog konnte der Affiant beziehungsweise die Affiantin auch bei sehr guter gegenseitiger Kenntnis nur mit der Hilfe des Bewerbers oder der Bewerberin beantworten. Noch schwieriger wurde die glaubhafte Darstellung des Falles, wenn sich die beiden Seiten gar nicht oder nicht gut kannten. In solchen Fällen war es dann entscheidend, dass die potenziellen Migrantinnen und Migranten bereits in Form von Empfehlungen umfassend eingeführt und vorgestellt worden waren. Eine Aufgabe, die – neben dem Versuch, direkt Arbeitsstellen zu vermitteln – zu den Hauptbeschäftigungen des AFSC gehörte. In diesen Fällen handelte es sich um Empfehlungen, sich der betreffenden Person anzunehmen. Dementsprechend umfangreich und persönlich konnten diese Schreiben mitunter ausfallen.

Vor allem der Beginn des Prozesses der Affidavitbeschaffung erforderte offenbar Fingerspitzengefühl. Die Suche nach Affidavitgebenden lief Gefahr, nicht nur daran zu scheitern, dass die formalen Kriterien nicht erfüllt werden konnten. Zum Einstieg, so legen es Anfragen und Vermittlungsschreiben des AFSC nahe, galt es vor allem, emotionale Barrieren zu überwinden. Diese waren unterschiedlich hoch. Während sich in einigen Fällen nicht einmal enge Verwandte erweichen ließen, ein Affidavit zu geben, wandten sich in anderen Fällen Fremde an die Hilfsorganisationen und signalisierten ihre Bereitschaft zu helfen. Sie wurden damit Teil eines Prozesses, der vonseiten des AFSC zunächst gefühlsbasiert, vorsichtig und ergebnisoffen gestaltet wurde.

Zu Beginn eines Schreibens, dass einen solchen Prozess einleiten sollte, machte die Verfasserin deutlich, dass sich das Service Committee in Anbetracht der überwältigenden Vielzahl tragischer Geschichten über jede helfende Geste von Amerikanerinnen und Amerikanern freue. Daher wende man sich nun in der Hoffnung, dass die Möglichkeit bestünde, ein Affidavit auszustellen, an die jeweilige Adressatin oder den Adressaten. Dem AFSC sei aber bewusst, dass das Ausstellen eines Affidavits eine sehr persönliche Angelegenheit sei, die nur dann ausgeführt werden sollte, wenn die Affidavitgeberin beziehungsweise der Affidavitgeber eine herzliche Sorge („warm concern“) für die betreffende Person empfand. Daher sei es auch wichtig, dass die angefragte

14 Vgl. Case 370 "Königsberger, Erich", Box 19, American Friends Service Committee Refugee Assistance Case Files, United States Holocaust Memorial Museum Archives, Washington, D. C.

Person nicht zögern dürfe, das Gesuch abzulehnen, wenn sie diese Gefühle nicht empfinde. Anstatt zuzusagen, ohne solche starken Gefühle zu verspüren, solle man das AFSC in einem solchen Fall lieber wissen lassen, für welche Art von Mensch („sort of person") man vielleicht eher bereit sei, sich zu engagieren. Bei der großen Anzahl von Menschen, die Hilfe suchten, sei sicherlich jemand dabei, der oder die dann eher diese genuine Sympathie evozieren könne. Ob es nun mit diesem konkreten Fall oder erst in Zukunft etwas werde, vonseiten des AFSC hoffe man in jedem Fall, dass die Adressatin bzw. der Adressat in Zukunft ein Affidavit ausstellen werde. Denn diese Art der Übernahme von Verantwortung werde bei denjenigen, die sich gerade in Not befänden, neu das Vertrauen in menschliche Freundlichkeit („human kindliness") wecken. Und diese sei mindestens genauso wichtig wie die finanzielle Unterstützung. Abschließend versicherte man noch einmal ausdrücklich, dass diese Art zu helfen auch für die Helfenden eine große Befriedigung bedeute.[15]

Empfehlungsschreibende, die den Prozess der Suche nach Affiantinnen und Affianten unterstützen wollten, legten ihre Gedanken schematisch dar, ein Umstand, der auch aus heutiger Sicht die Analyse der thematischen Priorität sehr erleichtert. In einem Schreiben für Ernst Ritter von Mauthner mit dem Betreff „Affidavit needed" formulierte etwa ein Verfasser beziehungsweise eine Verfasserin, deren Name nicht archiviert wurde, das Schreiben nach Gesichtspunkten, die man, so die vorausgeschickte Einleitung, von einem Freund erzählen würde, den die Person, die die Informationen erhalten sollte, bislang noch nie getroffen hätte.[16] Hierzu gehörten laut dem Schreiben erstens die Herkunft der Person, zweitens ihre Ausbildung, drittens ihre Berufserfahrung und viertens ihr Ruf im Hinblick auf ihre Fähigkeiten und ihren Charakter.[17]

Die Ähnlichkeit von Affidavits und Empfehlungen sowie die für die Affidavitbeschaffung notwendigen Empfehlungsschreiben zeigen die Wichtigkeit empfehlender Worte. Bekanntheit, auch wenn sie erst durch das jeweilige Schreiben hergestellt wurde, schuf Vertrauen und Sicherheit, die bürokratischen Schritte einzuleiten, die es brauchte, um Einwandernde zu unterstützen. Diese notwendige Bekanntheit wurde auch nach Übersee mit Introduktionsschreiben hergestellt. Während diese bei den Akademikern der Hebräischen Universität zur institutionalisierten Formalie geworden waren, veränderten sie ihre Form und Funktion im Kontext der Einwanderungshilfe erneut.

Die für die Fallstudie des AFSC erstellte Datenbank zählt 172 Introduktionen, knapp ein Drittel der analysierten Schreiben. Dem subjektiven Leseeindruck nach hat-

---

15 14.02.1941 Rogers an Sackett, in: Case 394 „Mislap, Robert", Box 21, American Friends Service Committee Refugee Assistance Case Files, United States Holocaust Memorial Museum Archives, Washington, D. C.

16 Dokument „Affidavit needed", 1938, in: Case 362 „Mautner, Ernst von", Box 19, American Friends Service Committee Refugee Assistance Case Files, United States Holocaust Memorial Museum Archives, Washington, D. C.

17 Dokument „Affidavit needed", 1938.

ten Introduktionen im Vergleich zu den anderen Fallstudien aber eher eine geringere Bedeutung. Die bisher in dieser Arbeit vorgestellten Introduktionen hatten mehrheitlich den Zweck, als vorausgeschickte Schreiben oder Begleitschreiben das persönliche Treffen von zwei bisher nicht miteinander bekannten Personen einzuleiten. Voraussetzung für dieses Treffen war damit die physische Anwesenheit der beiden Parteien. Die persönliche Vorsprache kam hingegen in den Fällen, die mit dem AFSC in Verbindungen standen, oft nicht zustande. Dies mag vielleicht erklären, warum aus den Akten der Eindruck entsteht, dass die AFSC-Mitarbeiterinnen seltener Vorstellungsschreiben verfassten. In den wenigen Fällen, in denen sie vorliegen, scheint aber diese Art der Selektion durchaus angefragt worden zu sein, wie sich etwa daraus schließen lässt, dass ein Schreiben an Sceva B. Laughlin von der Willamette University in Salem (Oregon), das die Doktoren Abrahamson und Naumann[18] einführte, wie folgt eröffnet wurde: „I can well appreciate your hesitancy in giving a contract to a man whom you do not know and whose personality is an unknown quantity."[19] Die AFSC-Unterstützerinnen und -Unterstützer sprachen hierbei mit einer Stimme. Das heißt, dass auch dann, wenn dem Verfasser oder der Verfasserin der jeweiligen Schreiben die vorzustellende Person nicht persönlich bekannt war, er oder sie in überzeugendem Tonfall die positiven Urteile seiner oder ihrer Quäkerfreunde weiterleitete.[20]

Etwas öfter kam es vor, dass Hilfesuchende dem AFSC vorgestellt wurden. Hierbei wurde die Praxis, die Introduktion beim ersten Besuch mit sich zu führen, dadurch abgelöst, dass das Vorstellungsschreiben dem ersten Anschreiben beigelegt wurde. Das geschah etwa bei Raymond D. Blacks einführenden Worten für den jungen Egon Max Pollak, der gemeinsam mit seinem Bruder in die USA geflohen war.[21] Oder potenzielle Emigranten, die sich noch in Europa befanden, wurden von dortigen Quäkern schriftlich in Amerika vorgestellt. Hierbei wirkten die zentralen Quäkerbüros und Schulen insbesondere in Deutschland, Österreich und den Niederlanden als Mittler und Fürsprecher.[22] Die dortigen engagierten Helferinnen und Helfer bemühten sich dann, ein

---

18 Walter Naumann, Literaturwissenschaftler, 1910–1997.

19 02.03.1939 Salmon an Laughlin, in: Case 792 „Naumann, Walter", Box 34, American Friends Service Committee Refugee Assistance Case Files, United States Holocaust Memorial Museum Archives, Washington, D. C. Vgl. weiterhin für ein einführendes Schreiben aus dem AFSC-Netzwerk: 10.03.1942 Timbres an Brinton, in: Case 7784 „Goldsmith, Curt", Box 263, American Friends Service Committee Refugee Assistance Case Files, United States Holocaust Memorial Museum Archives, Washington, D. C. Vgl. weiterhin exemplarisch für eine Introduktion: 02.04.1942 Pollak an Millett, in: Case 7817 „Schleiffer, Hedwig", Box 263, American Friends Service Committee Refugee Assistance Case Files, United States Holocaust Memorial Museum Archives, Washington, D. C.

20 Vgl. 28.03.1942 Zimmerman an Jarman, in: Case 7833 „Weil, Richard", Box 263, American Friends Service Committee Refugee Assistance Case Files, United States Holocaust Memorial Museum Archives, Washington, D. C.

21 19.11.1941 Pollak an Kraus, in: Case 7748 „Pollak, Egon Max", Box 263, American Friends Service Committee Refugee Assistance Case Files, United States Holocaust Memorial Museum Archives, Washington, D. C.

22 Vgl. u. a. Spielhofer, Sheila: Stemming the Dark Tide. Quakers in Vienna 1919–1942. York 2001.

umfassendes Profil der vorzustellenden Person und ihrer aktuellen Situation zu verfassen.

Die Vorstellungen und Introduktionen aus Europa wurden von den Amerikanerinnen und Amerikanern zwar durchaus ernst genommen und zur Information aller den Akten beigelegt. Sie führten aber mitunter auch zu weiterem Klärungsbedarf. Denn anders als in den eng geknüpften gesellschaftlichen Netzwerken im Europa des 19. Jahrhunderts, in der Ausstellende und Empfangende von Einführungsschreiben meist miteinander bekannt waren oder doch zumindest voneinander wussten, mussten bei den hier behandelten transatlantischen und vor allem branchen- sowie religions- und kulturübergreifenden Empfehlungen auch die Verfasserinnen und Verfasser von Einführungsschreiben vorgestellt werden. Über Teresa Zarnower, die sich für Sabine Arnholz einsetzte, existiert beispielsweise eine solche Notiz, die darauf hinweist, dass Frau Zarnower eine sehr bekannte polnische Künstlerin war, die innerhalb von Europa international Anerkennung genoss.[23] Es mag an dieser Stelle paradox erscheinen, dass die Berühmtheit von Europäerinnen und Europäern in Amerika überhaupt von Bedeutung war. Immerhin legten Amerikanerinnen und Amerikaner wert darauf, „neuer" und „besser" als das alte Europa zu sein. Aber wie bereits vielfach in anderen Zusammenhängen belegt, war auch die amerikanische Gesellschaft sehr viel hierarchischer organisiert, als ihr Gründungsmythos es suggeriert. Auffällig ist dann allerdings, dass sich im gesamten für diese Untersuchung gesichteten Material kein Hinweis darauf findet, dass ein Verdacht des Betrugs oder zumindest der Schummelei aufkam, wie er in den voraufgehenden drei Fallstudien mitunter bemerkt werden konnte. Wer ein einführendes empfehlendes Schreiben beibrachte, dem wurde geglaubt.[24]

Zusätzlich zur empfehlenden Vorstellung, die sich in den drei ersten Fallstudien hauptsächlich dadurch auszeichnete, dass sie von Menschen verfasst wurde, die sowohl die vorzustellende Person wie auch den Empfänger beziehungsweise die Empfängerin des Schreibens kannten, findet sich in den Quellen des AFSC ein anderer Introduktionstypus: die Massenvorstellung. So leitete etwa AFSC-Mitarbeiterin Kathleen Hambly Hanstein am 18. Januar 1941 an Henry P. Jordan von der Association of Immigrant Scholars eine Liste von Kandidaten weiter, die sie in der Lage wähnte, Internationales Recht unterrichten zu können. Weder kannte Hanstein alle Personen auf der Liste persönlich, noch war sie in der Lage, eigenständig für jeden Kandidaten eine Einschätzung der fachlichen Leistungen und Eignungen abzugeben. Vielmehr stellte sie

---

23 (Undatiert) Notiz, in: Case 3728 „Arnholz, Paul", Box 122, American Friends Service Committee Refugee Assistance Case Files, United States Holocaust Memorial Museum Archives, Washington, D. C.

24 Nun ist hierzu auch zu bemerken, dass ein Introduktionsschreiben nicht obligatorisch für die Hilfe war und darum ein Betrug auch nicht erforderlich. Zudem schienen die Quäker zu dieser Zeit sehr grundsätzlich an das Gute im Menschen zu glauben, was sich auch in der Anekdote spiegelt, dass sie nach der Pogromnacht 1938 in Deutschland den Entschluss fassten, dass es nun an der Zeit sei, mit führenden Funktionären der NSDAP zu reden und sie von einem politischen Richtungswechsel zu überzeugen. Vgl. Bernet: „Ja-sagen zum Judentum", S. 48–49.

diese Liste in einem bürokratischen Verfahren aufgrund der ihr zur Verfügung stehenden Akten zusammen:

> Walther Wolf Guenther is an "Aryan" political Refugee and somewhat handicapped by this fact since many potential employers do not trust his attitude in the present situation. According to Dr. Kraus who knows him personally and who states that as far as she knows there is absolutely no question about his loyalty to democratic principles and institutions. She recommends him as qualified for a teaching position or legal research. He is an excellent translator, has perfect English, knows secretarial work, has both an American and a German law degree and a doctorate in law from Harvard. Dr. Kraus describes him as a very pleasant and likeable person.
> Dr. Rudolf Loebl is known to a number of members of our staff. He and his wife spent some time at our Sky Island vacation home last summer and were originally referred to us by Miss Caroline Norment, the director, who recommended them very highly. I have found Dr. Loebl to be a charming, intelligent and apparently very adaptable person of quiet and modest manner. He is at present taking part in our Cooperative College Work Shop and has obtained a scholarship to study law at the University of Pennsylvania during the second semester.
> I find that we do not have a biographical statement for Dr. William Dickmann, but according to our record he was for eleven years junior partner in an international law firm in Berlin, a judge in the Berlin courts for two years, and the legal advisor of the attaché of the French embassy. He is at present working on the second year of a fellowship at the University of Pennsylvania Law School which was secured through the help of the Committee for the Guidance of Professional Personnel. I have not met Dr. Dickmann myself but he is quite well known to several members of our staff who consider him one of the most outstanding refugees known to us. During the past summer he was an instructor in French at the Hidden Villa Ranch Camps, Los Altos, California, one of the language labor camps. Mr. Samuel Mills, director of the camp, wrote to us afterwards that Mr. Dickmann had been a tower of strength in every way.
> Dr. Paul Kiess is also studying in the Law Department of the University of Pennsylvania on a fellowship secured in cooperation with the Committee for the Guidance of Professional Personnel. Dr. Kiess spent last year in Pittsburgh and was well known to the Alleghany County Committee for Protestant Refugees which secured for him a great many speaking engagements which he apparently filled with great success.
> Dr. Leo Reiss was known to the workers in our Vienna Center who helped him to escape to England and later to this country. He is a person of great culture and charm and is one of the people that we felt most hopeful of an a candidate for a teaching position in spite of the fact that teaching had not been his career previously. I understand that he is at present taking courses at Columbia in Pedagogy and Sociology.
> Dr. Charles Anrod (Carl Aron) was a member of our American Seminar at Wolfsboro last summer and was highly regarded by the directors and tutors. At present he is taking work at the Yale Law School where he received an honorary fellowship upon our recommendation.
> Dr. Bruno Schoenfeld is another person who is known to our Vienna Center and who has been most highly recommended to us by the workers there as well as by numerous other people. He is at present giving some courses in the Extension Department at Columbia University and this past summer he was one of the most popular lecturer at the Stillwater Community College, Stillwater, Minnesota, another of the language labor camps. I am a little uncertain about his background for the particular openings you have in mind but since he is one of the most outstanding scholars known to us I believe we should include his credentials and let you decide whether he seems to fit the requirements.
> Hans Julius Wolff received his M. A. at Vanderbilt and is now studying at the Yale Law School on a fellowship basis.

> Dr. Arnold Eisler is not known to us personally but the curriculum vitae which he sent to us looks interesting and I thought he should be included.
> Dr. Gustav Pollaczek has recently been in correspondence with Dr. Kraus in regard to participation in the Cooperative College Work Shop but we do not yet have a curriculum vitae. He was recommended by Dr. Ernst Waldinger and he states in his application:–
> 'My work does not only belong to the field of Economics and Law (commercial, constitutional and international) but to the field of History (of the 19th and 20th century, both economic and politic, American and European) as well.' [...][25]

Diese Massenempfehlung wirkt geradezu wie ein Katalog.[26] Die jeweiligen Bekanntschaftsgrade wurden, so ist zu bemerken, auch in diesem Fall immer klar benannt. Entweder wurde eine persönliche Bekanntheit attestiert oder in Ermangelung einer solchen angeführt, bei welcher Person aus a) dem Kreis des AFSC oder b) Fachkreisen der Empfohlene einen guten persönlichen Eindruck gemacht hatte. Mit Äußerungen über den Charakter und die Persönlichkeit ging Kathleen Hambly Hanstein in diesen knappen Synopsen sparsamer um. Umso einprägsamer erscheint es dann aber, wenn sie Personen als „likeable", „pleasant" oder „outstanding" beschrieb.

Über die Qualifikation der Kandidaten für die zu vergebene Stelle versuchte die Verfasserin ebenfalls gewissenhaft Auskunft zu geben. Sie inkludierte auch Kandidaten, die ihrer Einschätzung nach eine Chance verdient hätten, auch wenn ihr Profil nicht dem gesuchten entsprach. Vor allem im letzten Absatz des Briefes lässt sich ersehen, dass diese Introduktionskataloge nicht dazu gedacht waren, allein Qualifikationen zu vermitteln. Wie die Verfasserin hier deutlich machte, war ihr durchaus klar, dass nicht jeder der vorgeschlagenen Kandidaten zu den Anforderungen der jeweils ausgeschriebenen Stelle passte. Sie wollte diese Personen aber trotzdem vorschlagen und es der Einschätzung der Entscheiderinnen und Entscheider überlassen, ob es nicht vielleicht in naher Zukunft noch weitere passende offene Positionen geben würde.[27] Insgesamt schien es ohnehin eher um ein Gesamtpaket zu gehen und vor allem darum, „die Neuen" auf dem Radar der entscheidenden Personen zu platzieren. Hierfür erschien es der Verfasserin offenbar sinnvoll, eher eine Vielzahl von Personen und Informationen anzubieten, damit – so vermutlich ihre Annahme – mit Sicherheit irgendwer auf der Liste profitieren würde. Ungewöhnlich erscheint, dass die Verfasserin keine der empfohlenen Personen über ihre Empfehlung informiert hatte. Ihrer Einschätzung

---

25 15.01.1941 Hanstein an Jordan, in: Case 1846 "Dickmann, William", Box 35, American Friends Service Committee Refugee Assistance Case Files, United States Holocaust Memorial Museum Archives, Washington, D. C.

26 Vgl. auch ein ebenso ausführliches Schreiben aus dem Fachbereich der Musikologie in: 07.05.1942 Timbres an Robertson, in: Case 414 „Weigl, Karl", Box 21, American Friends Service Committee Refugee Assistance Case Files, United States Holocaust Memorial Museum Archives, Washington, D. C. Sowie ein Schreiben an Lowell Wright über eine potenzielle Bereicherung für dessen Sommercamps: 09.05.1941 Schreiben an Wright, in: Case 792 „Naumann, Walter", Box 34, American Friends Service Committee Refugee Assistance Case Files, United States Holocaust Memorial Museum Archives, Washington, D. C.

27 15.01.1941 Hanstein an Jordan.

nach war dies bisher nicht notwendig gewesen, eben weil es noch keine spruchreife Aussicht auf eine Anstellung gab. Sollte sich dies aber ändern, so stehe das AFSC jederzeit zur Verfügung, weitere Auskünfte über die Kandidaten zu geben.[28]

Die Überlieferung in den Akten lässt keine Schlüsse zu, zu wessen Gunsten sich diese Massenintroduktion auswirkte. Kopien des Schreibens finden sich in den überlieferten AFSC-Akten der verschiedenen hier vorgestellten Personen. In der Visualisierung werden diese Männer, die eigentlich nur gemeinsam hatten, dass sie in den Augen von Kathleen Hambly Hanstein für dieselben Positionen infrage kamen, über das Schriftstück verbunden. Sie bildeten innerhalb dieses Empfehlungsprozesses also in gewisser Weise eine Schicksalsgemeinschaft.

Diese Art der Massenintroduktion erfolgte schriftlich, wohl auch, um es dem Empfänger beziehungsweise der Empfängerin zu ermöglichen, den Überblick über die verschiedenen Kandidatinnen und Kandidaten zu behalten. Unterstützend war es aber mitunter üblich, auch in persönlichen Gesprächen über mehrere Hilfesuchende zu sprechen und von ihren Schicksalen zu berichten. Diese Gespräche wurden dann wohl, sofern sie nicht auf komplettes Desinteresse stießen, schriftlich vor- und aufbereitet.[29]

Anders als die Introduktion unterschieden sich die Erkundigungsbriefe vonseiten der Hilfesuchenden an ehemalige Kollegen, Kolleginnen, Arbeitgeberinnen und Arbeitgeber stilistisch kaum von den in dieser Arbeit bereits vorgestellten Formulierungen. Aufgrund der immer größer werdenden Dringlichkeit angesichts der wachsenden Anzahl von Menschen, die Deutschland verlassen mussten, steht zu vermuten, dass viele versuchten, ein großes Portfolio von Empfehlungen zusammenzustellen, um die eigene Attraktivität für den amerikanischen Arbeitsmarkt sowie für hilfswillige Affidavitgeberinnen und -geber zu steigern. Diese Strategie ist bereits im Zusammenhang mit Richard Brieger und der Hebräischen Universität ausführlich vorgestellt worden.[30] Sie erreichte im Kontext des AFSC aber eine neue Qualität, was, so die These, damit zusammenhing, dass nicht mehr ausschließlich unter Fachkolleginnen und -kollegen, sondern nun auch mit Hilfsorganisationen kommuniziert wurde. In vergleichbaren Kontexten kam es zudem häufig vor, dass auch Introduktionen in vielen Fällen „weitergereicht" wurden. Ein Modus war etwa, dass ein Repräsentant des AFSC in Europa einen Fall von Hilfsbedürftigkeit kannte, über den er an den AFSC nach Amerika schrieb. Die dortigen Mitarbeiterinnen und Mitarbeiter aktivierten dann ihre Kartei und stellten den Fall wiederum einem potenziellen Arbeitgeber oder einer potenziellen Arbeitgeberin oder einem Affidavitgeber beziehungsweise einer Affidavitgeberin vor. Die hier vorliegenden Bitten umfassten auch Anfragen, andere Wege als den übli-

28 15.01.1941 Hanstein an Jordan.

29 Vgl. 12.01.1942 Hanstein an Hopkirk, in: Case 7835 „Benjamin, Erich", Box 263, American Friends Service Committee Refugee Assistance Case Files, United States Holocaust Memorial Museum Archives, Washington, D. C.

30 Vgl. den Fall Brieger in den Abschnitten 4.1 und 4.9.

chen Postweg zur Fürsprache zu beschreiten. Der Professor für Nationalökonomie Eugen Grossmann bat etwa Jacques Kunstenaar, den Grossmann gut bekannten Wissenschaftler Richard M. Kaiser-Heiler während seiner Amerikareise bei jeder sich bietenden Gelegenheit wohlwollend zu erwähnen.[31] Zudem wurde anscheinend erneut eine Praxis aktiviert, die in der Fallstudie zu Gerson Bleichröder ausführlich behandelt wurde: der Einsatz von Vätern für ihre Söhne. Das geschah etwa im Fall von Gerhard Ernst Mühsam, dessen Vater, der Mediziner Eduard Mühsam, bei verschiedenen Kollegen um Unterstützung für die medizinische Ausbildung des Sohnes bat.[32]

Bei den institutionalisierten, formalen Empfehlungen hatte in der Neuen Welt eine Weiterentwicklung stattgefunden. Die Direktoren des Stillwater Community College stellten dem geflüchteten Juristen Bruno Schönfeld[33] im September 1940 eine Empfehlung aus, die sich von den bisher analysierten Schreiben vor allem in ihrer konsequenten Struktur unterschied. Die aufgeführten Punkte lauteten zunächst „Name, Place of Birth, Marital Status", gefolgt von „Education, Experience, Knowledge of English, Teaching ability, Interest in Students, Social adjustment, Value to our Enterprise, Qualifications" und zuletzt „Further information."[34] Die stichpunktartige Auflistung machte die Schreiben übersichtlicher und damit auch vergleichbarer. Die Briefe näherten sich damit in Stil und Aufbau Schulzeugnissen oder tabellarischen Lebensläufen an, die vor allem darauf ausgerichtet waren, Informationen über die empfohlene Person, ihren Hintergrund und ihre Qualifikation zu liefern, und weniger dazu hergestellt wurden, innerhalb eines kollegialen Verhältnisses einen Gefallen zu erbeten.

Dieser Trend, die empfohlene Person zu klassifizieren und zu fokussieren, hatte inzwischen aber auch Eingang in die ausformulierten, wenn man so will: klassischen Empfehlungsbriefe gefunden, die in den gesichteten Unterlagen noch die überwältigende Mehrheit der Schreiben bildeten. Dies ist, so die Vermutung, zum einen damit zu begründen, dass in vielen Fällen auch die Verfasser der Schreiben Empfehlungspraktiken anwandten, die sie in ihren Heimatkontexten kennengelernt hatten. Auch die in den verschiedenen Branchen eingeübten Arten der Empfehlung wurden beibehalten. So schlugen etwa Akteure aus der Wirtschaft auch im Kontext des AFSC einen

31 19.07.1939 Grossmann an Kunstenaar, in: Case 838 „Kaiser, Richard", Box 35, American Friends Service Committee Refugee Assistance Case Files, United States Holocaust Memorial Museum Archives, Washington, D. C.

32 Vgl. die Zusammenfassung des erfolgreichen Unterfangens im Schreiben vom 30.11.1942 Mühsam an Timbres, in: Case 5111 „Muehsam, Gerhard Ernst", Box 170, American Friends Service Committee Refugee Assistance Case Files, United States Holocaust Memorial Museum Archives, Washington, D. C.; beziehungsweise die gesamte Akte Mühsam für einen detaillierten Einblick: Case 5111 „Muehsam, Gerhard Ernst".

33 1881–1955.

34 25.09.1940 Clark „Faculty Recommendation", in: Case 386 „Schönfeld, Bruno", Box 20, American Friends Service Committee Refugee Assistance Case Files, United States Holocaust Memorial Museum Archives, Washington, D. C.

weniger formalisierten Ton an als Akademikerinnen und Akademiker.[35] Zumeist wurden deutsche Empfehlungen einfach und oft auch recht direkt und dadurch mitunter fehlerhaft in die englische Sprache übersetzt. Besonders augenfällig wird dies in diesem Beispiel:

> Letter of recommendation on behalf of Mr. Curt Goldsmith, 712 Spruce Street, Philadelphia, Pa.
> TO WHOM IT MAY CONCERN:
> Mr. Curt Goldsmith is well known to me from his teaching career in Frankfurt, Germany.
> After having graduated from the Philantropin (Gymnasium) at Frankfurt with "high distinction", Mr. Goldsmith studied at the University of Frankfurt languages and geography. He speeks [sic] fluently German, French, English, Spanish and he has a very fine reading knowledge of Portuguese, Italian Latin, and Hebrew.
> He has been teaching at the Philantropin modern languages as well as many other subjects and it was during that time when I observed him most thoroughly. I am deeply convinced about his linguistic talent and his scholarly enthusiasm.
> Mr. Curt Goldsmith is an inspired and inspiring teacher, a thorough and rapid worker, of quick perception with a pronounced sense for the essential, a man of many interests, also interested in sports and many outside educational activities.
> He was working direct under me as a specialist for student schedules and coworker regarding the mammoth time-table of this school, having a capacity of almost 1200 students. He has a pronounced talent for organizing and therefore the administration invested him with a number of special tasks.
> Unfortunately the anti-Jewish laws decreed after 1933 prevented him from getting his degree.
> When I took over the office of President of the Jewish Teachers Union at Frankfurt after 1933, I often asked Mr. Goldsmith to take over some special responsibilities and he always cooperated willingly and enthusiastically. He also conducted various classes in adult education, preparing many people for their emigration by giving courses in foreign languages.
> In conclusion I want to say, that Mr. Goldsmith is a reliable and determined young man of fine character. All of his former collegues and the entire student body liked him very much.
> I have not [sic] doubt as to his adaptability to the educational institutions of this country and I would be very glad if he could continue his work in education in this country.
> Respectfully yours, Hermann Weil[36]

Themen wie der Einfluss des Nationalsozialismus und die verschiedenen anderen Begründungen für Einwanderungsgesuche werden im Verlauf dieses Kapitels noch gesondert diskutiert. An dieser Stelle ist als graduelle Neuerung vor allem zu bemerken, wie elegant Hermann Weil trotz offensichtlicher sprachlicher Schwierigkeiten die eigenen Kompetenzen und damit sein eigenes empfehlendes Gewicht in das Schreiben eingearbeitet hatte. Anstatt sich selbst ausschweifend vorzustellen oder darauf hinzuwei-

---

35 Vgl. 18.08.1938 Firma Ludwig Povel & Co. an Rivoli, in: Case 1503 „Lieberg, Fritz", Box 35, American Friends Service Committee Refugee Assistance Case Files, United States Holocaust Memorial Museum Archives, Washington, D.C. und Waldingers Empfehlung für Pollaczek in 15.01.1941 Hanstein an Jordan.

36 17.01.1942 Weil über Goldsmith, in: Case 7784 "Goldsmith, Curt", Box 263, American Friends Service Committee Refugee Assistance Case Files, United States Holocaust Memorial Museum Archives, Washington, D.C.

sen, dass er wohl keiner Vorstellung bedürfe, flocht Weil immer dort seine eigenen hohen Positionen ein, wo er sie mit dem Arbeitsleben Goldsmiths verknüpfen konnte. Er sprach damit mehr über sich, als es etwa in den Empfehlungen in der Fallstudie zur Hebräischen Universität üblich war, stand aber dennoch merklich hinter dem eigentlichen Fokus seines Briefes, Curt Goldsmith, zurück.

Und nicht nur die berufliche Empfehlung funktionierte in etablierten Kreisen nach etablierten Prinzipien. In Bruno Schönfelds Akte findet sich auch ein Brief aus England. Dort hatte er während seines Zwischenaufenthalts – vermutlich aber auch bereits in Deutschland – Kontakt zu den Rotariern aufgenommen, wenn er nicht sogar selbst Mitglied war. In jedem Fall gab ihm der Rotarier-Club aus Cockermouth, England, eine gesellschaftliche Empfehlung mit auf den Weg, die ihm attestierte, dass ihn die britischen Rotarier gerne dauerhaft in England willkommen geheißen hätten, Britanniens Verlust nun aber wohl Amerikas Gewinn sei.[37] Hierbei verlor der Verfasser kein Wort über politische Umstände oder Religionszugehörigkeiten, sondern lobte Schönfelds gütiges und gentlemanhaftes Wesen.[38] Auch kann man hier den Eindruck gewinnen, dass den Empfohlenen selbst die neuen Wege, die die AFSC-Mitarbeiterinnen und -Mitarbeiter beschritten, ebenso wie die neuen stilistischen Änderungen gar nicht unbedingt recht waren. Schönfeld versuchte, an mehreren Stellen die Vermittlungsarbeit des AFSC mindestens zu unterstützen, wenn nicht zu lenken und ließ sich des Weiteren engmaschig darüber informieren, wer vonseiten der Friends angeschrieben worden war, um eventuelle Missverständnisse beheben zu können.[39] Tatsächlich war es keineswegs so, dass die amerikanischen Universitäten die sich bewerbenden Akademikerinnen und Akademiker mit offenen Armen empfingen. So wurden zwar an einigen Orten Stellen für Geflüchtete geschaffen, andere Bewerberinnen und Bewerber konkurrierten aber oft erfolglos um Positionen.[40]

Anhand eines der vorliegenden Briefe des Nordhorner Textilfabrikanten Ben Povel über Fritz Lieberg, Eigentümer einer Baumwollweberei in Thüringen, lässt sich zeigen, dass auch in der freien Wirtschaft die Empfehlungen nun stärker auf die empfohlene Person zugeschnitten waren. Die höheren Funktionäre der freien Wirtschaft waren ähnlich vertraut mit Empfehlungen wie die Akademikerinnen und Akademiker. Die vorliegende Empfehlung bestätigte, dass Lieberg mit Povel sowohl geschäftlich als auch privat in Verbindung stand. Ben Povel könne darum die besten Auskünfte über Liebergs wirtschaftliche und gestalterische Fähigkeiten geben und außerdem über dessen Charakter Zeugnis ablegen. Man könne dabei in aller Deutlichkeit und ohne Zwang

---

37 16.12.1939 Gate über Schönfeld, in: Case 386 „Schönfeld, Bruno“, Box 20, American Friends Service Committee Refugee Assistance Case Files, United States Holocaust Memorial Museum Archives, Washington, D. C.

38 16.12.1939 Gate über Schönfeld.

39 Vgl. Case 386 „Schönfeld, Bruno“.

40 Vgl. beispielsweise die verschiedenen Versuche Ernst Steiners, in: Case 368 „Steiner, Ernst“, Box 19, American Friends Service Committee Refugee Assistance Case Files, United States Holocaust Memorial Museum Archives, Washington, D. C.

(„in confidence and without any responsibility") sagen, dass Lieberg ein ehrenwerter Geschäftsmann sei. Befände sich Povel selbst in der Position des Entscheiders, würde er nicht zögern, Lieberg einzustellen.[41] Im Gegensatz dazu hatte beispielsweise der einfache Holzarbeiter Ernst Marso, für den Passagengeld, also die Kostenübernahme der Überfahrt, vermittelt werden sollte, keine hochrangigen Fürsprecherinnen oder Fürsprecher auf seiner Seite, zumindest nicht bis zu dem Zeitpunkt, an dem sich das AFSC seiner Sache annahm. Es waren die Fallbearbeiterinnen des AFSC, die die einzigen vorliegenden Schreiben für Marso verfassten.[42]

Fürsprecherinnen und Fürsprecher überhaupt zu akquirieren, stellte auch im Kontext dieser Fallstudie eine nicht zu unterschätzende Herausforderung dar. Hilfesuchende fanden in den späten 1930er und frühen 1940er Jahren keineswegs immer die Unterstützung, die sie erhofften. Die Anfrage des Schauspiellehrers Frederik V. Zoref an den Direktor des Community Arts Workshop in New York City, ihm mit einer Empfehlung bei der Jobsuche behilflich zu sein, wurde von diesem mit folgenden Worten abgelehnt:

> I have made it a policy not to recommend anyone for a position who has not had the retraining course at the Community Arts Workshop and whose abilities I have had an opportunity to observe and study. At the present time I am trying to place the 28 members of the Workshop and I am sure you realize what a difficult job this is.
> I am very sorry that I cannot be of more help to you at the present time but I have no free time to give anyone at present. I hope that I may be more helpful in the future and I will certainly keep you in mind if we have another workshop course next fall.[43]

Hiermit führte der Direktor vier Gründe an, weshalb er den Bittsteller nicht empfehlen wollte: die mangelnde persönliche Kenntnis, die mangelnde Erfüllung der Voraussetzung, am Workshop teilgenommen zu haben, die Masse an Personen, die um eine Empfehlung ersuchten, und seine knapp bemessene Zeit. Mit diesem Bouquet von Erklärungen machte er sich unangreifbar und wurde trotzdem nicht verletzend.

Andere fanden allerdings sehr wohl einen Weg, trotz mangelnder persönlicher Kenntnis zu empfehlen. Eine Möglichkeit, die beispielsweise Paul Weiss zugunsten von Jan Dembowski und dessen Frau ergriff, war es, das anzuführen, was man im eigenen professionellen und privaten Umfeld gehört hatte.[44] So galt wohl auch in diesem Unter-

---

41 18.08.1938 Firma Ludwig Povel & Co. an Rivoli.

42 Vgl. Case 392 „Marso, Ernst", Box 20, American Friends Service Committee Refugee Assistance Case Files, United States Holocaust Memorial Museum Archives, Washington, D. C.

43 06.05.1941 Bosworth an Zoref, in: Case 7839 "Zoref, Frederik", Box 231, American Friends Service Committee Refugee Assistance Case Files, United States Holocaust Memorial Museum Archives, Washington, D. C.

44 Vgl. 29.07.1940 Paul Weiss an Kathleen Hambly Hanstein, in: Case 3685 „Dembowski, Jan", Box 120, American Friends Service Committee Refugee Assistance Case Files, United States Holocaust Memorial Museum Archives, Washington, D. C. Das Phänomen auf Hörensagen zurückzugreifen ist auch aus der Hebräischen Universität bekannt.

suchungszeitraum für Empfehlungen, dass dort, wo die Bereitschaft zu empfehlen bestand, auch ein Weg gefunden werden konnte, dies in adäquater Form zu tun. Es muss daher davon ausgegangen werden, dass bei Ablehnungen stets mehr – und andere – Gründe eine Rolle spielten als diejenigen, mit denen die Ablehnung explizit begründet wurde.

Aber nicht nur die potenziellen Fürsprecher lehnten Anfragen ab. Auch die Mitarbeiterinnen des AFSC, die bei der Suche nach Personen, die Affidavits ausstellten, vermitteln sollten, übernahmen manche Fälle nicht, beispielsweise weil sie ihnen aussichtslos erschienen. Spezifische Kriterien dafür lassen sich jedoch nicht erkennen. Vielmehr scheinen Einsatz und Engagement je nach Persönlichkeit der Mitarbeiterinnen und Anfragenlage variiert zu haben. Mit dem Hinweis, dass ja nicht einmal seine eigenen Verwandten bereit seien, ihm zu helfen, wurde im April 1939 Alfred Dobriner[45] von der AFSC-Mitarbeiterin Gaby Derenberg abgelehnt.[46] Für sich allein betrachtet, war dies eine irritierende Aussage, da Affidavits von Fremden nur dann überhaupt nötig wurden, wenn sich keine Verwandten finden ließen, die willens oder fähig waren, Affidavits auszustellen. Ebenso scheint eine knappe und endgültig klingende Ablehnung dieser Art keineswegs immer das Ende des gesamten Prozesses gewesen zu sein. Tatsächlich ist dieses Schreiben nur die erste Seite in Dobriners Akte, und eine andere AFSC-Mitarbeiterin, Jean Reynolds, versuchte 1940 erneut, Dobriner zu vermitteln.[47] Dobriner starb 1941 in einem Konzentrationslager in Minsk.[48]

5.2 Neue Freunde und alte Verbindungen: Beziehungsgestaltung in den AFSC-Empfehlungen

Persönliche Verbindungen zu haben war für Empfehlungen von Vorteil. Waren die Empfehlenden mit den Empfehlungsempfängerinnen und -empfängern bekannt, wurde dies stets ausdrücklich positiv hervorgehoben. Die AFSC-Mitarbeiterin Marjorie Schauffler war darum sehr interessiert an der Information, die sie von einer Fürsprecherin Franz Stoessls, der Opernsängerin und Gesangslehrerin Felice Wohlmuth, die sich auch Felice d'Antbourg nannte, [49] erhielt, dass deren Ehemann Hans Wohlmuth

45 1886–1941.

46 11.04.1939 Gaby Derenberg an Alfred Dobriner, in: Case 402 „Dobriner, Alfred", Box 21, American Friends Service Committee Refugee Assistance Case Files, United States Holocaust Memorial Museum Archives, Washington, D. C.

47 Vgl. Case 402 „Dobriner, Alfred", Box 21, American Friends Service Committee Refugee Assistance Case Files, United States Holocaust Memorial Museum Archives, Washington, D. C.

48 Bundesarchiv (Hg.): Alfred Dobriner, in: Gedenkbuch. Opfer der Verfolgung der Juden unter der nationalsozialistischen Gewaltherrschaft in Deutschland 1933 – 1945, URL: https://www.bundesarchiv.de/gedenkbuch/de852334, abgerufen am 11.02.2024.

49 Im österreichischen Exilantenhandbuch wird Felice d'Antbourg-Wohlmuth auch als Wolmut, Felice Gerty/ Gerty Felice Wohlmuth, Gerty F. Landesberger und Felice d'Antbourg geführt: o. A.: 11556

mit Joseph Ostermann vom Committee for Catholic Refugees from Germany eng befreundet war. Felice Wohlmuth/d'Antbourg setzte sich leidenschaftlich für Franz Stoessl ein, weil er ein Freund der Familie war. Darum sei es doch eine hervorragende Idee („a splendid idea“), so Schauffler, wenn d'Antbourgs Ehemann unverzüglich ein ganz persönliches Empfehlungsschreiben an Pater Ostermann schreiben könne. Darin könne er gerne auch auf die Korrespondenz verweisen, die dem AFSC im Zusammenhang mit Dr. Stoessl bereits vorliege. Insgesamt sei die Freundschaft des Ehemannes mit Ostermann ein sehr glücklicher Zufall. In Kombination mit den Anstrengungen des AFSC werde es dadurch sicher einfacher, Stoessl zu platzieren.[50]

Mangelnde Verbindungen hatte in der Wahrnehmung von Hertha Kraus in einem Schreiben von 1940 die Psychologin Kate Stern, die mit ihrem Mann Rudolf und den Kindern Toni (19) und Fritz (14) eingewandert war: „She has met a great many people, but evidently not the right ones.“[51] Eine Feststellung, die in ihrer Einfachheit den Kern der Vernetzung und Empfehlungspraxis beschreibt: Es brauchte nicht nur Qualifikation und Kompetenz, es mussten auch die richtigen Menschen davon erfahren. Würden nur die wichtigen Leute, so Wohlmuth, seine Empfehlungen lesen, sie würden schon eine Anstellung für ihn finden.[52] Gerade für Einwanderer konnte das eine große Herausforderung darstellen. Daher wurden in diesen Kontexten besonders engagiert alte Verbindungen wiederbelebt und neue geschlossen.

Denkt man heute an die Hilfsorganisationen, die die Ausreise und Flucht von Verfolgten organisierten, geht man davon aus, dass die Menschen, denen geholfen wurde, und die Menschen, die halfen, vorher nicht miteinander bekannt waren. Besonders im Fall des American Friends Service Committee könnte man weiterhin annehmen, dass dies hier in besonderem Maße zutraf, da die jeweils als untereinander eingeschworen wirkenden Gemeinschaften „der Quäker“ und „der Juden“ kaum räumliche oder geistige Berührungspunkte zu haben schienen. Die Analyse des Quellenmaterials legt allerdings das Gegenteil nahe. Besonders erfolgversprechend für die Weiterleitung eines Hilfsgesuches war nämlich der Nachweis einer gewissen Kenntnis der beteiligten, helfenden Personen beim AFSC. Auch die Hilfsdienste waren nicht frei davon, sich bevorzugt auf die Einschätzung ihrer Bekannten zu verlassen. Und so wurde in einem Mee-

Wolmut, Felice Gerty, in: Österreichische Nationalbibliothek (Hg.): Handbuch österreichischer Autorinnen und Autoren jüdischer Herkunft 18. bis 20. Jahrhundert. Band 1. München 2002, S. 1501.

50 26.06.1940 Schauffler an Wohlmuth, in: Case 378 „Stoessl, Franz“, Box 20, American Friends Service Committee Refugee Assistance Case Files, United States Holocaust Memorial Museum Archives, Washington, D. C.

51 29.01.1940 Kraus an Pope, in: Case 404 „Stern, Toni“, Box 21, American Friends Service Committee Refugee Assistance Case Files, United States Holocaust Memorial Museum Archives, Washington, D. C.

52 01.03.1940 d'Antbourg-Wohlmuth an Kraus, in: Case 378 „Stoessl, Franz“, Box 20, American Friends Service Committee Refugee Assistance Case Files, United States Holocaust Memorial Museum Archives, Washington, D. C.

ting der Religious Society of Friends, die mit dem AFSC zusammenarbeitete, ausdrücklich darauf verwiesen, dass die Einschätzung, ob ein Fall die Hilfe wert sei („whether a case was worthy or not“[53]), davon abhänge, ob dieser Fall vom AFSC zur Bearbeitung empfohlen worden sei.[54]

Die American Friends hatten tatsächlich bereits lange bestehende Verbindungen nach Deutschland, und einige von ihnen hatten dort Bekanntschaften geschlossen, an die die Hilfesuchenden und ihre europäischen Fürsprecherinnen und Fürsprecher nun in den späten 1930er Jahren vielfach anzuknüpfen versuchten. So hielt etwa Kate Lowe (vormals Käthe Löwenstern) vor ihrer Heirat eine Position als Büroangestellte bei der Auslandseinheit der amerikanischen Freunde in Essen, die dort die Kinderspeisungen organisierten. Löwenstern habe sich zu dieser Zeit besonders zu den Quäkern hingezogen gefühlt, da sie selber als Waise aufgewachsen war. Als Käthe Löwenstern, inzwischen Lowe, dann 1938 in Not geraten sei, habe sie sich, so die Verfasserin, natürlich an die Gemeinschaft der Freunde gewandt, „who had once been so kind to her.“[55] Ähnlich schien die Lage bei Helene Turnau gewesen zu sein, für deren Wohl sich Hertha Kraus persönlich einsetzte, da Turnau mit verschiedenen Mitgliedern der deutschen Quäker seit der Zeit der Kinderspeisungen sehr gut bekannt sei.[56]

Doch nicht nur Hertha Kraus, die auch durch ihre Präsenz in der immer noch recht spärlichen Forschungsliteratur zum American Friends Service Committee zu einer der bekanntesten Akteurinnen der Organisation geworden ist, unterhielt Verbindungen, die für die Hilfsarbeit nützlich waren.[57] Ein Blick auf das Netzwerk zeigt, dass ihre Person zwar oft Erwähnung fand. Sie scheint aber keine so zentrale Rolle gespielt zu haben wie etwa Judah Magnes oder Gerson von Bleichröder in deren jeweiligen Kontexten. Vielmehr war es die AFSC-Mitarbeiterin Kathlen Hambly Hanstein, die die meisten Verbindungen hatte.

---

53 29.01.1939 Crosman an Martin, in: Case 838 „Kaiser, Richard“, Box 35, American Friends Service Committee Refugee Assistance Case Files, United States Holocaust Memorial Museum Archives, Washington, D. C.

54 29.01.1939 Crosman an Martin.

55 25.03.1942 Daetsch an Kerridge, in: Case 459 „Lowenstern, Käthe“, Box 23, American Friends Service Committee Refugee Assistance Case Files, United States Holocaust Memorial Museum Archives, Washington, D. C.

56 28.12.1938 Kraus an Hoffmann Jr., in: Case 314 „Turnau, Helene“, Box 16, American Friends Service Committee Refugee Assistance Case Files, United States Holocaust Memorial Museum Archives, Washington, D. C.

57 Vgl. Schirrmacher: Hertha Kraus.

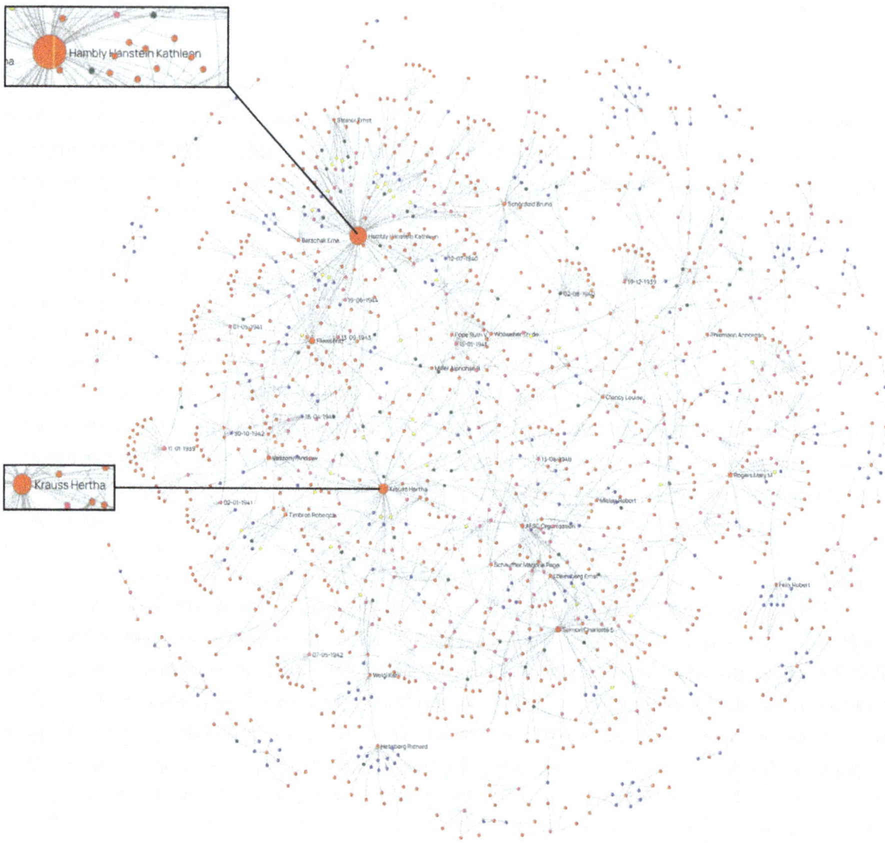

Abb. 18: Netzwerkabbildung mit einer wenig zentralen Position von Hertha Kraus

Was Abbildung 18 nahelegt, ist im Folgenden zu erläutern: Zusätzlich zu den in Europa geknüpften Verbindungen und dem Netzwerk von Hertha Kraus aktivierten die amerikanischen AFSC-Mitarbeiterinnen oft auch ihre privaten Verbindungen, um allen Hilfsanfragen nachzukommen. So etwa Charlotte Salmon, die sich an John und Harriet Gough, Leiter einer Schule für Taube, mit folgender Einleitung wandte:

> It has been a long time since we were down at the Pittenger's farm together, but I have heard about you all several times since, and so remember you better than you probably remember me. I was in school with both Julie and Corney, but knew Julie particularly well since we went down to Rio together.[58]

58 23.02.1939 Salmon an Gough, in: Case 389 "Froeschel, Emil", Box 20, American Friends Service Committee Refugee Assistance Case Files, United States Holocaust Memorial Museum Archives, Washington, D. C.

Dass dieser Brief mit einem vertrauten „Dear Cherry“[59] beantwortet wurde, zeigt, dass das Hilfsnetzwerk der Quäker auf der Basis lange bestehender Verbindungen gesponnen wurde. Das AFSC fungierte in einer Vielzahl der Fälle als zentraler Knotenpunkt, der die „richtigen“ Verbindungen herzustellen versuchte, also diejenigen, die zu einer erfolgreichen Migration der verfolgten Hilfesuchenden führten. Darum wurde bei der Planung der Anfragen mit bedacht, welche der Mitarbeitenden Verbindungen zu einer etwa geeigneten Affidavitgeberin haben könnte.[60]

Diese Vermittlungstätigkeit begann nicht erst in den Zentralen des AFSC in Philadelphia und New York. Vielmehr gab es bereits in Europa einige Akteurinnen und Akteure, die ihrerseits Anfragen sammelten und weiterleiteten. Einer dieser engagierten Kontakte in Europa war die Quäkerin Anni Pflüger aus Zürich, die Ende der 1930er-Jahre verschiedene Familien an das AFSC zu vermitteln versuchte. Ihre Briefe sind meist in einem vertrauten Tonfall gehalten und berichten nicht nur von den Personen, denen vielleicht zu helfen war, sondern auch vom Gemeindeleben verschiedener Quäkergruppen in Europa sowie von Privatem, wie etwa dem Gesundheitszustand ihrer Eltern. Pflüger schrieb dabei auf Deutsch, erkundigt sich aber in dem vorliegenden Brief, ob sie schon bald ins Englische wechseln müsse.[61] In der Rückschau scheint dies durchaus angebracht gewesen zu sein, denn Pflügers Brief, der so formuliert war, als würde er sich an eine Gruppe Bekannter richten, traf tatsächlich erst einmal auf Unverständnis bei der AFSC-Mitarbeiterin Loring P. Crosman, weil Crosman ihre Vermittlungsaufgabe erst seit Kurzem wahrnahm:

> The committee can handle more work and I am inclined to think we should help Hilda with two cases described in a letter to her from “Sister” Amy Pflieger. In it she shays “I would gladly send detailed histories of both families, and pictures, if you think you could get any help for them.” I am telling Hilda to write and ask for these things; not to promise help, but to say that she believes she can get it. If you or anyone of the Service Com. know Amy Pflieger it would help to know more about her. Would you recommend that we can work on her concerns? Why didn’t she write the Service Com.? Perhaps she did. […] P. S. On the back of the envelope is typewritten this line: ‘Schw. Anny Pflüger, Gartenhofstr. 10, Zurich 4’[62]

Diese kurze Irritation, die sicher nicht dadurch geringer wurde, dass Crosman die Namen Amy Pflieger und Anny Pflüger im Wechsel verwendete, wurde rasch in einem

59 27.02.1939 Gough an Salmon, in: Case 389 „Froeschel, Emil“, Box 20, American Friends Service Committee Refugee Assistance Case Files, United States Holocaust Memorial Museum Archives, Washington, D. C.

60 Belegt etwa in einer Anfrage an Louise Clancy, ob diese sich bei Eleanor Coit auf Anneliese Thiemanns Vorschlag hin für die Familie Arnholz verwenden könne: 28.05.1941 Schauffler an Clancy, in: Case 3728 „Arnholz, Paul“, Box 122, American Friends Service Committee Refugee Assistance Case Files, United States Holocaust Memorial Museum Archives, Washington, D. C.

61 Vgl. 14.01.1939 Anni Pflüger an AFSC, in: Case 838 „Kaiser, Richard“, Box 35, American Friends Service Committee Refugee Assistance Case Files, United States Holocaust Memorial Museum Archives, Washington, D. C.

62 29.01.1939 Crosman an Martin.

Antwortschreiben von Anne H. Martin behoben. In einer kurzen Notiz wurde bestätigt, dass jede Person, die Schwester „Amy Pfliger" empfahl, in Ordnung sei („is allright with me"). Die Schwester sei eine besonders sensible, erfahrene und verlässliche Verbindungsperson in Europa, und ihrem Urteil sei unbedingt zu trauen. Sie sei zudem nicht nur ausgebildete Krankenschwester und Sozialarbeiterin, sondern habe auch einen gesunden Menschenverstand („has common sense besides"). Sie sei seit einigen Jahren den Freunden eng verbunden und sei im vergangenen Sommer offiziell der Deutschen Jahresversammlung beigetreten. Auch die Schweizer Freunde, die mit ihr gearbeitet hätten, würden ihren Empfehlungen seit Jahren vertrauen.[63] Die unterschiedliche Schreibweise des Namens wurde in diesem Schreiben allerdings trotz aller angeblichen Wertschätzung nicht korrigiert.

Tatsächlich war in weiteren Fällen ebenfalls von Anni Pflüger die Rede, und dabei wurde auch ihr richtiger Name verwendet. Eugen Rudnai, der sich zum Ende des Jahres 1939 in Chile aufhielt und von dort aus in die USA zu gelangen suchte, wies in einem Schreiben an die Freunde darauf hin, dass er durch die Vermittlung Anni Pflügers bereits einmal zu einem Affidavit gekommen sei, das er aber nicht in Anspruch habe nehmen können. Am 18. Juni 1940 wurde Anni Pflüger außerdem als eine Person erwähnt, die von Zürich aus in engem Kontakt mit dem AFSC arbeite.[64] So ist davon auszugehen, dass sie tatsächlich ein wertvoller Kontakt war. Auch ist vorstellbar, dass die Funktion, die sie einnahm, von den amerikanischen Friends ihrer Empfehlung entsprechend wertgeschätzt wurde. Über die Innigkeit der Beziehungen auf persönlicher Ebene lässt sich allerdings angesichts des Namendrehers spekulieren. Davon abgesehen legt dieses Beispiel aber vor allem nahe, dass lange bestehende Empfehlungs- und Vermittlungskontakte innerhalb des AFSC geschätzt und genutzt und auch neu hinzukommende Mitarbeiterinnen schnell und ausdrücklich in die Zusammensetzung der bereits bestehenden Netzwerke eingeführt wurden.

Die persönliche Kenntnis wurde in ihrem Wert nur übertroffen, wenn es sich um bekannte Persönlichkeiten handelte, wie sich im Folgenden zeigen wird. Empfehlungen von Prominenten waren deshalb so wichtig, weil sie nicht nur die Empfänger der Empfehlungen, sondern auch weitere Empfehlende zu beeindrucken vermochten. Mary Champney, Vertreterin des Quäker-Büros in Amsterdam, war stark geschmeichelt, als sie gebeten wurde, ein unterstützendes Schreiben für den jungen Studenten

63 24.02.1939 Martin an Crosman, in: Case 838 „Kaiser, Richard", Box 35, American Friends Service Committee Refugee Assistance Case Files, United States Holocaust Memorial Museum Archives, Washington, D. C.

64 18.06.1940 Rogers an Stoessl, in: Case 378 „Stoessl, Franz", Box 20, American Friends Service Committee Refugee Assistance Case Files, United States Holocaust Memorial Museum Archives, Washington, D. C.

Thomas Döppner aufzusetzen, da dieser bereits ein Schreiben von Einstein mitbrachte.[65] Soziales Kapital wirkte demnach attraktiv auf weiteres soziales Kapital.

Entsprechend kamen mit der Unterstützung prominenter Zeitgenossen und -genossinnen meist nicht nur warme Worte, sondern auch eine ganze Infrastruktur. Vor allem Verwandte von Prominenten nahmen deren Hilfe in Anspruch und wurden mitunter nicht müde, deren einflussreiche Verbindungen zum eigenen Vorteil zu nutzen. Sigmund Freud leistete bei gleich zwei Verwandten direkte und indirekte Emigrationshilfe. Lilly Freud-Marlé, nach ihren eigenen Aussagen Freuds Lieblingsnichte, behielt offensichtlich nach der Heirat mit dem Schauspieler und Produzenten Arnold Marlé ihren bekannten Nachnamen.[66] In einem Schreiben an Elsa Kamus vom 18. Januar 1939 wurde sie nicht müde, ihre Verbindungen zu dem prominenten Psychoanalytiker eingestreut in die Erläuterung ihrer eigenen Hilfsbedürftigkeit zu betonen: So sei Edward Bernay aus New York ein Neffe von Freud, wie sie eine Nichte desselben sei, er könne aber kein Affidavit geben. Auch Dr. Harry Freud, ihr Cousin, sei noch nicht lange genug in den USA, um ihr zu helfen. Zu ihrer eigenen Person sei zu sagen, dass ihre Mutter Sigmund Freuds Schwester war, ihr Vater sein Cousin. Sie sei daher doppelt blutsverwandt, was für Lilly Freud-Marlé ein besonderer Vorteil zu sein schien. Darüber hinaus habe sie sich Freuds Respekt und seine Freundschaft erarbeitet. Freuds Nichte zu sein, gereiche ihr aber nun unter den Nationalsozialisten zum Nachteil, da sie durch ihren Nachnamen und die große Bekanntheit ihres Onkels besonders schnell als Jüdin erkannt werde und daher keine Arbeit mehr bekomme. Darum wolle sie nun in die USA einwandern und biete an, dort bebilderte Vorträge über ihren berühmten Onkel zu halten, da auch die Amerikaner an dessen Person großes Interesse hätten.[67]

In Freud-Marlés Akte findet sich auch die übersetzte Kopie eines Briefes von Sigmund Freud, der offenbar in der Absicht geschrieben wurde, von Außenstehenden gelesen zu werden:

> My dear Niece Lilly
> You tell me in your letter that you have resolved to return to your former activity meaning that you will again undertake to recite the productions of our great poets in face of an audience attentively listening to our voice and to interpret them by the remarks you intersprere [sic]. I remember very well the time when I myself was among your hearers and how much I enjoyed your performance introducing me into the emotional world of the poet Rabindranath Tagore.
> Well, I have no doubt that you will achieve the same success now as before. I don't even know where from you got this gift of mastering language and expression and even foreign languages in

65 21.12.1939 Champney an Rogers, in: Case 538 „Doeppner, Thomas ", Box 26, American Friends Service Committee Refugee Assistance Case Files, United States Holocaust Memorial Museum Archives, Washington, D. C.

66 Vgl. zu Lilly Freud Marlés Biografie und ihrem Verhältnis zum berühmten Onkel Freud-Marlé, Lilly: Mein Onkel Sigmund Freud. Erinnerungen an eine große Familie. Berlin 2006.

67 18.02.1939 Freud-Marlé an Kamus, in: Case 822 „Freud-Marlé, Lilly", Box 35, American Friends Service Committee Refugee Assistance Case Files, United States Holocaust Memorial Museum Archives, Washington, D. C.

> such a way as to gain full control over your audience and make them feel and understand what you want them. Perhaps it comes to you from your father's side, but anyway you will achieve it again. I hope you will send us cards from the various stations of your circuit and let us partake in this way in the triumph of your art.
> Your loving uncle (Sgd) Sigm.
> P. S.: Give my kindest regards to your dear husband, himself an artist as an actor. Your son Omri is a welcome guest to us whenever he pays a visit.[68]

Dieser offensive Versuch, mit Prominenz zu Vorteilen zu kommen, mag unsympathisch wirken. Inwiefern er, zumal in einer solchen Notlage, menschlich verständlich ist, ist nicht Teil der Fragen, die in dieser Arbeit verfolgt werden. Zumindest aber zeigt der Brief eindrucksvoll, wie viel Wert großer Prominenz zugesprochen wurde. Weiterhin erscheint bemerkenswert, wie Freud, wenn er denn tatsächlich der Autor gewesen ist, den doch eigentlich persönlichen Brief nach dem üblichen Aufbau einer formalen Empfehlung strukturierte. Den Nachweis der persönlichen Kenntnis erbrachte er bereits mit der Anrede „Liebe Nichte". Anschließend verwies er auf die vergangenen Arbeitserfahrungen der Empfohlenen und sprach danach im dritten Teil seine Zuversicht darüber aus, dass sie auch bei einem zukünftigen Projekt erfolgreich sein würde.

So war es sicher auch nicht unvorteilhaft, dass sich Elsa Brändström für die sensible Hedwig Schleiffer einsetzte.[69] In Ernst Löwenbergs Akte wurde vermerkt, dass er ein Freund der Familie Warburg war.[70] Die Psychologin und Pädagogin Dr. Erna Barschak hatte eine Empfehlung von der Sozialreformerin Alice Salomon.[71] Und das Schicksal der beiden Neffen von Mathematikerin Emmy Noether, Gottfried und Herman, wurde sowohl von Albert Einstein als auch von Mathematiker und Physiker Hermann Weyl[72] mit Interesse verfolgt, da – frei übersetzt – Jungen aus einem solchen Stall die Mühe wert seien.[73] Dementsprechend könnten die beiden, so das Angebot Weyls, jederzeit bei einem der beiden Mathematiker in Princeton unterkommen.[74]

---

68 03.02.1938 Freud an Freud-Marlé, in: Case 822 "Freud-Marlé, Lilly", Box 35, American Friends Service Committee Refugee Assistance Case Files, United States Holocaust Memorial Museum Archives, Washington, D. C.

69 16.03.1942 Kraus an Brändström-Ulich, in: Case 7817 „Schleiffer, Hedwig", Box 263, American Friends Service Committee Refugee Assistance Case Files, United States Holocaust Memorial Museum Archives, Washington, D. C.

70 13.04.1939 Salmon an Adler, in: Case 350 „Löwenberg, Ernst", Box 19, American Friends Service Committee Refugee Assistance Case Files, United States Holocaust Memorial Museum Archives, Washington, D. C. Vgl. auch Institut für die Geschichte der Deutschen Juden (Hg.); Heinsohn, Kirsten (Red.): Das jüdische Hamburg. Göttingen 2006, S. 176.

71 (Undatiert) Empfehlung für Erna Barschak, in: Case 395 „Barschak, Erna", Box 21, American Friends Service Committee Refugee Assistance Case Files, United States Holocaust Memorial Museum Archives, Washington, D. C. Vgl. auch Oertzen: Rückblick aus der Emigration, S. 169–195.

72 Vgl. Frei, Günther; Stammbach, Urs: Hermann Weyl und die Mathematik an der ETH Zürich. 1913–1930. Basel 1992.

73 „Boys of such a stock it seems worth the trouble to help along." Brief von Prof. Hermann Weyl an Jacob Billikopf über Gottfried Noether und seinen Bruder. 17.10.1938 Weyl an Billikopf, in: Case 463

Auch darüber hinaus setzte sich Hermann Weyl für viele Kollegen und deren Angehörige ein und versuchte, auch die Schicksale von jungen Wissenschaftlerinnen und Wissenschaftlern positiv zu beeinflussen, wenn er konnte. Am 5. Oktober 1940 stellte Hertha Kraus ihm den Mathematiker P. Andrew Vaszonyi vor. Sie bat ihn darum, den Lebenslauf des erst 24-Jährigen einzuschätzen, und fragte, ob Weyl vielleicht etwas für ihn tun könne.[75] Dieser Bitte kam Weyl offenbar zügig nach, denn schon am 9. November 1940 lag ein Schreiben von Hans Rademacher vor, der sich in seinen weiteren Empfehlungen für die Platzierung Vaszonyis auf Weyls Empfehlungen bezog.[76]

Neben Hermann Weyl ist auch in dieser Fallstudie zum AFSC – wie bereits im Zusammenhang mit der Hebräischen Universität – oft der Name von Albert Einstein zu lesen. Zusätzlich zu den vielen Fällen, in denen er mit empfehlenden Worten Unterstützung leistete, gab er auch selbst diverse Affidavits. Wenn er gerade nicht selbst bürgen konnte, half er bei der Vermittlung anderer Affidavitgeber. Im Fall des Berliner Arztes Richard Wolf schlug er dem AFSC beispielsweise Potter Palmer für diese Funktion vor, der laut einem Hinweis Einsteins wohl am besten von Carl Beck in dieser Sache zu kontaktieren sei, weswegen sich das AFSC vertrauensvoll an diesen wandte.[77] In diesem Zusammenhang führte Einstein auch aus, weshalb er selbst nicht zur Verfügung stand, obwohl „Dr. Richard Wolf [ihm] persönlich bekannt [ist und] zweifellos einer der wertvollsten Menschen, die [ihm] in Berlin begegnet [sind].“[78] Einstein weiter:

> Ich habe ihm [Anm.: Wolf] deshalb schon vor einiger Zeit versprochen, alles mir Mögliche zu tun, um seine Uebersiedlung nach Amerika zu ermöglichen. Deshalb begrüsse ich es mit grosser Dankbarkeit, dass Sie sich seines Falles so hilfreich annehmen. Sie können sich denken, dass ich mit Affidavits sehr belastet bin, ich muss immer befürchten, durch ein neuerteiltes schwebende Fälle zu gefährden.
>
> Es ist aber begründete Hoffnung vorhanden, dass für Herrn Wolf ein Affidavit erlangt werden könnte von Herrn Potter Palmer 3rd New York, mit Rücksicht darauf, dass dessen Grossmutter, Frau Potter Palmer Chicago mit dem Vater von Frau Dr. Wolf, Oberbürgermeister Wermuth, sehr

„Noether, Gottfried“, Box 23, American Friends Service Committee Refugee Assistance Case Files, United States Holocaust Memorial Museum Archives, Washington, D. C.

74 17.10.1938 Weyl an Billikopf.

75 05.10.1940 Kraus an Weyl, in: Case 5115 „Vaszonyi, P. Andrew“, Box 170, American Friends Service Committee Refugee Assistance Case Files, United States Holocaust Memorial Museum Archives, Washington, D. C.

76 09.11.1940 Rademacher an Kraus, in: Case 5115 „Vaszonyi, P. Andrew“, Box 170, American Friends Service Committee Refugee Assistance Case Files, United States Holocaust Memorial Museum Archives, Washington, D. C.

77 09.07.1939 Taylor an Beck, in: Case 338 „Wolf, Richard“, Box 18, American Friends Service Committee Refugee Assistance Case Files, United States Holocaust Memorial Museum Archives, Washington, D. C.

78 02.07.1938 Einstein an Taylor, in: Case 338 „Wolf, Richard“, Box 18, American Friends Service Committee Refugee Assistance Case Files, United States Holocaust Memorial Museum Archives, Washington, D. C.

> befreundet gewesen sei. Ein Freund von mir, Dr. Carl Beck in Chicago, dem ich dies mitteilte, riet, man möchte sich unter Bezugnahme auf ihn an Herrn Palmer wenden, den er gut kenne. Es dürfte daher richtig sein, wenn Ihr Comité sich wegen eines Affidavits an ihn wendete.
> Sollte dies aus irgendwelchen Gründen nicht angehen, so wäre ich selbst gerne bereit, an Herrn Palmer zu schreiben.[79]

In diesem Fall waren es alte familiäre Kontakte, die zwar von Albert Einstein dargelegt, aber von den Frauen der Familie aufrechterhalten worden waren. Bemerkenswert ist dabei das Verbindungswissen, das Einstein an den Tag legte. Dieses Wissen über lange bestehende Verbindungen, Zusammenhänge und Aufenthaltsorte der betreffenden Personen oder ihrer nahen Verwandten stellte ohne Zweifel ein hohes soziales Kapital dar, das Einstein zur richtigen Zeit abzurufen wusste.

Mit diesem Wissen wurde er unter anderem in vorbereitenden Anfragen versorgt, wie das Beispiel Richard Kaisers zeigt. Für diesen setzte sich Statistiker Eugen Grossmann wortreich in einem zweiseitigen Brief an Einstein ein, in dem Grossmann um eine Empfehlung Einsteins bat.[80] Einstein verwertete diese Informationen und stellte ein knappes Schreiben für Kaiser aus, der ihm dadurch bekannt sei, „dass er jahrelang wissenschaftlicher Mitarbeiter zuverlaessiger Freunde [...] gewesen ist."[81] Dieses letzte Beispiel zeigt, wie meisterhaft Albert Einstein die Empfehlungspraxis beherrschte. Er wusste nicht nur um den Einfluss seines Namens, sondern konnte zudem Quellen aktivieren, die ihn mit den für ein umfassendes Empfehlungsschreiben notwendigen Informationen ausstatteten.

Im transatlantischen Austausch erzielte nicht jede prominente Empfehlung solch prompte Wirkung, sodass keine weiteren Erläuterungen nötig waren. Besonders branchenspezifische oder lokalspezifische Bekanntheit bedurfte einer zusätzlichen Erklärung. Hierfür wurden in den AFSC-Akten Notizen angelegt, die den Bekanntheitsgrad der Empfehlenden erläuterten.[82] Diese Praxis lässt darauf schließen, dass Empfehlungen von Prominenz durchaus ein gewisser Zusatzwert beigemessen wurde.

Obwohl prominente Fürsprache offenbar sehr wertvoll war, darf an dieser Stelle nicht der Eindruck entstehen, dass sie in jedem Fall zum Erfolg führte. Beeindruckend unbeeindruckt von Albert Einsteins Einschätzung Richard Wolfs als besonders wertvollem Menschen zeigte sich etwa Wolfs Cousine Sigrid Lebenbaum aus Eureka, die Einsteins lobendes Schreiben mit folgenden Worten zurücksandte: „Anbei Herrn Ein-

79 02.07.1938 Einstein an Taylor.

80 08.03.1939 Grossmann an Einstein, in: Case 838 „Kaiser, Richard", Box 35, American Friends Service Committee Refugee Assistance Case Files, United States Holocaust Memorial Museum Archives, Washington, D. C.

81 04.05.1939 Einstein über Kaiser, in: Case 838 „Kaiser, Richard", Box 35, American Friends Service Committee Refugee Assistance Case Files, United States Holocaust Memorial Museum Archives, Washington, D. C.

82 Vgl. exemplarisch die Erklärung zur Künstlerin Theresa Zarnower, die Sabine Arnholz empfiehlt: (Undatiert) Notiz, in: Case 3728 „Arnholz, Paul".

steins Aussage, die wahrscheinlich für das Konsulat bestimmt war, da ich nicht anneh-me, dass er glaubte wir benötigten eine Bestätigung für Richards Fähigkeiten.“[83]

Ebenso darf nicht der falsche Schluss gezogen werden, dass Hilfesuchende ohne prominente Fürsprache automatisch weniger Chancen hatten. Tatsächlich ist die Anzahl derjenigen, die prominente Unterstützung hatten, in der Gesamtsicht auf die bearbeiteten Fälle des AFSC verschwindend gering. Die meisten Emigrantinnen und Emigranten hatten keine Prominenz im Bekanntenkreis. Dass die gewichtige Fürsprache so omnipräsent erscheint, hat nicht zuletzt mit der heutigen Perspektive zu tun. Die Aufmerksamkeit der Lesenden und Forschenden fokussiert in der Flut der Fälle ihnen bereits bekannte Namen. Wie in Abbildung 19 zu sehen ist, wird der Knoten Albert Einsteins im Analyseprogramm nicht einmal mit einem Namen versehen, da er in Relation zu den anderen nicht als besonderes Bindeglied auffällt.

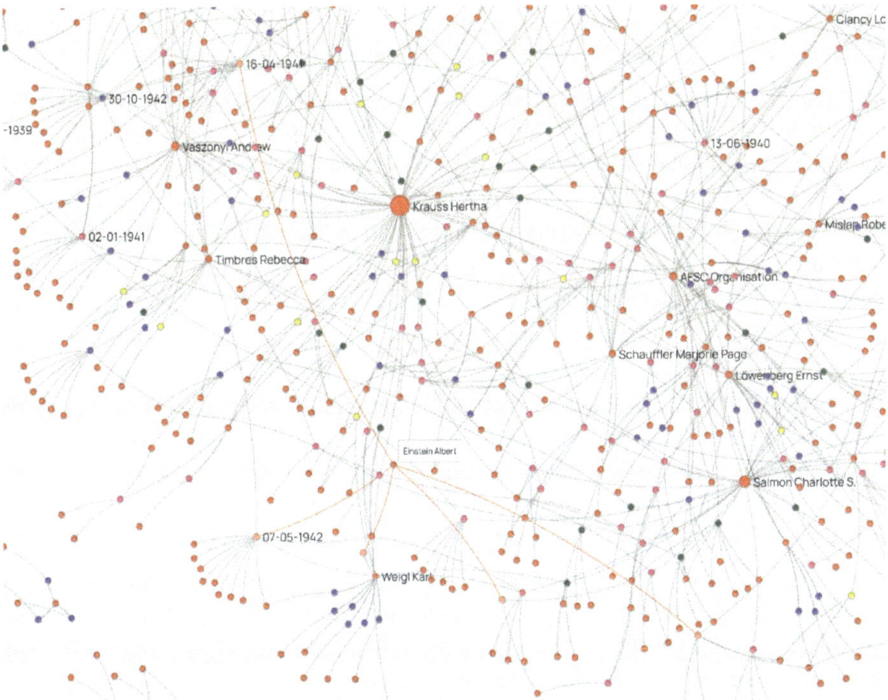

Abb. 19: Albert Einsteins Platz im Netzwerk mit rot hervorgehobenen Verbindungen

83 30.10.1938 Lebenbaum an Kraus.

5.3 Weibliche Empfehlungsnetzwerke: Frauenschicksale im Kontext der Amerika-Emigration

Die Pflege der familiären Kontakte, die gute Kenntnis der Verbindungen, die Fähigkeit, Menschen zusammenzubringen, dies wurde, so ist bereits an mehreren Stellen der Arbeit deutlich geworden, im Familienleben des 19. und 20. Jahrhunderts mit der Rolle der Frau verbunden.[84] Die berufliche Empfehlung hingegen und damit die Pflege des beruflichen Netzwerks waren in den Augen der Zeitgenossinnen und -genossen unbestritten männliche Aufgaben, denen sich einige der hier bereits analysierten Akteurinnen und Akteure sogar mit großer Hingabe widmeten.[85] Dass diese wahrgenommene Trennung in der historischen Realität nicht in genau dieser Weise vollzogen werden kann, wurde schon an verschiedenen Stellen dieser Arbeit deutlich.[86] Im Kapitel zur Hebräischen Universität wurde zudem bereits gezeigt, dass das Geschlecht der Empfohlenen als auch das der Empfehlenden kaum Einfluss auf Schreibstil, Aufbau und Wortwahl der Empfehlung hatte, sondern vielmehr die branchenüblichen Gepflogenheiten den Inhalt der Briefe vorgaben. Sehr wohl nach Geschlechtern segregiert scheint dagegen oft genug die Zusammensetzung des Empfehlungsnetzwerks gewesen zu sein. Frauen empfahlen andere Frauen und Männer empfahlen Männer.

Diese Aufteilung zerfällt in der branchenübergreifenden Wohltätigkeitsarbeit des AFSC. Zusätzlich zum kriegsbedingt zunehmenden Männermangel im öffentlichen Leben Europas und später der USA waren in der Wohltätigkeitsarbeit der Quäker von vornherein viele Frauen engagiert, wohl nicht zuletzt, da hier phasenweise weniger der Broterwerb als vielmehr die gute Tat im Vordergrund stand. Und so muss an dieser Stelle nur hervorgehoben werden, was in seiner Selbstverständlichkeit sonst zu verschwinden droht: Ein Großteil der vermittelnden Mitarbeiterinnen des AFSC, die die Leben vieler Hilfesuchender beruflich wie privat durch Vermittlung von Reisegeld, Affidavits oder Arbeitsstellen positiv zu beeinflussen versuchten, waren Frauen.

Weiterhin fällt in der Summe der für diese Arbeit ausgewerteten Fälle auf, dass in der ersten Hälfte des 20. Jahrhunderts bereits viele Frauen eigene Karrieren verfolgten. Dies betraf nicht nur die alleinstehenden, außergewöhnlich erfolgreichen, vielleicht auch außergewöhnlich begabten Akademikerinnen, auf die, wenn es um weibliche Berufe im frühen 20. Jahrhundert geht, oft und gerne hingewiesen wird. Erna Barschaks[87] Empfehlungsnetzwerk ähnelte beispielsweise dem Netzwerk Käte Ollendorffs aus dem vierten Kapitel zur Hebräischen Universität. An Ollendorffs weiblichem Akademikerinnennetzwerk fiel vor allem auf, dass die Unterstützung für Frauen überwiegend weiblich, aber nicht an die Religion gekoppelt war. Auch in Barschaks Netzwerk finden sich weibliche Angehörige verschiedener Konfessionen. So stammten

84 Vgl. Bleichröders Salons im Bleichröder-Kapitel 2.4.
85 Nicht zuletzt Albert Einstein in diesem Kapitel.
86 Vgl. Ollendorfs Fall in Kapitel 4.10.
87 Vgl. zu Barschaks Werden und Wirken auch: Oertzen: Rückblick aus der Emigration, S. 169–195.

von den fünf formalen Empfehlungen, die direkt an Barschak gingen und Teil ihres Portfolios wurden, vier von Frauen (Abbildung 20, linke Seite). Zudem waren an den elf Briefen, die über Barschak beim AFSC eingingen, mindestens sieben Frauen beteiligt; darüber hinaus sind von zwei Personen nur die Nachnamen nachvollziehbar, sodass sich nur fünf Personen mit männlichen Vornamen in der Gruppe der beteiligten Personen befinden.

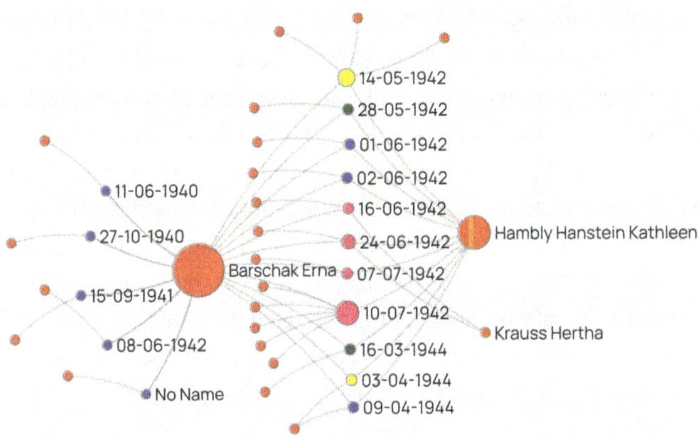

Abb. 20: Empfehlungsnetzwerk für Erna Barschak

In den Akten omnipräsent ist die Berufsqualifikation verheirateter Frauen. Stellvertretend hervorgehoben sei hier etwa Luise Oppenheimer-Jahn, geborene Rürupp, verheiratet mit Adolf Oppenheimer. In der Akte der Oppenheimers befindet sich für Luise sogar ein Empfehlungsschreiben mehr als für Adolf. Luise hatte sich bereits vor, dann aber auch während ihrer Ehe konstant weitergebildet und war 1932 selbst als Ausbilderin für Personalinstruktorinnen einer Kaufhauskette tätig. Ihre Fähigkeiten in Sachen Personalausbildung und Führung nach eigens erstelltem Programm wurden dabei sehr gelobt.[88] In den Nachweisen von zertifizierten oder durch Lebenserfahrung erworbenen Kompetenzen von Ehefrauen zeigt sich auch, dass die Finanzierung der Einwanderung nach Amerika schon in geordneten Kontexten selten von nur einem Partner gewährleistet werden konnte. Nachdem viele der zu einem späteren Zeitpunkt Fliehenden zudem meist ihr Erspartes verloren hatten, war es umso entscheidender, den Lebensunterhalt durch die Erwerbstätigkeit beider Eheleute zu gewährleisten. Langwierige Einstellungsverfahren warfen daher erhebliche Probleme auf, die besondere Anstrengungen erforderten. Im Fall von Nathan Harth nutzte dessen Frau ihre

---

88 25.11.1929 Zeugnis von Emil Köster, in: Case 3675 „Oppenheimer, Adolf", Box 120, American Friends Service Committee Refugee Assistance Case Files, United States Holocaust Memorial Museum Archives, Washington, D. C.

Fähigkeiten in der Küche, um die Familie mit dem Verkauf von Selbstgebackenem durchzubringen.[89]

5.4 Amerikanische Kultur: Neue Empfehlungsthemen

In vielen der in diesem Kapitel behandelten Schreiben fällt auf, dass sie die amerikanische Kultur thematisierten, beziehungsweise von ihr geprägt waren – sehr viel mehr, als sich beispielsweise die Empfehlungen für Akademiker, die an die Hebräische Universität auszuwandern versuchten, mit Israel auseinandersetzten. In der geschichtswissenschaftlichen Bearbeitung des Themas der Migration nach Amerika wird immer wieder auf die hoffnungsversprechenden Tropen hingewiesen, die zum einen in Europa über die Vereinigten Staaten erzählt wurden und zum anderen unverrückbar in den Gründungsmythos der USA eingeschrieben sind.[90] Und auch wenn die Realität dieses Anspruchs auf Selbstverwirklichung und Freiheit und dem „pursuit of happiness" in der Neuen Welt in solchen Zusammenhängen immer wieder hinterfragt und kritisch betrachtet worden ist, so ist der Mythos des Neuanfangs doch bis heute stets mit den Ausführungen zur Migration in die Vereinigten Staaten verknüpft.

Wie wenig die „Alte Welt" in der Tat im amerikanischen System zählen sollte, kann man auch in den Empfehlungsschreiben im Kontext der Migrationshilfe für jüdische Flüchtlinge nachvollziehen. Es ist ein durchgehendes Thema in den Empfehlungen, die beim AFSC eingingen, dass die berufliche Vergangenheit und damit die Qualifikation der Migrantinnen und Migranten nicht im Vordergrund stand. Die einzelnen Kandidatinnen und Kandidaten brachten auffällig wenig alte Schreiben von früheren Arbeitsstellen mit.[91] Dies ist vielleicht auch durch den Umstand zu erklären, dass viele

89 21.04.1942 Zimmermann über Harth, in: Case 7857 „Harth, Nathan", Box 231, American Friends Service Committee Refugee Assistance Case Files, United States Holocaust Memorial Museum Archives, Washington, D. C. Sich als Haushaltshilfe zu verdingen schien in den USA immer möglich. Auch die Sachbearbeiterinnen des AFSC stellten dies fest, vgl. die Aussage über die Bibliothekarin Wollweber: „She has many opportunities meanwhile to do house work because there is no end of demand for able young housekeepers," 18.05.1938 Kraus an Dare, in: Case 339 „Wollweber, Trude", Box 18, American Friends Service Committee Refugee Assistance Case Files, United States Holocaust Memorial Museum Archives, Washington, D. C. Vgl. zur Emigration von Jüdinnen als Haushaltshilfen nach England Bollauf, Traude: Dienstmädchen-Emigration. Die Flucht jüdischer Frauen aus Österreich und Deutschland nach England 1938/39. 2., überarb. Aufl. Wien 2011. Vgl. auch Momsen, Janet Henshall (Hg.): Gender, Migration and Domestic Service. London 2013 (Routledge International studies of women and place).

90 Vgl. etwa Helbich, Wolfgang J.; Haubold, Annette: „Alle Menschen sind dort gleich ...". Die deutsche Amerika-Auswanderung im 19. und 20. Jahrhundert. Düsseldorf 1988; Kriebernegg, Ulla (Hg.): „Nach Amerika nämlich!" Jüdische Migrationen in die Amerikas im 19. und 20. Jahrhundert. Göttingen 2012.

91 Wobei es für diese Aussage selbstverständlich beeindruckende Gegenbeispiele gibt, vor allem aus der frühen Auswanderungsphase, wie etwa direkt im Jahr 1933: Vgl. Case 378 „Stoessl, Franz", Box 20, American Friends Service Committee Refugee Assistance Case Files, United States Holocaust Memorial Museum Archives, Washington, D. C.; Case 408 „Hessberg, Richard", Box 21, American Friends Service

solcher Papiere bereits verloren gegangen waren, hat aber sicher auch damit zu tun, dass in der kulturellen Selbstverortung der USA die Vergangenheit einer Person im Verhältnis zu ihrem Potenzial als weniger wichtig eingeschätzt wurde. Hinzu kommt, dass viele Personen, die in der „Alten Welt" einen Namen hatten, in den USA unbekannt waren – vor allem, wenn es sich um lokale oder branchenspezifische Prominenz handelte.[92]

Die folgenden Ausführungen sollen zeigen, wie erstens die Anpassungsfähigkeit von Kandidatinnen und Kandidaten zu einer entscheidenden Kompetenz stilisiert wurde, wie zweitens versucht wurde, Informationen über den allgemeinen Charakter der Betreffenden zusammenzutragen, und wie drittens deren Aussehen in diesem Zusammenhang mitkommentiert wurde.

Eines der erklärten Ziele des AFSC sowie vieler anderer Hilfsorganisationen war es, nach Amerika einwandernden Europäerinnen und Europäern Stellen zu vermitteln, die es ihnen ermöglichen sollten, konstruktive Beiträge zur Entwicklung der amerikanischen Gesellschaft zu leisten.[93] Als eine Art „soft skill" tauchte in diesem Zusammenhang immer wieder die intrinsische Bereitschaft zur Anpassung auf. So wurde etwa der Charakter des Künstlers Albert Urban als bemerkenswert ausgeglichen für einen Künstler geschildert, weswegen er wohl auch in der Lage sei, die Signifikanz einiger für ihn neuartiger Faktoren des amerikanischen Lebens zu begreifen.[94] Auch Erna Barschak wurde eine ungewöhnlich hohe Fähigkeit bescheinigt, sich neuen Situationen und neuen Gemeinschaften anzupassen und sie zu bereichern.[95]

Über Walter Adams hieß es, er sei ein „very active and courageous man and I think he will be able to adjust himself to the American way of life very successfully."[96]

Committee Refugee Assistance Case Files, United States Holocaust Memorial Museum Archives, Washington, D. C.; Case 449 „Adams, Walter", Box 23, American Friends Service Committee Refugee Assistance Case Files, United States Holocaust Memorial Museum Archives, Washington, D. C.

92 Vgl. den Fall Zarnowa: (Undatiert) Notiz, in: Case 3728 „Arnholz, Paul".

93 03.08.1943 Buzby an Nagler, in: Case 386 „Schoenfeld, Bruno", Box 20, American Friends Service Committee Refugee Assistance Case Files, United States Holocaust Memorial Museum Archives, Washington, D. C.

94 „He is intelligent and remarkably well balanced for a man of his artistic temperament and he readily grasps the significance of factors which are new to him in American life." 03.07.1940 Hanstein an Walker, in: Case 315 "Urban, Albert", Box 16, American Friends Service Committee Refugee Assistance Case Files, United States Holocaust Memorial Museum Archives, Washington, D. C.

95 „Miss Barschak possesses to an unusual degree the ability to adjust herself to new situations, to fit in to the life of a community, and to make a definite contribution to any group of which she may be a part." 08.06.1942 Disert für Barschak, in: Case 395 "Barschak, Erna", Box 21, American Friends Service Committee Refugee Assistance Case Files, United States Holocaust Memorial Museum Archives, Washington, D. C.

96 13.06.1941 Segre an Timbres, in: Case 449 „Adams, Walter", Box 23, American Friends Service Committee Refugee Assistance Case Files, United States Holocaust Memorial Museum Archives, Washington, D. C.

Etwas ausführlicher teilte diese Einschätzung der ebenfalls migrierte Historiker Hans Rothfels in seiner Einschätzung von Adams:

> We lived near each other in Oxford for more than a year and I know him and his family very well, indeed. I saw him often with his children and other young members of the Lutheran Congregation in Oxford and I am sure that he has a distinct pedagogical liking and gift. I can not say anything in particular but about teaching experiences save the fact that he gave private lessons in German in Oxford. I know that he is in full command of the Italian language and that he got a high standing in social sciences. His previous work in labor arbitration has been highly appreciated by the German authorities before 1933. Apart from that I should like to stress the fact that in my opinion Dr. Adams is a man of excellent character, eminently trustworthy, full of energy even under very unfavorable circumstances and always willing to help and encourage other people. After having left Germany he proved himself adaptable to work in Italy, his activities were appreciated by those Englishmen with whom he came into contact, and I do not doubt that he will prove himself adaptable again.[97]

Auch dieser Brief orientierte sich am üblichen Dreischritt von Kenntnis, Qualifikation und Prognose. Der Schwerpunkt der Empfehlung Rothfels' lag dabei keineswegs auf der Qualifikation, sondern auf Adams' Anpassungsfähigkeit, die dieser in einer früheren Situation bereits bewiesen habe. Wie in vielen anderen in Empfehlungen geschilderten Umständen gilt auch hier, dass über die Wahrhaftigkeit der geschilderten Tatsachen keine Aussage getroffen werden kann. Festgestellt werden kann nur, dass das Thema der Adaptabilität wichtig war. Im Fall des als sehr anpassungsfähig geschilderten Adams, der immerhin sogar seinen ursprünglichen Namen Weissenberg[98] in einen für die englische Sprache angenehmeren änderte, gab es tatsächlich eine Gegenstimme, die sich genauso überzeugend las. Paul Zucker aus New York[99] attestierte Adams zwar einen guten Charakter und Verantwortungsbewusstsein, keineswegs aber hielt er ihn für anpassungsfähig, „since he is a little critical towards this environment and not very willing to adjust himself. Exactly those qualities which made him a good Prussian official make it difficult for him to do so."[100] Zucker riet deswegen, für Adams unbedingt eine Position zu finden, auf der er nichts mit Menschen zu tun haben würde.

---

97 02.06.1941 Rothfels an Timbres, in: Case 449 "Adams, Walter", Box 23, American Friends Service Committee Refugee Assistance Case Files, United States Holocaust Memorial Museum Archives, Washington, D. C.

98 Zur Namensänderung vgl. beispielsweise 25.09.1938 Weissenberg an AFSC, in: Case 449 „Adams, Walter", Box 23, American Friends Service Committee Refugee Assistance Case Files, United States Holocaust Memorial Museum Archives, Washington, D. C. Vgl. auch den Fall der Familie von David Lowe, ehem. Detmar Löwenstern in: Case 459 „Lowenstern, Käte", Box 23, American Friends Service Committee Refugee Assistance Case Files, United States Holocaust Memorial Museum Archives, Washington, D. C.

99 Verm. Paul Zucker (1888–1971) deutscher Architekt und Architekturhistoriker.

100 03.06.1941 Rothfels an Timbres, in: Case 449 „Adams, Walter", Box 23, American Friends Service Committee Refugee Assistance Case Files, United States Holocaust Memorial Museum Archives, Washington, D. C.

Anpassungsfähigkeit wurde im amerikanischen Kontext gerne mit dem Potenzial für wirtschaftlichen Erfolg in Verbindung gebracht. Gut angepasst war, wer beruflich erfolgreich war. Beruflicher Erfolg wurde durch ein solides Einkommen definiert. So wurde etwa mit Blick auf Hans Bergas bestätigt, es sei hochwahrscheinlich, dass der ehemalige Spielzeughersteller auch in den USA schnell finanziell erfolgreich sein werde.[101] Aussagen darüber, ob diese Annahme auf seinem Charakter, seinen Fähigkeiten oder seinem Wissen basierte, wurden nicht dezidiert getroffen. Das Schreiben erweckt den Anschein, dass ein Geschäftsmann, der sich auf ein Produkt spezialisierte, das auch in den USA gebraucht wurde, selbstverständlich dort auch erfolgreich sein konnte. Bestätigt wird diese Lesart in einer Zusammenfassung des Falls von 1943, in der geschildert wird, dass das oben zitierte Schreiben Bergas als „resourceful" beschreibe, ein Wort, das in der ursprünglichen Empfehlung gar nicht vorkommt.[102] Ebenso gibt eine Paraphrase des Schreibens durch AFSC Mitarbeiterin Margaret E. Jones an, dass der Empfehlungsgeber dem Empfohlenen bescheinigt habe, sich besonders schnell (im Original: „rapidly") anpassen zu können.[103] Auch das war eine Steigerung, die das Original nicht hergab, von der aber wohl angenommen wurde, dass sie sich positiv auswirken würde.

Auch im Fall der Bibliothekarin Trude Wollweber wird deutlich, dass das Wissen und die Kompetenz, die sie aus Deutschland mitbrachte, in Amerika als durchaus begehrt angesehen wurden.[104] Die Empfehlungen und Ausbildungsinformationen aus Deutschland aber, die dieses Wissen und die Kompetenz belegten, waren aber nach Einschätzung der AFSC-Mitarbeiterinnen nicht der wertvollste Teil ihrer Bewerbung. Es war vielmehr ihre sympathische Art und ihre Anpassungsfähigkeit, die ihre Kolleginnen und Kollegen überzeugte. Agnes Camilla Hansen, Associate Director des Pratt Instituts beschrieb sie in einer Empfehlung von 1939 als „young woman, attractive and cooperative and would render splendid service in any insitution which might engage

101 28.05.1941 Frey an Jones, in: Case 6563 „Bergas, Hans", Box 225, American Friends Service Committee Refugee Assistance Case Files, United States Holocaust Memorial Museum Archives, Washington, D. C. Vgl. zur Biografie Bergas': Bergas, Hans; Varon, Bension; Varon, Jeremy: Fighting Fascism and Surviving Buchenwald. The Life and Memoir of Hans Bergas. Bloomington 2015.

102 14.01.1943 Frey über Bergas, in: Case 6563 „Bergas, Hans", Box 225, American Friends Service Committee Refugee Assistance Case Files, United States Holocaust Memorial Museum Archives, Washington, D. C.

103 20.06.1941 Jones an Bonnell, in: Case 6563 „Bergas, Hans", Box 225, American Friends Service Committee Refugee Assistance Case Files, United States Holocaust Memorial Museum Archives, Washington, D. C.

104 „I am very optimistic about your placement, because you have knowledge which is wanted." 21.02.1940 Pope an Wollweber, in: Case 339 „Wollweber, Trude", Box 18, American Friends Service Committee Refugee Assistance Case Files, United States Holocaust Memorial Museum Archives, Washington, D. C.

her."[105] Die zu dieser Zeit 36-jährige „junge Frau" gewann an Attraktivität für den amerikanischen Arbeitsmarkt, da amerikanische Arbeitgeber sich bereits über ihre Qualifikation geäußert und sie für ungewöhnlich anpassungsfähig und sympathisch erklärt hatten.

Nun ließe sich vermuten, dass Kinder als besonders anpassungsfähige Potenzialträgerinnen und -träger in diesen Beschreibungen besonders positiv hervorgehoben worden wären. Und tatsächlich gab es Einzelfälle, in denen Jugendliche, die mit ihren Eltern einzureisen versuchten, als potenziell sehr gute Studentinnen und Studenten gelobt wurden.[106] Von jüngeren Kindern wurde allerdings sehr wenig berichtet. Sie wurden als Appendix der Familie mit aufgezählt und bei der Anzahl der im Zweifelsfall zu finanzierenden Personen bei der Affidavitbeschaffung berücksichtigt. Waren sie nach Einschätzung der Verfasserinnen oder Verfasser beispielsweise „ganz ungewöhnlich liebenswert" (im Original: „unusually lovely"[107]), wurden sie auch noch mit einer entsprechenden Bemerkung bedacht.

Die Quellen legen nahe, dass vor allem Sympathie und die Fähigkeit, den zwischenmenschlichen Umgang angenehm zu gestalten, ein nicht zu unterschätzendes Kriterium für die Vermittlung nach Amerika darstellten. In der Person von Paul Fischer schienen die Empfehlenden daher ein stimmiges Gesamtpaket gefunden zu haben. Fischer gab laut Roy P. Ash eine zufriedenstellende Erscheinung ab („a pleasing appereance [sic]") und war dem Verfasser bisher immer zuverlässig erschienen. Die Konversation mit dem Empfohlenen sei stets anregend gewesen, und vor allem sein exzellentes Wissen über europäische Geschichte und das gegenwärtige Weltgeschehen, zusätzlich zu dem Wissen in seinem speziellen Berufsfeld, hatten Ash beeindruckt. Nach Ashs Einschätzung hatte Fischer eine äußerst angenehme Persönlichkeit („extremely pleasing personality"), zudem sei er fleißig, kompetent und auch sehr kooperationsfreudig. Demzufolge zögere er, Ash, nicht, in Form dieses Schreibens festzuhalten, dass er glaube, Fischer würde jede Position, für die er qualifiziert erscheine, zu voller Zufriedenheit ausfüllen.[108]

Was Aussagen zu einer zufriedenstellenden Erscheinung betrifft, kann davon ausgegangen werden, dass sich dies nicht dezidiert auf Äußerlichkeiten, sondern auf einen angenehmen ersten Eindruck bezogen, der dementsprechend auch im Zusammen-

105 18.10.1939 Hansen an Clancy, in: Case 339 „Wollweber, Trude", Box 18, American Friends Service Committee Refugee Assistance Case Files, United States Holocaust Memorial Museum Archives, Washington, D. C.

106 Vgl. Case 404 „Stern, Toni", Box 21, AFSC Files, United States Holocaust Memorial Museum Archives, Washington, D. C.

107 30.01.1940 Shipley an Rogers, in: Case 3592 „Mayer, Paul", Box 117, American Friends Service Committee Refugee Assistance Case Files, United States Holocaust Memorial Museum Archives, Washington, D. C.

108 12.04.1940 Ash über Fischer, in: Case 462 „Fischer, Paul", Box 23, American Friends Service Committee Refugee Assistance Case Files, United States Holocaust Memorial Museum Archives, Washington, D. C.

hang mit Umgangsformen und Sympathie stand. Diese Interpretation wird durch die Formulierung „pleasing personality“ unterstützt. Aber auch direkte Aussagen über die Qualifikation wurden so angebracht, dass sie hauptsächlich eine Einleitung für umfassendere Aussagen über den Charakter einer Person bildeten. Im folgenden Fall geht es beispielsweise um Trude Wollweber. Diese muss eine gute Bibliothekarin gewesen sein, da ihr Auftreten das einer Person war, die sich sicher darin ist, was sie tut und warum sie es tut.[109] In der ausführlichen Version lautete ihre Empfehlung dann wie folgt:

> I think she has the personality to fit into a staff and to work well with people. I think she has possibilities of growth and development. She is cultivated, quiet, untiring and keen. Her English is improving. I feel sure she could be a useful member of any library staff.[110]

Das Ganze gipfelte dann 1940 in einer Beschreibung von Frau Wollweber als einer „erstklassigen Person“ („first class person“[111]).

Mitunter könnte bei einigen Fällen fast der Eindruck entstehen, die Empfehlenden hätten – vergleichbar mit den jungen Söhnen aus dem Umfeld Bleichröders[112] – nicht genug Eindrucksvolles über die fachlichen Kompetenzen zu berichten und konzentrierten sich darum auf den Charakter. Aber die hier aufgeführten Fälle müssen ausdrücklich anders bewertet werden. Die bisher in diesem Kapitel besprochenen Personen waren laut ihren Zeugnissen alle hoch qualifizierte, mitunter verdiente Persönlichkeiten. Und auch die jüngste von ihnen, die zu der Zeit 19-jährige Toni Stern, hätte man mithilfe ihrer guten Noten und des hohen Ausbildungsstandards innerhalb ihrer Familie als potenzielle Leistungsträgerin empfehlen können. Allerdings interessierten sich die empfehlenden Stimmen für beides nur am Rande. Stattdessen überschlugen sie sich, wenn es um den bezaubernden Charakter und das attraktive Wesen von Toni Stern ging, der hochbegabten älteren Schwester von Fritz Stern, Tochter der oben angesprochenen Kate Stern.[113]

Es ist davon auszugehen, dass auch mit der Beschreibung von Empfohlenen als attraktiv nicht nur auf das Aussehen angespielt wurde. Äußerliche Unzulänglichkeiten oder unvorteilhafte Fotografien wurden im Gegenteil in den Augen der Zeitgenossinnen und Zeitgenossen oft durch eine attraktive Persönlichkeit ausgeglichen. Über den oben genannten Albert Urban hieß es etwa, dass das einem Schreiben beiliegende Bild

109 19.10.1939 Empfehlung von New York Public Library, in: Case 339 „Wollweber, Trude“, Box 18, American Friends Service Committee Refugee Assistance Case Files, United States Holocaust Memorial Museum Archives, Washington, D. C.

110 19.10.1939 Empfehlung der New York Public Library.

111 09.03.1940 Empfehlung der Pratt Institute Free Library, in: Case 339 „Wollweber, Trude“, Box 18, American Friends Service Committee Refugee Assistance Case Files, United States Holocaust Memorial Museum Archives, Washington, D. C.

112 Vgl. Kapitel 2.3.

113 Vgl. die gesammelten Empfehlungen für Toni Stern, in: Case 404 „Stern, Toni“, Box 21, AFSC Files, United States Holocaust Memorial Museum Archives, Washington, D. C.

den Charakter und die Energie („Power“) dieses Mannes keineswegs adäquat einfange. In der Tat sehe er überhaupt nicht wie ein Pirat aus.[114] Inwiefern der Hinweis auf nichtvorhandene Ähnlichkeiten mit einem Seeräuber nun eine Redensart war oder einen direkten Bezug zur Fotografie hatte, lässt sich in Ermangelung Letzterer nicht rekonstruieren. Hilfreich bleibt allerdings der Hinweis, dass das äußere Erscheinungsbild einer Person für den Empfehlungsprozess eine Rolle spielte. Immerhin war ein auffälliges Aussehen erklärungsbedürftig.

Man könnte vermuten, dass das Aussehen der empfohlenen Personen bevorzugt dann thematisiert wurde, wenn der oder die Empfehlende davon auszugehen schien, dass diese Bemerkung positiv zum Gesamtbild beitragen würde. Dieses Vorgehen ist bereits aus Kapitel 2.4 bekannt, in dem gutaussehende Personen oder für schön befundene Ehefrauen einen zusätzlichen Bonus bei der Empfehlung darstellten.[115] Der grundlegende Gedanke, dass vom Aussehen auf die Persönlichkeit geschlossen werden könne, schien aber in diesen Schreiben elementar verankert zu sein. Charakter und Aussehen wurden oft zusammen beschrieben und gehen – so der Leseeindruck – ineinander über. Bei der Beschreibung von Frau Arnholz als sehr angenehme, elegante, charmante und kleine Person lässt sich nicht klar zuordnen, welches dieser Attribute auf ihre physische Präsenz und welches auf die Persönlichkeit bezogen war. Es darf nicht kategorisch vermutet werden, dass eine berechnende, strategische Absicht hinter derlei Formulierungen stand. Viel mehr zeugen Wortwahl und die Verbindung von Äußerlichkeiten und Charakter von einer bestimmten soziokulturellen Umgebung, in der davon ausgegangen wurde, dass diese Eigenschaften sich bedingten.[116]

Die Beschreibungen des Äußeren und der Attraktivität waren, vor allem in den organisationsinternen Persönlichkeitsbriefings, mitunter so bildhaft, dass die Vermutung naheliegt, die AFSC-Mitarbeiterinnen folgten in ihrer Einschätzung keinem professionellen Kriterienkatalog sondern ausschließlich ihrer persönlichen Intuition. Der vormalige AEG-Mitarbeiter Robert Mislap wurde geradezu schwärmerisch dargestellt:

> Mr. Mislap is tall and carries himself well. He has a very pleasant and quite intelligent face. One is struck by a vigorous and youthful quality about him which makes him appear younger than he is. He has rosy cheeks and his face lights up as he talks. [...] His Immagination [sic] and sense of humor are rather delightful. [...] He is very neat and orderly as evidenced by the way he keeps his volumes of correspondence on emigration.[117]

---

114 12.06.1940 Pope an Snavely, in: Case 315 „Urban, Albert“, Box 16, American Friends Service Committee Refugee Assistance Case Files, United States Holocaust Memorial Museum Archives, Washington, D. C.

115 Vgl. im Kapitel 2.4 das Schreiben über Ottomar Haupts schöne Frau.

116 Vgl. zur Körpergeschichte Becker, Anna; Höfert, Almut: Körper – Macht – Geschlecht. Einsichten und Aussichten zwischen Mittelalter und Gegenwart. Frankfurt am Main 2020.

117 11.08.1939 Einschätzung aus dem Vienna Center über Robert und Olga Mislap, in: Case 394 „Mislap, Robert“, Box 21, American Friends Service Committee Refugee Assistance Case Files, United States Holocaust Memorial Museum Archives, Washington, D. C.

Über Robert Mislaps Frau Olga hingegen wurde nicht viel mehr aufgezeichnet als dass sie laut der ausgewerteten Einschätzung bei Weitem nicht so attraktiv war wie ihr Mann.[118]

Es gab auch Fälle, in denen die Beschreibung nach heutiger Lesart eher weniger vorteilhaft und manchmal sogar nachteilhaft erscheint. Solche Fälle wirken dann eher wie erklärungsbedürftige Kuriositäten. So etwa im Fall der Sportlehrerin Else Reitzenberger, die, so ihre Empfehlung, eine angenehme Erscheinung abgebe, obwohl sie schiefe Zähne habe.[119] Dass Eva Wiegelmesser laut einem Schreiben aus dem Februar 1940 klein und keineswegs beeindruckend („commanding"[120]) in ihrer Erscheinung war, wird kaum mit dem Hintergedanken formuliert worden sein, dass diese Äußerung den Empfänger oder die Empfängerin des Schreibens das Treffen mit Frau Wiegelmesser herbeisehnen ließ. Zu vermuten ist vielmehr, dass Beschreibungen wie diese eine dem Leser vollkommen unbekannte Person greifbarer erscheinen ließen und die Beteiligten davon ausgingen, dass dies die Verbindung zwischen Empfehlungsempfängerinnen oder -empfängern und Empfohlenen positiv stärken würde.

So lässt sich vielleicht auch erklären, warum Hertha Kraus es für sinnvoll hielt, Erna Barschak wie folgt zu beschreiben: „She held a professorship in Germany, is in her early fifties, a pleasant, intelligent and very cooperative person, she looks like a German ‚Hausfrau' of the old style that is plump and pleasing but definitely not stylish."[121] Eine interne Notiz von Mitarbeiterin Kathleen Hambly Hanstein, die nicht zu Empfehlungszwecken verfasst wurde, formulierte sogar noch drastischer: „She is a solid, plump woman with a rather heavy, round face and horn-rimmed spectacles. Her manner was pleasant and she is undoubtedly a person of intelligence but she is definitely not attractive in appearance and the first impression that she makes may be a handicap."[122] Diese Beschreibung der in ihrer Akte durchweg hochgelobten, zuvorkommenden, intelligenten und erfolgreichen Frau legt nahe, dass die damalige Gesellschaft Fähigkeit und Charakter eng mit dem Aussehen verknüpfte. Ein äußeres Erscheinungsbild, das nicht auf den ersten Blick als anziehend und angenehm wahrgenommen wurde, musste dementsprechend erklärt werden.

---

118 11.08.1939 Einschätzung aus dem Vienna Center über Robert und Olga Mislap.

119 01.05.1941 Hanstein an Creighton, in: Case 5115 „Vaszonyi, P. Andrew", Box 170, American Friends Service Committee Refugee Assistance Case Files, United States Holocaust Memorial Museum Archives, Washington, D. C.

120 29.02.1940 Rogers an Zimmermann, in: Case 334 „Wiegelmesser, Eva", Box 17, American Friends Service Committee Refugee Assistance Case Files, United States Holocaust Memorial Museum Archives, Washington, D. C.

121 Vgl. Case 395 „Barschak, Erna", Box 21, American Friends Service Committee Refugee Assistance Case Files, United States Holocaust Memorial Museum Archives, Washington, D. C.

122 31.10.1940 Hansteins Notiz über Erna Barschak, in: Case 395 „Barschak, Erna", Box 21, American Friends Service Committee Refugee Assistance Case Files, United States Holocaust Memorial Museum Archives, Washington, D. C.

5.5 Nicht-Arier, Deutsche, Juden, Deutsch-Juden: Identitäten aus christlich-amerikanischer Sicht

Jüdisch, deutsch, deutsch-jüdisch, jüdisch-deutsch?[123] Während die Diskussion um die Definition dieser Begriffe diese Arbeit bereits seit der Einleitung begleitet, spielte sie für die historischen Akteurinnen und Akteure selten so eine große Rolle wie in dieser Fallstudie zum AFSC. Denn obwohl es die erklärte Absicht der Quäkerinnen und Quäker war, unabhängig von der Konfession zu helfen, schlichen sich Glaubensfragen und die damit verbundenen Vorurteile immer wieder in die Vermittlungsprozesse ein.

In der Forschung ist der Antisemitismus innerhalb der amerikanischen Gesellschaft kein Geheimnis. Im Gegenteil zeigen diverse Studien, dass auch nach 1945 Antisemitismus Teil der Propaganda war, die sich zu Beginn des Kalten Krieges entfaltete.[124] Auch die umfassende Antisemitismusstudie von Christoph Nonn aus dem Jahr 2008 stellte infrage, ob die USA seinerzeit tatsächlich ein „süßes Exil" für jüdische Einwanderer waren.[125] Ein Teil der Forschung macht darauf aufmerksam, dass der Nationalsozialismus in Teilen der USA durchaus begrüßt und befördert wurde.[126] Es erscheint darum durchaus nachvollziehbar, dass viele jüdische geflüchtete Akademikerinnen und Akademiker Hilfe vor allem jenseits der Mehrheitsgesellschaft, nämlich im Umfeld anderer marginalisierter Minderheiten fanden. So macht Gabrielle Edgcombs wegweisende Studie „From Swastika to Jim Crow", die 1993 erschien, darauf aufmerksam, dass die traditionellen Black Colleges besonders in den Südstaaten geflüchtete jüdische Wissenschaftlerinnen und Wissenschaftler aufnahmen.[127] Auch liegt seit 2017 eine Untersuchung über die Selbstwahrnehmung von jüdischer Identität in der antisemitischen Mehrheitsgesellschaft der USA während der nationalsozialistischen Herrschaft in Deutschland vor.[128] Auch das Nichthandeln und ein mitunter offener Antisemitismus insbesondere von Freikirchen ist bereits geschichtswissenschaftlich aufgearbeitet worden.[129] Bisher fehlte es aber an Erkenntnissen über die

123 Vgl. Zimmermann, Moshe: Deutsche gegen Deutsche. Das Schicksal der Juden 1938–1945. Berlin 2008.

124 Vgl. Arnold, Sina; Kistenmacher, Olaf: Der Fall Ethel und Julius Rosenberg. Antikommunismus, Antisemitismus und Sexismus in den USA zu Beginn des Kalten Krieges. Münster 2016. Vgl. weiterhin Litvak, Joseph: The Un-Americans. Jews, the Blacklist and Stoolpigeon Culture. Durham 2009.

125 Nonn, Christoph: Antisemitismus. Darmstadt 2008, S. 36–40.

126 Wyman, David S.: Das unerwünschte Volk. Amerika und die Vernichtung der europäischen Juden. Erw. Neuausg. Frankfurt am Main 2000.

127 Edgcomb, Gabrielle Simon: From Swastika to Jim Crow. Refugee Scholars at Black Colleges. Malabar 1993.

128 Rohrbach, Matthias: Das American Jewish Committee zwischen 1933 und 1943. Eine Studie zur Selbstwahrnehmung, zum Antisemitismus und innerjüdischen Diskurs. Jena 2017.

129 Dietze, Reimer (Hg.): Freikirchen und Antisemitismus. Freikirchen in Deutschland 1945–1949. Münster 2006; Voigt, Karl Heinz: Schuld und Versagen der Freikirchen im „Dritten Reich". Aufarbeitungsprozesse seit 1945. Einführung und Dokumentation. Frankfurt am Main 2005; Heinrichs, Wolfgang E.: „Heilsbringer und Verderber". Freikirchliche Ansichten über Juden im 19. und zu Beginn des

Ausformungen eines solchen schwelenden Antisemitismus in den USA. Immerhin hielten bereits andere Publikationen fest, dass Judenfeindschaft oder zumindest ein großes Misstrauen gegenüber Andersgläubigen beispielsweise auch an amerikanischen Universitäten oft dazu führte, Hilfe zu unterlassen.[130]

Vorurteile gegenüber Jüdinnen und Juden bestanden in den USA dieser Jahre nicht nur in Form offener Judenfeindschaft. Die Trennlinie verlief nicht zwischen antisemitisch und philosemitisch. Vielmehr waren antisemitische Ressentiments – dies bestätigen die im Folgenden zu analysierenden Empfehlungsschreiben – durchaus verbreitet. Es wird besonders deutlich, dass das Wissen über das Judentum bei den amerikanischen Christen nicht sonderlich weit verbreitet war. Das Bewusstsein für Diversität innerhalb des Judentums war dementsprechend nicht vorhanden und musste erst erlernt werden. Stereotype bestimmten, wie die jüdischen Hilfesuchenden wahrgenommen wurden. Letztere wiederum sahen sich gezwungen, ihre Selbstwahrnehmung und die von außen, zunächst durch die Nationalsozialisten, dann durch die Helfenden in den Aufnahmeländern an sie herangetragenen Vorurteile voneinander getrennt zu halten beziehungsweise miteinander in Einklang zu bringen. Hierbei wurde wohl vielen neu ankommenden Jüdinnen und Juden klar, was auch im Folgenden gezeigt wird, dass es nämlich auch in den USA einen schwelenden Antisemitismus in der Gesellschaft gab: Bereits die Integration der Generationen von Juden, die mindestens seit Mitte des 19. Jahrhunderts in hoher Zahl in Amerika Fuß zu fassen versuchten, nicht unbedingt als gelungen bezeichnet werden kann.[131]

Wenn es um konkrete finanzielle Hilfen ging, war die Zuständigkeit der Hilfskomitees mitunter entgegen dem christlichen Grundsatz, allen zu helfen, glaubensabhängig. So interessierte sich beispielweise auch das Katholische Komitee für die Brüder Gottfried und Hermann Noether, weswegen Hertha Kraus in ihrem Schreiben an die beiden vom 24. Dezember 1938 ausdrücklich fragte, ob sie den katholischen Glauben praktizierten oder wie sonst ihre Denomination sei.[132] Direkt hinter diese Frage setzte sie in Klammern hinzu: „The A.F.S.C. assists people of all faiths."[133] Dieser Zusatz liest sich, als wäre er zur Beruhigung eingefügt worden, als sollte er verhindern, dass sich die

---

20. Jahrhunderts, in: Heinz, Daniel (Hg.): Freikirchen und Juden im „Dritten Reich". Instrumentalisierte Heilsgeschichte, antisemitische Vorurteile und verdrängte Schuld. Göttingen 2011 (Kirche – Konfession – Religion, 54), S. 13–35.

130 Leff, Laurel: Well Worth Saving. American Universities' Life-and-Death Decisions on Refugees from Nazi Europe. New Haven 2019, S. 6.

131 Vgl. Brinkmann, Tobias: Exceptionalism and Normality. „German Jews" in the United States 1840–1880, in: Liedtke, Rainer; Rechter, David (Hgg.): Towards Normality? Acculturation and modern German Jewry. Tübingen 2003 (Schriftenreihe wissenschaftlicher Abhandlungen des Leo-Baeck-Instituts, 68), S. 309–329.

132 24.12.1938 Kraus an Hermann und Gottfried Noether, in: Case 463 „Noether, Gottfried", Box 23, American Friends Service Committee Refugee Assistance Case Files, United States Holocaust Memorial Museum Archives, Washington, D. C.

133 24.12.1938 Kraus an Hermann und Gottfried Noether.

beiden von prominenter Seite unterstützten jungen Männer genötigt sähen, eine falsche Aussage zu machen oder den Einwanderungsprozess verloren zu geben.[134]

Der Quäker-Forscher Claus Bernet macht in diesem Zusammenhang darauf aufmerksam, dass die Quäkerorganisation eine Hilfsquote von 10 Prozent für nicht-arische Christen zugewiesen bekommen hatte. Es war für die Quäker also, obwohl sie sich, wie in diesem Kapitel bereits deutlich wurde, auch um Nicht-Christen bemühten, ein von staatlicher Seite definiertes Arbeitsziel, besonders christliche „Nicht-Arier“ zu unterstützen.[135] Diesen Zielen entspricht, dass sich unter den Hilfesuchenden viele konfessionell gemischte Paare befanden und dass eine große Anzahl von Menschen, die aufgrund ihrer Einstufung als „nicht arisch“ Deutschland verlassen mussten, ihre Zugehörigkeit zum christlichen Glauben oder zumindest ihre geistige Nicht-Zugehörigkeit zum Judentum betonte.[136] Wo diese Zielsetzung allerdings ihren Ursprung nahm und ob die Quäker sie in der Planung maßgeblich hätten beeinflussen können, bleibt ungeklärt.

In jedem Fall führte dieser Schwerpunkt dazu, dass die um Ausreise Bemühten mitunter pfarramtliche Zeugnisse beilegten, die ihren regelmäßigen Kirchgang oder den ihrer Kinder bestätigten. So wurde dem jungen Klaus Hessberg aus Essen von seinem Pastor bestätigt, dass er seit vielen Jahren ein treuer Besucher der Bibelstunden der evangelischen Gemeindejugend war. Er habe sich in diesem Zusammenhang und außerdem auch als Mitarbeiter in der Gemeinde treu bewährt. Darum könne Hessberg ein durchweg gutes Zeugnis ausgestellt werden. Nachteiliges über ihn sei dem Verfasser nicht bekannt.[137] Über Klaus' Schwester Barbara heißt es darüber hinaus: „Bei Bibelfreizeiten und im persönlichen Umgang gewannen wir den Eindruck, dass Bärbel Hessberg sich ernster Heiligung befleissigt. Sie hat die Gewohnheit, täglich Gottes Wort zu lesen. Wir halten sie für eine ernste Christin.“[138]

Dass sich unter den von den Nationalsozialisten als Juden verfolgten Menschen ein hoher Anteil an Konvertiten oder deren Nachfahren befand, erscheint unter Berücksichtigung der dynamischen Geschichte von Assimilation und Antisemitismus, die

---

134 Vgl. auch Kapitel 5.2 für mehr Details zu den Empfehlungen und der prominenten Unterstützung der Noether Brüder.

135 Bernet: „Ja-sagen zum Judentum“, S. 49.

136 Bsp. für Paare aus unterschiedlichen Konfessionen exemplarisch: Case 771 „Martens, Wilhelm“, Box 33, AFSC Files, United States Holocaust Memorial Museum Archives, Washington, D. C.; für lutherische-jüdische Paare: Case 371 „Weissler, Ernst“, Box 19, AFSC Files, United States Holocaust Memorial Museum Archives, Washington, D. C.; und katholisch-jüdische Familien: Case 378 „Stoessl, Franz“, Box 20, American Friends Service Committee Refugee Assistance Case Files, United States Holocaust Memorial Museum Archives, Washington, D. C.

137 Vgl. 29.12.1938 Pfarramtliches Zeugnis, in: Case 408 „Hessberg, Richard“, Box 21, American Friends Service Committee Refugee Assistance Case Files, United States Holocaust Memorial Museum Archives, Washington, D. C.

138 20.12.1938 Pfarramtliches Zeugnis, in: Case 408 „Hessberg, Richard“, Box 21, American Friends Service Committee Refugee Assistance Case Files, United States Holocaust Memorial Museum Archives, Washington, D. C.

im vorangegangenen Jahrhundert bereits wirksam war, nicht überraschend. Die Zahl der Konversionen war hoch, ebenso die Zahl derjenigen Jüdinnen und Juden, die ihren Glauben nicht lebten.[139] Auch die Zahl der Mischehen stieg signifikant an, sie vervierfachte sich. Miriam Rürup weist allerdings darauf hin, dass dieses Phänomen in dieser Zeit, vor allem gemessen an den absoluten Zahlen, keineswegs als „normal" angesehen werden kann.[140] Einige empfehlende Formulierungen, die aus heutiger Sicht nicht anders als unverhohlen rassistisch zu nennen wären, legen allerdings noch einen anderen Grund nahe: Trotz des Hilfsangebotes des AFSC waren Menschen jüdischen Glaubens in der US-amerikanischen Gesellschaft nicht besonders gut angesehen. So ging – um an dieser Stelle eines der expliziteren Beispiele zu zitieren – etwa Charles P. Marsh, Professor für Ökonomie am William and Mary College in Williamsburg (Virginia) davon aus, dem Juristen, Soziologen und Ökonomen Dr. Paul Fischer einen Gefallen zu tun, indem er ihn wie folgt beschrieb:

> He is very well liked by both students and faculty. He tells me that he has Jewish blood but one would never know it unless so informed. [...] He is a grand person and will be a real asset to any teaching, research, or consultative institution that has an opening.[141]

Dass Marsh Fischer als sympathische, anerkannte und beliebte Persönlichkeit beschreibt, scheint sich offenbar nicht mit seinen Vorstellungen von Juden zu decken. Sein Erstaunen darüber, dass es auch Juden gab, die nicht seiner vorgefassten Meinung entsprachen, zeugt zudem von einer großen Unkenntnis, dem Denken in Stereotypen und dem Mangel an differenzierter Wahrnehmung einer heterogenen Gruppe von Mitgliedern einer Glaubensgemeinschaft.

Formulierungen wie diese und die folgenden lassen dabei allerdings weniger auf das religiöse Gefühl der erwähnten Individuen schließen, sondern vielmehr auf eine vonseiten der Verfasserinnen und Verfasser antizipierte Grundhaltung der Empfänger der Schreiben. Es wird deutlich, dass die Konfession eine große Rolle bei der erfolgreichen Vermittlung innerhalb der USA spielte. Bei der Stellenbesetzung traten die Migranten auf dem Arbeitsmarkt in direkte Konkurrenz mit amerikanischen Mitbewerberinnen und Mitbewerbern. Das Einstellen einer Migrantin oder eines Migranten, vor allem einer oder eines jüdischen, wurde dadurch mitunter zu einer bewussten, politisch oder – so klingt es im folgenden Beispiel des Wilson College an – philanthropisch motivierten Entscheidung, die nicht immer alle Entscheidungsbefugten mittrugen: „She [Anm.: a Board Member] seemed quite interested in a refugee, but explained that some of the other board members might have objections expesially [sic] since there

139 Vgl. zu Assimilierung und Konversionen im frühen 20. Jahrhundert. Meiring, Kerstin: Die christlich-jüdische Mischehe in Deutschland. 1840–1933. Hamburg 1998.

140 Rürup: Alltag und Gesellschaft, S. 56.

141 01.04.1940 Marsh über Fischer, in: Case 462 „Fischer, Paul", Box 23, American Friends Service Committee Refugee Assistance Case Files, United States Holocaust Memorial Museum Archives, Washington, D. C.

are several other applicants under consideration who are recommended by the State Library Assoc.“[142]

Während die „objections“ in diesem Beispiel noch vielfach hätten begründet sein können – beispielsweise fachlich oder hinsichtlich der Sprachkompetenz –, wird im nächsten Beispiel von Musikwissenschaftlerinnen Anneliese Landaus und Hertha Schweigers sowie Trude Wollwebers Empfehlung an das Wilson College deutlich, was viele Amerikaner davon abhielt, die Neuankömmlinge einzustellen: die Tatsache, dass sie Juden waren. Besonders Landau, so machte die AFSC-Mitarbeiterin in ihrer Empfehlung deutlich, halte man lieber in Reserve, da sie definitiv jüdisch sei („definitely jewish“). Vor allem wenn man die Präferenz des Präsidenten des Colleges, Haven, berücksichtige, sei es wohl ratsamer, zunächst Nicht-Juden zu empfehlen. Aus demselben Grunde musste man bei Hertha Schweiger noch einmal nachfassen – sie sei zwar als Protestantin gelistet, ihre Akte gebe aber keine Auskunft über ihre ethnische Herkunft („racial origin“).[143]

Die Formulierung, dass man nicht das eine ablehne, sondern das andere präferiere, ist auch heute noch eine beliebte Methode, um Rassismen zu kaschieren.[144] Als geeignete Lösung für die hier diskutierte „particular situation“ wurde Trude Wollweber genannt, die zwar ebenfalls „Rassejüdin“ sei, aber bereits in Europa praktizierende Christin gewesen sei. Die in ihrer Selbstwahrnehmung christliche Wollweber habe allerdings bisher davon Abstand genommen, sich einer amerikanischen christlichen Kirche anzuschließen, da sie die Befürchtung hatte, ihr könnten dadurch bestimmte Hintergedanken unterstellt werden.[145]

Teilt man die beteiligten Akteurinnen und Akteure wie in Abbildung 21 in jüdische und nicht-jüdische auf, wird deutlich, dass die Anzahl der während des Nationalsozialismus als Juden geltenden Personen überwiegt. Unter den berücksichtigten Männern und Frauen waren mindestens 159 Jüdinnen und Juden und 53 nicht-jüdische Personen. Hierzu ist zu bemerken, dass die Anzahl der nicht religiös einordnenbaren Personen überwog. Es ist wohl davon auszugehen, dass nicht jeder beteiligte Christ und nicht jede beteiligte Christin seine oder ihre Religionszugehörigkeit deutlich kommuni-

---

142 09.01.1940 Daetsch an Clancy, in: Case 339 „Wollweber, Trude“, Box 18, American Friends Service Committee Refugee Assistance Case Files, United States Holocaust Memorial Museum Archives, Washington, D. C.

143 25.07.1940 Hanstein an Clancy, in: Case 339 „Wollweber, Trude“, Box 18, American Friends Service Committee Refugee Assistance Case Files, United States Holocaust Memorial Museum Archives, Washington, D. C.

144 Besonders prominent diskutiert wird vor allem die Phrase „it's just a preference“ in Zusammenhang mit Datingportalen: Butler, Jay: Not Racist, just a Preference: Racism and the LGBTQ Experience, in: The Cross and the Closet, 18.06.2020, URL: https://medium.com/the-cross-and-the-closet/not-racist-just-a-preference-racism-and-the-lgbtq-experience-f5f9f9182633, abgerufen am 10.01.2022.

145 25.07.1940 Hanstein an Havens, in: Case 339 „Wollweber, Trude“, Box 18, American Friends Service Committee Refugee Assistance Case Files, United States Holocaust Memorial Museum Archives, Washington, D. C.

zierte. Und vielleicht wären in der Selbstwahrnehmung auch viele der hier als jüdisch geführten Personen eher dem Christentum zuzuordnen.

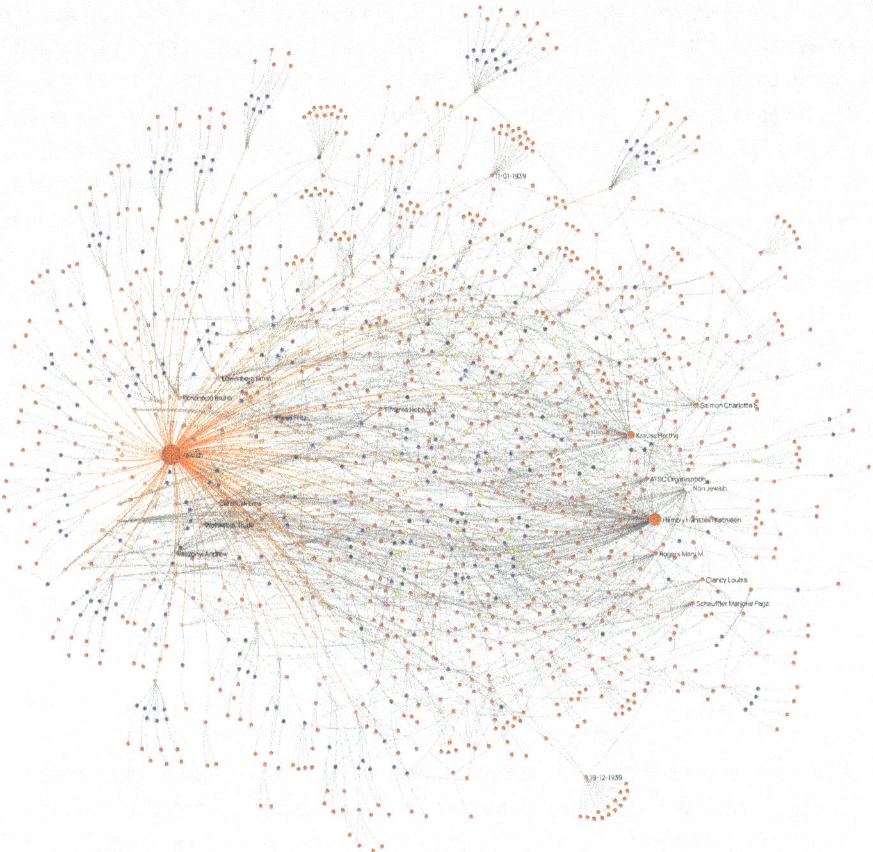

Abb. 21: Netzwerk nach Religionszugehörigkeit. Juden/Jüdinnen links und Nicht-Juden/Nicht-Jüdinnen rechts

Spätestens im vorangegangenen Abschnitt haben sich die unterschiedlichen Ebenen der Religionszugehörigkeit gezeigt. Die nach eigenen Angaben konvertierte Christin Wollweber gab an, bisher nicht darüber gesprochen zu haben, da sie um die Vorteilhaftigkeit einer solchen Konversion in den Vereinigten Staaten gewusst habe, es aber habe vermeiden wollen, dass ihr Dritte im Zusammenhang mit der Konversion unlautere Absichten unterstellt hätten. Es ist aus den vorliegenden Akten nicht eindeutig festzustellen, ob dies tatsächlich der Fall war. Die Tatsache, dass sie mit einem Katholiken verheiratet war, spricht dafür, jene, dass ihre Zugehörigkeit zum Christentum erst zwei Jahre nach ihrer Einwanderung angesprochen wurde, spricht dagegen. Am Ende spielt das aber keine Rolle, denn entscheidend für ihre letztlich erfolgte Einstellung war nicht, was sie glaubte, sondern was die Entscheidungsträger und Entscheidungsträgerinnen über sie zu wissen glaubten.

Ein weiteres Beispiel für die Unmöglichkeit einer klaren Trennung von Selbst- und Fremdwahrnehmung in Empfehlungsschreiben liefert Richard Wolf aus dem Empfehlungsnetzwerk Albert Einsteins. Richard Wolfs Frau, die in den Schreiben namenlos bleibt, entstammte einer angesehenen nicht-arischen Berliner Familie.[146] In einer an einen potenziellen Stifter gerichteten Beschreibung eines Hilfesuchenden führte Hertha Kraus aus, dass bis zu Beginn des Hitler-Regimes niemand je die halbjüdische Herkunft ihres Mannes, des Protestanten Richard Wolf, bedacht habe, dessen Mutter anscheinend jüdisch gewesen sei.[147] Kraus versicherte dem Empfänger allerdings, dass die Wolfs protestantisch seien, die Kinder christlich erzogen würden und die derzeitige Notsituation der Familie mit Richard Wolfs Abstammung zu erklären sei. Kraus erklärte dies, so schrieb sie weiter, damit der Stifter sich überlegen könne, ob er diese Familie weiteren potenziellen Helferinnen und Helfern als halbjüdisch oder lieber als protestantisch vorstellen wolle. Aus Kraus' Perspektive machte es keinen Sinn, die Familie als jüdisch einzustufen. Würde man dies tun, folge man nur Hitlers Rassetheorien, und diese seien ausdrücklich und in jedem Falle falsch.[148] Das „Falsche" hieran scheint in den Augen von Kraus hauptsächlich in der nationalsozialistischen Einstufung der Juden als minderwertig gelegen zu haben. Dass es spezifische „rassische" Merkmale von Juden gab, die von kulturellen Eigenheiten unterstützt wurden, nahmen dem Zeitgeist entsprechend auch die AFSC-Mitarbeiterinnen und -Mitarbeiter an. Dies zeigt sich in Formulierungen wie: „She is definitely Jewish in appearance with a particularly large nose, brown hair, worn in a long bob and glasses."[149]

Obwohl die gute Absicht von Hertha Kraus und der Gesamtheit der Mitarbeiterinnen und Mitarbeiter des AFSC in keiner Weise in Abrede gestellt werden soll, deutet sich hier doch eine den Annahmen der Zeit immanente, hierarchische Segregation von „tatsächlichen" Juden und „zu Juden Gemachten" an. Letztere seien ausdrücklich als Christen zu verstehen und als solche zu empfehlen und zu behandeln. Zweifellos implizit hiermit verbunden war, dass die Aussicht auf eine erfolgreiche Vermittlung und Integration dieser Personen um ein Vielfaches höher war.

Die Ungleichstellung von Juden und Christen zeigt sich in kleinsten Formulierungsentscheidungen, wie beispielsweise in der Verwendung eines rechtfertigenden „aber" statt eines ergänzenden „und" im Beispiel von Emil Froeschel, über den es

146 Vgl. 02.07.1938 Einstein an Taylor.

147 07.04.1938 Kraus an Buchanan, in: Case 338 „Wolf, Richard", Box 18, American Friends Service Committee Refugee Assistance Case Files, United States Holocaust Memorial Museum Archives, Washington, D. C.

148 07.04.1938 Kraus an Buchanan.

149 31.10.1940 Hanstein über Abraham, in: Case 3580 „Abraham, Adolfine" Box 117, American Friends Service Committee Refugee Assistance Case Files, United States Holocaust Memorial Museum Archives, Washington, D. C.

heißt, er sei jüdisch, seine Frau aber katholisch.[150] Aus solchen kleinen Unterschieden lässt sich kaum eine dezidiert antisemitische Haltung ableiten. Sie zeigen aber, dass die Vermutung, Mitglieder verschiedener Konfessionen seien unterschiedlich betrachtet worden, nicht aus der Luft gegriffen ist.

Zusätzlich zu den unterschwelligen oder sogar unverhohlenen Vorbehalten gegenüber Juden erschwerten weitere Faktoren eine erfolgreiche und für alle Beteiligten zufriedenstellende Platzierung. Die konfessionelle Ausrichtung vieler Schulen machte es beispielsweise unmöglich, dort jüdische Lehrerinnen und Lehrer anzustellen, selbst wenn diese für die Stelle nicht nur qualifiziert sondern sogar überqualifiziert waren. Das Problem betraf etwa den ehemalige Schulleiter Ernst Löwenberg, der aufgrund der Tatsache, dass er qua Blut und qua Religion jüdisch sei („Jewish by religion as well as by blood“[151]), nicht für eine Stelle am Green Mountain Junior College in Putney, Vermont qualifiziert war.[152] Ungleich komplizierter wurde die Vermittlung demnach, wenn es sich um strenggläubige, besonders um orthodoxe Juden handelte. Selbst wenn wie im Falle Ernst Löwenbergs die wichtigsten Ansprüche des amerikanischen Arbeitsmarktes – Qualifikation, Charme und gutes Aussehen[153] – übererfüllt wurden, taten sich an diesen Stellen drei im Prinzip unlösbare Kernprobleme auf: erstens die fehlende jüdische Gemeinde vor Ort, zweitens die christlich orientierten Einstellungsvoraussetzungen vieler Institutionen und drittens die antizipierten interkulturellen Kommunikationsschwierigkeiten. Löwenberg galt als orthodoxer Jude. Wie so viele andere habe auch er sich seit 1933 stärker an seine Religion gebunden als er das zuvor getan hatte. Er sei darum zwar ein exzellenter Lehrer und eine ebenso angenehme wie anpassungsfähige Person, komme aber wohl leider für keine Stadt infrage, in der keine Synagoge stehe.[154]

Die Wiederentdeckung von Religion und die Intensivierung religiöser Gefühle nach den Erfahrungen der Unterdrückung und der Verfolgung ist in der Forschung bisher nicht ausreichend untersucht worden. Besonders im Kontext der Geschichte der deutschen Juden wurde bisher verstärkt in den Fokus gerückt, wie „Juden“ zu „Deut-

150 15.10.1933 Cadbury an Yarnall, in: Case 389 „Froeschel, Emil“, Box 20, American Friends Service Committee Refugee Assistance Case Files, United States Holocaust Memorial Museum Archives, Washington, D. C.

151 27.10.1939 Salmon an Douglas, in: Case 350 „Löwenberg, Ernst“, Box 19, American Friends Service Committee Refugee Assistance Case Files, United States Holocaust Memorial Museum Archives, Washington, D. C.

152 27.10.1939 Salmon an Douglas. Vgl. zu Löwenbergs Biografie auch Randt, Ursula: Löwenberg, Ernst, in: Das jüdische Hamburg. Ein historisches Nachschlagewerk, URL: https://www.dasjuedisch-ehamburg.de/inhalt/loewenberg-ernst, abgerufen am 10.01.2022.

153 24.10.1939 Salmon an Blair, in: Case 350 „Löwenberg, Ernst“, Box 19, American Friends Service Committee Refugee Assistance Case Files, United States Holocaust Memorial Museum Archives, Washington, D. C.

154 15.04.1939 Salmon an Cox Wright, in: Case 350 „Löwenberg, Ernst“, Box 19, American Friends Service Committee Refugee Assistance Case Files, United States Holocaust Memorial Museum Archives, Washington, D. C.

schen" wurden, und weniger, wie reformjüdische Deutsche beispielsweise zu orthodoxen Juden wurden.[155] Es gibt allerdings hilfreiche Arbeiten, die darauf hinweisen, dass gesellschaftliche Umbrüche auch Auswirkungen auf die Zusammensetzung religiöser Gemeinschaften haben.[156] Ebenso wurde bereits dargestellt, dass Migration und eine damit einhergehende Veränderung in der Zusammensetzung der Gemeinden Auswirkungen auf die religiöse Ausrichtung der Zuwandernden hatten.[157] Ebenso bekannt ist der Forschung, dass Religion die Berufswahl beeinflussen und sie sogar einschränken konnte.[158] Es erscheint daher konsequent, die Perspektive umzukehren und davon auszugehen, dass eine persönliche religiöse Veränderung Auswirkungen auf die persönliche Karriere hatte. Dieser Umstand wird im Falle Ernst Löwenbergs sichtbar. Seine Vermittlung durch den AFSC gestaltete sich, wie bereits angedeutet, aufgrund seiner religiösen Einstellung schwierig – ein Umstand, der auch die Fallbearbeiterinnen bei den Hilfsorganisationen umtrieb.[159] Der Einschätzung durch Alice Cope von der „Friends of Refugee Teachers Organisation" zufolge stellte sich Löwenbergs Fall am 21. November 1939 wie folgt dar:

> I need hardly say to all of you that it was a great day that I had with you on Monday. I spoke with Hertha Kraus, and with you more briefly, concerning Dr. Ernst Loewenberg, and there are some things I should like to add to what I said then.
> Dr. Loewenberg was asked by Mr. Field, the headmaster of Milton Academy, to come down from Bennington to New York to meet with the headmasters to whom I spoke on Wednesday. He made a wonderful impression on these men who are heads of conservative schools in Connecticut, and Mr. Field and I were very pleased by the whole affair. But this is more or less beside the point.
> Hertha Kraus told me that she felt that Dr. Loewenberg should be placed in a Jewish community. While he is orthodox and we all realize the complications this involves, I had not the impression from him or any one who knew him at Milton that this would be the best solution. Fortunately, I had the chance to speak with him at some length on the subject, and his thinking is quite clear and definite and to my mind correct. He says that for himself a Jewish community is not in the least essential. The reason for this is that he is not orthodox in the strictest sense. For the children, however, he feels that they should all be in a community where there are Jews and, therefore, Jewish religious life. His reasons for this are detailed and very reasonable but too long and philosophical for me to go into here – and it is not necessary, I think. It is sufficient for us to

155 Vgl. exemplarisch Hertz, Deborah: Wie Juden Deutsche wurden. Die Welt jüdischer Konvertiten vom 17. bis zum 19. Jahrhundert. Frankfurt am Main 2010.

156 Bauerfeld; Clemens: Gesellschaftliche Umbrüche und religiöse Netzwerke, S. 7–8.

157 Polak, Regina; Reiss, Wolfram (Hgg.): Religion im Wandel. Transformation religiöser Gemeinschaften in Europa durch Migration – interdisziplinäre Perspektiven. Göttingen 2015.

158 Vgl. Kuhlemann, Frank-Michael; Schmuhl, Hans-Walter (Hgg.): Beruf und Religion im 19. und 20. Jahrhundert. Stuttgart 2003.

159 „Dr. Loewenberg [...] has been enormously successful and [...] is the finest of all people on our list. We are at the moment struggling [...] to find a position for him and despite the fact that the whole picture looks very discouraging, [we] feel that eventually something will turn up. The man is too fine and too good to go unemployed for long." 10.05.1939 Cope an Salmon, in: Case 350 „Löwenberg, Ernst", Box 19, American Friends Service Committee Refugee Assistance Case Files, United States Holocaust Memorial Museum Archives, Washington, D. C.

> know that he does not want his children entirely removed from Jewish religious life. On the other hand he does not feel that he can do his best work in a strictly Jewish community.
> We here all feel that he is right in this. What it amounts to is that he will fit into any urban community which tolerates some Jewish life in its midst. I feel that Dr. Loewenberg is best suited for college life, partly because of his knowledge and training, partly because he could then live with his family and maintain the standards for his children which he feels are necessary. However, if the right school turns up, we would not hesitate to recommend him. [...][160]

Dass sich etablierte amerikanische Multiplikatoren wie das AFSC und die Refugee Teachers Organisation seines Falles annahmen, war sicherlich ein großes Glück für Löwenberg, aber offenbar auch nicht zum Nachteil der Mitarbeiterinnen und Mitarbeiter. In der Tat zeigt sich bei genauerer Betrachtung des Falles die Lernkurve, die die Mitarbeiterinnen der Hilfsorganisationen zu nehmen hatten, ebenso stark wie die Funktion von Empfehlungsnetzwerken.

Zu einer erfolgreichen Empfehlung gehörte, dass sie an die geeignete Adressatin beziehungsweise den Adressaten ging. Hierzu war es für die Mitarbeiterinnen des AFSC wichtig, die Ausgangslage zu erfassen. Im Falle von Löwenbergs Religiosität stellte sich diese in der Tat als schwierig dar. Zu Beginn seiner Karriere hatte der Pädagoge als Liberaler Erfolge gefeiert und sich erst in den frühen 1930er Jahren einem traditionelleren Judentum zugewandt.[161] Er selbst sah seine Position seitdem aber nicht als Mitglied einer in sich abgeschlossenen orthodoxen Gemeinde, sondern strebte – wie aus seiner Akte hervorgeht – an, die interkonfessionelle Kommunikation unter Juden zu stärken.[162] Nach Möglichkeit wollte er gerne in einer Stadt mit einer kleinen jüdischen Gemeinde tätig sein.[163] Seine Selbstdefinition und sein Gesuch waren also durchaus komplex.

Das AFSC konnte dieser spezifischen Situation nicht gerecht werden und steuerte stattdessen in zwei extreme Richtungen: Zunächst wurde versucht, Verbindungen in orthodoxe Kreise aufzubauen, die bis dato nach Selbsteinschätzung von AFSC-Mitarbeiterin Charlotte Salmon kaum bestanden.[164] Um diesem Ziel näher zu kommen, wandte sich Salmon ohne nachvollziehbaren fachlichen Grund an eine jüdische Bekannte aus ihrem privaten Umfeld. Dieser teilte sie mit, dass sie jetzt beim AFSC arbei-

160 21.09.1939 Cope an Salmon, in: Case 350 "Löwenberg, Ernst", Box 19, American Friends Service Committee Refugee Assistance Case Files, United States Holocaust Memorial Museum Archives, Washington, D. C.

161 Randt: Löwenberg, Ernst.

162 Vgl. Case 350 „Löwenberg, Ernst".

163 30.11.1938 Löwenberg an Kraus, in: Case 350 „Löwenberg, Ernst", Box 19, American Friends Service Committee Refugee Assistance Case Files, United States Holocaust Memorial Museum Archives, Washington, D. C.

164 13.04.1939 Salmon an Adler.

te, wo sie augenblicklich einen jüdischen Lehrer zu vermitteln habe, und fragte, ob die Bekannte nicht wisse, an wen die Sache weitergeleitet werden könne.[165]

Nachdem dieser unkoordinierte Versuch erfolglos blieb, schien sich die Einschätzung der Mitarbeiterinnen zu ändern. Alice Cope problematisierte im Januar des Folgejahres stark die jüdische Religion der Löwenbergs, insbesondere die von Frau Löwenberg:

> I do not know whether you have seen Mrs. Löwenberg or not, but I feel that she is going to be extremely difficult to help. It may be that after she has settled down, she will have more to say for herself, but she has been in and out of my house during the last week, and I find her, not only difficult to talk with, but very heavy generally. She is very religious and apparently, though I have not actually talked with her about it, is unable, at the present time, to give up the things which are Jewish in her life, such as strict observance of Saturday.
> I, of course, realize that it is important for her not to be hurried in making these decisions at the present time, but it is practically impossible for us to find work for her, except in an orthodox Jewish family, and orthodox Jewish families usually are not able to add another member to their family.[166]

Nach einem fruchtlosen Versuch zur Vermittlung von Frau Löwenberg folgte nun der fast wie selbstverständlich formulierte Anspruch der amerikanischen Vermittlerin, dass einige unpraktische Glaubensdinge im Leben der Löwenbergs nun besser aufgegeben werden sollten. Das Unverständnis dafür, dass eine geflüchtete Person in einem fremden Land in einer fremden Sprache nicht von Anfang an fröhlich Konversation betreibt, deutet auf den massiven Zusammenstoß der Kulturen hin, der solche Migrationsprozesse begleitete.

Es liegt auf der Hand, dass es nicht angebracht war, die religiösen Gefühle jüdischer Familien kleinzureden oder sie gar zu ignorieren, nur weil sie nicht zur amerikanischen Mehrheitsgesellschaft passten. Ebenso wenig angebracht schien aber auch eine übertriebene Rücksichtnahme auf solche Gefühle zu sein, wie man sie im Fall des Ehepaars Michael und Ellen Krauthammer beobachten kann. Das gemischtkonfessionelle Ehepaar – sie christlich, er jüdisch – hatte Probleme, sich an dem Ort zu integrieren, an dem sie untergebracht wurden. Dabei war dieser Ort – Duluth in Minnesota – ursprünglich mit Bedacht für die beiden ausgewählt worden, da dort die Segregation zwischen der christlichen und der jüdischen Gemeinde nach Einschätzung der AFSC-Mitarbeiterinnen besonders gering war. Auch hatten die führenden Köpfe der jüdischen Gemeinde in Duluth bereits ausdrücklich erklärt, sich des Paares annehmen zu wollen. All dieser gedankenvollen Vorbereitung zum Trotz entwickelte sich die Platzie-

---

165 09.03.1939 Salmon an Gardiner Mallonee, in: Case 350 „Löwenberg, Ernst", Box 19, American Friends Service Committee Refugee Assistance Case Files, United States Holocaust Memorial Museum Archives, Washington, D. C.

166 09.01.1939 Cope an Kraus, in: Case 350 "Löwenberg, Ernst", Box 19, American Friends Service Committee Refugee Assistance Case Files, United States Holocaust Memorial Museum Archives, Washington, D. C.

rung des Paares nicht wie erhofft – niemand hatte bedacht, dass sich persönliche Animositäten auch zwischen Gleichgläubigen entwickeln können. Die Krauthammers mochten schlicht die Gemeinde nicht und versuchten, sich von den augenscheinlich stark bemühten Gläubigen fernzuhalten.[167]

An verschiedenen Stellen wurde bereits angedeutet, dass viele Menschen, die sich ursprünglich als christliche Deutsche wahrgenommen hatten, durch die Nationalsozialisten zu Juden „gemacht" wurden. Die Zuschreibung von Identitäten durch Dritte war aber nicht nur Sache der Nationalsozialisten: Mitunter wurden Jüdinnen und Juden in den Augen der Amerikanerinnen und Amerikaner zu Deutschen deklariert – und dies unabhängig von ihrer politischen Einstellung und einer dezidiert kritischen Sozialisierung. An dieser Stelle sei in Erinnerung gerufen, wie Walter Adams als „preußisch" verstandene kritische Grundhaltung, die oben bereits erläutert wurde, als Argument für seine mangelnde Eignung als Lehrer in Amerika herangezogen wurde.[168] Die Vorstellungen der Amerikanerinnen und Amerikaner, was „deutsch" war beziehungsweise welche Charaktereigenschaften auf eine deutsche Sozialisation zurückzuführen sein müssten, variierten dabei deutlich. Je nachdem war „deutsch" etwa das Essen, das die Haushälterin Anni Fries, zum Glück an den amerikanischen Gaumen angepasst, so einfallsreich zuzubereiten wusste.[169] Am Deutschsein lag es aber auch, dass Annis Sohn Werner nach Ansicht einer Carol Harrison eine geradezu erkrankte Persönlichkeit habe. Seine Arbeitsscheu etwa erklärte sie damit, dass er 1914 als Jude in Deutschland geboren worden sei. Damit habe er als deutsches Kind sein Leben im Krieg begonnen und zudem, seit er denken könne, als jüdischer Deutscher nur Antisemitismus erlebt. Kein Wunder also, so die Verfasserin, dass er etwas speziell sei.[170] Sie denkt damit die Diskriminierungs- und Kriegserfahrungen des Verfolgten mit und verbindet gleichzeitig spezifisch jüdische und kollektiv deutsche Erfahrungen.

Auf „das Deutsche" wurde im Fall von Erna Barschak nicht als schädigender Einfluss rekurriert, sondern als eine bestimmte Wirkung auf Menschen: „Her presence here is a constant reminder of the worth-while and liveable elements of the German

167 19.01.1943 Reynolds an Danforth, in: Case 3621 „Krauthammer, Michael", Box 118, American Friends Service Committee Refugee Assistance Case Files, United States Holocaust Memorial Museum Archives, Washington, D. C.

168 „[...] I am sorry to say that I think he would not be very adaptable to American educational institutions since he is a little critical towards this environment and not very willing to adjust himself. Exactly those qualities which made him a good Prussian official make it difficult for him [...]." 03.06.1941 Zucker an Timbres, in: Case 449 „Adams, Walter", Box 23, American Friends Service Committee Refugee Assistance Case Files, United States Holocaust Memorial Museum Archives, Washington, D. C.

169 [xx].11.1938 Schreiben von Cox Wright, in: Case 377 „Friess, Anna", Box 19, American Friends Service Committee Refugee Assistance Case Files, United States Holocaust Memorial Museum Archives, Washington, D. C.

170 14.06.1939 Carol Harrison an AFSC, in: Case 377 „Friess, Anna", Box 19, American Friends Service Committee Refugee Assistance Case Files, United States Holocaust Memorial Museum Archives, Washington, D. C.

population. One trusts her immediately and permanently and can talk frankly to her. She immediately established frank and friendly relations with the French guests [...].“[171] Hier wird auf deutsche Stereotype verwiesen, die auf die Verfasserin Elizabeth Rogers offensichtlich durchaus sympathisch wirkten. Der Verweis auf die offenen Beziehungen zu französischen Gästen zeugt zudem geradezu von einem europäischen Gedanken und bescheinigt der deutschen Jüdin Barschak – und damit wohl im übertragenen Sinne allen „guten“ Deutschen – zumindest indirekt die Fähigkeit, Frieden zu schließen. Das damit eine verfolgte Jüdin in der Wahrnehmung Dritter zur Repräsentantin einer guten Deutschen wurde, erscheint bemerkenswert. Solche Identitätszuschreibungen beeinflussten die Urteile und damit die Integrationshilfe.

5.6 Der Einfluss des Nationalsozialismus: Texte, Themen, Abläufe

Die in dieser Fallstudie zum AFSC berücksichtigten Empfehlungsschreiben zeigen kurz nach der nationalsozialistischen Machtergreifung angesichts der sich rasch abzeichnenden radikalen Veränderungen der Lebensrealität in Deutschland noch eine gewisse Ungläubigkeit. Jüdinnen und Juden erhielten ihre Empfehlungen oft im Zusammenhang mit ihrer Entlassung aufgrund des im April 1933 erlassenen Gesetzes zur „Wiederherstellung des Berufsbeamtentums“, das weiter oben bei der Untersuchung der Rekrutierungspraxis der Hebräischen Universität bereits erwähnt worden ist. Mitunter kam es vor, dass deutsch-jüdische Wissenschaftlerinnen und Wissenschaftler Schreiben von Anhängern und Anhängerinnen des Nationalsozialismus ausgestellt bekamen. Dies ist unter Berücksichtigung von Berufshierarchien und der Empfehlungstradition darauf zurückzuführen, dass es der oder die Vorgesetzte sein musste, der oder die die Berufszeugnisse und ungerichteten Empfehlungen für die Angestellten verfasste. Oft waren nur sie infolge ihres Ranges und ihrer Kenntnis der Person dazu in der Lage, für die Zeitgenossinnen und Zeitgenossen glaubwürdige Aussagen zu formulieren. Fachfremde Personen fassten den Umstand, als Jude von einem Nazi empfohlen zu werden, mitunter als besonderes Kompliment auf. Die bereits an anderer Stelle erwähnte Felice Wohlmuth/d’Antbourg, die sich, wie im Folgenden noch deutlich werden wird, fast leidenschaftlich für Franz Stoessl einsetzte, führte etwa aus, dass man die Empfehlungen, die Stoessl von gesinnungstreuen Nationalsozialisten ausgestellt bekommen hatte, wohl doppelt wertschätzen müsse.[172] Ob dies eine allgemeingültige Interpretation darstellt, ist aus dieser Einzelaussage nicht abzuleiten. Der angeb-

171 28.05.1942 Rogers an Hanstein, in: Case 395 „Barschak, Erna“, Box 21, American Friends Service Committee Refugee Assistance Case Files, United States Holocaust Memorial Museum Archives, Washington, D. C.

172 14.06.1940 Brief von Wohlmuth, in: Case 378 „Stoessl, Franz“, Box 20, American Friends Service Committee Refugee Assistance Case Files, United States Holocaust Memorial Museum Archives, Washington, D. C.

lich höhere Wert der Empfehlung durch einen Nazi liegt wohl darin begründet, dass öfter davon berichtet wurde, Empfehlungen würden aufgrund der antisemitischen Haltung von Vorgesetzten oder anderen einflussreichen Menschen verweigert.

Als ein Beispiele hierfür kann ein Schreiben für den Chef der Essener Augenklinik Richard Hessberg gelten. Hessberg gehörte zur besseren Gesellschaft und war bereits vor 1933 vom Judentum zum Christentum konvertiert. Wie viele andere sah auch er sich zu Beginn des Jahres 1933 genötigt, Leumundszeugnisse und Nachweise zusammenzutragen, die nicht nur die Qualität seiner Arbeit, sondern darüber hinaus auch seine Wohltätigkeit attestierten:

> In Anbetracht der derzeitigen Verhältnisse fühlen wir das Bedürfnis, Ihnen zum Ausdruck zu brigen [sic] wie starl [sic] in uns das Dankgefühl lebt für Ihre Tätigkeit und Ihre Verdienste in der Sache der Blinden, der Fürsorge um die Essener Blinden im besonderen. Durch die Gründung und den Ausbau des Essener Blindenfürsorge-Vereins haben Sie das Augenmerk der Mitbürger auf unser Los zu richten und die Hilfsbereitschaft zu fördern verstanden und allen hiesigen Schicksalsgenossen eine Stätte der Beratung und fürsorgerischen Hilfe gegeben. Aber besonders in ihrer eigentlichen ärztlichen Tätigkeit, insonderheit als Chef der städtischen Augenklinik, haben wir außerdem ihren persönlichen Rat und ihre Hilfe stets finden und dankbar empfinden können. Wir würden es daher schmerzlich bedauern, wenn Ihen [sic] durch den Gang der Ereignisse die Möglichkeit, in diese Richtung weiter zu wirken, beschränkt werden sollte. Indem wir hoffen, dass sich noch alles in Wohlgefallen auflösen wird, verbleiben wir mit vorzüglicher Hochachtung [...].[173]

Hessberg, der sich mit einem Haus im Bauhaus-Stil, einem Ruf als Literaturkenner und einem Engagement als Stifter und Mäzen tief in der Essener Oberschicht verwurzelt sah, wandte sich hilfesuchend an seinen ehemaligen Patienten Gustav Krupp von Bohlen und Halbach, um von diesem eine Empfehlung zu erhalten.[174] Aufgrund der bisher gültigen Kriterien für Empfehlungen wie Bekanntheitsgrade und der Möglichkeit, wahrheitsgemäß positiv zu berichten, hätte dieses Gesuch nicht abgelehnt werden können. Allerdings tat Krupp von Bohlen und Halbach am 1. Juni 1933 genau dies und stieß damit Hessberg wissentlich vor den Kopf. Er habe sich nach Hessbergs mündlicher Anfrage ein paar Tage zuvor mit verschiedenen Herren beraten und sich informiert. Von einer Empfehlung für Hessberg sei zu dieser Zeit „kein Nutzen, gegebenen Falls sogar eine schädliche Wirkung“ zu erwarten.[175] Es kann vermutet werden, dass eine solche Empfehlung von Krupp keineswegs für Hessberg, sondern für den Unternehmer selbst von Nachteil gewesen wäre, der sich zu dieser Zeit gerade von einem

173 11.04.1933 Blindenvereinigung für Gross-Essen, e. V. an Hessberg, in: Case 408 „Hessberg, Richard“, Box 21, American Friends Service Committee Refugee Assistance Case Files, United States Holocaust Memorial Museum Archives, Washington, D. C.

174 Vgl. zum Familienunternehmen Krupp James, Harold: Krupp. A History of the Legendary German Firm. Princeton 2012.

175 Evangelischer Stadtkirchenverband Essen (Hg.): Die Evangelische Kirche in Essen vor dem Hintergrund von „Nationaler Erhebung“ und nationaler Katastrophe 1930 bis 1950. Dokumentation eines Symposiums zur kirchlichen Zeitgeschichte im Haus der Ev. Kirche Essen. Essen 2002, S. 68–69.

Skeptiker zu einem der in wirtschaftlicher Hinsicht größten Nutznießer des nationalsozialistischen Systems transformierte.[176] Beispiele wie dieses mögen wie einzelne Anekdoten erscheinen. Sie zeigen aber, wie einerseits wohlmeinende jüdische Bürger immer wieder den Ernst der Lage unterschätzten und noch davon ausgingen, dass sich alles in Wohlgefallen auflösen würde. Und andererseits machen sie deutlich, wie disruptiv die Machtergreifung der Nationalsozialisten auf eingeschliffene gesellschaftliche Gepflogenheiten wirkte – hier jener, einer Bitte um Empfehlung unbedingt nachzukommen, wenn die Bedingungen dafür erfüllt waren.

Zu Beginn der 1940er-Jahre wurde die Lage der deutschen Juden, die sich noch auf deutschem Boden befanden, akut lebensbedrohlich. Die Akten des AFSC zeugen davon, wie plötzlich die Entwicklung des Krieges und daraus folgende politische Entscheidungen in lang vorbereitete Emigrationsprozesse eingreifen konnten.[177] Bis hierhin hatten sich in vielen Fällen, zusätzlich zu der Entwicklung des Krieges, auch die privaten Umstände der jüdischen Bürgerinnen und Bürger so verändert, dass immer mehr Menschen Hilfe an Orten suchten, an die sie wohl ein paar Jahre zuvor unter keinen Umständen gedacht hätten. Dies betraf auch die Bankiersfamilie Arnhold, die aus Kapitel 3 dieser Arbeit gut bekannt ist und über die es eine Akte im Bestand des AFSC gibt. Es ging um Heinrich Hartmut Arnhold, der sich später als Henry H. Arnhold in den USA etablierte, 1940 aber noch in Norwegen festsaß. Seine Mutter Lisa Arnhold befand sich bereits in den Vereinigten Staaten und bemühte sich, ihren gerade einmal 19-jährigen Sohn zu sich zu holen, indem sie unermüdlich Briefe an mögliche Helferinnen und Helfer schrieb.[178] Das AFSC hingegen sah sich mitunter mit nicht mehr zu bewältigenden Anfragewellen konfrontiert, sodass die Mitarbeiterinnen den Klientinnen und Klienten mitunter ausdrücklich den Rat erteilten, zusätzlich zur Anfrage beim AFSC das jeweils eigene Netzwerk zu aktivieren und so alle Möglichkeiten auszuschöpfen.[179] Solche eigenen Netzwerke, die um 1933 zumindest in manchen Fällen noch dazu geführt hatten, dass Nationalsozialisten Empfehlungen für Juden ausstellten, waren zu dieser Zeit, so der Eindruck bei der Quellenlektüre, zumeist nicht länger nutzbar. Die Familie um den ehemaligen Kaufmann Emanuel Seinfeld aus Hamburg etwa hatte 1938 noch Kontakt zu einem entfernten amerikanischen Verwandten gehabt, der zunächst anbot, Affidavitgeber zu werden, sein Angebot dann aber zurückzog. Auch Berufsnetzwerke waren für Seinfeld 1941 kaum noch präsent, er arbeitete zu dieser Zeit –

176 Vgl. James: Krupp.

177 Vgl. eine Äußerung aus dem Juni 1941 darüber, dass man hoffe, Deutschland möge nicht auch noch Lissabon einnehmen, da dies viele Emigrationsrouten unterbrechen könnte, 12.06.1941 Kimber an Borton, in: Case 3728 „Arnholz, Paul“, Box 122, American Friends Service Committee Refugee Assistance Case Files, United States Holocaust Memorial Museum Archives, Washington, D. C.

178 Vgl. Case 5375 „Arnhold, Heinrich Hartmut “, Box 181, American Friends Service Committee Refugee Assistance Case Files, United States Holocaust Memorial Museum Archives, Washington, D. C.

179 09.02.1940 Neumayer an Rogers, in: Case 3631 „Nowak, Rudolf “, Box 118, American Friends Service Committee Refugee Assistance Case Files, United States Holocaust Memorial Museum Archives, Washington, D. C.

in Seinfelds eigenen Worten – „infolge der allgemeinen Umstellung“ bereits seit Jahren gemeinsam mit seiner Frau als Hausangestellter, um zumindest den Lebensunterhalt notdürftig zu sichern.[180]

Viel Arbeit floss in dieser Zeit in Empfehlungen, die die Vergabe von Visa befördern sollten.[181] Für die junge Sabine Arnholz wurden Briefe zusammengetragen, die bestätigen sollten, dass sie Unterkunft und Finanzierung erhalten, eine vielversprechende Studentin abgeben und vermutlich bald ein Stipendium erhalten werde. In einem vorbereitenden Brief weist Kathleen Hambly Hanstein Arnholz' Affidavit-Geberin darauf hin, was in dem Gutachten der Universität stehen würde. So wurde sichergestellt, dass sich die Schreiben sinnvoll ergänzten und in Summe alle potenziellen Fragen, die die Behörden stellen könnten, bereits im Vorfeld beantworteten.[182]

Die Dringlichkeit war durch den fortschreitenden Krieg gestiegen, und gleichzeitig mussten immer noch Fälle bearbeitet werden, die bereits seit dem Kriegsausbruch im Jahre 1939 vorlagen. So befand sich etwa Adolf Oppenheimer, der sich bereits 1939 um finanzielle Unterstützung für die Überfahrt bemüht hatte, 1941 immer noch in Europa. Der Ausbruch des Krieges hatte dazu geführt, dass das Schiff aus Hamburg, auf das er es unter vielen Mühen geschafft hatte, auf halbem Wege zum Umkehren gezwungen wurde.[183] Seine Lage hatte sich seitdem so verschlechtert, dass seine Fürsprecherinnen 1941 neue Initiativen ergriffen, um ihn und seine Familie zu unterstützen. „I am well aware“, schrieb etwa Frau Fredericks aus St. Louis im Mai 1941, „that the Society of Friends is distributing money for so many important purposes that a single case like this one might not seem so very important.“[184] Andererseits, so die Verfasserin weiter, wolle sie trotzdem inständig darum bitten zu berücksichtigen, wie schwer es die Oppenheimers bisher gehabt hätten. Er habe bereits sehr viel an Gewicht verloren, und seine Gesundheit sei von der schweren Arbeit, die er zu verrichten habe, so angeschlagen, dass Frau Oppenheimer bereits befürchte, er werde womöglich nicht einmal die ärztliche Untersuchung bei der Einreise bestehen. Herr Oppenheimer sei sicherlich ein würdiger und verlässlicher Mann und seine Frau sei einfach eine kleine Heilige („just a

180 Vgl. 28.03.1941 Rogers an Seinfeld, in: Case 3652 „Seinfeld, Emanuel“, Box 119, American Friends Service Committee Refugee Assistance Case Files, United States Holocaust Memorial Museum Archives, Washington, D. C.

181 Vgl. exemplarisch für viele Anfragen Case 590 „Pick, Otto “, Box 27, American Friends Service Committee Refugee Assistance Case Files, United States Holocaust Memorial Museum Archives, Washington, D. C.

182 23.07.1941 Hanstein an Tyler, in: Case 3728 „Arnholz, Paul“, Box 122, American Friends Service Committee Refugee Assistance Case Files, United States Holocaust Memorial Museum Archives, Washington, D. C.

183 Vgl. beispielsweise Case 3675 „Oppenheimer, Adolf “, Box 120, American Friends Service Committee Refugee Assistance Case Files, United States Holocaust Memorial Museum Archives, Washington, D. C.

184 25.05.1941 Mrs. Fredericks an AFSC, in: Case 3675 „Oppenheimer, Adolf“, Box 120, American Friends Service Committee Refugee Assistance Case Files, United States Holocaust Memorial Museum Archives, Washington, D. C.

little saint").[185] Fredericks fokussierte damit das zentrale Problem, das Empfehlungsschreiben in dieser Zeit lösen sollten: die eine Person aus der Masse der Leidenden hervorzuheben und auf den großen Stapeln auf den Schreibtischen derer, die womöglich helfen konnten, weiter nach oben zu befördern. Gleichzeitig war aber allen Beteiligten klar, dass die Tragik der Fälle sich im Prinzip jeweils in nichts nachstand.[186]

Tatsächlich schwanden spätestens in den frühen 1940er Jahren die Kräfte derer, die sich um Auswanderung bemühten. Auf die zermürbenden Lebensumstände wurde dementsprechend auch in internen Besprechungen hingewiesen: „We heard from our Frankfurt Center that Mr. Urban fought very bravely against the difficult circumstances and conditions under which he and his wife had to live in Germany, but both of them seem to be on the end of their strength now."[187] Die Korrespondenzen zur Unterstützung der Migration deutsch-jüdischer Flüchtlinge zeugen auch davon, wie sich die Ereignisse in Europa in den späten 1930er Jahren überschlugen und die Informationsweitergabe auch von eiligen Schreiben und einer insgesamt unklaren Sachlage geprägt war. Selbst wer sich frühzeitig um ein Visum kümmerte, konnte mitunter nicht davor bewahrt werden, einige Zeit vor seiner Ausreise interniert zu werden. Das traf beispielsweise auf Richard Weil zu, der 1939 anlässlich seiner Emigration aus einem Lager entlassen wurde.[188] Die unklare Verwendung der Begriffe „Konzentrationslager", „Internierungslager" und „Deportation" in den Akten des AFSC ist dabei bis heute irritierend. So weist etwa eine Notiz in der Akte des hier bereits vorgestellten Essener Augenarztes Richard Hessberg darauf hin, dass dieser 1938 in einem Konzentrationslager interniert war.[189] Hessberg hatte dies in keinem seiner Schreiben, die in dieser Akte aufbewahrt werden, selbst erwähnt.[190] Die ursprüngliche Information befindet sich in einem zur Eile mahnenden Schreiben von Hertha Kraus aus dem Dezember 1938:

> We would like to interest you in Dr. Richard Hessberg, an outstanding ophthamologist [Anm.: Facharzt für Augenheilkunde], who is now in a concentration camp, and whose curriculum Vitae

---

185 25.05.1941 Mrs. Fredericks an AFSC.

186 Vgl. mit ähnlichem Aussage auch 20.02.1940 van Doderer an Clancy, in: Case 3662 „Novacovic, Olga", Box 119, American Friends Service Committee Refugee Assistance Case Files, United States Holocaust Memorial Museum Archives, Washington, D. C.

187 09.05.1939 Derenberg an Urban, in: Case 315 „Urban, Albert", Box 16, American Friends Service Committee Refugee Assistance Case Files, United States Holocaust Memorial Museum Archives, Washington, D. C.

188 26.12.1941 Adams an Maverick, in: Case 7833 „Weil, Richard", Box 263, American Friends Service Committee Refugee Assistance Case Files, United States Holocaust Memorial Museum Archives, Washington, D. C.

189 Vgl. 23.04.1940 „Affidavit Story for Richard Hessberg", in: Case 408 „Hessberg, Richard", Box 21, American Friends Service Committee Refugee Assistance Case Files, United States Holocaust Memorial Museum Archives, Washington, D. C.

190 Vgl. Case 408 „Hessberg, Richard", Box 21, American Friends Service Committee Refugee Assistance Case Files, United States Holocaust Memorial Museum Archives, Washington, D. C.

> we enclose. It appears that his four children are still at home, while his wife, who is Aryan, has divorced him. The whole family is preotestant [sic].
> Since Dr. Hessberg is in a concentration camp at the present time, it might make all the difference in the world to him if your Foundation [Anm.: American Foundation for the Blind] could send a letter indicating their interest in his welfare, and that they would be very glad to cooperate with him if he should come to this country, and to assist in getting him here. We hope very much that you will see your way clear to writing such a letter in [sic] his behalf. This letter would have more weight if made as strong and personal as possible.[191]

Heute ist bekannt, dass Richard Hessberg 1938 nicht in einem Konzentrationslager war, sondern nach der Pogromnacht in Essen in Schutzhaft genommen wurde.[192] Nichtsdestotrotz zeigt der Ton dieses Schreibens, dass der Schrecken der Konzentrationslager auch in den USA nicht unbekannt war. Im Gegenteil stellte allein die Bedrohung der Internierung in einem Konzentrationslager ein Argument dar, das dringendes Handeln erforderlich machte.[193] Zu bemerken ist aber auch, dass sich die zunehmende reale Dringlichkeit in den Empfehlungen und Fürsprachen nicht in einer Änderung des Tons zeigte. Nüchtern und damit nicht immer auf den ersten Blick besondere Eile verlangend war die Sprache, in der die Schreibenden von Internierungen, Hunger und Bedrohung ihrer Empfohlenen berichteten.[194]

Besonders deutlich wird das allgemeine Verständnis der Zustände in den Konzentrationslagern, wenn es um osteuropäische Lager ging. Während eine Internierung in westeuropäischen Camps zum Anlass genommen wurde, schnell und entschlossen und wie in dem Beispiel von Richard Hessberg mit einer starken und persönlichen und damit gewichtigen Empfehlung zu handeln, bedeutete die Deportation nach Polen das Ende der Hilfsversuche durch den AFSC, wie der Anfang eines Schreibens an den potenziellen Affidavitgeber C. Walter Borton zeigt. Borton wurde angeschrieben, da er sich bereit erklärt hatte, ein Affidavit für Artur Czuczka auszustellen. Darum sei er, so die Verfasserin, vertraut mit der Arbeit des AFSC und der großen Anstrengung, die das Committee aufwende, um zu helfen. Trotz dieses Engagements müsse man Borton nun

191 13.12.1938 Kraus an Irwin, in: Case 408 "Hessberg, Richard", Box 21, American Friends Service Committee Refugee Assistance Case Files, United States Holocaust Memorial Museum Archives, Washington, D. C.

192 Vgl. Evangelischer Stadtkirchenverband Essen: Die Evangelische Kirche in Essen, S. 76.

193 Vgl. 03.06.1941 Schauffler an Haviland, in: Case 3728 „Arnholz, Paul", Box 122, American Friends Service Committee Refugee Assistance Case Files, United States Holocaust Memorial Museum Archives, Washington, D. C.

194 Vgl. 28.08.1941 Atkinson an Schauffler, in: Case 370 „Königsberger, Erich", Box 19, American Friends Service Committee Refugee Assistance Case Files, United States Holocaust Memorial Museum Archives, Washington, D. C. Vgl. zu französischen Internierungslagern Eggers, Christian: Unerwünschte Ausländer. Juden aus Deutschland und Mitteleuropa in französischen Internierungslagern 1940–1942. Berlin 2002.

mitteilen, dass Artur nach Polen deportiert worden sei. Unter diesen Umständen, so nehme man an, bestehe wohl kein Bedarf mehr, ein Affidavit für ihn vorzuhalten.[195]

Wo es ging, versuchten die Quäker auch nach Ausbruch des Krieges noch, über ihr europäisches Netzwerk möglichst direkten Kontakt zu Hilfesuchenden aufzubauen. Diese Praxis gestaltete sich jedoch immer schwieriger. Nachdem zum Ende der 1930er-Jahre noch Besuche in Gefängnissen und Konzentrationslagern veranlasst wurden, hatte man bereits 1940 weitestgehend davon Abstand genommen. Laut Annelise Thiemann war der Grund dafür, dass Internierte, die Besuch von Vertreterinnen und Vertretern ausländischer Hilfsorganisationen erhielten, erfahrungsgemäß nach diesem Besuch noch schlechter behandelt wurden als ohnehin schon.[196]

Trotz der offensichtlich prekären und zum Teil lebensbedrohlichen Lage, in der sich die potenziellen Migrantinnen und Migranten befanden, behielten die Briefe von ihnen und über sie also meist einen nüchternen Ton. Die Beschreibungen der schwierigen Situationen lesen sich meist so oder ähnlich wie dieses Beispiel, das sich auf die Familie Lowe, ehemals Löwenstern, bezieht:

> Mr Lowe was a lawyer in Essen, until he had to leave because of the racial regulations. He was in a concentration camp in Germany, after which he had to be treated in a hospital. He succeeded in escaping to England with his wife and son, and there they were known to the Society of friends and were helped by them.[197]

Nur wenige Ausnahmen finden sich, die in der Wortwahl einen höheren Grad an Emotionalität erkennen lassen. Dies scheint allerdings eher dem Charakter der Verfasserinnen und Verfasser geschuldet gewesen zu sein und weniger dem Umstand, dass die geschilderte Lebenssituation im Vergleich zu dem Elend der anderen außergewöhnlich war. So zeichnete Felice d'Antbourg/Wohlmuth von Franz Stoessl das Bild eines überaus begabten Privatdozenten an der Universität Zürich, der nach Amerika kommen müsse, da er an seinem Aufenthaltsort in Österreich nun verhungere. Er habe außerdem die liebste und beste Mutter, die derzeit gerade allein und frierend in Wien sitze.[198]

---

195 19.01.1942 Schauffler an Borton, in: Case 3728 „Arnholz, Paul", Box 122, American Friends Service Committee Refugee Assistance Case Files, United States Holocaust Memorial Museum Archives, Washington, D. C.

196 14.03.1940 Thiemann an van Doderer, in: Case 3662 „Novacovic, Olga", Box 119, American Friends Service Committee Refugee Assistance Case Files, United States Holocaust Memorial Museum Archives, Washington, D. C.

197 Vgl. 04.04.1941 Reynolds an Replogle, in: Case 459 "Lowenstern, Käthe", Box 23, American Friends Service Committee Refugee Assistance Case Files, United States Holocaust Memorial Museum Archives, Washington, D. C.; 25.03.1942 Daetsch an Kerridge.

198 01.03.1940 d'Antbourg-Wohlmuth an Kraus. Vgl. auch 12.02.1939 Berg an Daetsch, in: Case 771 „Martens, Wilhelm", Box 33, American Friends Service Committee Refugee Assistance Case Files, United States Holocaust Memorial Museum Archives, Washington, D. C.

Eine der jüngsten Arbeiten zum Umgang deutscher Jüdinnen und Juden mit der Shoah ist die Monografie Hartmut Steineckes zur Verarbeitung der damit verbundenen Traumata in der Literatur.[199] Sie arbeitet sich systematisch durch die zahlreichen Arten von Diskriminierung und Gewalt, die deutsche Juden spätestens seit 1933 in Deutschland erlebten. Von gesellschaftlicher Ausgrenzung im Alltag über die Pogrome und Verhaftungen bis hin zu den Erfahrungen in Arbeits- und Konzentrationslagern beleuchtet Steinecke die prägenden Ereignisse und analysiert die aufgrund dieser Erfahrungen in der Zeit sowie in der Rückschau entstandenen literarischen Werke.[200] Die Verarbeitung des Erlebten durch die Opfer und Überlebenden des Holocaust ist in der historischen Forschung zur Erinnerungskultur und zum Umgang mit Geschichte sowie in den Gesellschaftswissenschaften ein etabliertes Thema. Während sich die künstlerisch-literarische Verarbeitung um neue Perspektiven bemühte, wie etwa den transnationalen Blickwinkel, nahmen spätestens seit den 1990er Jahren auch die Bewältigungsstrategien nicht-artistischer Überlebender Raum im Forschungsfeld ein.[201] Mit dem ausdifferenzierten Verständnis von Trauma wurden dabei auch die Analysen differenzierter und ihre Verbindungen zur Psychologie gestärkt.[202] Im Licht aktueller Fluchtbewegungen wurden besonders die Folgen für die nachfolgenden Generationen und die akuten Probleme im Ankunftsland zu Themen der wissenschaftlichen Forschung.[203] Es ist José Brunner und Nathalie Zajde beizupflichten, die bemerken, dass die Verbindung von Holocaust und Trauma inzwischen zu einem historischen Paradig-

199 Steinecke, Hartmut: Deutsch-jüdische Literatur und die Shoah. Schreiben über ‚es'. Berlin 2020 (Philologische Studien und Quellen, 276). Vgl. auch mit einem stärker psychologischen Ansatz Gansel, Carsten (Hg.): Trauma-Erfahrungen und Störungen des „Selbst". Mediale und literarische Konfigurationen lebensweltlicher Krisen. Berlin, Boston 2020 (Untersuchungen zur deutschen Literaturgeschichte).

200 Steinecke: deutsch-jüdische Literatur und die Shoah. Vgl. auch Kiesel, Doron; Staszewski, Noemi (Hgg.): Shoah – Flucht – Migration. Multiple Traumatisierung und ihre Auswirkungen. Tagungsband. Berlin 2018.

201 Vgl. Binder, Eva; Diem, Christof; Finkelstein, Miriam; Klettenhammer, Sieglinde; Mertz-Baumgartner, Birgit; Milosevic, Marijana (Hgg.): Opfernarrative in transnationalen Kontexten. Berlin, Boston 2020; Quindeau, Ilka: Trauma und Geschichte. Interpretationen autobiographischer Erzählungen von Überlebenden des Holocaust. Frankfurt am Main 1995 (Wissen & Praxis, 54).

202 Ludewig-Kedmi, Revital: Das Trauma des Holocaust zwischen Psychologie und Geschichte. Zürich 2002.

203 Vgl. Hahn, Hannah: They Left it all Behind. Trauma, Loss, and Memory among Eastern European Jewish Immigrants and Their Children. Lanham 2020 (The new Imago: Series in Theoretical Clinical and Applied Psychoanalysis). Vgl. weiterhin Leuzinger-Bohleber, Marianne; Bahrke, Ulrich; Hau, Stephan; Arnold, Simon; Fischmann, Tamara (Hgg.): Flucht, Migration und Trauma. Die Folgen für die nächste Generation. Göttingen 2017 (Schriften des Sigmund-Freud-Instituts, 22); Lechner, Martin; Grothe, Klaus-Dieter; van der Velden, Jette; Hofmann, Sebastian; Pohl-Patalong, Uta; Krüger-Blum, Christiane et al.: Religion, Flucht und Erzählung. Interkulturelle Kompetenzen in Schule und sozialer Arbeit mit Geflüchteten. Göttingen 2018.

ma geworden ist.[204] Doch selbst dieser kritische und differenzierte Sammelband, der den sich verändernden Umgang mit traumatischen Erfahrungen des Holocaust in verschiedenen Phasen der Geschichte in den wissenschaftlichen Blick nimmt, setzt in seiner Analyse erst mit der Zeit nach 1945 ein, also mit dem Beginn der verschiedenen Aufarbeitungsphasen. Demgegenüber zeugen die Empfehlungsschreiben und die Vermittlungsprozesse von einer längeren Phase inneren Transits, mit dem Einwanderinnen und Einwanderer schon ab dem Moment ihrer Vertreibung umgehen mussten.[205] Darüber hinaus zeigen sie, wie im Folgenden erläutert wird, dass der Umgang mit dem Erlebten etwa nach erfolgter Migration keineswegs heilsam gewesen zu sein scheint.

Emotionalität und Schwermütigkeit wurden in der Neuen Welt oft mit großer Irritation aufgenommen. In einem Schreiben vom April 1942 bat Trudie Pollak ihre Freundin Esther Millett, der sie offenbar Kompetenz in der Sache zutraute, sich einmal mit Hedwig Schleiffer zu treffen, der Nichte Sigmund Freuds. Diese sei bereits Hertha Kraus während ihrer Vermittlung durch ihre extreme Gefühligkeit und den Mangel an realistischem Denken aufgefallen. Nun leide Schleiffer sehr – zu sehr – unter dem Tod ihrer Mutter, was sich auf ihre Arbeitsfähigkeit auswirke.[206] Der hier deutlich werdende Mangel an Verständnis für emotionale Belastung kann als die Kehrseite der in Kapitel 5.3 besprochenen Anpassungsfähigkeit gesehen werden. Denn die einzig akzeptablen Anpassungsschwierigkeiten scheinen tatsächlich, wie im bereits besprochenen Fall der Trude Wollweber, eine bislang zu kurze Verweildauer im Land gewesen zu sein, die mit der Charaktereigenschaft der Anpassungsfähigkeit mit der Zeit von selbst verschwänden.[207]

Eine Einschätzung des geflüchteten Fritz Ragers aus dem Jahr 1942, die seiner Akte beigelegt wurde, zeichnet das Bild eines depressiven und sorgenvollen Familienvaters, dem während seine Unterbringung im von den Quäkern geführten Sky Island Hostel in Nyack (Rockland County, New York) nur zwei Wochen gegeben werden sollten, um sich einzugewöhnen. Dort scheint er nach Einschätzung der Verfasserin Josephine Copithorne zu dieser Zeit der einzige Gast gewesen zu sein, der „really broken in spirit“ sei.[208] Sie fährt in ihrer Beschreibung fort:

---

204 Brunner, José; Zajde, Nathalie (Hgg.): Holocaust und Trauma. Kritische Perspektiven zur Entstehung und Wirkung eines Paradigmas. Internationale Tagung. Göttingen 2011 (Tel Aviver Jahrbuch für deutsche Geschichte, 39).

205 Vgl. zum Transitbegriff und insbesondere zum inneren Transit die jüngsten Arbeiten von Simone Lässig. Hilgert, Nora; Lässig, Simone: „In Global Transit: A New GHI Research Focus. Interview with Simone Lässig“, Bulletin of the German Historical Institute 69 (Herbst 2021/Frühjahr 2022), S. 151–164, hier S. 151.

206 02.04.1942 Pollak an Millett.

207 27.06.1939 Schreiben von Kraus, in: Case 339 „Wollweber, Trude“, Box 18, American Friends Service Committee Refugee Assistance Case Files, United States Holocaust Memorial Museum Archives, Washington, D. C.

208 Kommentar von Josephine Copithorne über Fritz Rager 1942 (Undatiert), in: Case 785 „Rager, Fritz“, Box 33, American Friends Service Committee Refugee Assistance Case Files, United States Holocaust Memorial Museum Archives, Washington, D. C.

> Sense of humor helpful, but unfortunately a low variety, sometimes. Inclined to be aloof from the group. Bitterness toward all Germans made difficult relations, as he made no attempt at first to disguise his contempt. Smoked continuously and had bad tobacco cough. Slept very poorly, and could not conceal attitude of hopelessness at times and general emotional instability. We were tempted not to keep him on for the third week, but we were glad that we did, for he made a much greater effort to snap out of himself and to do his share of the work. In fact his whole spirit improved, partly, perhaps, because we talked over with him the necessity for entering into the co-operative living, if he wanted to stay on. In spite of this temporary jacking up, I do not feel very hopeful about his future, unless some wise person can help to steady him.[209]

Nach weniger als zwei Wochen führte das AFSC also ein ernstes Gespräch mit Rager darüber, dass er sich von nun an „zusammenzureißen“ habe. Seine Unfähigkeit, über seine traumatischen Erlebnisse in dieser kurzen Übergangszeit hinwegzukommen, wurde so ausgelegt, dass er wohl auch in Zukunft Probleme haben würde sich anzupassen, und wirkte sich damit negativ auf seine Empfehlungsvoraussetzungen aus.[210] Auch über andere Geflüchtete berichten die Akten über Zeichen von ungewöhnlich hoher seelischer Belastung, beispielsweise im Fall von Friedrich Caro, der wegen hoher Nervosität mehrfach ins Krankenhaus musste und immer wieder arbeitsunfähig wurde.[211] Hysterische Anfälle und nervöse Episode führten etwa bei Fritz Fließ dazu, dass, die Zusammenarbeit in den Augen der Amerikanerinnen und Amerikaner so unangenehm („awkward“) wurde, dass die Anstellung nicht fortgeführt werden konnte.[212] Dieser mangelnde Raum für die Verarbeitung des Erlebten ist in gewisser Weise die Kehrseite der in den Empfehlungen oft hoch gelobten Anpassungsfähigkeit. Die Einwanderinnen und Einwanderer, die Hilfe vom AFSC erhielten, befanden sich auch nach ihrer Einreise in einem ständigen Prozess der Evaluation und Empfehlung durch die Mitarbeiterinnen und Mitarbeiter des AFSC, bis sie schließlich in einer dauerhaften Position angekommen waren.

5.7 Konklusion: Empfehlungen für das AFSC

Dass sich die Erfahrungen des nationalsozialistischen Terrorregimes im Laufe der Zeit mehr und mehr in die Lebensläufe und Lebensverläufe der jüdischen Migrantinnen

---

209 (Undatiert) Kommentar von Josephine Copithorne über Fritz Rager 1942.

210 Auch über andere Geflüchtete berichten die Akten von beispielsweise Krankenhausaufenthalten aufgrund von hoher Nervosität, die sich immer wieder arbeitsunfähig machte. Vgl. 25.08.1945 Caro an Hanstein, in: Case 5128 „Caro, Friedrich“, Box 172, American Friends Service Committee Refugee Assistance Case Files, United States Holocaust Memorial Museum Archives, Washington, D. C. Oder von hysterischen Anfällen und nervösen Episoden, die die Zusammenarbeit so unangenehm zu machen schienen, dass Anstellungen nicht fortgeführt wurden, wie im Fall von Fritz Fließ: 21.06.1941 Norment an Reynolds, in: Case 5117 „Fliess, Fritz“, Box 171, American Friends Service Committee Refugee Assistance Case Files, United States Holocaust Memorial Museum Archives, Washington, D. C.

211 Vgl. 25.08.1945 Caro an Hanstein.

212 21.06.1941 Norment an Reynolds.

und Migranten und damit auch in ihre Empfehlungen einschrieben, wurde im vorangegangenen Abschnitt dieses Kapitels gezeigt. Schon mit der Machtergreifung 1933 waren jüdische Bürgerinnen und Bürger von Berufsverboten und -beschränkungen stark betroffen. Doch besonders seit der Pogromnacht 1938 und dem Kriegsausbruch 1939 wandten sich mehr und mehr Menschen an die Hilfsorganisationen und baten um Unterstützung bei ihrer Flucht.[213] Trotz der mehr als widrigen Umstände vieler Menschen waren die Introduktionen und Empfehlungsschreiben selten in einem emotionalen Tonfall gehalten. Dies dürfte mit der bürokratischen Organisation der Hilfe und den etablierten Textformen der Empfehlung zusammenhängen.

Die hauptsächliche Veränderung der hier analysierten Schreiben lag an anderer Stelle. Mitunter wurden durch die Machtergreifung der Nationalsozialisten über Jahrzehnte aufgebaute und auf sozialen Gepflogenheiten basierende soziale Netzwerke zerrissen, wie etwa das Beispiel Hessberg gezeigt hat. Diese Veränderung der Netzwerke ist maßgeblich auf den verschobenen Wertekanon der deutschen Mehrheitsgesellschaft zurückzuführen. Zwischenmenschliche Verbindungen, die nicht durch die Einwirkung des Nationalsozialismus und die damit einhergehende Salonfähigkeit eines offenen Antisemitismus beeinflusst wurden, blieben auch transnational bestehen, wie der Abschnitt 5.2. zu alten Verbindungen belegt hat. In der Tat ist sogar festzustellen, dass der Nachweis einer Einbettung in ein stabiles, besser noch in ein prestigeträchtiges soziales Netzwerk für die Prozesse der Auswanderung und Flucht durchaus hilfreich war. Das freundliche Wort eines oder einer Bekannten schuf auch bei Fremden eine empathische Grundhaltung und schuf zwischenmenschliche Nähe und damit Vertrauen.

Dies kann erklären, warum die persönliche Kenntnis zwischen Empfehlenden und Empfohlenen so relevant war, dass sie mitunter simuliert wurde. Waren die Verfasserin beziehungsweise der Verfasser der Empfehlung und die oder der Empfohlene nicht direkt persönlich miteinander bekannt, wurde oft versucht, eine Verbindung über gemeinsame Bekannte zu konstruieren oder über die Zugehörigkeit zur gleichen Institution herzuleiten. In diesem Zusammenhang ist bemerkenswert, dass trotz der religiösen Grundierung dieser Fallstudie zum AFSC die Zugehörigkeit zu einer bestimmten Glaubensgemeinschaft erstaunlich wenig als verbindende Gemeinsamkeit ausformuliert wurde. Auch gibt es keine Belege dafür, dass die in den Empfehlungen gezeichneten Verbindungslinien – anders als in den vorangegangenen Fallstudien – je überprüft wurden. Ob die Korrektur von Falschaussagen, das Leugnen von Verbindungen, das Auffliegen von Hochstaplern nur nicht archiviert wurden oder ob ihr Fehlen tatsächlich ein Beleg für ein grundsätzliches Vertrauen oder grundlegende praktische Herausforderungen infolge der Menge an Anfragen sind, kann abschließend nicht geklärt werden.

Bemerkenswert und belegbar ist hingegen das soziale Wissen, das viele der an den Empfehlungsprozessen Beteiligte an den Tag legten. Die Kenntnis von lange bestehen-

213 Vgl. zum starken Anstieg der Zahlen auch Bernet: „Ja-sagen zum Judentum“, S. 51.

den Verbindungen, Zusammenhängen und Aufenthaltsorten der betreffenden Personen oder ihrer nahen Verwandten, die im Bedarfsfall genutzt werden konnte, stellte ohne Zweifel ein hohes soziales Kapital dar. Einen Zugang zu Empfehlungen zu haben bedeutete nicht nur, dass eine höhergestellte Person einem wohlgesonnen sein musste. Es bedeutete auch, mit dieser Praxis bereits früh im eigenen Arbeitsleben vertraut gemacht worden zu sein. Wie sich in dieser Fallstudie gezeigt hat, wurde ein Großteil der Empfehlungen im Rahmen derjenigen Branchen verfasst, die bereits vor 1933 eine Empfehlungspraxis etabliert hatten – namentlich die Wirtschaft und der akademische Betrieb. Ausgestellt wurde ein Großteil der hier zitierten Schreiben also von Verfasserinnen und Verfassern, die in dieser Praxis geübt waren. Einfache Arbeiterinnen und Arbeiter, die mithilfe des AFSC in die Vereinigten Staaten einzuwandern versuchten, bleiben damit in dieser Arbeit unterrepräsentiert.

Zu Beginn des Kapitels ist deutlich geworden, dass die harten Terrormaßnahmen des Nationalsozialismus, die viele Menschen in Not stürzten und dazu zwangen, ihr Land zu verlassen, die Zwischenschaltung einer Hilfsorganisation in den Empfehlungsprozess und die schiere Menge von Klientinnen und Klienten dieser Hilfeleistungen nicht nur Auswirkungen auf die Zusammensetzungen der jeweiligen Netzwerke der Hilfesuchenden hatten, sondern vor allem die Funktion von Empfehlungen und empfehlungsrelevanten Schreiben merklich veränderten. Die Introduktionen hatten keine Gatekeeper-Funktion mehr, vielmehr wurden sie zu Türöffnern mit der erklärten Absicht, so viele Menschen wie möglich in die USA zu holen. Mit diesem Anspruch wurden sie gleichzeitig wieder individueller. Vorgestellt zu werden war in den Augen der Verfasserinnen und Verfasser keine Ehre, um Teil eines erlesenen Kreises zu werden. Introduktionen sollten Aufmerksamkeit für eine größtmögliche Menge an Hilfsbedürftigen generieren. Damit scheinen die Introduktionsschreiben weniger der Legitimierung gedient als vielmehr für eine emotionale Bindung gesorgt zu haben. Die Personen wurden durch die vorstellenden und einführenden Worte greifbarer, sie bekamen einen Namen, Attribute und manchmal auch ein Gesicht, was die Wahrscheinlichkeit erhöhte, unterstützt zu werden.

Eine neue Textform, die in enger Verbindung mit den Empfehlungen stand, waren die Affidavits. Im Gegensatz zum ersten Impuls, sie als eine Untergruppe der Empfehlungen zu verstehen, sind sie, wie gezeigt wurde, eher als das Ergebnis eines Empfehlungsprozesses zu interpretieren. Gemeinsam ist beiden, dass ein Erfolgskriterium auch die persönliche Bekanntschaft zwischen der schreibenden und der erwähnten Person war.

Was die tatsächlichen Empfehlungen betrifft, waren die Erkundigungsbriefe stilistisch kaum von den Umbrüchen betroffen. In den Empfehlungsschreiben wurden die branchenüblichen Gepflogenheiten eingehalten und mitunter ohne Rücksicht auf Verständlichkeit Wort für Wort übersetzt. Hinzu kamen Varianten von Empfehlungen, die von branchenfremden Personen verfasst wurden, namentlich von den AFSC-Mitarbeiterinnen. So entstanden zum einen katalogartige Massenempfehlungen, zum anderen wurden in diesen Empfehlungen die Schwerpunkte auch außerhalb der beruflichen

Qualifikation gelegt. Das Eingeübte blieb im Kern weitgehend bestehen, wurde aber beispielsweise um die Katalogfunktion erweitert.

Auch wenn es hier nicht besonders betont wurde, ist dennoch deutlich geworden, dass die Briefform der Empfehlung in jedem Fall bestehen blieb – trotz der Tatsache, dass Telefon und Telegramm bereits etablierte Kommunikationsmittel darstellten. Selbst wenn über diese neuartigen Medien Informationen ausgetauscht wurden, war es üblich, im Nachgang eine schriftliche Zusammenfassung des Gesprächs zu versenden.[214] Das Vorliegen eines physischen Schreibens scheint nicht nur eine gewisse Seriosität sichergestellt zu haben, sondern auch, dass die sich auf diese Art differenziert gefüllten Akten besser weiterleiten ließen.

Eine der wohl maßgeblichsten Neuerungen in Empfehlungen, die sich im Untersuchungs(zeit)raum dieser Arbeit vollzogen hat, sind die Einschätzungen der potenziellen „Amerikanisierbarkeit" der empfohlenen Person. „[T]o become most loyal citizens of America"[215] war das Versprechen, dass Migrantinnen und Migranten erfüllen sollten. Diese Anpassungsfähigkeit verdrängte in Empfehlungen oft die berufliche Qualifikation. Die zugrundeliegende Haltung lässt sich wohl als die Annahme zusammenfassen, dass man fachliche Kompetenzen immer lernen könne, aber das „Amerikanersein", also die Bereitschaft, sich an eine bestehende Gesellschaft anzupassen, sich einzufügen, in ihr aufzugehen und damit das alte Europa abzulegen, gegeben sein müsse. Hier scheint ein Verständnis von Anpassungsfähigkeit als naturgegebener menschlicher Eigenschaft vorgelegen zu haben. Selbst Kriegstraumata, andere schwere Beeinträchtigungen wie chronische Krankheiten oder schlicht ein gewisses Alter entschuldigten keineswegs eine ablehnende Haltung gegenüber dem, was als amerikanische Kultur bezeichnet wurde. In dieser Kultur sollten keine Schwächen, sollte nicht einmal Unzufriedenheit gezeigt werden, weil dies zu schlechten Gefühlen bei Mitbürgerinnen und Mitbürgern hätte führen können. Dies ist nur ein Aspekt der „Nationalisierung" von Eigenschaften und Eigenheiten. Die Schreiben handelten immer wieder davon, dass bestimmte Charakterzüge oder äußerliche Merkmale beispielsweise auf das Deutschsein der betreffenden Person zurückzuführen seien. Historische Akteurinnen und Akteure, denen aus heutiger Forschungsperspektive ein transnationaler Charakter zugesprochen werden könnte, wurden von außen nationalisiert.[216]

Im Vergleich zu den vorangegangenen Fallstudien hat sich in dieser Teiluntersuchung der Anteil von Frauen maßgeblich erhöht. Diese quantitative Entwicklung ist sicherlich auch mit dem Kriegseinsatz der Männer und ihrer daraus resultierenden

214 Vgl. 06.07.1942 Danford an Taylor, in: Case 1846 „Dickmann, William", Box 35, American Friends Service Committee Refugee Assistance Case Files, United States Holocaust Memorial Museum Archives, Washington, D. C.

215 Donald W. Davis. Head Department of Biology am College of William and Mary über Dr. Paul Fischer (ursprünglich Jurist, Soziologe und Ökonom). Vgl. 02.03.1940 Davis über Fischer, in: Case 462 „Fischer, Paul", Box 23, American Friends Service Committee Refugee Assistance Case Files, United States Holocaust Memorial Museum Archives, Washington, D. C.

216 Vgl. Derix: Die Thyssens, S. 32.

Abwesenheit im Zivilleben zu erklären. Doch auch qualitativ lassen sich Veränderungen feststellen. So ist das aus den anderen Teilstudien bekannte Argument einer hübschen Frau als Schmuck des zu empfehlenden Ehemannes in den AFSC-Briefen in Richtung der Kinder verschoben worden. Während diese nun ihre Eltern durch ihr Aussehen und ihr gutes Betragen auszeichneten, ging es in der jeweiligen Partnerschaft eher darum, ob Mann und Frau zusammenpassten.

Überwiegend erfolgte die Empfehlung immer noch in stark geschlechtergeprägten Netzwerken. Hochqualifizierte Frauen wurden eher von Frauen empfohlen als von Männern, und selten bis nie empfahlen hoch qualifizierte Frauen wiederum förderungswürdige junge Männer. In Abgrenzung zu diesem Befund der Geschlechtertrennung in den Netzwerken ist von einer semantischen Zuschreibung von Berufen und qualifizierenden Attributen als dezidiert männlich und weiblich nichts zu erkennen. Auch wenn sich durchaus feststellen lässt, dass beispielsweise in akademischen Kreisen die Sozialwissenschaft weiblicher wurde, während die Rechtswissenschaft männlich blieb, oder dass die besonders erfolgreichen Unternehmer männlich waren, so ist doch nie davon zu lesen, dass eine Frau für diese oder jene Aufgabe speziell aufgrund ihrer Weiblichkeit qualifiziert sei. Besonders hervorzuheben ist in dieser Fallstudie auch die Rolle der berufstätigen Ehefrau, die in der Forschungsliteratur bisher oft hinter den alleinstehenden Vorreiterinnen der beruflichen Emanzipation und den jungen, noch unverheirateten Sekretärinnen und Haushaltshilfen zurückstand. Viele der migrierenden Ehefrauen brachten eigene Arbeitszeugnisse aus Berufen mit, durch die sie in der Lage waren, zum Unterhalt ihrer Familie im Ankunftsland beizutragen.

In dieser Fallstudie ist ausdrücklich deutlich geworden, dass die selbstwahrgenommene Zugehörigkeit zum Judentum und die Fremdwahrnehmung darüber, wer Jude, wer Jüdin ist und wer nicht, weit auseinanderklaffen konnten. Aus der hier eingenommenen Forschungsperspektive wurde als jüdisch bezeichnet, wer als jüdisch verfolgt wurde. Aus der Perspektive des AFSC waren Jüdinnen und Juden diejenigen, die den jüdischen Glauben praktizierten, die anderen waren für sie Christen. Oft genug wurde für Letztere auch die nationalsozialistische Bezeichnung „Nicht-Arier" übernommen, wohl auch um in der Kommunikation deutlich zu machen, dass es sich um verfolgte Personen handelte, die von den nationalsozialistischen Rassegesetzen betroffen waren.

Mit verantwortlich für diese Klassifizierung war auch die amerikanische Quotierung der Migrationszahlen, sodass für die Bürokratie stets definiert werden musste, zu welcher Gruppe die jeweilige Person gehörte, die migrieren wollte. In den Empfehlungen und Introduktionen fand das Jüdische auf verschiedene Arten Eingang. Selten bis gar nicht wurde das Jüdischsein mit einer gewissen Qualifikations- oder Bildungsgeschichte verbunden. Auch ist auffällig, dass die tatsächliche religiöse Haltung der Empfohlenen nur eine untergeordnete Rolle spielte – auch wenn einige Konvertiten Charakterzeugnisse mitbrachten, die ihnen ihre Pfarrer ausgestellt hatten. Stattdessen zeigte sich in so mancher Beschreibung des Aussehens, dass die jeweiligen Verfasserinnen und Verfasser nicht frei von strukturellem antisemitischem Denken waren. Hierbei wurde nie reflektiert, dass auch die Quäker in Deutschland ständig von Verfolgung durch die Nationalsozialisten bedroht waren.[217] Damit spricht die Haltung der Quäker gegenüber den Juden dafür, dass Shulamit Volkovs Befund vom gesellschaftlichen Antisemitismus als „ubiquitärem Syndrom“ ganz zutreffend formuliert ist. Die negative Grundhaltung gegenüber Juden war also auch innerhalb der Gemeinschaft der Quäker Bestandteil ihrer Mentalität.[218] Ähnlich wie die vorherrschenden gesellschaftlichen Mentalitäten brachte auch der Umgang mit psychischen Belastungen aufgrund von Verfolgungs- und Kriegserfahrungen negative Auswirkungen für die Geflüchteten mit sich. Die vollständige Abwesenheit von Verständnis für seelische und geistige Wunden und deren Heilungsdauer zeigte sich in vielen Fällen, in denen die Traumatisierung eine rasche Integration in den Arbeitsmarkt und damit in die Gesellschaft verhinderte.

Das vorhandene Quellenmaterial birgt schließlich das Potenzial, die Bedeutung der Zäsur des Jahres 1945 für die nach Amerika geflohenen Menschen infrage zu stellen. In vielen der hier behandelten Fälle endet die Korrespondenz keineswegs mit dem Ende des Krieges in Deutschland. Vielmehr werden nach 1945 weitere berufliche Umorientierungen mit den inzwischen oft zu Vertrauten gewordenen Mitarbeiterinnen des AFSC besprochen. Auch die Auffindung verschollener Verwandter und die Familienzusammenführung auf dem neuen Kontinent bleibt eine fortlaufende Aufgabe des AFSC.

---

217 Vgl. Sandvoß, Hans-Rainer: „Es wird gebeten, die Gottesdienste zu überwachen …“. Religionsgemeinschaften in Berlin zwischen Anpassung, Selbstbehauptung und Widerstand von 1933 bis 1945. Berlin 2014.

218 Vgl. Heinrichs, Wolfgang E.: „Heilsbringer und Verderber“, S. 14 sowie Volkov, Shulamit: Die Juden in Deutschland 1780–1918. 2., verb. Aufl. München 2010, S. 148–151.

6 Schluss

Ohne eine wohlwollende Empfehlung hätten Karrieren von Bankleuten anders ausgesehen, wären Biografien von Wissenschaftlerinnen und Wissenschaftlern anders verlaufen, hätten Flüchtende keine Aufnahme in einem anderen Land gefunden. Das Ausstellen von Empfehlungen hat im 19. und 20 Jahrhundert gesellschaftliche Positionen gefestigt. Einer Empfehlung nachzukommen bedeutete auch, jemandem einen Gefallen zu tun, der in Zukunft wichtig für das eigene Leben werden konnte. Empfehlungen, das hat diese Arbeit gezeigt, beeinflussten Biografien, und sie tun dies wohl auch heute noch.

Deutlich geworden ist, dass Empfehlungen als Seismografen fungieren. Sie zeigen die Vor- und Nachbeben großer Ereignisse, Verschiebungen in Machtkonstellationen auf der Mikro- und der Makroebene sowie sich verändernde gesellschaftliche Normen und Werte. Empfehlungen machen uns darauf aufmerksam, welche Anforderungen Gemeinschaften an sich selbst hatten. Diese anhand der jüdischen Geschichte auszuloten, bringt es mit sich, die konventionellen Darstellungen der deutschen Mehrheitsgeschichte aufzubrechen.

Mit der Betrachtung der transnationalen Vernetzung von Jüdinnen und Juden, vor allem der vermögenden unter ihnen, wird in dieser Arbeit ein Thema behandelt, das mitunter auch von Antisemiten zu Propagandazwecken missbraucht wurde und wird. Durch die wissenschaftliche Analyse der Empfehlungskultur sollte deutlich geworden sein, dass der Rückgriff auf zwischenmenschliche Verbindungen, auf Beziehungen und die damit in Verbindung stehenden Empfehlungen keineswegs spezifisch jüdisch ist. Vielmehr sind die hier untersuchten jüdischen Netzwerke einige von vielen sozialen Konstellationen, in denen vertrauensvolle Empfehlungen ausgetauscht wurden. Am Ende hätte diese Arbeit auch in anderen Kontexten ähnliche Ergebnisse erbracht. Allerdings wäre dabei die Quellenlage diffuser gewesen. Das Jüdische in dieser Arbeit ist für die Empfehlungen zum einen eine Chiffre für die Intensität der Bekanntheit der Betroffenen untereinander – ein gemeinsames Umfeld, aus dem sowohl die Empfehlenden als auch die Empfohlenen stammten. Zweitens wurden viele Empfehlungen verfasst, da die Empfohlhenen als Juden verfolgt wurden. Drittens rangieren Verweise auf die jüdische Religion mal höher, mal niedriger in der Hierarchie der in den Empfehlungen angesprochenen Themen. Nie bieten die hier analysierten Fälle und die in ihnen wiedergegebenen Lebensgeschichten Belege für antisemitische Verschwörungsmythen.

6.1 Veränderungen in Form und Inhalt

Die Untersuchung hat zunächst gezeigt, dass sich die Chronologie der Geschichte von Empfehlungsschreiben nicht unmittelbar an den großen politikhistorischen Ereignissen der deutschen Geschichte – Staatsgründung, Erster Weltkrieg, Gründung der Wei-

https://doi.org/10.1515/9783111389950-006

marer Republik, Machtergreifung, Zweiter Weltkrieg – orientierte. Stattdessen zeigen sich in ihr eher gesellschaftliche Veränderungen und Verschiebungen von Mentalitäten. So übten selbst große kollektive Erfahrungen wie etwa der Erste Weltkrieg zunächst keinen Einfluss auf die Empfehlungspraxis aus. Später wurden Weltkriegserfahrungen aber zum Inhalt einiger Empfehlungen, um etwa Vaterlandstreue oder militärische Ehren nachzuweisen.[1] Darüber hinaus war es vor allem die Erfahrung des Mangels in der Zwischenkriegszeit, die das Empfehlungssystem auf materielle Ressourcen ausweitete.[2] Die strukturelle Dynamik zwischen Empfehlenden und Empfohlenen sowie den Empfehlungsempfängerinnen und -empfängern wurde durch die Kriegserfahrung jedoch nicht verändert.[3]

Auch der Einfluss eines lauter werdenden Antisemitismus und die Sichtbarkeit der nationalsozialistischen Repressionen bildeten sich in Empfehlungsschreiben keineswegs kongruent etwa ab dem Zeitpunkt der Machtergreifung ab. Vielmehr wurde vor allem im Kontext der Arnhold'schen Konsulschaft deutlich, dass die Machtverschiebung weitaus früher stattfand und Antisemiten in diesem Fall etwa bereits seit den frühen 1920er Jahren an gesellschaftlichem Ansehen und damit auch an Macht hizugewannen. Die verheerenden Auswirkungen auf die individuellen Schicksale deutscher Jüdinnen und Juden wurden, wie im Kontext der Bewerbungen für die Hebräische Universität gezeigt, hingegen sehr viel später thematisiert als zu erwarten gewesen wäre.

Was die Veränderungen in Form und Funktion betrifft, sträubt sich die Entwicklung von Empfehlungen gegen eine feste chronologische Reihenfolge. So veränderten jene Briefe, die sich um eine gewisse Form bemühten, von der Mitte des 19. bis zur Mitte des 20. Jahrhunderts kaum ihren Aufbau. Die Wortwahl wurde hingegen klarer, die Ausdrucksweise weniger ausschweifend. Der Gestaltungsspielraum, der in den Empfehlungen enthalten war, wurde in den verschiedenen Kapiteln beziehungsweise den darin untersuchten Fallstudien mit jeweils anderen Schreibstilen gefüllt. So dominierte in der Fallstudie zu Bleichröder eine gewisse Unterwürfigkeit im Tonfall, die aber nicht darüber hinwegtäuschen darf, dass durch diese Art der Formulierungen die eigenen Ziele erreicht wurden. Die Arnholds legten eher einen entweder fordernden oder freundschaftlichen Tonfall an den Tag. Und die während des Nationalsozialismus als Verfolgte nach Palästina oder in die Vereinigten Staaten Vermittelten erhielten durch neutrale Formulierungen, in denen das Elend kaum erwähnt wurde, ein Stück ihrer Würde zurück.

Weiterhin lässt sich feststellen, dass sich in einigen Kontexten eher Bemühungen, die Form zu wahren, erkennen lassen als in anderen. Vor allem in Umgebungen, in denen Empfehlungen Gebrauchstexte waren, die von mehreren Personen gelesen und

1 Vgl. die Schicksale von Landshut und Brieger in Kapitel 4.9 dieser Arbeit.
2 Vgl. das Kapitel 3.4.
3 Vgl. zum Bürgertum im Ersten Weltkrieg Wietschorke: Der Weltkrieg als „soziale Arbeitsgemeinschaft“.

verstanden werden mussten, etwa von Gremien, wurde durchgängig eine klare Gliederung des Briefes in drei bis fünf Teile eingehalten. Dies wurde vor allem im Zusammenhang mit der Hebräischen Universität und dem AFSC deutlich. In Kontexten, in denen die Empfehlung nicht Teil eines formalisierten Prozesses war, wie etwa in der Kommunikation zwischen Finanziers und Industriellen, in dieser Arbeit durch die Arnholds exemplifiziert, war die Form hingegen sekundär.

Deutlich nahm mit der Zeit der Anteil jener Textpassagen ab, den die Verfasser, seltener die Verfasserinnen, in den Empfehlungsschreiben auf sich selbst verwendeten. So ging es denn auch zu Beginn des Untersuchungszeitraums vor allem um die Beziehung zwischen Sender und Empfänger. Der Sender machte seinen Status deutlich, zählte mitunter seine Verdienste auf. Er ließ in seinen Formulierungen sein eigenes gesellschaftliches Gewicht, seinen Stand durchscheinen, um seiner Empfehlung Nachdruck zu verleihen. Die empfohlene Person wurde in solchen Fällen mitunter nicht einmal namentlich genannt. Im Verlauf der Arbeit wird dieser Textanteil kleiner und verschwindet mitunter sogar ganz – und zwar zugunsten von Beschreibungen der empfohlenen Person. Allerdings muss einschränkend gesagt werden, dass, erstens, die Selbstvorstellung keineswegs ganz entfiel, sondern durchaus noch vorkam, und dass, zweitens, auch Schreiben von Personen vorliegen, die so prominent waren, dass es schlicht keiner Selbstvorstellung bedurfte. Empfehlungen entwickelten sich in ihrer Form nicht linear, und auch die Schreibanweisungen wurden kaum detaillierter. Konkrete Textanteile gingen nicht sukzessive zurück, neue Themen nahmen nicht schrittweise mehr Raum ein. Stattdessen existierten verschiedene Formen von Empfehlungen zeitweise gleichzeitig, oszillierten die inhaltlichen Veränderungen situationsabhängig und mäanderten die Formulierungen je nach Autor oder Autorin mehr oder weniger stark.

Ähnlich verhielt es sich mit den Funktionen. Die jeweiligen Hauptfunktionen, nach denen auch die Kapitel dieser Arbeit benannt sind, entsprachen jeweils dem historischen Kontext. Dies bedeutet aber nicht, dass es die einzigen Funktionen von Empfehlungen zum jeweils gegebenen Zeitpunkt waren. Vielmehr bestanden die anderen weiter, rückten aber je nach historischer Lage in den Hintergrund. Gemäß der Komplexität historischer Gesellschaften wäre es demnach falsch, in einem Fazit eine schrittweise Entwicklung von Empfehlungen darzustellen. Vielmehr kann gesagt werden, dass jede Zeit eine der zahlreichen Funktionen von Empfehlungen priorisierte.

Einen besonderen Einblick in die Zusammensetzung elitärer Kreise zu unterschiedlichen Zeiten hat in dieser Arbeit die Untersuchung von Introduktionen gegeben. Je nach Perspektive hatten diese Schreiben Gatekeeper- oder Türöffnerfunktion. Es konnte nachgezeichnet werden, wem zu welcher Zeit eine bestimmte Einführung nützlich wurde. Im Bleichröder'schen Kontext waren es auffallend häufig junge Männer, meist Söhne von bereits anerkannten Gesellschaftsmitgliedern. Bei den Arnholds verschob sich der Kontext hin zu Protegés, die nicht unbedingt direkt verwandt waren. An der Universität wurden Introduktionen genutzt, um das Wissenschaftsnetzwerk zu stärken und auszubauen. Die Schreiben waren vor allem auf Reisen wichtig.[4] Im Fall des AFSC suchten die Introduktionen weniger eine professionelle als vielmehr eine persönliche Bindung zur vorgestellten Person zu schaffen. Besonders die Kategorie der Introduktionen macht damit auch deutlich, dass außen vor blieb, wer keine Kontakte hatte, die unterstützend tätig wurden. Umgekehrt zeigt sich aber auch die Macht der Einführungsschreiben, wenn man erst einmal zumindest eine Person kannte, die zu einem Kreis gehörte, in den man selbst Einlass begehrte.

So hat diese Arbeit gezeigt, dass Empfehlungen und Introduktionen immer dann besonders wichtig für das Vorantreiben des sozialen Aufstiegs waren, wenn sie für die zweite Generation einer marginalisierten Gruppe ausgestellt wurden. Die Vorangegangenen, die Trailblazer – in dieser Arbeit anschaulich geworden vor allem in den Kapiteln zu Bleichröder und den Akademikerinnen – versuchten, eine ihnen nachfolgende Person in ähnlicher Position mit in ihre Netzwerke zu holen. Das garantierte allerdings, so hat sich auch gezeigt, nicht immer den Erfolg.

Bemerkenswert ist, dass die Schreibanweisungen für Empfehlungen im Betrachtungszeitraum kaum konkretisiert wurden. Nur die Anforderungen an die in Kapitel 5 betrachteten Affidavits stellen eine Anleitung dar, die über die unkonkret formulierten Ratschläge der Briefsteller hinausgingen. Neben der Abwesenheit detaillierter Schreibanweisungen waren es vor allem die Mehrzweck-Empfehlungen, die es der Autorin nahegelegt haben, die semantische Analyse nach selbsterstellten Kriterien durchzuführen und dabei weiter zu fassen, als sich am Vergleich von Textbausteinen abzuarbeiten. Mehrzweck-Empfehlungen haben vor allem gezeigt, wie alltäglich und allgegenwärtig Empfehlungen waren. Die informelle Empfehlung, eingeflochten etwa in längere Geschäftsbriefe, fand eher in den Kontexten der freien Wirtschaft statt. Dort, wo universitäre Gelder oder Hilfsgelder für die Anstellung und Vermittlung Empfohlener aufgewendet werden mussten, war der Empfehlungsprozess zumeist formeller, und es wurden Einzweck-Empfehlungen verfasst. Es hat sich zudem an verschiedenen Stellen der Arbeit gezeigt, dass Empfehlungen auch mündlich und fernmündlich ausgesprochen wurden. Auf diese Art vorgebrachte Empfehlungen wurde aber – und nur darum wissen wir von ihnen – nachträglich zumeist verschriftlicht, entweder als Gedankenstütze oder um den formalen Anforderungen von Institutionen zu entsprechen.

Zu Beginn der Arbeit war eine Grundannahme, dass die Qualifikation der empfohlenen Personen im Verlauf des Untersuchungszeitraumes immer wichtiger werden würde. Diese Annahme fußte auf zwei verschiedenen historischen Voraussetzungen. Zum einen wurde das Ausbildungs- und Universitätssystem in dieser Zeit ausdifferenzierter und zugleich standardisierter, sodass sich tatsächlich vergleichbare Aussagen über die Qualifikation der Empfohlenen machen ließen. Zum anderen hätte es dem Rationalitätsanspruch der Menschen in der Moderne entsprochen, in Empfehlungen zunehmend auf erfüllte Qualifikationsziele und Noten zu verweisen. Jedoch hat sich im Verlauf der Arbeit immer wieder gezeigt, dass Empfehlungen so nicht funktionier-

4 Vgl. Reisen: Der Passexpedient, 25–78.

ten. Zwar machten die Zeitgenossen Aussagen darüber, dass ihnen rationale, faktenbasierte Entscheidungen wichtig waren; dies wurde vor allem zu Beginn der Moderne formuliert. Dessen ungeachtet ging es in Empfehlungen immer um subjektive Einschätzungen. Diese waren auch bei Anfragen für Empfehlungen immer besonders gefragt. In der Masse der untersuchten Schreiben gibt es keine mehrheitliche Tendenz, Menschen zu empfehlen, die beispielsweise herausragende Abschlussnoten vorzuweisen hatten. Vielmehr sprachen selbst ausgewiesene Experten im Feld auch immer von charakterlichen Eigenschaften. Letztere wurden besonders wichtig, wenn entweder die empfehlende Person kein ausgewiesener Experte beziehungsweise keine Expertin in dem Berufsfeld war oder – wie besonders im Fall der Hilfsorganisation AFSC deutlich geworden ist – wenn die Empfehlungsempfänger kaum Wissen über die beruflichen Anforderungen hatten, da sie – wie im hier besprochenen Beispiel – eine von außen vermittelnde Rolle übernahmen.

Im Verlauf der Arbeit wurde deutlich, dass unterschiedliche Kreise zu jeweils anderen Zeiten andere Ansprüche an die empfohlenen Personen hatten. Die amerikanischen Quäker lasen und sprachen besonders gerne von Menschen, bei denen sie das Potenzial sahen, sich an die amerikanische Gesellschaft anzupassen. Hierfür sollten die Empfohlenen fit und gesund, produktiv und nicht zu schwermütig oder traumatisiert sein. In akademischen Kontexten übertrumpfte in den Formulierungen die Fähigkeit, ein intelligentes Gespräch zu führen, oft die Fähigkeit, ein unterhaltsames Gespräch zu führen. Zudem brauchte es im Kontext der Hebräischen Universität noch eine gewisse Leidenschaft für den Zionismus und eine damit verbundene Bereitschaft zu Entbehrungen. Die Bankiers, die in dieser Arbeit beschrieben wurden, scheinen letzten Endes vor allem jemanden gesucht zu haben, der ihnen gleichte beziehungsweise jemanden, von dem sie sichergehen konnten, dass er in ihrem Sinne wirtschaften würde.

Nur an wenigen Stellen der Arbeit hat sich das „Jüdischsein" der betrachteten historischen Akteure und Akteurinnen in Formulierungen niedergeschlagen, die auf die Religion anspielten. Dies bestätigt wieder einmal, was keiner Bestätigung mehr bedarf, dass sich nämlich mit der jüdischen Aufklärung, wie Christina von Braun in ihrer Einleitung zum Sammelband „Was war deutsches Judentum?" formulierte, „eine Definition von ‚Jüdischsein' [herausbildete], die nicht zwingend der Synagoge bedurfte, sondern in kulturellen Faktoren und einem Ethos der Gemeinschaftsverantwortung seinen Ausdruck suchte."[5] Dieses Ethos der Gemeinschaftsverantwortung zeigt sich in den untersuchten Empfehlungen deutlich. Bestätigt wird auch Christina von Brauns Befund, dass sich durch freiwillige und erzwungene Migration jüdische Gemeinschaften und die neue Art des jüdisch-aufgeklärten Lebens in der ganzen Welt verbreiteten.[6] Wie sich in den Empfehlungspraktiken zeigt, traf dies in der Wahrnehmung der

5 Braun, Christina von: Einleitung, in: Dies. (Hg.): Was war deutsches Judentum? 1870–1933. Berlin 2015, S. 1–19, hier S. 2.
6 Braun: Einleitung, S. 2.

Menschen, mit denen die Ankömmlinge interagierten, auch auf eine „deutsche“ oder mindestens eine westeuropäische Lebensart zu. Besonders diejenigen, die vor dem Nationalsozialismus flohen oder durch die Nationalsozialisten vertrieben wurden und darum mit ihrer ehemaligen deutschen Heimat haderten, mussten feststellen, dass sie im Ankunftsland als deutsch gelesen wurden.

Neben diesem Einblick in die Selbst- und Fremdwahrnehmung war es vor allem die Netzwerkzusammensetzung, die darauf hinwies, wann das Jüdischsein für Empfehlungen von Bedeutung wurde. Wie bereits angedeutet, waren die Netzwerke in Phasen des sozialen Aufstiegs besonders „jüdisch“. Auch Geschäftsbelange, die besondere Verantwortung erforderten, wurden gerne innerhalb der eigenen Religionsgemeinschaft vergeben beziehungsweise sogar nur innerhalb der eigenen Familie. Wegweisende Erkenntnis hierbei war die Tatsache, dass die Abwesenheit von jüdischen Themen keinesfalls eine Abwesenheit von Zugehörigkeitsgefühl bedeuten musste. Vielmehr erscheint es plausibel, dass einige Themen so selbstverständlich waren, dass sie kein empfehlendes Alleinstellungsmerkmal darstellten und daher nicht erwähnt werden mussten.

Weiterhin verließen sich Juden in Zeiten zunehmender Bedrohung zunehmend auf andere Juden. Zu diesem Punkt muss allerdings der Zusatz gemacht werden, dass diese Art der gegenseitigen Hilfe nur funktionierte, solange noch ihnen wohlgesinnte Menschen in hilfreichen Positionen waren. Die komplette gesellschaftliche Erosion, die das nationalsozialistische System verursacht hatte, führte nicht zuletzt dazu, dass es nun unumgänglich für Jüdinnen und Juden wurde, auch weit außerhalb der vertrauten gesellschaftlichen Kreise um Hilfe zu ersuchen. Wie zuvor nur während der Armenspeisungen nach dem Ersten Weltkrieg gingen hilfesuchende deutsche Juden Verbindungen mit ihnen bis dato meist persönlich unbekannten amerikanischen Quäkern ein. Gerade in diesem Kontext, wo sich Empfehlungsempfänger und Empfohlene einander so unbekannt waren, ergab die Analyse auch einen tieferen Einblick in einen latenten Antisemitismus, der sich auch in den Gedanken der Unterstützerinnen und Unterstützer eingenistet hatte.

6.2 Empfehlungen als Entscheidungsgrundlage

Eine der Vorannahmen für diese Arbeit war, dass Empfehlungen eine Grundlage für Entscheidungen sein können. Barbara Stollberg-Rilinger sagte, dass eine Entscheidung zu treffen auch darum riskant sei, weil Handlungsmöglichkeiten ausgeschlossen würden, ohne dass die Richtigkeit dieser Einschränkung im betreffenden Moment gewährleistet wäre.[7] In diesem Sinne war das an verschiedenen Stellen immer wieder auftauchende Vertrauen, dass in die Empfehlungen gesetzt wurde, enorm.

7 Stollberg-Rilinger: Von der Schwierigkeit des Entscheidens, S. 146.

Aus dem Kontext der Entscheidungsforschung haben sich noch weitere Aspekte ergeben. Betrachtet man Entscheidungen als eigene produktive Tätigkeit, wie Krischer, Pohlig und Hoffmann-Rehnitz es in ihrem Artikel zur Geschichte des Entscheidens von 2018 nahelegen, und macht man sich in diesem Sinne auf die Suche nach all den kleinen Entscheidungen, die während des Empfehlungsprozesses getroffen werden mussten, eröffnet sich ein ganzes Feld von Entscheidungskomponenten, die mit Empfehlungen verbunden sind und waren.[8] An verschiedenen Stellen ist deutlich geworden, dass die Entscheidung, einer Empfehlung zu folgen oder nicht zu folgen, nicht nur eine Entscheidung für oder gegen eine Arbeitnehmerin oder einen Arbeitnehmer war. Empfehlungen gestalteten das soziale Gefüge mit und hatten erheblichen Einfluss auf die beteiligten sozialen Kreise. Auch die Personen, mit denen man sich in seiner Freizeit umgab, fanden mitunter durch Empfehlungen ihren Weg in die Gesellschaft.

Zudem musste bei einer Bitte um Empfehlung auch die Entscheidung getroffen werden, ob man sich mit der Person, die die Empfehlung ausstellte, entweder gut stellen oder deren Verärgerung riskieren wollte. Einer Empfehlung nicht nachzukommen, also zum Beispiel einen favorisierten Protegé eines Kollegen nicht einzustellen, wirkte sich nicht nur auf den Lebenslauf des betreffenden Protegés aus, sondern beeinflusste auch das Verhältnis zwischen Empfehlungsgeber und -empfänger. Weiterhin lässt die Entscheidung, eine erbetene Empfehlung etwa aus politischen oder ideologischen Gründen nicht auszustellen,[9] wie es so mancher Nationalsozialist mit Blick auf ehemaligen Kolleginnen und Kollegen, Mitarbeiterinnen und Mitarbeiter oder Vereinsbrüder tat, keineswegs nur eine individuelle Haltung beziehungsweise Haltungsänderung erkennen, sondern gibt auch Hinweise auf das sich verändernde soziale Klima einer Gesellschaft.

Für derzeitige Empfehlungssysteme stellen diese Befunde ein Problem dar. Die individuellen, sich verändernden Einschätzungen, aus denen Empfehlungen bestehen, sind heute digitalisiert und in Algorithmen festgeschrieben.[10] Sie sind damit keineswegs fehlerfrei, sondern im Gegenteil ungerecht und vorurteilsbehaftet. Gleichzeitige gegenwärtige Versuche, Bewerbungsprozesse so weit zu randomisieren, dass Diskriminierung ausgeschlossen werden kann, können nicht erfolgreich sein, solange Empfehlungen auf individuellen Einschätzungen basieren. Es entsteht allerdings der Eindruck, dass einerseits mehr Informationen und individualisierte Empfehlungen gefordert und andererseits die persönliche und damit unlösbar vorurteilsbehaftete Komponente ausgeschaltet werden soll. Beide Bedürfnisse sind miteinander Unvereinbar. Die Stärke der Empfehlung, so hat diese Arbeit gezeigt, ist die Eliminierung von Möglichkeiten.

---

8 Hoffmann-Rehnitz, Philip; Krischer, André; Pohlig, Matthias: Entscheiden als Problem der Geschichtswissenschaft. Decision-Making and History, in: Zeitschrift für historische Forschung 45 (2018) 2, S. 217–281, hier S. 227–230.

9 Vgl. das Schicksal des Essener Augenarztes Hessberg und seine nicht erfolgte Empfehlung durch Krupp in Kapitel 5.5.

10 Adelmann: Modellierungen der Unentschlossenheit, S. 151–169.

Der Wert der Empfehlung ergibt sich aus dem Vertrauen in das Urteil der empfehlenden Person. Auf der Suche nach einer gerechten Verteilung von Zugängen zu Chancen müsste darum die persönliche Empfehlung als Erstes abgeschafft werden. Dies würde den Bewerbungsprozess aber mitunter ins Undurchführbare kompliziert machen.

Was kann also für gegenwärtige und zukünftige Verfahren die Alternative sein? Nur eine Bewusstmachung über die Funktionen von Empfehlungen, die in ihnen wirksamen Machtverhältnisse, die damit einhergehende Türöffner- und Gatekeeperfunktion und die aus diesen Gründen enorme Verantwortung für Empfehlungsgeberinnen und -geber, innerhalb eines moralischen Rahmens zu handeln, der eine gleichberechtigte und inklusive Gesellschaft anstrebt. Arbeiten wie diese können auf diese Verantwortung aufmerksam machen und bestenfalls eben dieses Bewusstsein fördern.

6.3 Loyalität, Vertrauen und Kapital

Die Verflochtenheit von Familie, Freundschaft und Arbeitsleben, die in dieser Arbeit gezeigt wurde, lässt es zu, Berufswahl und Arbeitsplatzsuche in der Moderne neu zu denken. Die ökonomische Nutzbarmachung des Menschen entspricht zwar den Erwartungen von Historikerinnen und Historikern an eine moderne, nach Rationalität strebende Gesellschaft, sie entspricht aber nicht umfassend der historischen Realität. Arbeiten, die vor allem für die Zeit nach dem Ersten Weltkrieg einen Siegeszug der von nationalökonomischen Interessen geleiteten psychologischen Berufsberatung ausrufen, müssen relativiert werden. Tatsächlich blieben auch auf dem Arbeitsmarkt der Moderne zwischenmenschliche Verbindungen und dadurch mitunter unwirtschaftliche Einstellungsentscheidungen normal. Damit ist an verschiedenen Stellen das Thema Loyalität in den Blick gerückt. Für die Vormoderne gilt Loyalität als Voraussetzung für stabile Herrschaftssysteme, also als zentrales Element des Zusammenhaltes von Gesellschaft. In der Sorge um Protegés und im Engagement für die gute Vermittlung ehemaliger Angestellter liegt ein Verantwortungsgefühl moderner Akteurinnen und Akteure, das belegt, dass Loyalität auch in einer angeblich rationalisierten Gesellschaft von zentraler Bedeutung ist. Eine Empfehlung auszustellen bedeutete zugleich, Verantwortung für die Qualität des oder der Empfohlenen zu übernehmen. In letzter Konsequenz hieß das auch, Verantwortung für den Lebensweg der Empfohlenen zu übernehmen und für sie mit dem eigenen Netzwerk einzustehen.

Diese Art der Verantwortungsübernahme ist das eigentliche historische Erbe der Empfehlung. Verlässliche zwischenmenschliche Verbindungen zu kreieren und zu pflegen und damit eine allgemeine Verbesserung der Lebenslage anzustreben, das ist die versteckte Triebkraft der Empfehlungspraxis. Dass Loyalität auch in Moderne und Postmoderne eine wichtige stabilisierende Eigenschaft von Beziehungen unter Gesellschaftsmitgliedern war, wird vor allem von Kulturpessimisten gerne angezweifelt. Auch kapitalismuskritische Stimmen ordnen schnell den loyalen Zusammenhalt der Geldgier zu. In der Tat sind aber, wie diese Arbeit gezeigt hat, Empfehlungsbeziehungen in entweder sehr elitären oder sehr prekären Umgebungen stark mit Loyalität verknüpft.

Eng verbunden mit der Loyalität ist der Zusammenhalt unter Familienmitgliedern, der sich in der Empfehlungspraxis gezeigt hat. In vielen Fällen wirkte die Familie deutlich und mächtig auf das Berufsleben ein. In der Arbeit hat sich immer wieder gezeigt, dass sich vernetzende Ereignisse gar nicht klar entweder der beruflichen oder der privaten Sphäre zuweisen ließen. Damit legt auch diese Arbeit nahe, dass sich die These, dass sich „das ‚ganze Haus' der Vormoderne im Laufe des 19. Jahrhunderts in seine Bestandteile aufgelöst habe"[11], nicht aufrechterhalten lässt. Dies mag vielleicht der Anspruch der Zeitgenossen gewesen sein, in der historischen Realität arbeiteten und lebten sie aber, der Bezeichnung von Peter-Paul Bänzigers folgend, als „familiäre Gefühls- und Wirtschaftsgemeinschaft"[12].

In den Empfehlungsschreiben wird jedoch auch deutlich, dass die Grenzen und die Verbindlichkeit von Familiensystemen fluide wurden: Empfehlungsschreiben belegen sowohl die Existenz von „Wahlverwandtschaften" unter eigentlich nicht blutsverwandten Menschen als auch die Verweigerung familiär eigentlich gebotener Loyalität beziehungsweise Hilfsverweigerung für lediglich entfernte oder als ungeeignet angesehene Verwandte. Beide Befunde ergänzen und differenzieren die Ergebnisse der Familienforschung. Im Gegensatz zu der bei David S. Landes betonten Macht der Familien hat sich über den Zugang der Netzwerkanalyse aber gezeigt, dass dies nicht auf Blutsverwandte der nächsten Generation beschränkt war. Tatsächlich scheinen Zugewandtheit, Verantwortungsgefühl und das Gefühl gegenseitiger Verpflichtung nicht auf Blutsverwandtschaft beschränkt gewesen zu sein. Vielmehr wurden nützliche und/oder fähige Protegés der nächsten Generation familienübergreifend gefördert. In den Formulierungen blieb die Verwandtschaft immer ein Qualitätssignal. Verwandtschaft wurde als Argument für den Nachzug an einen bestimmten Ort herangezogen. Hieraus lässt sich aber nicht der Umkehrschluss ziehen, dass jeder und jede Person, die mit einflussreichen Empfehlungsgeberinnen und -gebern verwandt war, von diesen gefördert wurde. Darüber hinaus identifiziert die Arbeit eine Schnittstelle von Familien- und Unternehmensgeschichte. Wie unter anderen Simone Derix in ihren Arbeiten mehrfach betonte, bietet vor allem die Geschichte von Familien Möglichkeiten, über die Grenzen des Nationalstaates hinauszudenken. Auch die Arnholds und die Bleichröders agierten auf internationalem Parkett und versuchten als transnationale Akteurinnen und Akteure, sich zu vernetzen und die Grundlagen für generationenübergreifende Geschäfte zu legen. Welche Macht und welchen Einfluss vor allem die Bankiers hierbei mitunter ausübten, ist an verschiedenen Stellen dieser Arbeit deutlich geworden.

Als einer der wichtigsten Bestandteile einer Empfehlung haben sich nicht bestimmte Formulierungen herausgestellt, sondern eine grundsätzliche Geisteshaltung, ein Gefühl für den Prozess des Empfehlens selbst. Vertrauen war in jedem der hier

11 Bänziger: Die Moderne als Erlebnis, S. 29.

12 Bänziger: Die Moderne als Erlebnis, S. 30.

untersuchten Zeitabschnitte eine Grundvoraussetzung für eine gelungene Empfehlung. Ähnlich wie es Jan Timmer 2017 am Beispiel der Römischen Republik für die Antike festgestellt hat, basierte das Vertrauen in Empfehlungen auch in der Moderne auf den drohenden gesellschaftlichen Konsequenzen für eine schlechte Empfehlung.[13] Empfehlungen zu trauen war, so kann dieser Gedanke weiterverfolgt werden, nur durch die Einbindung in ein soziales Netzwerk denkbar.[14]

Die Zusammensetzung des Netzwerks, in dem Empfehlungen ausgesprochen wurden, hat sich dabei je nach historischer Situation verändert. Die Deutung von Empfehlungsschreiben als einem manifestierten Relikt sozialen Kapitals hat sich in dieser Arbeit für die Analyse bewährt. Das Empfehlungen entgegengebrachte Vertrauen zeugt von dem Wert, den Empfehlungen in den untersuchten Gesellschaften hatten. Der analysierte Prozess der Anreicherung ist dabei besonders interessant: Kam es zu einer solchen Anreicherung, indem man eine weitere Person hinzuzog, wird ersichtlich, welche Eigenschaften Empfehlungsgeber mitbringen mussten, damit die Empfehlung besonders wertgeschätzt wurde. Durchgängig hat sich gezeigt, dass die gesellschaftlichen und familiären Verbindungen einen erheblichen Einfluss auf das Zustandekommen einer Empfehlung hatten, ja mehr noch, es kann gesagt werden, dass diese sogar weitaus wichtiger waren als der Inhalt des Schreibens an sich.

Deutlich wurde, dass entgegen den vorangestellten Vermutungen die Bedeutung der Familie gar nicht so stark zurückging, wie es die allgemein zunehmende Professionalisierung und Modernisierung während des Untersuchungszeitraums zunächst erwarten ließen. Zwar wurden Kompetenz, Ausbildung und Qualifikation von Kandidatinnen und Kandidaten ausdrücklicher thematisiert. Dies führte aber nicht dazu, dass Empfehlungen von Verwandten weniger ernst genommen wurden. Verwandtschaft als Argument übertrumpfte mitunter andere Verbindungsarten, und es gab zumindest in dieser Arbeit keinen Fall, in dem eine familiäre Verbindung beispielsweise verschwiegen worden wäre. Ähnlich verhielt es sich mit Freundschaften. Der Verweis auf eine Freundschaft war der Adelsschlag für jede Empfehlung, die keine Verwandtschaft nachweisen konnte. Wer also nicht direkt verwandt war, beschrieb ein inniges Freundschaftsverhältnis, um der Empfehlung Nachdruck zu verleihen. Einschränkend ist dabei nur zu bemerken, dass umgekehrt eine vorliegende Verwandtschaft kein Garant für den Erfolg einer Empfehlung war. Besonders im Hinblick auf entferntere Verwandtschaft gab es durchaus die Möglichkeit, Anfragen zu ignorieren oder zu umgehen. Es steht auch zu vermuten, dass eine Freundschaft in jedem Fall eine nachdrückliche Empfehlung sicherte. Dies legte der Empfehlungskodex, wonach auch eine schlechte Empfehlung auf die Empfehlungsgeber zurückfällt, zumindest nahe.

---

13 Timmer, Jan: Vertrauen. Eine Ressource im politischen System der römischen Republik. Frankfurt am Main 2017 (Campus Historische Studien, 74), S. 105.

14 Vgl. zu dem Grundgedanken zu Vertrauen evozierenden Netzwerken auch Ben-Zaken, Avner: Bridging Networks of Trust. Practicing Astronomy in Late Sixteenth-Century Salonika. To the Memory of Richard Popkin, in: Jewish History 23 (2009), S. 343–361.

Nicht lösen ließ sich die Frage eines Kreditsystems. Zwar konnte gezeigt werden, dass die Reziprozität der Empfehlungspraxis immanent war, es liegen aber keine Quellen vor, die bestätigen könnten, dass aufgrund einer vorher getätigten Empfehlung jemandem später von einem ehemaligen Protegé geholfen wurde. Daher muss hier abstrakter davon ausgegangen werden, dass den an Empfehlungen Beteiligten klar war, dass dieses System sich durch Fortführen der Praxis selbst erhielt und dass dadurch sowohl sie wie auch ihre Nachkommen und weitere geschätzte Personen von Empfehlungen würden profitieren können.

Der durch die fortlaufende Anwendung von Empfehlungen ausgedrückte Wille zum Erhalt dieser kulturellen Praxis zeugt von einem massiven gesellschaftlichen Vertrauen in die Sinnhaftigkeit des Empfehlungsprozesses. Besonders die beiden letzten Kapitel, in denen es dezidiert um Auswanderung und Flucht in Krisenzeiten ging, fügen der wissenschaftlichen Diskussion um prozessbasiertes und institutionenbasiertes Vertrauen neue Nuancen hinzu. Der Soziologin Lynne Zucker zufolge war in Zeiten gesteigerter Migrationsbewegungen vor allem das prozessbasierte Vertrauen gestört.[15] Stefanie Fischer hat in Auseinandersetzung mit diesem Gedanken für jüdische Viehhändler gezeigt, dass das prozessbasierte Vertrauen durch institutionsbasiertes Vertrauen, das sich etwa in Zertifikaten manifestierte, ersetzt werden konnte.[16] Auch Sven Reichard argumentierte bereits 2003 mit Georg Simmel, dass „das institutionelle Vertrauen in Verfahrensordnungen und soziale Rollen [...] also gerade in den funktional ausdifferenzierten modernen Gesellschaften ein sozialer Kitt [ist], der für das Funktionieren kooperativer sozialer Beziehungen wichtig ist."[17] Im Rahmen dieser Arbeit ließe sich dieser Annahme auch für „funktionierende" Gesellschaften zustimmen. Das Vertrauen in die Empfehlungen der Bleichröders, Rothschilds, Arnholds sowie der Empfehlungen von Akademikerinnen und Akademikern, die auch immer als Repräsentanten ihrer Universitäten auftraten, könnte als institutionelles Vertrauen verstanden werden.

Vor allem das letzte Kapitel hat, entgegen Zuckers These, gezeigt, dass in Zeiten großer Not das Vertrauen in den Prozess, in die Empfehlung an sich, tatsächlich so tief war, dass es nicht einmal der tatsächlichen Kenntnis der empfehlenden Person oder Institution bedurfte, damit der Empfehlung gefolgt wurde. Mit anderen Worten: Ist der Anlass wichtig genug, die Situation intensiv genug, dann braucht es keine Institutionen, sondern dann greift ein Vertrauen in den Prozess, vermutlich aufgrund der Annahme, dass niemand eine solche Situation ausnutzen würde. Wo in der Geschäftswelt die berechtigte Angst davor, betrogen zu werden, durch Zertifikate gelindert werden

15 Vgl. die Diskussion bei Fischer: Belonging and Trustworthiness, S. 33.

16 Fischer: Belonging and Trustworthiness, S. 33.

17 Reichardt, Sven: Soziales Kapital „im Zeitalter materieller Interessen". Konzeptionelle Überlegungen zum Vertrauen in der Zivil- und Marktgesellschaft des langen 19. Jahrhunderts (1780–1914). Discussion Paper. Wissenschaftszentrum Berlin für Sozialforschung. Berlin 2003, URL: https://nbn-resolving.org/urn:nbn:de:0168-ssoar-111591, abgerufen am 31.01.2022, hier S. 14–15.

sollte, schienen sich die Zeitgenossinnen und -genossen in lebensbedrohlichen Situationen sicher zu sein, dass in den erbetenen Empfehlungen nicht gelogen wurde. Dies galt insbesondere während des Nationalsozialismus. Den deutschen Institutionen war unter diesem Regime nicht zu trauen, da die neuen Machthaberinnen und Machthaber aufgrund ihrer politischen Agenda Jüdinnen und Juden auch falsche Zeugnisse ausstellten. Die kulturelle Praxis der Empfehlung und das in ihr gebündelte und zum Ausdruck kommende soziale und kulturelle Kapital hingegen erschienen in diesem Kontext verlässlicher.

Überraschenderweise wurde in den vorliegenden Empfehlungen Ehrlichkeit kaum direkt angesprochen. Obwohl mitunter in der geschichtswissenschaftlichen Nachlese, die diese Arbeit betrieben hat, durchaus Verdachts der Schummelei in einigen Quellen, insbesondere in nicht kollektiv lebensbedrohlichen Situationen, aufkommen konnte, so ist kaum belegt, dass Empfehlungen aufgrund eines solchen Verdachts zurückgewiesen wurden. Dieser Befund zieht sich durch den gesamten Untersuchungszeitraum – von Bleichröders Verwandtem Ralph Berlin bis hin zu den stilistisch etwas zu zufällig erscheinenden Freud'schen Briefen von Lilly Freud-Marlé. Dieser Umstand verwundert umso mehr, als durchaus bekannt war, dass mitunter Hochstaplerinnen und Hochstapler auf Empfehlungen und Introduktionen zurückgriffen, um in der Fremde professionellen oder gesellschaftlichen Anschluss zu finden. Das konnte bisweilen so weit gehen, dass es durchaus üblich war – wie im Bleichröder-Kapitel erläutert –, Warnbriefe vor etwaigen falschen Empfehlungen zu verschicken. Lagen solche Warnungen aber nicht vor, scheint der Empfehlungsempfänger oder die Empfehlungsempfängerin keine Möglichkeit gehabt zu haben, Misstrauen auszusprechen. Dies muss mit dem allgemein gültigen Anspruch an Empfehlungen, stets ehrlich zu sein, zu tun haben. So lässt sich für Empfehlungsschreiben in der Moderne eine eigene, in sich schlüssige Vernunft unterstellen, die unter Victor Turners in der Einleitung ausgeführtem Zusammenspiel von Struktur und communitas zu fassen ist. Die Anforderungen an die Schreiben und deren Inhalte passten sich im Laufe der Zeit an, der zwischenmenschliche Kern blieb dabei aber erhalten. Die situative Kombination führte jeweils bestenfalls zu einer weisen Entscheidung.[18]

6.4 Netzwerkanalyse und Empfehlungsschreiben

Durch die kombinierte Anwendung zweier methodischer Zugänge, der Netzwerkanalyse und der semantischen Analyse, war es in dieser Arbeit möglich, sich den Verschiebungen und Veränderungen in der Empfehlungspraxis auf diversen Ebenen zu nähern. Dabei bedeutete vor allem die Netzwerkanalyse einen zu Beginn des Projekts nicht absehbaren Mehraufwand und die Erkenntnis, dass sie sich nicht durch das Er-

18 Vgl. Turner: The Ritual Process, S. 139.

stellen und Abdrucken von Netzwerkvisualisierungen definiert, sondern durch die wissenschaftliche Auseinandersetzung mit Fragen der Vernetzung.

Dass inzwischen bereits diverse Computerprogramme zur Verfügung stehen, die die Visualisierung und Auswertung unterstützen, suggeriert eine Simplifizierung der Arbeitsweise, sind wir es doch gewohnt, dass computergesteuerte Prozesse unseren Alltag erleichtern. Die Tatsache aber, dass die Netzwerkanalyse computerbasiert durchgeführt wurde, bedeutet keineswegs, dass der Computer die Forschungsarbeit übernommen hätte. Vielmehr musste ein immenser Aufwand betrieben werden, um am Ende eine Visualisierung zu erstellen, die vielleicht auf abstrakte Art zu beeindrucken vermag, ohne Erläuterungen aber nur schwer zu verstehen ist. Die Arbeit an der Netzwerkanalyse begann mit dem Aufbau einer Datenbank, für die die zu erfassenden Parameter ausgewählt und innerhalb des Programms angelegt werden mussten. Der Inhalt der Eingabemaske musste also zunächst festgelegt und dann eingerichtet werden. Hiernach wurden die Metadaten der Quellen einzeln eingegeben, nicht ohne zunächst ständig zu überprüfen, ob der Aufbau der Datenbank tatsächlich in der Lage ist, die Verbindungen zu zeigen, die gezeigt werden sollten. Ergebnis dieser Arbeit war dann pro Fallstudie ein zunächst undurchschaubares Gebilde an Punkten und Verbindungen, das einen mitunter beeindruckenden und fesselnden künstlerischen Effekt hatte. Eine zusätzliche Erkenntnis allein über die Betrachtung einer solchen Visualisierung, die in Expertenkreisen auch oft als „Spaghettimonster“ bezeichnet wird, steht allerdings hinter dem zunächst antizipierten Potenzial einer solchen Abbildung zurück.[19]

Darum erscheint es wichtig sich zu vergegenwärtigen, dass die abgedruckten Darstellungen nur einen Bruchteil der Arbeit an und mit einem Netzwerkanalyseprogramm darstellen. Sie dienen nicht allein der Illustration und sind ebenso wenig Selbstzweck.[20] Vielmehr sind die Abbildungen von Netzwerken oder Netzwerkausschnitten in Forschungsarbeiten als ein Beleg für die im Vorfeld geleistete Arbeit zu verstehen. Dabei kann es zunächst als Nachteil verstanden werden, dass eine Netzwerkanalyse dieser Art nur Informationen anzeigen kann, die im Vorfeld angelegt wurden. Eine komplett freie Exploration des Gegenstandes ist darum hier genauso wenig möglich wie bei anderen methodischen Ansätzen. Das Treibenlassen im Forschungsprozess gelingt nur, so könnte bildhaft gesprochen werden, innerhalb der Grenzen des selbst gewählten Schwimmbeckens. Allerdings ist es möglich, an den Anfang des Projekts zurückzugehen und der Eingabemaske Parameter hinzuzufügen oder zu entfernen. Dies wäre bei einer Zeichnung, die mit Bleistift und Lineal angefer-

19 Düring; Keyserlingk: Netzwerkanalyse in den Geschichtswissenschaften, S. 340–342. Zusammenfassung der bisherigen Forschung und Forschungsschwerpunkte bei Neurath, Wolfgang: Neue Perspektiven für die Geschichtswissenschaft durch Soziale Netzwerkanalyse (SNA), in: Österreichische Zeitschrift für Geschichtswissenschaften 19 (2008) 4, S. 140–153.

20 Vgl. Wellman, Barry: Network Analysis. From Metaphor to Theory and Substance, in: Wellman, Barry; Berkowitz, Stephen D. (Hgg.): Social Structure. A Network Approach. Cambridge 1988, S. 16–61.

tigt wurde, sicher schwieriger gewesen. Immer dann, wenn sich in den Quellen Informationen zeigten, die interessanter erschienen als zu Beginn gedacht, oder wenn ein Interesse für Informationen antizipiert wurde, das sich letztlich nicht als gewinnbringend erwies, konnten Änderungen vorgenommen werden. Auf diese Weise war es mithilfe der Netzwerkanalyse möglich, sich das Quellenmaterial flexibel zu erschließen, es also während des Forschungsprozesses explorativ zu nutzen.

Als ein erster Vorteil der computerbasierten Netzwerkanalyse hat sich die Möglichkeit des verlässlichen Datenmanagements erwiesen. Die Verwendung des Programms war vor allem dafür sinnvoll, eine große Menge von Informationen geordnet abzulegen und durchsuchbar zu halten. Dies ermöglichte es, zunächst einen Überblick über die Vielzahl von Quellen zu erhalten und vor allem die Verbindungen insgesamt zu erfassen. Als ein durchaus aufschlussreicher Nebeneffekt innerhalb der Logik der vorliegenden Arbeit hat sich dabei gezeigt, dass die verschiedenen Fallstudien an verschiedenen Stellen miteinander verbunden sind. So hatten, wie schon in Kapitel 5.5 ausgeführt, die Arnholds Verbindungen zum AFSC. Die Hebräische Universität war vor allem durch die Förderung der Warburgs mit der deutsch-jüdischen Bankierselite und damit sowohl mit Bleichröders wie auch mit Arnholds verbunden. Albert Einstein schließlich setzte sich als engagierter Empfehlungsschreiber nicht nur für Akademikerinnen und Akademiker ein, die er an die Hebräische Universität vermittelte, sondern stellte auch Verbindungen für deutsche Juden her, die mit der Unterstützung des AFSC in die USA zu fliehen versuchten.

Weiterhin wurden besonders durch die Visualisierung verschiedene Aspekte anschaulich, die mit anderen Zugängen vielleicht übersehen worden wären. Besonders im Falle der Hebräischen Universität zeigte sich, dass die Netzwerke gescheiterter Bewerbungsprozesse und damit nicht angehörter Empfehlungen tatsächlich anders aussahen als die Netzwerke erfolgreicher Empfehlungsprozesse.[21] Abgelehnte hatten demnach seltener Verbindungen in die Entscheidungszentrale der jeweiligen Institution – ein Befund, der ohne die Visualisierung der Verbindungen wohl nicht zutage getreten wäre.

Die fast schmerzhaft offensichtliche Unterrepräsentation von Frauen in den Visualisierungen regte dazu an, die Briefe noch einmal genauer zu lesen. Mit einem auf diese Weise geschärften Blick für die namenlosen Frauen (Tanten, Mütter, Ehefrauen) wurde deutlich, dass der Anteil von Frauen an der Netzwerkarbeit weitaus höher war, als es auf den ersten Blick schien.

Ein elektronisches Datenmanagementsystem kann darüber hinaus aber auch die analytische Arbeit sinnvoll ergänzen und Forschende davor bewahren, nur diejenigen Forschungsergebnisse zu sehen, die den eigenen kulturellen Prägungen und den daraus erwachsenden Vorannahmen entsprechen. Durch die digitale Netzwerkanalyse besteht damit zumindest die Chance, an einigen Stellen einer Art selbsterfüllender Prophezeiung der Quelleninterpretation zu entgehen. Besonders in der Fallstudie zum

21 Vgl. Kapitel 4.9.

AFSC hat sich gezeigt, dass die SNA-Methode davor schützte, sich etwa im Umgang mit prominenten Personen auf das eigene Vorwissen zu verlassen und sich, um in diesem Beispiel zu bleiben, nur auf die bekannten Namen zu konzentrieren. Indem in der Datenverarbeitung sichtbar wurde, dass die prominenten nicht immer die größten Knotenpunkte des Netzwerks darstellten, also nicht die meisten Verbindungen aufwiesen, wurde es möglich, weniger prominenten Akteurinnen und Akteuren Raum und wissenschaftliche Beachtung zuteilwerden zu lassen.[22]

Einen weiteren, zumindest potenziellen Vorteil der computerbasierten Analyse hat diese Arbeit nicht umfassend genutzt: die Textanalyse. Aufgrund der individuellen Formulierungen in den verschiedenen Empfehlungsschreiben war es nicht möglich, einen genauen Phrasenschlüssel zu entwickeln, da auch die zeitgenössischen Briefsteller nur grobe Hinweise darauf gaben, wie Empfehlungsschreiben zu verfassen waren. Erst im Verlauf der Studie ließ sich erkennen, dass bestimmte Formulierungen gerne verwendet und bestimmte Hinweise gehäuft gegeben wurden, während andere erwartbare Formulierungen ausblieben. Allerdings muss selbstkritisch festgestellt werden, dass die vorliegende Analyse einige Formulierungen nicht entschlüsseln konnte – ob zum Beispiel der Satz „Er ist der Einzige, den ich mir für diese Aufgabe vorstellen kann" wirklich eine positive Aussage ist, kommt auch auf die Persönlichkeit des Empfehlungsgebers an. Unter diesen Gesichtspunkten eigneten sich Empfehlungsschreiben – zumal in transnationalen Kontexten – nicht für diese Art des Text-Minings.

6.5 Erkenntnispotenzial von Empfehlungsschreiben

Im Schlusskapitel dieser Arbeit soll auch zwei Fragen grundsätzlicher Natur ausführlicher reflektiert werden: Es geht erstens darum, welches Potenzial die Textform Empfehlungsschreiben für die historische Forschung hat und zweitens, welchen Vorteil es bringt, sich auf eine einzelne Textform als Quelle zu konzentrieren und diese umfassend zu analysieren.[23]

Im Verlauf der Arbeit ist deutlich geworden, dass Empfehlungsschreiben als Quelle bislang unterschätzt wurden. Die Empfehlungen liefern Informationen für ein ganzes Tableau an Themen, für die sich die historische Forschung interessiert. Die Tatsache, dass eine Vielfalt von Forschungsthemen, die im Folgenden noch besprochen werden, in Empfehlungsschreiben auftaucht, macht sie zu einer Forschungsquelle, die auch in anderen Zeiträumen, Regionen und soziokulturellen Kontexten Informationen über die jeweilige historische Realität bereithalten kann.

---

22 Freemann, Linton C.: Graphic Techniques for Exploring Social Network Data, in: Carrington, Peter J.; Scott, John; Wassermann, Stanley (Hgg.): Models and Methods in Social Network Analysis. Cambridge 2005, S. 248–269.

23 Die Fragen ergeben sich vergleichbar bei der Verwendung von Tagebüchern, vgl. Bänziger: Die Moderne als Erlebnis, S. 327–329.

Eine der größten Stärken des hier gewählten Vorgehens, eine einzige Textform in den Mittelpunkt zu stellen, ist, dass so eine thematische Diversität und Komplexität zugelassen wird, die bisher in Forschungsarbeiten zur Moderne nicht unbedingt üblich war. Vermutlich weil bereits den Zeitgenossinnen und Zeitgenossen die Gesellschaft der Moderne ungewöhnlich komplex erschien, gruppierten sie die verschiedenen Gesellschaftsmitglieder oft in Typen, denen sie verschiedene Eigenschaften und Eigenheiten zuwiesen. Diese Art zu denken und zu sortieren wurde von Historikerinnen und Historikern aufgegriffen – sie erleichterte lange die Eingrenzung der Forschungsgegenstände oder war Grundlage für die Konzeption von Sammelbänden. So wurde die Annahme, dass ein bestimmter Beruf einen bestimmten Menschenschlag, einen Typus anzog oder erzog, dokumentiert und damit auch festgeschrieben.[24] So einflussreich, gut recherchiert und mitunter spannend diese Arbeiten auch sind, so erscheint es doch wichtig, sie als Startpunkt für differenziertere und diversere Betrachtungen zu verstehen. Diese Art der Typisierung kann nur hinter der komplexen historischen Realität zurückbleiben. Es muss Wege geben, die komplexe Vergangenheit gleichzeitig offener und flexibler und trotzdem weiterhin konkret zu fassen. Hierfür sucht die Forschung bereits nach anderen verbindenden Elementen, mit denen sie Gruppen von Menschen zusammenhängend analysieren kann. Ansätze der Familien- und Verwandtschaftsforschung, aber auch eine differenziertere neue Regionalgeschichte bieten bereits Lösungsansätze für dieses Problem.[25]

Die in dieser Arbeit angewandte konsequente Fokussierung auf eine Quellengattung hat eine weitere Möglichkeit geschaffen, historische Phänomene zu beleuchten, ohne sich auf eine unterkomplexe Einteilung in Gruppen festzulegen. Die Kapitelstruktur folgte Bankiers, Akademikerinnen und Akademikern und Fliehenden. Schon in den einzelnen Fallstudien dieser Arbeit zeigte sich, dass innerhalb dieser Gruppen verschiedene „andere“ Akteurinnen und Akteure auftauchten, die bei einer Fokussierung auf die Typen unbeachtet geblieben wären. Die Hauswirtschafterin der Bankiers, die Mäzeninnen und Mäzene der Universität oder die vielen Unterstützerinnen und Unterstützer aus dem Umkreis der Quäker hätten mehr der Erklärung bedurft, hätte diese Arbeit versucht, die Empfehlungsstrategien verschiedener „Typen“ mit vorgefassten Grundannahmen zu analysieren.

Das eingängigste Beispiel für die Komplexität von Phänomenen, die diese Arbeit zu analysieren versucht hat, ist vielleicht der gesellschaftliche Antisemitismus, der sich unterschwellig auch in Hilfsorganisationen bemerkbar machte. Auch die an vielen

---

24 So geschehen etwa bei Frevert, Ute; Haupt, Heinz-Gerhard (Hgg.): Der Mensch des neunzehnten Jahrhunderts. Essen 2004; Frevert, Ute (Hg.): Der Mensch des 20. Jahrhunderts. Frankfurt am Main 1999. Aber auch differenzierter bei Mosse: Jüdische Unternehmer in Deutschland im 19. und 20. Jahrhundert.

25 Vgl. Gallion, Nina; Göllnitz, Martin; Schnack, Frederieke Maria (Hgg.): Regionalgeschichte. Potenziale des historischen Raumbezugs. Unter Mitarbeit von Oliver Auge. Göttingen 2021; Frese, Matthias; Küster, Thomas; Thießen, Malte (Hg.): Varianten des Wandels. Die Region in der jüngsten Zeitgeschichte 1970–2020. Leiden 2023.

Stellen deutlich gewordene Vermischung von Privat- und Berufsleben und die damit einhergehende erweiterte Agency vor allem von Frauen macht erneut darauf aufmerksam, dass eine schematische Einteilung historischer Realität nicht sinnvoll ist. Im Widerspruch zum Versuch, Geschichte durch das Einteilen in bestenfalls vergleichbare Typen und wiederkehrende Phänomene zu ordnen, hat diese Arbeit deutlich gemacht, dass vergangene Gesellschaften weitaus komplexer waren, als sie für derart methodologische Ansätze sein müssten.

Es ist dabei erstaunlich, dass es mit der Analyse von Empfehlungsschreiben vielleicht gerade der Rückkehr zu einer klassischen Quelle der historischen Forschung bedurft hat, um sich bekannten Themen auf eine neue Weise zu nähern. Briefe sind bewährte historische Quellen. In wiederkehrenden Wellen hatte die historische Briefforschung Hochkonjunktur.[26] Bisherige Untersuchungen zu Briefnetzwerken fokussierten vor allem eine Person, deren Persönlichkeit sich aus den Briefen erschließen sollte, oder einen Personenkreis, der zu einem bestimmten Thema korrespondierte.[27] Im Gegensatz dazu hat der Ansatz, ein bestimmtes Genre zu untersuchen, den Vorteil, dass die Zusammensetzung der beteiligten Personenkreise nicht schon im Vorfeld abgesteckt ist.

Auch inhaltlich überzeugen Empfehlungsschreiben als historische Quelle, bieten sie doch neue Möglichkeiten, Biografien zu rekonstruieren. Anders als Memoiren und Autobiografien, die am Ende eines Lebens verfasst werden, kommentieren Empfehlungsschreiben Lebensabschnitte der Empfohlenen in dem Moment, in dem der jeweilige Abschnitt endet. Das heißt, dass wichtige biografische Epochen wie Ausbildungsphasen, Positionswechsel und Unterstützungsgesuche, die am Ende eines Lebens bereinigt und entweder sprachlich geglättet oder als sich selbst erfüllende Prophezeiung interpretiert werden würden, in neuem Licht erscheinen können. Diese Lebensabschnitte werden in Empfehlungsschreiben zwar ebenfalls geglättet, sie sind aber zeitlich näher am realen Ereignis und damit ein Stück weit authentischer. Hier ist es besonders vorteilhaft, wenn zu einer Person – im Kontext dieser Arbeit ist vor allem an Richard Brieger zu denken – besonders viele Empfehlungsschreiben aus verschiedenen Zeiten und von diversen Verfassern vorliegen. Besonders für die Elitenforschung haben sich Empfehlungsschreiben als wichtige Quellen erwiesen, gewähren sie doch Einblick in die interne Kommunikation, die zur Konstitution und zum Erhalt dieser gesellschaftlichen Gruppen beitrug.

---

26 Berg, Matthias: Briefkultur(en) in der deutschen Geschichtswissenschaft zwischen dem 19. und 21. Jahrhundert. 21.02.2019–23.02.2019, in: H-Soz-Kult 2019, URL: www.hsozkult.de/event/id/termine-39087, abgerufen am 31.01.2022.

27 Berg: Briefkultur(en).

6.6 Jüdische Geschichte als transnationale Geschichte

Zusätzlich zu den Veränderungen, die Empfehlungen in verschiedenen historischen Situationen durchlaufen haben, enthielt diese Untersuchung von Empfehlungen auch Erkenntnisse für weitere Felder der historischen Forschung. Beginnend mit dem Potenzial der jüdischen Geschichte für den Ansatz der transnationalen Geschichtsschreibung sollen diese verschiedenen Felder im Folgenden angerissen werden.

Dafür ist zunächst festzustellen, dass ein wichtiger Unterschied zwischen der Selbstwahrnehmung der historischen Akteurinnen und Akteure und der Außenwahrnehmung der Historikerin liegt. Denn dass alle deutschen Juden sich selbst trotz einer rückblickend klar transnationalen Lebensweise als transnational beschrieben hätten, kann nur schwerlich behauptet werden. Vor allem im Kaiserreich und mit dem Erstarken des Nationalstaates bei gleichzeitigem sozialen Aufstieg der deutschen Juden wuchsen auch deren Nationalbewusstsein und ihr Zugehörigkeitsgefühl zu Deutschland.[28] Und auch die Zionisten, die die Nationalstaatsgründung Israels anstrebten, müssen als Nationalisten verstanden werden. Hier wird deutlich, wie wichtig der Hinweis Patels war, dass auch die transnationale Geschichte nicht ohne die Idee des Nationalen auskommen kann.[29] Für Historikerinnen und Historiker sollte der Nationalismus allerdings nicht mehr gedankenleitend sein.[30] Hierzu hat Jochen Meissner das Verhältnis der Analysekategorien „transnational“ und „national“ in der Geschichtswissenschaft knapp zusammengefasst.[31]

Spätestens sobald sich die deutschen Jüdinnen und Juden mit ihren Empfehlungen im Ausland beweisen mussten, zeigten sich auch variierende Vorstellungen von Deutschsein. Ebenso wie mit Blick auf das Jüdischsein kann durch das Lesen von Empfehlungen eher Vorurteilsforschung betrieben werden, als dass man davon ausgehen könnte, eine überraschende neue Erklärung zur Essenz „des Deutschen“ zu finden. Es zeigt sich also auch in diesen Quellen, dass die Kopplung bestimmter Zuschreibungen an Angehörige bestimmter Nationen immer nur fehlerhaft und unzureichend sein kann, da in den meisten Fällen auch schon zu Zeiten, als man der Auffassung war, dass

28 Vgl. Jensen: Gebildete Doppelgänger, S. 107.

29 Patel, Klaus Kiran: Transnationale Geschichte – Ein neues Paradigma? In: Connections. A Journal for Historians and Area Specialists. 02.02.2005, URL: https://www.connections.clio-online.net/debate/id/fddebate-132111, abgerufen am 31.01.2022.

30 Vgl. Berger, Stefan: History Writing and Constructions of National Space. The Long Dominance of the National in Modern European Historiographies, in: Carretero, Mario; Berger, Stefan; Grever, Maria (Hgg.): Palgrave Handbook of Research in Historical Culture and Education. London 2017, S. 39–59.

31 Meissner; Jochen: Die Tradition der „Area Studies“ und die Perspektiven neuer Formen transnationaler, transkultureller, postkolonialer und globaler Geschichtsschreibung, in: Connections. A Journal for Historians and Area Specialists. 16.03.2005, URL: www.connections.clio-online.net/debate/id/fddebate-132119, abgerufen am 31.01.2022.

die Nationalität den Charakter forme, es zu einem großen Anteil die Ausnahmen waren, die die Regel bestätigten.

Zudem wurde durch den für diese Arbeit gewählten Zeitraum und die verschiedenen Akteurinnen und Akteure deutlich, dass sich keine formalen Erkennungsmerkmale für Deutsche oder Juden festlegen ließen, die in dieser Arbeit stringent hätten angewandt werden können. Flüchtlinge aus Wien, wie Robert Mislap, hatten die deutsche Staatsbürgerschaft. Wissenschaftlerinnen und Wissenschaftler aus Osteuropa, wie Ladislaus Farkas, waren im deutschen Bildungssystem sozialisiert. In der deutschen höheren Gesellschaft etablierte Honoratioren, wie die Arnholds, waren den Württembergern zu fremdartig. Und Menschen, die wie Erna Barschak mit ihrer deutschen Identität haderten, weil sie vertrieben wurden, wurden von außen als geradezu schmerzhaft deutsch wahrgenommen.

Es ist vor allem das wachsende Bewusstsein dafür, dass sich Identitäten nicht in theoretisch-methodische Schemata pressen lassen, das die transnationale Geschichte immer interessanter werden lässt.[32] Die historischen Akteurinnen und Akteure dieser Arbeit haben ein weiteres Mal verdeutlicht, dass der nationale Container ebenso wenig ausreichend ist, wie es ein internationaler Vergleich wäre.[33] So hat es sich für diese Arbeit als fruchtbar erwiesen, die Landesgrenzen, über die sich die Akteurinnen und Akteure bewegten, zwar mitzudenken, sie aber nicht in der konzeptuellen Anlage der Arbeit als Raster anzulegen.

Der wiederkehrende und schier nicht klar zu definierende Begriff der deutsch-jüdischen Identität in der Eigen- und Fremdwahrnehmung legt es nahe, sich am Ende dieser Arbeit einem Konzept zu nähern, das in deren Verlauf wenig reflektiert wurde: Es geht um den von Madeleine Herren bereits 2012 eingeführten Begriff der „transkulturellen Geschichte". Für zukünftige Arbeiten erscheint es sinnvoll, von Empfehlungen als transkulturellen Praktiken zu sprechen. Nach Herrens Definition ist der Kern einer transkulturellen Geschichte ein Verständnis von Kultur, das auf der Vorstellung von einem Spannungsfeld kulturerschaffender Netzwerke und identitätsstiftender Praktiken basiert. Hierfür ist es nach Herren nicht nur wichtig, die Netzwerke mitzudenken, in denen Kultur gelebt wird, sondern auch die Grenzen, innerhalb derer eine Kulturform stattfindet. Was diese Grenzen dann überschreitet, ist transkulturell.[34]

Nun stellen der Aufbau von Briefen oder die Themenhierarchisierung, die in dieser Arbeit die Untersuchung leiteten, sicher keine identitätsstiftende Kulturpraxis dar. Es ist vielmehr der Grundgedanke der Empfehlung, sich auf das Urteil vertrauter oder

32 Blackbourn, David: Germans Abroad and Auslandsdeutsche, in: Geschichte und Gesellschaft 41 (2015) 2, S. 321–346, hier S. 322.

33 Vgl. Paulmann, Johannes: Internationaler Vergleich und interkultureller Transfer. Zwei Forschungsansätze zur europäischen Geschichte des 18. und 19. Jahrhunderts, in: Historische Zeitschrift 267 (1998), S. 649–685; Vgl. zur Diskussion in der GG: Werner, Michael; Zimmermann, Bénédicte: Vergleich, Transfer, Verflechtung. Der Ansatz der Histoire Croisée und die Herausforderungen des Transnationalen, in: Geschichte und Gesellschaft 28 (2002) 4, S. 307–336.

34 Herren: Transkulturelle Geschichte, S. 156.

vertrauenswürdiger Personen zu verlassen, der kulturstiftend ist. Dass diese Praxis transnational ist, hat die Arbeit deutlich gezeigt. Um aber beurteilen zu können, ob sie transkulturell ist, hätten die Akteurinnen und Akteure ihren Kulturkreis, den eurozentrischen, ganz verlassen müssen. Die in dieser Arbeit untersuchten Empfehlungsschreiben sind zwar weit gereist, aber nie wurde die Empfehlungspraxis grundsätzlich hinterfragt; alle Empfänger waren mit ihr vertraut. Um diese differenzierte Gemengelage weiter zu erforschen, bedürfte es weiterer Studien.

Der Ansatz, jüdische Geschichte grundsätzlich transnational zu denken, wurde prägnant von Hannah Arendt bearbeitet. Sie postulierte, es sei nur Propaganda derjenigen, die für jüdische Assimilation seien, das jüdische Volk im Kontext verschiedener Nationalstaaten zu verstehen. Dies schaffe Raum für „dubiose Ideologien“ und werde – um Arendt stark verkürzt zusammenzufassen – der Sache nicht gerecht.[35] Jüdische Geschichte als einen möglichen Weg zu einer transnationale Geschichtsschreibung zu verstehen, hat Till van Rahden im Jahr 2005 angeregt. Die jüdische Geschichte eignet sich ihm zufolge hervorragend dafür, transnationale Denkweisen und Theorien anzuwenden.[36] Die in dieser Arbeit untersuchten Geschichten jüdischen Lebens sind Paradebeispiele kultureller Hybridität und stehen Modell für eine postnationalistische, eine Existenz in der Diaspora. Damit hat diese Arbeit gleichzeitig deutlich gemacht, dass ein Zugang zur jüdischen Geschichte aus der allgemeinen Geschichte heraus neue Betrachtungsweisen für die deutsch-jüdische Geschichtsschreibung liefern kann. Gerade mit dem Bedeutungsverlust der jüdischen Religion für die Juden selbst und der Ausdifferenzierung der Konfessionen seit der jüdischen Aufklärung erscheint eine reine Religionsgeschichte mitunter von der historischen Realität weit entfernt. Auch der zweite Schwerpunkt der deutsch-jüdischen Geschichte, die Antisemitismusforschung, ist wichtig und gewinnbringend, wirkt aber zumindest teilweise unterkomplex, wenn es um die politischen und gesellschaftlichen Stellungen und Einstellungen der von Antisemitismus Betroffenen geht.

6.7 Historische und gesellschaftliche Themen im Spiegel von Empfehlungen

Im Licht einer synthetisierten transnationalen Geschichte jüdischer Empfehlungen erscheint es so nur auf den ersten Blick erstaunlich, dass einige Themen, die bisher als für die jüdische Moderne spezifisch verstanden wurden, in dieser Arbeit wenig Aufmerksamkeit erfahren haben. Zuallererst fällt hierunter die Frage nach der angeblich höheren Risikobereitschaft von Jüdinnen und Juden. Gideon Reuveni hatte in seinem

35 Vgl. dazu ausführlicher und sehr wortgewandt: Arendt, Hannah: The Jew as Pariah. A Hidden Tradition, in: Jewish Social Studies 6 (1944) 2, S. 99–122, hier S. 99.

36 Rahden, Till van: Jews and the Ambivalences of Civil Society in Germany, 1800–1933. Assessment and Reassesment, in: The Journal of Modern History 77 (2005) 4, S. 1024–1047, hier S. 1027–1028.

Artikel zur deutsch-jüdischen Geschichte als Wirtschaftsgeschichte nachvollziehbar darauf aufmerksam gemacht, dass vertrauensvolle Interaktionen die Grundlage vernünftigen Wirtschaftens waren. Nachvollziehbar brachte er das Thema der Risikobereitschaft damit in Verbindung. In diesem Zusammenhang zeigte er vor allem, dass die Idee von wirtschaftlich risikobereiteren Juden aus Max Webers Konzept des „Paria-Kapitalismus" und Werner Sombarts Buch „Die Juden und das Wirtschaftsleben" stammt.[37]

Diese Arbeit nun legt eher den Schluss nahe, dass deutsche Juden wie etwa die Arnholds zwar gerne fortschrittsorientiert investierten und Neuem gegenüber vergleichsweise aufgeschlossener waren als ihre christlichen Konkurrenten. Dezidiert risikobereiter scheinen sie aber nicht gewesen zu sein. Gerade die intensive Nutzung von Empfehlungen auch zur Absicherung von Wirtschaftsentscheidungen und Investitionen, wie sie vor allem die Bleichröders und die Arnholds praktiziert haben, legt eher nahe, dass Vertrauen und Sicherheit auch im Wirtschaftsleben zu den Hauptbedürfnissen gehörten. Risikoreiche Investitionen wie etwa Arnholds Beteiligung am Sachsenwerk wurden mit der Platzierung „eigener", also bekannter, Angestellter abgesichert. Unter diesem Gesichtspunkt lässt sich die These der Risikobereitschaft wenn nicht falsifizieren, dann doch mindestens erweitern: Ein gesteigertes Risiko wurde mit gesteigerten Sicherheitsvorkehrungen ausgeglichen.

Ein wiederkehrendes Thema der Arbeit war ebenfalls die Frage der Vernunft, beziehungsweise der „rationalen" Entscheidung. Der Anspruch, dass eine vernünftige Entscheidung im professionellen Rahmen entweder für alle Beteiligten maximal gerecht ist oder der unmittelbaren Gewinnmaximierung dient, greift, wie diese Arbeit vor allem in den ersten beiden Fallstudien gezeigt hat, immer wieder zu kurz. Obwohl die historischen Akteurinnen und Akteure um die Bleichröders und die Arnholds davon ausgingen, vernünftig und im Sinne des Geschäfts zu handeln, trafen sie Entscheidungen, die dem heutigen Verständnis nach von Verwandtschaftsbeziehungen, geschuldeten Gefallen und gesellschaftlichen Verpflichtungen geleitet waren und eben nicht dem Ideal der vernünftigen Entscheidung entsprachen. Man kann diese Art von Entscheidungen allerdings sehr wohl als vernünftig verstehen, wenn man sie in ihrer jeweiligen historischen und sozialen Realität verortet. Einen erbetenen Gefallen nicht zu erwidern wäre für das soziale Gefüge, in dem die Bankiers wirtschafteten, unvernünftig gewesen. Sich nicht darum zu bemühen, „eigene" Protegés, die der Bank verpflichtet waren, in Unternehmungen einzuschleusen, in die man investiert hatte, wäre unvernünftig gewesen, da man sich eine Kontrollmöglichkeit begeben hätte. Den Sohn eines befreundeten Bankiers nicht bei sich im Haus aufzunehmen, war unvernünftig, brachte dieser doch Informationen über die väterliche Bank und die Garantie eines fortbestehenden freundschaftlichen Verhältnisses mit sich, selbst wenn sein Können gering war. All diese Entscheidungen erscheinen auf den ersten Blick nicht gerecht,

37 Vgl. Reuveni: Deutsch-jüdische Geschichte als Wirtschaftsgeschichte, S. 226.

fair oder auch nur gewinnmaximierend. Sie sicherten aber auf lange Sicht den Erhalt eines gut funktionierenden Systems.

Diese Feststellung könnte Auswirkungen auf das heutige Verständnis weitreichend akzeptierter Dichotomien von Tradition und Moderne sowohl in der jüdischen als auch in der allgemeinen Geschichte haben. Denn in der besseren Gesellschaft Berlins um die Wende vom 19. zum 20. Jahrhundert, lebte man mit sehr viel mehr vormodernen Praktiken, Gepflogenheiten und Werten, als oft angenommen wurde.[38] Es ist dabei aber nicht zu vergessen, dass diese Art der Netzwerkarbeit auch einen bisher vielleicht zu wenig beachteten Handlungsspielraum eröffnete, bedeutete sie doch eine hohe Form von Gestaltungsmacht bezüglich der Zusammensetzung der Gesellschaft, in der man sich bewegte auch eine Möglichkeit der Einflussnahme auf die eigenen Aufstiegsmöglichkeiten sowie auf jene nahestehender Verwandter, Freunde und Bekannter.[39]

Genau aus diesem Grund waren Empfehlungen auch zu jeder Zeit Zeugnisse zwischenmenschlicher Verbindungen. Ihre Erforschung liefert darum auch Erkenntnisse für das geschichts- und kulturwissenschaftliche Arbeitsfeld der Freundschaftsforschung (*friendship studies*), das in der Einleitung dieser Arbeit bereits umrissen wurde. Im Gegensatz zu den Definitionen und Theorien über Freundschaften der manchmal ebenso wortgewandten wie exzentrischen Denkerinnen und Denker des Untersuchungszeitraums zeugen Empfehlungen von einem alltagspraktischeren Freundschaftsverständnis.[40] Freundschaft in den hier analysierten Quellen ist oft eng verbunden mit Loyalität und Verantwortungsgefühl. Darüber hinaus zeigt sich aber auch ein zweckmäßiger, berechnender Einsatz des Begriffs. Eine empfohlene Person als Freund oder Freundin zu beschreiben und damit auf die besondere Enge der Verbindung hinzuweisen, legte den Adressaten eine besondere Priorisierung der Person nahe. Da dies allgemein bekannt und anerkannt war, wurden mitunter Personen als Freunde bezeichnet, zu denen das Verhältnis tatsächlich gar nicht so eng war, um die Empfehlung aufzuwerten.[41]

38 Vgl. zur Diskussion auch Fuchs, Stefanie; Wurbs, Janina: Tagungsbericht: Rural and Urban Jewries between Tradition and Modernity. Internationaler Nachwuchsworkshop Jüdische Studien, 14.03.2021 – 15.03.2021 digital, in: H-Soz-Kult, 09.07.2021, URL: www.hsozkult.de/conferencereport/id/tagungsberichte-8992, abgerufen am 31.01.2022.

39 Die Tagung „German Jewish Agency in Times of Crisis", setzte sich mit dem Handlungsspielraum und der Gestaltungsmacht von Juden auseinander, thematisierte aber nicht die Netzwerkarbeit: Müller-Stahl, Robert: Tagungsbericht: German-Jewish Agency in Times of Crisis, 1914–1938, 18.02.2020 – 19.02.2020 Sussex, in: H-Soz-Kult, 01.05.2020, URL: www.hsozkult.de/conferencereport/id/tagungsberichte-8745, abgerufen am 31.01.2022.

40 Vgl. für ausformulierte, intelligente Gedanken zu freundschaftlichen Gefühlen Kracauer, Siegfried: Über die Freundschaft [1917/18], in: Ders.: Werke, Bd. 5.1: Essays Feuilletons, Rezensionen 1906–1923, hg. v. Inka Mülder-Bach. Frankfurt am Main 2011, S. 29–59; Simmel: The Sociology of Georg Simmel, S. 317–329 oder Arendt, Hannah: On Humanity in Dark Times. Thoughts about Lessing, in: Ludz, Ursula (Hg.): Men in Dark Times. 5. Aufl. München 2014, S. 3–31.

41 Vgl. die Geschichte Richard Briegers im Kapitel 4.9.

In besonderer Weise zeigt sich diese Art der Gestaltungsmacht, wenn man die Frage nach eventuell geschlechtsspezifischen Empfehlungscharakteristika stellt. Wie sich gezeigt hat, war die Beschreibung von Frauen in Empfehlungen unerwartet unauffällig. Besonders in den Quellen, die für die letzten beiden Kapitel benutzt wurden, waren die Beschreibungen zu vermittelnder Frauen ebenso nüchtern und professionell wie die der Männer. Sicherlich wurde in einigen Schreiben, besonders in denen im Kapitel über das AFSC, das Aussehen der Frauen beschrieben. In diesen Kontexten wurden aber auch besondere äußerliche Merkmale männlicher Bewerber hervorgehoben, sodass sich hier kein geschlechtsspezifisches Vorgehen feststellen lässt. Auch die Frauen, die nicht in professionellen Angestelltenverhältnissen arbeiteten, sondern hohe Positionen in der Familie einnahmen und dort Verbindungen pflegten und beförderten, wie es bei den Bankiersfamilien in den ersten beiden Kapiteln der Fall war, wurden meist mit einer gewissen Ehrfurcht erwähnt. Eine Ausnahme war die junge Frau des Bankiers Ottomar Haupt, die zu dem Zeitpunkt ihrer Erwähnung nur als attraktive Person mit gesellschaftlichem Potenzial beschrieben wurde. Die Beschreibung von Wissenschaftlerinnen als nicht unbedingt attraktiv war keineswegs üblich, anders als man vielleicht hätte annehmen können. Es gab in den äußeren Beschreibungen keinen sprachlichen Unterschied zwischen der Ehefrau und Hausfrau einerseits und der Wissenschaftlerin andererseits.

Was die Zuschreibungen von Verhaltensarten oder Wesensformen als männlich und/oder weiblich betrifft, ist in Empfehlungsschreiben besonders bemerkenswert, dass die Aufgabe der Kontaktpflege von den Zeitgenossinnen und Zeitgenossen geschlechtsspezifisch verstanden wurde. So oblag den Frauen die Pflege der privaten Kontakte. Da diese privaten Kontakte vor allem in Familienunternehmen auch zu professionellen Kontakten wurden, war es eine wichtige Aufgabe vor allem der Frauen, das Netzwerk zu pflegen. Dabei bestätigen große männliche Netzwerker wie Albert Einstein als Ausnahmen die Regel. Einsteins Briefe suggerieren, dass er über Aufenthaltsort, Lebensumstände, Vorlieben und Fähigkeiten aller möglichen Kollegen, Verwandten und Bekannten sowie über ihre individuellen Schicksale Bescheid wusste und notwendige Informationen bei Bedarf abrufen konnte. Ob dies so stimmt oder ob er nicht zwischendurch Rücksprache mit anderen hielt oder ein gut gepflegtes Rolodex bemühte, ist nicht belegt. Trotz solcher bemerkenswerten Ausnahmen zeigt sich in der von Frauen besorgten Netzwerkarbeit auch deutlich, dass die These von der Trennung zwischen Privatsphäre und Öffentlichkeit nicht aufrechtzuerhalten ist.

Interessant erscheint weiterhin, dass sich für die männliche Netzwerkarbeit eine eigene, elitäre Kategorie herausgebildet hat, nämlich das Mäzenatentum. Die Sorge um Protegés und die Organisation von Stiftungen sowie die Vereinstätigkeit waren im 19. Jahrhundert klar männlich dominierte Felder. So vermischen sich die männlichen und weiblichen, privaten und öffentlichen, geschäftlichen und gesellschaftlichen Zuständigkeitsbereiche so stark, dass eine Trennung gar nicht möglich ist. Ein erweitertes Verständnis von maßgeblichen Beteiligungen am Wirtschafts- und Berufsleben kann auch Forschungsbereiche wie die Wirtschafts- und Universitätsgeschichte, die bisher noch sehr stark auf einzelne Akteurinnen oder Akteure beziehungsweise auf Institutionen fokussieren, anregen, sich dem Grundgedanken zu öffnen, dass historische Veränderungen selten von nur einer Person hervorgebracht wurden oder dass eine Institution sich nicht aus sich selbst heraus entwickelte. Darüber hinaus zeigt der für Empfehlungen entscheidende zwischenmenschliche Kontakt und das darin enthaltene Vertrauen, dass auch Arbeiten zur Geschichte des Banken- und Kreditwesens, wie jüngst etwa von Falk Liedtke[42] vorgelegt, stärker den „Faktor Mensch" in die Entwicklung des Managerkapitalismus einbeziehen müssten.

Dass die schriftliche Empfehlung eine Praxis ist, die besonders in bürgerlichen Eliten praktiziert wurde, hat sich in dieser Arbeit bestätigt. Im Feld der Eliten- und Bürgertumsforschung zeigt sich damit, worauf bereits Jürgen Osterhammel und andere aufmerksam machten: Die Bourgeoisie ist global zu verstehen und hat ihren Habitus nicht innerhalb der Grenzen eines Nationalstaates ausgebildet und praktiziert.[43] Vielmehr war der soziale Austausch, wie sich in allen Kapiteln gezeigt hat, stets grenzübergreifend. Die Gründe dafür lagen, wie auch in dieser Arbeit deutlich wurde, vor allem in anhaltenden Migrationsbewegungen und transnationalen Geschäftsbeziehungen.

Die Empfehlung als vornehmlich bürgerliche Praxis reiht sich damit in eine Reihe bürgerlicher Lebenspraktiken und habitueller Gebräuche ein, die gesamtgesellschaftlich spätestens seit der zweiten Hälfte des 20. Jahrhunderts unter anhaltenden Modifikationen an Bedeutung gewannen.[44] Unter diesen Gesichtspunkten erscheint es lohnend, weiterhin Bürgertumsforschung unter transnationaler Perspektive zu betreiben.[45] Die Analyse der Empfehlungspraxis könnte gerade für den Untersuchungszeitraum auf die sozialen Kreise von Arbeiterinnen und Arbeitern, Handwerkerinnen und Handwerkern sowie Bäuerinnen und Bauern ausgedehnt werden. Präsent werden diese Gruppen vornehmlich dann, wenn die Angehörigen der bürgerlichen Schichten sie einander als Dienstleisterinnen und Dienstleister empfehlen. In diesen Situationen wurde die bürgerliche Empfehlungspraxis auf die Arbeiterinnen und Arbeiter angewandt. Hier zeigen Empfehlungen, dass die gesellschaftlichen Schichten zwar keineswegs durchmischt waren, aber dennoch in einer gewissen praktischen

42 Liedtke, Falk: Der Konflikt um den Kredit. Organisationsprobleme im Kundenkreditgeschäft Berliner Großbanken vor dem Hintergrund von Bankenkonzentration und Bankenkrise (1924–1939). Dissertation, Fakultät für Geschichtswissenschaften, Ruhr-Universität Bochum, Bochum 2021.

43 Vgl. zu dem Thema den Sammelband Dejung, Christof; Motadel, David; Osterhammel, Jürgen (Hgg.): The Global Bourgeoisie. The Rise of the Middle Classes in the Age of Empire. Princeton 2019.

44 Fischer, Joachim: Bourdieu und Luhmann: Soziologische Doppelbeobachtung der „bürgerlichen Gesellschaft" nach ihrer Kontingenzerfahrung, in: Rehberg, Karl-Siegbert (Hg.): Soziale Ungleichheit, kulturelle Unterschiede. Verhandlungen des 32. Kongresses der Deutschen Gesellschaft für Soziologie in München 2004. Frankfurt am Main, New York 2006, S. 2850–2858, hier S. 2853. Vgl. zu der These, dass das Bürgertum verschwindet, die Lebensweise aber bleibt, auch Bänziger: Die Moderne als Erlebnis, S. 15.

45 Vgl. auch Hettling, Manfred; Pohle, Richard (Hgg.): Bürgertum. Bilanzen, Perspektiven, Begriffe. Göttingen 2019.

Verflechtung miteinander lebten. Diese Verbindungen lassen erahnen, auf welchen Wegen sich Empfehlungsschreiben bei fortschreitender Verbürgerlichung und Akademisierung in weitere Berufsgruppen verbreiteten. Die Beispiele der Hauswirtschafterin und des Gärtners, die in dieser Arbeit behandelt wurden, erscheinen ebenso plakativ wie repräsentativ. Sie machen darauf aufmerksam, dass in der Betrachtung der bürgerlichen Lebensart die nicht-bürgerlichen Angestellten konsequent mitgedacht werden müssen. Sie geben Aufschlüsse über den Umgang der verschiedenen Schichtzugehörigen miteinander. In dieser Arbeit wurden Angehörige unterer sozialer Schichten vor allem während der Krisenzeit seit der Machtergreifung der Nationalsozialisten sichtbar. Der AFSC vermittelte mitunter auch Passagengelder für fliehende Arbeiterinnen und Arbeiter, und zwar auf der Basis von Empfehlungen. Tatsächliche Stellenvermittlung erfolgte für diese Berufsgruppen aber auch hier kaum.

Davon unbenommen bleibt die Feststellung, dass die Analyse von Empfehlungsschreiben das Feld der Migrationsforschung um einige entscheidende Perspektiven bereichert. Vor Beginn dieser Arbeit war es eine der Hypothesen, dass Empfehlungen im Feld der Migrationsgeschichte vor allem die Erforschung des Wanderungsgeschehens bereichern könnten, dass sie Licht werfen auf die Fragen, welche Weichen gestellt und welche Wege beschritten wurden, um Migration zu ermöglichen. Am Ende dieser Arbeit zeigt sich aber, dass Empfehlungsschreiben weitaus mehr zur Migrationsforschung beitragen. Eine Orientierung bieten hierbei die von Jochen Oltmer systematisierten vier Grundfragen der Migrationsforschung. Oltmer fragt nach:

> 1. Den Hintergründen der Abwanderung sowie den Bedingungen und Formen der schrittweisen Lösung aus wirtschaftlichen, rechtlichen und sozialen Bindungen im Herkunftsraum; 2. Den Dimensionen und Mustern räumlicher Bewegungen zwischen Herkunfts- und Zielgebieten; 3. Den Erscheinungsformen und zum Teil langfristig wirksamen Folgen der Zuwanderung im Zielgebiet, die in einen generationenübergreifenden Prozess dauerhafter Ansiedlung und Integration münden kann sowie 4. Den durch die Migration konstituierten Wechselbeziehungen zwischen Ausgangs- und Zielräumen.[46]

Die beiden Fallstudien zur Hebräischen Universität und zum AFSC haben deutlich gemacht, dass Empfehlungen zu allen vier Bereichen der Migrationsgeschichte Informationen liefern können. Hier muss ebenfalls das synthetisierende Potenzial besonders hervorgehoben werden. Die spezifischen Einwanderungsauflagen der Ankunftsländer treten hinter die mindestens in westeuropäischen Kontexten geteilte kulturelle Praxis der Empfehlung zurück. Damit wird es möglich, die Einwanderung in unterschiedliche Länder auf höherer Ebene zusammenzudenken. Bezüglich der migrierten Akteurinnen und Akteure erscheint es darum sinnvoll, einen Begriff wiederzubeleben, den Nina Glick-Schiller bereits 1995 in einem Artikel in der Zeitschrift „Anthropological Quarterly" eingeführt hat: Es geht um den Begriff des „Transmigranten". Im Gegensatz

46 Oltmer, Jochen: Einführung. Europäische Migrationsverhältnisse und Migrationsregime in der Neuzeit, in: Geschichte und Gesellschaft 35 (2009) 1, S. 5–27, hier S. 7.

zur Immigration, die den Prozess der Ankunft betont, und der Emigration, die den Prozess der Ausreise betont, fokussiert die Transmigration den sozial und kulturell übergreifenden Zustand von Migranten. Glick-Schiller spricht davon, gleichzeitig in mehr als eine Gesellschaft eingebettet zu sein.[47]

Damit zeigt diese Arbeit, dass es vor allem die Kombination verschiedener Methoden ist, die Erkenntnisgewinn verspricht und auch für zukünftige Forschungsprojekte nützlich erscheint. Nachdem theoretische Grabenkämpfe und die Ausdifferenzierung der Felder, befeuert durch einen wahren Reigen perspektivischer Wendungen (*turns*), sich besonders in methodischen Texten darauf konzentrierten zu betonen, warum die jeweils neue vertretene Perspektive besonders gewinnbringend sei, vertritt diese Arbeit daher den Ansatz der Synthese mehrerer Methoden. Es erscheint sinnvoll, anhand der jeweiligen Quellen zu entscheiden, welches methodische Handwerkszeug angelegt wird, anstatt die Methoden, die gerade „in" sind, den Quellen überzustülpen, auch wenn diese nicht die geeigneten Informationen enthalten.

Jenseits solcher methodischen Erkenntnisse wurden in dieser Untersuchung Empfehlungen auf eine Weise betrachtet, die gezeigt hat, dass diese in einigen Branchen immer noch genutzte Briefform einem historischen Wandel unterlag. Er vollzog sich nicht linear, sondern anhand der sich verändernden Lebensumstände sowohl der empfohlenen als auch der empfehlenden Personen. Am Ende steht neben dem wissenschaftlichen Vorhaben, die Briefform der Empfehlungsschreiben historisch zu ergründen, vor allem die Erkenntnis, dass Empfehlungen nicht nur durch die Geschichte geprägt wurden, sondern auch ihrerseits die individuellen Geschichten der Akteurinnen und Akteure maßgeblich beeinflussten.

47 Glick-Schiller: From Immigrant to Transmigrant, S. 48.

7 Dank

Im Grunde sind es immer die Verbindungen mit Menschen, die dem Leben seinen Wert geben.

Wilhelm von Humboldt

Das Verfassen dieser Dankesseite, gehört zu den Aufgaben, die ich seit Beginn der diesem Buch zugrunde liegenden Promotion ebenso erwartet wie gefürchtet habe.[1] Am Ende dieser Arbeit kumulieren nun also eine Vielzahl von Eindrücken, Erfahrungen und Begebenheiten in dem großen Bedürfnis, Danke zu sagen. Jahre dieser Arbeit fielen in eine Zeit größter sozialer Isolation. In dieser Phase soziale Verbindungen der Vergangenheit nachzuvollziehen sowie von unterstützenden Systemen und zwischenmenschlichen Beziehungen zu schreiben, hat mir immer wieder auch meine eigenen Netzwerke ins Gedächtnis gerufen. Oft bin ich in den letzten Jahren diese Netzwerke gedanklich durchschritten, in die ich mich mal vertrauensvoll fallenlassen und an denen ich mich zu anderen Zeiten hochziehen konnte. Besonders freut es mich, dass sich mein engstes persönliches Netzwerk im Laufe der Arbeit um nunmehr zwei weitere kleine Mitglieder erweitert hat. Obwohl sie wenig zu dieser Dissertation beigetragen haben, bin ich für die beiden am allerdankbarsten.

Würde man die vielen Menschen, die mit dieser Arbeit in Verbindung stehen, in einer digitalen Visualisierung festhalten, ergäben sich verschiedene Cluster von Individuen und Institutionen, die hier kurz aufgelistet werden sollen: Den Doktormüttern dieser Arbeit ist besonders zu danken – der Chronologie der Einflussnahme nach zunächst Prof. Dr. Simone Lässig, die vor allem, aber nicht ausschließlich, in der ersten Hälfte der Arbeitsphase die Arbeit ebenso kritisch wie unterstützend begleitet hat. Außerdem danke ich Prof. Dr. Sandra Maß, die der Arbeit in Bochum eine längerfristige Anbindung gegeben hat und es mir damit ermöglichte, die intensive Arbeitsphase ohne Druck zu verbringen. Die Unterstützung dieser beiden Frauen ist für mich von unschätzbarem Wert.

Weiterhin wurde die Arbeit durch verschiedene Stipendien ermöglicht. Ein sechsmonatiger Aufenthalt am Sonderforschungsbereich 1150 „Kulturen des Entscheidens" der Deutschen Forschungsgemeinschaft (DFG) an der Universität Münster hat das Nachdenken über Entscheidungen maßgeblich geprägt. Drei Monate am German Historical Institute in Washington haben mir einen Großteil meiner Archivarbeit in Amerika ermöglicht. Zudem habe ich dort verschiedene Möglichkeiten für produktiven wissenschaftlichen Austausch gefunden. Die Arbeit in diesem engagierten, fokussierten und stets freundlichen und aufgeschlossenen Umfeld empfand ich als sehr bereichernd. Reisekostenzuschüsse des Deutschen Akademischen Austauschdienstes (DAAD) haben mich zu verschiedenen Konferenzen gebracht, auf denen ich meine Er-

1 Zur Geschichte dieser geschätzten Kulturtechnik in der Wissenschaft vgl. Dinkel, Jürgen: Dank sagen. Geschichte einer akademischen Kulturtechnik, in: Zeithistorische Forschungen/Studies in Contemporary History 19 (2022) 3, S. 537–559.

https://doi.org/10.1515/9783111389950-007

gebnisse in einem internationalen Rahmen diskutieren durfte. Darüber hinaus waren zwei Summerschools besonders prägend für die Genese dieser Doktorarbeit; sie seien darum allen Doktorandinnen und Doktoranden wärmstens empfohlen: Das Archivkolloquium des German Historical Institute und das German Israeli Archival Exchange Colloquium. In beiden Kontexten habe ich nicht nur Zugang zu einem entscheidenden Teil meiner Quellen erhalten, sondern vor allem wertvolle Kommentare von Doktorandinnen und Doktoranden in ähnlichen Lebens- und Arbeitssituationen. Auch den Kolleginnen und Kollegen an der Ruhr-Universität Bochum bin ich zu großem Dank verpflichtet. Von der ersten Vorstellung im Kolloquium bis zur Disputation habe ich dort große Unterstützung und wissenschaftliche Gemeinschaft erfahren.

Den Archivarinnen und Archivaren der zahlreichen Archive, die die Quellen für diese Arbeit verwahren, erforschen und zugänglich machten, bin ich ebenfalls zu großem Dank verpflichtet. Ofer Tzemach von der Hebräischen Universität sowie Ron Coleman und Megan Lewis vom United States Holocaust Memorial Museum möchte ich, stellvertretend für alle anderen, namentlich erwähnen. Ihre Hilfe ging über das normale Maß hinaus und ohne sie wäre die Arbeit nicht so quellenreich geworden.

Müde und sprichwörtlich betriebsblind konnte ich die Dissertation vor ihrer Abgabe Alex Löwen, Henning Wellmann und meinem Vater, Friedrich Gerlach, zur abschließenden Korrektur schicken. Ihre wertvollen Anmerkungen und aufbauenden Worte sind in dieses Manuskript eingeflossen.

Beim Verlag De Gruyter habe ich für meine Dissertation einen hervorragenden Publikationsort gefunden. Die Arbeit mit Julia Brauch und Jana Fritsche hat mir große Freude bereitet. Auch bin ich der Irene Bollag-Herzheimer Stiftung für einen großzügigen Druckkostenzuschuss dankbar. Den Herausgeberinnen und Herausgebern der Reihe „Elitenwandel in der Moderne" danke ich dafür, dass sie sich des Manuskripts angenommen haben. Namentlich hervorzuheben sind unbedingt Stephan Malinowski, Martin Kohlrausch und Malte Rolf.

Dass diese Aufzählung nicht hierarchisiert ist, zeigt sich daran, dass sie mit meiner Familie und den Freunden endet. Ich bin besonders meinem Mann und allen meinen Eltern, sowie einer großen Zahl an Verwandten und Wahlverwandten sehr dankbar für Prägungen, Einfluss und bedingungslose Unterstützung. Freundinnen und Freunden aus Schule, Studium und Leben, die meinen Weg begleitet haben, danke ich von Herzen. Von ihnen erhielt ich Ablenkung und Rat, Motivation und Kritik. Und viele haben sich gefragt, was ich den ganzen Tag so mache: Das hier! Dankeschön.

8 Quellenverzeichnis

Publizierte Quellen

Anon., The Bankers' Magazine, 69 (1904).

Baras, Simon: Zur Notwendigkeit einer ordentlichen Erziehung der Knaben 1784–1788. Simon ben R. Secharja, Igeret le-h'dl"a, in: Ha-Measef I (1784) – IV (1788), in: Lohmann, Uta (Hg.): Jüdische Bildungsgeschichte in Deutschland. Münster 2005, S. 247–266.

Glagau, Otto: Der Börsen- und Gründungsschwindel in Deutschland. Zweiter Teil. Leipzig 1877.

Keller, Franz: Allgemeiner Geschäfts- u. Familien-Briefsteller od.: Prakt. Anleitung z. Abfassung aller Arten von Briefen. Bearbeitet von Adalbert Silbermann. Jubiläumsausgabe. Berlin 1910.

Kiesewetter, L.: Dr. L. Kiesewetters neuer praktischer Universal-Briefsteller: ein Formular- und Musterbuch zur Abfassung aller Gattungen von Briefen, Eingaben, Kontrakten, Verträgen, Testamenten, Vollmachten, Quittungen, Wechseln, Anweisungen und anderen Geschäfts-Aufsätzen, mit genauen Regeln über Briefstil, einer Anweisung zur Orthographie und Interpunktion und einer möglichst vollständigen Zusammenstellung aller üblichen Titulaturen; nebst einer Auswahl von Stammbuch-Aufsätzen und einem Fremdwörterbuche. 41. Aufl. Glogau 1903.

Kube, Heinrich: Wie schreibe ich meine Geschäftsbriefe? Vollständiger Briefsteller für den geschäftlichen Verkehr. 10. Aufl. Berlin 1922.

Mossner, Curt (Hg.): Adreßbuch der Direktoren und Aufsichtsräte. Band I. Berlin 1926.

Mossner, Curt (Hg.): Adreßbuch der Direktoren und Aufsichtsräte. Band I. Berlin 1928.

Mossner, Curt (Hg.): Adreßbuch der Direktoren und Aufsichtsräte. Band I. Berlin 1931.

Rammler, Otto F.: Otto Friedrich Rammlers deutscher Reichs-Universal-Briefsteller oder Musterbuch zur Abfassung aller in den allgemeinen und freundschaftlichen Lebensverhältnissen sowie im Geschäftsleben vorkommenden Briefe, Dokumente und Aufsätze: ein Hand- und Hilfsbuch für Personen jedes Standes. Bearbeitet von H. Th. Traut. 63. Aufl. Leipzig 1892.

Sombart, Werner: Die Juden und das Wirtschaftsleben. 6. Aufl. Leipzig 1911.

Uebelacker, Matthias: Geschäfts-Briefsteller. Neubearbeitet von K. H. Brohl. 34. Aufl. Berlin 1938.

Baker Library Special Collection, Harvard Business School

Bleichroeder Collection:

- Box XXI:
  - 10.08.1889 Kendall an Bleichröder.
- Box XXVIb:
  - 12.02.1878 Hoffmann an Bleichröder.
- Folder V.3:
  - 14.12.1863 Schreiben des Polizeipräsidenten.
  - 18.12.1865 Schreiben des Polizeipräsidenten.
- Folder VI 12:
  - 22.10.1885 Carsten an Bleichröder.
- Folder VIIa 1:
  - 21.11.1879 Schlözer an Bleichröder.
  - 31.12.1879 Baar an Bleichröder.
  - 02.01.1880 Berlin an Schlözer.
- Folder X.6 1:
  - 16.07.1875 Schwabach an Bleichröder.
- Folder XII 2:
  - 20.08.1937 Bleichröder an das Britische Generalkonsulat.

https://doi.org/10.1515/9783111389950-008

Folder XIIIb 7:
18.02.1887 Baruard an Bleichröder.
Folder XIV 1, 3 of 4:
04.04.1876 Schreiben an Bleichröder.
Folder XIV 5, 1 of 2:
22.07.1879 Rothschild an Bleichröder.
Folder XIX 19:
16.03.1891 Schreiben an Bleichröder.
Folder XVI 2 of 5:
11.02.1876 Rothschild an Bleichröder.
28.05.1877 Rothschild an Bleichröder.
Folder XX 5:
13.03.1881 Eulenburg an Bleichröder.
Folder XXb 12:
11.1.1934 Lehndorff an Bleichröder.
Folder XXb 14:
08.08.1891 Schreiben an Bleichröder.
Folder XXIIf 1 of 3:
17.11.1890 Schlözer an Bleichröder.
Oktober 1892 Schlözer an Bleichröder.
Folder XXIII 6:
11.11.1879 Wentzel an Bleichröder.
Folder XXIV 14b:
22.[xx].1890 Caratheodory an Bleichröder.
Folder XXIV 6c:
18.05.1884 Malet an Bleichröder.
21.04.1886 Malet an Bleichröder.
24.05.1888 Malet an Bleichröder.
Folder XXIV 6g:
17.11.1881 Ampthill an Bleichröder.
Folder XXIV 6i:
22.07.1884 Ampthill an Bleichröder.
Folder XXIV 6j:
26.[xx.]1883 Swaine an Bleichröder.
09.11.1890 Schreiben an Bleichröder.
Folder XXV 3:
13.04.1877 Schreiben an Bleichröder.
03.09.1879 Behrens an Bleichröder.
17.10.1879 Behrens an Bleichröder.
Folder XXVI 5:
02.11.1891 K. K. priv. Oesterreichische Credit-Anstalt für Handel und Gewerbe an Bleichröder.
Folder XXVIb 34:
14.11.1884 von Siemens an Bleichröder.
Folder XXXII 3:
08.06.1878 Raffalovich an Bleichröder.
17.08.1882 Bu[r/d]bery an Bleichröder.
02.02.1887 Raffalovich an Bleichröder.

Folder XXXIII 1a:
23.09.1878 Daniel an Bleichröder.

Royal Museum Greenwich

RSS/CL/1915/3494/19A:
Crew List: Agreements and Official Logs for Ship Delaware, Official Number 102775.

Archiv der Bank Rothschild Frères, Paris

17.11.1839 S. Bleichröder an Baron Rothschild.

Sächsisches Staatsarchiv, Hauptstaatsarchiv Dresden

11646 Fa. Sachsenwerk Licht und Kraft AG Niedersedlitz, Nr. 35:
29.08.1917 Adolf Arnhold an Schmitt.
15.02.1919 Arnhold an Sachsenwerk.
15.02.1919 Georg Arnhold an Sachsenwerk.
17.02.1919 Sachsenwerk an Georg Arnhold.
27.11.1919 Georg Arnhold an Glauber.
11646 Fa. Sachsenwerk Licht und Kraft AG Niedersedlitz, Nr. 46:
14.07.1927 Sarfert an Arnhold.
11646 Fa. Sachsenwerk Licht und Kraft AG Niedersedlitz, Nr. 51:
28.06.1928 Schreiben an Hans Arnhold.
11646 Fa. Sachsenwerk Licht und Kraft AG Niedersedlitz, Nr. 59:
29.04.1903 Arnhold an Schiff.
17.07.1903 Arnhold an Schiff.
17.07.1903 Schiff an Arnhold.
10.06.1904 Sachsenwerk an Gebr. Arnhold.
06.07.1904 Sachsenwerk an Arnhold.
11646 Fa. Sachsenwerk Licht und Kraft AG Niedersedlitz, Nr. 87:
22.02.1905 Sachsenwerk an den Aufsichtsrat des Sachsenwerkes.
05.07.1905 Glauber und Buddecke an Georg Arnhold.
11646 Fa. Sachsenwerk Licht und Kraft AG Niedersedlitz, Nr. 144:
27.11.1929 Schmitt an Mitglieder des Verwaltungsrates der Gesellschaft von Förderern und Freunden der TH Dresden.
11646 Fa. Sachsenwerk Licht und Kraft AG Niedersedlitz, Nr. 763:
28.07.1902 Görges an Böhme.
Fa. Mechanische Weberei Zittau, Nr. 92:
12.04.1926 Gebr. Arnhold an Mechanische Weberei Zittau.
26.08.1929 Gebr. Arnhold an Mechanische Weberei Zittau.
21.10.1933 Gebr. Arnhold an Mechanische Weberei Zittau.

Nietzsche-Haus, Sils Maria

Levy-Archiv:
11.03.1926 Oscar Levy an Kurt Arnhold.
27.08.1929 Oscar Levy an Kurt Arnhold.
28.08.1929 Kurt Arnhold an Levy.

Siemens Historical Institute, Berlin

Siemens-Archiv/ SAA A 1955:
31.08.1925 Carl Friedrich von Siemens an Minister von Schlieben.

Central Archive of the Hebrew University Jerusalem

„Bewerbungen auf Stellen und Angebote", 1938:

27.05.1938 Schmitz an Senator.
29.05.1938 Senator an Elias.
10.06.1938 Libmann an Yassky.
15.06.1938 Elias an Senator.
21.06.1938 Anhauch an Senator.
29.06.1938 Senator an Anhauch.
29.06.1938 Senator an Elias.
06.10.1938 Schreiben für Isserlin.

„Bewerbungen und Angebote für akademische Anstellungen", 1925–1930, Box 3, 5 A:

31.03.1926 Schreiben an Magnes.
02.11.1927 Bitte um Empfehlung von Ginzberg an Ornstein.
27.01.1930 Magnes an Ornstein.

„Bewerbungen", 1933, Box 50, 2100 C:

08.05.1933 Burton an Magnes.

„Bewerbungen auf Stellen und Angebote", 1933, Box 50, 165 A:

24.10.1931 Schreiben von Euler.
28.10.1932 Schreiben von Frank.
17.12.1932 Schreiben von Praussnitz.
30.04.1933 Schreiben von Kaliski.
04.05.1933 Schreiben von Meissner.

„Bewerbungen", 1933, Box 50, 165 B:

1919 (Undatiert) Bausch für Brieger.
1933 (Undatiert) Schreiben von Heger.
1933 (Undatiert) Richard Brieger: Lebenslauf.
31.03.1909 Schreiben von E. Weigert (Apotheker) Lehrlingszeugnis.
31.03.1910 Schreiben von Guttmann (Apotheker).
31.12.1913 Schreiben der Genossenschaft schles. u. posenscher Apotheker.
05.07.1920 Schreiben der Chemischen & Seifenfabrik R. Baumheier.
02.03.1925 Schreiben der Pharmazeutischen Industrie GmbH.
31.12.1925 Schreiben der Taunus-Apotheke.
01.07.1933 Urban über Brieger.
21.08.1933 Wolff an Dr. Magnes.
30.08.1933 Magnes an Wolff.
31.08.1933 Entlassungsschreiben Brieger von Julius Springer.
06.09.1933 Ornstein für Block.
09.09.1933 Schreiben von Urdang.
10.09.1933 Brieger an Magnes.
11.09.1933 Schreiben von Danckwort.
11.09.1933 Warburg an Magnes.
13.09.1933 Wolff an Magnes.
19.09.1933 Schreiben von E. Weigert.
19.09.1933 Schreiben von Lingelsheim.
19.09.1933 Schreiben von Peyer.
21.09.1933 Schreiben von von der Wielen.
22.09.1933 Schreiben von Forrester.
22.09.1933 Jacobson Beiersdorf an Brieger.
23.09.1933 Warburg an Magnes.

24.09.1933 Magnes an Neuberg.
24.09.1933 Brieger an Magnes.
06.10.1933 Neuberg an Magnes.
07.10.1933 Gilg über Brieger.
16.10.1933 Wasicky über Brieger.
19.10.1933 mit Zusatz vom 30.10.: Fodor an Magnes.
23.10.1933 Magnes an Neuberg.
23.10.1933 Magnes an Laqueur.
24.10.1933 Magnes an Brieger.
01.11.1933 Laqueur an Magnes.
07.11.1933 Brieger an Magnes.
20.11.1933 Magnes an Brieger.
26.11.1933 Brieger an Weizmann.
28.11.1933 Brieger an Weizmann.
30.11.1933 Weizmann an Magnes.
12.12.1933 Magnes an Warburg.
19.12.1933 Magnes an Warburg.
11.01.1934 Ornstein für Paolo.

„Bergmann, Samuel Hugo" bis 1937, Band I:
12.11.1935 Zweig an Bergmann über Rothbarth.

„Fraenkel, A. H.", Band I:
31.07.1928 Fraenkel an Magnes über Fekete.
11.10.1928 Fraenkel an Magnes.

„Landshut, S.":
05.03.1936 Schreiben von Heimann.
07.04.1936 Wolfers an Kittredge.
22.05.1936 Heimann an Finkel.
26.05.1936 Lederer an Bergmann.
17.02.1938 Koebner an Demuth.

Personalakte „Alexander, Ernst" I:
04.05.1933 Warburg an Magnes.
15.05.1933 Magnes an Warburg.
20.09.1933 Magnes an Warburg.
13.10.1933 Magnes an Warburg.

Personalakte „Baneth, David Zvi", bis 1960, I:
11.09.1931 Guttmann an Weil.
09.03.1945 G. Levi Della Cida an Mayer.

Personalakte „Bonné, Alfred", bis 1949 (I):
01.03.1932 Schlössinger an Oppenheimer.
04.03.1932 Oppenheimer an Schlössinger.
26.11.1933 Warburg an Magnes.
11.12.1933 Magnes an Warburg.
30.06.1934 Warburg an Magnes.
12.07.1934 Magnes an Warburg.

Personalakte „Bodenheimer, Fritz S.", bis 1938, I:
03.02.1928 Escherich über Bodenheimer.

Personalakte „Brauer, Erich":
22.07.1937 Bentwich an Samuel.
22.07.1937 Bentwich an Senator.

Personalakte „Frankel, Max“, bis 1954, I:
03.09.1925 Schuloff über Frankel.
23.04.1931 Fodor an Levene.
Personalakte „Goitein, Shlomo Dov“, 1938 bis 1947, I:
22.10.1928 Josef Horovitz an Magnes.
11.04.1934 Schreiben von Weil.
14.10.1935 Schlössinger an Fr. Salomons.
Personalakte „Goldhaber, Eliezer Georg“:
17.07.1933 Schreiben von Friedrich.
Personalakte „Halberstätter, Ludwig“:
08.11.1939 Senator an Halberstätter.
Personalakte „Leibowitz, Jeschajahu“, 1925 bis 1943, I:
09.10.1924 Pringsheim an Fodor.
23.11.1924 Sekretär an Leibowitz.
07.02.1925 Pringsheim an Kohn.
07.04.1925 Sekretär an Pringsheim.
Personalakte „Lachmann, Robert“, bis 1935, I:
04.02.1934 Johannes Wolf an Magnes.
15.02.1934 Magnes an Wolf.
Personalakte „Manfred Aschner“:
17.10.1934 Kligler an Magnes.
25.05.1945 Senator an Weizmann.
Personalakte „Peri, Hiram“, bis 1948, I:
12.03.1928 Magnes an Gundolf
Personalakte „Sambursky, Shmuel“, bis 1957, I:
10.05.1931 Fraenkel an Einstein.
Personalakte „Theodor, Oskar“, bis 1959, I:
27.11.1936 Schreiben von Heimann.
„Tur-Sinai, Naftali Herz“, 1933 bis 1955:
19.01.1938 Ben-David an General Consul.
Personalakte „Wolfsohn, Günther“:
06.09.1933 Ornstein für Wolfsohn.
11.05.1934 Zemansky an Magnes.
Personalakte „Zondek, Bernhard“, I:
11.03.1935 Wechsler an Schlössinger.
„Reifenberg, Avrahan“, I:
20.02.1928 Schreiben von Wieger.
22.02.1928 Harrassowitz an Kligler.
17.06.1929 Fodor an Magnes.
17.06.1930 Fodor an Magnes.
„Scholem, Gershom“, bis 1947, I:
01.03.1932 Ben-David an Royal Library, Parma.
01.03.1932 Magnes an Library of the Vatican.
01.03.1932 Ben-David an Bibliotera [sic] Ambrosiana.
01.03.1932 Ben-David an Library of the Academy of Sciences.
01.03.1932 Schreiben an Ben-David.
12.07.1932 Schlössinger an Cambridge University Library.
12.07.1932 Schlössinger an British Museum.
26.01.1938 Senator an Karpf.
26.01.1938 Senator an Finkel.

27.01.1938 Senator an Billikopf.
27.01.1938 Senator an Lowenstein.
27.01.1938 Senator an Waldman (American Jewish Committee).
30.01.1938 Senator an Hyman (Executive Director of Joint Distribution Committee).

Central Zionist Archives, Jerusalem:

File L13/61:
30.11.1933 Warburg an Magnes.

National Library of Israel

29.04.1933 Fritz Habers Entlassungsschreiben an Ladislaus Farkas, online verfügbar als Litt, Stefan: Termination of Employment Letter to Ladislaus Farkas from Fritz Haber, in: The Librarians, 09.02.2017, URL: https://blog.nli.org.il/en/haber-farkas/, abgerufen am 11.09.2023.

Archiv des Yad Weizmann

11.01.1934 Warburg an Weizmann.

United States Holocaust Memorial Museum Archives, Washington, DC:

American Friends Service Committee Refugee Assistance Case Files:
Box 16:
Case 314 „Turnau, Helene“:
28.12.1938 Kraus an Hoffmann.
Case 315 „Urban, Albert“:
09.05.1939 Derenberg an Urban.
12.06.1940 Pope an Snavely.
03.07.1940 Hanstein an Walker.
Box 17:
Case 334 „Wiegelmesser, Eva“:
29.02.1940 Rogers an Zimmermann.
Box 18:
Case 338 „Wolf, Richard“:
07.04.1938 Kraus an Buchanan.
02.07.1938 Einstein an Taylor.
30.10.1938 Lebenbaum an Kraus.
09.07.1939 Taylor an Beck.
Case 339 „Wollweber, Trude“:
18.05.1938 Kraus an Dare.
27.06.1939 Schreiben von Kraus.
18.10.1939 Hansen an Clancy.
19.10.1939 Empfehlung von New York Public Library.
09.01.1940 Daetsch an Clancy.
21.02.1940 Pope an Wollweber.
09.03.1940 Empfehlung von Pratt Institute Free Library.
25.07.1940 Hanstein an Clancy.
25.07.1940 Hanstein an Havens.

Box 19:
- Case 350 „Löwenberg, Ernst“:
  - 30.11.1938 Löwenberg an Kraus.
  - 09.01.1939 Cope an Kraus.
  - 09.03.1939 Salmon an Gardiner Mallonee.
  - 13.04.1939 Salmon an Adler.
  - 15.04.1939 Salmon an Cox Wright.
  - 10.05.1939 Cope an Salmon.
  - 21.09.1939 Cope an Salmon.
  - 24.10.1939 Salmon an Blair.
  - 26.10.1939 Schreiben von Salmon an Blair.
  - 27.10.1939 Salmon an Douglas.
- Case 362 „Mautner, Ernst von“:
  - Dokument „Affidavit needed“.
- Case 368 „Steiner, Ernst“.
- Case 370 „Königsberger, Erich“:
  - 28.08.1941 Atkinson an Schauffler.
- Case 371 „Weissler, Ernst“.
- Case 377 „Fries, Anna“:
  - 14.06.1939 Carol Harrison an AFSC.
  - [xx].11.1938 Schreiben von Cox Wright.

Box 20:
- Case 378 „Stoessl, Franz“:
  - 01.03.1940 d'Antbourg-Wohlmuth an Kraus.
  - 14.06.1940 Brief von Wohlmuth.
  - 18.06.1940 Rogers an Stoessl.
  - 26.06.1940 Schauffler an Wohlmuth.
- Case 386 „Schönfeld, Bruno“:
  - 16.12.1939 Gate über Schönfeld.
  - 25.09.1940 Clark „Faculty Recommendation“.
  - 03.08.1943 Buzby an Nagler.
- Case 389 „Froeschel, Emil“:
  - 15.10.1933 Cadbury an Yarnall.
  - 23.02.1939 Salmon an Gough.
  - 27.02.1939 Gough an Salmon.
  - 08.03.1939 Salmon an Gough.
- Case 392 „Marso, Ernst“.

Box 21:
- Case 394 „Mislap, Robert“:
  - 11.08.1939 Einschätzung aus dem Vienna Center über Robert und Olga Mislap.
  - 14.02.1941 Rogers an Sackett.
- Case 395 „Barschak, Erna“:
  - (Undatiert) Empfehlung für Erna Barschak.
  - 31.10.1940 Hansteins Notiz über Erna Barschak.
  - 28.05.1942 Rogers an Hanstein.
  - 08.06.1942 Disert für Barschak.
- Case 402 „Dobriner, Alfred“:
  - 11.04.1939 Gaby Derenberg an Alfred Dobriner.
- Case 404 „Stern, Toni“:
  - 29.01.1940 Kraus an Pope.

Case 408 „Hessberg, Richard“:
11.04.1933 Blindenvereinigung für Gross-Essen, e. V. an Hessberg.
13.12.1938 Kraus an Irwin.
20.12.1938 Pfarramtliches Zeugnis.
29.12.1938 Pfarramtliches Zeugnis.
23.04.1940 „Affidavit Story for Richard Hessberg“.
Case 414 „Weigl, Karl“:
07.05.1942 Timbres an Robertson.
Box 23:
Case 449 „Adams, Walter“:
25.09.1938 Weissenberg an AFSC.
02.06.1941 Rothfels an Timbres.
03.06.1941 Rothfels an Timbres.
03.06.1941 Zucker an Timbres.
13.06.1941 Segre an Timbres.
Case 459 „Lowenstern, Käte [sic Richtiger Name: Käthe Löwenstern]“:
04.04.1941 Reynolds an Replogle.
25.03.1942 Daetsch an Kerridge.
Case 462 „Fischer, Paul“:
02.03.1940 Davis über Fischer.
01.04.1940 Marsh über Fischer.
12.04.1940 Ash über Fischer.
Case 463 „Noether, Gottfried“:
17.10.1938 Weyl an Billikopf.
24.12.1938 Kraus an Hermann und Gottfried Noether.
Box 26:
Case 538 „Doeppner, Thomas“:
21.12.1939 Champney an Rogers.
Box 27:
Case 590 „Pick, Otto“.
Box 33:
Case 771 „Martens, Wilhelm“:
12.02.1939 Berg an Daetsch.
Case 785 „Rager, Fritz“:
(Undatiert) Kommentar von Josephine Copithorne über Fritz Rager 1942.
Box 34:
Case 792 „Naumann, Walter“:
02.03.1939 Salmon an Laughlin.
09.05.1941 Schreiben an Wright.
Box 35:
Case 822 „Freud-Marlé, Lilly“:
03.02.1938 Freud an Freud-Marlé.
18.02.1939 Freud-Marlé an Kamus.
Case 838 „Kaiser, Richard“:
14.01.1939 Anni Pflüger an AFSC.
29.01.1939 Crosman an Martin.
24.02.1939 Martin an Crosman.
08.03.1939 Grossmann an Einstein.
04.05.1939 Einstein über Kaiser.
19.07.1939 Grossmann an Kunstenaar.

Case 1503 „Lieberg, Fritz“:
18.08.1938 Firma Ludwig Povel & Co. an Rivoli.
Case 1846 „Dickmann, William“:
15.01.1941 Hanstein an Jordan.
06.07.1942 Danford an Taylor.
Box 117:
Case 3580 „Abraham, Adolfine“:
31.10.1940 Hanstein über Abraham.
Case 3592 „Mayer, Paul“:
30.01.1940 Shipley an Rogers.
Box 118:
Case 3621 „Krauthammer, Michael“:
19.01.1943 Reynolds an Danforth.
Case 3631 „Nowak, Rudolf“:
09.02.1940 Neumayer an Rogers.
Box 119:
Case 3652 „Seinfeld, Emanuel“:
28.03.1941 Rogers an Seinfeld.
Case 3662 „Novacovic, Olga“:
20.02.1940 van Doderer an Clancy.
14.03.1940 Thiemann an van Doderer.
Box 120:
Case 3675 „Oppenheimer, Adolf“:
25.11.1929 Zeugnis von Emil Köster.
25.05.1941 Mrs. Fredericks an AFSC.
Case 3685 „Dembowski, Jan“:
29.07.1940 Paul Weiss an Kathleen Hambly Hanstein.
Box 122:
Case 3728 „Arnholz, Paul“:
(Undatiert) Notiz.
28.05.1941 Schauffler an Clancy.
03.06.1941 Schauffler an Haviland.
12.06.1941 Kimber an Borton.
23.07.1941 Hanstein an Tyler.
19.01.1942 Schauffler an Borton.
Box 170:
Case 5111 „Muehsam, Gerhard Ernst“:
30.11.1942 Mühsam an Timbres.
Case 5115 „Vaszonyi, P. Andrew“:
05.10.1940 Kraus an Weyl.
09.11.1940 Rademacher an Kraus.
01.05.1941 Hanstein an Creighton.
Box 171:
Case 5117 „Fliess, Fritz“:
21.06.1941 Norment an Reynolds.
Box 172:
Case 5128 „Caro, Friedrich“:
25.08.1945 Caro an Hanstein.

Box 181:
Case 5375 „Arnhold, Heinrich Hartmut“:
20.11.1940 Rogers an Kenworthy, Stendahl und Arnhold.
12.11.1940 Lee an Thiemann.
Box 225:
Case 6563 „Bergas, Hans“:
28.05.1941 Frey an Jones.
20.06.1941 Jones an Bonnell.
14.01.1943 Frey über Bergas.
Box 231:
Case 7839 „Zoref, Frederik“:
06.05.1941 Bosworth an Zoref.
Box 263:
Case 7748 „Pollak, Egon Max“:
19.11.1941, Pollak an Kraus.
Case 7784 „Goldsmith, Curt“:
17.01.1942 Weil über Goldsmith.
10.03.1942 Timbres an Brinton.
Case 7817 „Schleiffer, Hedwig“:
16.03.1942 Kraus an Brändström-Ulich.
02.04.1942 Pollak an Millett.
Case 7833 „Weil, Richard“:
26.12.1941 Adams an Maverick.
28.03.1942 Zimmerman an Jarman.
Case 7835 „Benjamin, Erich“:
12.01.1942 Hanstein an Hopkirk.
Box 231:
Case 7857 „Harth, Nathan“:
21.04.1942 Zimmermann über Harth.

Archiv für Zeitgeschichte, ETH Zürich

RGVA Schweiz/ 133-2-184:
01.06.1931 Schreiben an Carl Wehrli-Thielen.
RGVA Schweiz/ 1322-2-189:
04.10.1938 Hans Arnhold an Brunner.
15.10.1938 Frankenberg an Brunner.

Landesarchiv Baden-Württemberg, Hauptstaatsarchiv Stuttgart:

Findbuch E 70 – Württembergisches Konsulat in Dresden, URL: https://www2.landesarchiv-bw.de/ofs21/olf/einfueh.php?bestand=4104, abgerufen am 07.12.2021.
E130b Bü390:
23.03.1922 Teuffel an die Württembergische Regierung.
11.12.1926 Haager an das Württembergische Staatsministerium.
14.12.1926 Der Gesandte an das Staatsministerium.
07.03.1927 Ministerialdirektor an Verein der Württemberger.
10.05.1927 Eugen Mohl an Adolf Haager.
18.05.1927 Eugen Mohl an Adolf Arnhold.
04.06.1927 Eugen Mohl an Ministerialdirektor Erlenmeyer.
19.06.1927 Eugen Mohl an den Vorstand des Vereins der Württemberger.
23.11.1927 Schreiben des Staatsministeriums.

20.12.1927 Heldt an Württembergische Gesandtschaft.
05.04.1933 Lamparter an Mergenthaler.

9 Literaturverzeichnis

Adelmann, Ralf: Modellierungen der Unentschlossenheit: Empfehlungssysteme als Kampfzone popkultureller Entscheidungsprozesse, in: Conradi, Tobias; Hoof, Florian; Nohr, Rolf F. (Hgg.): Medien der Entscheidung. Münster, Berlin 2016 (Medien'Welten, 27), S. 151–169.

Aderhold, Jens: Form und Funktion sozialer Netzwerke in Wirtschaft und Gesellschaft. Beziehungsgeflechte als Vermittler zwischen Erreichbarkeit und Zugänglichkeit. Wiesbaden 2004.

Albanis, Elisabeth: German-Jewish Cultural Identity from 1900 to the Aftermath of the First World War. A Comparative Study of Moritz Goldstein, Julius Bab and Ernst Lissauer. Tübingen 2002 (Conditio Judaica, 37).

Allen, David M.; Howell, James W. (Hgg.): Groupthink in Science. Greed, Pathological Altruism, Ideology, Competition and Culture. Cham 2020.

Anderson, Paul Irving: Ehrgeiz und Trauer. Fontanes offiziöse Agitation 1859 und ihre Wiederkehr in „Unwiederbringlich". Stuttgart 2002 (Beiträge zur Kommunikationsgeschichte, 11).

Antes, Carolin; Oels, David; Kreim, Erwin: Die vergessenen Briefsteller des 19. Jahrhunderts. Eine Bibliografie von 1800 bis 1880. Hannover 2016 (Werke – Welten – Wissen, 14).

Arendt, Hannah: The Jew as Pariah. A Hidden Tradition, in: Jewish Social Studies 6 (1944) 2, S. 99–122.

Arendt, Hannah: On Humanity in Dark Times. Thoughts about Lessing, in: Ludz, Ursula (Hg.): Men in Dark Times. 5. Aufl. München 2014, S. 3–31.

Armbruster, Jörg: Willkommen im gelobten Land? Deutschstämmige Juden in Israel. Hamburg 2016.

Arnold, Sina; Kistenmacher, Olaf: Der Fall Ethel und Julius Rosenberg. Antikommunismus, Antisemitismus und Sexismus in den USA zu Beginn des Kalten Krieges. Münster 2016.

Augustine, Dolores L.: Patricians and Parvenus. Wealth and High Society in Wilhelmine Germany. Oxford 1994.

Austin, Allan W.: Quaker Brotherhood. Interracial Activism and the American Friends Service Committee, 1917–1950. Urbana 2012.

Bachem, Malte: Beruf und Persönlichkeit. Zuordnungsroutinen der Berufsberatung in der Schweiz um 1920, in: Geschichte und Gesellschaft 39 (2013) 1, S. 69–85.

Bade, Klaus: Sozialhistorische Migrationsforschung, in: Hinrichs, Ernst; van Zon, Henk (Hgg.): Bevölkerungsgeschichte im Vergleich. Studien zu den Niederlanden und Nordwestdeutschland. Aurich 1985, S. 63–74.

Bade, Klaus: Historische Migrationsforschung, in: Bade, Klaus: Sozialhistorische Migrationsforschung. Göttingen 2004, S. 27–48.

Bähr, Johannes: Werner von Siemens. 1816–1892. Eine Biografie. München 2016.

Baier, Anette: Vertrauen und seine Grenzen, in: Hartmann, Martin; Offe, Claus (Hgg.): Vertrauen. Die Grundlage des sozialen Zusammenhalts. Frankfurt am Main 2001 (Theorie und Gesellschaft, 50), S. 37–85.

Balke, Friedrich; Schwering, Gregor; Stäheli, Urs (Hgg.): Paradoxien der Entscheidung. Bielefeld 2004.

Bänziger, Peter-Paul: Die Moderne als Erlebnis. Eine Geschichte der Konsum- und Arbeitsgesellschaft, 1840–1940. Göttingen 2020.

Barth, Boris: Weder Bürgertum noch Adel – Zwischen Nationalstaat und kosmopolitischem Geschäft. Zur Gesellschaftsgeschichte der deutsch-jüdischen Hochfinanz vor dem Ersten Weltkrieg, in: Geschichte und Gesellschaft 25 (1999), S. 94–122.

Battenberg, Friedrich: Ein Hofjude im Schatten seines Vaters. Wolf Wertheimer zwischen Wittelsbach und Habsburg, in: Ries, Rotraud; Battenberg, Friedrich (Hgg.): Hofjuden – Ökonomie und Interkulturalität. Die jüdische Wirtschaftselite im 18. Jahrhundert. Hamburg 2002 (Hamburger Beiträge zur Geschichte der deutschen Juden, 25), S. 240–255.

https://doi.org/10.1515/9783111389950-009

Bauerfeld, Daniel; Clemens, Lukas: Gesellschaftliche Umbrüche und religiöse Netzwerke. Einleitung, in: Dies. (Hgg.): Gesellschaftliche Umbrüche und religiöse Netzwerke. Analysen von der Antike bis zur Gegenwart. Bielefeld 2014 (Sozialtheorie), S. 7–13.

Bauer-Merinsky, Judith: Die Auswirkungen der Annexion Österreichs durch das Deutsche Reich auf die medizinische Fakultät der Universität Wien im Jahre 1938: Biographien entlassener Professoren und Dozenten. Wien 1980.

Baur, Eva Gesine: Chopin oder die Sehnsucht. Eine Biografie. München 2009.

Becker, Anna; Höfert, Almut: Körper – Macht – Geschlecht. Einsichten und Aussichten zwischen Mittelalter und Gegenwart. Frankfurt am Main 2020.

Bentwich, Norman: Palestine. London 1934.

Bentwich, Norman: The Rescue and Achievement of Refugee Scholars. The Story of Displaced Scholars and Scientists 1933–1952. Den Haag 1953.

Bentwich, Norman: The Hebrew University of Jerusalem 1918–1960. London 1961.

Bentwich, Norman: My 77 Years. An Account of My Life and Times 1883–1960. London 1962.

Ben-Zaken, Avner: Bridging Networks of Trust. Practicing Astronomy in Late Sixteenth-Century Salonika. To the Memory of Richard Popkin, in: Jewish History 23 (2009), S. 343–361.

Berg, Matthias: Briefkultur(en) in der deutschen Geschichtswissenschaft zwischen dem 19. und 21. Jahrhundert. 21.02.2019–23.02.2019, in: H-Soz-Kult 2019, URL: www.hsozkult.de/event/id/termine-39087, abgerufen am 31.01.2022.

Bergas, Hans; Varon, Bension; Varon, Jeremy: Fighting Fascism and Surviving Buchenwald. The Life and Memoir of Hans Bergas. Bloomington 2015.

Berger, Stefan: History Writing and Constructions of National Space. The Long Dominance of the National in Modern European Historiographies, in: Carretero, Mario; Berger, Stefan; Grever, Maria (Hgg.): Palgrave Handbook of Research in Historical Culture and Education. London 2017, S. 39–59.

Berghahn, Volker R.: Elitenforschung und Unternehmensgeschichte – Rückblick und Ausblick, in: Berghahn, Volker R.; Ziegler, Dieter; Unger, Stefan (Hgg.): Die deutsche Wirtschaftselite im 20. Jahrhundert. Kontinuität und Mentalität. Essen 2003, S. 11–31.

Bernet, Claus: „Ja-sagen zum Judentum". Die Quäker und ihr Verhalten gegenüber den Juden in Deutschland von 1933 bis 1945, in: Heinz, Daniel (Hg.): Freikirchen und Juden im „Dritten Reich". Instrumentalisierte Heilsgeschichte, antisemitische Vorurteile und verdrängte Schuld. Göttingen 2011, S. 35–65.

Bertz, Inka: Familienbilder. Selbstdarstellung im jüdischen Bürgertum. Köln, Berlin 2004.

Biedermann, Heike: Die Sammlung Lisa und Heinrich Arnhold, in: Biedermann, Heike (Hg.): Von Monet bis Mondrian. Meisterwerke der Moderne aus Dresdner Privatsammlungen der ersten Hälfte des 20. Jahrhunderts. München 2006, S. 101–111.

Biegel, Gerd; Klein, Angela; Albrecht, Peter; Sonar, Thomas: Jüdisches Leben und akademisches Milieu in Braunschweig. Nellie und Kurt Otto Friedrichs. Wissenschaftliche Leistungen und illegale Liebe in bewegter Zeit. Frankfurt am Main 2012 (Braunschweiger Beiträge zur Kulturgeschichte, 2).

Binder, Eva; Diem, Christof; Finkelstein, Miriam; Klettenhammer, Sieglinde; Mertz-Baumgartner, Birgit; Milosevic, Marijana (Hgg.): Opfernarrative in transnationalen Kontexten. Berlin, Boston 2020.

Blackbourn, David: Germans Abroad and Auslandsdeutsche, in: Geschichte und Gesellschaft 41 (2015) 2, S. 321–346.

Bodenheimer, Alfred: Jüdische Migration nach, in und aus Europa, in: Polak, Regina; Reiss, Wolfram (Hgg.): Religion im Wandel. Transformation religiöser Gemeinschaften in Europa durch Migration – interdisziplinäre Perspektiven. Göttingen 2015, S. 388–396.

Bodnar, John: The Transplanted. A History of Immigrants in Urban America. Nachdr. Bloomington 1998.

Bollauf, Traude: Dienstmädchen-Emigration. Die Flucht jüdischer Frauen aus Österreich und Deutschland nach England 1938/39. 2., überarb. Aufl. Wien 2011.

Bourdieu, Pierre: Ökonomisches Kapital, kulturelles Kapital, soziales Kapital, in: Kreckel, Reinhard (Hg.): Soziale Ungleichheiten. Göttingen: 1983, S. 183–198.

Bourdieu, Pierre: Sozialer Raum und „Klassen". Zwei Vorlesungen. Suhrkamp, Frankfurt am Main 1985.
Bourdieu, Pierre: Homo academicus. 7. Aufl. Frankfurt am Main 2018.
Bourel, Dominique: Die Diaspora der deutsch-jüdischen Orientalisten in Paris und in Jerusalem, in: Adorisio, Chiara; Bosco, Lorella (Hgg.): Zwischen Orient und Europa. Orientalismus in der deutsch-jüdischen Kultur im 19. und 20. Jahrhundert. Tübingen 2019 (Studien und Texte zur Kulturgeschichte der Literatur), S. 21–41.
Bowle, John: Viscount Samuel. A Biography. London 1957.
Braun, Christina von (Hg.): Was war deutsches Judentum? 1870–1933. Berlin 2015.
Braun, Christina von: Einleitung, in: Dies. (Hg.): Was war deutsches Judentum? 1870–1933. Berlin 2015, S. 1–19.
Braun, Christina von: Blutsbande. Verwandtschaft als Kulturgeschichte. Berlin 2018.
Brechenmacher, Thomas: Die Geschichte des europäischen Judentums der Neuzeit als Migrationsgeschichte, in: Historisches Jahrbuch 135 (2015), S. 27–45.
Bremm, Klaus-Jürgen: Von der Chaussee zur Schiene. Militärstrategie und Eisenbahnen in Preußen von 1833 bis zum Feldzug von 1866. Berlin, Boston 2016 (Militärgeschichtliche Studien, 40).
Brinkmann, Tobias: Exceptionalism and Normality. „German Jews" in the United States 1840–1880, in: Liedtke, Rainer; Rechter, David (Hgg.): Towards Normality? Acculturation and modern German Jewry. Tübingen 2003 (Schriftenreihe wissenschaftlicher Abhandlungen des Leo-Baeck-Instituts, 68), S. 309–329.
Brunner, José: Editorial, in: Ders. (Hg.): Deutsche(s) in Palästina und Israel. Alltag, Kultur, Politik. Göttingen 2013 (Tel Aviver Jahrbuch für deutsche Geschichte, 41), S. 7–17.
Brunner, José; Zajde, Nathalie (Hgg.): Holocaust und Trauma. Kritische Perspektiven zur Entstehung und Wirkung eines Paradigmas. Internationale Tagung. Göttingen 2011 (Tel Aviver Jahrbuch für deutsche Geschichte, 39).
Buchner, Ernst: Arthur Peltzer, in: Kunstchronik 8 (1955), S. 272–273.
Bührer, Susanne: Soziales Kapital und Wanderungsentscheidungen. Zur Bedeutung sozialer Bezugsgruppen im Prozeß der Entstehung von Wanderungserwägungen, Wanderungsabsichten und Wanderungen. Hamburg 1997.
Bundesarchiv (Hg.): Alfred Dobriner, in: Gedenkbuch. Opfer der Verfolgung der Juden unter der nationalsozialistischen Gewaltherrschaft in Deutschland 1933 – 1945, URL: https://www.bundesarchiv.de/gedenkbuch/de852334, abgerufen am 11.02.2024.
Burt, Ronald S.: Structural holes. The social structure of competition. Cambridge 1992.
Butler, Jay: Not Racist, Just a Preference: Racism and the LGBTQ Experience, in: The Cross and the Closet, 18.06.2020, URL: https://medium.com/the-cross-and-the-closet/not-racist-just-a-preference-racism-and-the-lgbtq-experience-f5f9f9182633, abgerufen am 10.01.2022.
Cahnman, Werner Jacob: Deutsche Juden. Ihre Geschichte und Soziologie. Münster 2005.
Caplan, Gregory A.: Germanising the Jewish Male. Military Masculinity as the Last Stage of Acculturation, in: Liedtke, Rainer; Rechter, David (Hgg.): Towards Normality? Acculturation and modern German Jewry. Tübingen 2003 (Schriftenreihe wissenschaftlicher Abhandlungen des Leo-Baeck-Instituts, 68), S. 159–185.
Carlebach, Julius (Hg.): Zur Geschichte der jüdischen Frau in Deutschland. Berlin 1993.
Clement, Ute: Die transnationale Kommunizierbarkeit des Berufes. Verständigungsprobleme im globalen Dorf, in: Zeitschrift für Pädagogik, Beiheft 40 (1999), S. 209–231.
Cobabus, Norbert: Deutsche Juden in der modernen Industriegeschichte am Beispiel der Firmen C. F. Donner, Bloch & Hirsch, Cellulose- u. Papierfabrik Okriftel sowie Telefonbau und Normalzeit. Vom Ende des 18. Jahrhunderts bis zum Anfang der 1950er Jahre. Rödermark 2007.
Cohen, Rina; Man, Guida (Hg.): Engendering Transnational Voices. Studies in Family, Work, and Identity. Waterloo 2015 (Studies in childhood and family in Canada).

Coleman, James S.: Social Capital in the Creation of Human Capital, in: American Journal of Sociology 94 (1988), S. 95–120.

Conrad, Burkhard: Der Augenblick der Entscheidung. Baden-Baden 2008.

Cotton, Hannah M.: Mirificum Genus Commendationis. Cicero and the Latin Letter of Recommendation, in: The American Journal of Philology 106 (1985) 3, S. 330–331.

Coy, Jason; Marschke, Benjamin; Poley, Jared; Verhoeven, Claudia (Hgg.): Kinship, Community, and Self. Essays in Honor of David Warren Sabean. New York 2014.

Dahlem, Markus: Die Professionalisierung des Bankbetriebs. Studien zur institutionellen Struktur deutscher Banken im Kaiserreich 1871–1914. Essen 2009.

Dahlmann, Dittmar; Reith, Reinhold (Hgg.): Elitenwanderung und Wissenstransfer im 19. und 20. Jahrhundert. Gesellschaft für Historische Migrationsforschung, Jahrestagung der Gesellschaft für Historische Migrationsforschung. Essen 2008.

Dandelion, Pink: The Quakers. A Very Short Introduction. Oxford, New York 2008.

Daniel, Ute: Kompendium Kulturgeschichte. Theorien, Praxis, Schlüsselwörter. Originalausgabe, 7. Auflage. Frankfurt am Main 2016 (Suhrkamp-Taschenbuch Wissenschaft, 1523).

Dauben, Joseph Warren: Abraham Robinson. The Creation of Nonstandard Analysis. A Personal and Mathematical Odyssey. Princeton 1995.

Daybell, James: Women's Letters of Recommendation and the Rhetoric of Friendship in Sixteenth-Century England, in: Richards, Jeniffer; Thorne, Alison (Hgg.): Rhetoric, Women, and Politics in Early Modern England. London, New York 2007, S. 172–191.

Degenhart, Bernhard: Arthur Peltzer, in: Arte veneta 9 (1955), S. 240.

Dejung, Christof; Motadel, David; Osterhammel, Jürgen (Hgg.): The Global Bourgeoisie. The Rise of the Middle Classes in the Age of Empire. Princeton 2019.

Derix, Simone: Transnationale Familien, in: Dülffer, Jost; Loth, Wilfried (Hgg.): Dimensionen internationaler Geschichte, München 2012, S. 335–351.

Derix, Simone: Die Thyssens. Familie und Vermögen. Paderborn 2016 (Familie – Unternehmen – Öffentlichkeit, 4).

Dietze, Reimer (Hg.): Freikirchen und Antisemitismus. Freikirchen in Deutschland 1945–1949. Münster 2006.

Diewald, Martin: Soziale Beziehungen: Verlust oder Liberalisierung? Soziale Unterstützung in informellen Netzwerken. Berlin 1991.

Dillinger, Johannes: Die digitale Visualisierung von Netzwerken in der Geschichtswissenschaft. Das Projekt Gunpowder Plot, in: Bauerfeld, Daniel; Clemens, Lukas (Hgg.): Gesellschaftliche Umbrüche und religiöse Netzwerke. Analysen von der Antike bis zur Gegenwart. Bielefeld 2014, S. 207–227.

Diner, Dan (Hg.): Historische Migrationsforschung. Gerlingen 1998.

Diner, Dan: Ubiquitär in Zeit und Raum. Annotationen zum jüdischen Geschichtsbewusstsein, in: Ders. (Hg.): Synchrone Welten. Zeitenräume jüdischer Geschichte. Göttingen 2005 (Toldot, 1), S. 13–37.

Dinkel, Jürgen: Dank sagen. Geschichte einer akademischen Kulturtechnik, in: Zeithistorische Forschungen/Studies in Contemporary History 19 (2022) 3, S. 537–559.

Dinnerstein, Leonard: Antisemitism in America. New York 1995.

Dipper, Christof: Moderne. Version: 1.0, in: Docupedia-Zeitgeschichte (2010), URL: http://docupedia.de/zg/Moderne?oldid=106453, abgerufen am 13.01.2022.

Ditz, Toby L.: Shipwrecked; or, Masculinity Imperiled: Mercantile Representations of Failure and the Gendered Self in Eighteenth-Century Philadelphia, in: The Journal of American History 81 (1994) 1, S. 51–80.

Divine, Donna Robinson: Exiled in the Homeland. Zionism and the Return to Mandate Palestine. Austin 2009 (Jewish History, Life, and Culture).

Dolev, Diana: The planning and building of the Hebrew University, 1919–1948. Facing the Temple Mount. Lanham et al. 2016.

Drewes, Kai: Jüdischer Adel. Nobilitierungen von Juden im Europa des 19. Jahrhunderts. Frankfurt am Main, New York 2013.

Drewitz, Ingeborg: Berliner Salons. Gesellschaft und Literatur zwischen Aufklärung und Industriezeitalter. 3. Aufl. Berlin 1984 (Berlinische Reminiszenzen, 7).

Du-nour, Miryam: The Cultural Identity of Former German-Jewish Immigrants in Israel, in: Timms, Edward; Hammel, Andrea (Hgg.): The German-Jewish Dilemma. From the Enlightenment to the Shoah. Lewiston 1999 (Symposium Series, 52), S. 305–317.

Düring, Marten; Eumann, Ulrich: Historische Netzwerkforschung. Ein neuer Ansatz in den Geschichtswissenschaften, in: Geschichte und Gesellschaft 39 (2013) 3, S. 369–390.

Düring, Marten; Eumann, Ulrich; Stark, Martin; Keyserlingk, Linda von (Hgg.): Handbuch Historische Netzwerkforschung. Grundlagen und Anwendungen. Münster 2016.

Düring, Marten; Keyserlingk, Linda von: Netzwerkanalyse in den Geschichtswissenschaften. Historische Netzwerkanalyse als Methode für die Erforschung von historischen Prozessen, in: Schützeichel, Rainer; Jordan, Stefan (Hgg.): Prozesse. Formen, Dynamiken, Erklärungen. Wiesbaden 2015, S. 337–350.

Düwell, Susanne; Pethes, Nicolas: Fall, Wissen, Repräsentation – Epistemologie und Darstellungsästhetik von Fallnarrativen in den Wissenschaften vom Menschen, in: Düwell, Susanne; Pethes, Nicolas; Hess, Volker et al. (Hgg.): Fall – Fallgeschichte – Fallstudie. Theorie und Geschichte einer Wissensform. Frankfurt am Main, New York 2014, S. 9–34.

Edelheit, Abraham J.: The Yishuv in the Shadow of the Holocaust. Zionist Politics and Rescue Aliya, 1933–1939. Boulder 1996.

Edgcomb, Gabrielle Simon: From Swastika to Jim Crow. Refugee Scholars at Black Colleges. Malabar 1993.

Edinger, Silke; Müller; Christian: Einleitung, in: Edinger, Silke; Müller, Christian; Alvarado Leyton, Cristian (Hgg.): Nahbeziehungen zwischen Freundschaft und Patronage. Zur Politik und Typologie affektiver Vergemeinschaftung. Göttingen 2017, S. 7–16.

Edinger, Silke; Müller, Christian; Alvarado Leyton, Cristian (Hgg.): Nahbeziehungen zwischen Freundschaft und Patronage. Zur Politik und Typologie affektiver Vergemeinschaftung. Göttingen 2017.

Effenberger, Wolfgang; Môsqôvîṣ, Reuven: Deutsche und Juden vor 1939. Stationen und Zeugnisse einer schwierigen Beziehung. Ingelheim am Rhein 2013.

Eggers, Christian: Unerwünschte Ausländer. Juden aus Deutschland und Mitteleuropa in französischen Internierungslagern 1940–1942. Berlin 2002.

Eifert, Christiane: Deutsche Unternehmerinnen im 20. Jahrhundert. München 2011.

Eisenstadt, Shmuel Noaḥ; Roniger, Luis: Patrons, Clients and Friends. Interpersonal Relations and the Structure of Trust in Society. Cambridge 1999 (Themes in the social sciences).

Elkar, Rainer S.: Lernen durch Wandern? Einige kritische Anmerkungen zum Thema „Wissenstransfer durch Migration“, in: Schulz, Knut; Müller-Luckner, Elisabeth (Hgg.): Handwerk in Europa. Vom Spätmittelalter bis zur frühen Neuzeit. München 2009, S. 213–232.

Engel, Michael: Prof. Dr. Hans Pringsheim – ein vergessener Biochemiker. Mit einem Exkurs: Yeshayahu Leibowitz, in: Astrid Schürmann (Hg.): Chemie – Kultur – Geschichte. Festschrift für Hans-Werner Schütt anlässlich seines 65. Geburtstages. Unter Mitarbeit von Hans-Werner Schütt. Berlin 2002, S. 107–129.

Engelhardt, Arndt; Fiedler, Lutz; Gallas, Elisabeth et al. (Hgg.): Ein Paradigma der Moderne. Jüdische Geschichte in Schlüsselbegriffen. Göttingen 2016.

Engelhardt, Arndt; Fiedler, Lutz; Gallas, Elisabeth; Gordinsky, Natasha; Graf, Philipp; Ahmed, Mohammed et al.: Zur Einführung, in: Engelhardt, Arndt; Fiedler, Lutz; Gallas, Elisabeth et al. (Hgg.): Ein Paradigma der Moderne. Jüdische Geschichte in Schlüsselbegriffen. Göttingen 2016, S. 9–17.

Erbe, Günter: Das vornehme Berlin. Fürstin Marie Radziwill und die großen Damen der Gesellschaft 1871–1918. Köln 2015.

Er'ēl, Shlomo: Neue Wurzeln. 50 Jahre Immigration deutschsprachiger Juden in Israel. Gerlingen 1983.

Erickson, Bonnie H.: Social Networks and History. A Review Essay, in: Historical Methods 30 (1997) 3, S. 149–157.

Escherich, Karl: Leben und Forschen. Kampf um eine Wissenschaft. 2. Aufl. Stuttgart 1949.

Ettl, Susanne: Anleitungen zu schriftlicher Kommunikation. Briefsteller von 1880 bis 1980. Tübingen 1984.

Evangelischer Stadtkirchenverband Essen (Hg.): Die Evangelische Kirche in Essen vor dem Hintergrund von „Nationaler Erhebung" und nationaler Katastrophe 1930 bis 1950. Dokumentation eines Symposiums zur kirchlichen Zeitgeschichte im Haus der Ev. Kirche Essen. Essen 2002.

Fenicia, Tatjana; Gamper, Markus; Schönhuth, Michael: Integration, Sozialkapital und soziale Netzwerke. Egozentrierte Netzwerke von (Spät-)Aussiedlern, in: Gamper, Markus; Reschke, Linda (Hgg.): Knoten und Kanten. Soziale Netzwerkanalyse in Wirtschafts- und Migrationsforschung. Bielefeld 2010, S. 305–332.

Ferguson, Margaret: The Letter of Recommendation as Strange Work, in: Proceedings of the Modern Language Association 127 (2012) 4, S. 957.

Ferguson, Niall: Die Geschichte der Rothschilds. Propheten des Geldes. 2 Bde. Stuttgart 2002.

Fiedler, Martin: Netzwerke des Vertrauens. Zwei Fallbeispiele aus der deutschen Wirtschaftselite, in: Ziegler, Dieter (Hg.): Großbürger und Unternehmer. Die deutsche Wirtschaftselite im 20. Jahrhundert. Göttingen 2000 (Bürgertum, 17), S. 93–116.

Fiedler, Martin: Vertrauen ist gut, Kontrolle ist teuer. Vertrauen als Schlüsselkategorie wirtschaftlichen Handelns, in: Geschichte und Gesellschaft 27 (2001) 4, S. 576–592.

Fischer, Gudrun: „Unser Land spie uns aus". Jüdische Frauen auf der Flucht vor dem Naziterror nach Brasilien. Offenbach 1998.

Fischer, Joachim: Bourdieu und Luhmann: Soziologische Doppelbeobachtung der „bürgerlichen Gesellschaft" nach ihrer Kontingenzerfahrung, in: Rehberg, Karl-Siegbert (Hg.): Soziale Ungleichheit, kulturelle Unterschiede. Verhandlungen des 32. Kongresses der Deutschen Gesellschaft für Soziologie in München 2004. Frankfurt am Main, New York 2006, S. 2850–2858.

Fischer, Stefanie: Ökonomisches Vertrauen und antisemitische Gewalt. Jüdische Viehhändler in Mittelfranken 1919–1939. Göttingen 2014 (Hamburger Beiträge zur Geschichte der deutschen Juden, 42).

Fischer, Stefanie: Belonging and Trustworthiness: Jewish Businessmen in the Public Rhetoric around the „Trustworthy Businessman" in Post-World War I Germany, in: Caputo, Nina; Hart, Mitchell Bryan (Hgg.): On the Word of a Jew. Religion, Reliability, and the Dynamics of Trust. Bloomington 2019, S. 158–180.

Flandreau, Marc: Anthropologists in the Stock Exchange. A Financial History of Victorian Science. Chicago 2016.

Fleck, Christian: Etablierung in der Fremde. Vertriebene Wissenschaftler in den USA nach 1933. Frankfurt am Main 2015.

Frauenstadtarchiv Dresden (Hg.): Lisa Arnhold, in: Frauenwiki Dresden, URL: https://wiki.frauenstadtarchiv.de/index.php?title=Lisa_Arnhold, abgerufen am 08.12.2021.

Freemann, Linton C.: Graphic Techniques for Exploring Social Network Data, in: Carrington, Peter J.; Scott, John; Wassermann, Stanley (Hgg.): Models and Methods in Social Network Analysis. Cambridge 2005, S. 248–269.

Freemann, Linton C.: The Development of Social Network Analysis. A Study in the Sociology of Science. Vancouver 2004.

Frei, Günther; Stammbach, Urs: Hermann Weyl und die Mathematik an der ETH Zürich. 1913–1930. Basel 1992.

Frese, Matthias; Küster, Thomas; Thießen, Malte (Hg.): Varianten des Wandels. Die Region in der jüngsten Zeitgeschichte 1970–2020. Leiden 2023.

Freud-Marlé, Lilly: Mein Onkel Sigmund Freud. Erinnerungen an eine große Familie. Berlin 2006.

Frevert, Ute (Hg.): Militär und Gesellschaft im 19. und 20. Jahrhundert. Stuttgart 1997 (Industrielle Welt, 58).

Frevert, Ute (Hg.): Der Mensch des 20. Jahrhunderts. Frankfurt am Main 1999.
Frevert, Ute (Hg.): Vertrauen. Historische Annäherungen. Göttingen 2003.
Frevert, Ute: Vertrauensfragen. Eine Obsession der Moderne. München 2013.
Frevert, Ute; Haupt, Heinz-Gerhard (Hgg.): Der Mensch des neunzehnten Jahrhunderts. Essen 2004.
Freytag, Nils: Das Wilhelminische Kaiserreich. 1890–1914. Stuttgart 2018.
Frick, Marc: Die Gabe als drittes Prinzip zwischen Markt und Staat? Bielefeld 2020.
Frings, Cornelia: Soziales Vertrauen. Eine Integration der soziologischen und der ökonomischen Vertrauenstheorie. Wiesbaden 2010.
Fuchs, Stefanie; Wurbs, Janina: Tagungsbericht: Rural and Urban Jewries between Tradition and Modernity. Internationaler Nachwuchsworkshop Jüdische Studien, 14.03.2021–15.03.2021 digital, in: H-Soz-Kult, 09.07.2021, URL: www.hsozkult.de/conferencereport/id/tagungsberichte-8992, abgerufen am 31.01.2022.
Fuhse, Jan A.: Gruppen und Netzwerke. Eine begriffsgeschichtliche Rekonstruktion, in: Berliner Journal für Soziologie 16 (2006), S. 245–263.
Fukuyama, Francis: Trust. The Social Virtues and the Creation of Prosperity. New York 1996.
Furger, Carmen: Briefsteller. Das Medium „Brief“ im 17. und frühen 18. Jahrhundert. Köln 2010.
Gallion, Nina; Göllnitz, Martin; Schnack, Frederieke Maria (Hgg.): Regionalgeschichte. Potenziale des historischen Raumbezugs. Unter Mitarbeit von Oliver Auge. Göttingen 2021.
Gamper, Markus; Reschke, Linda: Soziale Netzwerkanalyse. Eine interdisziplinäre Erfolgsgeschichte, in: Gamper, Markus; Reschke, Linda (Hgg.): Knoten und Kanten. Soziale Netzwerkanalyse in Wirtschafts- und Migrationsforschung. Bielefeld 2010, S. 13–55.
Gansel, Carsten (Hg.): Trauma-Erfahrungen und Störungen des „Selbst“. Mediale und literarische Konfigurationen lebensweltlicher Krisen. Berlin, Boston 2020 (Untersuchungen zur deutschen Literaturgeschichte).
Gassert, Philipp: Transnationale Geschichte. Version 2.0, in: Docupedia-Zeitgeschichte 2012, URL: http://dx.doi.org/10.14765/zzf.dok.2.255.v2, abgerufen am 25.01.2022.
Geertz, Clifford; Luchesi, Brigitte: Dichte Beschreibung. Beiträge zum Verstehen kultureller Systeme. 13. Aufl. Frankfurt am Main 2015.
Geisthövel, Alexa; Hess, Volker: Medizinisches Gutachten. Geschichte einer neuzeitlichen Praxis. Göttingen 2017.
Gerlach, Lisa: Tagungsbericht. HT 2016: Dynamiken religiösen Wissens. Resilienzstrategien und Innovationspotenziale im Angesicht der Moderne, 20.09.2016–23.09.2016, Hamburg, in: H-Soz-Kult, 17.12.2016, URL: www.hsozkult.de/conferencereport/id/tagungsberichte-6883, abgerufen am 13.01.2022.
Gerlach, Lisa: „Ich weiss von wenigen Menschen, die mir dafür so qualifiziert erscheinen …“ – Ein Empfehlungsschreiben für Siegfried Landshut, in: Hamburger Schlüsseldokumente zur deutsch-jüdischen Geschichte, 29.07.2019, URL: https://dx.doi.org/10.23691/jgo:article-257.de.v1, abgerufen am 15.12.2021.
Gerlach, Lisa: Väter, Söhne, Beziehungen, Netzwerke: Empfehlungsschreiben jüdischer Eliten im 19. Jahrhundert, in: PaRDeS 26 (2020), S. 89–107.
Gestring, Norbert; Janßen, Andrea; Polat, Ayça: Prozesse der Integration und Ausgrenzung. Türkische Migranten der zweiten Generation. Wiesbaden 2006.
Glick-Schiller, Nina: From Immigrant to Transmigrant. Theorizing Transnational Migration, in: Anthropological Quarterly 68 (1995) 1, S. 48–63.
Grab, Walter (Hg.): Juden in der deutschen Wissenschaft. Tel-Aviv 1985.
Granovetter, Mark S.: The Strength of Weak Ties, in: American Journal of Sociology 78 (1973) 6, S. 1360–1380.
Grimme, Karin H. (Hg.): Aus Widersprüchen zusammengesetzt. Das Tagebuch der Gertrud Bleichröder aus dem Jahr 1888. Köln 2002.
Großmann, Johannes: Die Internationale der Konservativen. Transnationale Elitenzirkel und private Außenpolitik in Westeuropa seit 1945. München 2014 (Studien zur internationalen Geschichte, 35).

Grubin, David (Dir.): The Jewish Americans. PBS Home Video 2008.

Grünewald, Max: Versuch über Freundschaft im Judentum, in: Monatsschrift für Geschichte und Wissenschaft des Judentums 80 (1936) 3, S. 170–180.

Habermas, Rebekka: Frauen und Männer des Bürgertums. Eine Familiengeschichte (1750–1850). Göttingen 2000.

Hackler, Ruben; Kinzel, Katherina (Hgg.): Paradigmatische Fälle. Konstruktion, Narration und Verallgemeinerung von Fall-Wissen in den Geistes- und Sozialwissenschaften. Basel 2016 (Itinera, 40).

Hahn, Hannah: They Left it all Behind. Trauma, Loss, and Memory among Eastern European Jewish Immigrants and Their Children. Lanham 2020 (The new Imago: Series in Theoretical, Clinical and Applied Psychoanalysis).

Hamburger, Ernest: Juden im öffentlichen Leben Deutschlands. Regierungsmitglieder, Beamte und Parlamentarier in der monarchischen Zeit, 1848–1918. Tübingen 1968 (Schriftenreihe wissenschaftlicher Abhandlungen des Leo-Baeck-Instituts, 19).

Hartmann, Martin; Offe, Claus (Hgg.): Vertrauen. Die Grundlage des sozialen Zusammenhalts. Frankfurt am Main 2001 (Theorie und Gesellschaft, 50).

Hartmann, Michael: Die globale Wirtschaftselite. Eine Legende. Frankfurt am Main 2016.

Hartmann, Michael: Eliten und Macht in Europa. Ein internationaler Vergleich. Frankfurt am Main 2007.

Haug, Sonja: Soziale Netzwerke und soziales Kapital. Faktoren für die strukturelle Integration von Migranten in Deutschland, in: Gamper, Markus; Reschke, Linda (Hgg.): Knoten und Kanten. Soziale Netzwerkanalyse in Wirtschafts- und Migrationsforschung. Bielefeld 2010, S. 247–275.

Hausen, Karin: Die Polarisierung der „Geschlechtscharaktere". Eine Spiegelung der Dissoziation von Erwerbs- und Familienleben, in: Conze, Werner (Hg.): Sozialgeschichte der Familie in der Neuzeit Europas. Neue Forschungen. Stuttgart 1976, S. 363–393.

Heinrichs, Wolfgang E.: „Heilsbringer und Verderber". Freikirchliche Ansichten über Juden im 19. und zu Beginn des 20. Jahrhunderts, in: Heinz, Daniel (Hg.): Freikirchen und Juden im „Dritten Reich". Instrumentalisierte Heilsgeschichte, antisemitische Vorurteile und verdrängte Schuld. Göttingen 2011 (Kirche – Konfession – Religion, 54), S. 13–35.

Heinz, Daniel (Hg.): Freikirchen und Juden im „Dritten Reich". Instrumentalisierte Heilsgeschichte, antisemitische Vorurteile und verdrängte Schuld. Göttingen 2011 (Kirche – Konfession – Religion, 54).

Helbich, Wolfgang J.; Haubold, Annette: „Alle Menschen sind dort gleich …". Die deutsche Amerika-Auswanderung im 19. und 20. Jahrhundert. Düsseldorf 1988.

Hergenröder, Curt Wolfgang (Hg.): Gläubiger, Schuldner, Arme. Netzwerke und die Rolle des Vertrauens. Wiesbaden 2010.

Herren, Madeleine: Transkulturelle Geschichte. Globale Kultur gegen die Dämonen des Eurozentrismus und des methodischen Nationalismus, in: Traverse. Zeitschrift für Geschichte 19 (2012) 2, S. 154–169.

Hertz, Deborah: Wie Juden Deutsche wurden. Die Welt jüdischer Konvertiten vom 17. bis zum 19. Jahrhundert. Frankfurt am Main 2010.

Hertz, Deborah; Neumann-Kloth, Gabriele: Die jüdischen Salons im alten Berlin. 1780–1806. Ungekürzte Ausg. München 1995.

Hettling, Manfred; Pohle, Richard (Hgg.): Bürgertum. Bilanzen, Perspektiven, Begriffe. Göttingen 2019.

Heyden-Rynsch, Verena von der: Europäische Salons. Höhepunkte einer versunkenen weiblichen Kultur. 3. Aufl. Düsseldorf 1997.

Hilgert, Nora; Lässig, Simone: „In Global Transit: A New GHI Research Focus. Interview with Simone Lässig", Bulletin of the German Historical Institute 69 (Herbst 2021/Frühjahr 2022), S. 151–164.

Hillen, Christian (Hg.): „Mit Gott". Zum Verhältnis von Vertrauen und Wirtschaftsgeschichte. Köln 2007 (Schriften zur rheinisch-westfälischen Wirtschaftsgeschichte, 46).

Hirsch, Frank: Netzwerke in der Neueren Geschichte, in: Hergenröder, Curt Wolfgang (Hg.): Gläubiger, Schuldner, Arme. Netzwerke und die Rolle des Vertrauens. Wiesbaden 2010, S. 133–143.

Hödl, Klaus: Kultur und Gedächtnis. Paderborn 2012.

Hödl, Sabine: Die jüdische Familie in Geschichte und Gegenwart. Berlin 1999.

Hoffmann, Gabriele: Max M. Warburg. Hamburg 2009.

Hoffmann-Rehnitz, Philip; Krischer, André; Pohlig, Matthias: Entscheiden als Problem der Geschichtswissenschaft. Decision-Making and History, in: Zeitschrift für historische Forschung 45 (2018) 2, S. 217–281.

Hölck, Lasse; Rinke, Stefan: Loyalität in Übersee, in: Geschichte und Gesellschaft 42 (2016) 4, S. 574–591.

Holzer, Boris: Theorie der Netzwerke oder Netzwerk-Theorie? Stuttgart 2009.

Holzer, Boris: Vom Graphen zur Gesellschaft. Analyse und Theorie sozialer Netzwerke, in: Gamper, Markus; Reschke, Linda (Hgg.): Knoten und Kanten. Soziale Netzwerkanalyse in Wirtschafts- und Migrationsforschung. Bielefeld 2010, S. 77–95.

Hopp, Andrea: Im Scheinwerferlicht. Adeliger Antisemitismus und die Hohenzollern (1871–1945), in: Zeitschrift für Geschichtswissenschaften 68 (2020) 4, S. 297–311.

Hunt, Lynn: The New Cultural History. Berkeley 2006 (Studies on the History of Society and Culture, 6).

Hyman, Paula: Gender and Assimilation in Modern Jewish History. The Roles and Representation of Women. Seattle 1995 (The Samuel & Althea Stroum Lectures in Jewish studies).

Ilardi, Vincent: Crosses and Carets. Renaissance Patronage and Coded Letters of Recommendation, in: The American Historical Review 92 (1987) 5, S. 1127–1149.

Institut für die Geschichte der Deutschen Juden (Hg.); Heinsohn, Kirsten (Red.): Das jüdische Hamburg. Göttingen 2006.

Jaher, Frederic Cople: A Scapegoat in the New Wilderness. The Origins and Rise of Anti-Semitism in America. 2. Aufl. Cambridge 1996.

Jahnke, Selma: Einleitung, in: Dies.; Le Moël, Sylvie (Hgg.): Briefe um 1800. Zur Medialität von Generation. Berlin 2015 (Berliner Intellektuelle um 1800, 4), S. 11–29.

Jakoby, Nina: (Wahl-)Verwandtschaft – Zur Erklärung verwandtschaftlichen Handelns, Wiesbaden 2008.

James, Harold: Krupp. A History of the Legendary German Firm. Princeton 2012.

Jarausch, Konrad; Sabrow, Martin: „Meistererzählung". Zur Karriere eines Begriffs, in: Konrad Jarausch (Hg.): Die historische Meistererzählung. Deutungslinien der deutschen Nationalgeschichte nach 1945, Göttingen 2002, S. 9–31.

Jensen, Uffa: Gebildete Doppelgänger. Bürgerliche Juden und Protestanten im 19. Jahrhundert. Göttingen 2005 (Kritische Studien zur Geschichtswissenschaft, 167).

Jünger, David: Am Scheitelpunkt der Emanzipation. Die Juden Europas und der Berliner Kongress 1878, in: Engelhardt, Arndt; Fiedler, Lutz; Gallas, Elisabeth; Gordinsky, Natasha; Graf, Philipp (Hgg.): Ein Paradigma der Moderne. Jüdische Geschichte in Schlüsselbegriffen. Göttingen 2016, S. 17–39.

Jussen, Bernhard: Erbe und Verwandtschaft. Kulturen der Übertragung im Mittelalter, in: Willer, Stefan; Weigel, Sigrid; Jussen, Bernhard (Hgg.): Erbe. Übertragungskonzepte zwischen Natur und Kultur. Berlin 2013 (Suhrkamp Taschenbuch Wissenschaft, 2052), S. 37–58.

Kaplan, Marion A.: Women and Tradition in the German Jewish Family, in: Cohen, Steven Martin; Hyman, Paula (Hgg.): The Jewish family. Myths and reality. New York 1986, S. 62–80.

Kaplan, Marion A.: Jüdisches Bürgertum. Frau, Familie und Identität im Kaiserreich. Hamburg 1997 (Studien zur jüdischen Geschichte, 3).

Kiesel, Doron; Staszewski, Noemi (Hgg.): Shoah – Flucht – Migration. Multiple Traumatisierung und ihre Auswirkungen. Tagungsband. Berlin 2018.

Kirchhoff, Markus: Einfluss ohne Macht. Jüdische Diplomatiegeschichte 1815–1878, in: Diner, Dan (Hg.): Synchrone Welten. Zeitenräume jüdischer Geschichte. Göttingen 2005, S. 121–147.

Kocka, Jürgen: Die Angestellten in der deutschen Geschichte 1850–1980. Vom Privatbeamten zum angestellten Arbeitnehmer. Göttingen 1993.

Kohlrausch, Martin; Heyrman, Peter; Maeyer, Jan de (Hg.): Leisure and elite formation. Arenas of encounter in Continental Europe, 1815–1914. Berlin 2020.

Köhler, Ingo: Wirtschaftsbürger und Unternehmer – Zum Heiratsverhalten deutscher Privatbankiers im Übergang zum 20. Jahrhundert, in: Ziegler, Dieter (Hg.): Großbürger und Unternehmer. Die deutsche Wirtschaftselite im 20. Jahrhundert. Göttingen 2000 (Bürgertum, 17), S. 116–144.

Köhler, Ingo: Soziale und wirtschaftliche Vernetzung als Erfolgsfaktor. Das Dresdner Privatbankhaus Gebr. Arnhold 1864–1933, in: Heß, Ulrich; Listewnik, Petra; Schäfer, Michael (Hgg.): Unternehmen im regionalen Raum 1750–2000, Leipzig 2004, S. 301–316.

Köhler, Ingo; Eigner, Peter: Privatbanken und Privatbankiers in der Zwischenkriegszeit: Eine untergehende Spezies? In: Eigner, Peter (Hg.), Privatbankiers in Mitteleuropa zwischen den Weltkriegen, Stuttgart 2005 (Geld und Kapital – Jahrbuch der Gesellschaft für mitteleuropäische Banken- und Sparkassengeschichte, 7), S. 5–13.

Köhler, Ingo: Zwischen wirtschaftlicher Marginalisierung und politischer Verdrängung: Die Privatbanken in Deutschland 1929–1935, in: Eigner, Peter (Hg.): Privatbankiers in Mitteleuropa zwischen den Weltkriegen, Stuttgart 2005 (Geld und Kapital – Jahrbuch der Gesellschaft für mitteleuropäische Banken- und Sparkassengeschichte, 7), S. 103–134.

Kosuch, Carolin: Missratene Söhne. Anarchismus und Sprachkritik im Fin de Siècle. Göttingen 2015 (Schriften des Simon-Dubnow-Instituts, 23).

Kotowski, Elke Vera: Das Kulturerbe deutschsprachiger Juden. Eine Spurensuche in den Ursprungs-, Transit- und Emigrationsländern. Berlin 2015.

Kracauer, Siegfried: Über die Freundschaft [1917/18], in: Ders.: Werke, Bd. 5.1: Essays Feuilletons, Rezensionen 1906–1923, hg. v. Inka Mülder-Bach. Frankfurt am Main 2011, S. 29–59.

Kramper, Peter: The Battle of the Standards. Messen, Zählen und Wiegen in Westeuropa 1660–1914. Berlin 2018.

Kraus, Elisabeth: Die Familie Mosse. Deutsch-jüdisches Bürgertum im 19. und 20. Jahrhundert. München 1999.

Krauss, Marita: Die bayerischen Kommerzienräte. Eine deutsche Wirtschaftselite von 1880 bis 1928. München 2016.

Kreis, Wilhelm: Rudolf Arthur Peltzer, in: Weltkunst 25 (1955) 17, S. 14.

Krenn, Karoline: Von der „Macht der Banken“ zur Leitidee des deutschen Produktionsregimes. Bank-Industrie-Verflechtungen am Beginn des 20. Jahrhunderts, in: Zeitschrift für Unternehmensgeschichte 53 (2008) 1, S. 70–99.

Krenn, Karoline: Alle Macht den Banken? Zur Struktur personaler Netzwerke deutscher Unternehmen am Beginn des 20. Jahrhunderts. Wiesbaden 2012.

Kriebernegg, Ulla (Hg.): „Nach Amerika nämlich!“ Jüdische Migrationen in die Amerikas im 19. und 20. Jahrhundert. Göttingen 2012.

Krohn, Claus-Dieter: Vertriebene intellektuelle Eliten aus dem nationalsozialistischen Deutschland, in: Schulz, Günther (Hg.): Vertriebene Eliten. Vertreibung und Verfolgung von Führungsschichten im 20. Jahrhundert. Büdinger Forschungen zur Sozialgeschichte 1999. München 2001 (Deutsche Führungsschichten in der Neuzeit, 24), S. 61–83.

Kuhlemann, Frank-Michael; Schmuhl, Hans-Walter (Hgg.): Beruf und Religion im 19. und 20. Jahrhundert. Stuttgart 2003.

Laird, Pamela Walker: Pull. Networking and Success since Benjamin Franklin. Cambridge 2007.

Landes, David S.; Siber, Karl Heinz: Die Macht der Familie. Wirtschaftsdynastien in der Weltgeschichte. 3. Aufl. München 2006.

Landes, David S.: Bleichröder and Rothschilds: The Problem of Continuity in the Family Firm, in: Rosenberg, Charles (Hg.): The Family in History. Philadelphia 1975, S. 95–114.

Landshut, Siegfried: Die Gemeinschafts-Siedlung in Palästina, o. O. 1944. (auf Hebräisch)

Landwehr, Achim: Kulturgeschichte. Stuttgart 2009.

Landwehr, Achim; Stockhorst, Stefanie: Einführung in die europäische Kulturgeschichte. Paderborn 2008 (UTB Geschichte, 2562).

Lanzinger, Margareth: Verwaltete Verwandtschaft. Wien 2015.

Lässig, Simone: Kultur und Kommerz. Das Beispiel der Bankiersfamilie Arnhold, in: Dresdner Hefte. Beiträge zur Kulturgeschichte 15 (1997) 49, S. 39–46.

Lässig, Simone: Sprachwandel und Verbürgerlichung: Zur Bedeutung der Sprache im innerjüdischen Modernisierungsprozess des frühen 19. Jahrhunderts, in: Historische Zeitschrift 270 (2000), S. 617–667.

Lässig, Simone: The Emergence of a Middle-Class Religiosity: Social and Cultural Aspects of the German-Jewish Reform Movement During the First Half of the Nineteenth Century, in: Liedtke, Rainer; Rechter, David (Hgg.): Towards Normality? Acculturation and Modern German Jewry. Tübingen 2003 (Schriftenreihe wissenschaftlicher Abhandlungen des Leo-Baeck-Instituts, 68), S. 127–159.

Lässig, Simone: Jüdische Wege ins Bürgertum. Kulturelles Kapital und sozialer Aufstieg im 19. Jahrhundert. Göttingen 2004.

Lässig, Simone: Religious Knowledge and Social Adaptability in the Face of Modernity, in: History of Knowledge Blog, 21.07.2017, URL: https://historyofknowledge.net/2017/07/21/religious-knowledge-and-social-adaptability-in-the-face-of-modernity, abgerufen am 25.01.2022.

Latour, Bruno: Die Hoffnung der Pandora. Untersuchungen zur Wirklichkeit der Wissenschaft. Frankfurt am Main 2002.

Latour, Bruno: Über technische Vermittlung, in: Belliger, Andréa; Krieger, David J. (Hgg.): ANThology. Ein einführendes Handbuch zur Akteur-Netzwerk-Theorie. Bielefeld 2006 (ScienceStudies), S. 483–528.

Latour, Bruno: Eine neue Soziologie für eine neue Gesellschaft. Einführung in die Akteur-Netzwerk-Theorie. Frankfurt am Main 2010 (Suhrkamp Taschenbücher Wissenschaft, 1967).

Lavsky, Hagit: The Creation of the German-Jewish Diaspora. Interwar German-Jewish Immigration to Palestine, the USA, and England. Berlin 2017.

Lechner, Martin; Grothe, Klaus-Dieter; van der Velden, Jette; Hofmann, Sebastian; Pohl-Patalong, Uta; Krüger-Blum, Christiane et al.: Religion, Flucht und Erzählung. Interkulturelle Kompetenzen in Schule und sozialer Arbeit mit Geflüchteten. Göttingen 2018.

Leff, Laurel: Well Worth Saving. American Universities' Life-and-Death Decisions on Refugees from Nazi Europe. New Haven 2019.

Lehmann, Helmut: Eisenbahnen in Preußen. Düsseldorf 1998.

Lehrer, Natasha; Summers, Anne: Helen Bentwich, in: Shalvi/Hyman Encyclopedia of Jewish Women. Jewish Women's Archive. 23.06.2021, URL: https://jwa.org/encyclopedia/article/bentwich-helen, abgerufen am 15.12.2021.

Le-Huu, Inka: Die sociale Emanzipation. Jüdisch-christliche Begegnungen im Hamburger Bürgertum 1830–1871. Göttingen 2017.

Leimkugel, Frank: PZ-Redakteur Richard Brieger und die Anfänge der Pharmazie, in: Pharmazeutische Zeitung 26 (2003), URL: https://www.pharmazeutische-zeitung.de/index.php?id=titel_26_2003, abgerufen am 13.03.2022.

Lemke, Ute: „La femme, la clandestine de l'histoire". Margarete Rothbarth – ein Engagement für den Völkerbund, in: Lendemains. Études comparées sur la France. 37 (2012) 146/147, S. 45–59.

Lerg, Charlotte; Bungert, Heike: Transnationale Universitätsgeschichte, in: vom Bruch, Rüdiger; Kintzinger, Martin (Hgg.): Jahrbuch für Universitätsgeschichte 18 (2015) „Transnationale Universitätsgeschichte", S. 35–51.

Lerg, Charlotte A.: Universitätsdiplomatie. Wissenschaft und Prestige in den transatlantischen Beziehungen 1890–1920. Göttingen 2019 (Transnationale Geschichte, 12).

Leschnitzer, Adolf; Richarz, Monika: Der Eintritt der Juden in die akademischen Berufe. Jüdische Studenten und Akademiker in Deutschland 1678–1848. Tübingen 1974.

Leuzinger-Bohleber, Marianne; Bahrke, Ulrich; Hau, Stephan; Arnold, Simon; Fischmann, Tamara (Hgg.): Flucht, Migration und Trauma. Die Folgen für die nächste Generation. Göttingen 2017 (Schriften des Sigmund-Freud-Instituts, 22).

Liedtke, Falk: Der Konflikt um den Kredit. Organisationsprobleme im Kundenkreditgeschäft Berliner Großbanken vor dem Hintergrund von Bankenkonzentration und Bankenkrise (1924–1939). Dissertation, Fakultät für Geschichtswissenschaften, Ruhr-Universität Bochum, Bochum 2021.

Liedtke, Rainer: Zur mäzenatischen Praxis und zum kulturellen Selbstverständnis der jüdischen Wirtschaftselite in Deutschland: Die Hamburger Warburgs im ersten Drittel des 20. Jahrhunderts, in: Ziegler, Dieter (Hg.): Großbürger und Unternehmer. Die deutsche Wirtschaftselite im 20. Jahrhundert. Göttingen 2000 (Bürgertum, 17), S. 187–204.

Limper, Verena: Flaschenkinder. Köln, Wien, Weimar 2018 (Kölner Historische Abhandlungen, 56).

Litvak, Joseph: The Un-Americans. Jews, the Blacklist and Stoolpigeon Culture. Durham 2009.

Ludewig-Kedmi, Revital: Das Trauma des Holocaust zwischen Psychologie und Geschichte. Zürich 2002.

Ludwig, Andrea: Georg Urdang (1882–1960). Ein Pharmaziehistoriker als Mittler zwischen „alter" und „neuer" Welt. Stuttgart 2009 (Quellen und Studien zur Geschichte der Pharmazie, 91).

Ludwig, Andreas: Jüdische Wohlfahrtsstiftungen. Initiativen jüdischer Stifterinnen und Stifter zwischen Wohltätigkeit und sozialer Reform. Frankfurt am Main 2010 (Schriftenreihe des Arbeitskreises Geschichte der Jüdischen Wohlfahrt in Deutschland, 4).

Luhmann, Niklas: Vertrautheit, Zuversicht, Vertrauen. Probleme und Alternativen, in: Hartmann, Martin; Offe, Claus (Hgg.): Vertrauen. Die Grundlage des sozialen Zusammenhalts. Frankfurt am Main 2001 (Theorie und Gesellschaft, 50), S. 143–161.

Luhmann, Niklas: Vertrauen. Ein Mechanismus der Reduktion sozialer Komplexität. 5. Aufl. Konstanz, Stuttgart 2014.

Lüthe, Rudolf (Hg.): Eine sanfte Form von Liebe? Texte zum Begriff der Freundschaft. Berlin, Münster 2015 (Philosophie und Lebenskunst, 3).

Madar, Vered; Schrire, Dani: From Leipzig to Jerusalem: Erich Brauer, a Jewish Ethnographer in Search of a Field, in: Naharaim: Zeitschrift für deutsch-jüdische Literatur und Kulturgeschichte 8 (2014) 1, S. 91–119.

Maier, Dieter G.; Nürnberger, Jürgen: Oscar und Max Levy. Europäer und „Nietzsche-Apostel" – Patriot und Unternehmer. Berlin 2014 (Jüdische Miniaturen, 152).

Malinowski, Bronislaw: Argonauten des westlichen Pazifik. Ein Bericht über Unternehmungen und Abenteuer der Eingeborenen in den Inselwelten von Melanesisch-Neuguinea. Frankfurt am Main 1984.

Marx, Christian: Die Mischung macht's. Zur Bedeutung von kulturellem, ökonomischem und sozialem Kapital bei Paul Reusch während des Konzernaufbaus der Gutehoffnungshütte (1918–1924), in: Gamper, Markus; Reschke, Linda (Hgg.): Knoten und Kanten. Soziale Netzwerkanalyse in Wirtschafts- und Migrationsforschung. Bielefeld 2010, S. 159–195.

Marx, Johannes: Netzwerke als Quellen sozialen Kapitals. Zur kulturellen und strukturellen Einbettung vertrauensvoller Handlungen in Netzwerken, in: Gamper, Markus; Reschke, Linda (Hgg.): Knoten und Kanten. Soziale Netzwerkanalyse in Wirtschafts- und Migrationsforschung. Bielefeld 2010, S. 95–119.

Mau, Steffen: Transnationale Vergesellschaftung. Frankfurt am Main 2007.

Mauss, Marcel: Die Gabe. Form und Funktion des Austauschs in archaischen Gesellschaften. 12. Auflage. Frankfurt am Main 2019 [1925].

McCabe, Ina Baghdiantz; Harlaftis, Gelina; Pepelasis Minoglou, Ioanna (2005): Introduction, in: Dies. (Hgg.): Diaspora Entrepreneurial Networks. Four Centuries of History. Oxford 2005, S. XVIII–XXII.

Meiring, Kerstin: Die christlich-jüdische Mischehe in Deutschland. 1840–1933. Hamburg 1998.

Meissner, Jochen: Die Tradition der „Area Studies" und die Perspektiven neuer Formen transnationaler, transkultureller, postkolonialer und globaler Geschichtsschreibung, in: Connections. A Journal for Historians and Area Specialists. 16.03.2005, URL: www.connections.clio-online.net/debate/id/fddebate-132119, abgerufen am 31.01.2022.

Meyer, Michael A.: German Jewry's Path to Normality and Assimilation: Complexity, Ironies, Paradoxes, in: Liedtke, Rainer; Rechter, David (Hg.): Towards Normality? Acculturation and Modern German Jewry.

Tübingen 2003 (Schriftenreihe wissenschaftlicher Abhandlungen des Leo-Baeck-Instituts, 68), S. 13–27.

Mintz, Beth: The Structure of Class Cohesion. The Corporate Network and its Dual, in: Mizruchi, Mark; Schwartz, Michael (Hgg.): Intercorporate Relations. The Structural Analysis of Business. Cambridge 1987, S. 187–207.

Momsen, Janet Henshall (Hg.): Gender, Migration and Domestic Service. London 2013 (Routledge International studies of women and place).

Mosse, Werner E. (Hg.): Jüdische Unternehmer in Deutschland im 19. und 20. Jahrhundert. Stuttgart 1992.

Mosse, Werner E.: Preface, in: Timms, Edward; Hammel, Andrea (Hgg.): The German-Jewish Dilemma. From the Enlightenment to the Shoah. Lewiston 1999 (Symposium series, 52), S. XIII–XVII.

Muller, Jerry Z.: The Tyranny of Metrics. Princeton 2018.

Müller, Harald: 160 Jahre Oskar Ludwig Kummer. Porträt einer herausragenden Dresdner Unternehmerpersönlichkeit. Dresden 2008.

Müller, Jörg R. (Hg.): Beziehungsnetze aschkenasischer Juden während des Mittelalters und der frühen Neuzeit. Hannover 2008.

Müller-Stahl, Robert: Tagungsbericht: German-Jewish Agency in Times of Crisis, 1914–1938, 18.02.2020–19.02.2020, Sussex, in: H-Soz-Kult, 01.05.2020, URL: www.hsozkult.de/conferencereport/id/tagungsberichte-8745, abgerufen am 31.01.2022.

Münzel, Martin: Zerstörte Kontinuität. Die jüdischen Mitglieder der deutschen Wirtschaftselite zwischen Weimarer Republik und früher Bundesrepublik, in: Berghahn, Volker R.; Ziegler, Dieter; Unger, Stefan (Hgg.): Die deutsche Wirtschaftselite im 20. Jahrhundert. Kontinuität und Mentalität. Essen 2003 (Bochumer Schriften zur Unternehmens- und Industriegeschichte, 11), S. 219–241.

Münzel, Martin (Hg.): Die jüdischen Mitglieder der deutschen Wirtschaftselite 1927–1955. Verdrängung – Emigration – Rückkehr. Paderborn 2006 (Sammlung Schöningh zur Geschichte und Gegenwart).

Nadel, Siegfried Frederick: The Theory of Social Structure. London 1957.

Neurath, Wolfgang: Neue Perspektiven für die Geschichtswissenschaft durch Soziale Netzwerkanalyse (SNA), in: Österreichische Zeitschrift für Geschichtswissenschaften 19 (2008) 4, S. 140–153.

Nicolaysen, Rainer: Landshut, Siegfried, in: Das jüdische Hamburg. Ein historisches Nachschlagewerk, URL: https://www.dasjuedischehamburg.de/inhalt/landshut-siegfried, abgerufen am 21.12.2021.

Nicolaysen, Rainer: Siegfried Landshut redivivus, in: Hamburger Institut für Sozialforschung, 22.10.2018, URL: https://www.his-online.de/das-institut/siegfried-landshut-preis/siegfried-landshut-redivivus/, abgerufen am 21.12.2021.

Nolan, Mary: Visions of Modernity. American Business and the Modernization of Germany. New York 1994.

Nolde, Dorothea: Kulturtransfer über Familienbeziehungen. Einige einführende Überlegungen, in: Dies.; Opitz, Claudia (Hgg.): Grenzüberschreitende Familienbeziehungen. Akteure und Medien des Kulturtransfers in der Frühen Neuzeit. Köln 2008.

Nollert, Michael: Unternehmensverflechtungen in Westeuropa. Nationale und transnationale Netzwerke von Unternehmen, Aufsichtsräten und Managern. Münster 2005 (Soziopulse, 3).

Nonn, Christoph: Antisemitismus. Darmstadt 2008.

o. A.: 11556 Wolmut, Felice Gerty, in: Österreichische Nationalbibliothek (Hg.): Handbuch österreichischer Autorinnen und Autoren jüdischer Herkunft 18. bis 20. Jahrhundert. Band 1. München 2002, S. 1501.

o. A.: Samuel B. Finkel, Official of Dropsie College, Dies, in: The New York Times, 11.06.1973, S. 38.

Oertzen, Christine von: Rückblick aus der Emigration. Die Akademikerinnen Erna Barschak (1888–1958), Susanne Engelmann (1885–1963) und Lucie Adelsberger (1895–1971), in: Schaser, Angelika (Hg.): Erinnerungskartelle. Zur Konstruktion von Autobiografien nach 1945, Bochum 2003 (Herausforderungen, 14), S. 169–196.

Oertzen, Christine von: Universitärer Nationalismus versus akademische Verständigung. Zur Wirkungsmacht weiblicher Netzwerke, 1918–1933, in: vom Bruch, Rüdiger; Kintzinger, Martin (Hgg.): Jahrbuch für Universitätsgeschichte 18 (2015) „Transnationale Universitätsgeschichte“, S. 81–100.

Oltmer, Jochen: Einführung. Europäische Migrationsverhältnisse und Migrationsregime in der Neuzeit, in: Geschichte und Gesellschaft 35 (2009) 1, S. 5–27.

Oltmer, Jochen: Migration im 19. und 20. Jahrhundert. München 2010.

Osterhammel, Jürgen: Die Verwandlung der Welt. 5. Aufl. München 2010.

Österreich-Ungarn (Hg.): Hof- und Staats-Handbuch der Österreichisch-Ungarischen Monarchie für das Jahr 1918. 44. Aufl. Wien 1918.

Patel, Klaus Kiran: Transnationale Geschichte – Ein neues Paradigma? In: Connections. A Journal for Historians and Area Specialists. 02.02.2005, URL: https://www.connections.clio-online.net/debate/id/fddebate-132111, abgerufen am 31.01.2022.

Paulmann, Johannes: Internationaler Vergleich und interkultureller Transfer. Zwei Forschungsansätze zur europäischen Geschichte des 18. und 19. Jahrhunderts, in: Historische Zeitschrift 267 (1998), S. 649–685.

Pecar, Andreas: Tagungsbericht. Herstellung und Darstellung verbindlicher Entscheidungen. Legitimation durch Verfahren in vormodernen und modernen Gesellschaften, 20.02.2008–22.02.2008 Münster, in: H-Soz-Kult, 10.03.2008, URL: www.hsozkult.de/conferencereport/id/tagungsberichte-2033, abgerufen am 13.01.2022.

Pfeiff, Andreas: Die Entstehung und Entwicklung der Handelshochschulen in Deutschland. Empirische Analysen zwischen Kaiserreich, Republik und Diktatur. Frankfurt am Main, Berlin, Bern, Wien 2009 (Europäische Hochschulschriften Reihe 11, Pädagogik, 990).

Plattner, Michael: Mobile Eliten in der Internationalisierung multinationaler Unternehmensnetzwerke. Die Rolle hybriden sozialen Kapitals bei der Überbrückung kultureller Distanz, in: Gamper, Markus; Reschke, Linda (Hgg.): Knoten und Kanten. Soziale Netzwerkanalyse in Wirtschafts- und Migrationsforschung. Bielefeld 2010, S. 221–247.

Plumpe, Werner: Carl Duisberg. 1861–1935. Anatomie eines Industriellen. München 2016 (Historische Bibliothek der Gerda Henkel Stiftung).

Plumpe, Werner: Wie entscheiden Unternehmen? In: Zeitschrift für Unternehmensgeschichte 61 (2016), S. 141–159.

Pohl, Manfred: Hamburger Bankengeschichte. Mainz 1986.

Polak, Regina; Reiss, Wolfram (Hgg.): Religion im Wandel. Transformation religiöser Gemeinschaften in Europa durch Migration – interdisziplinäre Perspektiven. Göttingen 2015.

Presner, Todd Samuel: Mobile modernity. Germans, Jews, trains. New York 2007 (Cultures of history).

Prévost-Marcilhacy, Pauline: Jüdisches Mäzenatentum im Frankreich des 19. und 20. Jahrhunderts. Aus dem privaten in den öffentlichen Raum, in: Liedtke, Rainer; Weber, Klaus (Hgg.): Religion und Philanthropie in den europäischen Zivilgesellschaften. Entwicklungen im 19. und 20. Jahrhundert. Paderborn 2009, S. 104–120.

Pries, Ludger (Hg.): Migration and transnational social spaces. Aldershot 1999.

Puppel, Pauline: Diplomaten und Damen. Ehefrauen von Diplomaten am Beispiel der Johanna von Puttkamer, in: Schnelling-Reinicke, Ingeborg; Brockfeld, Susanne (Hgg.): Karrieren in Preußen – Frauen in Männerdomänen. Berlin 2020 (Forschungen zur Brandenburgischen und Preußischen Geschichte. Beiheft), S. 306–352.

Purschwitz, Anne: Jude oder preußischer Bürger? Die Emanzipationsdebatte im Spannungsfeld von Regierungspolitik, Religion, Bürgerlichkeit und Öffentlichkeit (1780–1847). Göttingen 2018 (Bürgertum. Neue Folge, 16).

Quack, Sibylle: Zuflucht Amerika. Zur Sozialgeschichte der Emigration deutsch-jüdischer Frauen in die USA 1933–1945. Bonn 1995.

Quindeau, Ilka: Trauma und Geschichte. Interpretationen autobiographischer Erzählungen von Überlebenden des Holocaust. Frankfurt am Main 1995 (Wissen & Praxis, 54).

Radandt, Hans: Adreßbuch der Direktoren und Aufsichtsräte. Hilfsmittel für Strukturuntersuchungen von personellen Beziehungen zwischen kapitalistischen Unternehmen in Deutschland im 20. Jahrhundert, in: Jahrbuch für Wirtschaftsgeschichte 7 (1966) 2, S. 241–257.

Radu, Robert: Auguren des Geldes. Eine Kulturgeschichte des Finanzjournalismus in Deutschland 1850–1914. Göttingen 2017.

Rahden, Till van: Jews and the Ambivalences of Civil Society in Germany, 1800–1933. Assessment and Reassesment, in: The Journal of Modern History 77 (2005) 4, S. 1024–1047.

Randt, Ursula: Löwenberg, Ernst, in: Das jüdische Hamburg. Ein historisches Nachschlagewerk, URL: https://www.dasjuedischehamburg.de/inhalt/loewenberg-ernst, abgerufen am 10.01.2022.

Rauh-Kühne, Claudia: Zwischen „verantwortlichem Wirkungskreis" und „häuslichem Glanz". Zur Innenansicht wirtschaftsbürgerlicher Familien im 20. Jahrhundert, in: Ziegler, Dieter (Hg.): Großbürger und Unternehmer. Die deutsche Wirtschaftselite im 20. Jahrhundert. Göttingen 2000 (Bürgertum, 17), S. 215–249.

Raynharts, Yehudah: Chaim Weizmann. New York 1993 (Studies in Jewish history).

Rees, Rogers: Letters of Recommendation and the Rhetoric of Praise, in: Morello, Ruth (Hg.): Ancient Letters. Classical and Late Antique Epistolography. Oxford 2007, S. 149–169.

Reichardt, Sven: Soziales Kapital „im Zeitalter materieller Interessen". Konzeptionelle Überlegungen zum Vertrauen in der Zivil- und Marktgesellschaft des langen 19. Jahrhunderts (1780–1914). Discussion Paper. Wissenschaftszentrum Berlin für Sozialforschung. Berlin 2003, URL: https://nbn-resolving.org/urn:nbn:de:0168-ssoar-111591, abgerufen am 31.01.2022.

Reichstagsprotokolle, 1924/28,5, Verhandlungen des Deutschen Reichstags, URL: https://www.reichstags-protokolle.de/Blatt2_w3_bsb00000072_01111.html, abgerufen am 08.12.2021.

Reif, Heinz: Adel, Aristokratie, Elite. Sozialgeschichte von Oben. Berlin, Boston 2016.

Reinhard, Wolfgang: Freunde und Kreaturen. „Verflechtung" als Konzept zur Erforschung historischer Führungsgruppen. Römische Oligarchie um 1600. München 1979.

Reisen, Andreas: Der Passexpedient. Geschichte der Reisepässe und Ausweisdokumente – vom Mittelalter bis zum Personalausweis im Scheckkartenformat. Baden-Baden 2012.

Reitmayer, Morten: Bürgerlichkeit als Habitus. Zur Lebensweise deutscher Großbankiers im Kaiserreich, in: Geschichte und Gesellschaft 1 (1999), S. 66–93.

Reitmayer, Morten: Zwischen Abgrenzung und Ausgrenzung: Jüdische Großbankiers und der Antisemitismus im deutschen Kaiserreich, in: Gotzmann, Andreas (Hg.): Juden, Bürger, Deutsche. Zur Geschichte von Vielfalt und Differenz 1800–1933. Tübingen 2001, S. 147–171.

Reitmayer, Morten: Bankiers im Kaiserreich. Sozialprofil und Habitus der deutschen Hochfinanz. Göttingen 2011.

Reuveni, Gideon: Deutsch-jüdische Geschichte als Wirtschaftsgeschichte, in: Braun, Christina von (Hg.): Was war deutsches Judentum? 1870–1933. Berlin 2015 (Europäisch-jüdische Studien. Beiträge, 24), S. 223–237.

Rhode, Maria; Wawra, Ernst (Hgg.): Quellenanalyse. Ein epochenübergreifendes Handbuch für das Geschichtsstudium. Paderborn, Stuttgart 2020.

Rhoden, Frauke von: Jüdische Ehe zwischen religiöser Norm und Alltagswahrnehmung im 16. Jahrhundert, in: Holzem, Andreas; Weber, Ines (Hgg.): Ehe – Familie – Verwandtschaft. Vergesellschaftung in Religion und sozialer Lebenswelt. Paderborn, München 2008, S. 329–345.

Richarz, Monika: Jüdische Akademiker als Anwälte und Ärzte. Behinderte Emanzipation und berufliche Orientierung, in: Braun, Christina von (Hg.): Was war deutsches Judentum? 1870–1933. Berlin 2015 (Europäisch-jüdische Studien. Beiträge, 24), S. 167–180.

Rodogno, Davide (Hg.): Shaping the Transnational Sphere. Experts, Networks and Issues from the 1840s to the 1930s. New York 2015 (Studies in contemporary European history, 14).

Rodogno, Davide; Struck, Bernhard; Vogel, Jakob: Introduction, in: Rodogno, Davide (Hg.): Shaping the Transnational Sphere. Experts, Networks and Issues from the 1840s to the 1930s. New York 2015 (Studies in contemporary European history, 14), S. 1–23.

Roemer, Nils H.: Jewish Scholarship and Culture in Nineteenth Century Germany. Between History and Faith. Madison 2021.

Rogers, Everett M.; Bhowmik, Dilip K.: Homophily-Heterophily. Relational Concepts for Communication Research, in: Public Opinion Quarterly 34 (1970/71) 4, S. 523–538.

Rohrbach, Matthias: Das American Jewish Committee zwischen 1933 und 1943. Eine Studie zur Selbstwahrnehmung, zum Antisemitismus und innerjüdischen Diskurs. Jena 2017.

Roßler, Gustav: Der Anteil der Dinge an der Gesellschaft. Sozialität – Kognition – Netzwerke, Bielefeld 2016.

Rothfuss, Anna: Korruption im Kaiserreich. Debatten und Skandale zwischen 1871 und 1914. Göttingen 2019.

Ruggiero, Guido: Letters of Recommendation. Haikus or Hagiographies, in: Perspectives on History. The Newsmagazine of the American Historical Association, Oktober 2007, URL: https://www.historians.org/publications-and-directories/perspectives-on-history/october-2007/haikus-or-hagiographies, abgerufen am 13.03.2022.

Rürup, Miriam: Ehrensache. Jüdische Studentenverbindungen an deutschen Universitäten 1886–1937. Göttingen 2015 (Hamburger Beiträge zur Geschichte der deutschen Juden, 33).

Rürup, Miriam: Alltag und Gesellschaft. Paderborn 2017 (Perspektiven deutsch-jüdischer Geschichte).

Rürup, Reinhard: Jewish Emancipation and Bourgeois Society, in: Leo-Baeck-Institute Yearbook 14 (1969), S. 67–91.

Sächsisches Industriemuseum / Industriemuseum Chemnitz (Hg.): Firmenprofil der Pöge Elektricitäts-Aktiengesellschaft, URL: http://chemnitz.im/de/firma/poege-elektricitaets-aktiengesellschaft/342/, abgerufen am 08.12.2021.

Safran, William: The Jewish Diaspora in a Comparative and Theoretical Perspective, in: Israel Studies 10 (2005) 1, S. 36–60.

Sailmann, Gerald: Der Beruf: Eine Begriffsgeschichte. Bielefeld 2018.

Sandvoß, Hans-Rainer: „Es wird gebeten, die Gottesdienste zu überwachen …". Religionsgemeinschaften in Berlin zwischen Anpassung, Selbstbehauptung und Widerstand von 1933 bis 1945. Berlin 2014.

Schäfer, Michael: Herren im eigenen Haus. Leipziger Unternehmerfamilien und Familienunternehmen zwischen Jahrhundertwende und 1920er Jahren, in: Ziegler, Dieter (Hg.): Großbürger und Unternehmer. Die deutsche Wirtschaftselite im 20. Jahrhundert. Göttingen 2000 (Bürgertum, 17), S. 144–167.

Schäfer, Michael: Geschichte des Bürgertums. Eine Einführung. Köln 2009 (UTB Geschichte, Politikwissenschaft, 3115).

Schaser, Angelika; Schnicke, Falko: Wege zu einer Geschlechtergeschichte der Universitäten und Geisteswissenschaften. Forschungsstand und Desiderata, in: Kintzinger, Martin; Wagner, Wolfgang E. (Hgg.): Jahrbuch für Universitätsgeschichte 20 (2017) „Geschlechtergeschichte der Universitäten und Geisteswissenschaften", S. 27–43.

Schick, David: Vertrauen, Religion, Ethnizität. Die Wirtschaftsnetzwerke jüdischer Unternehmer im späten Zarenreich. Göttingen 2017.

Schijf, Huibert: Jewish Bankers 1850–1914. Internationalization along Ethnic Lines, in: Baghdiantz McCabe, Ina; Harlaftis, Gelina; Pepelasis Minoglou, Ioanna (Hgg.): Diaspora Entrepreneurial Networks. Four Centuries of History. Oxford 2005, S. 191–217.

Schimank, Uwe: Die Entscheidungsgesellschaft. Komplexität und Rationalität der Moderne. Wiesbaden 2005 (Hagener Studientexte zur Soziologie).

Schinkel, Andreas: Freundschaft ist kein Fabeltier. Soziologen begutachten eine besondere Beziehung, in: zeitzeichen 6 (2009), S. 16–18.

Schirrmacher, Gerd: Hertha Kraus – zwischen den Welten. Biographie einer Sozialwissenschaftlerin und Quäkerin (1897–1968). Frankfurt am Main 2002.

Schlör, Joachim: Konstruktionen und Imaginationen vom Heiligen Land im deutschen Judentum. Berichte von unterwegs, in: Aschkenas 17 (2009) 1, S. 167–183.

Schmidt, Imanuel Clemens: Kulturkampf, Protestantisierung, Wissenschaft. Matthias Jacob Schleidens Konzeption vom Judentum, in: Engelhardt, Arndt; Fiedler, Lutz; Gallas, Elisabeth et al. (Hgg.): Ein Paradigma der Moderne. Jüdische Geschichte in Schlüsselbegriffen. Göttingen 2016, S. 263–287.

Schmiz, Antonie: Transnationalität als Ressource? Netzwerke vietnamesischer Migrantinnen und Migranten zwischen Berlin und Vietnam. Bielefeld 2011.

Schnegg, Michael: Strategien und Strukturen. Herausforderungen der qualitativen und quantitativen Netzwerkforschung, in: Gamper, Markus; Reschke, Linda (Hgg.): Knoten und Kanten. Soziale Netzwerkanalyse in Wirtschafts- und Migrationsforschung. Bielefeld 2010, S. 55–77.

Scholem, Gershom Gerhard; Skinner, Anthony David (Hgg.): A Life in Letters, 1914–1982. Cambridge 2002.

Schulz, Günther (Hg.): Vertriebene Eliten. Vertreibung und Verfolgung von Führungsschichten im 20. Jahrhundert. Büdinger Forschungen zur Sozialgeschichte 1999. München 2001 (Deutsche Führungsschichten in der Neuzeit, 24).

Schuppert, Gunnar Folke: Wege in die moderne Welt. Globalisierung von Staatlichkeit als Kommunikationsgeschichte. Frankfurt am Main 2015 (Staatlichkeit im Wandel, 23).

Schüring, Michael: Minervas verstoßene Kinder. Vertriebene Wissenschaftler und die Vergangenheitspolitik der Max-Planck-Gesellschaft. Göttingen 2006.

Schutte, Kimberly: Women, Rank, and Marriage in the British Aristocracy, 1485–2000. An Open Elite? Basingstoke 2014 (Studies in Modern History).

Schwaiger, Holger: Schenken. Entwurf einer sozialen Morphologie aus Perspektive der Kommunikationstheorie. Konstanz 2011.

Schweitzer, Eva: Amerika und der Holocaust. Die verschwiegene Geschichte. München 2004.

Scrbacic, Maja: Eugen Mittwoch gegen das Land Preußen. Die Entlassungsmaßnahmen in der Berliner Orientalistik, 1933–1938, in: Engelhardt, Arndt; Fiedler, Lutz; Gallas, Elisabeth; Gordinsky, Natasha; Graf, Philipp; Ahmed, Mohammed et al. (Hgg.): Ein Paradigma der Moderne. Jüdische Geschichte in Schlüsselbegriffen. Göttingen 2016, S. 39–57.

Sela-Sheffy, Rakefet: „Europeans in Levant“ Revisited. German Jewish Immigrants in 1930s Palestine and the Question of Culture Retention, in: Brunner, José (Hg.): Deutsche(s) in Palästina und Israel. Alltag, Kultur, Politik. Göttingen 2013 (Tel Aviver Jahrbuch für deutsche Geschichte, 41), S. 40–60.

Siebel, Ernst: Der großbürgerliche Salon. 1850–1918. Geselligkeit und Wohnkultur. Berlin 1999.

Siedow, Markus: Q. Aurelius Symmachus und die Netzwerke der spätrömischen Aristokratie. Soziale Netzwerkanalyse in der Alten Geschichte? In: Bauerfeld, Daniel; Clemens, Lukas (Hgg.): Gesellschaftliche Umbrüche und religiöse Netzwerke. Analysen von der Antike bis zur Gegenwart. Bielefeld 2014, S. 13–45.

Siegrist, Hannes: Bürgerliche Berufe. Zur Sozialgeschichte der freien und akademischen Berufe im internationalen Vergleich. Göttingen 1988 (Kritische Studien zur Geschichtswissenschaft, 80).

Simmel, Georg: Soziologie. Untersuchungen über die Formen von Vergesellschaftung. Berlin 1908.

Simmel, Georg: The Sociology of Georg Simmel. Translated, Edited, and with an Introduction by Kurt H. Wolff. New York 1950, S. 317–329.

Sonderforschungsbereich 1150 Kulturen des Entscheidens (Hg.): Forschungsprogramm, 2017, URL: https://www.uni-muenster.de/SFB1150/forschung/forschungsprogramm.html, abgerufen am 13.02.2022.

Sonino, Claudia: German Jews in Palestine, 1920–1948. Between Dream and Reality. Lanham, Boulder, New York, London 2016.

Sorkin, David Jan: The Transformation of German Jewry, 1780–1840. New York 1987 (Studies in Jewish history).

Specht, Heike: Die Feuchtwangers. Familie, Tradition und jüdisches Selbstverständnis im deutsch-jüdischen Bürgertum des 19. und 20. Jahrhunderts. Göttingen 2006.

Spielhofer, Sheila: Stemming the Dark Tide. Quakers in Vienna 1919–1942. York 2001.

Steffens, Sven: Frankreich-Wanderschaft und berufliche Ausbildung im Spiegel von Selbstzeugnissen deutscher und belgischer Handwerksgesellen des 19. Jahrhunderts, in: König, Mareike (Hg.): Deutsche Handwerker, Arbeiter und Dienstmädchen in Paris. Eine vergessene Migration im 19. Jahrhundert. München 2003 (Pariser Historische Studien, 66), S. 27–49.

Steinecke, Hartmut: Deutsch-jüdische Literatur und die Shoah. Schreiben über ‚es'. Berlin 2020 (Philologische Studien und Quellen, 276).

Steinhausen, Georg: Geschichte des deutschen Briefes. Zur Kulturgeschichte des deutschen Volkes. Berlin 1889/91.

Steinhausen, Georg: Der deutsche Brief, in: Das literarische Echo. Halbmonatsschrift für Literaturfreunde 4 (1901), S. 941–949.

Steinhauser, Thomas: Hundert Jahre an der Schnittstelle von Chemie und Physik. Das Fritz-Haber-Institut der Max-Planck-Gesellschaft zwischen 1911 und 2011. Berlin 2011.

Stern, Fritz: Gold und Eisen. Bismarck und sein Bankier Bleichröder. Neuausgabe. Reinbek bei Hamburg 2000.

Stiehler, Heinrich: Zur Geschichte des rumänischen Antisemitismus, in: Zeitschrift für Balkanologie 51 (2015), S. 254–262.

Stollberg-Rilinger, Barbara: Von der Schwierigkeit des Entscheidens, in: Deutscher Hochschulverband (Hg.): Glanzlichter der Wissenschaft. München 2013.

Thulin, Mirjam: Shtadlanut, in: Diner, Dan (Hg.): Enzyklopädie jüdischer Geschichte und Kultur. Stuttgart 2014, S. 472–477.

Tilly, Charles: Big Structures, Large Processes, Huge Comparisons. New York 1984.

Timmer, Jan: Vertrauen. Eine Ressource im politischen System der römischen Republik. Frankfurt 2017 (Campus Historische Studien, 74).

Tosh, John (Hg.): A Man's Place. Masculinity and the Middle-Class Home in Victorian England. New Haven 2007.

Triendl-Zadoff, Mirjam: Nächstes Jahr in Marienbad. Gegenwelten jüdischer Kulturen der Moderne. Göttingen 2007 (Jüdische Religion, Geschichte und Kultur, 6).

Turner, Victor: The Ritual Process. Structure and Anti-Structure. Somerset 1969.

United States Holocaust Memorial Museum; Claims Conference (Hgg.): Hans Arnhold, in: ERR Project. Cultural Plunder by the Einsatzstab Reichsleiter Rosenberg, URL: https://www.errproject.org/jeudepaume/owner_view.php?Owner__ownerid=17, abgerufen am 08.12.2021.

Useem, Michael: The Inner Circle. Large Cooperations and The Rise of Business Political Activity in the U. S. and U. K. New York 1984.

Vailati, Alex; Rial, Carmen (Hgg.): Migration of Rich Immigrants. Gender, Ethnicity, and Class. New York 2016.

Valeur, Peter S.: Notes on Friendship: Moses Mendelssohn and Gotthold Ephraim Lessing, in: Oxford German Studies 45 (2016) 2, S. 142–156.

Verheyen, Nina: Loving in Oblivion? Die Marginalisierung bürgerlicher Vaterliebe im Zeitalter der Professionalisierung. Eine kulturhistorische Skizze, in: Drieschner, Elmar; Gaus, Detlef (Hgg.): Liebe in Zeiten pädagogischer Professionalisierung. Wiesbaden 2011, S. 157–175.

Voigt, Karl Heinz: Schuld und Versagen der Freikirchen im „Dritten Reich". Aufarbeitungsprozesse seit 1945. Einführung und Dokumentation. Frankfurt am Main 2005.

Volkov, Shulamit: Die Verbürgerlichung der Juden in Deutschland als Paradigma, in: Volkov, Shulamit (Hg.): Antisemitismus als kultureller Code. Zehn Essays. München 2000, S. 111–130.

Volkov, Shulamit: Die Juden in Deutschland 1780–1918. 2., verb. Aufl. München 2010.

Wassermann, Henry: Jews. Bürgertum and bürgerliche Gesellschaft in a Liberal Era 1840–1880. Jerusalem 1979.

Weber, Klaus: „Wohlfahrt", „Philanthropie" und „Caritas": Deutschland, Frankreich und Großbritannien im begriffsgeschichtlichen Vergleich, in: Liedtke, Rainer; Weber, Klaus (Hgg.): Religion und Philanthropie in den europäischen Zivilgesellschaften. Entwicklungen im 19. und 20. Jahrhundert. Paderborn 2009, S. 19–38.

Weber, Max: Zwischenbetrachtung. Theorie der Stufen und Richtungen religiöser Weltablehnung (1916), in: Gärtner, Christel (Hg.) Schlüsselwerke der Religionssoziologie. Wiesbaden 2019, S. 141–149.

Wechsler, Judith; Fishbane, Michael (Hgg.): The Memoirs of Nahum N. Glatzer. Cincinnati 1997 (Jewish Perspectives).

Weizmann, Chaim; Samuel, Maurice: Trial and Error. The Autobiography of Chaim Weizmann. London 1949.

Wellman, Barry: Network Analysis. From Metaphor to Theory and Substance, in: Wellman, Barry; Berkowitz, Stephen D. (Hgg.): Social Structure. A Network Approach. Cambridge 1988, S. 16–61.

Werner, Michael; Zimmermann, Bénédicte: Vergleich, Transfer, Verflechtung. Der Ansatz der Histoire Croisée und die Herausforderungen des Transnationalen, in: Geschichte und Gesellschaft 28 (2002) 4, S. 307–336.

Westerbarkey, Michelle: Jenseits der Grenzen. Transnationales Networking von Nonprofit-Organisationen. Commitment in der Beziehungsgestaltung von Netzwerken der humanitären Hilfe. Bad Heilbrunn/Obb 2004.

White, Harrison C.: Identity and Control. A Structural Theory of Social Action. Princeton 1992.

Wiese, Christian: Julius Guttmann (Metzler Lexikon jüdischer Philosophen), in: Spektrum.de, URL: https://www.spektrum.de/lexikon/juedische-philosophen/julius-guttmann/113, abgerufen am 13.12.2021.

Wietschorke, Jens: Der Weltkrieg als „soziale Arbeitsgemeinschaft". Eine Innenansicht bildungsbürgerlicher Kriegsdeutungen 1914–1918, in: Geschichte und Gesellschaft 34 (2008) 2, S. 225–251.

Wilhelmy-Dollinger, Petra: Die Berliner Salons. Mit historisch-literarischen Spaziergängen. Berlin, New York 2008.

Wissenschaftliche Arbeitsgemeinschaft des Leo Baeck Instituts in der Bundesrepublik Deutschland: Unbekannte Jahre: Die vernachlässigte Epoche deutsch-jüdischen Aufstiegs: 1848–1880, in: H-Soz-Kult, 08.02.2016, URL: www.hsozkult.de/event/id/event-80001, abgerufen am 24.01.2022.

Wyman, David S.: Das unerwünschte Volk. Amerika und die Vernichtung der europäischen Juden. Erw. Neuausg. Frankfurt am Main 2000.

Zadof, No'am: Gershom Scholem. From Berlin to Jerusalem and Back. An Intellectual Biography. Berlin 2017.

Ziegler, Dieter: The Influence of Banking on the Rise and Expansion of Industrial Capitalism in Germany, in: Alice Teichova (Hg.): Banking, Trade and Industry. Europe, America and Asia from the Thirteenth to the Twentieth Century. Cambridge 1997, S. 131–156.

Ziegler, Dieter: Die Aufsichtsräte der deutschen Aktiengesellschaften in den zwanziger Jahren. Eine empirische Untersuchung zum Problem der „Bankenmacht", in: Zeitschrift für Unternehmensgeschichte 43 (1998) 2, S. 194–215.

Ziegler, Dieter: Die wirtschaftsbürgerliche Elite im 20. Jahrhundert: eine Bilanz, in: Dieter Ziegler (Hg.): Großbürger und Unternehmer. Die deutsche Wirtschaftselite im 20. Jahrhundert. Göttingen 2000 (Bürgertum, 17), S. 7–31.

Ziegler, Dieter: Kontinuität und Diskontinuität der deutschen Wirtschaftselite 1900 bis 1938, in: Ziegler, Dieter (Hg.): Großbürger und Unternehmer. Die deutsche Wirtschaftselite im 20. Jahrhundert. Göttingen 2000 (Bürgertum, 17), S. 31–54.

Ziegler, Dieter (Hg.): Banken und „Arisierungen" in Mitteleuropa während des Nationalsozialismus. Stuttgart 2002.

Ziegler, Dieter: Strukturwandel und Elitenwechsel im Bankwesen 1900–1957, in: Berghahn, Volker R.; Ziegler, Dieter; Unger Stefan (Hgg.): Die deutsche Wirtschaftselite im 20. Jahrhundert. Kontinuität und Mentalität. Essen 2003 (Bochumer Schriften zur Unternehmens- und Industriegeschichte, 11), S. 187–219.

Ziegler, Dieter: Die Dresdner Bank und die deutschen Juden. München 2006.

Ziegler, Rolf: Das Netzwerk der Personen und Kapitalverflechtungen deutscher und österreichischer Wirtschaftsunternehmen 1976. München 1983.

Zimmermann, Moshe: Deutsche gegen Deutsche. Das Schicksal der Juden 1938–1945. Berlin 2008.

10 Index

https://doi.org/10.1515/9783111389950-010

www.ingramcontent.com/pod-product-compliance
Lightning Source LLC
LaVergne TN
LVHW060618300926
849162LV00008B/1647